深度强化学习算法原理与实战

基于MATLAB

郑一　编著

DRL

Deep Reinforcement Learning

化学工业出版社
·北京·

内容简介

本书在详细阐述强化学习基本概念与基本理论的基础上，循序渐进地介绍了深度强化学习各常用算法的基本思想、算法伪代码、算法实现、基于实例的算法演示与程序分析等内容。具体介绍了 Q-learning 算法求解最优路径问题，SARSA 算法求解最优安全路径问题，策略迭代算法求解两地租车最优调度问题，价值迭代算法求解最优路径问题，DQN 算法求解平衡系统的最优控制问题，PG 算法求解双积分系统的最优控制问题，AC 类算法求解股票交易的最优推荐策略，SAC 算法求解机器人手臂控球平衡问题，PPO 算法求解飞行器平稳着陆最优控制问题，DDPG 算法求解四足机器人行走控制策略问题，TD3 算法求解 PID 控制器参数整定问题，多智能体强化学习的基本概念与基本方法，MAPPO 算法求解多智能体协作运送物体问题，IPPO 算法与 MAPPO 算法求解协作竞争探索区域问题，MADDPG 与 DDPG 算法求解车辆路径跟踪控制问题。

本书可作为高等院校深度强化学习课程的教材，亦可作为本科生毕业设计、研究生项目设计和广大科研人员的技术参考用书。

图书在版编目（CIP）数据

深度强化学习算法原理与实战 ： 基于 MATLAB / 郑一编著. -- 北京 ： 化学工业出版社，2025. 3. -- ISBN 978-7-122-47575-6

Ⅰ. TP181

中国国家版本馆 CIP 数据核字第 2025UC9555 号

责任编辑：张　赛　要利娜　　文字编辑：李亚楠　温潇潇
责任校对：杜杏然　　装帧设计：王晓宇

出版发行：化学工业出版社
（北京市东城区青年湖南街 13 号　邮政编码 100011）
印　　装：三河市君旺印务有限公司
787mm×1092mm　1/16　印张 22¼　字数 511 千字
2025 年 9 月北京第 1 版第 1 次印刷

购书咨询：010-64518888　　售后服务：010-64518899
网　　址：http://www.cip.com.cn
凡购买本书，如有缺损质量问题，本社销售中心负责调换。

定　　价：109.00 元

前言

PREFACE

回顾 2016 年，Google 旗下 DeepMind 开发的 AlphaGo 程序在一场人机围棋对弈中击败了围棋大师李世石，创造了人工智能历史上的一个里程碑。而深究 AlphaGo 中应用的人工智能技术，其中尤以深度学习和强化学习结合所成的深度强化学习技术最为关键，它吸收了深度学习的感知能力和强化学习的决策能力，为复杂系统的感知决策问题提供了解决思路，更为人工智能的进一步发展注入了新的动力。

目前，深度强化学习在自动驾驶、机器人控制、金融投资决策、推荐系统等诸多领域中都有非常成功的应用，引起了广泛的关注与应用热潮，但相关技术的不断演进、算法原理的复杂性以及算法实现与应用等方面的诸多问题，使得入门和理解深度强化学习仍是一件难事。基于以上种种原因，作者结合相关教学与科研经验，将努力为读者系统地讲解深度强化学习的基本概念、基本理论、实现方法和实战应用，以帮助读者掌握深度强化学习的核心原理、常用算法，以及针对具体问题的研究思路。

1. 本书的亮点与特色

(1) 从强化学习基本概念到前沿算法的原理与应用逐步展开，同时满足学习与应用需求。

(2) 将基本概念定义准确，将基本理论推理清晰，将实现方法阐述明白。本书将深度强化学习知识系统完整地编撰成教程，并在书末整理了相关名词和符号的说明，便于读者全面而深入地学习该领域的知识。

(3) 围绕主流算法的原理介绍、算法实现、实践应用与拓展等展开，帮助读者更好地理解相关算法知识，从而实现利用或改编程序求解所面对的实际问题。

(4) 提供配套资源和互动支持，读者可扫描封底二维码并关注官方公众号，通过回复关键字“深度强化学习算法原理与实战”，以获取源码及彩图等配书资源的下载链接。此外，读者还可通过公众号加入学习群，进一步与本书作者及同行互相研讨交流。

2. 如何使用本书

鉴于不同读者的需求与基础差异，这里给予不同的阅读建议。

(1) 只需“会用”算法和程序：第 1 章、第 2 章、第 6 章、第 8 章和第 11 章～第 14 章基本覆盖了深度强化学习的基础知识和常用算法。其中第 6 章是较关键、算法程序最完整和全面的内容，应做到准确理解概念、熟练掌握算法、灵活运用程序。

(2) 从事深度强化学习研究：重点研读全书的算法部分，程序部分可以略去或选学。

第 3 章、第 4 章、第 5 章的内容只需简单了解。

(3) 期望在产品中使用深度强化学习算法：第 2 章～第 6 章的代码程序需要重点关注。可以根据业务场景中的状态空间和动作空间来选择最相似的算法及其程序应用实例。

本书参考了很多资料，尽管在参考文献中已经提及了一部分，但这也是挂一漏万之举，在此对众多研究者的工作表示衷心的感谢！最后，特别感谢作者妻子吴淑云女士无微不至的关心和始终如一的支持。

由于作者水平有限，书中难免存在不足之处，恳请同行及广大读者批评指正。

编著者

目录 CONTENTS

第1章 强化学习的基本概念与基本理论

强化学习，是研究和解决智能体在与环境的交互过程中，通过学习策略以追求回报（累计奖励）最大化，并实现特定目标的一门学科.

在人类的生产和生活中，存在着大量需要用到强化学习方法和理论来解决的实际应用问题. 如在自动驾驶、机器人控制、自然语言处理、金融投资决策、电商推荐系统、游戏开发等诸多领域中，强化学习都有非常成功的应用，展示了它在不同领域中的发展潜力和广泛的适用性.

应当指出，强化学习的广义含义即为**深度强化学习**，但其狭义含义并不包含深度神经网络理论和算法，仅代表传统的强化学习. 对此，读者应该注意结合语境来理解“强化学习”的具体含义.

1.1 强化学习研究的问题及基本概念

通俗来讲，强化学习可以简单理解为智能体通过不断试错在环境中学习的过程. 除智能体（agent）和环境（environment）外，强化学习的要素还有状态（state）、动作（action）、奖励（reward）和策略（policy）等.

为了更好地理解强化学习的基本概念，我们先试着思考以下实例.

1.1.1 一些强化学习研究实例

例 1.1.1 请思考下列问题：

(1) 如图 1-1 所示，在一个有障碍物（如陷阱、悬崖等，以深色区域表示）和提供捷径（如桥梁等）的场地，某人需要从某个地点（五角星）出发，遵守约定的行动规则，到达指定地点（圆点）来完成任务，其该如何规划实现任务的最优路线呢？

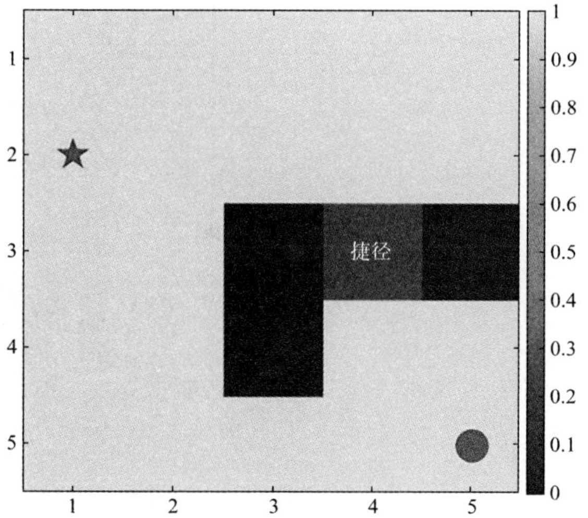

图 1-1 平面场地的路径寻优问题

(2) 杰克管理着一家汽车出租公司的两个场地，每天都会有一些顾客到这两个场地租车或者还车. 如果这个场地有车可以出租，杰克就将车出租出去并会从公司得到 10 元的效益奖励. 为了使需要车的场地在次日有车可租，每天傍晚杰克会在两个场地间调配车辆，调配每辆车的费用是 2 元. 请问杰克每天晚上应该如何调配车辆呢[1]？

(3) 在大量的游戏玩法中，我们通常需观察当前的场景并采取相应的操作才能获得胜利. 那么若由“电脑”来操作，它该如何实现呢？

(4) 如图 1-2 所示，推车上竖有一个带有活动关节的直杆，该车沿有摩擦力的轨道移动. 怎样给推车施加力才能使推车上的竖杆直立不倒呢？

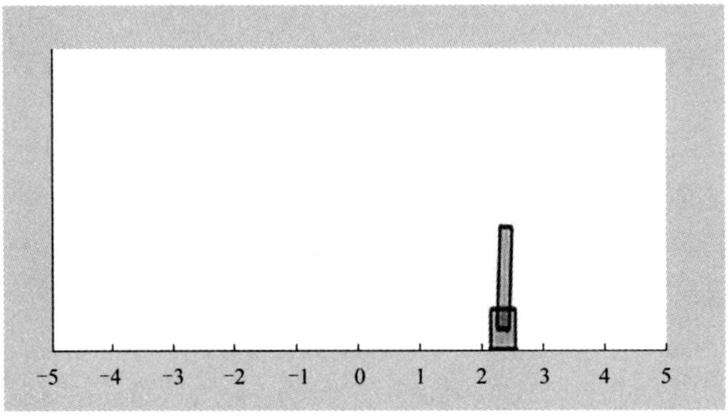

图 1-2　推车竖杆平衡控制问题

(5) 对于在不同条件下运动的物体，施加怎样的控制力，才能尽快地使得运动物体在指定的目标位置稳定停下来呢？

(6) 如图 1-3 所示，某股民持有 3 只股票. 为了追求股票交易的最大收益，怎样根据历史数据和证券交易市场的当天开盘价，进行股票买卖等决策呢？

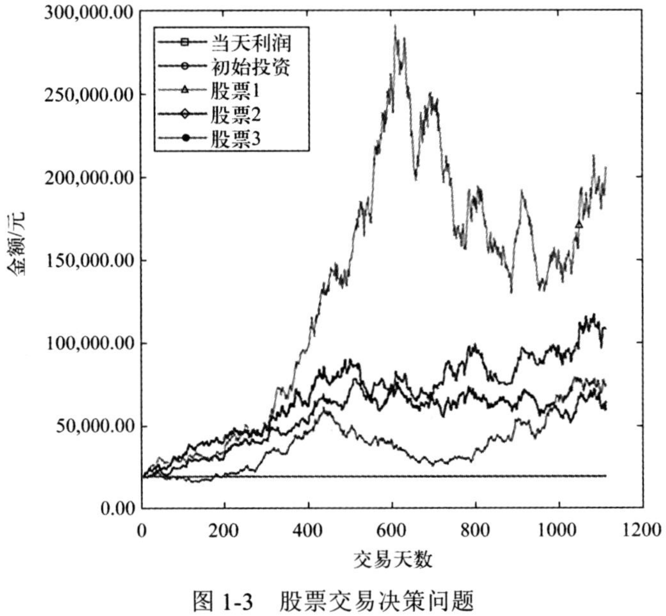

图 1-3　股票交易决策问题

(7) 带有左右两个推进器的飞行器，怎样操控推进器的推力，才能使飞行器精准快速地稳定着陆呢？

(8) 如图 1-4 所示，机器人手臂夹住一块平板，两个关节可以俯仰和滚转活动. 怎样控制机器人手臂，使得乒乓球稳定在平板中心[2]？

(9) 有几个工业机器人，彼此间要同时协调并完成几项作业任务. 它们之间该怎样协同控制呢？

对于以上生产、生活、科研等活动中的实际问题，借助于强化学习算法和 MATLAB 程序，我们就可以得到最优的或近似最优的解决方案.

下面以大家相对熟悉的校园学生活动为例，介绍强化学习的一些概念和方法.

例 1.1.2 如图 1-5 所示[3]，每个圆圈表示一个校园活动场所，学生在每个场所都有一定概率（包括概率为 0）转移到其他的场所，用圆圈边上的箭头及其数字表示场所间的转移方向及其概率. 例如，从教室 1 到游戏室的概率是 0.3；从休息室到教室 2 的概率是 0.9；从考场到寝室的概率是 1.

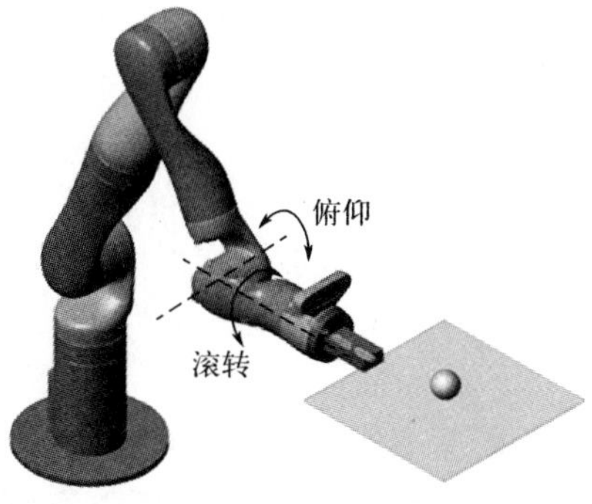

图 1-4　机器人手臂控制球体平衡问题

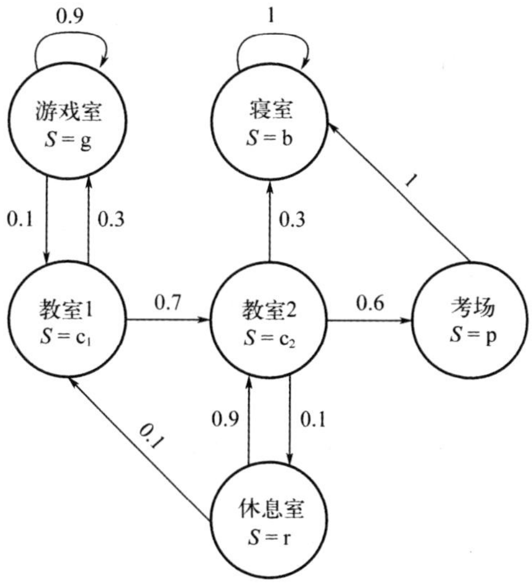

图 1-5　校园学生活动及其状态转移概率示意图

1.1.2　智能体

在强化学习中，我们把**可以感知外界环境、具有明确活动目标，并可进行学习和决策的事物**, 称为**智能体(agent)**.

智能体是强化学习问题中的学习者和决策者. 智能体是一个含义较广的术语，它可以是具象的人、机器人、无人机等；也可以是抽象的计算机程序、函数、神经网络等.

如在例 1.1.1(2)中，智能体是人；在例 1.1.1(8)中，智能体是机器人；在例 1.1.2 中，智能体是学生.

1.1.3 环境

环境(environment)是指智能体外部的事物. 智能体与环境的交互作用，是强化学习研究的核心问题之一. 环境受智能体活动的影响而发生变化，并反馈给智能体相应的刺激. 通常用 env 表示环境.

例如，例 1.1.2 中的校园学生活动问题的环境，就是除学生（智能体）以外的事物，包括校园各个场所、校园管理规则和各个场所间的转移概率等.

1.1.4 状态及其观测

状态(state)通常指智能体面临的环境的现状或观测记录. 例如，例 1.1.1(1)寻优路径问题中的状态有陷阱、桥梁和平地，可以用“状态=平地”或者“状态=桥梁”等文字来表示状态；例 1.1.1(4)推车竖杆平衡的最优控制问题中的受控对象有推车的位置、速度以及竖杆的角度和角速度，可以用列向量

$$\text{状态}=\begin{bmatrix}\text{位置}\\\text{速度}\\\text{角度}\\\text{角速度}\end{bmatrix} \tag{1.1}$$

来表示状态. 可见，状态可以用文字表示（或用数字表示，如“状态=1”用以表示平地），可以用向量来表示，也可以用矩阵或张量等表示.

通常用大写粗体字母 $\boldsymbol{S}$ 表示状态，它是一个随机变量，而其观测值用小写粗体字母 $\boldsymbol{s}$ 表示，数学上称为**状态值 $\boldsymbol{s}$**，常简称为**状态 $\boldsymbol{s}$**[❶]**或观测 $\boldsymbol{s}$**.

智能体进行活动可以面临不同的状态，即从某一状态到达另一状态.智能体在第 1 次面临的状态记为 $\boldsymbol{s}_1$，在第 2 次面临的状态记为 $\boldsymbol{s}_2$，在第 t 次面临的状态记为 $\boldsymbol{s}_t$. 状态 $\boldsymbol{s}_t$ 严格地被称为 **t 时间步的状态**（常称为 **t 时刻的状态**），t+1 时间步的状态记为 $\boldsymbol{s}_{t+1}$，也常用 $\boldsymbol{s}'$ 表示当前状态 $\boldsymbol{s}$ 的下一个状态.

对状态 $\boldsymbol{S}$ 的观测常用英文 observation 描述. 有些状态是不能完全观测的，或者说观测不完整的. 如在玩游戏时，相当多的画面可能是不完全观测的状态，此时可以看到“位置”信息而不能看到“速度”信息，需根据以前记忆的状态和当前的少量观测信息来推测“完整”的状态信息.

虽然人们称 $\boldsymbol{s}_t$ 为 t 时间步的状态，但并不是说“状态 $\boldsymbol{s}_t$ 与时间存在某种函数关系.”例如，在例 1.1.2 中，对于“考场”这个状态，今天研究这个校园学生活动问题是“考场”，明天或者其他时间研究这个校园学生活动问题，这个状态仍然是“考场”，即状态“考场”不随时间而发生改变，或者说，状态“考场”与时间无关. 与时间有关的状态，称为**非平稳状态**，与时间无关的状态，称为**平稳状态**.

约定：除非特别说明，本书同当前学术领域的普遍研究一样，提到的状态都是完全观测的，都是平稳状态.

---

❶ 绝大多数的实际问题，状态需要用向量或矩阵来描述，因此正文中用粗体字母 $\boldsymbol{S}$ 或 $\boldsymbol{s}$ 表示状态及其观测值.一维情形用非粗体字母 S 或 s 表示状态及其观测值.

常把全部的状态写成集合$\mathcal{S}^+$，如

$$\mathcal{S}^+=\{s_1, s_2,\cdots, s_T\}$$

称为**状态空间**，这里 T 可取有限的正整数或∞，即状态可以用有限个或者无限可列个数一一列举出来的，此类状态称为**离散状态**，其状态空间称为**离散状态空间**. 状态取值充满某个区间或区域的，称为**连续状态**，其状态空间称为**连续状态空间**. 元素有限的状态空间称为**有限状态空间**，其状态的个数记作$|\mathcal{S}^+|$. 依据状态个数的多少，有限状态空间又可以分为**低维度的状态空间**（即由较少的状态组成的集合）和**高维度的状态空间**（即由很多的状态组成的集合）.

例 1.1.2 中学生活动问题的状态空间是 6 维的有限状态空间$\mathcal{S}^+=\{\mathrm{g}, \mathrm{c}_1, \mathrm{c}_2, \mathrm{p}, \mathrm{r}, \mathrm{b}\}$，当然也是离散状态空间. 例 1.1.1(4)推车竖杆平衡问题的状态由推车位置和速度以及竖杆的角度和角速度组成，这 4 个分量常取充满某个区间的实数来描述，因此是连续状态空间.为简化问题，连续状态也可以人为地分割成离散状态. 于是，这个推车竖杆平衡问题可以用连续状态来研究，也可以用离散状态来研究.

1.1.5 状态转移概率

智能体从一个状态进入另外的状态，有进入难易程度的影响，也有客观条件的限制，还可能受到更多其他因素的影响. 为了描述这样的随机性，提出了状态转移概率的概念[4].

在例 1.1.2 中，若学生在休息室，则其到教室 1 去的概率是 0.1，到教室 2 去的概率是 0.9；若在游戏室，则其继续玩游戏的概率是 0.9，而到教室 1 去的概率是 0.1，到教室 2 去的概率是 0. 这些概率刻画了学生（智能体）从一个状态进入下一个状态的可能性.

定义 1　称概率

$$p(s' \mid s) = P(S_{t+1} = s' \mid S_t = s)$$

为状态 s 转移到状态 s'的转移概率❶.

下述 n 阶矩阵称为状态转移概率矩阵：

$$\mathcal{P}=\begin{bmatrix} p(s_1 \mid s_1) & p(s_1 \mid s_2) \cdots p(s_1 \mid s_n) \\ p(s_2 \mid s_1) & p(s_2 \mid s_2) \cdots p(s_2 \mid s_n) \\ & \vdots \\ p(s_n \mid s_1) & p(s_n \mid s_2) \cdots p(s_n \mid s_n) \end{bmatrix}, \tag{1.2}$$

其中，n 是状态个数.

例 1.1.3　列出图 1-5 的状态转移概率矩阵.

解　如图 1-5 所示的例子中，状态转移概率矩阵$\mathcal{P}$为：

❶ 强化学习中用到的“概率”，不仅仅是指概率论与数理统计课程中的公理化概率定义，它有很多的成分包含着“主观概率”——建立在过去的经验与判断的基础上，根据对未来事态发展的预测和历史统计资料研究确定的概率.

$$
\mathcal{P}=\begin{array}{c} \begin{array}{cccccc} \text{g} & \text{c1} & \text{c2} & \text{r} & \text{p} & \text{b} \end{array} \\ \left[\begin{array}{cccccc} 0.9 & 0.1 & 0 & 0 & 0 & 0 \\ 0.3 & 0 & 0.7 & 0 & 0 & 0 \\ 0 & 0 & 0 & 0.1 & 0.6 & 0.3 \\ 0 & 0.1 & 0.9 & 0 & 0 & 0 \\ 0 & 0 & 0 & 0 & 0 & 1 \\ 0 & 0 & 0 & 0 & 0 & 1 \end{array}\right] \end{array} \begin{array}{c} \\ \text{g} \\ \text{c1} \\ \text{c2} \\ \text{r} \\ \text{p} \\ \text{b} \end{array} \tag{1.3}
$$

注意:(1) 状态转移概率矩阵$\mathcal{P}$的各行元素之和等于 1,各列元素之和未必等于 1,说明概率矩阵是从“行状态”转移到“列状态”的方向;

(2) $\mathcal{P}(6,6)$元素是 1，表示这个状态 b 既没有转入也没有转出，说明这是一个“终点状态”.

1.1.6 动作

动作(action)是指智能体为适应环境、获得更多好处、实现既定目标而采取的活动. 动作也常称为智能体的**行为**或**行动**. 动作是对智能体行为的一种描述，是智能体进行不断学习和不断决策的结果.

例如，例 1.1.1(1)寻优路径问题中的动作有上、下、左、右移动；例 1.1.1(7)两个推进器控制飞行器平稳着陆问题中的动作可以取左推进器提供推力，也可取右推进器提供推力. 例如，(0, 0.5)表示左侧推进器不提供推力，右侧推进器实施轻推力；(0.5, 1)表示左侧推进器实施轻推力，右侧推进器提供强推力等. 可见，动作也可以用向量、矩阵等表示.

通常用大写粗体字母 $\boldsymbol{A}$ 表示动作，它是一个随机变量，其取值用小写粗体字母 $\boldsymbol{a}$ 表示，数学上称为**动作值** $\boldsymbol{a}$，常简称为**动作** $\boldsymbol{a}$. 类似地，t 时间步的动作记为 $\boldsymbol{a}_t$，t+1 时间步的动作记为 $\boldsymbol{a}_{t+1}$. 也常用 $\boldsymbol{a}'$ 表示当前动作 $\boldsymbol{a}$ 的下一个动作[❶].

约定：这里的动作也是与时间无关的，即动作不随时间而改变. “t 时刻的动作 $\boldsymbol{a}_t$”的准确含义是“在 t 时间步智能体采取的动作 $\boldsymbol{a}_t$”.

常把全部的动作写成集合$\mathcal{A}$，如

$$
\mathcal{A}=\{\boldsymbol{a}_1, \boldsymbol{a}_2,\cdots, \boldsymbol{a}_m\}
$$

称为**动作空间**, 这里的 m 可以是正整数或∞. 动作可以用有限个或者无限可列个数一一列举出来的，称为**离散动作**，其动作空间称为**离散动作空间**. 动作取值充满某个区间或区域的，称为**连续动作**，其动作空间称为**连续动作空间**. 元素有限的动作空间称为**有限动作空间**，其动作个数记作$|\mathcal{A}|$. 依据动作个数的多少，有限动作空间又可以分为**低维度的动作空间**（即由较少的动作组成的集合）和**高维度的动作空间**（即由很多的动作组成的集合）.

例如，例 1.1.2 学生活动的动作空间是有限动作空间{play,study,rest,sleep}，当然也是离散动作空间. 例 1.1.1(4)推车竖杆平衡问题的动作由施加给板车力的大小和方向组

❶ 绝大多数的实际问题中，动作需要用向量或矩阵来描述，因此正文中用粗体字母 $\boldsymbol{A}$ 或 $\boldsymbol{a}$ 表示动作及其观测值.在一维情形用非粗体字母 A 或 a 表示动作及其观测值.

成，其动作取值应是连续的. 不过，为简化问题，可以人为地把连续动作处理成离散动作来研究.

在客观世界中，智能体采取什么样的动作，与智能体当时所处的状态有着直接的影响. 在状态 $\boldsymbol{s}$ 下，智能体采取动作 $\boldsymbol{a}$，常记为

$$\boldsymbol{A}=\boldsymbol{a} \mid \boldsymbol{S}=\boldsymbol{s}，\text{简写为 } \boldsymbol{a} \mid \boldsymbol{s}，$$

即看作条件关系问题. 一般地，$\boldsymbol{A} \mid \boldsymbol{S}$ 表示在状态 $\boldsymbol{S}$ 下智能体采取动作 $\boldsymbol{A}$，这里的 $\boldsymbol{S}$ 和 $\boldsymbol{A}$ 都是随机变量，因此，记号 $\boldsymbol{A} \mid \boldsymbol{S}$ 或 $\boldsymbol{a} \mid \boldsymbol{s}$ 具有广泛的代表性.

定义 2　称

$$\pi(\boldsymbol{a} \mid \boldsymbol{s})=P(\boldsymbol{A}=\boldsymbol{a} \mid \boldsymbol{S}=\boldsymbol{s}) \tag{1.4}$$

是智能体在状态 $\boldsymbol{s}$ 的动作概率分布.

动作概率分布，描述了智能体在状态 $\boldsymbol{s}$ 采取所有可能动作的概率. 实际上，$\pi(\boldsymbol{a}|\boldsymbol{s})$就代表智能体采取的一个策略.

定义 3　称

$$p(\boldsymbol{s}' \mid \boldsymbol{s}, \boldsymbol{a})=P(\boldsymbol{S}_{t+1}=\boldsymbol{s}' \mid \boldsymbol{S}_t=\boldsymbol{s}, \boldsymbol{A}_t=\boldsymbol{a}) \tag{1.5}$$

是智能体在状态 $\boldsymbol{s}$ 采取动作 $\boldsymbol{a}$ 的条件下转移到下一个状态 $\boldsymbol{s}'$的状态转移概率.

要注意，不同的状态可能有不同的动作空间. 在状态 $\boldsymbol{s}$，智能体采取动作 $\boldsymbol{a}$ 的动作空间用记号$\mathcal{A}(\boldsymbol{s})$表示. 类似地，$\mathcal{A}(\boldsymbol{s}_t)$表示智能体在 t 时间步时、面临状态 $\boldsymbol{s}_t$ 采取动作 $\boldsymbol{a}_t$ 的动作空间.

例 1.1.4　结合图 1-5 与图 1-6 所示材料，假设动作在每一个状态服从均匀分布，写出动作空间$\mathcal{A}(\boldsymbol{s})$和动作概率分布 $\pi(\boldsymbol{a}|\boldsymbol{s})$.

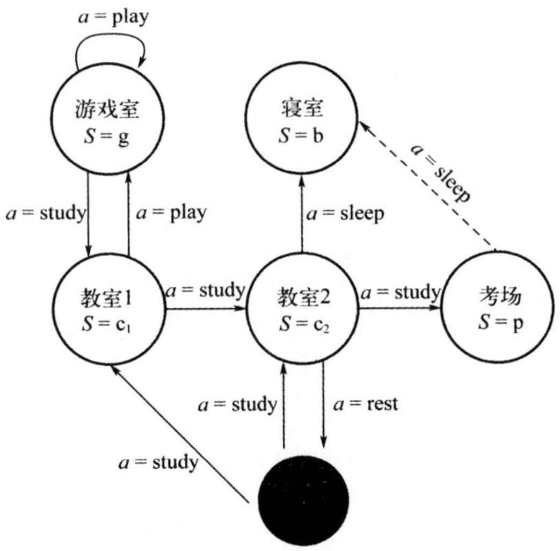

图 1-6　校园学生活动及其状态和动作

解　各个状态的动作空间分别是：$\mathcal{A}$(g)={play，study}；$\mathcal{A}$(c_1)={play，study}；$\mathcal{A}$(c_2)={rest，study，sleep}；$\mathcal{A}$(p)={sleep}；$\mathcal{A}$(r)={study}；$\mathcal{A}$(b)= Ø，即$\mathcal{A}$(b)不存在，因为状态 b 是终点状态. 换句话说，在终点状态智能体没有采取动作的机会.

动作空间$\mathcal{A}$={play，study，rest，sleep}.可见$|\mathcal{A}|=4$.

动作概率分布$\pi(\boldsymbol{a}|\boldsymbol{s})$分别是：$\pi(\text{play}|\text{g})=0.5$，$\pi(\text{study}|\text{g})=0.5$；$\pi(\text{study}|\text{c}_2)=1/3$，$\pi(\text{sleep}|\text{c}_2)=1/3$，$\pi(\text{rest}|\text{c}_2)=1/3$. 其余状态的动作概率分布$\pi(\boldsymbol{a}|\boldsymbol{s})$同理计算.

特别要留意黑点●的含义及作用. 在$s=\text{c}_2$状态，采取动作a=rest，到达临时状态s= r，然后怎么进行下去呢？黑点●的含义是，智能体主动进入了一个临时状态（图中用黑点●表示），随后被动地被环境按照其动态特性分配到另外两个状态 c_1（以概率 0.1）和 c_2（以概率 0.9），也就是说，此时智能体没有选择权决定去哪一个状态.

此例旨在说明，智能体到下一个状态，可以是人为主动地进行选择，也可以是无奈被动地被环境动态特性分配到下一个状态.

1.1.7 奖励

如图 1-7 所示，学生选择下一步的活动，会首先考虑是否可以得到更多的好处——奖励，例如完成一天的学习任务后可以回到寝室睡觉，或从长远看，获得规定的学分可以提前毕业. 例如，在教室 1 状态，采取学习动作，到达下一个状态教室 2，可以得到奖励学分 r=1；同样是在教室 1 状态，采取游戏动作，到达下一个状态游戏室，可以得到奖励学分是 r=−1 等. 这就是强化学习中的奖惩机制，即利用奖励值的多少来引导智能体采取更符合预期的动作.

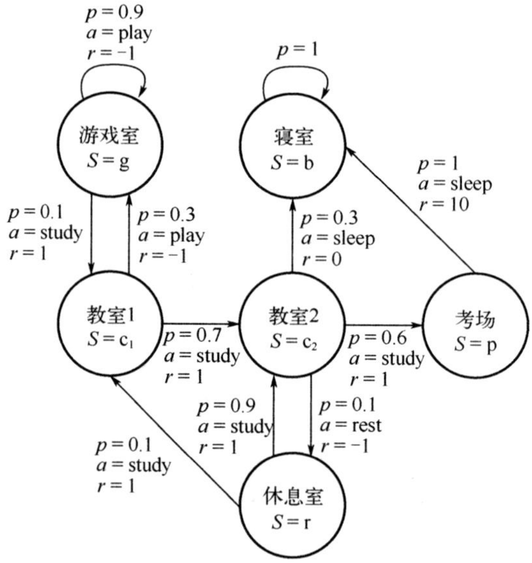

图 1-7 校园学生活动状态、动作和奖励

奖励，实则是对智能体的一种奖惩规则，既有环境给的正向的奖励，也可能受到环境严厉的惩罚. 奖励分为即时奖励和延时奖励. **即时奖励**是指智能体进入下一个状态 $\boldsymbol{s}'$ 后就可获得在当前状态 $\boldsymbol{s}$ 的好处. **延时奖励**是指智能体进入下一个状态没有立即获得好处，可能经过一段时间才获得这份好处.

通常用 R 表示奖励，其取值用 r 表示，数学上称为**奖励值** r，常简称为**奖励** r. t 时间步的奖励记为 R_t，t+1 时间步的奖励记为 R_{t+1}. 显然，R_{t+1} 是状态 $\boldsymbol{S}_t$、动作 $\boldsymbol{A}_t$ 和下一个

状态 $\boldsymbol{S}_{t+1}$ 的函数[1]

$$R_{t+1}=R(\boldsymbol{S}_t,\boldsymbol{A}_t,\boldsymbol{S}_{t+1}).$$

定义 4 称

$$r(\boldsymbol{s},\boldsymbol{a},\boldsymbol{s}')=E[R_{t+1}\mid \boldsymbol{S}_t=\boldsymbol{s},\boldsymbol{A}_t=\boldsymbol{a},\boldsymbol{S}_{t+1}=\boldsymbol{s}'] \tag{1.6}$$

是智能体在状态 $\boldsymbol{s}$ 采用动作 $\boldsymbol{a}$ 转移到下一个状态 $\boldsymbol{s}'$ 获得的奖励. 常简称 $r(\boldsymbol{s},\boldsymbol{a},\boldsymbol{s}')$ 是在状态 $\boldsymbol{s}$、动作 $\boldsymbol{a}$ 和下一个状态 $\boldsymbol{s}'$ 的奖励.

定义 5 称

$$r(\boldsymbol{s},\boldsymbol{a})=E[R_{t+1}\mid \boldsymbol{S}_t=\boldsymbol{s},\boldsymbol{A}_t=\boldsymbol{a}] \tag{1.7}$$

是智能体在状态 $\boldsymbol{s}$ 采取动作 $\boldsymbol{a}$ 获得的奖励. 常简称 $r(\boldsymbol{s},\boldsymbol{a})$ 是在状态 $\boldsymbol{s}$ 和动作 $\boldsymbol{a}$ 的奖励.

定义 6 称

$$r(\boldsymbol{s})=E[R_{t+1}\mid \boldsymbol{S}_t=\boldsymbol{s}] \tag{1.8}$$

是智能体在状态 $\boldsymbol{s}$ 获得的奖励. 常简称 $r(\boldsymbol{s})$ 是在状态 $\boldsymbol{s}$ 的奖励.

常把全部的奖励写成集合 $\mathcal{R}=\{r\}$，称为**奖励空间**. 特别地，$\mathcal{R}(\boldsymbol{s})$表示在状态 $\boldsymbol{s}$ 的奖励空间，$\mathcal{R}(\boldsymbol{s},\boldsymbol{a})$表示在状态 $\boldsymbol{s}$ 采取动作 $\boldsymbol{a}$ 的奖励空间. 与时间有关的奖励（即随着时间变化奖励也在变化）称为**非常态奖励**，与时间无关的奖励称为**常态奖励**.

约定：如同当前学术领域普遍研究的一样，本书提到的奖励是即时奖励，是常态奖励，并且假定奖励是有界的.

定理 1　假设离散型动作随机变量服从概率分布 $\pi(\boldsymbol{a}\mid\boldsymbol{s})$，离散型奖励随机变量服从概率分布 $p(r\mid\boldsymbol{s},\boldsymbol{a})$，则成立：

(1) $$r(\boldsymbol{s},\boldsymbol{a})=\sum_{r\in\mathcal{R}(\boldsymbol{s},\boldsymbol{a})}p(r\mid\boldsymbol{s},\boldsymbol{a})r; \tag{1.9}$$

(2) $$r(\boldsymbol{s},\boldsymbol{a})=\sum_{\boldsymbol{s}'\in\mathcal{S}^+}p(\boldsymbol{s}'\mid\boldsymbol{s},\boldsymbol{a})r(\boldsymbol{s},\boldsymbol{a},\boldsymbol{s}'); \tag{1.10}$$

(3) $$r(\boldsymbol{s})=\sum_{\boldsymbol{a}\in\mathcal{A}}\pi(\boldsymbol{a}\mid\boldsymbol{s})r(\boldsymbol{s},\boldsymbol{a}). \tag{1.11}$$

式(1.9)可利用数学期望公式得证.式(1.10)可利用全数学期望公式得证. 式(1.11)可利用全概率公式得证.

式(1.10)的作用是，将在状态 $\boldsymbol{s}$ 采用动作 $\boldsymbol{a}$ 转移到下一个状态 $\boldsymbol{s}'$条件下的奖励 $r(\boldsymbol{s},\boldsymbol{a},\boldsymbol{s}')$ 转化为在状态 $\boldsymbol{s}$ 采用动作 $\boldsymbol{a}$ 条件下的奖励 $r(\boldsymbol{s},\boldsymbol{a})$，即吸收掉了下一个状态 $\boldsymbol{s}'$条件. 定理 1 的三个关系常用在后面将要介绍的马尔可夫决策过程中，应引起读者重视.

例 1.1.5　利用图 1-7 所示的数据，假设动作在每个状态服从均匀分布，计算下列问题：

(1) $r(\text{g},\text{play},\text{g})$，$r(\text{c}_1,\text{study},\text{c}_2)$和 $r(\text{p},\text{sleep},\text{b})$；

(2) $r(\text{g},\text{play})$，$r(\text{g},\text{study})$和 $r(\text{c}_2,\text{rest})$；

---

[1] 有些文献用二元函数 $R_{t+1}=R(\boldsymbol{S}_t,\boldsymbol{A}_t)$，或者用 $R_t=R(\boldsymbol{S}_t,\boldsymbol{A}_t,\boldsymbol{S}_{t+1})$. 本书用关系式 $R_{t+1}=R(\boldsymbol{S}_t,\boldsymbol{A}_t,\boldsymbol{S}_{t+1})$，进而采用顺序 $\{\boldsymbol{S}_t,\boldsymbol{A}_t,R_{t+1},\boldsymbol{S}_{t+1}\}$. 这些表示方法，在目前文献中特别混乱. 在阅读文献时需特别注意. 从算法和程序角度看，$R_{t+1}=R(\boldsymbol{S}_t,\boldsymbol{A}_t,\boldsymbol{S}_{t+1})$ 是合理的.

(3) 各个状态的奖励.

解 (1) $r(\mathrm{g,play,g})=-1$，$r(\mathrm{c_1,study,c_2})=1$，$r(\mathrm{p,sleep,b})=10$.

(2) 由式(1.10)可得到

$r(\mathrm{g,play})=p(\mathrm{g|g,play})\times r(\mathrm{g,play,g})=0.9\times(-1)=-0.9$，

$r(\mathrm{g,study})=p(\mathrm{c_1|g,study})\times r(\mathrm{g,study,c_1})=0.1\times 1=0.1$，

$r(\mathrm{r,study})=p(\mathrm{c_1|r,study})\times r(\mathrm{r,study,c_1})+p(\mathrm{c_2|r,study})\times r(\mathrm{r,study,c_2})=0.1\times 1+0.9\times 1=1$.

(3) 由式(1.10)和式(1.11)可得到

$$
\begin{aligned}
r(\mathrm{g})&=\pi(\mathrm{play|g})\times r(\mathrm{g,play})+\pi(\mathrm{study|g})\times r(\mathrm{g,study})\\
&=0.5\times(-0.9)+0.5\times 0.1\\
&=-0.4,
\end{aligned}
$$

$$
\begin{aligned}
r(\mathrm{c_2})&=\pi(\mathrm{study|c_2})\times r(\mathrm{c_2,study})+\pi(\mathrm{rest|c_2})\times r(\mathrm{c_2,rest})+\pi(\mathrm{sleep|c_2})\times r(\mathrm{c_2,sleep})\\
&=\frac{1}{3}\times[p(\mathrm{p|c_2,study})\times r(\mathrm{c_2,study,p})+p(\mathrm{r|c_2,rest})\times r(\mathrm{c_2,rest,r})+p(\mathrm{b|c_2,sleep})\times\\
&\quad r(\mathrm{c_2,sleep,b})]\\
&=\frac{1}{3}\times[0.6\times 1+0.1\times(-1)+0.3\times 0]\\
&=\frac{1}{6}.
\end{aligned}
$$

对于 $r(\mathrm{b})$，b 是终点状态，在终点状态没有动作，即动作的概率 $\pi(:|\mathrm{b})=0$. 由式(1.11)得到 $r(\mathrm{b})=0$.

同理计算可得，$r(\mathrm{c_1})=0.2$，$r(\mathrm{r})=1$，$r(\mathrm{p})=10$.

结论：在回合的终点状态 $\boldsymbol{s}_T$，奖励 $r(\boldsymbol{s}_T)=0$.

下面这些概念和记号，常在经典文献[1]中反复出现，且非常容易理解有误，特整理如下.

定义 7 称

$$
p(\boldsymbol{s}',r\mid\boldsymbol{s},\boldsymbol{a})=P(\boldsymbol{S}_{t+1}=\boldsymbol{s}',R_{t+1}=r\mid\boldsymbol{S}_t=\boldsymbol{s},\boldsymbol{A}_t=\boldsymbol{a})\tag{1.12}
$$

表示智能体在状态 $\boldsymbol{s}$ 采用动作 $\boldsymbol{a}$ 条件下转移到下一个状态 $\boldsymbol{s}'$ 并获得奖励 r 的概率分布，又称为所研究问题的环境系统动态特性.

定理 2 **假设状态随机变量、动作随机变量和奖励随机变量都是离散型随机变量（设下列记号均有意义），则成立[4]：**

(1) $$p(\boldsymbol{s}'\mid\boldsymbol{s},\boldsymbol{a})=\sum_{r\in\mathcal{R}}p(\boldsymbol{s}',r\mid\boldsymbol{s},\boldsymbol{a}).\tag{1.13}$$

(2) $$r(\boldsymbol{s},\boldsymbol{a})=\sum_{r\in R}r\sum_{\boldsymbol{s}'\in\mathcal{S}^+}p(\boldsymbol{s}',r\mid\boldsymbol{s},\boldsymbol{a}).\tag{1.14}$$

(3) $$r(\boldsymbol{s},\boldsymbol{a},\boldsymbol{s}')=\sum_{r\in R}r\frac{p(\boldsymbol{s}',r\mid\boldsymbol{s},\boldsymbol{a})}{p(\boldsymbol{s}'\mid\boldsymbol{s},\boldsymbol{a})}.\tag{1.15}$$

证明 (1) 由式(1.5)定义，

$$
p(\boldsymbol{s}'\mid\boldsymbol{s},\boldsymbol{a})=P(\boldsymbol{S}_{t+1}=\boldsymbol{s}'\mid\boldsymbol{S}_t=\boldsymbol{s},\boldsymbol{A}_t=\boldsymbol{a}).
$$

由式(1.12)定义，

$$p(\boldsymbol{s}', r|\ \boldsymbol{s}, \boldsymbol{a}) = P(\boldsymbol{S}_{t+1} = \boldsymbol{s}', R_{t+1} = r \mid \boldsymbol{S}_t = \boldsymbol{s}, \boldsymbol{A}_t = \boldsymbol{a}).$$

对比上面二式，对 $P(\boldsymbol{S}_{t+1} = \boldsymbol{s}', R_{t+1} = r \mid \boldsymbol{S}_t = \boldsymbol{s}, \boldsymbol{A}_t = \boldsymbol{a})$中的奖励随机变量 R_{t+1} 用全概率公式，得到

$$p(\boldsymbol{s}' \mid \boldsymbol{s},\boldsymbol{a}) = \sum_{r\in\mathcal{R}} p(\boldsymbol{s}',r \mid \boldsymbol{s},\boldsymbol{a}) .$$

结论(1)证毕.

(2) 根据式(1.7)定义，

$$r(\boldsymbol{s},\boldsymbol{a}) = E[R_{t+1} \mid \boldsymbol{S}_t = \boldsymbol{s}, \boldsymbol{A}_t = \boldsymbol{a}].$$

利用离散型随机变量的条件数学期望定义，得到

$$r(\boldsymbol{s},\boldsymbol{a}) = \sum_{\boldsymbol{s}'\in\mathcal{S}^+} p(\boldsymbol{s}' \mid \boldsymbol{s},\boldsymbol{a})r .$$

将结论(1)代入上式，整理得到

$$r(\boldsymbol{s},\boldsymbol{a}) = \sum_{r\in R} r \sum_{\boldsymbol{s}'\in\mathcal{S}^+} p(\boldsymbol{s}',r \mid \boldsymbol{s},\boldsymbol{a}) .$$

结论(2)证毕.

(3) 将$p(\boldsymbol{s}', r \mid \boldsymbol{s},\boldsymbol{a})$看作关于随机变量$\boldsymbol{S}$和 R 的条件联合概率分布. 利用联合概率分布与条件概率分布的关系，得到关于随机变量 R 的条件概率分布

$$P(R_{t+1} = r \mid \boldsymbol{S}_{t+1} = \boldsymbol{s}', (\boldsymbol{S}_t = \boldsymbol{s}, \boldsymbol{A}_t = \boldsymbol{a})) = \frac{p(\boldsymbol{s}',r \mid \boldsymbol{s},\boldsymbol{a})}{p(\boldsymbol{s}' \mid \boldsymbol{s},\boldsymbol{a})} . \tag{1.16}$$

利用条件概率公式，得到

$$P(R_{t+1} = r \mid \boldsymbol{S}_{t+1} = \boldsymbol{s}', (\boldsymbol{S}_t = \boldsymbol{s}, \boldsymbol{A}_t = \boldsymbol{a})) = P(R_{t+1} = r \mid \boldsymbol{S}_t = \boldsymbol{s}, \boldsymbol{A}_t = \boldsymbol{a}, \boldsymbol{S}_{t+1} = \boldsymbol{s}') . \tag{1.17}$$

根据式(1.6)

$$r(\boldsymbol{s},\boldsymbol{a},\boldsymbol{s}') = E[R_{t+1} \mid \boldsymbol{S}_t= \boldsymbol{s}, \boldsymbol{A}_t= \boldsymbol{a}, \boldsymbol{S}_{t+1}= \boldsymbol{s}'],$$

利用条件数学期望定义，得到

$$r(\boldsymbol{s},\boldsymbol{a},\boldsymbol{s}') = E[R_{t+1} \mid \boldsymbol{S}_t = \boldsymbol{s}, \boldsymbol{A}_t = \boldsymbol{a}, \boldsymbol{S}_{t+1} = \boldsymbol{s}'] = \sum_{r\in R} rP(R_{t+1} = r \mid \boldsymbol{S}_t = \boldsymbol{s}, \boldsymbol{A}_t = \boldsymbol{a}, \boldsymbol{S}_{t+1} = \boldsymbol{s}') .$$

将式(1.17)和式(1.16)分别代入上式，得到

$$r(\boldsymbol{s},\boldsymbol{a},\boldsymbol{s}') = \sum_{r\in R} r \frac{p(\boldsymbol{s}',r \mid \boldsymbol{s},\boldsymbol{a})}{p(\boldsymbol{s}' \mid \boldsymbol{s},\boldsymbol{a})} .$$

结论(3)证毕.

注意：(1) 要充分理解利用“数学期望”描述随机现象的统计规律性这一方法，在后续内容中经常用到数学期望“E”这个记号；

(2) 对“未来的或当前还没有发生的”随机变量，通过“折扣率”折现到当前价值，再利用数学期望“E”运算，使得“未来的或当前还没有发生的”随机变量变得“在当前”可以计算，这正是强化学习理论成立的基石，详见式(1.28)、式(1.34)和式(1.37)；

---

(3) 求解“数学期望”可以吸收掉“随机性”进而得到“确定”的平均结果；

(4) 对于数学期望运算，一定要搞清楚“E”对哪个（或哪些）随机变量（大多数情况下是随机变量的函数）发挥作用，而这个(或这些个)随机变量的概率分布是哪个．在强化学习算法中，“E”这个记号简单但含义非常丰富、逻辑关系很复杂，是学习的难点之一．参见第 1.5.5 节．

1.1.8 策略

策略(policy)是指智能体在状态 $\boldsymbol{s}$ 下采用动作 $\boldsymbol{a}$ 的决策依据和方案，是强化学习需要求解的最终结果.

策略的表现形式是一系列有顺序的“动作 | 状态”记录，常用向量、序列描述. 例如，例 1.1.1(1)寻优路径问题中的策略可以用不同位置状态的上、下、左、右移动表示，如上移|起点，右移|起点，下移|起点；例 1.1.1(6)股票交易问题中的策略是在不同状态进行买入股票或卖出股票等.

类似于例 1.1.2 中的终止状态 b 处没有动作，**规定**在终止状态 $\boldsymbol{s}_T$ 的策略记作“: | $\boldsymbol{s}_T$”.

策略也有是否随时间变化的问题. 与时间无关的策略称为**平稳策略**. 否则，称为非平稳策略.

约定：如同当前学术领域普遍研究的一样，本书研讨的是平稳策略.

策略受到动作的影响，即在同一状态下可以采取不同的动作；策略还受到状态的影响，即不同状态下采取不同的动作，或者不同状态下采取同一动作. 因此，策略是状态和动作的函数：

$$策略 = f(状态，动作).$$

作为函数，策略分为确定性策略和随机性策略.

定义 8　确定性策略用如下数学关系式表示：

$$\mu : \mathcal{S} \to \mathcal{A} \text{ 或者 } \boldsymbol{a} = \mu(\boldsymbol{s}). \tag{1.18}$$

确定性策略说明，智能体在状态 $\boldsymbol{s}$ 采用唯一确定的动作 $\boldsymbol{a}$. 实际上，给定确定性策略 μ，就明确了状态与动作的关系 $\boldsymbol{a} = \mu(\boldsymbol{s})$. 也就是说，知道了确定性策略 μ 就知道了任何一个状态 $\boldsymbol{s}$ 下智能体应该怎么采取动作 $\boldsymbol{a}$.

定义 9　随机性策略是一个按状态给出的关于动作的条件概率分布：

$$\pi(\boldsymbol{a} \mid \boldsymbol{s}) = P(\boldsymbol{A} = \boldsymbol{a} \mid \boldsymbol{S} = \boldsymbol{s}). \tag{1.19}$$

式(1.19)通常写为

$$\boldsymbol{A} \sim \pi(\cdot \mid \boldsymbol{s}). \tag{1.19′}$$

随机性策略可以根据动作是连续的还是离散的进行分类. 离散动作对应的随机性策略称为 softmax **策略**. 连续动作对应的随机性策略常用高斯概率分布来描述，称为**高斯策略**. 高斯策略由高斯概率分布——**正态分布** $N(\bar{\mu}, \sigma^2)$来描述，因此，确定了均值 $\bar{\mu}$ 和标准差 σ 就确定了高斯策略.

可以把确定性策略看作随机性策略的一个特例，即概率全部集中在一个动作上：

$$\pi(\boldsymbol{a} \mid \boldsymbol{s})=\begin{cases}1, \mu(\boldsymbol{s})=\boldsymbol{a} \\ 0, \text{其他}\end{cases}.$$

约定：除非特别说明，记号 $\pi(\boldsymbol{a} \mid \boldsymbol{s})$不仅仅表示随机性策略，也包含极端情形——确定性策略；为行文简洁，也用记号 π 表示策略 $\pi(\boldsymbol{a} \mid \boldsymbol{s})$.

绝大多数情况下，强化学习算法一般使用随机性策略. 随机性策略的优点有：

(1) 智能体在学习时可以通过引入一定的随机性以更好地探索环境；

(2) 随机性策略的动作具有随机多样性，这一点在多个智能体博弈时也非常重要. 采用确定性策略的智能体总是对同样的状态做出相同的动作，会导致它的策略很容易被对手准确地预测，进而被针对.

1.2 马尔可夫决策过程

马尔可夫❶决策过程（Markov decision process, MDP）是一种数学框架，用于描述具有随机性和决策性的序贯决策问题，被广泛应用于强化学习问题的数学建模[5,6].

1.2.1 马尔可夫性质与转移概率

马尔可夫性质(Markov property)是概率论中的一个概念，也简称为**马尔可夫性**，是指当前时刻的状态 $\boldsymbol{S}_t$ 和奖励 R_t 仅与前一时刻的状态 $\boldsymbol{S}_{t-1}$ 和动作 $\boldsymbol{A}_{t-1}$ 有关，与其他历史时刻的状态和动作无直接关系.

按上述定义，马尔可夫决策过程的**状态转移概率**和**奖励概率**可表示如下：

$$P(\boldsymbol{S}_t \mid \boldsymbol{S}_{t-1}, \boldsymbol{A}_{t-1})=P(\boldsymbol{S}_t \mid \boldsymbol{S}_{t-1}, \boldsymbol{A}_{t-1}, \cdots, \boldsymbol{S}_0, \boldsymbol{A}_0) \tag{1.20}$$

和

$$P(R_t \mid \boldsymbol{S}_{t-1}, \boldsymbol{A}_{t-1})=P(R_t \mid \boldsymbol{S}_{t-1}, \boldsymbol{A}_{t-1}, \cdots, \boldsymbol{S}_0, \boldsymbol{A}_0). \tag{1.21}$$

应该认识到，不具有马尔可夫性质的实际问题比比皆是.例如：

(1) 当天的股票交易状态：与前 1 天、前 2 天乃至 10 天前的股价变化有关；

(2) 四足机器人某一时刻的行走状态：与前几个状态是否稳定都有一定关系.

注意：(1) 马尔可夫性质被应用于强化学习问题的重要原因之一，是它既可以简化问题又保留关键关系. 强化学习问题，本质上要求环境的下一个状态与之前的所有的历史信息（包括状态、动作和奖励）有关. 建立模型时采用马尔可夫性质假设，可以对实际问题进行简化，同时保留关键关系，利用环境的单步动态特性对当前状态的下一个状态进行预测. 因此，即便一些环境的状态不满足马尔可夫性质，强化学习问题也可以使用马尔可夫决策过程来建立模型并求解策略. 本书也采用这样的处理方式，应引起读者留意.

(2) 具有马尔可夫性质，并不表示这个随机变化的问题完全与历史信息没有关系. 因为虽然 t 时刻的状态只与 t−1 时刻的状态有关，但是 t−1 时刻的状态其实包含了 t−2 时刻的状态信息，通过这种链式的传导关系，历史的信息仍可被传递到“当前”.

---

❶ 安德雷·安德耶维齐·马尔可夫(Андрей Андреевич Марков，1856－1922)，俄国数学家，圣彼得堡科学院院士，开创了随机过程新领域，以他的名字命名的马尔可夫链在现代工程、自然科学和社会科学各个领域都有很广泛的应用.

1.2.2 轨迹、回合及经验转换样本

在绝大多数情况下，智能体与环境的交互会存在一个终止时间，其对应的状态称为**终止状态**.以一个终止状态为结束标志的智能体与环境的交互序列，我们称之为一个**回合(episode)**. 比如说，一场比赛、一局围棋对决、一次迷宫挑战等，都可以看作一个回合. 这种具有明确终止时间的任务，我们称之为**回合制任务(episodic tasks)**.

在有些情况下，一个任务没有明确的终止时间，而是需要无限地延伸下去. 如我们一生的学习和成长过程. 这种没有明确终止时间的任务我们称之为**连续性任务(continuing tasks)**. 对于连续性任务，我们可主观地将其划分为回合制任务.

约定：除非有特别说明，本书通常会将连续性任务划分为回合制任务来处理，即用含有“终止状态”的回合来研究强化学习问题.

如下的几个概念，在算法和程序中也是特别常见的.

定义 1 智能体与环境的交互序列

$$\mathrm{Tr}_T = \{\boldsymbol{s}_0, \boldsymbol{a}_0, r_1, \boldsymbol{s}_1, \boldsymbol{a}_1, r_2, \boldsymbol{s}_2, \boldsymbol{a}_2, \cdots, \boldsymbol{s}_{T\text{-}1}, \boldsymbol{a}_{T\text{-}1}, r_T, \boldsymbol{s}_T\} \tag{1.22}$$

称为智能体的一个**轨迹(trajectories)**. 其中，T 取有限正整数（对应回合制任务）或∞（对应连续性任务）.也就是说，轨迹是智能体由初始状态 $\boldsymbol{s}_0$ 按给定策略与环境交互至状态 $\boldsymbol{s}_T$ 的所有的状态值、动作值和奖励值的集合.

理论上，轨迹可看作是一个随机变量（实际上是随机向量）：

$$\mathrm{Tr}_T = \{ \boldsymbol{S}_0, \boldsymbol{A}_0, R_1, \boldsymbol{S}_1, \boldsymbol{A}_1, R_2, \boldsymbol{S}_2, \boldsymbol{A}_2, \cdots, \boldsymbol{S}_{T\text{-}1}, \boldsymbol{A}_{T\text{-}1}, R_T, \boldsymbol{S}_T\}. \tag{1.23}$$

如果智能体到达了 t 时间步，则轨迹 Tr_T 写为

$$\mathrm{Tr}_T = \{\boldsymbol{s}_0, \boldsymbol{a}_0, r_1, \boldsymbol{s}_1, \boldsymbol{a}_1, r_2, \boldsymbol{s}_2, \boldsymbol{a}_2, \cdots, \boldsymbol{s}_t, \boldsymbol{A}_t, R_{t+1}, \boldsymbol{S}_{t+1}, \cdots, \boldsymbol{S}_{T\text{-}1}, \boldsymbol{A}_{T\text{-}1}, R_T, \boldsymbol{S}_T\}.$$

即在 t 时间步前是智能体已经经过的状态值、已采取的动作值和已获得的奖励值

$$\{\boldsymbol{s}_0, \boldsymbol{a}_0, r_1, \boldsymbol{s}_1, \boldsymbol{a}_1, r_2, \boldsymbol{s}_2, \boldsymbol{a}_2, \cdots, \boldsymbol{s}_t \},$$

而在 t 时间步及其以后是智能体可能采取的动作和获得奖励，以及状态的随机变量

$$\{\boldsymbol{s}_t, \boldsymbol{A}_t, R_{t+1}, \boldsymbol{S}_{t+1}, \cdots, \boldsymbol{S}_{T\text{-}1}, \boldsymbol{A}_{T-1}, R_T, \boldsymbol{S}_T\}.$$

可见，回合可以是轨迹中的部分或全部. 例如，智能体到达 t 时间步的回合是

$$\{\boldsymbol{s}_0, \boldsymbol{a}_0, r_1, \boldsymbol{s}_1, \boldsymbol{a}_1, r_2, \boldsymbol{s}_2, \boldsymbol{a}_2, \cdots, \boldsymbol{s}_t\}, \quad t \leqslant T. \tag{1.24}$$

例 1.2.1 参考图 1-7，回答下列问题：

(1) 写出从状态 g 到终止状态 b 的一条轨迹；

(2) 写出从状态 g 到终止状态 b 的一个回合；

(3) 写出从状态 c1 到状态 p 的两个回合.

解 记 a_1=play, a_2=study, a_3=sleep, a_4=rest.于是 $r(\mathrm{g},a_2,\mathrm{c}_1)$表示从状态 g 采取动作 a_2 到达状态 c_1 的奖励.

(1) 从状态 g 到终止状态 b 的轨迹可以有多条，其中一条是：

$\{\mathrm{g}, a_1, r(\mathrm{g},a_1,\mathrm{g}), \mathrm{g}, a_2, r(\mathrm{g},a_2,\mathrm{c}_1), \mathrm{c}_1, a_2, r(\mathrm{c}_1,a_2,\mathrm{c}_2), \mathrm{c}_2, a_2, r(\mathrm{c}_2,a_2,\mathrm{p}), \mathrm{p}, a_3, r(\mathrm{p},a_3,\mathrm{b}), \mathrm{b}\}$.

(2) 从状态 g 到终止状态 b 的回合，可以取如上的轨迹作为回合.

(3) 从状态 c1 到状态 p 的两个回合：

$$\{c_1, a_2, r(c_1,a_2,c_2), c_2, a_2, r(c_2,a_2,p), p\}$$

或者

$$\{c_1, a_2, r(c_1,a_2,c_2), c_2, a_4, r(c_2,a_4,r), r, a_2, r(r,a_2,c_2), c_2, a_2, r(c_2,a_2,p), p\}.$$

注意：(1) 两个状态间的轨迹可以有多条，回合可以有多个，如例 1.2.1.

(2) 轨迹和回合都是随机向量，进而可以计算数学期望等数字特征.

(3) 回合中的第一个状态叫做初始状态. 初始状态常记作 $\boldsymbol{s}_0$ 或 $\boldsymbol{s}_1$,它是算法程序循环迭代的初始值，其状态值一般随机产生.

(4) 回合中的最后的状态 $\boldsymbol{s}_T$ 是算法程序循环迭代 1 个回合的终止状态. 其作用有两点：

① 如果到状态 $\boldsymbol{s}_T$ 实现了既定目标（如一次迷宫挑战到达目的地等），则该回合训练正常停止，智能体得到一个很丰厚的奖励值，如 $r_T=10$.

② 如果到状态 $\boldsymbol{s}_T$ 没有实现既定目标（如迷宫挑战中陷入陷阱等），该回合训练也可能停止，可以给智能体一个很严厉的惩戒，如 $r_T=-20$，令该回合终止，重新进行下一个回合的学习与训练.

上述①和②说明：终止状态不是固定的，不是唯一的，具有随机性.

(5) 在一个回合中，状态值的个数总比动作值或奖励值的个数多 1，其原因就在于此——在初始状态有动作而没有奖励，在终止状态没有动作而有奖励.

根据马尔可夫性质的假设，四元组

$$\{\boldsymbol{s}_t, \boldsymbol{a}_t, r_{t+1}, \boldsymbol{s}_{t+1}\},\quad t=0,1,2,\cdots,T-1$$

是轨迹 Tr_T 的最小功能性单元，体现了智能体从状态 $\boldsymbol{s}_t$ 到状态 $\boldsymbol{s}_{t+1}$、执行动作 $\boldsymbol{a}_t$ 而获得奖励 r_{t+1} 的经验.

定义 2 称四元组

$$\{\boldsymbol{S}, \boldsymbol{A}, R, \boldsymbol{S}'\} \text{或} \{\boldsymbol{S}_t, \boldsymbol{A}_t, R_{t+1}, \boldsymbol{S}_{t+1}\},\quad t=0,1,2,\cdots,T-1 \tag{1.25}$$

为**经验转换样本**.

数学上，称它们的观测值

$$\{\boldsymbol{s}, \boldsymbol{a}, r, \boldsymbol{s}'\} \text{或} \{\boldsymbol{s}_t, \boldsymbol{a}_t, r_{t+1}, \boldsymbol{s}_{t+1}\},\quad t=0,1,2,\cdots,T-1 \tag{1.26}$$

为**经验转换样本值**. 习惯上，也简称其为**经验转换样本**.

在后续深度强化学习算法中可以看到，经验转移样本可以解决样本相关性的问题，参见第 6.2.1 节.

考虑式(1.23)中的状态和动作，反复利用概率乘法公式和马尔可夫性质，可以得到轨迹的概率

$$P(\mathrm{Tr}_T)=P(\boldsymbol{S}_0)\prod_{i=0}^{T-1}P(\boldsymbol{A}_i\mid\boldsymbol{S}_i)P(\boldsymbol{S}_{i+1}\mid\boldsymbol{S}_i,\boldsymbol{A}_i)\,. \tag{1.27}$$

轨迹 Tr_T 的概率 $P(\mathrm{Tr}_T)$，描述了智能体在状态 $\boldsymbol{S}_0,\boldsymbol{S}_1,\boldsymbol{S}_2,\cdots,\boldsymbol{S}_{T-1}$ 下分别采取动作 $\boldsymbol{A}_0, \boldsymbol{A}_1, \boldsymbol{A}_2,\cdots, \boldsymbol{A}_{T-1}$ 的概率大小.

1.2.3 回报及折现率

式(1.27)计算了轨迹 Tr_T 的概率. 下面考虑回合

$$\{\boldsymbol{S}_t, \boldsymbol{A}_t, R_{t+1}, \boldsymbol{S}_{t+1}, \boldsymbol{A}_{t+1}, R_{t+1}, \cdots, \boldsymbol{S}_{T-1}, \boldsymbol{A}_{T-1}, R_T, \boldsymbol{S}_T\}$$

的奖励.

应该注意到：首先，一个好的智能体不应该只关注于当前时刻的奖励，而应该更关注于未来的多个时间步奖励的累加，这就好比下棋不是只关心吃掉对方的一个棋子，而是要赢得这局比赛；其次，一个好的智能体不应该只在一个回合中获得最高的累计奖励，而是应该能够在很多回合中获得最高的累计奖励，这类似于一个好的选手不应该只是在一场比赛中取得胜利，而是应该在很多场比赛中获胜，这样才更有说服力.

为此，引入折现回报这一重要概念.

定义 3 定义**折现回报(discounted return)**

$$G_t = R_{t+1} + \gamma R_{t+2} + \gamma^2 R_{t+3} + \cdots = \sum_{k=t+1}^{T} \gamma^{k-t-1} R_k, \quad t = 0,1,2,\cdots,T-1. \tag{1.28}$$

其中，T 取有限正整数或∞；$\gamma \in [0,1]$为一常数，被称为**折现率或折扣系数**[1]. 数学上要求 T 取∞和 $\gamma=1$ 不能同时成立，否则式(1.28)无限次求和可能发散. 折现回报常简称为**回报(return).**

在回合的终止时间 $t=T$，**规定** $G_T=0$.

折扣系数 γ 的**作用**是：反映未来时刻的奖励对当前智能体的影响大小. γ 越接近于 1，表示未来时刻的奖励对当前智能体的影响越大，进而说明决策者更关注长期利益对当前的影响；γ 越接近于 0，表示未来时刻的奖励对当前智能体的影响越小，进而说明决策者更关注眼前的利益.

分析式(1.28)可知，如果只关注当前时间步的回报，则 $G_t=R_{t+1}$；如果关注未来 1 步的回报，则 $G_t=R_{t+1}+\gamma R_{t+2}$，即把 $t+2$ 时间步的奖励 R_{t+2} 折现成 γR_{t+2}，再与 $t+1$ 时间步的奖励 R_{t+1} 累加（即 $R_{t+1}+\gamma R_{t+2}$）；如果关注未来 n(设 $n+t-1 \leqslant T$)步的回报，常记作 $G_t(n)$，则

$$G_t(n) = R_{t+1} + \gamma R_{t+2} + \gamma^2 R_{t+3} + \cdots + \gamma^n R_{t+n-1}. \tag{1.29}$$

回报，是强化学习中非常独特的一个概念. 回报 G_t 的作用是，**反映未来的总的奖励效果对当前的影响及其影响程度**. 这非常符合人类做出决策的心理和愿望——总是追求最大的回报 $\max G_t$.

对于满足条件 $0<\gamma<1$ 的折扣系数 γ，由几何级数的理论可知：

$$\lim_{k\to\infty} \sum_{k=0}^{\infty} \gamma^k = \frac{1}{1-\gamma}. \tag{1.30}$$

因此，再利用奖励的有界性假设，可以得到无限时间步的回报 G_t 在 $0 \leqslant \gamma < 1$ 条件下取有限值. 这样，在考虑无限多的时间步的奖励问题时，对式(1.28)的求解也是可行的.

此外，为便于计算和编写程序，回报可以表示为如下的**递推形式：**

$$G_t = R_{t+1} + \gamma R_{t+2} + \gamma^2 R_{t+3} + \cdots = R_{t+1} + \gamma G_{t+1},$$

---

[1] 有些文献用 $G_t = R_t + \gamma R_{t+1} + \cdots$，即从 R_t 开始累加，而不是从 R_{t+1} 开始累加. 在阅读文献时需特别注意. 这些差异并不影响结果.

即

$$G_t = R_{t+1} + \gamma G_{t+1}, \quad t = 0,1,2,\cdots, T-1. \tag{1.31}$$

式中，G_t 的下标 t 表示回合开始的时间步.

例 1.2.2 假设 $\gamma = 0.5$，计算图 1-7 中的从状态 c_1 到状态 p 的两个回合的回报：

解 由图 1-7 可知，从状态 c_1 到状态 p 的回合有：

$\{c_1,a_2,r(c_1,a_2,c_2),c_2,a_2,r(c_2,a_2,p),p\}$ 或者 $\{c_1,a_2,r(c_1,a_2,c_2),c_2,a_4,r(c_2,a_4,r),r,a_2,r(r,a_2,c_2),c_2,a_2,r(c_2,a_2,p),p\}$

第 1 个回合的回报 $G = r(c_1,a_2,c_2)+0.5\times r(c_2,a_2,p)=1+0.5\times 1=1.5$;

第 2 个回合的回报
$$\begin{aligned} G &= r(c_1,a_2,c_2)+0.5\times r(c_2,a_4,r)+ 0.5^2\times r(r,a_2,c_2)+0.5^3\times r(c_2,a_2,p) \\ &= 1+0.5\times(-1)+0.5^2\times 1+0.5^3\times 1 \\ &= 0.875. \end{aligned}$$

可见，具有相同初始状态和终止状态的两个不同回合的回报有多有少，这个结论对轨迹也成立. 强化学习的目标是找出回报最大的轨迹，进而确定出回报最大的策略. 换句话说，智能体在各个状态按照回报最大的策略执行动作，实现特定的目标.

例 1.2.3 假设 $\gamma=0.9$，对于奖励首项 $R_1=2$，$R_2=R_3=\cdots=7$，且有无限多个循环的轨迹，计算回报 G_0 和 G_1：

解 根据式(1.28)的定义，$G_0=R_1+\gamma R_2+\gamma^2 R_3+\cdots$. 将 $R_1=2$，$R_2=R_3=\cdots=7$， $\gamma=0.9$ 代入，得到

$$\begin{aligned} G_0 &= 2+ 0.9\times 7 + (0.9)^2\times 7 +(0.9)^3\times 7+\cdots \\ &= 2+7\times 0.9\times[1 + 0.9+(0.9)^2+\cdots] \\ &= 2+7\times 0.9\times \left(\frac{1}{1-0.9}\right) \\ &= 65. \end{aligned}$$

同理可得，$G_1=70$. 当然，也可根据递推关系式（1.31）求得 G_1.

1.2.4 马尔可夫决策过程的数学记号及其含义

马尔可夫决策过程的数学记号，常用六元组[1]

$$\{\mathcal{S}^+, \mathcal{A}, \mathcal{P}, \mathcal{R}, \gamma, \rho_0\} \tag{1.32}$$

表示.

在式(1.32)中，各元的含义如下：

(1) $\mathcal{S}^+$ (state space)：是非空的状态空间$\mathcal{S}^+=\{\boldsymbol{s}\}$，常称为**状态空间**. $\mathcal{S}$ 表示状态空间$\mathcal{S}^+$去掉终止状态的子集，常称为**无终点状态空间**.

(2) $\mathcal{A}$ (action space)：是非空的动作空间$\mathcal{A}=\{\boldsymbol{a}\}$.

(3) $\mathcal{P}$ (state transition probability matrix)：依据实际应用问题不同，对于低维度的有限的状态空间，建立数学模型时常用式(1.2)描述一个状态到另一个状态的转移概率，即

[1] 有些文献用四元组$\{\mathcal{S}, \mathcal{A}, \mathcal{P}, \mathcal{R}\}$，也有用五元组$\{\mathcal{S}, \mathcal{A}, \mathcal{P}, \mathcal{R}, \gamma\}$. 这些差别不影响强化学习的最终结果.

$$\mathcal{P}=\begin{bmatrix} p(s_1 \mid s_1)\ p(s_1 \mid s_2) \cdots p(s_1 \mid s_n) \\ p(s_2 \mid s_1)\ p(s_2 \mid s_2) \cdots p(s_2 \mid s_n) \\ \vdots \\ p(s_n \mid s_1)\ p(s_n \mid s_2) \cdots p(s_n \mid s_n) \end{bmatrix},$$

其中，n 是状态个数.

对于高维度的或者连续状态空间，常用记号

$$p(\boldsymbol{s}' \mid \boldsymbol{s},\boldsymbol{a})\text{或 } p(\boldsymbol{s}_{t+1} \mid \boldsymbol{s}_t,\boldsymbol{a}_t)$$

表示智能体在状态 $\boldsymbol{s}$ 采用动作 $\boldsymbol{a}$ 条件下转移到 $\boldsymbol{s}'$的状态转移概率.

(4) $\mathcal{R}$(reward)：是非空的奖励空间，$\mathcal{R}=\{r\}$.

(5) γ(discount factor)：表示未来奖励对当前奖励价值的折现程度.

(6) ρ_0(distribution of the initial state)：初始状态是一个随机变量. 通过初始状态的不断变化，来提升智能体适应环境的能力. ρ_0 表示初始状态服从的概率分布. 有些问题的初始状态是固定的，或者说服从 0~1 分布. 例如，迷宫逃脱问题的初始状态就是固定的，每个回合的训练都从"入口"（初始状态）开始. 许多问题的初始状态要求随机产生，通常取初始状态服从均匀分布. 例如，推车竖杆平衡系统和机器人快速稳定行走问题，它们的初始状态要求随机产生. 设想一下，如果初始状态总是固定在某一处，这样训练出来的智能体显然无法适应"新"的环境.

例 1.2.4 如图 1-7 所示，写出例 1.1.2 中的马尔可夫决策过程的六元组：

(1) 状态空间$\mathcal{S}^+=\{s\}$；

(2) 动作空间$\mathcal{A}=\{a\}$；

(3) 状态转移概率矩阵$\mathcal{P}$；

(4) 奖励 $r(s,a,s')$；

(5) 折扣系数 γ；

(6) 初始状态分布 ρ_0.

解：(1) 状态空间$\mathcal{S}^+=\{\text{g}, \text{c}_1, \text{c}_2, \text{p}, \text{b}, \text{r}\}$，共有 6 个状态.

(2) 动作空间$\mathcal{A}=\{\text{play, study, sleep, rest}\}$，共有 4 个动作.

(3) 状态转移概率矩阵：见例 1.1.3 式(1.3)，或表 1-1.

(4) 记号 $r(s,a,s')$ 是指智能体在状态 s 采取动作 a 转移到 s' 得到的奖励. 所有结果如表 1-1 所示.

表 1-1 各个状态与动作的状态转移概率 $p(s'\mid s,a)$ 和奖励 $r(s,a,s')$

s	a	s'	$p(s'\mid s,a)$	$r(s,a,s')$
g	a_1	g	0.9	−1
g	a_2	c_1	0.1	1
c_1	a_1	g	0.3	−1
c_1	a_2	c_2	0.7	1
c_2	a_2	p	0.6	1
c_2	a_3	b	0.3	0
c_2	a_4	r	0.1	−1
r	a_2	c_2	0.9	1

续表

s	a	s'	$p(s' \mid s,a)$	$r(s,a,s')$
r	a_2	c_1	0.1	1
p	a_3	b	1	10
b				

其中，a_1、a_2、a_3和a_4分别表示动作 play、study、sleep 和 rest.

(5) 折扣系数 γ 根据实际问题人为设定. 在例 1.1.2 中，如果智能体考虑长远利益，可以设置 γ=0.95；如智能体考虑即时利益，可以设置 γ=0.2 等.

(6) 本例的初始状态，就是校园活动最先开始的地方. 本例没有明确给出初始状态概率分布 ρ_0. 实际上，初始状态的概率分布 ρ_0 通常取均匀分布，也就是本例的 6 个状态都可以按照服从均匀分布随机地被当作初始状态.

状态转移概率 $p(\boldsymbol{s}' \mid \boldsymbol{s},\boldsymbol{a})$和奖励概率 $p(r \mid \boldsymbol{s},\boldsymbol{a})$称为马尔可夫决策过程的**系统模型**或者**系统动态特性**. 根据状态转移概率和奖励概率是否已知以及是否利用它们，强化学习算法分为有模型和无模型两种类型. 利用状态转移概率或奖励概率的算法叫做**有模型**(model-based)**的算法**，不利用状态转移概率和奖励概率的算法叫做**无模型**(model-off)**的算法**.

有模型算法的优缺点：需要对环境进行建模，找到状态转移概率和奖励概率，然后再利用这个模型做出动作规划或者策略选择. 对许多实际问题建模往往是非常困难的，有些问题也难以建模，故有模型的算法在实际应用上受到非常多的制约.

无模型算法的优缺点：可免于对环境建模，直接通过和环境交互学习到一个策略，在众多实验场景和游戏环境上已经取得了很多的成果. 但是，无模型需要数据，即需要大量和环境的交互数据，因而计算效率比较低下.

1.3 强化学习的基本函数

在强化学习算法中，常用的基本函数包括：目标函数、状态价值函数、动作价值函数.

1.3.1 目标函数及其作用

由于动作和状态转移都具有随机性，由式(1.6)和式(1.28)可知，回报 G_t 是一个随机变量.

定义 1　称

$$J_\pi = E_\pi[G_t] \tag{1.33}$$

是基于策略 π 的目标函数，一般简称 J_π 是策略 π 的目标函数.

目标函数的作用：J_π 可用于求解“最好的”策略 π，使得智能体尽可能获得最大回报（即 $\max\limits_{\pi} J_\pi$）.

1.3.2 状态价值函数及其作用

策略 π 的目标函数 J_π 反映了智能体从 t 时刻起采用策略 π 受到未来时刻的奖励累加

和 G_t 的总影响，这个目标函数还没有关注到状态对回报的影响关系. 因此，应该考察在状态 $\boldsymbol{s}$ 出发的条件下，智能体追求回报 G_t 的最大化问题.

定义 2 策略 π 的状态价值函数定义为

$$V_\pi(\boldsymbol{s}) = E_\pi[G_t \mid \boldsymbol{S}_t = \boldsymbol{s}], \quad \forall \boldsymbol{s} \in \mathcal{S}. \tag{1.34}$$

在终止状态 s_T 处，规定

$$V_\pi(\boldsymbol{s}_T) = 0. \tag{1.35}$$

状态价值函数 $V_\pi(\boldsymbol{s})$常简称为 V **值函数**.

显然，策略 π 的状态价值函数 $V_\pi(\boldsymbol{s})$是目标函数 J_π 的进一步改进.

将式(1.28)代入式(1.34)，得到如下常用的形式：

$$V_\pi(\boldsymbol{s}) = E_\pi[R_{t+1} + \gamma R_{t+2} + \gamma^2 R_{t+3} + \cdots \mid \boldsymbol{S}_t = \boldsymbol{s}], \forall \boldsymbol{s} \in \mathcal{S}. \tag{1.36}$$

$V_\pi(\boldsymbol{s})$的作用：智能体在执行当前策略 π 时，衡量智能体处在状态 $\boldsymbol{s}$ 时获得回报的价值大小. 式(1.34)给出了求解“最好的”策略 π 的途径，使得在状态 $\boldsymbol{s}$ 处获得的折现回报是 $\max\limits_{\pi} V_\pi(\boldsymbol{s})$. 参见第 5.2.2 节.

例 1.3.1 由例 1.1.5 得到各个状态的奖励，如图 1-8 所示. 给定 $\gamma = 0.9$ 和状态转移概率矩阵$\mathcal{P}$[参见式(1.3)]，计算状态 c_2 的价值函数 $V_\pi(c_2)$[3].

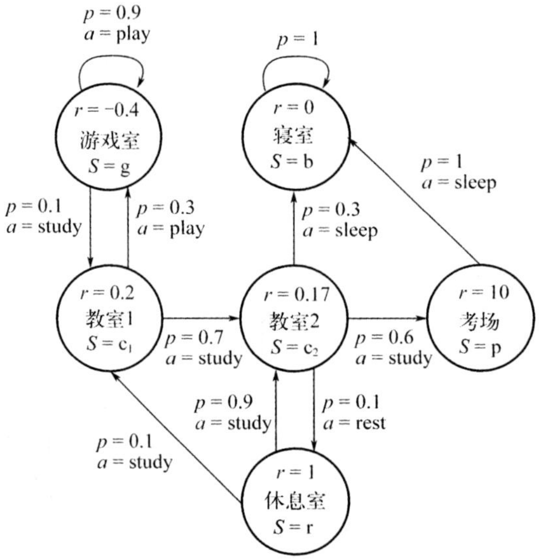

图 1-8 校园学生活动状态及其奖励

解 计算以 c_2 为初始状态的各个回合的回报 G_t:

对于回合(c_2, b)，则 G_t=0.17+0.9×0=0.17；

对于回合(c_2, p, b)，则 G_t=0.17+0.9×10+0.9^2×0=9.17；

对于回合(c_2, r, c_2, p, b)，则 G_t=0.17+0.9×1+0.9^2×0.17+0.9^3×10+0.9^4×0=8.5；

对于回合(c_2, r, c_1, c_2, b)，则 G_t=1.35.

对于回合(c_2,r,c_1,c_2,p,b)，则 G_t=7.91.

上述只是取一个有 5 个样本值的样本，以 c_2 为初始状态的回合还有几条，这里从略.

计算状态价值函数 $V_\pi(\boldsymbol{s}) = E_\pi[G_t \mid \boldsymbol{S}_t = \boldsymbol{s}]$就是计算数学期望——均值.

根据式(1.34)，计算如上的样本均值：

$$V_\pi(c_2)\approx(0.17+9.17+8.5+1.35+7.91)/5=5.42.$$

$V_\pi(c_2)=5.42$ 就是对状态 c_2 的价值衡量（由于没有计算全部回合的回报 G_t，这里 5.42 是 $V_\pi(c_2)$的近似值）.

利用式(1.68)可以精确计算 $V_\pi(\boldsymbol{s})$，得到：$V_\pi(g) = -0.21$，$V_\pi(c_1) = 4.01$，$V_\pi(c_2) = 6.14$，$V_\pi(r) = 6.33$，$V_\pi(p) = 10$，$V_\pi(b) = 0$.

给定这些状态价值函数 $V_\pi(s)$值——期望回报，一个最理想的智能体策略，是每一步都往期望回报更高的状态移动. 这样所采取的动作就是最大化期望回报的动作.

可见，此环境下的最优策略是：

$$\text{study}|\text{g}\rightarrow\text{study}|\text{c}_1\rightarrow\text{study}|\text{c}_2\rightarrow\text{sleep}|\text{p}\rightarrow\ :\ |\text{b}.$$

注意：(1) $V_\pi(\boldsymbol{s})$是状态 $\boldsymbol{s}$ 的函数，这里是对状态空间 $\mathcal{S}$ 中任意的 $\boldsymbol{s}$ 定义的，规定在终止状态 $\boldsymbol{s}_T$ 处 $V_\pi(\boldsymbol{s}_T) = 0$;

(2) $V_\pi(\boldsymbol{s})$也是策略 π 的函数 $V(\boldsymbol{s}, \pi)$，为后续课程用的记号简明起见记作 $V_\pi(\boldsymbol{s})$.

1.3.3 动作价值函数及其作用

进一步地，在策略 π 的状态价值函数 $V_\pi(\boldsymbol{s})$的定义中，深入考虑动作 $\boldsymbol{a}$ 对回报 G_t 的影响作用.

定义 3 策略 π 的动作价值函数是指

$$Q_\pi(\boldsymbol{s}, \boldsymbol{a}) = E[G_t \mid \boldsymbol{S}_t = \boldsymbol{s}, \boldsymbol{A}_t = \boldsymbol{a}],\ \ \forall \boldsymbol{s}\in\mathcal{S}, \forall \boldsymbol{a}\in\mathcal{A}. \tag{1.37}$$

在终止状态 $\boldsymbol{s}_T$ 处，规定：

$$Q_\pi(\boldsymbol{s}_T,:) = 0. \tag{1.38}$$

一些文献通常称 $Q_\pi(\boldsymbol{s}, \boldsymbol{a})$为**基于策略 π 的状态-动作价值函数**，常简称为 **Q 值函数**.

策略 π 的动作价值函数 $Q_\pi(\boldsymbol{s}, \boldsymbol{a})$也是目标函数 J_π 的进一步改进.

将式(1.28)代入式(1.37)，得到如下常用的形式：

$$Q_\pi(\boldsymbol{s}, \boldsymbol{a}) = E[R_{t+1} + \gamma R_{t+2} + \gamma^2 R_{t+3} + \cdots \mid \boldsymbol{S}_t = \boldsymbol{s}, \boldsymbol{A}_t = \boldsymbol{a}],\ \ \forall \boldsymbol{s}\in\mathcal{S}, \forall \boldsymbol{a}\in\mathcal{A}. \tag{1.39}$$

$Q_\pi(\boldsymbol{s}, \boldsymbol{a})$的作用：智能体在执行策略 π 时，衡量智能体在状态 $\boldsymbol{s}$ 时采取动作 $\boldsymbol{a}$ 获得回报的价值大小. 式(1.37)给出了求解“最好的”策略 π 的途径，使得智能体在状态 $\boldsymbol{s}$ 处采取动作 $\boldsymbol{a}$ 而获得的回报是 $\max\limits_{\pi} Q_\pi(\boldsymbol{s}, \boldsymbol{a})$. 参见第 2.3.2 节.

1.3.4 $V_\pi(s)$与 $Q_\pi(s, a)$的互相表示关系

常用回溯图分析状态 $\boldsymbol{s}$、动作 $\boldsymbol{a}$ 和下一个状态 $\boldsymbol{s}'$ 的逻辑关系，如图 1-9 所示.

在图 1-9 中，空心圆圈代表状态 $\boldsymbol{s}$，对于给定的策略 π，存在策略 π 的状态价值函数 $V_\pi(\boldsymbol{s})$. 实心圆圈代表动作 $\boldsymbol{a}$，对于给定的策略 π，存在策略 π 的动作价值函数 $Q_\pi(\boldsymbol{s}, \boldsymbol{a})$. 从状态 $\boldsymbol{s}$ 出发，智能体采取哪一个动作 $\boldsymbol{A}$ 是随机的，假设动作随机变量 $\boldsymbol{A}$ 服从概率分布

$$\boldsymbol{A} \sim \pi(\boldsymbol{a} \mid \boldsymbol{s}).$$

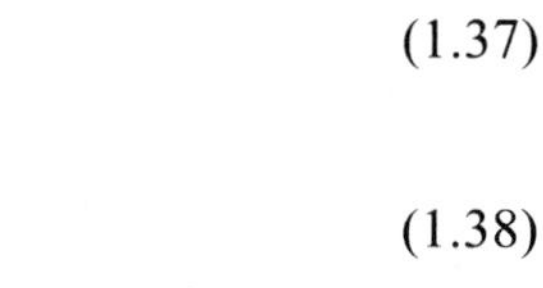

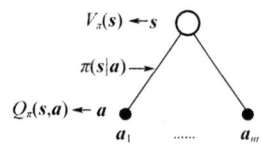

图 1-9 $V_\pi(s)$和 $Q_\pi(s, a)$的逻辑关系

由式(1.34)和条件数学期望的定义，得到如下定理.

定理 1　由策略 π 的动作价值函数 $Q_\pi(\boldsymbol{s}, \boldsymbol{a})$表示状态价值函数 $V_\pi(\boldsymbol{s})$的关系是：

$$V_\pi(\boldsymbol{s}) = \pi(\boldsymbol{a}_1|\ \boldsymbol{s})\ Q_\pi(\boldsymbol{s}, \boldsymbol{a}_1) + \pi(\boldsymbol{a}_2|\ \boldsymbol{s})\ Q_\pi(\boldsymbol{s}, \boldsymbol{a}_2) + \ \cdots\ + \pi(\boldsymbol{a}_m|\ \boldsymbol{s})\ Q_\pi(\boldsymbol{s}, \boldsymbol{a}_m),\ \ \forall \boldsymbol{s} \in \mathcal{S}^+. \tag{1.40}$$

其中，m 表示在状态 s 的动作个数.

式(1.40)一般称为**由 $Q_\pi(\boldsymbol{s}, \boldsymbol{a})$表示 $V_\pi(\boldsymbol{s})$的基本关系式**. 其还有如下 3 种形式：

(1) 求和或积分形式：

对于离散动作 $\boldsymbol{A}$，式(1.40)简写成求和形式：

$$V_\pi(\boldsymbol{s}) = \sum_{\boldsymbol{a} \in \mathcal{A}(\boldsymbol{s})} \pi(\boldsymbol{a} \mid \boldsymbol{s}) Q_\pi(\boldsymbol{s}, \boldsymbol{a}), \forall \boldsymbol{s} \in \mathcal{S}^+. \tag{1.40′}$$

对于连续动作 $\boldsymbol{A}$，式(1.40)写成积分形式：

$$V_\pi(\boldsymbol{s}) = \int_{-\infty}^{\infty} \pi(\boldsymbol{a} \mid \boldsymbol{s}) Q_\pi(\boldsymbol{s}, \boldsymbol{a}) \mathrm{d}\boldsymbol{a}, \forall \boldsymbol{s} \in \mathcal{S}^+. \tag{1.41}$$

(2) 数学期望形式：

$$V_\pi(\boldsymbol{s}) = E_{\boldsymbol{A} \sim \pi(\cdot|\boldsymbol{s})}[Q_\pi(\boldsymbol{s}, \boldsymbol{A})], \forall \boldsymbol{s} \in \mathcal{S}^+. \tag{1.42}$$

上述 4 种形式各有其特点和用途：式(1.40)的基本形式含义清晰明了，常用于算法和程序的迭代计算；式(1.40′)和式(1.41)的求和或积分形式记号书写紧凑，但理解有一定难度，常用蒙特卡洛方法作近似计算；式(1.42)的数学期望形式记号含义丰富，准确理解它的含义更有难度，但数学期望 $E_{\boldsymbol{A} \sim \pi(\cdot|\boldsymbol{s})}$ 包含了离散动作和连续动作两种情形，常用于算法的理论分析及学术论文写作，也可用蒙特卡洛方法作近似计算. 这 4 种书写形式，后续课程会多处用到，应引起读者的特别重视.

注意：式(1.42) $V_\pi(\boldsymbol{s}) = E_{\boldsymbol{A} \sim \pi(\cdot|\boldsymbol{s})}[Q_\pi(\boldsymbol{s}, \boldsymbol{A})]$ 揭示了两个价值函数 $V_\pi(\boldsymbol{s})$ 和 $Q_\pi(\boldsymbol{s}, \boldsymbol{a})$ 的关系：$V_\pi(\boldsymbol{s})$ 是 $Q_\pi(\boldsymbol{s}, \boldsymbol{A})$ 的"数学期望". 换句话说，$Q_\pi(\boldsymbol{s}, \boldsymbol{A})$ 的均值是 $V_\pi(\boldsymbol{s})$. 在后续的算法中，将利用

$$A_\pi(\boldsymbol{s}, \boldsymbol{a}) = Q_\pi(\boldsymbol{s}, \boldsymbol{a}) - E_{\boldsymbol{A} \sim \pi(\cdot|\boldsymbol{s})}[Q_\pi(\boldsymbol{s}, \boldsymbol{A})] = Q_\pi(\boldsymbol{s}, \boldsymbol{a}) - V_\pi(\boldsymbol{s})$$

提出优势函数的概念，参见第 7.2.2 节.对此，应引起读者的重视.

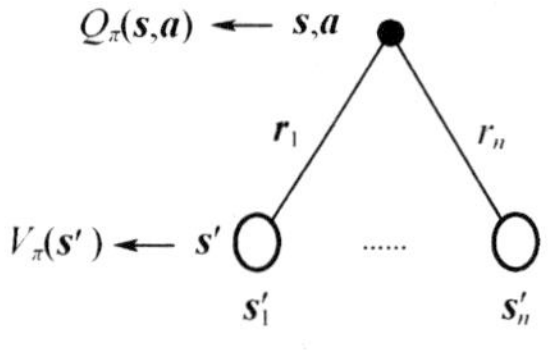

图 1-10　$V_\pi(\boldsymbol{s}')$和 $Q_\pi(\boldsymbol{s}, \boldsymbol{a})$ 的逻辑关系

上面推导了由 $Q_\pi(\boldsymbol{s},\boldsymbol{a})$表示 $V_\pi(\boldsymbol{s})$的关系式. 下面推导由 $V_\pi(\boldsymbol{s}')$表示 $Q_\pi(\boldsymbol{s}, \boldsymbol{a})$的关系式.

如图 1-10 所示. 实心圆圈代表状态-动作对<$\boldsymbol{s}, \boldsymbol{a}$>，空心圆圈代表状态 $\boldsymbol{s}'$，对于给定的策略 π，存在策略 π 的动作价值函数 $Q_\pi(\boldsymbol{s}, \boldsymbol{a})$和状态价值函数 $V_\pi(\boldsymbol{s}')$. 智能体采取动作 $\boldsymbol{a}$，到达下一个状态 $\boldsymbol{s}'$是随机的，进而得到的即时奖励 R 也是随机的.

利用折扣系数 γ，由 $V_\pi(\boldsymbol{s}')$表示 $Q_\pi(\boldsymbol{s}, \boldsymbol{a})$的关系有如下定理.

定理 2　由 $V_\pi(\boldsymbol{s}')$表示 $Q_\pi(\boldsymbol{s}, \boldsymbol{a})$的关系是：

$$Q_\pi(\boldsymbol{s}, \boldsymbol{a}) = [p(r_1|\boldsymbol{s},\boldsymbol{a})r_1 + \gamma p(\boldsymbol{s}_1' \mid \boldsymbol{s}, \boldsymbol{a}) V_\pi(\boldsymbol{s}_1')] + [\,p(r_2|\boldsymbol{s},\boldsymbol{a})r_2 + \gamma p(\boldsymbol{s}_2' \mid \boldsymbol{s}, \boldsymbol{a}) V_\pi(\boldsymbol{s}_2')] + \cdots$$
$$+[\,p(r_n|\boldsymbol{s},\boldsymbol{a})r_n + \gamma p(\boldsymbol{s}_n' \mid \boldsymbol{s}, \boldsymbol{a}) V_\pi(\boldsymbol{s}_n')],\ \ \forall \boldsymbol{s} \in \mathcal{S}, \forall \boldsymbol{a} \in \mathcal{A}. \tag{1.43}$$

其中，n 表示状态 s' 的个数.

式(1.43)一般称为由 $V_\pi(s')$**表示** $Q_\pi(s, a)$**的基本关系式.**

利用式(1.9)，式(1.43)缩写为

$$Q_\pi(s,a) = r(s,a) + \gamma\sum_{s'\in\mathcal{S}^+} p(s' \mid s,a)V_\pi(s'). \tag{1.43'}$$

注意：不论是由 $Q_\pi(s, a)$表示 $V_\pi(s)$的关系式[式(1.40)到式(1.42)]，还是由 $V_\pi(s')$表示 $Q_\pi(s, a)$的关系式[式(1.43)和式(1.43′)]，在后面的深度强化学习算法中，经常用二者中的一项替换另一项，以建立不同的算法，比较几个算法的优势.

1.4 贝尔曼方程理论

贝尔曼方程(Bellman equation)在强化学习中扮演着桥梁的角色，它将最优性原理、动态规划和迭代算法等概念和方法相互连接起来，为强化学习问题的建模、求解和算法设计提供了理论基础，并推动了强化学习领域的发展.

1.4.1 Bellman 方程及其作用

根据定义 $V_\pi(s) = E[G_t \mid S_t = s]$，得到 $V_\pi(s') = E[G_{t+1} \mid S_{t+1} = s']$. 相邻时间步的状态价值函数 $V_\pi(s)$与 $V_\pi(s')$之间有什么关系呢？

引理　在各自运算有意义的条件下，成立：

$$(1)\ \ E[G_{t+1} \mid S_t = s] = \sum_{s'\in\mathcal{S}^+} E[G_{t+1} \mid S_t = s, S_{t+1} = s']p(s' \mid s)\ ; \tag{1.44}$$

$$(2)\ \ E[G_{t+1} \mid S_t = s, S_{t+1} = s'] = E[G_{t+1} \mid S_{t+1} = s']. \tag{1.45}$$

证明　(1)
$$\begin{aligned}\sum_{s'\in\mathcal{S}^+} E[G_{t+1} \mid S_t = s, S_{t+1} = s']p(s' \mid s) &= \sum_{s'\in\mathcal{S}^+}[\sum_x p(G_{t+1} \mid s, s')x]p(s' \mid s)\\ &= \sum_x[\sum_{s'\in\mathcal{S}^+} p(G_{t+1} \mid s, s')p(s' \mid s)]x\\ &= \sum_x p(G_{t+1} \mid s)x\\ &= E[G_{t+1} \mid S_t = s].\end{aligned}$$

在上面的证明中，第 1 个等号是利用条件数学期望的定义，第 2 个等号是加法交换律，第 3 个等号是利用条件概率的全概率公式，最后等号是利用条件数学期望的定义.

(2) 根据马尔可夫性质式(1.20)可知，G_{t+1} 只与当前状态 s'有关，与历史状态 s 无关. 因此，可以去掉条件 s，得证(2)结论成立.

上面的证明是离散型随机变量的情形. 连续型随机变量情形的证明类似.

如下的定理 1 揭示了状态价值函数 $V_\pi(s)$与 $V_\pi(s')$之间的关系.

定理 1　状态价值函数 $V(s)$**的递推关系是：**

$$V_\pi(s) = \sum_{a\in\mathcal{A}}\pi(a \mid s)\sum_{r\in\mathcal{R}} p(r \mid s,a)r + \gamma\sum_{a\in\mathcal{A}}\pi(a \mid s)\sum_{s'\in\mathcal{S}^+} p(s' \mid s,a)V_\pi(s')\ ,\quad \forall s\in\mathcal{S}\ , \tag{1.46}$$

或者

$$V_\pi(\boldsymbol{s}) = \sum_{\boldsymbol{a}\in\mathcal{A}} \pi(\boldsymbol{a} \mid \boldsymbol{s})[r(\boldsymbol{s},\boldsymbol{a}) + \gamma \sum_{\boldsymbol{s}'\in\mathcal{S}^+} p(\boldsymbol{s}' \mid \boldsymbol{s},\boldsymbol{a}) V_\pi(\boldsymbol{s}')] \quad , \quad \forall \boldsymbol{s} \in \mathcal{S} \text{ ,} \tag{1.46'}$$

亦或

$$V_\pi(\boldsymbol{s}) = r(\boldsymbol{s}) + \gamma \sum_{\boldsymbol{s}'\in\mathcal{S}^+} p(\boldsymbol{s}' \mid \boldsymbol{s}) V_\pi(\boldsymbol{s}') \text{ ,} \quad \forall \boldsymbol{s} \in \mathcal{S} \text{ .} \tag{1.46''}$$

式(1.46)称为**状态价值函数贝尔曼方程(Bellman expectation equation)**.

证明 对于任意的$\forall \boldsymbol{s} \in \mathcal{S}$，$V_\pi(\boldsymbol{s})$和$V_\pi(\boldsymbol{s}')$都有意义. 下面推理分析状态价值函数的递推关系：

$$\begin{aligned}
V_\pi(\boldsymbol{s}) &= E\,[G_t \mid \boldsymbol{S}_t = \boldsymbol{s}] \\
&= E\,[R_{t+1} + \gamma R_{t+2} + \gamma^2 R_{t+3} + \cdots \mid \boldsymbol{S}_t = \boldsymbol{s}] \\
&= E\,[R_{t+1} + \gamma (R_{t+2} + \gamma R_{t+3} + \cdots) \mid \boldsymbol{S}_t = \boldsymbol{s}] \\
&= E\,[R_{t+1} + \gamma G_{t+1} \mid \boldsymbol{S}_t = \boldsymbol{s}] \\
&= E\,[(R_{t+1} \mid \boldsymbol{S}_t = \boldsymbol{s}) + (\gamma G_{t+1} \mid \boldsymbol{S}_t = \boldsymbol{s})] \\
&= E\,[R_{t+1} \mid \boldsymbol{S}_t = \boldsymbol{s}] + \gamma E[G_{t+1} \mid \boldsymbol{S}_t = \boldsymbol{s}].
\end{aligned}$$

对t时间步在状态$\boldsymbol{s}$的奖励$E\,[R_{t+1} \mid \boldsymbol{S}_t = \boldsymbol{s}]$，利用全概率公式和条件数学期望的定义，得到

$$E\,[R_{t+1} \mid \boldsymbol{S}_t = \boldsymbol{s}] = \sum_{\boldsymbol{a}\in\mathcal{A}} \pi(\boldsymbol{a} \mid \boldsymbol{s}) E[R_{t+1} \mid \boldsymbol{S}_t = \boldsymbol{s}, A_t = \boldsymbol{a}] = \sum_{\boldsymbol{a}\in\mathcal{A}} \pi(\boldsymbol{a} \mid \boldsymbol{s}) \sum_{r\in\mathcal{R}} p(r \mid \boldsymbol{s},\boldsymbol{a}) r \text{ .} \tag{1.47}$$

对t时间步在状态$\boldsymbol{s}$的回报$E[G_{t+1} \mid \boldsymbol{S}_t = \boldsymbol{s}]$，首先利用$V_\pi(\boldsymbol{s}) = E[G_t \mid \boldsymbol{S}_t = \boldsymbol{s}]$的定义，得到

$$V_\pi(\boldsymbol{s}') = E[G_{t+1} \mid \boldsymbol{S}_{t+1} = \boldsymbol{s}'] .$$

再利用引理和条件数学期望的定义，得到

$$\begin{aligned}
E[G_{t+1} \mid \boldsymbol{S}_t = \boldsymbol{s}] &= \sum_{\boldsymbol{s}'\in\mathcal{S}^+} E[G_{t+1} \mid \boldsymbol{S}_t = \boldsymbol{s}, \boldsymbol{S}_{t+1} = \boldsymbol{s}'] \boldsymbol{p}(\boldsymbol{s}' \mid \boldsymbol{s}) \\
&= \sum_{\boldsymbol{s}'\in\mathcal{S}^+} E[G_{t+1} \mid \boldsymbol{S}_{t+1} = \boldsymbol{s}'] \boldsymbol{p}(\boldsymbol{s}' \mid \boldsymbol{s}) \\
&= \sum_{\boldsymbol{s}'\in\mathcal{S}^+} V_\pi(\boldsymbol{s}') p(\boldsymbol{s}' \mid \boldsymbol{s}) \\
&= \sum_{\boldsymbol{s}'\in\mathcal{S}^+} V_\pi(\boldsymbol{s}') \sum_{\boldsymbol{a}\in\mathcal{A}} p(\boldsymbol{s}' \mid \boldsymbol{s},\boldsymbol{a}) \pi(\boldsymbol{a} \mid \boldsymbol{s}).
\end{aligned} \tag{1.48}$$

将式(1.47)和式(1.48)的结果代入上面的$V_\pi(\boldsymbol{s}) = E\,[G_t \mid \boldsymbol{S}_t = \boldsymbol{s}]$中，得到

$$\begin{aligned}
V_\pi(\boldsymbol{s}) &= E\,[R_{t+1} \mid \boldsymbol{S}_t = \boldsymbol{s}] + \gamma E[G_{t+1} \mid \boldsymbol{S}_t = \boldsymbol{s}] \\
&= \sum_{\boldsymbol{a}\in\mathcal{A}} \pi(\boldsymbol{a} \mid \boldsymbol{s}) \sum_{r\in\mathcal{R}} p(r \mid \boldsymbol{s},\boldsymbol{a}) r + \gamma \sum_{\boldsymbol{s}'\in\mathcal{S}^+} V_\pi(\boldsymbol{s}') \sum_{\boldsymbol{a}\in\mathcal{A}} p(\boldsymbol{s}' \mid \boldsymbol{s},\boldsymbol{a}) \pi(\boldsymbol{a} \mid \boldsymbol{s}) \\
&= \sum_{\boldsymbol{a}\in\mathcal{A}} \pi(\boldsymbol{a} \mid \boldsymbol{s}) \sum_{r\in\mathcal{R}} p(r \mid \boldsymbol{s},\boldsymbol{a}) r + \gamma \sum_{\boldsymbol{a}\in\mathcal{A}} \pi(\boldsymbol{a} \mid \boldsymbol{s}) \sum_{\boldsymbol{s}'\in\mathcal{S}^+} p(\boldsymbol{s}' \mid \boldsymbol{s},\boldsymbol{a}) V_\pi(\boldsymbol{s}') .
\end{aligned} \tag{1.49}$$

利用第 1.1 节的定理 1 的式(1.9)

$$r(\boldsymbol{s},\boldsymbol{a}) = \sum_{r\in\mathcal{R}(\boldsymbol{s},\boldsymbol{a})} p(r\mid\boldsymbol{s},\boldsymbol{a})r\ ,$$

将式(1.49)变形为

$$V_\pi(\boldsymbol{s}) = \sum_{\boldsymbol{a}\in\mathcal{A}} \pi(\boldsymbol{a}\mid\boldsymbol{s})[r(\boldsymbol{s},\boldsymbol{a}) + \gamma\sum_{\boldsymbol{s}'\in\mathcal{S}} p(\boldsymbol{s}'\mid\boldsymbol{s},\boldsymbol{a})V_\pi(\boldsymbol{s}')].$$

在式(1.49)右侧，利用式(1.10)和式(1.11)得到，

$$r(\boldsymbol{s}) = \sum_{\boldsymbol{a}\in\mathcal{A}} \pi(\boldsymbol{a}\mid\boldsymbol{s})\sum_{r\in\mathcal{R}} p(r\mid\boldsymbol{s},\boldsymbol{a})r.$$

又由于

$$p(\boldsymbol{s}'\mid\boldsymbol{s}) = \sum_{\boldsymbol{a}\in\boldsymbol{\mathcal{A}}} \pi(\boldsymbol{a}\mid\boldsymbol{s})p(\boldsymbol{s}'\mid\boldsymbol{s},\boldsymbol{a}).$$

将上式代入式(1.49)，得到

$$V_\pi(\boldsymbol{s}) = r(\boldsymbol{s}) + \gamma\sum_{\boldsymbol{s}'\in\boldsymbol{\mathcal{S}}^+} p(\boldsymbol{s}'\mid\boldsymbol{s})V_\pi(\boldsymbol{s}').$$

因此，定理 1 证毕.

定理 1 的**作用**是，揭示了策略 π 的状态价值函数 $V(\boldsymbol{s})$的变化规律，建立了当前时间步 $V_\pi(\boldsymbol{s}_t)$由下一时间步 $V_\pi(\boldsymbol{s}_{t+1})$表示的递推关系.

需要强调的是，定理 1 为建立“策略迭代算法”奠定了理论基础. 详见第 4.2.2 节策略迭代算法的伪代码.

例 1.4.1　证明第 1.3 节定理 2.

证明　根据第 1.4.1 节的定理 1[式(1.46′)]，已知

$$V_\pi(\boldsymbol{s}) = \sum_{\boldsymbol{a}\in\mathcal{A}} \pi(\boldsymbol{a}\mid\boldsymbol{s})[r(\boldsymbol{s},\boldsymbol{a}) + \gamma\sum_{\boldsymbol{s}'\in\boldsymbol{\mathcal{S}}^+} p(\boldsymbol{s}'\mid\boldsymbol{s},\boldsymbol{a})V_\pi(\boldsymbol{s}')].$$

根据第 1.3 节定理 1[式(1.40′)]，已知

$$V_\pi(\boldsymbol{s}) = \sum_{\boldsymbol{a}\in\mathcal{A}} \pi(\boldsymbol{a}\mid\boldsymbol{s})Q_\pi(\boldsymbol{s},\boldsymbol{a}).$$

比较上面二式，注意到 $\sum_{\boldsymbol{a}\in\mathcal{A}} \pi(\boldsymbol{a}\mid\boldsymbol{s}) = 1$，约掉 $\sum_{\boldsymbol{a}\in\mathcal{A}} \pi(\boldsymbol{a}\mid\boldsymbol{s})$，证得第 1.3 节定理 2 结论

$$Q_\pi(\boldsymbol{s},\boldsymbol{a}) = r(\boldsymbol{s},\boldsymbol{a}) + \gamma\sum_{\boldsymbol{s}'\in\boldsymbol{\mathcal{S}}^+} p(\boldsymbol{s}'\mid\boldsymbol{s},\boldsymbol{a})V_\pi(\boldsymbol{s}'). \tag{1.50}$$

根据第 1.1 节定理 1 的式(1.9)

$$r(\boldsymbol{s},\boldsymbol{a}) = \sum_{r\in R(\boldsymbol{s},\boldsymbol{a})} p(r\mid\boldsymbol{s},\boldsymbol{a})r.$$

将其代入式(1.50)，得到

$$Q_\pi(\boldsymbol{s},\boldsymbol{a}) = \sum_{r\in R(\boldsymbol{s},\boldsymbol{a})} p(r\mid\boldsymbol{s},\boldsymbol{a})r + \gamma\sum_{\boldsymbol{s}'\in\boldsymbol{\mathcal{S}}^+} p(\boldsymbol{s}'\mid\boldsymbol{s},\boldsymbol{a})V_\pi(\boldsymbol{s}'),\qquad \forall\boldsymbol{s}\in\mathcal{S},\forall\boldsymbol{a}\in\mathcal{A}.$$

将上式的求和展开，即得第 1.3 节定理 2 的基本形式.

下面的定理 2 揭示了相邻时间步的动作价值函数 $Q_\pi(\boldsymbol{s},\boldsymbol{a})$ 与 $Q_\pi(\boldsymbol{s}',\boldsymbol{a}')$ 之间的关系.

定理 2 **动作价值函数 $Q(s, a)$的递推关系是：**

$$Q_\pi(\boldsymbol{s},\boldsymbol{a}) = r(\boldsymbol{s},\boldsymbol{a}) + \gamma \sum_{s' \in \mathcal{S}^+} p(\boldsymbol{s}' \mid \boldsymbol{s},\boldsymbol{a}) \sum_{a' \in \mathcal{A}} \pi(\boldsymbol{a}' \mid \boldsymbol{s}') Q_\pi(\boldsymbol{s}',\boldsymbol{a}'), \quad \forall \boldsymbol{s} \in \mathcal{S}, \forall \boldsymbol{a} \in \mathcal{A}. \tag{1.51}$$

或者

$$Q_\pi(\boldsymbol{s},\boldsymbol{a}) = \sum_{r \in R(s,a)} p(r \mid \boldsymbol{s},\boldsymbol{a}) r + \gamma \sum_{s' \in \mathcal{S}^+} p(\boldsymbol{s}' \mid \boldsymbol{s},\boldsymbol{a}) \sum_{a' \in \mathcal{A}} \pi(\boldsymbol{a}' \mid \boldsymbol{s}') Q_\pi(\boldsymbol{s}',\boldsymbol{a}'), \quad \forall \boldsymbol{s} \in \mathcal{S}, \forall \boldsymbol{a} \in \mathcal{A}. \tag{1.51'}$$

式(1.51)称为**动作价值函数贝尔曼方程**.

证明 根据第 1.3 节定理 1 式(1.40′)，已知 $V_\pi(\boldsymbol{s}) = \sum_{a \in \mathcal{A}} \pi(\boldsymbol{a} \mid \boldsymbol{s}) Q_\pi(\boldsymbol{s},\boldsymbol{a})$ ，得到

$$V_\pi(\boldsymbol{s}') = \sum_{a' \in \mathcal{A}} \pi(\boldsymbol{a}' \mid \boldsymbol{s}') Q_\pi(\boldsymbol{s}',\boldsymbol{a}').$$

将其代入式(1.43′)，得证

$$Q_\pi(\boldsymbol{s},\boldsymbol{a}) = r(\boldsymbol{s},\boldsymbol{a}) + \gamma \sum_{s' \in \mathcal{S}^+} p(\boldsymbol{s}' \mid \boldsymbol{s},\boldsymbol{a}) \sum_{a' \in \mathcal{A}} \pi(\boldsymbol{a}' \mid \boldsymbol{s}') Q_\pi(\boldsymbol{s}',\boldsymbol{a}').$$

在上式中，利用第 1.1 节定理 1 式(1.9)替换掉 $r(\boldsymbol{s},\boldsymbol{a})$，得到

$$Q_\pi(\boldsymbol{s},\boldsymbol{a}) = \sum_{r \in R(s,a)} p(r \mid \boldsymbol{s},\boldsymbol{a}) r + \gamma \sum_{s' \in \mathcal{S}^+} p(\boldsymbol{s}' \mid \boldsymbol{s},\boldsymbol{a}) \sum_{a' \in \mathcal{A}} \pi(\boldsymbol{a}' \mid \boldsymbol{s}') Q_\pi(\boldsymbol{s}',\boldsymbol{a}'), \quad \forall \boldsymbol{s} \in \mathcal{S}, \forall \boldsymbol{a} \in \mathcal{A}.$$

定理 2 的**作用**是，揭示了策略 π 的动作价值函数 $Q_\pi(\boldsymbol{s},\boldsymbol{a})$ 的变化规律，建立了当前时间步 $Q_\pi(\boldsymbol{s}_t,\boldsymbol{a}_t)$ 由下一时间步 $Q_\pi(\boldsymbol{s}_{t+1},\boldsymbol{a}_{t+1})$ 表示的递推关系.

需要强调的是，定理 2 为建立“SARSA 算法”奠定了理论基础. 详见第 3.2.1 节 SARSA 算法的伪代码.

1.4.2 最优策略及最优状态价值函数

本节建立强化学习的最优化理论. 可以利用状态价值函数来定义最优策略.

定义 1 **对于给定的两个策略 π 与 π'，如果对于任意的状态 s，都有**

$$V_\pi(\boldsymbol{s}) \geqslant V_{\pi'}(\boldsymbol{s}), \quad \forall \boldsymbol{s} \in \mathcal{S}^+,$$

则称策略 π 优于策略 π'，记作

$$\pi \geqslant \pi'.$$

如果不存在优于 π^* 的策略，则称 π^* 是最优策略. 特别地，对确定性最优策略，用记号 μ^* 或 $\mu^*(\boldsymbol{s})$ 表示.

定义 2 **从所有策略 π 的状态价值函数 $V_\pi(\boldsymbol{s})$ 中，选取使状态 s 价值最大的函数：**

$$V^*(\boldsymbol{s}) = \max_\pi V_\pi(\boldsymbol{s}), \quad \forall \boldsymbol{s} \in \mathcal{S}^+. \tag{1.52}$$

称 $V^*(\boldsymbol{s})$ 是最优状态价值函数.

定义 2 意味着，如果记最优策略是 π^*，有关系式

$$V_{\pi^*}(\boldsymbol{s}) = V^*(\boldsymbol{s}) = \max_\pi V_\pi(\boldsymbol{s}), \quad \forall \boldsymbol{s} \in \mathcal{S}^+. \tag{1.53}$$

式(1.53)说明，所有最优策略的价值函数 $V_{\pi^*}(\boldsymbol{s})$ 都相等，且等于最优价值函数 $V^*(\boldsymbol{s})$. 它的作用是，如果找到了最优状态价值函数 $V^*(\boldsymbol{s})$，那么就找到了最优策略是 π^*. 这为建立算法求解最优策略提供了一个途径——寻找最优状态价值函数 $V^*(\boldsymbol{s})$. 参见第 5.2.2 节价值迭代算法.

1.4.3 最优动作价值函数及其作用

定义 3 从所有策略 π 产生的动作价值函数 $Q_\pi(\boldsymbol{s},\boldsymbol{a})$中，选取使动作价值最大的函数：

$$Q^*(\boldsymbol{s},\boldsymbol{a}) = \max_{\pi} Q_\pi(\boldsymbol{s},\boldsymbol{a}),\quad \forall \boldsymbol{s}\in\mathcal{S}^+, \forall \boldsymbol{a}\in\mathcal{A}. \tag{1.54}$$

称 $Q^*(\boldsymbol{s},\boldsymbol{a})$是**最优动作价值函数**.

上面定义 3 意味着，如果记最优策略是 π^*，有关系式

$$Q_{\pi^*}(\boldsymbol{s},\boldsymbol{a}) = Q^*(\boldsymbol{s},\boldsymbol{a}) = \max_{\pi} Q_\pi(\boldsymbol{s},\boldsymbol{a}),\quad \forall \boldsymbol{s}\in\mathcal{S}^+, \forall \boldsymbol{a}\in\mathcal{A}. \tag{1.55}$$

式(1.55)说明，所有最优策略的动作价值函数 $Q_{\pi^*}(\boldsymbol{s},\boldsymbol{a})$ 都相等，且等于最优动作价值函数 $Q^*(\boldsymbol{s},\boldsymbol{a})$. 它的作用是，如果找到了最优动作价值函数 $Q^*(\boldsymbol{s},\boldsymbol{a})$，那么就找到了最优策略 π^*. 这又为建立算法求解最优策略提供了一个途径——寻找最优动作价值函数 $Q^*(\boldsymbol{s},\boldsymbol{a})$. 参见第 2.3.2 节 Q-learning 算法.

定理 3 最优价值函数 $V^*(\boldsymbol{s})$与 $Q^*(\boldsymbol{s},\boldsymbol{a})$成立关系：

(1) $$V^*(\boldsymbol{s}) = \max_{\boldsymbol{a}\in\mathcal{A}(\boldsymbol{s})} Q^*(\boldsymbol{s},\boldsymbol{a}),\quad \forall \boldsymbol{s}\in\mathcal{S}^+; \tag{1.56}$$

(2) $$Q^*(\boldsymbol{s},\boldsymbol{a}) = \sum_{r\in R(\boldsymbol{s},\boldsymbol{a})} p(r\mid \boldsymbol{s},\boldsymbol{a})r + \gamma \sum_{\boldsymbol{s}'\in\mathcal{S}^+} p(\boldsymbol{s}'\mid \boldsymbol{s},\boldsymbol{a})V^*(\boldsymbol{s}'), \forall \boldsymbol{s}\in\mathcal{S}, \forall \boldsymbol{a}\in\mathcal{A}. \tag{1.57}$$

或者

$$Q^*(\boldsymbol{s},\boldsymbol{a}) = r(\boldsymbol{s},\boldsymbol{a}) + \gamma \sum_{\boldsymbol{s}'\in\mathcal{S}^+} p(\boldsymbol{s}'\mid \boldsymbol{s},\boldsymbol{a})V^*(\boldsymbol{s}'), \forall \boldsymbol{s}\in\mathcal{S}, \forall \boldsymbol{a}\in\mathcal{A}. \tag{1.57'}$$

证明 (1) 注意到式(1.53)和式(1.55)，对于最优策略 π^*，只需证明

$$V_{\pi^*}(\boldsymbol{s}) = \max_{\boldsymbol{a}\in\mathcal{A}(\boldsymbol{s})} Q_{\pi^*}(\boldsymbol{s},\boldsymbol{a}).$$

对于最优策略 π^*，第 1.3 节定理 1 式(1.40′)变为

$$V_{\pi^*}(\boldsymbol{s}) = \sum_{\boldsymbol{a}\in\mathcal{A}} \pi(\boldsymbol{a}\mid \boldsymbol{s})Q_{\pi^*}(\boldsymbol{s},\boldsymbol{a}), \forall \boldsymbol{s}\in\mathcal{S}^+.$$

对上式，两端取 $\max\limits_{\boldsymbol{a}\in\mathcal{A}}$ 运算，得到

$$V_{\pi^*}(\boldsymbol{s}) = \max_{\boldsymbol{a}\in\mathcal{A}}\Big\{\sum_{\boldsymbol{a}\in\mathcal{A}} \pi(\boldsymbol{a}\mid \boldsymbol{s})Q_{\pi^*}(\boldsymbol{s},\boldsymbol{a})\Big\} \leqslant \sum_{\boldsymbol{a}\in\mathcal{A}} \pi(\boldsymbol{a}\mid \boldsymbol{s})\max_{\boldsymbol{a}\in\mathcal{A}} Q_{\pi^*}(\boldsymbol{s},\boldsymbol{a}) = \max_{\boldsymbol{a}\in\mathcal{A}} Q_{\pi^*}(\boldsymbol{s},\boldsymbol{a}). \tag{1.58}$$

下面用反证法证明 $V_{\pi^*}(\boldsymbol{s}) < \max\limits_{\boldsymbol{a}\in\mathcal{A}} Q_{\pi^*}(\boldsymbol{s},\boldsymbol{a})$ 不成立.

假设有一个状态-动作对 $<\boldsymbol{s}_0,\boldsymbol{a}_0>$，使得

$$V_{\pi^*}(\boldsymbol{s}) < Q_{\pi^*}(\boldsymbol{s}_0,\boldsymbol{a}_0) = \max_{\boldsymbol{a}\in\mathcal{A}} Q_{\pi^*}(\boldsymbol{s},\boldsymbol{a}). \tag{1.59}$$

取策略 π^0，使得

$$\pi^0(\boldsymbol{a}\mid\boldsymbol{s})=\begin{cases}\boldsymbol{a}_0, \boldsymbol{S}=\boldsymbol{s}_0\\ \pi^*, 其他\end{cases}.$$

显然，策略 π^0 不同于最优策略 π^*，并且在状态 $\boldsymbol{s}_0$ 采取动作 $\boldsymbol{a}_0$ 时，取

$$V_{\pi^0}(\boldsymbol{s}_0)=Q_{\pi^*}(\boldsymbol{s}_0,\boldsymbol{a}_0).$$

将上式代入式(1.59)，得到

$$V_{\pi^*}(\boldsymbol{s})<V_{\pi^0}(\boldsymbol{s}_0).$$

这表明，策略 π^0 优于策略 π^*，也就是策略 π^* 不是最优策略. 这与假设（策略 π^* 是最优策略）矛盾，进而表明式(1.59)不成立. 结合式(1.58)中的小于等于关系，得到

$$V^*(\boldsymbol{s})=\max_{\boldsymbol{a}\in\mathcal{A}(\boldsymbol{s})}Q^*(\boldsymbol{s},\boldsymbol{a}),\quad \forall\boldsymbol{s}\in\mathcal{S}^+.$$

结论(1)证明完毕.

(2) 在式(1.43′)

$$Q_\pi(\boldsymbol{s},\boldsymbol{a})=\sum_{r\in R(\boldsymbol{s},\boldsymbol{a})}p(r\mid\boldsymbol{s},\boldsymbol{a})r+\gamma\sum_{\boldsymbol{s}'\in\mathcal{S}^+}p(\boldsymbol{s}'\mid\boldsymbol{s},\boldsymbol{a})V_\pi(\boldsymbol{s}'),\quad \forall\boldsymbol{s}\in\mathcal{S},\forall\boldsymbol{a}\in\mathcal{A}$$

的两端同时用最优策略 π^*，得到

$$Q_{\pi^*}(\boldsymbol{s},\boldsymbol{a})=\sum_{r\in R(\boldsymbol{s},\boldsymbol{a})}p(r\mid\boldsymbol{s},\boldsymbol{a})r+\gamma\sum_{\boldsymbol{s}'\in\mathcal{S}^+}p(\boldsymbol{s}'\mid\boldsymbol{s},\boldsymbol{a})V_{\pi^*}(\boldsymbol{s}').\tag{1.60}$$

由式(1.53) $V_{\pi^*}(\boldsymbol{s})=V^*(\boldsymbol{s})$ 即得 $V_{\pi^*}(\boldsymbol{s}')=V^*(\boldsymbol{s}')$. 将 $V_{\pi^*}(\boldsymbol{s}')=V^*(\boldsymbol{s}')$ 和式(1.55) $Q_{\pi^*}(\boldsymbol{s},\boldsymbol{a})=Q^*(\boldsymbol{s},\boldsymbol{a})$ 代入式(1.60)，得到

$$Q^*(\boldsymbol{s},\boldsymbol{a})=\sum_{r\in R(\boldsymbol{s},\boldsymbol{a})}p(r\mid\boldsymbol{s},\boldsymbol{a})r+\gamma\sum_{\boldsymbol{s}'\in\mathcal{S}^+}p(\boldsymbol{s}'\mid\boldsymbol{s},\boldsymbol{a})V^*(\boldsymbol{s}').$$

再利用第 1.1 节定理 1 的关系式(1.9)

$$r(\boldsymbol{s},\boldsymbol{a})=\sum_{r\in R(\boldsymbol{s},\boldsymbol{a})}p(r\mid\boldsymbol{s},\boldsymbol{a})r,$$

得到

$$Q^*(\boldsymbol{s},\boldsymbol{a})=r(\boldsymbol{s},\boldsymbol{a})+\gamma\sum_{\boldsymbol{s}'\in\mathcal{S}^+}p(\boldsymbol{s}'\mid\boldsymbol{s},\boldsymbol{a})V^*(\boldsymbol{s}').$$

结论(2)证明完毕.

1.4.4 Bellman 最优方程及其作用

上面的贝尔曼方程与策略 π 有关. 下面建立的贝尔曼最优方程与策略 π 无关.

定理 4　最优价值函数 $V^*(\boldsymbol{s})$ 与 $Q^*(\boldsymbol{s},\boldsymbol{a})$ 存在如下关系：

(1) $V^*(\boldsymbol{s})=\max_{\boldsymbol{a}\in\mathcal{A}}\{r(\boldsymbol{s},\boldsymbol{a})+\gamma\sum_{\boldsymbol{s}'\in\mathcal{S}^+}p(\boldsymbol{s}'\mid\boldsymbol{s},\boldsymbol{a})V^*(\boldsymbol{s}')\}$，$\forall\boldsymbol{s}\in\mathcal{S}$.　(1.61)

(2) $Q^*(\boldsymbol{s},\boldsymbol{a})=r(\boldsymbol{s},\boldsymbol{a})+\gamma\sum_{\boldsymbol{s}'\in\mathcal{S}^+}p(\boldsymbol{s}'\mid\boldsymbol{s},\boldsymbol{a})\max_{\boldsymbol{a}'\in\mathcal{A}}Q^*(\boldsymbol{s}',\boldsymbol{a}')$， $\forall\boldsymbol{s}\in\mathcal{S},\forall\boldsymbol{a}\in\mathcal{A}$.　　(1.62)

式(1.61)称为**状态价值函数的贝尔曼最优方程(Bellman optimality equation)**. 式(1.62)称为**动作价值函数的贝尔曼最优方程**.

证明　(1) 在式(1.43′) $Q_\pi(\boldsymbol{s},\boldsymbol{a})=r(\boldsymbol{s},\boldsymbol{a})+\gamma\sum_{\boldsymbol{s}'\in\mathcal{S}^+}p(\boldsymbol{s}'\mid\boldsymbol{s},\boldsymbol{a})V_\pi(\boldsymbol{s}'),\forall\boldsymbol{s}\in\mathcal{S},\forall\boldsymbol{a}\in\mathcal{A}$ 中，两端同时用最优策略 π^*，得到

$$Q_{\pi^*}(\boldsymbol{s},\boldsymbol{a})=r(\boldsymbol{s},\boldsymbol{a})+\gamma\sum_{\boldsymbol{s}'\in\mathcal{S}^+}p(\boldsymbol{s}'\mid\boldsymbol{s},\boldsymbol{a})V_{\pi^*}(\boldsymbol{s}')\ . \tag{1.63}$$

由式(1.53) $V_{\pi^*}(\boldsymbol{s})=V^*(\boldsymbol{s})$即得 $V_{\pi^*}(\boldsymbol{s}')=V^*(\boldsymbol{s}')$. 将 $V_{\pi^*}(\boldsymbol{s}')=V^*(\boldsymbol{s}')$ 和式(1.55) $Q_{\pi^*}(\boldsymbol{s},\boldsymbol{a})=Q^*(\boldsymbol{s},\boldsymbol{a})$代入式(1.63)，得到

$$Q^*(\boldsymbol{s},\boldsymbol{a})=r(\boldsymbol{s},\boldsymbol{a})+\gamma\sum_{\boldsymbol{s}'\in\mathcal{S}^+}p(\boldsymbol{s}'\mid\boldsymbol{s},\boldsymbol{a})V^*(\boldsymbol{s}'). \tag{1.64}$$

由式(1.56)知

$$V^*(\boldsymbol{s})=\max_{\boldsymbol{a}\in\mathcal{A}}Q^*(\boldsymbol{s},\boldsymbol{a}),\ \ \forall\boldsymbol{s}\in\mathcal{S}^+,$$

将式(1.64)代入上式，得到

$$V^*(\boldsymbol{s})=\max_{\boldsymbol{a}\in\mathcal{A}}\{r(\boldsymbol{s},\boldsymbol{a})+\gamma\sum_{\boldsymbol{s}'\in\mathcal{S}^+}p(\boldsymbol{s}'\mid\boldsymbol{s},\boldsymbol{a})V^*(\boldsymbol{s}')\},\forall\boldsymbol{s}\in\mathcal{S}.$$

结论(1)证明成立.

(2) 在式(1.57′)

$$Q^*(\boldsymbol{s},\boldsymbol{a})=r(\boldsymbol{s},\boldsymbol{a})+\gamma\sum_{\boldsymbol{s}'\in\mathcal{S}^+}p(\boldsymbol{s}'\mid\boldsymbol{s},\boldsymbol{a})V^*(\boldsymbol{s}')$$

中，由式(1.56)得到 $V^*(\boldsymbol{s}')=\max_{\boldsymbol{a}'\in\mathcal{A}}Q^*(\boldsymbol{s}',\boldsymbol{a}')$. 将 $V^*(\boldsymbol{s}')=\max_{\boldsymbol{a}'\in\mathcal{A}}Q^*(\boldsymbol{s}',\boldsymbol{a}')$ 代入上式，得到

$$Q^*(\boldsymbol{s},\boldsymbol{a})=r(\boldsymbol{s},\boldsymbol{a})+\gamma\sum_{\boldsymbol{s}'\in\mathcal{S}^+}p(\boldsymbol{s}'\mid\boldsymbol{s},\boldsymbol{a})\max_{\boldsymbol{a}'\in\mathcal{A}}Q^*(\boldsymbol{s}',\boldsymbol{a}').$$

结论(2)证明成立.

贝尔曼最优方程的**作用**是其揭示了一种**递归关系**：当前状态下的状态价值最优函数 $V^*(\boldsymbol{s})$、动作价值最优函数 $Q^*(\boldsymbol{s},\boldsymbol{a})$ 可以分别由下一时刻的状态价值最优函数 $V^*(\boldsymbol{s}')$、动作价值最优函数 $Q^*(\boldsymbol{s}',\boldsymbol{a}')$ 表示；利用这种递归关系进行迭代，可以求得最优策略或近似最优策略.

利用定理 4 的结论，可以建立常用的下列**迭代关系式**.

$V^*(\boldsymbol{s})$ 的迭代更新关系式可以取

$$V^{k+1}(\boldsymbol{s})=\max_{\boldsymbol{a}\in\mathcal{A}}\{r(\boldsymbol{s},\boldsymbol{a})+\gamma\sum_{\boldsymbol{s}'\in\mathcal{S}^+}p(\boldsymbol{s}'\mid\boldsymbol{s},\boldsymbol{a})V^k(\boldsymbol{s}')\},k=0,1,2,\cdots. \tag{1.65}$$

$Q^*(\boldsymbol{s},\boldsymbol{a})$ 的迭代更新关系式可以取

$$Q^{k+1}(\boldsymbol{s},\boldsymbol{a})=r(\boldsymbol{s},\boldsymbol{a})+\gamma\sum_{\boldsymbol{s}'\in\mathcal{S}^+}p(\boldsymbol{s}'\mid\boldsymbol{s},\boldsymbol{a})\max_{\boldsymbol{a}'\in\mathcal{A}}Q^k(\boldsymbol{s}',\boldsymbol{a}'),\ \ k=0,1,2,\cdots. \tag{1.66}$$

需要强调的是，定理 4 中的式(1.61)及其变形迭代关系式(1.65)，是建立“价值迭代算法”的理论基础. 详见第 5.2.4 节价值迭代算法的收敛性.

而定理 4 中的式(1.62)及其变形迭代关系式(1.66)，是建立“Q-learning 算法”的理论基础. 详见第 2.3.4 节 Q-learning 算法的收敛性.

1.4.5 求解 Bellman 方程的思路

状态个数和动作个数比较少的强化学习问题，可以利用线性代数的方程理论和方法求得解析解，也就是获得所求问题的精确解.

以式(1.46″)为例，将方程写成矩阵结构形式.

式(1.46″)是用下一个状态 $\boldsymbol{s}'$表示当前状态 $\boldsymbol{s}$ 的一个方程. 假如有 n 个状态，将 $\boldsymbol{V}$ 和 $\boldsymbol{R}$ 写成向量：

$$\boldsymbol{V}=\begin{bmatrix} V_\pi(s_1) \\ V_\pi(s_2) \\ \vdots \\ V_\pi(s_n) \end{bmatrix},\quad \boldsymbol{R}=\begin{bmatrix} R_\pi(s_1) \\ R_\pi(s_2) \\ \vdots \\ R_\pi(s_n) \end{bmatrix}.$$

式(1.46″)得到**矩阵形式的状态价值函数的 Bellman 方程**

$$\boldsymbol{V}=\boldsymbol{R}+\gamma\boldsymbol{PV}. \tag{1.67}$$

这里，状态转移概率矩阵 $\boldsymbol{P}$ 是方阵，$\boldsymbol{I}$ 是与 $\boldsymbol{P}$ 同结构的单位矩阵. 容易证明逆矩阵$(\boldsymbol{I}-\gamma\boldsymbol{P})^{-1}$ 是存在的. 所以，上述方程的解是

$$\boldsymbol{V}=(\boldsymbol{I}-\gamma\boldsymbol{P})^{-1}\boldsymbol{R}. \tag{1.68}$$

式(1.68)表示的是式(1.45″)的贝尔曼方程的解析解，它是不含误差的精确解.

由此，通过式(1.45″)可以直接求解低维度（即状态个数 n 不能很大）的强化学习问题. 但对于高维度的强化学习问题，逆矩阵$(\boldsymbol{I}-\gamma\boldsymbol{P})^{-1}$ 的运算会耗用很多算力，也可能因为求逆运算导致程序运行失败.

注意： 其他的贝尔曼方程或贝尔曼最优方程也可以参考式(1.45″)的处理方法：先写成矩阵形式的贝尔曼方程或贝尔曼最优方程，再求得解析解或精确解.

除了上面利用矩阵形式求得解析解这个方法外，求解贝尔曼方程的其他方法还有：

(1) 时序差分法. 其优点和特点就是迭代法，详见第 2 章基于 Q-learning 算法求解网格世界最优路径问题.

(2) 蒙特卡洛(Monte Carlo，MC)方法[7]. 其最常用的就是近似计算数学期望——均值估计. 在状态价值函数、动作价值函数、贝尔曼方程等多处都有数学期望的运算，在均值估计场合就可以利用蒙特卡洛方法. 它的作用之一就是实现了“有模型问题”向“无模型问题”的转变，而“无模型问题”才是现实世界中普遍存在的现象.

(3) 策略迭代法. 详见第 4 章基于策略迭代算法求解两地租车最优调度问题.

(4) 价值迭代法. 详见第 5 章基于价值迭代算法求解最优路径问题.

(5) 深度强化学习算法. 加入神经网络架构的强化学习算法就形成了深度强化学习算法. 利用深度强化学习算法可以逼近状态价值函数、动作价值函数和最优策略，可以求解更为复杂的强化学习问题，具体内容详见第 6 章到第 12 章.

*1.5 神经网络的基本知识及几个重要定理

本节为选学内容，读者可结合各自情况灵活参考.

1.5.1 神经网络基本知识

(1) 基本假设：神经网络的数据看作样本，应服从同一的概率分布.

神经网络利用的数据，按照用途划分为训练数据、校验数据和测试数据. 这 3 种数据又分为训练输入数据和训练标签（识别分类问题时叫作“标签”，回归预测问题时叫作“响应数据”）、校验输入数据和校验标签、测试输入数据和测试标签.

神经网络的**基本假设**是说，训练数据、校验数据和测试数据必须服从同一概率分布. 设想一下，用手写体数字图像作为训练输入数据来训练某一个神经网络，你用英文字母图像作为测试输入数据来测试该神经网络的性能，显然识别分类的准确率不会高！究其原因，就是“手写体数字图像”和“英文字母图像”不是同样的概率分布.

(2) 独立性：神经网络不同次输入的样本应是相互独立的.

完全可以把神经网络各次的输入数据看作是一个样本 $X_i(i=1,2,\cdots,l$，这里 l 是输入数据的总数目)的样本值 $x_i(i=1,2,\cdots,n)$. 问题(1)中的同一分布是指，$X_1\sim p(X)$, $X_2\sim p(X),\cdots$, $X_l\sim p(X)$. 这里，$p(X)$是随机变量 X 的概率分布.

这里所说的独立性就是概率论与数理统计中定义的随机变量 $X_1, X_2,\cdots, X_l$ 的独立性.

但是，如同马尔可夫性质一样，常常把有“一定相关性”的输入数据，在算法程序中，先期打乱原来的排列顺序，以期尽可能地呈现“独立性”.

在深度强化学习算法中，建立了“经验回放缓存”机制，在经验回放池中随机地采样数据，以尽可能地打乱状态随机变量的“相关性”. 参见第 6.2.1 节.

(3) 权重参数及数据预处理：在神经网络训练中，千变化万变化的其实就是参数——权重 $\boldsymbol{w}$ 和偏差 $\boldsymbol{b}$.

神经网络的参数 $\boldsymbol{w}=(w^{(1)},w^{(2)},\cdots,w^{(l)})^{\mathrm{T}}$ 的**作用**是，用于反映各个输入数据 $X_1, X_2,\cdots, X_l$ 的重要程度，即形成关系式

$$w^{(1)}X_1+w^{(2)}X_2+\cdots+w^{(l)}X_l\ .$$

因此常被称为**权重参数**、**权值参数**，简称为**权重**或**权值**.

作为权重 $w^{(i)}(i=1,2,\cdots,l)$，必须满足两条：

① 有界性：$0\leqslant w^{(i)}\leqslant 1$, $i=1,2,\cdots,l$；

② 归一化：$\sum_{i=1}^{l}w^{(i)}=1$.

由于输入数据的数量级有大有小，比如有的是 10 数量级，有的是 1000 数量级，进而会削弱权重($0\leqslant w^{(i)}\leqslant 1$, $i=1,2,\cdots,l$)反映它们的重要程度. 因此，神经网络算法的输入数据要先进行“**数据预处理**”：如归一化，将输入数据线性变换为区间[0,1]或区间[-1,1]的大小；标准化，将输入数据线性变换为均值等于 0 的数据. “数据预处理”是有一定技术含量的方法，输入数据预处理的“好坏”直接影响到神经网络的结果精度.

1.5.2 神经网络通用近似定理

神经网络能逼近任何函数的**原理**很简单：分段线性函数能逼近任何函数→激活函数让神经网络具备了“分段函数”的能力→所以神经网络能逼近任何函数.

神经网络的通用近似定理（Universal Approximation Theorem）是由 George Cybenko 于 1989 年提出的. 这一定理最初发表在 *Neural Networks* 上，该论文的题目是 *Approximation by superpositions of a sigmoidal function*. 这个定理表明，具有一个隐含层（包含足够数量的神经元）的前馈神经网络可以以任意精度逼近任意的连续函数，只要具有足够数量的隐含层神经元、适当定义权重和激活函数.

值得注意的是，通用近似定理并不特指 George Cybenko 定理，而是广义上指出了神经网络可以作为一种通用函数逼近器.

定理 1 通用近似定理或万能近似定理（Universal Approximation Theorem，UAT）[8] 对于任何连续函数 $f(x)$，存在一个前馈神经网络可以以任意的精度逼近 $f(x)$. 这个神经网络包含一个单独的隐含层，并且可以通过调整权重和激活函数来实现对 $f(x)$ 的逼近.

这个定理表明：使用足够多的神经元和适当的参数设置，单个隐含层的前馈神经网络可以在理论上表示并学习到几乎所有可能的连续函数. 这使得神经网络在函数拟合、模式识别和其他任务中成为一种强大而灵活的工具.

例 1.5.1 利用通用近似定理，对策略 $\pi(\boldsymbol{a}|\boldsymbol{s})$、状态价值函数 $V_\pi(\boldsymbol{s})$和动作价值函数 $Q_\pi(\boldsymbol{s},\boldsymbol{a})$进行近似估计.

解 (1) 构建一个神经网络，记作 $\pi(\boldsymbol{a}|\boldsymbol{s};\boldsymbol{\theta})$.根据通用近似定理，通过调整网络 $\pi(\boldsymbol{a}|\boldsymbol{s};\boldsymbol{\theta})$的权重 $\boldsymbol{\theta}$ 和选取合适的激活函数，可以实现对策略 $\pi(\boldsymbol{a}|\boldsymbol{s})$的逼近，并且可以以任意的精度逼近策略 $\pi(\boldsymbol{a}|\boldsymbol{s})$. 因此，求解策略 $\pi(\boldsymbol{a}|\boldsymbol{s})$的问题就转化为计算神经网络 $\pi(\boldsymbol{a}|\boldsymbol{s};\boldsymbol{\theta})$的权重参数 $\boldsymbol{\theta}$ 以及选择合适的激活函数. 参见第 7.2 节，其中的演员网络 Actor 就是对策略 $\pi(\boldsymbol{a}|\boldsymbol{s})$进行近似估计.

(2) 构建一个神经网络，记作 $V_\pi(\boldsymbol{s};\boldsymbol{w})$.根据通用近似定理，通过调整网络 $V_\pi(\boldsymbol{s};\boldsymbol{w})$的权重 $\boldsymbol{w}$ 和选取合适的激活函数，可以实现对状态价值函数 $V_\pi(\boldsymbol{s})$的逼近，并且可以以任意的精度逼近状态价值函数 $V_\pi(\boldsymbol{s})$. 参见第 7.4.2 节.

(3) 构建一个神经网络，记作 $Q_\pi(\boldsymbol{s},\boldsymbol{a};\boldsymbol{w})$.根据通用近似定理，通过调整网络 $Q_\pi(\boldsymbol{s},\boldsymbol{a};\boldsymbol{w})$的权重 $\boldsymbol{w}$ 和选取合适的激活函数，可以实现对动作价值函数 $Q_\pi(\boldsymbol{s},\boldsymbol{a})$的逼近，并且可以以任意的精度逼近动作价值函数 $Q_\pi(\boldsymbol{s},\boldsymbol{a})$. 参见第 6 章的 DQN 算法，就是利用神经网络 $Q_\pi(\boldsymbol{s},\boldsymbol{a};\boldsymbol{w})$对动作价值函数 $Q_\pi(\boldsymbol{s},\boldsymbol{a})$进行近似估计. 第 7.4.2 节的评委网络 Critic 也是对动作价值函数 $Q_\pi(\boldsymbol{s},\boldsymbol{a})$进行近似估计.

需要注意的是，通用近似定理并没有指出如何选择合适数量的隐含层神经元或如何选择合适的参数. 它只是说明了前馈神经网络在原则上是一种强大而通用的函数逼近器. 实际上，在构建和训练具体任务中使用多少层数、多少个隐含神经元以及选择什么样的激活函数等方面，还需要根据具体问题和实际经验进行调整和优化.

1.5.3 可微假设与矩阵点乘运算等基本知识

(1) 可微性：梯度下降法或梯度上升法涉及的求导运算、偏导运算，都假设普通函数或向量函数或矩阵函数可微，也就是导数或偏导数存在.

(2) 对向量自变量、矩阵自变量的求导运算：规定对其中的各个元素进行相应的求导运算.

例如，对于普通函数 $L=L(\boldsymbol{w})$，如果是列向量 $\boldsymbol{w}=(w^{(1)},w^{(2)},\cdots,w^{(l)})^{\mathrm{T}}$，则

$$\frac{\partial L}{\partial \boldsymbol{w}}=(\frac{\partial L}{\partial w^{(1)}},\frac{\partial L}{\partial w^{(2)}},\cdots,\frac{\partial L}{\partial w^{(l)}})^{\mathrm{T}}. \tag{1.69}$$

如果是矩阵，如

$$\boldsymbol{w}=\begin{bmatrix} w_{11} & w_{12} \\ w_{21} & w_{22} \\ w_{31} & w_{32} \end{bmatrix},$$

则

$$\frac{\partial L}{\partial \boldsymbol{w}}=\begin{bmatrix} \dfrac{\partial L}{\partial w_{11}} & \dfrac{\partial L}{\partial w_{12}} \\ \dfrac{\partial L}{\partial w_{21}} & \dfrac{\partial L}{\partial w_{22}} \\ \dfrac{\partial L}{\partial w_{31}} & \dfrac{\partial L}{\partial w_{32}} \end{bmatrix}. \tag{1.70}$$

更多维的情形依此类推.

(3) 向量和矩阵的点乘和常规运算：如果没有特别说明，向量和矩阵的加法、减法、乘法运算就是线性代数规定的运算规则. 但是，在大量的算法和程序中，常用点乘运算（向量和矩阵的点乘运算规则是对应元素的乘法运算）.

例如，设

$$\boldsymbol{A}=\begin{bmatrix} a_{11} & a_{12} \\ a_{21} & a_{22} \\ a_{31} & a_{32} \end{bmatrix},\quad \boldsymbol{B}=\begin{bmatrix} b_{11} & b_{12} \\ b_{21} & b_{22} \\ b_{31} & b_{32} \end{bmatrix},$$

则根据矩阵乘法的运算法则，$\boldsymbol{AB}$ 是没有意义的. 只能做如下计算：

$$\boldsymbol{AB}^{\mathrm{T}}=\begin{bmatrix} a_{11} & a_{12} \\ a_{21} & a_{22} \\ a_{31} & a_{32} \end{bmatrix}\begin{bmatrix} b_{11} & b_{21} & b_{31} \\ b_{12} & b_{22} & b_{32} \end{bmatrix}=\begin{bmatrix} a_{11}b_{11}+a_{12}b_{12} & a_{11}b_{21}+a_{12}b_{22} & a_{11}b_{31}+a_{12}b_{32} \\ a_{21}b_{11}+a_{22}b_{12} & a_{21}b_{21}+a_{22}b_{22} & a_{21}b_{31}+a_{22}b_{32} \\ a_{31}b_{11}+a_{32}b_{12} & a_{31}b_{21}+a_{32}b_{22} & a_{31}b_{31}+a_{32}b_{32} \end{bmatrix}.$$

但是，根据矩阵的点乘（用 $\odot$ 记号表示）法则：

$$\boldsymbol{A}\odot\boldsymbol{B}=\begin{bmatrix} a_{11} & a_{12} \\ a_{21} & a_{22} \\ a_{31} & a_{32} \end{bmatrix}\begin{bmatrix} b_{11} & b_{12} \\ b_{21} & b_{22} \\ b_{31} & b_{32} \end{bmatrix}=\begin{bmatrix} a_{11}b_{11} & a_{12}b_{12} \\ a_{21}b_{21} & a_{22}b_{22} \\ a_{31}b_{31} & a_{32}b_{32} \end{bmatrix}. \tag{1.71}$$

特别地，列向量与矩阵点乘时，

$$\begin{bmatrix} b_{11} \\ b_{21} \\ b_{31} \end{bmatrix}\odot\begin{bmatrix} a_{11} & a_{12} \\ a_{21} & a_{22} \\ a_{31} & a_{32} \end{bmatrix}=\begin{bmatrix} a_{11}b_{11} & a_{12}b_{11} \\ a_{21}b_{21} & a_{22}b_{21} \\ a_{31}b_{31} & a_{32}b_{31} \end{bmatrix}. \tag{1.72}$$

1.5.4 梯度及梯度下降与神经网络权值参数更新公式

(1) **神经网络与优化问题**

神经网络的训练，本质上就是求解许多个参数的优化问题，即求得一组合适的权重参数 $\boldsymbol{w}$ 和偏差 $\boldsymbol{b}$，得到满意的优化结果.

为行文简洁，设优化参数是列向量形式

$$\boldsymbol{w}=(w^{(1)},w^{(2)},\cdots,w^{(l)})^{\mathrm{T}}.$$

其中，$w^{(i)}(i=1,2,\cdots,l)$ 是优化参数.

神经网络的预测输出 $\boldsymbol{O}=\boldsymbol{O}(\boldsymbol{w})$与我们希望的真实的输出 $\boldsymbol{Y}$ 构成一个**损失函数** L. L 一般是神经网络权重参数 $\boldsymbol{w}$ 和偏差 $\boldsymbol{b}$ 的函数，很多情形下常取 $\boldsymbol{b}=\mathbf{0}$. 我们记损失函数

$$L=L(w^{(1)},w^{(2)},\cdots,w^{(l)}). \tag{1.73}$$

神经网络算法就是求解这样一个优化问题：

$$\min_{w^{(1)},w^{(2)},\cdots,w^{(l)}} L(w^{(1)},w^{(2)},\cdots,w^{(l)})\text{或}\max_{w^{(1)},w^{(2)},\cdots,w^{(l)}} L(w^{(1)},w^{(2)},\cdots,w^{(l)}). \tag{1.74}$$

神经网络的损失函数 $L(w^{(1)},w^{(2)},\cdots,w^{(l)})$，在优化问题中叫做**目标函数**. 通过在目标函数前加“负号”，可以把求解最大值 $\max\limits_{w^{(1)},w^{(2)},\cdots,w^{(l)}} L(w^{(1)},w^{(2)},\cdots,w^{(l)})$ 的优化问题转化为求解最小值 $\min\limits_{w^{(1)},w^{(2)},\cdots,w^{(l)}} \{-L(w^{(1)},w^{(2)},\cdots,w^{(l)})\}$ 的优化问题. 因此，下面以求解最小值优化问题

$$\min_{w^{(1)},w^{(2)},\cdots,w^{(l)}} L(w^{(1)},w^{(2)},\cdots,w^{(l)}) \tag{1.75}$$

为例说明求解思路.

求解优化问题的方法非常多. 对于小规模的优化问题，可以用线性代数的方程理论与方法求得精确解. 对于大规模的优化问题常用的是智能优化算法，如遗传算法、粒子群优化算法、模拟退火算法、蚁群优化算法、鲸鱼优化算法、灰狼优化算法等 70 多种. 但是，在神经网络算法中，最常用的还是**梯度下降**(gradient descent,GD)和**随机梯度下降**(stochastic gradient descent,SGD)方法，其算法程序具有简单、收敛快慢可调等优点.

(2) **梯度及其计算**

梯度是一个非常重要的数学概念及运算. 对于一元函数，我们用“导数”这个术语，如在 x_0 点的导数记为 $f'(x_0)$，导数是一个标量. 对于多元函数，不用“导数”术语而用“梯度”或“偏导数”这样的概念. 多元函数的梯度，不是标量而是向量（既有大小，也有方向）. 梯度运算的法则是：向量的每个元素就是函数关于一个自变量的偏导数. 如二元函数 $f(x, y)$在(x_0, y_0)点的梯度记为 $\mathbf{grad}\, f(x_0, y_0)$或$\nabla f(x_0,y_0)$，即

$$\begin{aligned}\mathbf{grad}\, f(x_0, y_0) &= \nabla f(x_0, y_0) = f_x(x_0, y_0)\boldsymbol{i} + f_y(x_0, y_0)\boldsymbol{j} = (f_x(x_0, y_0), f_y(x_0, y_0))\\ &=\left(\frac{\partial f(x,y)}{\partial x},\frac{\partial f(x,y)}{\partial y}\right)\Big|_{(x_0,y_0)}.\end{aligned} \tag{1.76}$$

式(1.76)是在一点(x_0, y_0)处的梯度. 函数 $f(x, y)$的梯度记号有：

$$\mathbf{grad}\, f(x, y) = \nabla f(x, y) = f_x(x, y)\boldsymbol{i} + f_y(x, y)\boldsymbol{j} = (f_x(x, y), f_y(x, y)) = \left(\frac{\partial f(x,y)}{\partial x},\frac{\partial f(x,y)}{\partial y}\right). \tag{1.77}$$

上述梯度的几个记号可以推广到三元或三元以上函数的情形.

梯度的**作用**是：函数 $f(x, y)$在该点(x_0, y_0)处沿着该方向[此梯度$\nabla f(x_0,y_0)$的方向]增大最快，且变化率最大，而变化率最大值等于该梯度的模$|\,\mathbf{grad}\, f(x_0, y_0)|$. 这个性质常用于求解目标函数取最大值的优化问题. 反之，在负梯度$-\mathbf{grad}\, f(x_0, y_0)$方向，说明函数在该点$(x_0, y_0)$处沿着该方向[此梯度$-\nabla f(x_0,y_0)$的方向]减小最快. 负梯度$-\mathbf{grad}\, f(x_0, y_0)$这个性质常用于求解目标函数取最小值的优化问题. 这个结论可以推广到多维情形.

在神经网络中，几乎所有常用的优化算法都需要计算梯度. 目标函数

$$L= L(w^{(1)},w^{(2)},\cdots,w^{(l)})$$

关于一个参数变量 $w^{(i)}$ 的梯度记为：

$$\nabla_{w^{(i)}} L(w^{(1)},w^{(2)},\cdots,w^{(l)})\text{或}\nabla_{w^{(i)}} L\text{，}\ i=1,2,\cdots,l.$$

上述两个记号是对一个参数变量 $w^{(i)}$ $(i=1,2,\cdots,l)$计算梯度. 对参数的向量（或矩阵）

$$\boldsymbol{w}=(w^{(1)},w^{(2)},\cdots,w^{(l)})^{\mathrm{T}}$$

的梯度，常用记号

$$\nabla_{\boldsymbol{w}} L(\boldsymbol{w})\text{或}\nabla_{\boldsymbol{w}} L. \tag{1.78}$$

(3) 梯度下降及参数更新关系式

由梯度的作用可知，梯度的方向是目标函数上升最快的方向. 沿着梯度方向对优化参数进行一小步更新，就可以使得目标函数值进一步增大. 既然约定我们的目标是最小化目标函数，就应该沿着梯度的负方向更新参数，进而使得目标函数值进一步减小. 这样的处理方法称为**梯度下降法**.

设当前的参数记作 $w_{\text{now}}^{(i)}$ $(i=1,2,\cdots,l)$. 首先，计算目标函数 L 在当前参数 $w_{\text{now}}^{(i)}$ 的梯度

$$\nabla_{w_{\text{now}}^{(i)}} L(w_{\text{now}}^{(1)},w_{\text{now}}^{(2)},\cdots,w_{\text{now}}^{(l)}).$$

然后，通过下列逻辑关系式更新参数：

$$w_{\text{new}}^{(i)} \leftarrow w_{\text{now}}^{(i)} - \alpha\nabla_{w_{\text{now}}^{(i)}} L(w_{\text{now}}^{(1)},w_{\text{now}}^{(2)},\cdots,w_{\text{now}}^{(l)})\text{，}\ i=1,2,\cdots,l. \tag{1.79}$$

得到更新后的参数 $w_{\text{new}}^{(i)}$ $(i=1,2,\cdots,l)$.

上面是对一个优化参数 $w_{\text{now}}^{(i)}$ $(i=1,2,\cdots,l)$的逻辑关系式. 在算法程序中，常用“=”代替上面的“←”，即

$$w^{(i)} = w^{(i)} - \alpha\nabla_{w^{(i)}} L(w^{(1)},w^{(2)},\cdots,w^{(l)})\text{，}\ i=1,2,\cdots,l. \tag{1.80}$$

在算法描述中，常用优化参数的向量式(1.78)替换式(1.80)中的优化参数，于是有更新关系式

$$\boldsymbol{w} \leftarrow \boldsymbol{w} - \alpha\nabla_{\boldsymbol{w}} L(\boldsymbol{w}), \tag{1.81}$$

上面的 $\alpha(>0)$称为**学习率**(learning rate)或**步长**(step size). 学习率 α 的设置既影响梯度下降的快慢速度，也影响最终神经网络的测试准确率. 设置学习率 α 的**一般原则**是，神经网络开始训练时，设置学习率 α 比较大，这样可以让目标函数快速地下降；随着训练

次数不断增大，让学习率 α 逐渐地减小，以保证目标函数稳定地下降. 通常学习率

$$\alpha=\alpha(\text{迭代次数，调节因子})$$

是一个函数，其在神经网络算法中有多种程序实现，它们被称为**优化器**.

MATLAB 软件提供的优化器常用的有：SGD（随机梯度下降法）、SGDM（具有动量的随机梯度下降法）、RMSProp（均方根扩展优化器）、Adam（自适应矩估计法）、L-BFGS 算法等.

注意：式(1.79) ~ 式(1.81)是用梯度下降法求解最小值问题 $\min L(w^{(1)},w^{(2)},\cdots,w^{(l)})$. 如果将“$-\alpha$”改写为“$+\alpha$”，就是用梯度上升法求解最大值问题 $\max L(w^{(1)},w^{(2)},\cdots,w^{(l)})$.

1.5.5 数学期望基本知识

(1) 数学期望的计算，理论上常用概率论与数理统计中的**切比雪夫大数定律**[4]：

$$\lim_{n\to\infty}P(|\frac{1}{n}\sum_{i=1}^{n}X_i-E[X]|<\varepsilon)=1.$$

即用样本均值近似估计数学期望：

$$E[X]\approx\bar{X}. \tag{1.82}$$

其中，随机变量 X 服从概率分布 $p(x)$，常记为 $X\sim p(x)$；$X_i(i=1,2,\cdots,n)$是与 X 同一概率分布 $p(x)$的样本.

(2) 算法或程序上，常用蒙特卡洛方法近似计算数学期望：

$$E[X]\approx\bar{x}=\frac{1}{n}\sum_{i=1}^{n}x_i. \tag{1.83}$$

一般地，对于随机变量 X 的函数 $f(X)$，式(1.83)变为

$$E_{X\sim p(x)}[f(X)]\approx\frac{1}{n}\sum_{i=1}^{n}f(x_i). \tag{1.84}$$

即随机变量 X 的函数 $f(X)$ 的均值 $E_{X\sim p(x)}[f(X)]$ 近似等于函数值的均值 $\frac{1}{n}\sum_{i=1}^{n}f(x_i)$.

特别地，式(1.84)中 $n=1$ 时，得到粗略但简单的近似关系：

$$E_{X\sim p(x)}[f(X)]\approx f(x_i). \tag{1.85}$$

其中，$x_i(i=1,2,\cdots,n)$是来自概率分布 $p(x)$的随机采样得到的数值.

(3) 理论分析中，常把数学期望写成概率分布的求和或积分形式. 如果 X 是离散型随机变量，定义

$$E_{X\sim p(x)}[X]=\sum_{x\in R_X}xp(x). \tag{1.86}$$

如果 X 是连续型随机变量，定义

$$E_{X\sim p(x)}[X]=\int_{-\infty}^{\infty}xp(x)\mathrm{d}x. \tag{1.87}$$

一般地，对于随机变量 X 的函数 $f(X)$，式(1.86)和式(1.87)分别变为如下定理.

定理 2 在数学期望存在的条件下，如果 X 是离散型随机变量，则

$$E_{X\sim p(x)}[f(X)]=\sum_{x\in R_X} f(x)p(x). \tag{1.88}$$

如果 X 是连续型随机变量，则

$$E_{X\sim p(x)}[f(X)]=\int_{-\infty}^{\infty} f(x)p(x)\mathrm{d}x. \tag{1.89}$$

其中，R_X 是 X 可能取值的范围.

(4) 强化学习常用条件数学期望有关知识：如果 X 是离散型随机变量，定义条件数学期望：

$$E[X\mid S]=\sum_{x_i\in R_x} x_i p(X=x_i\mid S=s)\ . \tag{1.90}$$

如下定理在强化学习中使用得最频繁.

定理 3 如果 X 和 S 是离散型随机变量，则

(1) $E[X]=\sum_{s\in\mathcal{S}}E[X\mid S=s]p(s)$ ； (1.91)

(2) $E[X\mid S=s]=\sum_{s'\in\mathcal{S}^+}E[X\mid S=s,S=s']\,p(s'\mid s)$. (1.92)

上面用到的求和及积分运算，理论上要求数学期望都存在.

式(1.83)和式(1.84)及式(1.85)的数学期望的近似计算公式，以及式(1.91)和式(1.92)的数学期望关系式，在后续知识中用得非常多，读者应深刻理解和加倍重视.

例 1.5.2 对最常用的动作价值函数 $Q_\pi(\boldsymbol{s},\boldsymbol{a})=E[G_t\mid \boldsymbol{S}_t=\boldsymbol{s},\boldsymbol{A}_t=\boldsymbol{a}]$进行近似计算.

解 由 $Q_\pi(\boldsymbol{s},\boldsymbol{a})=E[G_t\mid \boldsymbol{S}_t=\boldsymbol{s},\boldsymbol{A}_t=\boldsymbol{a}]=\boldsymbol{E}[R_{t+1}+\gamma R_{t+2}+\gamma^2R_{t+3}+\cdots\mid \boldsymbol{S}_t=\boldsymbol{s},\boldsymbol{A}_t=\boldsymbol{a}]$，对 $R_{t+1}+\gamma R_{t+2}+\gamma^2R_{t+3}+\cdots$中的随机变量分别取奖励值，得到 $r_{t+1}+\gamma r_{t+2}+\gamma^2r_{t+3}+\cdots$.

利用式(1.84)得到近似

$$Q_\pi(\boldsymbol{s},\boldsymbol{a})\approx\frac{1}{T-t}(r_{t+1}+\gamma r_{t+2}+\gamma^2r_{t+3}+\cdots\mid \boldsymbol{S}_t=\boldsymbol{s},\boldsymbol{A}_t=\boldsymbol{a}).$$

其中，T 是回合的时间步总数. 又因为$(r_{t+1}+\gamma r_{t+2}+\gamma^2r_{t+3}+\cdots)$是常数，所以，可以去掉条件 $\boldsymbol{S}_t=\boldsymbol{s},\boldsymbol{A}_t=\boldsymbol{a}$. 最后得到

$$Q_\pi(\boldsymbol{s},\boldsymbol{a})\approx\frac{1}{T-t}(r_{t+1}+\gamma r_{t+2}+\gamma^2r_{t+3}+\cdots).$$

类似于上面分析，利用式(1.85)得到

$$Q_\pi(\boldsymbol{s},\boldsymbol{a})\approx r_{t+1}+\gamma r_{t+2}+\gamma^2r_{t+3}+\cdots.$$

上面的近似方法在第 7 章策略梯度定理变形等多处应用. 可见，近似计算去掉了“条件”，去掉了“数学期望”运算.

1.5.6 循环迭代结果的存在性与唯一性

在强化学习算法中，普遍使用的方法就是**迭代法**——从某一初始状态出发，程序不断进行循环迭代，直到满足程序停止运行的条件，得到最优策略或近似最优策略. 理论上的问题是：迭代法收敛吗？如果收敛，可以收敛到几个不同结果呢？怎样设计迭代关

系式呢？下面的定理 4 给出了结论.

设 $\boldsymbol{x}$ 是 d 维的实数向量，f：$\mathbf{R}^d \to \mathbf{R}^d$ 是映射. 如果

$$\boldsymbol{x}^* = f(\boldsymbol{x}^*), \tag{1.93}$$

称 f 是**不动点映射**，x^* 是**不动点.**

如果对于任意的 $\boldsymbol{x}_1 \in \mathbf{R}^d$ 和 $\boldsymbol{x}_2 \in \mathbf{R}^d$，存在常数 $\gamma \in (0,1)$，使得

$$\|f(\boldsymbol{x}_1) - f(\boldsymbol{x}_2)\| \leqslant \gamma \|\boldsymbol{x}_1 - \boldsymbol{x}_2\| \tag{1.94}$$

成立，称 f 是**压缩映射**.

定理 4 （压缩不动点定理）设 x 和 f 是 d 维的实向量，方程采用形式

$$\boldsymbol{x} = f(\boldsymbol{x}), \tag{1.95}$$

如果 f 是压缩映射，则成立：

(1) 存在不动点 $\boldsymbol{x}^*$，满足 $\boldsymbol{x}^* = f(\boldsymbol{x}^*)$；

(2) 不动点 x^* 是唯一的；

(3) 作迭代：

$$\boldsymbol{x}_{k+1} = f(\boldsymbol{x}_k), k = 0,1,2,\cdots \tag{1.96}$$

对于任意的初始点 $\boldsymbol{x}_0 \in \mathbf{R}^d$，当 $k \to \infty$ 时，

$$\boldsymbol{x}_k \to \boldsymbol{x}^*.$$

即

$$\lim_{k\to\infty} \boldsymbol{x}_k = \boldsymbol{x}^*. \tag{1.97}$$

证明[9]略.

压缩不动点定理的作用非常大，应引起读者的特别关注以便准确理解.

① 在理论上，其保证了不动点 $\boldsymbol{x}^*$ 的存在性. 只有在极限“存在”的条件下，才可以进行求极限. 由高等数学极限知识可知，在极限“不存在”条件下，有时会得到 1=10 这样荒谬的结果.

② 在理论上，其还保证了不动点 $\boldsymbol{x}^*$ 的唯一性. 唯一性说明，不论是“你算我算大家算”，还是“这样算那样算”，得到的结果都是“相同的”，不会得到不同的结果.

③ 在算法上，借助于式(1.96)的迭代形式，利用上面的“存在性”和“唯一性”，后续讲解的迭代算法都有唯一的解. 理论上，这样得到的解也是“准确解 $\boldsymbol{x}^*$”，例如最优策略. 但是，我们不可能让迭代 $k \to \infty$，一是程序运行时间上做不到，二是可能也没有实际价值. 程序运行停止的条件之一是利用绝对误差，即循环迭代到一定程度，对事先给定的很小的正数 ε，满足

$$\left\|\boldsymbol{x}_{k_0+1} - \boldsymbol{x}_{k_0}\right\| < \varepsilon. \tag{1.98}$$

这表明，相邻两次迭代的结果间的误差绝对值非常小，已经小于给定的正数 ε. 我们就取

$$x_{k_0+1} \approx x^* \text{ 或者 } x_{k_0} \approx x^* .$$

因此，利用“迭代法”得到的结果一般称为**“近似最优解”**，而不是“最优解”，但是这个近似最优解是可以接受的，误差不会太大.

也要留意，通过迭代得到的解也有可能是“准确解”——最优策略.

④ 在使用上，要做到三条：一是将“方程”或者“函数”等关系式写成式(1.95)的形式，即解出“$x = f(x)$”；二是计算式(1.94)，确定出“存在 $\gamma \in (0,1)$ ”（实际上，在算法和程序中就取折扣系数 γ），以此证明“f 是压缩映射”；三是利用这个压缩不动点定理得到结论“迭代式(1.96)收敛于近似最优解或最优解”.

例 1.5.3 将式(1.61)和式(1.62)贝尔曼最优方程以及式(1.46″)和式(1.51)贝尔曼方程写成如式(1.96)的迭代形式.

解 (1) 已知式(1.61)，最优状态价值函数 $V^*(s)$ 的迭代更新关系式可以取

$$V^{k+1}(s) = \max_{a \in \mathcal{A}} \{r(s,a) + \gamma \sum_{s' \in \mathcal{S}^+} p(s' \mid s,a) V^k(s')\},\ k = 0,1,2,\cdots,$$

或者写成如下迭代形式：

$$V(s) \leftarrow \max_{a} \{r(s,a) + \gamma \sum_{s' \in \mathcal{S}^+} p(s' \mid s,a) V(s')\} .$$

详见第 5 章价值迭代算法的式(5.1). 由于 $\sum_{s' \in \mathcal{S}^+} p(s' \mid s,a)$ 描述了状态转移概率 $p(s' \mid s,a)$，因此，上面迭代形式建立的是有模型的算法.

(2) 已知式(1.62)，最优动作价值函数 $Q^*(s,a)$ 的迭代更新关系式可以取

$$Q^{k+1}(s,a) = r(s,a) + \gamma \sum_{s' \in \mathcal{S}^+} p(s' \mid s,a) \max_{a' \in \mathcal{A}} Q^k(s',a'),\ k = 0,1,2,\cdots.$$

在上式右端，选 $\sum_{s' \in \mathcal{S}^+} p(s' \mid s,a)$ 中的某一项（即当相邻时间步迭代时，它是具体的一个数），通过引入学习率 α 再加减 $Q(s,a)$，得到如式(1.96)的迭代形式：

$$Q(s,a) \leftarrow Q(s,a) + \alpha[r + \gamma \max_{a'} Q(s',a') - Q(s,a)].$$

详见第 2.3.4 节 Q-learning 算法的定理 3. 由于去掉了 $\sum_{s' \in \mathcal{S}^+} p(s' \mid s,a)$，即不需要状态转移概率 $p(s' \mid s,a)$，因此，上面迭代形式建立的是无模型的算法.

(3) 已知式(1.46′)，

$$V_\pi(s) = \sum_{a \in \mathcal{A}} \pi(a \mid s)[r(s,a) + \gamma \sum_{s' \in \mathcal{S}^+} p(s' \mid s,a) V_\pi(s')],\quad \forall s \in \mathcal{S} .$$

取 $\sum_{a \in \mathcal{A}} \pi(a \mid s)$ 中的某一项，写成如下迭代形式：

$$V(s) \leftarrow r(s,\pi(s)) + \gamma \sum_{s' \in \mathcal{S}^+} p(s' \mid s,\pi(s)) V(s') .$$

详见第 4.2.3 节策略迭代算法的式(4.1).

(4) 已知式(1.51)

$$Q_\pi(\boldsymbol{s},\boldsymbol{a}) = r(\boldsymbol{s},\boldsymbol{a}) + \gamma \sum_{\boldsymbol{s}'\in\mathcal{S}^+} p(\boldsymbol{s}'\mid\boldsymbol{s},\boldsymbol{a}) \sum_{\boldsymbol{a}'\in\mathcal{A}} \pi(\boldsymbol{a}'\mid\boldsymbol{s}') Q_\pi(\boldsymbol{s}',\boldsymbol{a}').$$

在上式右端，取 $\sum_{\boldsymbol{s}'\in\mathcal{S}^+} p(\boldsymbol{s}'\mid\boldsymbol{s},\boldsymbol{a}) \sum_{\boldsymbol{a}'\in\mathcal{A}} \pi(\boldsymbol{a}'\mid\boldsymbol{s}')$ 中的某一项，通过引入学习率 α 和 $Q(\boldsymbol{s},\boldsymbol{a})$，得到如式(1.96)的迭代形式：

$$Q(\boldsymbol{s},\boldsymbol{a}) \leftarrow Q(\boldsymbol{s},\boldsymbol{a}) + \alpha[r + \gamma Q(\boldsymbol{s}',\boldsymbol{a}') - Q(\boldsymbol{s},\boldsymbol{a})].$$

详见第 3.3.2 节 SARSA 算法的式(3.1).

综上所述，利用 2 个贝尔曼最优方程和 2 个贝尔曼方程，建立了 4 个算法：价值迭代算法、Q-learning 算法、策略迭代算法和 SARSA 算法. 结合例 1.5.1 的结果，对策略 $\pi(\boldsymbol{a}|\boldsymbol{s})$、状态价值函数 $V_\pi(\boldsymbol{s})$和动作价值函数 $Q_\pi(\boldsymbol{s},\boldsymbol{a})$利用神经网络来近似估计，就出现了 DQN 算法、策略梯度算法、演员-评委算法等. 读者应留意这里的联系对比分析方法.

1.6 本章小结

(1) 研究问题的思路

本章从智能体主动选择动作和智能体受环境动态特性驱使出发，定义了状态转移概率、奖励、策略、回报、状态价值函数、动作价值函数等基本概念.

本章对于状态价值函数和动作价值函数，研究了二者之间的联系；对于状态价值函数，研究了它的递推关系式，得到状态价值函数的贝尔曼方程；对于动作价值函数，平行地研究了它的递推关系式，得到动作价值函数的贝尔曼方程；分析了最优状态价值函数与最优动作价值函数，得到各自的贝尔曼最优方程.

(2) 释疑解惑

① 奖励与当前状态、当前动作及下一个状态的关系

智能体已经在面临“下一个状态”时，算法程序才好确定出智能体在“当前状态采取动作”的奖励. 即 $r_{t+1}=r(s_t,a_t,s_{t+1})$中，$r_{t+1}$ 的作用是对“当前状态 s_t 采取动作 a_t”的奖励. 一些文献用 $r_t=r(s_t,a_t,s_{t+1})$.

② 回合 G_t 的定义

与①对奖励 r 的定义对应，定义回报 $G_t= r_{t+1}+\gamma r_{t+2}+\gamma^2 r_{t+3}+\cdots$.

如果用 $r_t=r(s_t,a_t,s_{t+1})$关系式，则应定义回报 $G_t= r_t+\gamma r_{t+1}+\gamma^2 r_{t+2}+\cdots$.

③ 马尔可夫性质

马尔可夫性质，是指当前时刻的状态 S_t 和奖励 R_t 仅与前一时刻的状态 S_{t-1} 和动作 A_{t-1} 有关，与其他历史时刻的状态和动作无直接关系. 具有马尔可夫性质，并不表示这个随机变化的问题完全与历史信息没有关系. 因为虽然 t 时刻的状态只与 $t-1$ 时刻的状态有关，但是 $t-1$ 时刻的状态其实包含了 $t-2$ 时刻的状态信息，通过这种链式的传导关系，历史的信息被传递到了“当前”.

④ 公理化概率与主观频率问题

强化学习中用到的“概率”，不仅仅是指概率论与数理统计课程中的公理化概率定义，它有很多的成分包含着“主观概率”. 主观概率是指建立在过去的经验与判断的基础上，

根据对未来事态发展的预测和历史统计资料研究确定的概率.

⑤ 理论概率与试验频率

概率是描述随机事件在一次试验中发生的可能性大小的一个常数，它不随试验次数增大而变动. 而频率是随试验次数而变动的. 在试验次数比较大时，人们常用频率来近似代替概率. 特别是数学期望的运算，常用样本值来近似计算.

(3) 学习与研究方法

① 折现法

将“未来的可以想象出来”的奖励，乘以折现率 γ，回报 $G_t=r_{t+1}+\gamma r_{t+2}+\gamma^2 r_{t+3}+\cdots$是对智能体在时间步 t 的“现实”累计奖励值.

② 数学期望法

对“未来的或当前还没有发生的”随机变量，通过“折扣率”折现到当前价值，再利用数学期望“E”运算，使得“未来的或当前还没有发生的”随机变量变得在“当前”可以计算. 状态价值函数与动作价值函数都是这样定义的.

③ 迭代法

低维度状态空间和动作空间的强化学习问题，可以利用逆矩阵法计算精确解. 高维度或连续状态空间和动作空间的强化学习问题，常用迭代法求解最优解或近似最优解.

习 题 1

1.1 针对例 1.1.1(1)网格世界的最优路径问题，写出马尔可夫决策过程的六元组.

1.2 针对例 1.1.1(4)手推车竖杆平衡的最优控制问题，写出马尔可夫决策过程的六元组.

1.3 针对例 1.1.1(6)股票交易的最优推荐策略问题，写出马尔可夫决策过程的六元组.

1.4 针对例 1.1.1(7)飞行器着陆的最优控制问题，写出马尔可夫决策过程的六元组.

第2章 Q-learning 算法求解最优路径问题

Q-learning 算法（Q-学习算法），是由机器学习领域的研究者 Watkins 于 1989 年在其博士论文[10]中提出的. 这个算法是强化学习中的经典方法，用于解决低维度的状态空间和动作空间的决策问题. 它通过学习一个动作价值函数来选择最佳动作，使得智能体能够在环境中获得最大回报.

Q-learning 算法是强化学习发展的里程碑，也是强化学习中最为基础的典型算法，为许多其他强化学习算法提供了重要的基础和启发. Q-learning 算法目前主要应用于小游戏玩法优化、机器人路径规划、基站资源管理、供应链管理等低维度状态空间和动作空间的应用任务领域.

2.1 Q-learning 算法的基本思想

Q-learning 算法的基本思想是：基于动作价值函数的贝尔曼最优方程，将状态 state 与动作 action 构建成一张 Q 表（Q-table）来存储动作价值函数 $Q(\boldsymbol{s},\boldsymbol{a})$值，然后根据 $Q(\boldsymbol{s},\boldsymbol{a})$ 值来选取能够获得最大回报的动作，不断迭代，直到得到最优动作价值函数 $Q^*(\boldsymbol{s},\boldsymbol{a})$，进而得到最优策略 π^*.

一张简明的 Q 表如表 2-1 所示.

表 2-1 Q 表结构

状态 \ 动作	$\boldsymbol{a}_1$	$\boldsymbol{a}_2$
$\boldsymbol{s}_1$	$Q(\boldsymbol{s}_1, \boldsymbol{a}_1)$	$Q(\boldsymbol{s}_1, \boldsymbol{a}_2)$
$\boldsymbol{s}_2$	$Q(\boldsymbol{s}_2, \boldsymbol{a}_1)$	$Q(\boldsymbol{s}_2, \boldsymbol{a}_2)$
$\boldsymbol{s}_3$	$Q(\boldsymbol{s}_3, \boldsymbol{a}_1)$	$Q(\boldsymbol{s}_3, \boldsymbol{a}_2)$

其中：

(1) 每一行表示状态 state，如 $\boldsymbol{s}_1, \boldsymbol{s}_2,\cdots, \boldsymbol{s}_T$ 表示不同的状态.

(2) 每一列表示动作 action，如 $\boldsymbol{a}_1, \boldsymbol{a}_2,\cdots, \boldsymbol{a}_m$ 表示不同的动作.

(3) 表中的值表示在这个 state 和 action 的动作价值函数 $Q(\boldsymbol{s},\boldsymbol{a})$的值，如 $Q(\boldsymbol{s}_i,\boldsymbol{a}_j)(i = 1,2,\cdots,T;\ j = 1,2,\cdots,m)$表示智能体在状态 $\boldsymbol{s}_i$ 采取动作 $\boldsymbol{a}_j$ 得到的期望回报（回报的数学期望）.

这里的 Q 表就是第 1.3.3 节式(1.37)建立的动作价值函数 $Q_\pi(\boldsymbol{s},\boldsymbol{a})$. 人们常常把类似的用表格描述的算法称为是**基于表格型的算法**.

2.2 ε-贪婪策略与时序差分算法

2.2.1 ε-贪婪策略及其作用

2.2.1.1 贪婪策略

贪婪策略是一种常见的算法思想. 具体是指，在对问题求解时，总是做出在当前看来是最好的选择. 也就是说，该算法并没有从整体最优上加以考虑，其仅是当前状态的最优解——局部最优解.

例如，在 t 时间步，智能体在状态 $\boldsymbol{s}$ 处面临有 m 个动作 $\boldsymbol{a}_1, \boldsymbol{a}_2, \cdots, \boldsymbol{a}_m$ 可以选择. 智能体选择哪个动作呢？依据追求最大回报这个心理目标，应该是选择动作价值函数 $Q(\boldsymbol{s},\boldsymbol{a})$ 值最大的那个动作，如 $\boldsymbol{a}^*$. 也就是成立关系式

$$Q(\boldsymbol{s}, \boldsymbol{a}^*) = \max_{\boldsymbol{a}} Q(\boldsymbol{s}, \boldsymbol{a}).$$

依据式(1.37)定义

$$Q_\pi(\boldsymbol{s}, \boldsymbol{a}) = E[G_t \mid \boldsymbol{S}_t = \boldsymbol{s}, \boldsymbol{A}_t = \boldsymbol{a}]$$

可知，成立

$$Q(\boldsymbol{s}, \boldsymbol{a}^*) = \max_{\boldsymbol{a}} E[G_t \mid \boldsymbol{S}_t = \boldsymbol{s}, \boldsymbol{A}_t = \boldsymbol{a}].$$

这说明，取动作 $\boldsymbol{a}^*$就是在回报

$$G_t = R_{t+1} + \gamma R_{t+2} + \gamma^2 R_{t+3} + \cdots$$

最大的心理目标下得到的.

像这样在状态 $\boldsymbol{s}$ 处，按照 $\max\limits_{\boldsymbol{a}} Q(\boldsymbol{s}, \boldsymbol{a})$选取动作 $\boldsymbol{a}^*$的策略 $\pi(\boldsymbol{a}^*|\boldsymbol{s})$就叫做**贪婪策略**，也称为**贪心策略**.

通过最大值 $Q(\boldsymbol{s}, \boldsymbol{a}^*)= \max\limits_{\boldsymbol{a}} Q(\boldsymbol{s}, \boldsymbol{a})$得到最大值点 $\boldsymbol{a}^*$，常常写为

$$\boldsymbol{a}^* = \arg\max_{\boldsymbol{a}} Q(\boldsymbol{s},\boldsymbol{a}).$$

贪婪策略的优点有：解决最优化问题时的时间复杂度较低，能够解决复杂的最优化问题；它基于某种“局部最优”，可以保证每一步都可以得到最优解；它简单易用，易于理解和实现.

贪婪策略的缺点有：可能无法解决某些最优化问题，因为它只采取当前最优的选择，而忽略了最终的最优解；它可能出现较大偏差，导致最终的“最优解”不是最优的；它可能被陷入局部最优解，无法获得全局最优解.

2.2.1.2 ε−贪婪策略

ε-greedy，译作 **ε-贪婪策略**，也叫 **ε-贪心策略**，是在强化学习算法中普遍采用的一类技术.

ε-贪婪策略是这样实现的：

(1) 人为地设定一个很小的正数 ε，常称为**概率阈值**；

(2) 若概率 p 满足 $0 < p < \varepsilon$，则随机地选择一个动作 $\boldsymbol{a} \in \mathcal{A}$；

(3) 若概率 p 满足 $\varepsilon \leqslant p < 1$，则按照 $\max_a Q(\boldsymbol{s}, \boldsymbol{a})$ 来选择动作 $\boldsymbol{a}$.

常用下列关系式定义 ε-贪婪策略：

$$\boldsymbol{a}=\begin{cases}\arg\max\limits_{a} Q(\boldsymbol{s},\boldsymbol{a}), & \varepsilon \leqslant p<1 \\ \text{均匀随机抽取动作空间}\mathcal{A}\text{中的一个动作}, & 0<p<\varepsilon\end{cases}. \tag{2.1}$$

例如，如果 ε 取 0.1，则 $1-\varepsilon$ 就是 0.9. ε-贪婪策略是说，在训练智能体时有 90%的概率会按照已有的 $Q(\boldsymbol{s}, \boldsymbol{a})$ 来决定动作 $\boldsymbol{a}$，有 10%的概率允许智能体随机地执行某一个动作 $\boldsymbol{a}\in\mathcal{A}$. 具体的操作就是，每次抽到一个 0 到 1 之间的随机数 p，如果这个数大于等于 ε，则选择当前认为最好（$\max_a Q(\boldsymbol{s}, \boldsymbol{a})$）的动作 $\boldsymbol{a}$，换句话说，以大于等于 ε 的概率选择当前认为最好的动作；如果这个随机数 p 小于 ε，则在所有可能的动作中随机地选择一个动作 $\boldsymbol{a}$，这个动作也可能是上面那个认为当前最好的动作.

ε-贪婪策略的作用：用于选择下一个动作，使得智能体在探索和利用之间进行平衡. 具体实现时，可以根据具体问题和需求来确定合适的 ε 值：在训练智能体最开始的阶段，因为还不知道哪个动作是比较好的，所以智能体会花比较大的力气去进行**探索**(exploration)，也就是会随机地发出某个动作. 接下来，随着训练的次数越来越多，智能体若能够确定哪一个 $Q(\boldsymbol{s}, \boldsymbol{a})$ 值是比较好的，就会减少探索. 此阶段应该把 ε 的值减小，让智能体主要是根据 $Q(\boldsymbol{s}, \boldsymbol{a})$ 来决定动作，尽可能少地随机决定动作，这个功能常称为智能体在**利用**(exploitation). 一般设置成 ε 随着迭代次数或训练时间而递减变化.

除了上面提到的综合考虑智能体的探索与利用(exploration and exploitation，简称 EE 问题)的功能外，在算法程序上，ε-贪婪策略使得程序尽可能跳出局部最优解，进而去寻求全局最优解.

2.2.2 时序差分算法

时序差分算法（时间差分算法）即 TD 算法（temporal difference method）. 一般所说的 TD 算法，是指具有下列特点的一大类算法. 标准的 TD 算法使用相邻时间步的变量来进行更新. 例如下面的更新公式：

$$Q(\boldsymbol{s},\boldsymbol{a}) \leftarrow Q(\boldsymbol{s},\boldsymbol{a})+\alpha[r+\gamma \max_{a'} Q(\boldsymbol{s}',\boldsymbol{a}') - Q(\boldsymbol{s},\boldsymbol{a})]. \tag{2.2}$$

其中，α 是学习率，γ 是折扣因子.

如果用多步的奖励 r 的累加和来替换式(2.2)中的奖励 r，就是**多步时序差分**（multi-step TD）算法. 在式(2.2)中，逻辑关系如下：

(1) 箭头右侧的两处 $Q(\boldsymbol{s},\boldsymbol{a})$ 的含义是状态 $\boldsymbol{s}$ 与动作 $\boldsymbol{a}$ 对应的 $Q(\boldsymbol{s},\boldsymbol{a})$ 值——在状态 $\boldsymbol{s}$ 采取动作 $\boldsymbol{a}$ 的期望回报；

(2) $\max_{a'} Q(\boldsymbol{s}',\boldsymbol{a}')$ 含义是，对于下一时刻状态 $\boldsymbol{s}'$，选取一个动作 $\boldsymbol{a}'$，使得 $Q(\boldsymbol{s}',\boldsymbol{a}')$ 取最大值；

(3) $r+\gamma \max_{a'} Q(\boldsymbol{s}',\boldsymbol{a}')$ 中的奖励 r 是已知的，$\gamma \max_{a'} Q(\boldsymbol{s}',\boldsymbol{a}')$ 是更新结果，称

$$r+\gamma \max_{a'} Q(\boldsymbol{s}',\boldsymbol{a}') \tag{2.3}$$

是有更新成分的期望目标，通常称为**时序差分目标**，简称为 TD 目标；

(4) 类似于下面相邻时间步的差分关系式

$$r+\gamma\max_{a'}Q(s',a') - Q(s,a) \tag{2.4}$$

就是强化学习算法中常见的误差，通常称为**时序差分误差**，简称为 TD **误差**；

(5) 箭头左侧的 $Q(s,a)$与右侧的 $Q(s,a)$含义完全不同：左侧的 $Q(s,a)$是式(2.2)中右侧整个表达式的结果，是对右侧 $Q(s,a)$的更新结果.

2.3 Q-learning 算法的实现

2.3.1 Q-learning 算法的应用条件

(1) 低维度离散状态空间：Q-learning 算法适用于状态空间是离散的问题，即状态的数量是有限且比较少的. 如果状态空间是连续的，Q-learning 算法并不适用.

(2) 低维度离散动作空间：每个状态下可以采取的动作数量也应该是有限且比较少的. 因为只有这样，对于低维度的状态空间和动作空间构成的 Q 表才比较小，便于程序计算.

(3) 完全已知环境：Q-learning 算法假设决策过程中环境完全可观测，并且即时奖励都已知.

(4) 折扣系数 γ：依据实际问题，事先人为地选定取值大小.

如果满足了上述条件，Q-learning 算法可以有效地求解马尔可夫决策过程中的最优动作价值函数 $Q^*(s,a)$和最优策略 π^*.

2.3.2 Q-learning 算法的伪代码

Q-learning 算法(异策略下的时间差分控制)估计策略 $\pi(a|s)\approx\pi^*$

算法参数：学习率 $\alpha\in(0,1)$, 很小的概率阈值 $\varepsilon>0$

对于所有的 $s\in\mathcal{S}^+$，$a\in\mathcal{A}(s)$，初始化 $Q(s,a)$，在终止状态，约定 Q(终止状态, :) = 0

for 回合 $e=1\to E$ **do**

  初始化起始状态 s

  for 时间步 $t=0\to T-1$ **do**

    根据 Q 值用 ε-贪婪策略，选择当前状态 s 处的动作 a

    得到环境反馈的奖励 r 和下一个状态 s'

    $Q(s,a)\leftarrow Q(s,a)+\alpha[r+\gamma\max_{a'}Q(s',a')-Q(s,a)]$

    $s\leftarrow s'$

  end for

end for

$\pi(a\mid s)\leftarrow\arg\max_{a}Q(s,a)$，$\forall s\in\mathcal{S}$

注意：Q-learning 算法的更新关系式的合理性，详见式(1.62)和例 1.5.3. 更新公式来自于动作价值函数的贝尔曼最优方程，是压缩收敛定理的迭代形式[式(1.96)].

2.3.3 Q-learning 算法的程序步骤

(1) 设置环境：包括状态、动作和奖励规则.

(2) 设置训练参数：包括学习率 α、折扣系数 γ、概率阈值 ε、回合最大步数、训练最大回合数等.

(3) 初始化 $Q(\boldsymbol{s}, \boldsymbol{a})$表：对 $\boldsymbol{s}\in\mathcal{S}$ 和 $\boldsymbol{a}\in\mathcal{A}$，初始化 $Q(\boldsymbol{s}, \boldsymbol{a})$表，并设定在终止状态处 Q(终止状态, :) = 0.

(4) 对于每一个回合（episode），初始化起始状态 $\boldsymbol{s}$.

(5) 循环迭代训练回合的各个时间步：

① 根据当前的 Q 值与 ε-贪婪策略及状态 $\boldsymbol{s}$，选择动作 $\boldsymbol{a}$.

② 执行当前的动作 $\boldsymbol{a}$，得到奖励 r 和下一个状态 $\boldsymbol{s}'$.

③ 更新 Q 值：

$$Q(\boldsymbol{s}, \boldsymbol{a}) \leftarrow Q(\boldsymbol{s}, \boldsymbol{a}) + \alpha[r + \gamma \max_{\boldsymbol{a}'} Q(\boldsymbol{s}', \boldsymbol{a}') - Q(\boldsymbol{s}, \boldsymbol{a})].$$

④ 变量转换：$\boldsymbol{s} \leftarrow \boldsymbol{s}'$.

⑤ 如果 $\boldsymbol{s}$ 是终止状态时（对应于完成一个回合的训练过程），进入(6)；否则转至(5)的①，进入下一个时间步.

(6) 回合训练终止，转(4)训练下一个回合.

(7) 训练终止：达到训练回合的最大数或其他终止条件.

(8) 提取最优策略 π^*或近似最优策略 π：在 Q 表中取最大值

$$[v, \pi] = \max_{\boldsymbol{a}} Q(\boldsymbol{s}, \boldsymbol{a}), \tag{2.5}$$

得到近似最优策略 $\pi \approx \pi^*$或最优策略 π^*.

(9) 应用最优策略 π^*或近似最优策略 $\pi \approx \pi^*$，解决实际问题.

2.3.4 Q-learning 算法的收敛性

关于 Q-learning 算法的收敛性，学术界有着严格的数学证明，比较容易理解的定理如下所述.

定理 1（Q-learning 算法的收敛性定理）　给定有限的马尔可夫决策过程<$\mathcal{S}^+$, $\mathcal{A}$, $\mathcal{P}$, $\mathcal{R}$, γ, ρ_0>，**如果时间步长** $\alpha_t(\boldsymbol{s},\boldsymbol{a})$ **满足：**

(1) $0 \leqslant \alpha_t(\boldsymbol{s},\boldsymbol{a}) < 1$， $\forall(\boldsymbol{s},\boldsymbol{a}) \in \mathcal{S}^+ \times \mathcal{A}$；

(2) $\sum_t \alpha_t(\boldsymbol{s},\boldsymbol{a}) = \infty$， $\forall(\boldsymbol{s},\boldsymbol{a}) \in \mathcal{S}^+ \times \mathcal{A}$；

(3) $\sum_t \alpha_t^2(\boldsymbol{s},\boldsymbol{a}) < \infty$， $\forall(\boldsymbol{s},\boldsymbol{a}) \in \mathcal{S}^+ \times \mathcal{A}$；

(4) Q-learning **算法的更新规则是**

$$Q_{t+1}(\boldsymbol{s}_t,\boldsymbol{a}_t) = Q_t(\boldsymbol{s}_t,\boldsymbol{a}_t) + \alpha_t(\boldsymbol{s}_t,\boldsymbol{a}_t)[r_t + \gamma \max_{b\in\mathcal{A}} Q_t(\boldsymbol{s}_{t+1},b) - Q_t(\boldsymbol{s}_t,\boldsymbol{a}_t)],$$

则 $Q_t(\boldsymbol{s}_t,\boldsymbol{a}_t)$ **以概率 1 收敛到最优动作价值函数** $Q^*(\boldsymbol{s}, \boldsymbol{a})$，**即** Q-learning **算法是收敛的**.

证明从略[11].

只需留意条件(4)和式(2.2)间的记号对应：$Q_t(\boldsymbol{s}_t,\boldsymbol{a}_t)= Q(\boldsymbol{s},\boldsymbol{a})$，$\alpha_t(\boldsymbol{s},\boldsymbol{a})=\alpha$，$r_t=r$，$\max\limits_{\boldsymbol{b}\in\mathcal{A}} Q_t(\boldsymbol{s}_{t+1},\boldsymbol{b})=\max\limits_{\boldsymbol{a}'\in\mathcal{A}} Q(\boldsymbol{s}',\boldsymbol{a}')$，$Q_{t+1}(\boldsymbol{s}_t,\boldsymbol{a}_t)$对应式(2.2)左端的$Q(\boldsymbol{s}, \boldsymbol{a})$. 这里的$t$指的是循环迭代中的第$t$个时间步.

满足定理 1 的条件(1)、(2)和(3)的时间步长$\alpha_t(\boldsymbol{s},\boldsymbol{a})$，可以取

$$\alpha_t(\boldsymbol{s},\boldsymbol{a})=\frac{1}{t}.$$

利用高等数学的级数理论知识可知

$$\sum_t \alpha_t(\boldsymbol{s},\boldsymbol{a})=\sum_{t=1}^{\infty}\frac{1}{t}=\infty，\quad \sum_t \alpha_t^2(\boldsymbol{s},\boldsymbol{a})=\sum_{t=1}^{\infty}\frac{1}{t^2}=\frac{\pi^2}{6}<\infty.$$

实际应用中，时间步长$\alpha_t(\boldsymbol{s},\boldsymbol{a})$常取一个很小的正数，如 0.01、0.0001、0.0005 等，这样的取法显然满足条件(1)、(2)和(3).

定理 2　利用 Q-learning 算法，可以得到最优策略$\pi^*(\boldsymbol{a}\mid\boldsymbol{s})$，且

$$\pi^*(\boldsymbol{a}\mid\boldsymbol{s})=\pi^*(\arg\max_{\boldsymbol{a}\in\mathcal{A}} Q^*(\boldsymbol{s},\boldsymbol{a})\mid\boldsymbol{s}). \tag{2.6}$$

证明　利用定理 1 可知，$Q_t(\boldsymbol{s}_t,\boldsymbol{a}_t)$以概率 1 收敛到最优动作价值函数$Q^*(\boldsymbol{s}, \boldsymbol{a})$. 根据式(1.55)得到

$$Q_{\pi_*}(\boldsymbol{s},\boldsymbol{a})=Q^*(\boldsymbol{s},\boldsymbol{a}),\quad \forall \boldsymbol{s}\in\mathcal{S},\forall \boldsymbol{a}\in\mathcal{A}.$$

取

$$\boldsymbol{a}=\arg\max_{\boldsymbol{a}\in\mathcal{A}} Q^*(\boldsymbol{s},\boldsymbol{a}),$$

得到最优策略$\pi^*(\boldsymbol{a}\mid\boldsymbol{s})$. 定理 2 证毕.

根据定理 1 和定理 2 的结果，得到定理 3.

定理 3　取学习率 $0<\alpha<1$，折扣系数 $0<\gamma<1$，用下列更新公式

$$Q(\boldsymbol{s}, \boldsymbol{a}) \leftarrow Q(\boldsymbol{s}, \boldsymbol{a})+\alpha[r+\gamma \max_{\boldsymbol{a}'} Q(\boldsymbol{s}',\boldsymbol{a}') - Q(\boldsymbol{s}, \boldsymbol{a})]$$

的 Q-learning 算法收敛到最优动作价值函数 $Q^*(\boldsymbol{s}, \boldsymbol{a})$，可得到最优策略

$$\pi^*(\boldsymbol{a}\mid\boldsymbol{s})=\pi^*(\arg\max_{\boldsymbol{a}\in\mathcal{A}} Q^*(\boldsymbol{s},\boldsymbol{a})\mid\boldsymbol{s}),\forall \boldsymbol{s}\in\mathcal{S}^+.$$

2.4 Q-learning 算法实例：寻找最优路径

在学习了 Q-learning 算法程序步骤的基础上，本节以网格世界中寻找最优路径问题为例，基于 MATLAB 自带函数和自编代码来进行 Q-learning 算法实践.

2.4.1 问题说明

如图 2-1 所示，在一个有障碍物（如陷阱等）和捷径（如桥梁）的场地，从某点出发，遵守行动规则，到达指定地点来完成任务，怎样寻找到实现任务的最优路线呢[2]？

2.4.2 数学模型

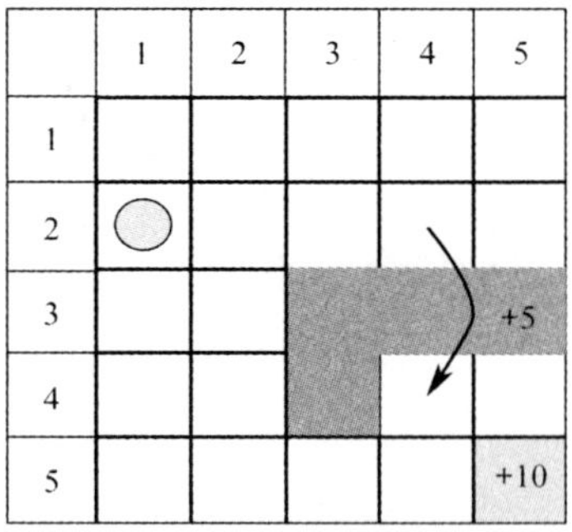

图 2-1 网格世界问题及奖励规则

(1) **状态**：如图 2-1 所示，构建 5×5 结构的网格，人为地标号为 1~25：第 1 列从上到下依次标号 1,2,3,4,5；第 2 列从上到下依次标号 6,7,8,9,10；依此类推，第 5 列从上到下依次标号 21,22,23,24,25. 起点在第 2 行第 1 列网格，简记为网格[2,1]. 网格[5,5]表示终点. 深色网格区域表示障碍物，网格[3,4]表示桥梁.

(2) **动作**：智能体有上、下、右和左 4 种移动方式（上移 =1, 下移 =2. 右移 =3, 左移 =4）.

(3) **奖励规则**

① 如果智能体到达网格[5,5]（即终点）的位置，则可以得到 10 分的奖励.

② 环境提供从网格[2,4]（即 17 号）跳跃到网格[4,4]（即 19 号）的可用捷径.如果智能体发现并利用这条捷径，则得到 5 分奖励.

③ 除②中的捷径外，深色区域表示存在障碍物，智能体不可到达.如果进入该区域将扣分，并且智能体回到初始状态重新开始训练.

④ 由于路途艰辛，智能体每多走一个网格就会损失体力. 规定：每走 1 格会被扣掉 1 分或说奖励-1 分，这意味着智能体必须尽可能地走短路.

(4) **状态转移概率**：此例没有用到状态转移概率和奖励概率（注意：不是奖励函数）. 因此，标准的 Q-learning 算法是无模型算法.

(5) **折扣系数**：程序取默认设置，Discount factor= 0.99.

(6) **初始状态概率分布**：初始状态固定，就是“起点”.

2.4.3 基于 MATLAB 自带函数实现求解

2.4.3.1 主程序代码

利用 MATLAB 自带的函数求解上述网格世界问题的最优路径，代码如下：

```
//第 2 章/DRL2_1.m
%% 第 1 段 Create Grid World Environment
env = rlPredefinedEnv("BasicGridWorld");
env.ResetFcn = @() 2;  %取 2 号网格为回合的起始状态
rng(0)

%%第 2 段 Create Q-learning Agent
qTable = rlTable(getObservationInfo(env),getActionInfo(env));
qFunction= rlQValueFunction(qTable,getObservationInfo(env),
              getActionInfo(env));
qOptions = rlOptimizerOptions("LearnRate",0.01); %重置学习率

agentOpts = rlQAgentOptions;
agentOpts.EpsilonGreedyExploration.Epsilon = 0.04; %重置概率阈值
agentOpts.CriticOptimizerOptions = qOptions;
```

```
qAgent = rlQAgent(qFunction,agentOpts);

%%第 3 段 Train Q-learning Agent
trainOpts = rlTrainingOptions;
trainOpts.MaxStepsPerEpisode = 50; %回合包含的最大时间步数
trainOpts.MaxEpisodes= 200; %训练回合的总数
trainOpts.StopTrainingCriteria = "AverageReward"; %训练终止准则
trainOpts.StopTrainingValue = 11;  %训练终止阈值
trainOpts.ScoreAveragingWindowLength = 30; %取平均回报用的滑动窗口长度

doTraining = false;
if doTraining
    % Train the agent.
    trainingStats = train(qAgent,env,trainOpts);
else
    % Load the pretrained agent for the example.
    load('basicGWQAgent.mat','qAgent') %调用预训练的智能体
end

%%第 4 段 Validate Q-learning Results
plot(env)
env.Model.Viewer.ShowTrace = true;
env.Model.Viewer.clearTrace;
sim(qAgent,env)
```

主程序中部分函数功能和语法说明如下：

(1) **env = rlPredefinedEnv("BasicGridWorld")**

- **功能**：导入预先定义好的强化学习环境.
- **输入变量**

"BasicGridWorld"：环境关键字.

MATLAB 目前支持的环境关键字有：BasicGridWorld（基本的网格世界问题）、CartPole-Discrete（离散动作空间的车杆平衡控制问题）、CartPole-Continuous（连续动作空间的车杆平衡控制问题）等 9 个关键字. 实际上，就是提供了 9 个实际例程.

- **输出变量**

env：对应于指定关键字的环境变量.

env 包含的属性有：

env.Model.GridSize：环境模型的网格大小及其取值；

env.Model.CurrentState：当前起点及其位置；

env.Model.States：状态及其描述；

env.Model.Actions：动作及其标记；

env.Model.T：当前状态到下一个状态是否可达及其对应动作的表；

env.Model.R：当前状态到下一个状态的所得奖励及其结构；

env.Model.ObstacleStates：障碍物区域及其位置；

env.Model.TerminalStates：终点及其位置.

(2) **obsInfo = getObservationInfo(env)**

- **功能**：获取环境变量 env 中的状态观测信息.
- **输入变量**

env：环境变量.

- **输出变量**

obsInfo：状态观测信息.

obsInfo 属性包括状态维度（如[4,1]表示用 4 行 1 列来刻画状态及其分量个数）、状态变量名称（如 x, dx, theta, dtheta）等.

(3) **actInfo = getActionInfo(env)**

- **功能**：获取环境变量 env 中的动作信息.
- **输入变量**

env：环境变量.

- **输出变量**

actInfo：动作信息.

actInfo 属性包括：

动作元素，如 actInfo.Elements 取[−10,10]，−10 表示向左施加力 10N，10 表示向右施加力 10N；

动作维度，如 actInfo.Dimension 取[1,1]，表示动作的表现形式是一个数值；[3,1]表示动作的表现形式是一个向量，也就是动作由 3 个分量组成.

(4) **qTable = rlTable(getObservationInfo(env),getActionInfo(env))**

- **功能**：创建 Q 值表或 Q 表.
- **输入变量**

getObservationInfo(env)：获取环境变量 env 中的状态观测信息；

getActionInfo(env)：获取环境变量 env 中的动作信息.

- **输出变量**

qTable：Q 值表.

例如，属性名称是 qTable.Table，取值是 25×4 double，表示 25 个状态与 4 个动作构成的 double 类型的数值表.

(5) **qFunction=rlQValueFunction(qTable,getObservationInfo(env),getActionInfo(env))**

- **功能**：逼近 Q 值函数的神经网络，用 qFunction 对表 qTable 近似逼近，常常形象地看作是给智能体的动作评判打分.
- **输入变量**

qTable：Q 值表；

getObservationInfo(env)和 getActionInfo(env)：见上语法.

- **输出变量**

qFunction：用神经网络 qFunction 对二维表 qTable 近似逼近，qFunction 值可以看作"评委"对动作的评判打分.

qFunction 包含状态观测信息 qFunction.ObservationInfo，动作信息 qFunction.ActionInfo，使用设备属性 qFunction.UseDevice，设备属性值取 CPU 或者 GPU.

(6) **qAgent = rlQAgent(qFunction,agentOpts)**

- **功能**：创建 Q 智能体.
- **输入变量**

qFunction：Q 值函数逼近器，或说对表 qTable 近似逼近的神经网络；

agentOpts：智能体可选参数.

- **输出变量**

qAgent：Q 智能体.

qAgent 包含用于配置和优化智能体的相关参数 qAgent.AgentOptions、是否使用探索策略 qAgent.UseExplorationPolicy、采样时间 qAgent.SampleTime 等属性.

(7) **trainingStats = train(qAgent,env,trainOpts)**

- **功能**：针对实际问题的环境 env，使用训练参数 trainOpts，对创建的智能体 qAgent 进行训练.
- **输入变量**

qAgent：Q 智能体，实际上就是一个神经网络.

env：环境变量.

trainOpts：训练用的参数，常称为**训练参数**.

- **输出变量**

trainingStats：训练后的结果.

trainingStats 包括：

trainingStats.EpisodeIndex：各个回合的索引标号；

trainingStats.EpisodeReward：智能体在各个回合得到的回报；

trainingStats.EpisodeSteps：智能体在各个回合的步数；

trainingStats.AverageReward：智能体在各个回合得到的平均回报；

trainingStats.TotalAgentSteps：智能体在各个回合的累计步数；

trainingStats.AverageSteps：各个回合包含的平均步数；

trainingStats.EpisodeQ$_0$：智能体在各个回合的 Q_0 值，即在环境的初始条件下对回报（累计奖励）的评估（网络预测）；

trainingStats.SimulationInfo：仿真信息；

trainingStats.TrainingOptions：训练参数.

(8) **experience = sim(qAgent,env, simOptions)**

- **功能**：利用已经训练过的智能体 qAgent，使用 simOptions 创建的**模拟参数**或**仿真参数**，在环境 env 下模拟或仿真智能体拥有的经验或决策能力——最优策略.
- **输入变量**

qAgent：Q 智能体，此处是经过训练的神经网络，常称为**预训练智能体**.

env：环境变量.

simOptions：sim 用的模拟参数. 在程序上，常称 sim 是“测试”.

- **输出变量**

experience：智能体拥有的经验或决策能力.

experience 包括：

experience.Observation.MDPObservations：马尔可夫决策过程的观测信息；

experience.Action.MDPActions：动作信息；

experience.Reward：程序终止时的最后一个回合的各步奖励；

experience.IsDone：程序终止时的最后一个回合的各步是否终止的标识符.取 0 表示该回合继续模拟，取 1 表示该回合终止；

experience.SimulationInfo：Simulink 的仿真信息.

还有一些函数的功能和语法，比较容易学习和理解，此处从略.

2.4.3.2 程序分析

分析上述程序，其按照功能划分为 4 部分：

(1) **Create Grid World Environment**：这部分是创建网格世界问题的环境，实现对实际问题的完整描述，如状态、动作、奖励、状态转移概率等，此例给出回合的起始状态——2 号网格.

(2) **Create Q-learning Agent**：这部分是创建 Q-learning 智能体，简称为 **Q 智能体**，实际上就是构建一个神经网络. 其中包括创建 Q 表、建立 Q 值函数逼近器、设置优化器及其参数、设置 Q 智能体及其**学习参数**.

(3) **Train Q-learning Agent**：这部分用于训练 Q 智能体.

① 设置好训练用的多个训练参数，如每个回合的最大时间步数、训练回合的总数、程序终止的规则及 ε-贪婪策略的概率阈值、输出指标取平均的移动窗口长度等，也可以直接利用默认的训练参数.

② 利用命令 train 训练智能体. 这个过程有动画演示，是一个循环迭代的过程，直至满足终止条件程序停止运行，得到训练过（训练好）的智能体.

(4) **Validate Q-learning Results**：这部分用于验证 Q-learning 算法的结果，其目的是发现算法程序的问题，将预训练智能体应用于解决实际问题.

① 可以设置有别于训练 train 的测试参数，如加大回合的最大步数，以此来分析智能体的泛化能力.

② 可以得到结果的多个数据，利用这些数据来分析预训练智能体的决策能力，也可用于学术论文的数据分析.

③ 得到图像，如图 2-2 所示，图像可用于分析算法程序在训练过程中的表现，也可用于论文写作.

在图 2-2 中，各术语含义如下：

Episode number：110/200 是说在回合总数 200 中已经训练到第 110 回合；

在 Final result 中的结果说明，智能体在达到终止训练条件后训练完成；

Episode reward：11 说明训练停止时的最后回合的回报值等于 11；

Average reward：11 说明训练停止时的最后回合的平均回报值等于 11；

Episode Q_0：智能体在环境的初始条件下对回报的评估.

在 More Details…中，各术语含义如下：

Episode steps：训练停止时的最后回合包含的步数.

Total agent steps：训练停止时全部回合包含的累计步数.

Average window length：计算平均值时用到的分母大小，这里是移动窗口长度. 如取 30 的含义是，前 1 个数据求平均，前 2 个数据求平均，以此类推，前 30 个数据求平均，然后第 2,3,⋯,31 个数据求平均，再然后第 3,4,⋯,32 个数据求平均等. 这些平均值依次存在于某变量中，以备分析训练结果或简化绘图用.

Training stopped by：训练终止的条件，如取平均回报 Average reward 作为终止条件.

Training stopped at：训练终止达到的数值，如 11，说明平均回报值等于 11 时终止程序运行，或说停止训练.

其他的几个术语含义明确，此处略.

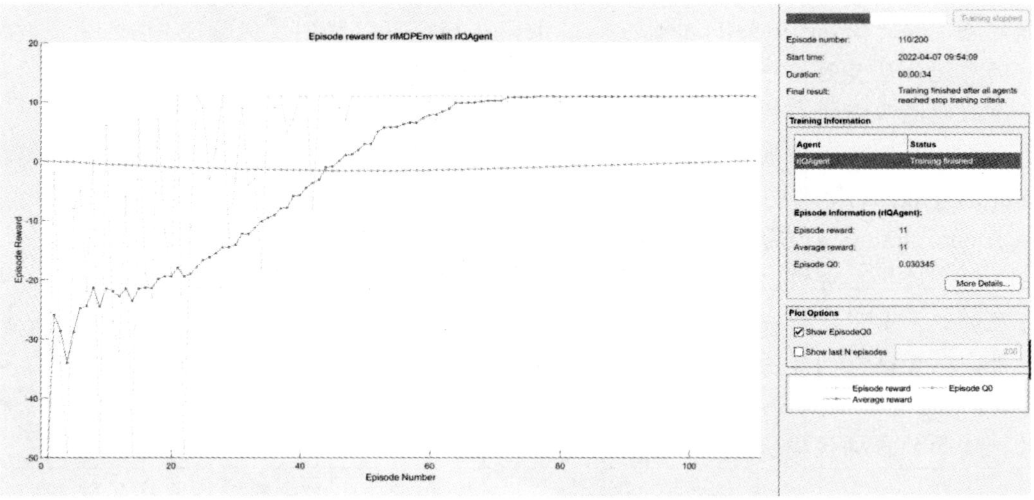

图 2-2　训练 Q 智能体过程的回报与平均回报

2.4.3.3　程序结果解读

图 2-2 中，横轴表示训练的回合个数（episode number)，纵轴表示回合的回报（episode reward）. 其中的 3 条曲线：

Episode reward 表示回合回报的变化情况.优势是可以描述各个回合的回报取值，往往波动剧烈，可以看出训练时回报变化的趋势；劣势是看不出智能体的阶段性训练效果.

Average reward 表示平均回报的变化情况.优势是可以看出智能体的阶段性训练效果是否平稳，曲线波动平缓.

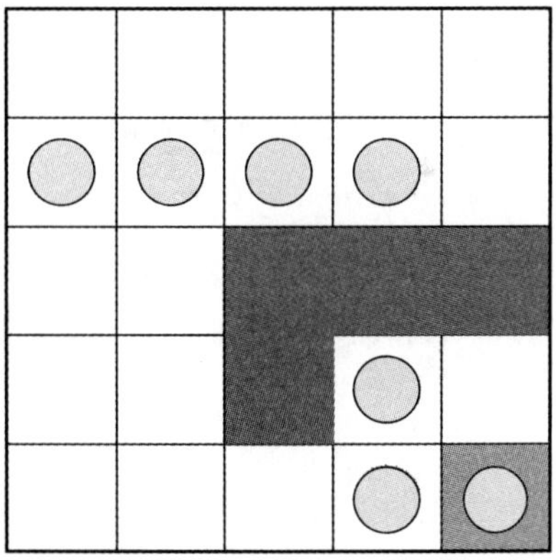

图 2-3　求解网格世界问题的最优路径

Episode Q_0 表示 Q_0 的变化情况，即在环境的初始条件下对长期回报的评估.

综合分析图 2-2，可以得到如下结论：

① 在前 50 个回合，算法就实现了快速收敛.

② 从第 50 回合以后，算法一直平稳收敛，在多个回合智能体获得了最大的回报，这说明智能体对不同的回合具有比较稳定的学习能力.

③ 在第 110 回合，满足终止条件，训练终止运行.

④ 这个训练结果是相当好的.

基于 MATLAB 自带函数实现的程序运行结果如图 2-3 所示.

可以发现：Q-learning 智能体成功地找到了最优策略，也就是最优路径，也是最短路径：

起点[2,1] → [2,2] → [2,3] → [2,4] → [4,4] → [5,4] → [5,5]终点

特别是智能体发现并利用了[2,4] → [4,4]之间的捷径. 可以看出，从起点到终点的颜色逐渐在加深，说明智能体得到的回报越来越多.

注意：(1) 可以通过改写语句 env.ResetFcn = @( ) 2 中的 2，来随机或选定其他初始起点，如选择 env.ResetFcn = @( ) 6，智能体仍然可以找到最优路径. 这表明，训练好的智能体从其他的一个网格（即初始状态）都可以找到最短的路程到达终点. 这是一个聪明的智能体应该具备的学习能力和适应环境能力——鲁棒性强.

(2) 这个程序的训练输出变量 trainingStats = train(qAgent,env,trainOpts)与模拟 sim(qAgent,env)输入变量没有直接的联系. 一般常用的逻辑关系是，训练 train 的输出结果 net = train(x,xx)是模拟 sim(net)的输入变量. 这一点，尤其应该注意到.

(3) 上述的 MATLAB 自带函数，其优点是权威性强、通用性强、实用性广. 美中不足的是，如用以解决其他类似问题，需要自编满足命令 rlPredefinedEnv 的关键字. 此外，改变这里的算法更是难上加难. 而且，由于程序用几个函数来包装，无法了解 Q-learning 算法是怎样一步一步实现的，看不出 Q 智能体是如何一步一步训练的. 对此，下面的自编代码程序 DRL2_2.m 弥补了这些不足.

2.4.4 基于自编代码实现求解

自编代码不仅可以非常方便地改编以实现对实际问题的求解，还有助于理解智能体是如何一步一步被训练的.

2.4.4.1 问题改变说明

为便于更直观地理解问题，本例对部分条件或规则的描述进行了适当调整.

(1) **状态改变**：如图 2-4 所示，构建 5×5 结构的网格，第 1 列从上到下依次标号是[1,1],[2,1],[3,1],[4,1],[5,1]；第 2 列从上到下依次标号是[1,2],[2,2],[3,2],[4,2],[5,2]；依此类

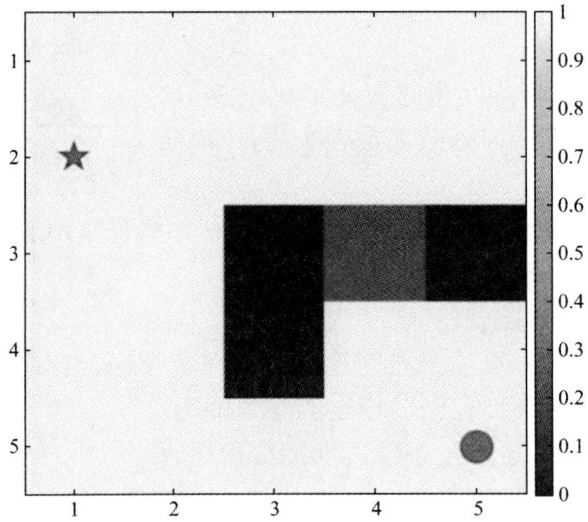

图 2-4 网格场地及障碍物、捷径及起点与终点示意图

推，第 5 列从上到下依次标号是[1,5],[2,5],[3,5],[4,5],[5,5]. 起点在第 2 行第 1 列网格[2,1]（五角星）. 圆点网格[5,5]表示终点. 深色网格表示障碍物. 网格[3,4]表示捷径.

(2) 奖励规则改变

① 如果智能体到达终点，即网格[5,5]的位置（圆点），则可以得到 5 分的奖励.

② 环境提供从网格[2,4]跳跃到网格[4,4]的捷径，如果智能体发现并利用这条捷径，则得到 1 分奖励.

③ 深色区域表示存有障碍物，智能体不可到达，如进入，则扣 10 分.

④ 由于路途艰辛，智能体每多走一个网格就会损失体力. 规定：每走 1 格会被扣掉 2 分，或说奖励-2 分.

2.4.4.2 主程序代码

求解上述网格场地问题的最优路径的主程序代码如下：

```
//第 2 章/DRL2_2
%% 第 1 段：创建环境并显示
row = 5;%网格 5 行
col = 5;%网格 5 列
Field = ones(row, col); %网格场地
S_start = [2, 1];    %初始状态---起点[2,1]
S_end = [5, 5];      %终止状态---终点[5,5]
Field(3, 3:5) = 0;  %障碍物位置
Field(4, 3) = 0;     %障碍物位置
Field(3, 4) = 0.01;  %捷径

%% 第 2 段：设置参数及训练回合数与 Q 表初始化
alpha = 1e-1;  %学习步长，也叫学习率
gamma = 0.99;  %折扣系数
epsilon = 0.1;  %epsilon-greedy 策略的概率阈值
numStates = row*col; %所有的状态总数
numActions = 4; %动作个数，分别用 1,2,3,4 代表上、下、右、左移动的 4 个动作
max_epoch = 200; %训练的最大回合数
%Q 表，是动作价值函数 Q(s,a)，Q-learning 算法的更新目标
Q = zeros(numStates, numActions);
ret_epi = zeros(1, max_epoch); %存储每一个回合的累计奖励 R
steps_epi = zeros(1, max_epoch);      %存储每个回合包含的时间步数

%% 第 3 段：对每个回合进行学习训练
for epi = 1:max_epoch      %对每一个回合循环训练
    IsDone = 0;    %标志回合训练是否结束，0 表示接着训练该回合
    st = S_start; %初始化状态，这里是每个回合的起始状态
    %sub2ind 函数把 2 维状态索引转换成一维状态索引
    st_index = sub2ind([row, col], S_start(1), S_start(2));
    %选取 Q 值最大的动作 action 和对应值 Q-value
    [value, action] = max(Q(st_index, :))
    if( rand < epsilon ) %epsilon-greedy 贪婪策略
        tmp=randperm(numActions); %在 1，2，3，4 中随机产生一个动作
        action=tmp(1);
```

```
        end
        R = 0;  %开始训练一个回合，回报归 0
        while(1)  %训练回合中的每个时间步 step
            [reward, next_state] = myStepfunction(st, action, Field, S_start, S_end); %根据当前状态和动作，返回下一个状态 s'和奖励
            R = R + reward; %计算每一个回合的累计奖励 R——回报
            next_ind = sub2ind([row, col], next_state(1), next_state(2));
            if (~IsDone) %如果下一个状态不是终止状态，则继续训练
                %计算每个回合包含的训练步数
                steps_epi(1, epi) = steps_epi(1, epi) +1;
                %在状态 next_ind，选取 Q 值最大的动作 action 和对应价值 value
                [value, next_action] = max(Q(next_ind, :));
                if( rand < epsilon )
                    tmp = randperm(numActions);
                    next_action = tmp(1); %以小于 epsilon 的概率选择一个随机动作
                end
                % 如下一个状态不是终点，更新 Q 表
                if( ~((next_state(1) == S_end(1)) && (next_state(2) == S_end(2))))
                    Q(st_index,action) = Q(st_index,action) + alpha*(reward + gamma*max(Q(next_ind,:)) - Q(st_index,action)); %Q(state,action)更新
                else
                    Q(st_index,action) = Q(st_index,action) + alpha*( reward - Q(st_index,action));%到达终点时用这个公式更新，这里利用了 Q(终点,: )=0
                    IsDone = 1; %标志回合训练结束
                end
                st = next_state;
                action = next_action;
                st_index = next_ind;
            end
            if (IsDone) %IsDone=1,退出当前回合的训练
                break;
            end
        end     %结束训练一个回合的循环
        ret_epi(1,epi) = R; %存储每一个回合的累计奖励 R 的和——回报
    end   %进入下一个回合的训练

    %% 第 4 段：获得策略与最优策略及 Q 表值
    sideII = row; %网格行数
    sideJJ = col; %网格列数
    pol_pi_qlearn  = zeros(sideII,sideJJ); %初始化 pol_pi_qlearn 策略，取值 0
    V_qlearn  = zeros(sideII,sideJJ);  %V_qlearn 是 Q 值
    for ii=1:sideII,   %循环各个行
    for jj=1:sideJJ, %循环各个列
            sti = sub2ind( [sideII,sideJJ], ii, jj );
            % max(Q(sti,:))得到状态(ii,jj)下对应的动作和 Q 值
            [V_qlearn(ii,jj),pol_pi_qlearn(ii,jj)] = max(Q(sti,:));
        end
    end
```

```
%% 第 5 段：最优策略绘图与动作价值函数 Q 图像. 此处略.

%% 第 6 段：各个回合的回报和回合访问步数变化曲线. 此处略.
```

其中，myStepfunction 的功能及用法如下.

- **功能**：用于计算当前状态转移到下一个状态信息，返回下一个状态 next_state 和奖励 reward.
- **输入变量**

st：当前状态.

action：当前状态智能体发出的动作.

Field：原始场地.

S_start：回合起点.

S_end：回合终点.

- **输出变量**

reward：智能体得到的奖励.

next_state：智能体进入的下一个状态.

myStepfunction 的具体代码如下：

```
//第 2 章/ DRL2_3myStepfunction.m
function [reward, next_state] = myStepfunction(st, action, Field, S_start, S_end)
%% 用于计算当前状态转移到下一个状态，返回下一个状态 s'和奖励 r
[row, col] = size(Field);
ii = st(1);
jj = st(2);

%% 4 个动作导致当前状态转移到下一个状态
switch action
    case 1, % action = UP
        next_state = [ii-1,jj];
    case 2, % action = DOWN
        next_state = [ii+1,jj];
    case 3, % action = RIGHT
        next_state = [ii,jj+1];
    case 4 % action = LEFT
        next_state = [ii,jj-1];
    otherwise
        error(sprintf('未定义的行为 = %d',action));
end

%% 边界处理：出界时用边界吸收——返回原地，此做法合理
if( next_state(1) < 1)
    next_state(1) = 1;
end
if( next_state(1) > row)
    next_state(1) = row;
```

```
    end
    if( next_state(2) < 1)
        next_state(2) = 1;
    end
    if( next_state(2) > col)
        next_state(2) = col;
    end

    %% 奖励计算：分不同情形给予奖励，奖励是分段函数
    if( (next_state(1) == S_end(1)) && (next_state(2) == S_end(2)) )
        reward = 5; %对于回合正常结束时奖励
    elseif (Field(next_state(1),next_state(2)) == 0)  %在障碍区域奖励
        reward = -10;
        next_state = S_start; %进入障碍区后把“起点”当作“下一个状态”，即回到起点
    elseif (next_state(1) == 3) && (next_state(2) == 4)  %走捷径奖励
        reward = 1;
    else
        reward = -2;  %一般状态的奖励
    end
    end
```

程序中部分函数功能和语法说明如下：

plot_policy(pol_pi,Field,S_start,S_end)

- **功能**：用彩色图像及箭头画出策略与最优策略.
- **输入变量**

pol_pi：策略与最优策略.

Field：场地.

S_start：回合起点.

S_end：回合终点.

- **输出结果**：绘制红色箭头指向图.

2.4.4.3 程序分析

上述程序按照功能划分，可以分为 6 部分：

(1) **创建环境并显示**：这部分程序是创建网格场地问题的环境，实现对问题的完整描述，如场地大小、起点和终点、障碍物区域、捷径等，如图 2-4 所示.

(2) **设置训练参数及训练回合数与 Q 表初始化**：这部分程序是设置训练参数及几个存储变量初始化. 其中 4 个训练参数的设置非常重要且关键：

① 学习率 alpha：通常设置逐段减小的数值，如训练的前一阶段 alpha 设置大一些以加快程序训练进展，后一阶段 alpha 取值小一些以保证算法稳定收敛.

② 折扣系数 gamma：依据实际问题关注长远影响（取 gamma 大些，接近于 1）还是短期影响（取 gamma 小些，接近于 0）.它的取值大小涉及算法程序训练是否成功.

③ epsilon-greedy：策略的阈值 epsilon 通常取 0.1，或者训练开始阶段取值较大，随着迭代次数增大而取较小的值.

④ 最大回合数 max_epoch：训练智能体用的最大回合数，通常是程序终止的一个条

件，可以依据训练图像是否平稳再逆推设置一个适当的正整数.

(3) **对每个回合的各个时间步进行学习训练**：这部分程序是训练 Q-learning 智能体，是 Q-learning 算法的核心.

首先，对每个回合训练初始化——给出每个回合的起始状态. 其次，训练每个回合的各个时间步，实际上是训练智能体在每个时间步采取的动作，也就是智能体采用的策略.最后，得到训练好的最优策略，关键语句是 $Q(\boldsymbol{s},\boldsymbol{a})$的更新公式[参见式(2.2)]:

Q(st_index,action) = Q(st_index,action) + alpha*(reward + gamma*max(Q(next_ind,:)) − Q(st_index,action)).

这个过程是一个循环迭代的过程，直至满足终止条件程序停止运行.

(4) **获得策略与最优策略及 Q 表值——最优动作价值函数 $Q^{*}(s,a)$值**：这部分程序是提取 Q-learning 算法的训练结果，其实质是从 Q 表中提取最优策略或近似最优策略. 关键语句是从训练得到的 Q 表中提取最优策略公式:

[V_qlearn(ii,jj),pol_pi_qlearn(ii,jj)] = max(Q(sti,:)). (2.7)

在式(2.7)中，max(Q(sti,:))的含义是，在状态 sti，对上、下、右、左这 4 个动作导致的 Q 表值取最大值，得到应该采取的动作 pol_pi_qlearn 及其对应的 Q 值（V_qlearn），也就是智能体采取的一步策略 $\boldsymbol{a}|\boldsymbol{s}$，即 pol_pi_qlearn|sti.

(5) **最优策略绘图与结果分析**：这部分程序是检验 Q-learning 算法的结果，可以分析训练过程中是否存在问题. 首先，得到了最优策略，如图 2-5 所示，这是最有用的结果. 其次，得到最优策略对应的 Q 表值分布状况. 最后，得到智能体到过的各个状态的访问次数.

(6) **论文用图**：回合累计奖励和访问步数如图 2-6 所示，左图是回合的累计奖励变动记录，右图是回合包含的时间步数变动记录. 这两个图像，从两个方面记录了智能体在各个回合的性能指标，是论文写作不可缺少的图像和数据.

2.4.4.4 程序结果解读

程序运行的两个主要结果如图 2-5 和图 2-6 所示.

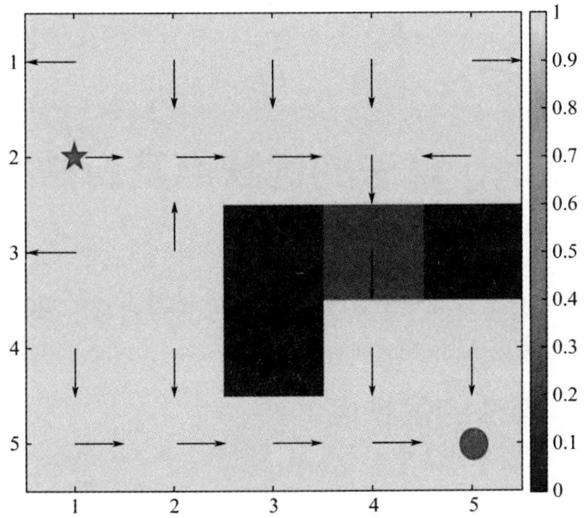

图 2-5 起点到终点的最优策略

从图 2-5 中可以看出：最优策略是

[2,1]→[2,2]→[2,3]→[2,4]→[3,4]→[4,4]→[5,4]→[5,5].

在上述路径中，通过捷径[3,4]. 这是一条最短的路线，是智能体得到最大回报的路线，是智能体为完成任务采取的最优路径，也就是最优策略.

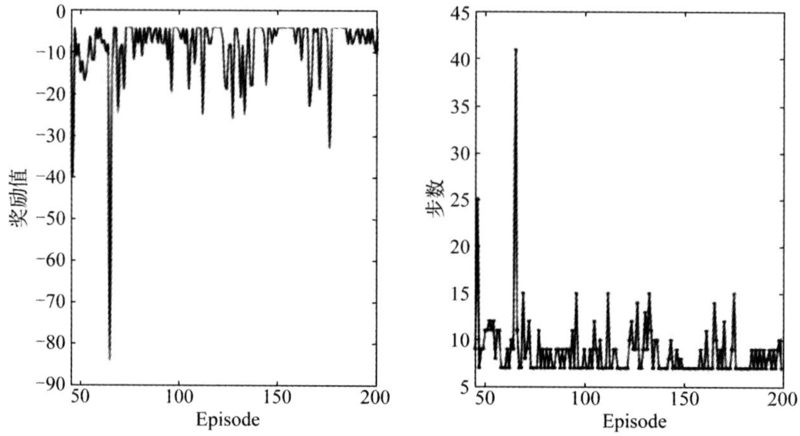

(a) 每个回合的累计奖励　　(b) 每个回合训练的步数

图 2-6　回合累计奖励及其训练步数

从图 2-6(a)中可以看出：前 46 个回合的累计奖励数值非常小（为看清楚整个图像，已略去）. 这说明：在训练前期，智能体没有适应环境，经常走入障碍区域获得低分；在训练后期，虽然智能体在更多的回合训练中到达了终点，但也有一些未到达终点，图中曲线的上下剧烈波动说明了这一情况. 理想的情况应该是，曲线平稳上升并趋近于水平直线，说明被训练的智能体具备了稳定的学习能力.

从图 2-6(b)中可以看出：在训练前期，智能体没有适应环境，致使在每个回合用的步数非常多；在训练后期，虽然智能体在更多的回合训练中到达了终点，但也有一些未到达终点，图中曲线的上下剧烈波动说明了这一情况. 理想的情况应该是，曲线平稳下降并趋近于水平直线，说明被训练的智能体具有稳定的学习能力.

综合上述分析，可见 Q-learning 算法的稳定性欠佳. 严格地说，是 Q-learning 算法的这个实现程序的结果稳定性欠佳.

2.5 Q-learning 算法的优缺点及算法扩展

借助于 Q-learning 算法，针对网格世界的路径寻优问题，我们利用两例程序得到了强化学习的最优策略. 那么，这个算法有哪些优缺点呢？这个求解最优路径的问题模型可以改变吗？Q-learning 算法是否有一些改进呢？

2.5.1 Q-learning 算法的优缺点

(1) Q-learning 算法优点

① 模型无关性：Q-learning 算法是无模型的算法，不需要对环境进行先验建模，因此可以适用于低维度状态空间和动作空间的环境.

② 强大的学习能力：通过不断地与环境交互，Q-learning 算法能够逐步优化智能体的行为策略，并找到最优策略.

③ 支持低维度的离散状态空间和动作空间：Q-learning 算法特别适用于具有离散动作空间的问题，因为它可以通过更新一个动作价值函数 $Q(\boldsymbol{s},\boldsymbol{a})$来选择最佳动作.

④ 算法简单易懂：相对于其他强化学习算法，如策略梯度算法（参见第 7 章），Q-learning 算法简单易懂，实现也相对容易.

(2) Q-learning **算法缺点**

① 高维度状态空间或动作空间问题的“维度灾难”：当状态空间或动作空间非常大时，在一个表格中维护和更新所有状态-动作对的 $Q(\boldsymbol{s},\boldsymbol{a})$值变得非常困难和昂贵. 这被称为“维度灾难”.

② 连续状态空间或连续动作空间不适用：由于需要在每个时间步选择最佳动作，因此在连续动作空间中使用表格表示并更新动作价值函数 $Q(\boldsymbol{s},\boldsymbol{a})$是不现实的. 这时候可以考虑使用函数逼近的方法，如 DQN 算法，参见第 6 章.

③ 初始探索问题：Q-learning 算法需要探索未知状态，并不断尝试新的动作. 在训练开始阶段，如果探索策略不够好，可能会导致收敛速度较慢或陷入局部最优.

④ Q 值“过高估计”：在某些情况下，Q-learning 算法可能会过高估计某些动作的 Q 值，导致选择到次优动作，而不是最优动作. 产生“过高估计”的原因是由运算 $\max\limits_{\boldsymbol{a}'\in\mathcal{A}} Q(\boldsymbol{s}',\boldsymbol{a}')$ 导致的.

⑤ 可能会出现智能体的预见能力不强、适应性差. 这是因为训练好的智能体是在状态有限的 Q 表中训练的，因此，面临 Q 表中的状态的近似情况、Q 表外的新状态情况时，训练好的智能体的预见能力不强，新环境的适应性比较差.

2.5.2 模型扩展

网格世界寻找最优路径的特征：已知 25 个状态的维度[1,1]的离散状态空间，已知 4 个动作的离散动作空间，已知各时间步的奖励规则，无需状态转移概率，需设置折扣系数 γ，寻求最优路径策略. 这是运动物体寻找最短及最优路径策略的模型.

下面是 8 个与网格世界路径寻优问题类似的实际案例，可以利用 Q-learning 算法及前述 2 组程序来解决路径寻优问题：

(1) 货物配送路线规划：在快递物流领域，通过 Q-learning 算法，可以找到最佳的货物配送路线，以最小化总运输时间或成本.

(2) 无人机航线规划：针对无人机的航线规划问题，Q-learning 算法可以用于确定最佳的飞行路径，以适应各种环境和任务需求.

(3) 火灾逃生路径规划：在火灾应急情况下，Q-learning 算法可以帮助确定最短、最安全的逃生路径，以最大限度地减少人员伤亡.

(4) 自动驾驶车辆路径规划：对于自动驾驶车辆，Q-learning 算法可用于规划最优的路径和行车策略，以提高行驶安全和交通效率.

(5) 电力输电网优化：在电力输电系统中，Q-learning 算法可以用于优化输电网的路径选择，以降低输电损耗和提高电网稳定性.

(6) 旅行商问题（常称为 TSP 问题）：通过 Q-learning 算法，可以解决旅行商问题，即找到一条最短的路径，以访问一系列不同城市，满足旅行商的需求.

(7) 机器人导航规划：Q-learning 算法可用于机器人导航和路径规划，使机器人能够避开障碍物，到达目标位置，并根据学习经验优化导航策略.

(8) 物流仓库路径规划：在大型物流仓库中，通过 Q-learning 算法，可以确定最优的路径规划，以优化仓库内部的物品存储和提取流程.

这些实际问题案例展示了 Q-learning 算法在路径寻优问题上的广泛应用. 在实际应用中，Q-learning 算法可以根据具体需求进行调整和扩展. 总而言之，对于低维度的状态、低维度的动作、分段奖励的实际应用问题——未必是路径寻优问题，都可以考虑利用 Q-learning 算法及其改进的算法.

2.5.3 算法扩展

与 Q-learning 算法最接近的扩展和改进的算法有以下几种：

(1) SARSA（state-action-reward-state-action）算法：与 Q-learning 类似，SARSA 也是一种基于强化学习的算法. 它根据当前状态和动作来更新 Q 值函数，而不是像 Q-learning 只使用最大 Q 值的动作. SARSA 算法详见第 3 章.

(2) Deep Q-Network (DQN)算法：DQN 算法基于 Q-learning 算法，并引入了深度神经网络作为 Q 值函数的近似器. 通过使用神经网络逼近 Q 值函数，DQN 算法能够处理高维、复杂的状态空间和动作空间的强化学习问题，并在各种任务上获得更好的性能. DQN 算法详见第 6 章.

(3) Double Q-learning 算法：Double Q-learning 是对 Q-learning 的改进，用于解决 Q-learning 估计 Q 值时存在过高估计的问题. 它通过分离动作选择和 Q 值更新的过程，减轻了过高估计的影响，能够更准确地估计 Q 值函数.

(4) Eligibility Traces 算法：Eligibility Traces 算法是一种将时序差分 TD(λ)算法（多步时序差分算法）与 Q-learning 结合的算法. 它使用了一种记忆机制来更新 Q 值函数，并通过跟踪状态和动作的轨迹来计算每个状态-动作对的重要性，从而更准确地更新 Q 值函数.

这些算法与 Q-learning 在工作原理和目标上具有相似性，都是为了求解 MDP 问题的最优策略，并通过不断迭代更新 Q 值函数来实现.

2.6 本章小结

(1) **Q-learning 算法的原理**

Q-learning 是一种基于强化学习的算法，用于求解马尔可夫决策过程的最优策略. 其原理如下：

① **理论支撑：**第 2.3.4 节的定理 3 保证了 Q-learning 算法收敛到最优动作价值函数 $Q^*(\boldsymbol{s}, \boldsymbol{a})$，并且得到最优策略

$$\pi^*(\boldsymbol{a} \mid \boldsymbol{s}) = \pi^*(\arg\max_{\boldsymbol{a}\in\mathcal{A}} Q^*(\boldsymbol{s},\boldsymbol{a}) \mid \boldsymbol{s}) .$$

② **核心公式：**Q-learning 算法的更新公式是：

$$Q(\boldsymbol{s},\boldsymbol{a}) \leftarrow Q(\boldsymbol{s},\boldsymbol{a}) + \alpha\,[r + \gamma \max_{\boldsymbol{a}'} Q(\boldsymbol{s}',\boldsymbol{a}') - Q(\boldsymbol{s},\boldsymbol{a})].$$

这个更新公式是贝尔曼最优方程的迭代形式. 详见第 1.4.4 节式(1.62).

③ **突出特性**

- Q 值函数：Q-learning 算法使用一个 Q 值函数来估计在每个状态下选择不同动作可能获得的累计奖励.Q 值函数表示为 $Q(\boldsymbol{s},\boldsymbol{a})$，其中 $\boldsymbol{s}$ 是状态，$\boldsymbol{a}$ 是动作.
- 探索与利用：为了平衡探索和利用的需求，Q-learning 引入了 ε-greedy 策略，即以 1-ε 的概率选择具有最高 Q 值的动作，以 ε 的概率随机选择一个动作.
- 最优策略：在训练完成后，最优策略可以通过从每个状态下选择具有最高 Q 值的动作得到，即使得 $Q(\boldsymbol{s},\boldsymbol{a})$最大的动作 $\boldsymbol{a}$.

Q-learning 从与环境的交互中逐步学习到最优动作价值函数，在探索与利用的平衡中不断优化 Q 值函数，从而获得在 MDP 中的最优行动策略.

(2) 研究问题的思路

对于低维度状态空间和动作空间的强化学习问题，将各个状态为首列元素和各个动作为首行元素形成一个表格——Q 表，表格的值是动作价值函数 $Q_\pi(\boldsymbol{s},\boldsymbol{a})$ 值.利用动作价值函数的贝尔曼最优方程建立迭代关系，循环迭代，最后得到最优动作价值函数 $Q^*(\boldsymbol{s},\boldsymbol{a})$，利用 $\pi^*(\boldsymbol{a}\,|\,\boldsymbol{s}) = \pi^*(\arg\max_{\boldsymbol{a}} Q^*(\boldsymbol{s},\boldsymbol{a})\,|\,\boldsymbol{s})$ 关系式，提取得到近似最优策略 $\pi \approx \pi^*$或最优策略 π^*.

(3) 释疑解惑

贪婪策略未必是最好的：贪婪策略可以保证每一步都能得到最优解，但是它可能陷入局部最优解，无法获得全局最优解.

ε-贪婪策略可能导致训练不稳定：ε-贪婪策略使得程序尽可能逃出局部最优解，进而去寻求全局最优解. 利用 ε-贪婪策略，智能体会花比较多的机会去进行探索，也就是会随机地采取某个动作，这可能导致训练不稳定.

(4) 学习与研究方法

表格型方法：Q-learning 算法是典型的表格型算法，其简单易懂，且非常直观.

无模型算法：标准的 Q-learning 算法是无模型算法，即不需要对环境进行先验建模，因此可以适用于各种低维度状态空间和动作空间的环境.

习 题 2

2.1 怎样利用自带函数程序 DRL2_1 求解自己的问题呢？

2.2 怎样利用自编程序 DRL2_2 求解自己的问题呢？

2.3 利用程序 DRL2_1，完成下列实验：

(1) 任意改变起点位置，可以得到哪些结论？

(2) 调试参数 LearnRate 的大小，分析结果；

(3) 调试参数 Epsilon 的大小，分析结果；

(4) 调试参数 MaxStepsPerEpisode 的大小，分析结果；

(5) 调试参数 MaxEpisodes 的大小，分析结果；

(6) 调试参数 StopTrainingValue 的大小，分析结果.

2.4 利用程序 DRL2_2，完成下列实验：

(1) 调试参数 alpha 的大小，分析结果；

(2) 调试参数 gamma 的大小，分析结果；

(3) 调试参数 epsilon 的大小，分析结果；

(4) 分析运行结果，选定合适的 max_epoch 大小；

(5) 改变奖励规则，分析结果；

(6) 分析各个图像，看看可以得出哪些结论.

2.5　利用程序 DRL2_2，完成下列实验：

(1) 改变场地环境：诸如改变网格的多少，改变网格的形状是任意的图形.

(2) 改变障碍物区域：改变障碍物区域的位置、形状和空间大小.

(3) 改变起点和终点：改变起点和终点的位置.

(4) 改变捷径：增加或减少捷径.

(5) 改变奖励数值：如通过捷径的奖励，加大平时的惩罚力度（现在是−2 分）.奖励值的大小对程序运行的影响特别明显，比如程序不运行、没有得到合理结果、没有通过捷径等. 奖励规则的设立，首先要保证程序能够运行，其次是考虑奖励的合理性问题.

2.6　设计一个简化的自动驾驶车辆模型，其中包括一个网格世界地图和障碍物. 任务是使用 Q-learning 算法训练车辆，使其能够在网格世界中安全驾驶，避免与障碍物发生碰撞.

2.7　模拟一个机器人在一个迷宫样式的网格世界中导航的任务. 机器人必须从起点开始，通过学习优化路径选择以尽快到达目标位置. 可以使用 Q-learning 算法来训练机器人并评估其导航性能.

2.8　查阅资料：强化学习算法中的奖励函数设置问题.

第 3 章 SARSA 算法求解最优安全路径问题

SARSA（state-action-reward-state-action）算法是由 Rummery 和 Niranjan 于 1994 年率先提出[12]，但起初名字并不叫 SARSA. SARSA 的名字是 Richard S. Sutton 和 Andrew G. Barto 在 1996 年的书籍 *Reinforcement Learning: An Introduction*[1]中首次提出的.

SARSA 算法与 Q-learning 算法相似，也是利用 Q 表来选择动作，唯一不同的是两者对 Q 表的更新策略不同. 该算法由于更新一次动作价值函数 $Q(\boldsymbol{s},\boldsymbol{a})$需要用到 5 个量$(\boldsymbol{S},\boldsymbol{A},\boldsymbol{R},\boldsymbol{S}',\boldsymbol{A}')$，所以把这 5 个字母放在一起被形象地称为 SARSA 算法.

3.1 SARSA 算法的基本思想

SARSA 算法是一种基于状态-动作-奖励-状态-动作的强化学习算法. 其基本思想可以简述为：基于动作价值函数的贝尔曼方程，利用当前策略和当前状态选择一个动作，执行该动作后观测到下一个状态和获得的奖励，并再次基于新的状态选择下一个动作，利用状态-动作-奖励-下一个状态-下一个动作 5 个变量值更新动作价值函数 $Q(\boldsymbol{s},\boldsymbol{a})$. 这个过程不断循环迭代，最终收敛到最优动作价值函数 $Q^*(\boldsymbol{s},\boldsymbol{a})$，进而得到最优策略 π^*.

3.2 SARSA 算法的实现

SARSA 算法的应用条件与 Q-learning 算法相同. 参见第 2.3.1 节.

3.2.1 SARSA 算法的伪代码

SARSA 算法估计策略 $\pi(\boldsymbol{a}|\boldsymbol{s}) \approx \pi^*$

算法参数：学习率 $\alpha \in (0,1]$，很小的概率阈值 $\varepsilon > 0$

对于所有的 $\boldsymbol{s} \in \mathcal{S}^+, \boldsymbol{a} \in \mathcal{A}(\boldsymbol{s})$，初始化 $Q(\boldsymbol{s}, \boldsymbol{a})$，在终止状态，约定 Q(终止状态,:) = 0

for 回合 $e = 1 \to E$ **do**

  初始化起始状态 $\boldsymbol{s}$

  根据 Q 值采用 ε-贪婪策略，选择当前状态 $\boldsymbol{s}$ 处的动作 $\boldsymbol{a}$

  for 时间步 $t = 0 \to T-1$ **do**

    得到环境反馈的奖励 r 和下一状态 $\boldsymbol{s}'$

    根据 Q 值采用 ε-贪婪策略，选择下一状态 $\boldsymbol{s}'$处的动作 $\boldsymbol{a}'$

    $Q(\boldsymbol{s},\boldsymbol{a}) \leftarrow Q(\boldsymbol{s},\boldsymbol{a}) + \alpha[r + \gamma Q(\boldsymbol{s}',\boldsymbol{a}') - Q(\boldsymbol{s},\boldsymbol{a})]$

$s \leftarrow s'$

$a \leftarrow a'$

end for

end for

$\pi(\boldsymbol{a} \mid \boldsymbol{s}) \leftarrow \arg\max_{a} Q(\boldsymbol{s}, \boldsymbol{a}), \ \forall s \in \mathcal{S}$

注意：Q-learning 算法的更新公式来自动作价值函数的贝尔曼最优方程，而 SARSA 算法的更新公式来自动作价值函数的贝尔曼方程.二者的区别在于 $\max_{a'} Q(\boldsymbol{s}', \boldsymbol{a}')$ 与 $Q(\boldsymbol{s}', \boldsymbol{a}')$. 可见，SARSA 算法去掉了最大化 max 操作，这样处理对于解决 Q-learning 算法的“过高估计”问题大有好处.

3.2.2 SARSA 算法的程序步骤

SARSA 算法的程序步骤与 Q-learning 算法几乎相同（参见第 2.3.3 节），所不同的是更新公式. Q-learning 算法中更新 Q 值利用如下关系式：

$$Q(\boldsymbol{s}, \boldsymbol{a}) \leftarrow Q(\boldsymbol{s}, \boldsymbol{a}) + \alpha[r + \gamma \max_{a'} Q(\boldsymbol{s}', \boldsymbol{a}') - Q(\boldsymbol{s}, \boldsymbol{a})].$$

而在 SARSA 算法中，更新 Q 值关系式变成

$$Q(\boldsymbol{s}, \boldsymbol{a}) \leftarrow Q(\boldsymbol{s}, \boldsymbol{a}) + \alpha[r + \gamma Q(\boldsymbol{s}', \boldsymbol{a}') - Q(\boldsymbol{s}, \boldsymbol{a})]. \tag{3.1}$$

对比上述两个更新公式，可见 $\max_{a'} Q(\boldsymbol{s}', \boldsymbol{a}')$ 变成 $Q(\boldsymbol{s}', \boldsymbol{a}')$ ，即去掉了最大化操作.

式（3.1）中，$\boldsymbol{a}'$ 是在 Q 表中与状态 $\boldsymbol{s}'$ 对应的动作，来自两个途径：一是语句[value, next_action] = max(Q(next_ind, :))，即来自状态 $\boldsymbol{s}'$=next_ind 使得 Q 取最大值的动作 $\boldsymbol{a}'$ = next_action；二是由 ε-贪婪策略服从均匀分布随机产生. 这个动作 $\boldsymbol{a}'$ 在程序中用到，而在实际问题中，并不需要智能体真正采取动作 $\boldsymbol{a}'$.

3.2.3 on-policy 和 off-policy

基于 SARSA 算法和 Q-learning 算法的更新关系式不同，可引出强化学习中的两种不同的学习方式：on-policy 和 off-policy.

(1) on-policy 学习：on-policy 译作**在线策略**或**同策略**，是指智能体在学习（算法或程序中一般称为**训练**）过程中遵循当前策略进行动作选择，并根据这些经验来更新策略. 换句话说，智能体在学习时使用的策略与实际执行（算法或程序中一般称为**更新**）的策略是相同的.

on-policy 学习的特点：智能体在学习和执行时使用相同的策略；需要在探索和利用之间进行权衡，以便发现更好的策略；更新策略时使用的数据是实时生成的，因此可能受到噪声和偏差的影响.

(2) off-policy 学习：off-policy 译作**离线策略**或**异策略**，是指智能体在学习过程中使用一种策略（一般称为**行为策略**）进行动作选择，而更新策略时使用另一种策略（一般称为**目标策略**）.换句话说，智能体在学习时使用的策略与实际执行的策略是不同的.

off-policy 学习的特点：智能体在学习和执行时使用不同的策略；可以使用历史数据

进行学习，不受实时数据的限制；更容易实现高效的探索，因为行为策略可以专注于探索，而目标策略专注于性能优化.

(3) on-policy 与 off-policy 的区别：on-policy 学习方式与 off-policy 学习方式的区别有如下几点：

① 学习策略与执行策略的关系：on-policy 学习方式使用相同的策略进行学习和执行，而 off-policy 学习方式使用不同的策略进行学习和执行.

② 数据来源：on-policy 学习方式通常使用实时生成的数据进行学习，而 off-policy 学习方式可以使用历史数据进行学习.

③ 探索与利用的权衡：on-policy 学习方式需要在探索和利用之间进行权衡，以便发现更好的策略. 而 off-policy 学习方式可以通过行为策略进行大量探索，而目标策略则关注性能优化.

④ 应用场景：on-policy 学习方式适用于实时交互的环境，例如在线学习和实时决策. off-policy 学习方式适用于可以利用历史数据的场景，例如离线学习和批量学习.

如图 3-1(a)所示，SARSA 算法是一种 on-policy 学习算法，即在学习过程中采用的策略和学习训练完毕后用于更新的策略是同一个（都是 ε-贪婪策略）. 如图 3-1(b)所示，Q-learning 是一种 off-policy 学习算法，在训练过程中采用的策略是 ε-贪婪策略，学习完毕后用于更新的策略是 $\max_{\boldsymbol{a}'} Q(\boldsymbol{s}',\boldsymbol{a}')$，这两处不是同一个策略. 因此，SARSA 算法更加保守，而 Q-learning 算法更加贪婪.

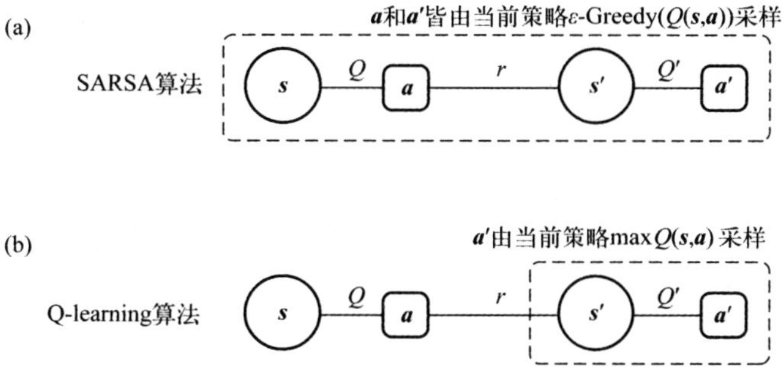

图 3-1　SARSA 算法与 Q-learning 算法对比

3.2.4　SARSA 算法的收敛性

SARSA 算法也是一个经典的强化学习算法，对于理论上的收敛性，有以下几个定理.

定理 1(SARSA 算法收敛定理)　对于每一个状态-动作对$(\boldsymbol{s},\boldsymbol{a})$，SARSA 算法在有限 MDP 环境下，以概率 1 收敛到最优动作价值函数 $Q_\pi^*(\boldsymbol{s}, \boldsymbol{a})$，即当时间步趋向于无穷时，动作价值函数 $Q(\boldsymbol{s},\boldsymbol{a})$收敛到最优动作价值函数 $Q^*(\boldsymbol{s}, \boldsymbol{a})$.

定理 2　利用 SARSA 算法，可以得到最优策略 $\pi^*(\boldsymbol{a} \mid \boldsymbol{s})$，且

$$\boldsymbol{a} = \arg\max_{\boldsymbol{a}\in\mathcal{A}} Q^*(\boldsymbol{s},\boldsymbol{a}), \forall \boldsymbol{s} \in \mathcal{S} .$$

证明　利用定理 1 可知，t 时间步的动作价值函数 $Q_t(\boldsymbol{s}_t,\boldsymbol{a}_t)$ 以概率 1 收敛到最优动作价值函数 $Q^*(\boldsymbol{s}, \boldsymbol{a})$. 根据式(1.55)得到

$$Q_{\pi^*}(\boldsymbol{s}, \boldsymbol{a}) = Q^*(\boldsymbol{s},\boldsymbol{a}),\quad \forall \boldsymbol{s} \in \mathcal{S}, \forall \boldsymbol{a} \in \mathcal{A} .$$

取

$$\boldsymbol{a}=\arg\max_{\boldsymbol{a}\in\mathcal{A}} Q^*(\boldsymbol{s},\boldsymbol{a})$$

得到最优策略 $\pi^*(\boldsymbol{a}\mid\boldsymbol{s})$. 定理 2 证毕.

根据上述定理 1、定理 2，立即得到下面的定理 3.

定理 3　取学习率 $0<\alpha<1$，折扣系数 $0<\gamma<1$，用下列更新公式

$$Q(\boldsymbol{s},\boldsymbol{a}) \leftarrow Q(\boldsymbol{s},\boldsymbol{a})+\alpha[r+\gamma Q(\boldsymbol{s}',\boldsymbol{a}')-Q(\boldsymbol{s},\boldsymbol{a})]$$

的 SARSA 算法收敛到最优动作价值函数 $Q^*(\boldsymbol{s},\boldsymbol{a})$，并且得到最优策略

$$\pi^*(\boldsymbol{a}\mid\boldsymbol{s})=\pi^*(\arg\max_{\boldsymbol{a}\in\mathcal{A}} Q^*(\boldsymbol{s},\boldsymbol{a})\mid\boldsymbol{s}). \tag{3.2}$$

这些 SARSA 算法收敛定理说明，在符合一定的条件下，SARSA 算法以概率 1 可以收敛到最优动作价值函数 $Q^*(\boldsymbol{s},\boldsymbol{a})$，进而得到最优策略 $\pi^*(\boldsymbol{a}\mid\boldsymbol{s})$. 然而，这些定理对应的条件通常假设了具体的环境、动作价值函数 $Q(\boldsymbol{s},\boldsymbol{a})$的逼近形式以及程序超参数的设置，并不意味着算法的实现程序一定收敛到最优策略 $\pi^*(\boldsymbol{a}\mid\boldsymbol{s})$. 此外，由于 SARSA 算法是基于 TD 学习的一种算法，其收敛速度也受到一些限制.

3.3　SARSA 算法实例：寻找最优安全路径

本节以典型的悬崖行走问题为例，通过 SARSA 算法的代码程序求解最优安全路径，并与 Q-learning 算法进行对比分析.

3.3.1　问题说明

在一个有悬崖的场地，一位旅行者需要从该场地的起点出发，遵守行动规则，到达终点来完成任务，怎样寻找到实现任务的安全且最短的路线呢？如图 3-2 所示.

图 3-2　悬崖行走环境及起点与终点示意图

3.3.2　数学模型

(1) **状态**：如图 3-3 所示，构建 4×12 结构的网格. 第 1 列从上到下依次标号是[1,1],[2,1],[3,1],[4,1]，第 2 列从上到下依次标号是[1,2],[2,2],[3,2],[4,2]. 依此类推，第 12 列从上到下依次标号是[1,12],[2,12],[3,12],[4,12]. 起点在第 4 行第 1 列网格[4,1]（图 3-3 五角星网格）. 圆点网格[4,12]表示终点. 深色网格区域表示悬崖.

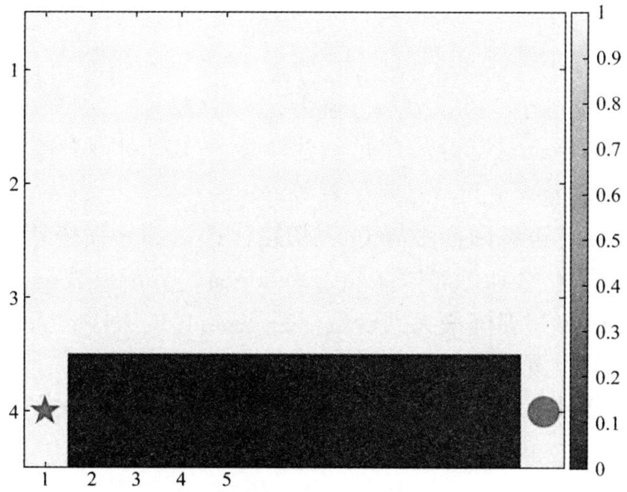

图 3-3　悬崖行走环境及起点与终点

(2) **动作**：上移 =1，下移 =2. 右移 =3，左移 =4.

(3) **奖励**

① 如果智能体到达任务终点，即网格[4,12]的位置（圆点网格），则可以得到 5 分的奖励.

② 由于路途艰辛，智能体每多走一个网格就会消耗体力. 规定：每走 1 格会被扣掉 1 分或说奖励 -1 分. 这条奖励规则意味着鼓励智能体走最近的路线，因为少走路才可以得到较多的回报.

③ 深色区域表示悬崖，智能体不可到达. 如进入该区域，则扣 10 分，并重新开始训练——回到起点接着学习.

(4) **状态转移概率**：此例没有用到状态转移概率.

(5) **折扣系数**：实际问题需要注重远期的奖励影响，程序中取折扣系数 $\gamma=0.99$.

(6) **初始状态概率分布**：初始状态固定，就是“起点”.

3.3.3 主程序代码

求解上述悬崖行走最优安全路径的主程序代码（参见程序包）与第 2.4.4.2 节 DRL2_2 大体相似，以下仅对不同之处做说明：

```
//第 3 章/DRL3_1

%% 第 1 段：创建环境
row=4;
col=12;
CF=ones(row,col);    %网格中的值等于 1，影响画图颜色
CF(row,2:(col-1))=0; %网格中为 0 的地方表示悬崖
s_start=[4,1]; %初始状态---起点[4,1]
s_end=[4,12];  %终止状态---终点[4,12]

%% 第 3 段：对每个回合及其各个时间步进行学习训练
Q(st_index,action)=Q(st_index,action)+alpha*(reward+gamma*Q(next_ind,next_action)-
Q(st_index,action));
```

3.3.4 程序分析

上述程序按照功能划分，可以分为 6 部分：

(1) **创建环境并显示**：这部分程序是创建环境，实现对问题的完整描述，如场地大小、起点和终点、悬崖区域及正常行走区域等.

(2) **设置训练参数及训练回合数与 Q 表初始化**：这部分程序是设置训练参数及几个存储变量初始化. 其中 4 个训练参数：学习率 alpha、折扣系数 gamma、epsilon-greedy 策略的概率阈值 epsilon 和训练最大回合数 max_epoch 的大小设置，直接影响训练的结果. 这 4 个训练参数的设置应引起读者的特别关注.

(3) **对每个回合及其各个时间步进行训练**：这部分程序是训练 SARSA 智能体，是 SARSA 算法的核心. 训练的逻辑关系是这样的：

① 对当前回合初始化：初始状态、选取初始动作、累计奖励归 0.

② 针对当前回合的时间步进行训练：利用当前状态 st_index 和动作 action 得到下一状态 next_ind 及奖励 reward，利用下一个状态 next_ind 及其 Q 表或 epsilon-greedy 策略得到下一动作 next_action，利用当前状态和动作以及下一个状态和下一个动作更新 Q 表：

$$\text{Q(st\_index,action)} = \text{Q(st\_index,action)} + \text{alpha*(reward} + \text{gamma} \\ \text{*Q(next\_ind,next\_action)} - \text{Q(st\_index,action))}. \tag{3.3}$$

③ 继续更新得到下下一个状态和下下一个动作及其 Q 表，这个过程是一个循环迭代的过程，直至时间步训练到达当前回合的终点或者掉入悬崖，这个当前回合训练结束. 程序接着训练下一个回合.

(4) **获得策略与最优策略及 Q 表值**：这部分程序是提取 SARSA 算法的训练结果，其实质是从训练好的 Q 表中提取"最优"动作和"最大" Q 值. 关键语句是从训练得到的 Q 表中提取最优策略关系式：

$$\text{[Q\_sarsa(ii,jj),pol\_pi\_sarsa(ii,jj)]} = \text{max(Q(sti,:))}. \tag{3.4}$$

也就是得到智能体在当前状态 sti 采取的一步"最优"动作 pol_pi_sarsa 和最大回报 Q_sarsa. 将所有状态的"最优"动作依次排列起来，就得到了智能体学到的最优策略.

(5) **最优策略绘图**：这部分程序是检验 SARSA 算法的结果，可以分析训练过程中是否存在问题. 首先，得到了最优策略，如图 3-4 所示，这是最有用的结果. 其次，得到最优策略对应的状态价值函数 V 值分布状况.

从图 3-4 中可以看出：近似最优策略的状态序列是

$$[4,1]\to[3,1]\to[2,1]\to[2,2]\to[2,3]\to[2,4]\to\cdots\to[2,12]\to[3,12]\to[4,12].$$

上述路径中，起点和终点分别是[4,1]和[4,12]. 这是一条相对安全的路线，因为除题设起点和终点紧邻悬崖外，其余各网格都远离悬崖，是智能体为完成任务采取的同时兼顾安全与最近距离的最优路径，但这个结果还不是路径最短的最优策略.参见下面第 3.4.3 节.

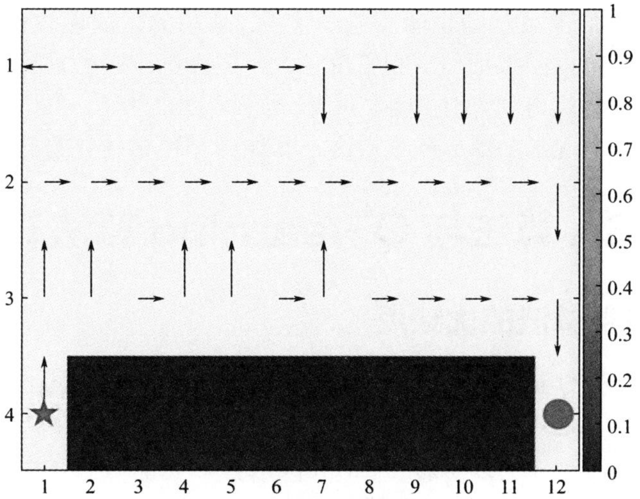

图 3-4　SARSA 算法最优策略

(6) 性能指标：回合所得回报和回合行走步数

如图 3-5(a)所示，此图是训练 1000 个回合智能体获得的回报变动记录. 如图 3-5(b)所示，是 1000 个回合中智能体行走的步数变动记录. 这两个图像，从两个方面记录了智能体在每个回合的性能指标，是学术研究与论文写作不可缺少的数据.

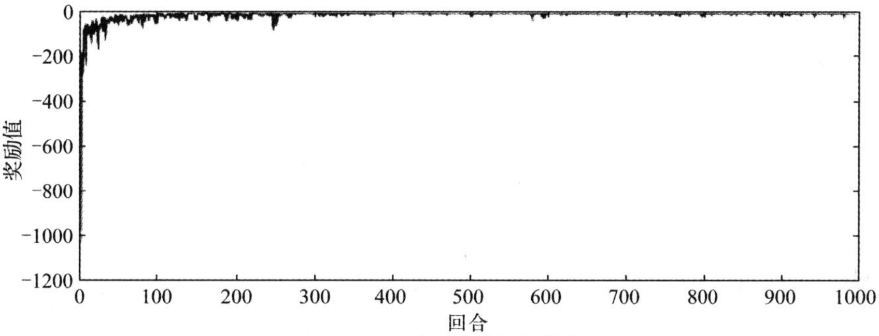

(a) 每个回合的累积奖励

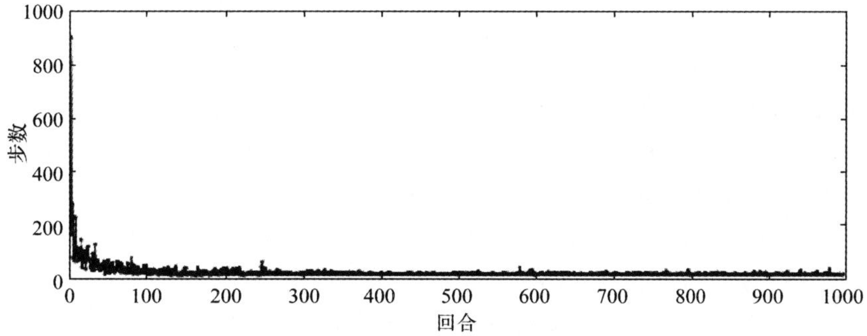

(b) 每个回合训练的步数

图 3-5　智能体在各回合所得回报及行走步数

利用图 3-5 数据可以计算得到：在第 115 个回合 SARSA 智能体获得最大回报值−7，行走 13 步. 这说明：在前 115 个回合训练中，智能体正在适应环境，经常掉进悬崖而终止继续前行；在训练后期，虽然智能体在更多的回合训练中到达了终点，但也有一些未到达终点，图中曲线的上下波动说明了这一情况. 理想的情况应该是，这两条曲线前段快速上升（对应回合所得回报曲线）和下降（对应回合行走步数曲线），后段平稳趋近于水平直线，说明智能体训练具备快速学习和稳定学习的能力.

综合上述分析，可见 SARSA 算法的这个实现程序稳定性还是较好的.

3.4 SARSA 算法与 Q-learning 算法对比

3.4.1 SARSA 算法的优缺点

将 SARSA 算法和 Q-learning 算法对比分析，SARSA 算法的优点和缺点整理如下.

(1) SARSA 算法的优点

① SARSA 算法是一种同策略算法（on-policy），意味着它在更新 Q 值时使用的是当前策略下的动作值. 这使得 SARSA 算法更加稳定.

② 由于 SARSA 算法在更新 Q 值时利用了下一步的动作，因此它对于一些需要考虑未来影响的问题更加有效.

(2) SARSA 算法的缺点

① SARSA 算法在处理大规模状态空间时可能面临计算和存储的问题. 这是因为 SARSA 算法需要存储每个状态-动作对 $<\boldsymbol{s},\boldsymbol{a}>$ 的 Q 值，而状态空间较大时，需要大量的存储空间.

② 由于 SARSA 算法是基于当前策略进行学习的，它可能会陷入局部最优解而无法找到全局最优解.

③ SARSA 算法对于未来奖励的权衡较为保守，这可能导致学习过程较为缓慢.

总体而言，SARSA 算法在稳定性上具有一定优势，但在计算和存储开销、局部最优解和学习速度方面存在一些不足.

3.4.2 SARSA 算法与 Q-learning 算法适用情况对比

① Q-learning 算法直接学习最优策略，而 SARSA 算法在探索时学会了近似最优的策略.

② Q-learning 算法具有比 SARSA 更高的样本方差，并且可能因此产生收敛问题. 当利用 Q-learning 算法训练神经网络时，这会成为一个问题，详见第 6 章 DQN 算法.

③ SARSA 算法在接近收敛时，允许对探索性的动作进行可能的惩罚，而 Q-learning 算法会直接忽略，这使得 SARSA 算法更加保守. 如果存在接近最佳路径的大量负面奖励的风险时，Q-learning 算法将倾向于在探索时触发风险（冒险），而 SARSA 将倾向于避免危险的最佳路径，并且仅在探索减少时慢慢学会使用它.

如果是在模拟中或在低成本和快速迭代的环境中训练智能体，那么由于直接学习最优策略，Q-learning 算法是一个不错的选择. 如果智能体是在线学习，并且注重学习期间获得的奖励，那么 SARSA 算法更加适用.

3.4.3 最优策略对比

利用 SARSA 算法程序和 Q-learning 算法程序，对悬崖行走寻找最优路线问题，分别得到了最优路线，如图 3-6 所示（相关源码详见配书资源）。

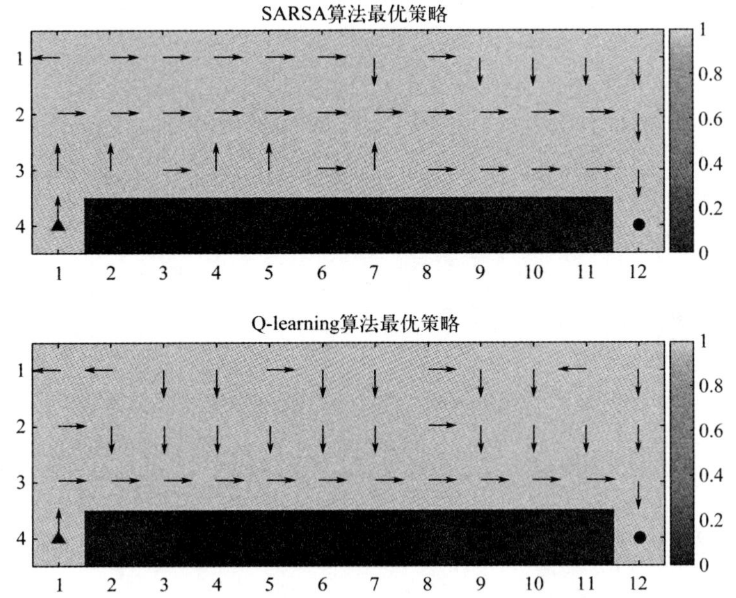

图 3-6　SARSA 算法与 Q-learning 算法最优策略

利用 SARSA 算法程序得到的近似最优策略的状态序列是：

$$[4,1]\to[3,1]\to[2,1]\to[2,2]\to[2,3]\to[2,4]\to\cdots\to[2,12]\to[3,12]\to[4,12].$$

利用 Q-learning 算法程序得到的最优策略的状态序列是：

$$[4,1]\to[3,1]\to[3,2]\to[3,3]\to[3,4]\to\cdots\to[3,12]\to[3,12]\to[4,12].$$

SARSA 算法程序的安全最优策略的行走步数是 16 步，Q-learning 算法程序的最优策略的行走步数是 14 步，可见 Q-learning 算法的累计奖励多 2 分. 由此也看到：SARSA 算法程序还没有达到最短路线的最优策略，因为 Q-learning 算法得到的最短路线是 14 步，而不是 SARSA 算法程序现在实现的 16 步.

分析图 3-6 可知，SARSA 算法得到的最优策略是一个安全的策略，因为除了起点和终点外，其余状态都远离危险区域. 而 Q-learning 算法的最优策略是路途最近的策略，是具有一定冒险性的策略，其所有的状态都紧邻危险区域.

3.4.4 图像对比分析

在 4×12 结构的网格中，若将原来的第 1 列从上到下依次标号[1,1],[2,1],[3,1],[4,1]分别对应 1,2,3,4，将原来的第 2 列从上到下依次标号[1,2],[2,2],[3,2],[4,2]分别对应 5,6,7,8. 依此类推，将原来的第 12 列从上到下依次标号[1,12],[2,12],[3,12],[4,12]分别对应 45,46,47,48. 也就是，将状态的二维编号转变为状态的一维编号. 如图 3-7 横轴所示.

(1) 最优状态价值函数 $V^*(s)$对比

如图 3-7 所示. SARSA 算法得到的策略 π 的状态价值函数 $V_\pi(s)$，要比 Q-learning 算法得到的状态价值函数 $V^*(s)$小，个别状态处出现相等或大于情况.

这一结果说明，Q-learning 算法一直追求最大的期望回报，而 SARSA 算法并不是.

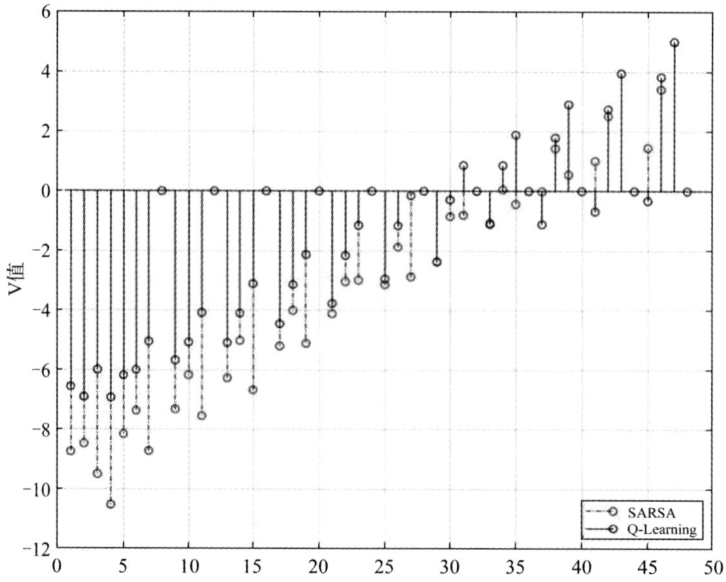

图 3-7　SARSA 算法与 Q-learning 算法的最优状态价值函数 V 值

(2) **各回合的回报对比**

如图 3-8 所示. SARSA 算法程序得到的回报，比 Q-learning 算法程序的要小一些，并且波动幅度小一些. 这一结果说明，SARSA 算法程序比 Q-learning 算法程序具有更明显的稳定性.

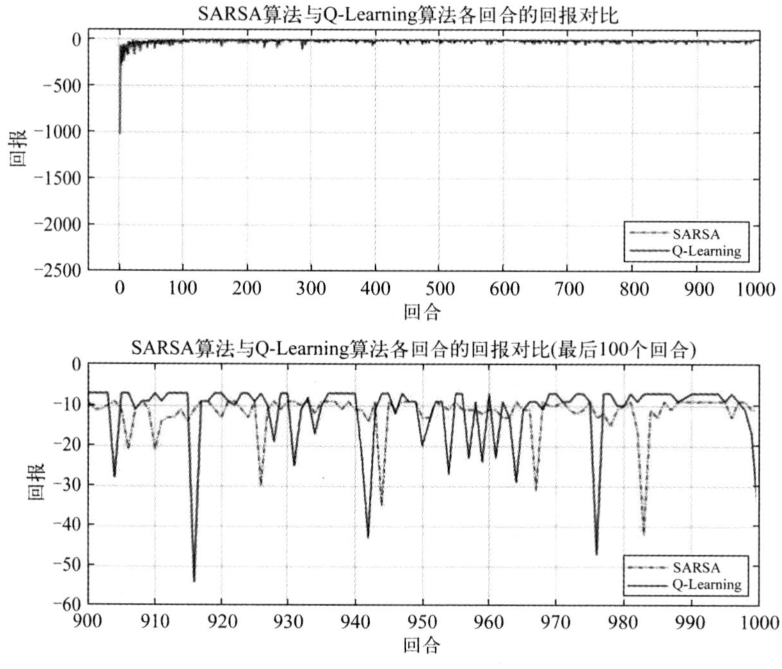

图 3-8　SARSA 算法与 Q-learning 算法智能体在各回合的回报

除了图像对比分析之外，计算数值指标（如收敛速度、最优策略稳定性、最优策略潜力百分比等）也是常用的对比分析方法. 性能指标定义及其分析详见第 6 章 DQN 算法.

注意：(1) SARSA 算法与 Q-learning 算法的对比分析，实际上是实现这两个算法的程序之间的对比分析. 程序中有多个可调参数，这些参数的取值直接影响程序的结果. 因此，留意不要把程序的对比分析结论“强加”给算法. 对其他算法的对比分析同理.

(2) 用同样的 1 个乃至 2 个实际案例，对比分析 SARSA 算法与 Q-learning 算法的程序结果，也过于简单，含有片面性. 合理的做法是：设计几个不同特点的实际案例进行对比分析；或者采用公开发表的权威性高的期刊论文案例进行对比分析.

(3) 对比分析两个不同算法的性能指标时，需要注意以下几个问题：

① 特定指标的选择：首先，需要明确想要对比分析的算法性能指标. 这些性能指标可以是程序的运行时间、收敛速度、精度、稳定性等. 根据应用场景和需求，选择适合的性能指标进行对比分析.

② 评估方法的选择：如何评估性能指标是非常重要的. 可以使用实验评估、仿真模拟等方法进行指标的比较. 确保选用合理的评估方法来得出可靠的结论.

③ 数据集和环境的选择：性能指标的比较主要基于算法在特定数据集或环境中的表现. 选择合适的数据集或环境是比较的基础. 要确保数据集或环境能够充分涵盖各种情况，以评估算法的鲁棒性和普适性.

④ 统计显著性的考虑：比较结果时，要根据统计学方法来判断是否存在显著差异. 应使用适当的统计检验，如 t 检验或 ANOVA 分析或其他统计方法，可以得出统计学意义上的可靠的结论.

⑤ 算法参数和配置的一致性：确保对比的两个算法在参数设置和配置上保持一致，这样才能进行公平的比较. 如果算法有多个参数，可以进行参数敏感性分析，找到最优的参数设置.

⑥ 多个指标综合考虑：单一指标的对比无法全面反映算法的性能. 需综合考虑多个指标，权衡它们的重要性，才可以提供更全面的对比分析结论.

3.5 本章小结

(1) SARSA 算法的原理

SARSA 算法是一种基于强化学习的算法，用于求解有限马尔可夫决策过程的最优策略. 其原理如下：

① 理论支撑：上面的定理 1 和定理 3 保证了 SARSA 算法收敛到最优动作价值函数 $Q^*(\boldsymbol{s}, \boldsymbol{a})$，并且可以得到最优策略

$$\pi^*(\boldsymbol{a} \mid \boldsymbol{s}) = \pi^*(\arg\max_{\boldsymbol{a}\in\mathcal{A}} Q^*(\boldsymbol{s},\boldsymbol{a}) \mid \boldsymbol{s}).$$

② 核心公式：SARSA 算法的更新公式是：

$$Q(\boldsymbol{s}, \boldsymbol{a}) \leftarrow Q(\boldsymbol{s}, \boldsymbol{a}) + \alpha[r + \gamma Q(\boldsymbol{s}', \boldsymbol{a}') - Q(\boldsymbol{s}, \boldsymbol{a})].$$

这个更新公式不是贝尔曼最优方程的迭代形式，而是贝尔曼方程的迭代形式. 详见第 1.4.1 节式(1.51)和第 1.4.4 节式(1.62).

③ 突出特性

● Q 值函数：与 Q-learning 算法一样，SARSA 算法也是使用一个 Q 表函数 $Q(\boldsymbol{s}, \boldsymbol{a})$ 来迭代更新，理论上最终得到最优动作价值函数 $Q^*(\boldsymbol{s}, \boldsymbol{a})$.

● On-policy 算法：SARSA 算法是一种 On-policy 算法，即 SARSA 算法会根据当前状态和当前动作来更新 Q 值，在训练过程中采用的策略和用于更新的策略是同一个. 而 Q-learning 是一种 Off-policy 算法，即在训练过程中采用的策略和用于更新的策略不是同一个，也就是 Q-learning 算法会根据当前状态和最大动作值来更新 Q 值.

● 最优策略：在训练完成后，最优策略可以通过从每个状态下选择具有最大 Q 值的动作得到，即使得 $Q^*(\boldsymbol{s}, \boldsymbol{a})$取最大值的动作 $\boldsymbol{a}$.

(2) **研究问题的思路**

SARSA 算法与 Q−learning 算法非常相似. 对于低维度状态空间和动作空间的强化学习问题，将各个状态为列元素和各个动作为行元素形成一个 Q 表，表格的值是动作价值函数 $Q(\boldsymbol{s}, \boldsymbol{a})$值. 利用动作价值函数的贝尔曼方程建立迭代关系，循环迭代，最后得到最优动作价值函数 $Q^*(\boldsymbol{s}, \boldsymbol{a})$，利用 $\pi^*(\boldsymbol{a} \mid \boldsymbol{s}) = \pi^*(\arg\max_{\boldsymbol{a}} Q^*(\boldsymbol{s}, \boldsymbol{a}) \mid \boldsymbol{s})$ 关系式，提取近似最优策略 $\pi \approx \pi^*$ 或最优策略 π^*.

(3) **释疑解惑**

on-policy 学习有优势：在线策略是指智能体在学习时使用的策略与实际执行的策略是相同的. 在线策略适用于实时交互的环境，例如在线学习和实时决策.但可能受到噪声和偏差的影响. SARSA 算法是一种 on-policy 学习算法.

off-policy 学习更实用：离线策略是指智能体在学习时使用的策略与实际执行的策略是不同的. 离线策略更容易实现高效的探索，因为行为策略可以专注于探索，而目标策略专注于性能优化. Q-learning 算法是一种 off-policy 学习算法.

(4) **学习与研究方法**

将 SARSA 算法与 Q−learning 算法进行联系对比分析，可以发现，二者差别在于利用的贝尔曼方程不同. SARSA 算法利用贝尔曼方程更新 $Q_\pi(\boldsymbol{s}, \boldsymbol{a})$ 值，Q−learning 算法利用贝尔曼最优方程更新 $Q_\pi(\boldsymbol{s}, \boldsymbol{a})$ 值.

习 题 3

3.1 怎样利用代码程序 DRL3_1 求解自己的问题呢？

3.2 利用代码程序 DRL3_1，完成下列实验：

(1) 改变场地环境：诸如改变网格的大小，改变网格的形状是任意的图形.

(2) 改变障碍物区域：改变障碍物区域的位置、形状和空间大小.

(3) 改变起点和终点：改变起点和终点的位置，以适合更加复杂的环境.

(4) 增加障碍或捷径：增加障碍或捷径等，并合理设置奖励与惩罚，以训练智能体适应更加多变的环境.

3.3 资源采集游戏：在一个网格世界中，需要设置资源点和采集点，并控制一个智能体进行资源采集. 智能体需要使用 SARSA 算法，学习如何高效地在网格世界中移动，收集所有资源，并将其带回采集点.

3.4　机器人避障任务：设计一个机器人避障任务，在网格世界中设置起点、终点和障碍物. 任务是使用 SARSA 算法训练机器人，让它学会避开障碍物，并找到从起点到终点的最优路径.

3.5　雷达导航任务：模拟一个雷达导航任务，在网格世界中设置起点、终点和雷达信号源. 任务是使用 SARSA 算法训练一个导航模型，使其能够学习到如何通过接收雷达信号来导航并找到最优路径.

第4章 策略迭代算法求解两地租车最优调度问题

策略迭代(policy iteration)算法是由 Richard Bellman 在 1957 年的一篇名为 *Dynamics Programming and Partially Ordered Sets* 的文章中首次提出的. 策略迭代算法是强化学习中较为基础的算法，主要目的是获得最优策略. 目前主要应用于优化资源调度和任务分配、供应链管理、金融领域的投资策略优化、优化网络性能和资源利用等.

4.1 策略迭代算法的基本思想

策略迭代算法的基本思想是，基于状态价值函数的贝尔曼方程，从一个初始化的策略出发，先进行策略评估，然后进行策略改进，再评估改进后的策略，再进一步进行策略改进，经过不断迭代更新，直到策略收敛得到最优策略，这种算法被称为“策略迭代”算法.

策略迭代算法主要涉及两个过程：策略评估和策略改进.

4.2 策略迭代算法的实现

4.2.1 策略迭代算法的应用条件

(1) 确定性马尔可夫决策过程：策略迭代算法基于对环境的建模，要求问题满足马尔可夫性质，即当前决策只依赖于当前状态，与过去的决策和状态无关. 此外，策略迭代算法通常假设问题是确定性的，即在任何给定状态下采取同一个动作将始终导致相同的下一个状态和奖励值.

(2) 完全已知的 MDP：策略迭代算法需要对马尔可夫决策过程的模型有完全的了解，即需要知道状态转移概率以及奖励函数. 这就要求获得精确的环境模型，而现实世界中复杂的问题，往往无法满足这一要求.

(3) 低维度的状态空间和动作空间：策略迭代算法通常应用在状态空间和动作空间都是低维度的情况下，因为在每次迭代中需要对所有状态-动作对进行评估和改进，对于高维度的空间或无限空间的情况并不适用.

(4) 具备足够的计算资源：策略迭代算法需要对状态价值函数 $V(\boldsymbol{s})$进行评估，对策略进行改进，这通常需要对整个状态空间进行遍历访问. 因此，应用策略迭代算法需要足够的计算资源和时间成本.

4.2.2 策略迭代算法的伪代码

策略迭代算法 (使用迭代策略评估)估计确定性策略 $\mu(s) \approx \mu^*$

1. 初始化:
随机初始化策略函数 $\mu(\boldsymbol{s}) \in \mathcal{A}(\boldsymbol{s})$和状态价值函数 $V(\boldsymbol{s})$，约定 V(终点) = 0；θ 是由评估精度人为确定的一个很小的正数.
2. 策略评估:
while $\Delta > \theta$ **do**
　　$\Delta \leftarrow 0$
　　对每一个状态 $\boldsymbol{s} \in \mathcal{S}$
　　$v \leftarrow V(\boldsymbol{s})$
　　$V(\boldsymbol{s}) \leftarrow r(\boldsymbol{s}, \mu(\boldsymbol{s})) + \gamma \sum_{\boldsymbol{s}' \in \mathcal{S}^+} p(\boldsymbol{s}' \mid \boldsymbol{s}, \mu(\boldsymbol{s})) V(\boldsymbol{s}')$
　　$\Delta \leftarrow \max(\Delta, |v - V(\boldsymbol{s})|)$
end while
3. 策略改进:
$\mu_{\text{old}} \leftarrow \mu(\boldsymbol{s})$对于每一个状态 $\boldsymbol{s} \in \mathcal{S}$
　　$\mu(\boldsymbol{s}) \leftarrow \arg\max_{\boldsymbol{a}} [r(\boldsymbol{s}, \boldsymbol{a}) + \gamma \sum_{\boldsymbol{s}' \in \mathcal{S}^+} p(\boldsymbol{s}' \mid \boldsymbol{s}, \boldsymbol{a}) V(\boldsymbol{s}')]$
如果 $\mu_{\text{old}} = \mu(\boldsymbol{s})$，则停止训练，得到 $V(\boldsymbol{s}) \approx v^*$和 $\mu(\boldsymbol{s}) \approx \mu^*$；否则返回到 2.

注意：策略迭代算法的更新公式来自状态价值函数的贝尔曼方程. 参见第 1.4.1 节式(1.46′). 策略 $\mu(\boldsymbol{s})$就是第 1.1.8 节的确定性策略[式(1.18)]$\boldsymbol{a} = \mu(\boldsymbol{s})$.

4.2.3 策略迭代算法的程序步骤

策略迭代算法的程序步骤如下:

(1) 设置环境：包括状态、动作、奖励规则和状态转移概率矩阵等.

(2) 设置策略评估参数 θ：参数 θ 一般称为**偏差阈值**，用于控制相邻两次的状态价值函数差异接近的程度，依据问题人为地选取很小的正数.

(3) 初始化所有状态的状态价值函数 $V(\boldsymbol{s})$和一个任意初始策略 $\mu(\boldsymbol{s})$.

(4) 策略评估:

① 对于每一个状态 $\boldsymbol{s} \in \mathcal{S}$，计算状态价值函数 $V(\boldsymbol{s})$，并保存 $v \leftarrow V(\boldsymbol{s})$.

② 更新 V 值

$$V(\boldsymbol{s}) \leftarrow r(\boldsymbol{s}, \mu(\boldsymbol{s})) + \gamma \sum_{\boldsymbol{s}' \in \mathcal{S}^+} p(\boldsymbol{s}' \mid \boldsymbol{s}, \mu(\boldsymbol{s})) V(\boldsymbol{s}') \tag{4.1}$$

③ 计算偏差：$\Delta \leftarrow \max |v - V(\boldsymbol{s})|$.

④ 对所有状态 $\boldsymbol{s} \in \mathcal{S}$，循环计算完成①与②及③.

⑤ 如果 $\Delta < \theta$，说明相邻两次状态价值函数 $V(\boldsymbol{s})$的值非常接近，进入(5)；否则转(4)的①步继续循环迭代.

(5) 策略改进：

① 对于每一个状态 $s \in \mathcal{S}$，计算策略 $\mu(s)$，并保存 $\mu_{\text{old}} \leftarrow \mu(s)$.

② 提取策略

$$\mu(s) \leftarrow \arg\max_{a}[r(s,a) + \gamma \sum_{s' \in \mathcal{S}^+} p(s' \mid s,a)V(s')] \tag{4.2}$$

③ 对所有状态 s，循环计算完成①与②.

④ 如果 $\mu_{\text{old}} \neq \mu(s)$，说明相邻两次策略不是同一个动作，返回(4)继续策略评估；否则转(6).

(6) 训练终止：找到最优策略 $\mu^*(s)$或近似最优策略 $\mu(s) \approx \mu^*(s)$，找到最优状态价值函数 $V^*(s)$或近似最优状态价值函数 $V_\pi(s) \approx V^*(s)$.

(7) 应用最优策略 $\mu^*(s)$或近似最优策略 μ，解决实际问题.

4.2.4 策略迭代算法的收敛性

策略迭代算法的收敛定理主要包括以下两个定理.

定理 1（策略提升定理） 策略迭代算法在每次迭代中都会提升策略的性能. 即对于原策略 π 和更新后的策略 π'满足

$$V_{\pi'}(s) \geqslant V_\pi(s). \tag{4.3}$$

或者

$$\pi' \geqslant \pi .$$

证明[13]略.

定理 1 说明，在每次迭代中，策略迭代算法都会使得策略的状态价值函数 $V_\pi(s)$逐步逼近最优状态价值函数 $V^*(s)$并最终收敛到最优状态价值函数 $V^*(s)$. 通过策略评估和策略改进的交替迭代，每次迭代都会提升策略的性能，直到达到最优策略.

定理 2（策略迭代收敛定理） 对于完全已知的有限马尔可夫决策过程，策略迭代算法可以收敛到最优策略.

证明 根据策略提升定理，对于第 k 次和第 k+1 次的迭代, 有不等式

$$V_{\pi_{k+1}}(s) \geqslant V_{\pi_k}(s) .$$

所以，只要所有可能策略的个数是有限的，策略迭代就能收敛到最优策略的状态价值函数 $V_{\pi^*}(s)$.

事实上，对于有限的马尔可夫决策过程，假设状态空间大小为$|\mathcal{S}|$，动作空间大小为$|\mathcal{A}|$，则所有可能策略的个数为$|\mathcal{A}|^{|\mathcal{S}|}$，即这是有限的数值，所以策略迭代在有限步可以找到其中的最优策略.

定理 2 说明，只要每次迭代中的策略评估和策略改进都充分进行——对所有状态进行足够次的迭代，那么策略迭代算法可以收敛到最优策略 π^*和最优状态价值函数 $V^*(s)= V_{\pi^*}(s)$，详见第 1.4.2 节式(1.53).

定理 1 和定理 2 是策略迭代算法的理论基础，为其在实践中的应用提供了理论保证.

4.3 策略迭代算法实例：寻找最优调度方案

本节以两地租车问题为例[1]，通过策略迭代算法的代码程序求解最优调度方案.

4.3.1 问题说明

杰克管理某汽车出租公司的两个租车场地. 每天都有一些顾客到这两个场地租车或者还车. 如果有车可租，杰克就将车租出去并从公司得到 10 元的奖励. 如果这个场地当时没有车，杰克就失去了这笔生意. 还回的车辆第二天才可以出租. 为了使两个租车场地都有车可租，每天晚上，杰克可以在两个租车场地间调配车辆，调配每辆车的费用需 2 元. 如果在一个场地过夜的车辆超过 10 辆，则必须额外支付 4 元的场地占用费. 另外，公司的一位员工在第一个场地每晚乘公共汽车回家，住在第二个场地附近. 她很乐意免费将一辆车送到第二个场地.

请问杰克在每个场地应该部署多少辆车？每天晚上如何调配车辆？是否安排该员工送车呢？

为问题明确且简化，约定：

① 假设每个场地的租车需求量和还车量都服从泊松分布，租车的数学期望分别是 3 和 4，还车的数学期望分别是 3 和 2.

② 假设每个场地的车不多于 20 辆(如停满之后客户会把车还到其他门店，我们不需考虑)，并且每天晚上最多移动 5 辆车.

4.3.2 数学模型

(1) **状态**：构建(20+1)×(20+1)结构的网格，设置 x 轴从 0 到 20 表示 B 场地有车数，y 轴从 0 到 20 表示 A 场地有车数.

(2) **动作**：规定(5,−5)表示从 A 场地往 B 场地移动 5 辆车，(−5,5)表示从 B 场地往 A 场地移动 5 辆车，(0,0)表示两场地间不移动车辆. 因此，智能体有 11 个移车动作，分别是(5,−5), (4,−4), (3,−3), (2,−2), (1,−1), (0,0), (−1,1) (−2,2), (−3,3), (−4,4), (−5,5).

(3) **奖励**

① 每出租成功 1 辆车，可以得到 10 元的奖励.

② 当晚移动 1 辆车，需支付 2 元费用，即得−2 元奖励.

③ 可以安排员工免费从 A 场地送到 B 场地 1 辆车.

④ 移车后当晚 A 场地或 B 场地停车数还超过 10 辆，需支付场地占用费 4 元.

经过函数 DRL4_1cmpt_R 计算，得到 B 场地当天早晨有车各种状态及可以期望获得的奖励，如图 4-1 所示.

由图 4-1 可见，随着场地车辆数的增加，杰克可以期望获得的租车奖励也在增加. 由于 B 场地的平均租车数 lambda_B_rental=4，每租出去 1 辆车可得 10 元奖励，因此，对于有车数 n=0,1,2,⋯,25 这 26 个状态，可以获得的最大奖励是 10×4=40 元. 例如，在有 9 台车这个状态时，可以期望获得奖励 39.88 元.

(4) **状态转移概率**：场地早晨可有车辆数 0~25 辆，傍晚未移动车辆和员工送车前的剩余车辆数 0~20 辆.

状态转移概率涉及 4 个随机变量：当天早晨两场地的有车数，全天租出去的车辆数，全天可能还回的车辆数，傍晚未移动车辆和员工送车前的剩余车辆数.

经过函数 DRL4_2cmpt_P 计算，得到 B 场地当天早晨到傍晚有车状态的转移概率矩阵，如图 4-2 所示.

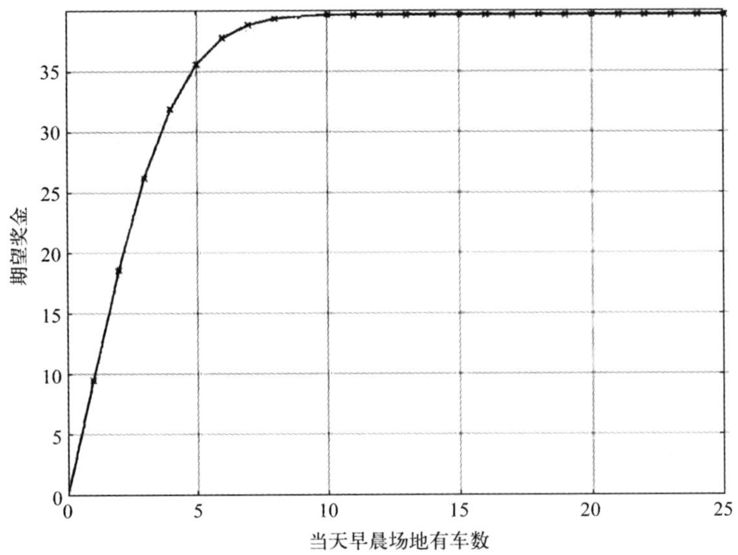

图 4-1　B 场地当天早晨有车数各状态及可得租车奖励

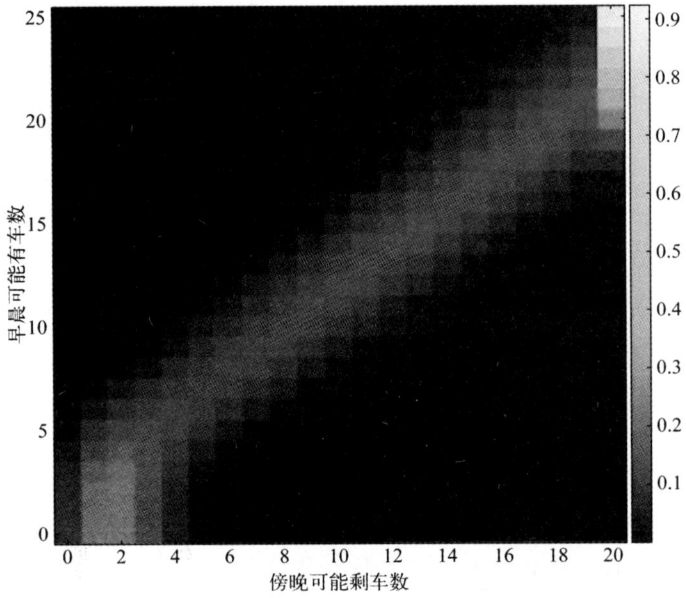

图 4-2　B 场地当天早晨到傍晚有车状态转移概率矩阵热力图

由图 4-2 可见，记早晨有 y 辆车，傍晚有 x 辆车，则在 $y=x+2$ 区域带转移概率比较大. 例如，y=10, x=8 时概率是 0.1658，其含义是：早晨有 10 辆车，到傍晚还剩 8 辆车的概率是 0.1658. 特别留意右上角的浅色（黄色）竖带含义是：早晨有 20、21、22、23、24、25 辆车，到傍晚还剩 20 辆车的概率分别是 0.2700、0.4264、0.5922、0.7392、0.8502、0.9224.

(5) **折扣系数** γ：实际问题需要注重远期的奖励影响，程序取折扣因子 $\gamma=0.9$.

(6) **初始状态概率分布**：初始状态“相对”固定，就是从 0~25 辆车的状态.

4.3.3　主程序代码

求解两地租车最优调度问题的主程序关键代码如下：

```
//第 4 章/DRL4_1

%% 第 1 段：问题参数设置
gamma=0.9; %折扣系数
max_n_cars=20;  %A 和 B 两场地各自的全天可以达到的最大有车数，假设两场地相等都是 20 辆，
不含傍晚可以移车 5 辆或员工是否送车 1 辆
max_num_cars_can_transfer=5; %每天傍晚 A 和 B 两场地间可以调度转移的最大车辆数
max_cars_can_store=10; %车辆移动后允许不支付停车费用的最大车辆数
lambda_A_return=3; %A 场地每天还回的车辆平均数(泊松分布的数学期望)
lambda_A_rental=3; %A 场地每天租出去的车辆平均数(泊松分布的数学期望)
lambda_B_return=2; %B 场地每天还回的车辆平均数(泊松分布的数学期望)
lambda_B_rental=4; %B 场地每天租出去的车辆平均数(泊松分布的数学期望)

%% 第 2 段：计算奖励和状态转移概率
Ra=DRL4_1cmpt_R(lambda_A_rental,lambda_A_return,max_n_cars,
    max_num_cars_can_transfer);
Pa=DRL4_2cmpt_P(lambda_A_rental,lambda_A_return,max_n_cars,
    max_num_cars_can_transfer);
Rb=DRL4_1cmpt_R(lambda_B_rental,lambda_B_return,max_n_cars,
    max_num_cars_can_transfer);
Pb=DRL4_2cmpt_P(lambda_B_rental,lambda_B_return,max_n_cars,
    max_num_cars_can_transfer);

%% 第 3 段：初始化状态价值函数 V 和策略 pol_pi 及 emp_pol_pi
V=zeros(max_n_cars+1,max_n_cars+1); %状态价值函数初始化，V 是 441 个状态的净收益
%策略初始化，pol_pi 是 441 个状态不包含员工送车的策略
pol_pi=zeros(max_n_cars+1,max_n_cars+1);
emp_pol_pi=zeros(max_n_cars+1,max_n_cars+1); %员工送车策略初始化
policyStable=0; %表示"策略改进是否稳定"的标识符，0 表示还不稳定，需继续循环迭代
iterNum=0; %记录策略迭代的次数，最后数值表示策略更新已经稳定——得到最优策略

%% 第 4 段：开始策略评估和策略改进，策略改进稳定后，停止程序运行
while(~policyStable) %策略不稳定继续循环迭代
    % 4.1 两个策略绘图:
    if iterNum~=0  %不是最初的 0 次迭代
        figure
        subplot(1,2,1);
        imagesc(0:max_n_cars,0:max_n_cars,pol_pi);
        colorbar;
        xlabel('B 场地车辆数');
        ylabel('A 场地车辆数');
        axis xy;
        title(['当前策略(不含员工送车)iter=',num2str(iterNum)]);
        subplot(1,2,2);
        imagesc(0:max_n_cars,0:max_n_cars,emp_pol_pi);
        colorbar;
        xlabel('B 场地车辆数');
        ylabel('A 场地车辆数');
```

```
        axis xy;
        title(['员工送车策略 iter=',num2str(iterNum)]);
        drawnow;
        fn=sprintf('policy_iter_both_%d.eps',iterNum);
        saveas(gcf,fn,'eps2');
    end
    % 评估策略及状态价值函数绘图
    [V,timeev(iterNum+1,:)]=DRL4_3policy_evaluation(V,pol_pi,emp_pol_pi,
        gamma,Ra,Pa,Rb,Pb, max_num_cars_can_transfer,max_cars_can_store); %输出 V 是净收入
        figure
        imagesc(0:max_n_cars,0:max_n_cars,V);
        colorbar;
        xlabel('B 场地车辆数');
        ylabel('A 场地车辆数');
        title(['当前状态的状态价值函数 V iter=',num2str(iterNum)]);
        axis xy;
        drawnow;
        fn=sprintf('state_value_fn_iter_%d.eps',iterNum);
        saveas(gcf,fn,'eps2');
    % 利用稳定的状态价值函数改进策略
    [pol_pi,emp_pol_pi,policyStable,timeim(iterNum+1,:)]=DRL4_4policy_
    improvement(pol_pi,emp_pol_pi,V,gamma,Ra,Pa,Rb,Pb,max_num_cars_can_
transfer,max_cars_can_store);
    iterNum=iterNum+1;
    end

    %% 第 5 段：绘制最优策略和最优状态价值函数的二维图. 此处略.
```

主程序中部分函数功能和语法说明如下：

(1) **R = DRL4_1cmpt_R(lambdaRequests,lambdaReturns,max_n_cars, max_num_cars_can_transfer)**

- **功能**：用于计算当天早晨有车状态可期望获得的奖励.
- **输入变量**

lambdaRequests：每天可租出去的车辆平均数——泊松分布的数学期望.

lambdaReturns：每天归还的车辆平均数——泊松分布的数学期望.

max_n_cars：每天可以达到的最大有车数.

max_num_cars_can_transfer：每天当晚两场地间可以调度转移的最大车辆数.

- **输出变量**

R：智能体得到的奖励.

(2) **P = DRL4_2cmpt_P (lambdaRequests,lambdaReturns,max_n_cars, max_num_cars_can_transfer)**

- **功能**：计算当天早晨到傍晚车辆状态变化的转移概率矩阵.
- **输入变量**：见函数 DRL4_1cmpt_R.
- **输出变量**

P：当天早晨到傍晚车辆状态转移概率矩阵.

(3) **[V,timeev] = DRL4_3policy_evaluation(V,pol_pi,emp_pol_pi,gamma, Ra,Pa,Rb,Pb, max_num_cars_can_transfer,max_cars_can_store)**

- **功能**：策略评估得到稳定的状态价值函数.
- **输入变量**

V：当前状态价值函数，其值是包含奖励和支出的净收益.

pol_pi：不含员工送车的当前策略.

emp_pol_pi：是否安排员工送车的当前策略.

gamma：折扣系数.

Ra,Pa：A 场地租车可获奖励和状态转移概率矩阵

Rb,Pb：B 场地租车可获奖励和状态转移概率矩阵

max_cars_can_store：允许当晚不支付场地占用费的车辆数

- **输出变量**

V：更新后的状态价值函数，其值是包含奖励和支出的净收益.

timeev：状态价值函数更新一次所用的时间.

(4) **[pol_pi,emp_pol_pi,policyStable,timeim] = DRL4_4policy_improvement(pol_pi, emp_pol_pi,V,gamma,Ra,Pa,Rb,Pb,max_num_cars_can_transfer,max_cars_can_store)**

- **功能**：策略改进得到新的策略并判断是否继续下一轮策略评估.
- **输入变量**

pol_pi：不含员工送车的当前策略.

emp_pol_pi：是否安排员工送车的当前策略.

V：当前状态价值函数，其值是包含奖励和支出的净收益.

gamma：折扣系数.

Ra,Pa：A 场地租车可获奖励和状态转移概率矩阵.

Rb,Pb：B 场地租车可获奖励和状态转移概率矩阵.

max_num_cars_can_transfer：每天傍晚两场地间可以调度转移的最大车辆数.

max_cars_can_store：允许当晚不支付场地占用费的车辆数.

- **输出变量**

pol_pi：不含员工送车的更新策略.

emp_pol_pi：是否安排员工送车的更新策略.

policyStable：策略是否继续评估的标识符，取 0 时继续做策略评估.

timeim：策略改进一次所用时间.

(5) **[v_tmp] = DRL4_5state_value_bellman(na,nb,ntrans,useEmp,V,gamma,Ra,Pa, Rb,Pb,max_num_cars_can_transfer,max_cars_can_store)**

- **功能**：通过状态价值函数的贝尔曼方程计算各种状态对应的净收益.
- **输入变量**

na：A 场地现有车辆数.

nb：B 场地现有车辆数.

ntrans：可以转移的车辆数.

useEmp：员工送车数.

V：当前状态价值函数，其值包含奖励和支出的净收益.

gamma：折扣系数.

Ra,Pa：A 场地租车可获奖励和状态转移概率矩阵.

Rb,Pb：B 场地租车可获奖励和状态转移概率矩阵.

max_num_cars_can_transfer：每天傍晚在 A 和 B 两场地间可以调度转移的最大车辆数.

- **输出变量**

v_tmp：转移车辆费用（是负数）+场地占用费（是负数）+奖励 R 的净收入.

4.3.4 程序分析

上述程序按照功能划分，可以分为 5 个部分.

(1) **环境创建及参数设置**：这部分程序是创建两地租车问题的环境，实现对问题的数字化描述，如全天可以达到的最大有车数、每天傍晚 A 和 B 两场地间可以调度转移车辆最大数、车辆移动后允许不支付停车费用的最大车辆数、A 和 B 两场地每天还回的车辆平均数(即还车随机变量的数学期望)、A 和 B 两场地每天租出去的车辆平均数(即租车随机变量的数学期望)等，设置折扣系数 γ.

需要补充的是，在概率论与数理统计学中，泊松分布是一种离散型随机变量的概率分布，它通常用于描述在一段固定时间或空间内发生事件的次数 k 的概率分布. 泊松分布公式[4]是

$$P(X=k)=\frac{\lambda^k \mathrm{e}^{-\lambda}}{k!}, k=0,1,2,\cdots \tag{4.4}$$

其中，X 是随机变量，$\lambda>0$ 是常数.

$P(X=k)$表示发生事件 k 次的概率，并且泊松分布有性质 $E[X]=\lambda$，$D[X]=\lambda$.

本问题中，lambdaRequests=4 是说场地每天可以租出去车辆的平均数是 4. 实际上，它是指杰克在某场地（A 场地或者 B 场地）可以租出去车辆的数学期望是 4. lambdaReturns=2 是说在某场地（A 场地或者 B 场地）每天可能还回车辆的数学期望是 2. 这两个参数利用式(4. 4)计算租出去车多少辆或还回来车多少辆的概率 $P(X=k)$.

(2) **计算奖励和状态转移概率**：这部分程序是分别计算 A 场地和 B 场地早晨有车各个状态的奖励和从早到晚变化的车辆状态转移概率矩阵.

影响奖励多少受到两个因素的限制：现有车辆数及需求车辆数. 需求车辆数是一个随机变量（程序记作 nr），它服从泊松分布，其概率等于 poisspdf(nr, lambdaRequests). 在现有车辆数 n 和需求车辆数 nr 中取最小值 min(n,nr)，是实际可以租出去的车辆数. 因此，在现有车辆数 n 和需求车辆数 nr 条件下，可以得到的奖励是

10*min(n,nr)*poisspdf(nr, lambdaRequests)，

其中，10 是租出去 1 辆车得到的奖励.

车辆状态发生变化，或说车辆状态转移，是指一天的早晨车辆现有状况到当天傍晚剩余车辆状况之间的可能发生的变化情况. 智能体会根据傍晚车辆剩余状况和预估明天租车、还车的随机变化做出移动车辆和是否安排员工送车的决定. 影响车辆状态转移概率的三个因素：早晨现有车辆数，当天租出去车辆数，当天还回的车辆数.

当天租出去车辆数（程序记作 nreq）是一个随机变量. 当天还回的车辆数（程序记作 nret）也是一个随机变量. 这两个随机变量可以看作是相互独立的. 利用独立性概率计

算公式得到，当天租出去 nreq 辆车又有还回 nret 辆车的概率是

poisspdf(nreq, lambdaRequests)*poisspdf(nret, lambdaReturns).

傍晚可能剩下的车辆数等于(n+nret−min(n,nreq))，其中 n 是早晨现有车数. 考虑到可能发生的条件限制，实际上，傍晚剩下的车辆数等于

new_n = max(0,min(max_n_cars,n+nret−min(n,nreq)).

因此，从早晨现有(n+1)辆车到傍晚剩余有(new_n+1)辆车的概率等于

P(n+1,new_n+1) = reqP*retP，

序号(n+1)的含义是保证 n=0 时矩阵行列号有意义.

(3) **初始化状态价值函数 V 和策略 pol_pi 及 emp_pol_pi**：这部分语句是对状态价值函数 *V* 和策略 pol_pi 及 emp_pol_pi 初始化，它们是程序循环迭代的起点. 初始化取值大小对策略评估进程有影响，可以人为指定或者随机取数，也可以借助于其他软件进行优化获得其初始值.

(4) **策略评估和策略改进，策略改进不变后程序停止运行**：这部分语句是策略迭代算法的核心内容，功能上可分为两个过程：策略评估和策略改进.

策略评估的过程由函数 DRL4_3policy_evaluation 来实现. 说是**策略评估**，实质上是状态价值函数 *V* 的循环迭代的一个更新过程，其目标是使得更新前与后的相邻两次的状态价值函数的偏差小于人为指定的阈值（程序记作 CONV_TOL）. 在早晨有车状态(nna+1,nnb+1) 转移到傍晚剩余车辆状态 (na_morn, nb_morn) 的状态价值函数 V(nna+1,nnb+1)按照贝尔曼方程

v_tmp = v_tmp + pa*pb*(Ra(na_morn+1) + Rb(nb_morn+1) + gamma*V(nna+1,nnb+1))

来更新. 左侧变量 v_tmp 的含义是，当晚转移车辆费（是负数）、当晚场地占用费（是负数）、租车获得奖励三者相加的和，这里不包含员工是否送车（实际上题设约定免费送车无支出）. 可见，状态价值函数 *V* 的确切含义是杰克可以期望的净收益，在算法上就是智能体获得的期望回报.

策略改进，也称之为**策略提升**，其过程由函数 DRL4_4policy_improvement 来实现，是在策略评估过程使得状态价值函数 *V*“稳定”条件下开始进行的，其目的是得到“最优动作”，即依据状态价值函数最大值确定的移车和送车安排，进而得到最优策略.

程序分两种情形：不安排员工送车和安排员工送车来分析问题. 逻辑关系是这样的：

第一，保存当前状态(na1,nb1)下的动作 b = pol_pi(na1,nb1)和员工送车的动作 b_emp = emp_pol_pi(na1,nb1)，即两种策略.

第二，计算各种可移动车辆或送车状态的状态价值函数 Q0（不含送车）和 Q1（包含送车）.

第三，通过取最大值[max0,imax0]=max(Q0)得到不含送车时的状态价值函数最大值 max0 及其索引 imax0；取最大值[max1,imax1]=max(Q1)得到送 1 辆车的状态价值函数最大值 max1 及其索引 imax1.

第四，分别利用索引 imax0 和 imax1，在动作空间提取不含送车时的最优动作 maxPosAct = posActionsInState0(imax0)，提取送 1 辆车的最优动作 maxPosAct = posActionsInState1(imax1).

第五，提取的最优动作 maxPosAct 与先前保存的动作 b 做比较，是否送车的动作与 b_emp 做比较. 如果对所有的 441 个状态这两个动作都相同，则说明相邻的两个策略是同一个策略，程序停止运行，得到了最优策略 pol_pi 和送车最优策略 emp_pol_pi. 否则，通过设置 policyStable = 0 接着进入下一轮的策略评估.

(5) **最优策略绘图与最优状态价值函数绘图：**这部分程序是获得策略迭代算法的结果，也可以分析训练过程中是否存在问题.

首先，可得到移车最优策略和员工送车最优策略. 这是最有用的结果，杰克在傍晚时分会按照这两个最优策略移动车辆和是否安排员工送车. 杰克按照这两个最优策略移车和送车，可以期望在明天获得的净收入最大.

其次，得到最优策略对应的最优状态价值函数 V 的分布状况，这是针对各种情形的有车状态而采用最优策略可以期望获得的净收入.

4.3.5 程序结果解读

程序运行的三个主要结果如图 4-3～图 4-5 所示.

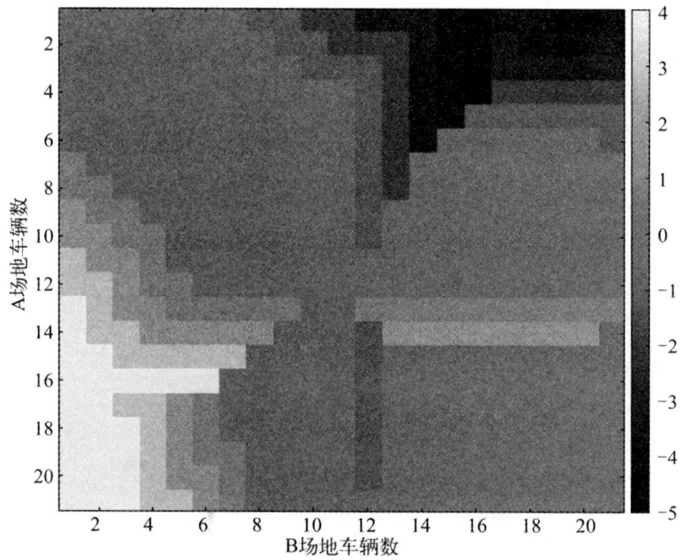

图 4-3　无员工送车时移动车辆的最优策略

从图 4-3 中可以看出最优策略：纵轴表示 A 场地在未移动车辆前的有车状态，横轴表示 B 场地在未移动车辆前的有车状态，不同颜色深浅表示应该移动的车辆数.

如([16,5],4)的含义是：对于 A 场地有 16 辆车而 B 场地有 5 辆车这一状态，采取从 A 场地往 B 场地移车 4 辆的策略. 这是合理的，因为 A 场地有比较多的车辆（即 16 辆车），B 场地有比较少的车辆（即 5 辆车）. 移动 4 辆车后，A 场地有 16−4=12 辆车，需要交场地占用费 4 元. 而 B 场地有 5+4=9 辆车，不用交场地占用费. 应注意，按照员工送车的最优策略，再将 1 辆车送到 B 场地，此时 B 场地达到 10 辆车，还是不用交场地占用费. 详见下面分析.

又如([14,12],−1) 的含义是：对于 A 场地有 14 辆车而 B 场地有 12 辆车这一状态，采取从 B 场地往 A 场地移车 1 辆的策略，负数−1 表示从 B 场地往 A 场地移车 1 辆，正数 1 表示从 A 场地往 B 场地移车 1 辆，0 表示两个场地间不移动车辆.

图 4-3 表示的是，杰克未安排员工送车时得到最大收益的最优策略，是两地租车问题的最优调度策略之一，即是回答“杰克在每个场地应该部署多少辆车子？每天晚上如何调配车辆？”的答案.

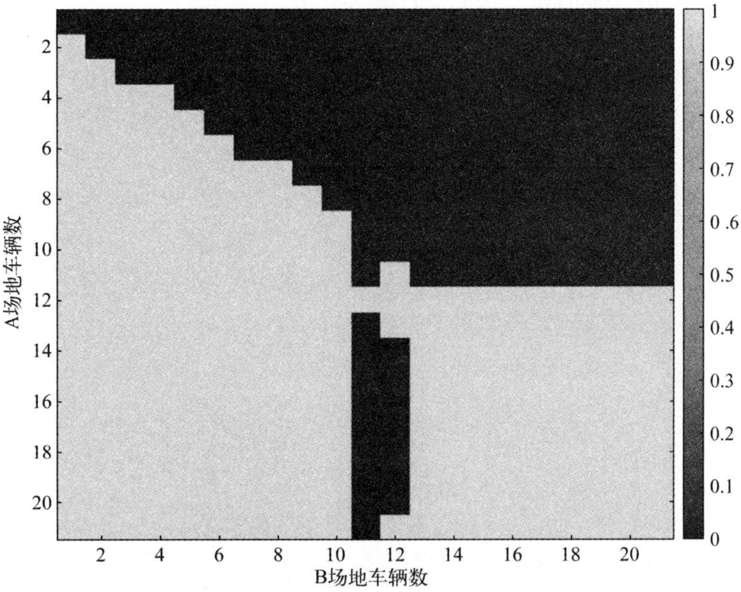

图 4-4 是否安排员工送车的最优策略

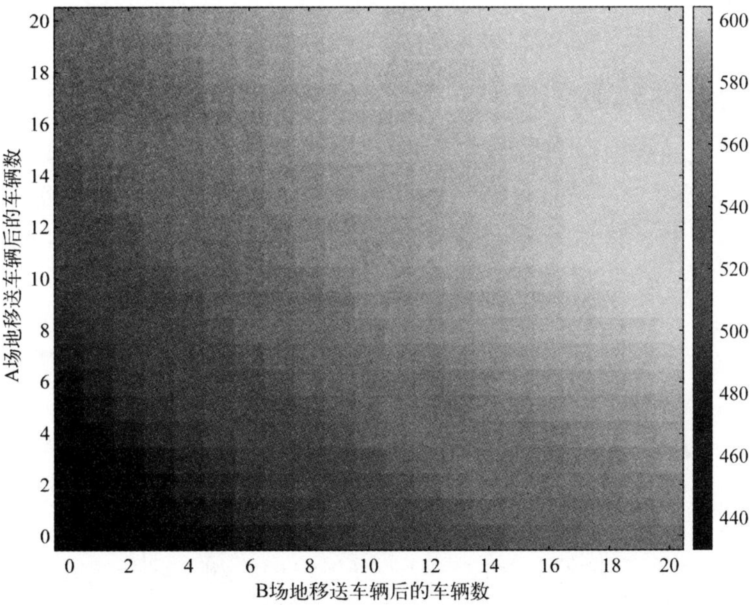

图 4-5 最优策略对应的状态价值函数——期望收益

从图 4-4 中可以看出是否安排员工送车的最优策略：纵轴表示 A 场地在未移动车辆前的有车状态，横轴表示 B 场地在未移动车辆前的有车状态，黄色区域表示员工从 A 场地免费送往 B 场地 1 辆车，深蓝色区域表示不用安排员工送车.

如([16,5],黄色)的含义是：对于 A 场地有 16 辆车而 B 场地有 5 辆车这一状态，采取安排员工从 A 场地送往 B 场地 1 辆车的策略. 这是合理的，因为 A 场地有比较多的车辆（即 16 辆车），B 场地有比较少的车辆（即 5 辆车）. 结合上面的无员工送车时移动车辆的最优策略([16,5],4)，现在再送 1 辆车后，A 场地有 16−4−1=11 辆车，需要交场地占用费 4 元. 而 B 场地有 5+4+1=10 辆车，正好不用交场地占用费，题设条件是过夜车大于或等于 11 辆时要交场地占用费 4 元.

图 4-4 表示的是，杰克安排员工送车得到最大收益的策略，是两地租车问题的最优调度策略之二，即是回答“杰克是否安排该员工送车呢？”的答案.

从图 4-5 中可以看出 A 场地和 B 场地有车的各种状态及其最优状态价值函数 $V^*(s)$ 的取值分布——杰克可以期望获得的净收益.

与图 4-3 和图 4-4 坐标轴的含义不同，图 4-5 的纵轴表示 A 场地移动过车辆、员工是否送车后的有车状态，横轴表示 B 场地移动过车辆、员工是否送车后的有车状态. 各种颜色表示最优状态价值函数 $V^*(s)$的取值大小，$V^*(s)$值等于杰克可以期望获得的租车奖励、支付移动车辆费、支付场地占用费后的净收益. 如检查 V 的取值矩阵可知，在矩阵(16,5)状态（表示 A 场地有 16−1=15 辆车，B 场有 5−1=4 辆车），V 值是 568.4348；在矩阵左下角(1,1)（即车辆最少时）状态，V 值最小，是 429.9464；在矩阵右上角(21,21)状态（即车辆最多时），V 值最大，是 604.1895.

4.4 策略迭代算法的优缺点及算法扩展

策略迭代算法是一种简单而实用的强化学习算法，它可以解决带有“状态转移概率和奖励概率”的比较复杂的实际问题.

4.4.1 策略迭代算法的优缺点

策略迭代算法的优点包括：

(1) 收敛到最优策略：策略迭代算法可以收敛到最优策略，即在每个状态下都采取使得状态价值函数最大化的最佳动作. 这样可以保证在整个 MDP 环境中能够取得最大的期望回报.

(2) 理论保证：策略迭代算法具有坚实的理论基础，第 4.2.4 节中的策略迭代收敛定理保证了该算法的正确性. 在满足一定条件的情况下，策略迭代算法能够收敛到最优策略.

(3) 灵活性：策略迭代算法能够处理多种类型的 MDP 问题，包括确定性和随机性的问题.

策略迭代算法的缺点包括：

(1) 计算复杂性：策略迭代算法需要进行策略评估和策略改进的交替迭代，每次迭代都需要对整个状态空间进行操作，计算复杂度较高. 对于高维度的状态空间或动作空间，算法的收敛速度会较慢.

(2) 可能陷入局部最优：策略迭代算法在每次迭代时都只对当前策略进行改进，可能会陷入局部最优而无法找到全局最优策略. 这导致策略迭代算法对初始策略的选择非常敏感，需要采取一些启发式的方法来获得更好的初始策略.

(3) 需要存储状态价值函数：策略迭代算法需要存储状态价值函数 $V(s)$，这需要占用大量的内存空间.

综上所述，策略迭代算法具有理论保证和灵活性，但也存在计算复杂性和可能陷入局部最优的问题.

4.4.2 模型扩展

两地租车寻找最优调度问题的特征：已知低维度的离散状态空间，已知低维度的离散动作空间，已知各时间步的奖励函数，需要状态转移概率，设置折扣系数 γ，实现最优调度策略. 这是寻找最优调度策略的模型.

策略迭代算法及其代码程序可以被应用于优化调度问题的求解，以下是 8 个密切相关的实际案例：

(1) 交通调度问题：优化城市交通流量，合理规划交通信号灯的时序，减少交通拥堵和行车时间.

(2) 航班调度问题：合理安排航班的起飞和降落时间，最大程度地提高航班的准点率，降低延误等问题出现的概率.

(3) 生产调度问题：在工业生产中，优化生产订单的调度，合理安排生产设备的使用和任务的分配，提高生产效率.

(4) 项目调度问题：合理安排项目的任务分配、任务顺序和资源利用，以最小化项目的完成时间或最大化资源利用效率.

(5) 医院排班问题：对医护人员的排班进行优化，保证医院各科室的资源充分利用，缩短患者的等待时间.

(6) 货物配送问题：优化货物的配送路径和时间，减少货物的运输成本和配送时间.

(7) 电力系统调度问题：合理调度电力系统中的发电机组和负荷，保证电网的稳定运行，并最大化电力利用效率.

(8) 高铁车次调度问题：合理安排高铁的发车时间和车次的间隔，平衡旅客的需求和列车的运行效率.

这些实际案例都可以应用策略迭代算法及其代码程序求解优化调度策略，通过迭代和更新策略，找到最优的调度方案，提高效率和优化资源利用.

4.4.3 算法扩展

策略迭代算法可以改进或扩展的几个方面包括：

(1) 改进策略评估方法：传统的策略迭代算法中，策略评估是通过迭代计算状态价值函数来实现的，可以尝试使用更快速的评估方法，如蒙特卡洛方法、时序差分学习等，来加快算法的收敛速度.

(2) 策略改进：传统的策略迭代算法中，策略改进是通过贪婪地选择每个状态下的最优动作来实现的，可以尝试使用更灵活的策略改进方法，如探索-利用方法、策略梯度方法等，来更好地平衡探索和利用的需求，避免陷入局部最优.

(3) 并行化算法：策略迭代算法中，每个状态的状态价值函数和策略改进都是独立进行的，可以尝试利用并行化算法，通过多个线程或多个计算节点同时进行状态价值函数和策略的改进，提高算法的计算效率.

(4) 连续动作空间的扩展：传统的策略迭代算法更适用于低维度的离散状态空间和动作空间的问题，可以针对连续状态空间或动作空间的问题进行扩展，如使用函数逼近的方法代替离散化操作，使用深度学习模型来进行状态价值函数和策略的评估和改进.

4.5 本章小结

(1) 策略迭代算法的原理

策略迭代算法是一种基于强化学习的算法，用于求解有限马尔可夫决策过程的最优策略. 其原理如下：

① 理论支撑：第 4.2.4 节的策略迭代收敛定理 2 保证了策略迭代算法收敛到最优状态价值函数 $V^*(\boldsymbol{s})$，并且得到最优策略 μ^*.

② 核心公式与突出特性：策略迭代算法的突出特性主要包括策略评估和策略改进两个步骤，这两个步骤交替进行，直到策略收敛到最优策略为止.

- 策略评估：使用状态价值函数 $V(\boldsymbol{s})$的贝尔曼方程进行更新，迭代关系式为

$$V(\boldsymbol{s}) \leftarrow r(\boldsymbol{s}, \mu(\boldsymbol{s})) + \gamma \sum_{\boldsymbol{s}' \in \mathcal{S}^+} p(\boldsymbol{s}' \mid \boldsymbol{s}, \mu(\boldsymbol{s})) V(\boldsymbol{s}') .$$

- 策略改进：改进方法是选择在每个状态下能够获得最大值的动作作为新的策略. 即对于每个状态 $\boldsymbol{s}$，选择动作 $\boldsymbol{a}$ 使得

$$\mu(\boldsymbol{s}) \leftarrow \arg\max_{\boldsymbol{a}} [r(\boldsymbol{s}, \boldsymbol{a}) + \gamma \sum_{\boldsymbol{s}' \in \mathcal{S}^+} p(\boldsymbol{s}' \mid \boldsymbol{s}, \boldsymbol{a}) V(\boldsymbol{s}')] .$$

策略改进这一步将当前的策略更新为新的策略.

(2) 研究问题的思路

与 Q-learning 算法及 SARSA 算法利用动作价值函数 $Q_\pi(\boldsymbol{s},\boldsymbol{a})$不同，策略迭代算法是利用状态价值函数 $V_\pi(\boldsymbol{s})$ 和策略函数 $\mu(\boldsymbol{s})$.

首先，利用状态价值函数的贝尔曼方程（注意：不是贝尔曼最优方程）建立迭代关系，循环迭代，直到相邻两次的状态价值函数值的误差绝对值小于给定的阈值. 这个过程被称为利用状态价值函数 $V(\boldsymbol{s})$对策略 $\mu(\boldsymbol{s})$ 进行评估.

其次，进行策略 $\mu(\boldsymbol{s})$ 改进或提升. 利用相邻两次策略迭代得到的动作是否相同作为判断依据. 如果动作相同，说明相邻两次的策略是同一个策略.

上述策略评估和策略改进两个环节循环迭代，最后得到近似最优策略 $\mu(\boldsymbol{s}) \approx \mu^*(\boldsymbol{s})$ 或最优策略 $\mu^*(\boldsymbol{s})$，同时也得到了近似最优状态价值函数 $V_\pi(\boldsymbol{s}) \approx V_\pi^*(\boldsymbol{s})$ 或最优状态价值函数 $V_\pi^*(\boldsymbol{s})$.

(3) 释疑解惑

① 不是任何算法都需要超参数学习率或最大回合数：策略迭代算法是利用“相邻两次的状态价值函数值的误差绝对值小于给定的阈值”的办法控制策略评估精度，利用“相邻两次策略迭代得到的动作一致”判断终止程序运行. 策略迭代算法没有用到学习率、最大回合数、回合最大时间步数等超参数.

② 最优策略可以用图像表示出来：对于两地存有的不同车辆数，图 4-3 和图 4-4 给出了最优调度方案.

(4) **学习与研究方法**

联系对比分析可知，Q-learning 算法及 SARSA 算法利用的是动作价值函数 $Q_\pi(\boldsymbol{s},\boldsymbol{a})$ 的贝尔曼方程，而策略迭代算法是利用状态价值函数 $V_\pi(\boldsymbol{s})$ 的贝尔曼方程和确定性策略函数 $\mu(\boldsymbol{s})$.

习 题 4

4.1 怎样利用代码程序 DRL4_1 求解自己的问题呢？

4.2 利用代码程序 DRL4_1，完成下列实验：

(1) 改变 lambdaRequests 和 lambdaReturns 的大小，例如令二者相等，分析最优策略和最优状态价值函数的变化.

(2) 设置 A 场地租车和还车参数相等，即 lambda_A_return=lambda_A_rental；再设置 B 场地租车和还车参数相等，即 lambda_B_return=lambda_B_rental，分析最优策略和最优状态价值函数的变化.

(3) 设置租车和还车的 4 个参数都相等，即 lambda_A_return=lambda_A_rental=lambda_B_return=lambda_B_rental，分析最优策略和最优状态价值函数的变化.

(4) 改变场地占用费，由现在的 4 元提高到 20 元（这相当于租出去 2 辆车的奖励），分析最优策略和最优状态价值函数的变化.

4.3 车辆调度问题建模：选择两个场地，并将其建模为一个调度问题. 任务是定义场地之间的距离、车辆的起点和终点，以及车辆的运载能力. 设计状态空间和动作空间，并选择适当的奖励函数.

4.4 多目标调度问题：选择一个多目标调度问题，如多作业调度或多资源调度，并将其建模为一个多目标优化问题. 任务是定义多个调度目标并转化成单目标优化问题，使用策略迭代算法寻找最优调度方案. 需要设计合适的状态空间、动作空间和奖励函数.

第5章 价值迭代算法求解最优路径问题

价值迭代（value iteration）**算法**，或称为**状态价值迭代算法**，也常简称为**值迭代算法**，是由 Richard Bellman 在 20 世纪 50 年代提出的. 价值迭代算法也是强化学习中较为基础的算法，可以看作是策略迭代算法的一个改进算法，其主要目的也是寻找最优策略，使得在给定的状态下能够获得最大的回报. 和策略迭代算法的应用领域一样，目前主要应用于资源分配、货物装运、设备更新、确定利息策略及评价投资机会等.

5.1 价值迭代算法的基本思想

价值迭代算法是基于状态价值函数的贝尔曼最优方程和动态规划思想发展起来的一种求解 MDP 最优状态价值函数和最优策略的经典算法.

价值迭代算法的基本思想是，基于状态价值函数的贝尔曼最优方程，通过迭代更新状态价值函数 $V(\boldsymbol{s})$，直到使其收敛到最优状态价值函数 $V^*(\boldsymbol{s})$. 根据最优状态价值函数 $V^*(\boldsymbol{s})$，在每个状态 $\boldsymbol{s}$ 选择使得 $V^*(\boldsymbol{s})$取得最大值的动作，由此可以得到最优策略 π^*.

价值迭代算法主要涉及两个过程：状态价值函数更新和策略提取.

5.2 价值迭代算法的实现

5.2.1 价值迭代算法的应用条件

应用价值迭代算法需要满足以下前提条件：

(1) 离散状态空间：价值迭代算法适用于状态空间是离散的问题，即状态的数量是有限的. 如果状态空间是连续的，价值迭代算法并不适用.

(2) 离散动作空间：除了状态空间是离散的，动作空间也需要是离散的. 每个状态下可以采取的动作数量也是有限的.

(3) 完全已知环境：价值迭代算法假设决策过程中环境完全可观测，并且状态转移概率和即时奖励都已知.

(4) 马尔可夫性质：当前状态能够完全描述过去历史的信息，而不受未来状态的影响. 这个性质是价值迭代算法能够收敛到最优状态价值函数的基础.

5.2.2 价值迭代算法的伪代码

价值迭代算法估计确定性策略 $\mu(s) \approx \mu^*$

算法参数 θ：确定估计 $V(\boldsymbol{s})$偏差精度的很小的阈值 $\theta > 0$

初始化状态价值函数 $V(\boldsymbol{s})$，对所有的 $\boldsymbol{s} \in \mathcal{S}^+$，约定 $V(终点) = 0$

while $\Delta > \theta$ **do**

  $\Delta \leftarrow 0$

  对每一个 $\boldsymbol{s} \in \mathcal{S}$

    $v \leftarrow V(\boldsymbol{s})$

    $V(\boldsymbol{s}) \leftarrow \max_{\boldsymbol{a}} [r(\boldsymbol{s},\boldsymbol{a}) + \gamma \sum_{\boldsymbol{s}' \in \mathcal{S}^+} p(\boldsymbol{s}' \mid \boldsymbol{s},\boldsymbol{a}) V(\boldsymbol{s}')]$

    $\Delta \leftarrow \max(\Delta, |v - V(\boldsymbol{s})|)$

end while

对每一个状态 $\boldsymbol{s}$

$\mu(\boldsymbol{s}) \leftarrow \arg\max_{\boldsymbol{a}} [r(\boldsymbol{s},\boldsymbol{a}) + \gamma \sum_{\boldsymbol{s}' \in \mathcal{S}^+} p(\boldsymbol{s}' \mid \boldsymbol{s},\boldsymbol{a}) V(\boldsymbol{s}')]$

注意：价值迭代算法的更新公式来自状态价值函数的贝尔曼最优方程. 参见第 1.4.4 节式(1.61). 策略 $\mu(\boldsymbol{s})$就是第 1.1.8 节的确定性策略[式(1.18)]$\boldsymbol{a} = \mu(\boldsymbol{s})$.

5.2.3 价值迭代算法的程序步骤

(1) 设置环境：包括状态、动作、奖励规则和状态转移概率矩阵.

(2) 设置偏差阈值 θ：人为选取的一个很小的正数，用于控制相邻两次的状态价值函数值偏差的程度.

(3) 初始化所有状态的状态价值函数 $V(\boldsymbol{s})$.

(4) 状态价值函数评估：

① 对于每一个状态 $\boldsymbol{s} \in \mathcal{S}$，计算状态价值函数 $V(\boldsymbol{s})$，并保存 $v \leftarrow V(\boldsymbol{s})$.

② 更新 $V(\boldsymbol{s})$值：

$$V(\boldsymbol{s}) \leftarrow \max_{\boldsymbol{a}} [r(\boldsymbol{s},\boldsymbol{a}) + \gamma \sum_{\boldsymbol{s}' \in \mathcal{S}^+} p(\boldsymbol{s}' \mid \boldsymbol{s},\boldsymbol{a}) V(\boldsymbol{s}')] . \tag{5.1}$$

③ 计算偏差：$\Delta \leftarrow \max |v - V(\boldsymbol{s})|$.

④ 对所有状态 $\boldsymbol{s} \in \mathcal{S}$，循环计算完成①与②及③.

⑤ 如果 $\Delta < \theta$，说明相邻两次状态价值函数值非常接近，进入(5)；否则转(4)的①步继续迭代.

(5) 提取策略：

① 提取策略如式（5.2）所示.

$$\mu(\boldsymbol{s}) \leftarrow \arg\max_{\boldsymbol{a}} [r(\boldsymbol{s},\boldsymbol{a}) + \gamma \sum_{\boldsymbol{s}' \in \mathcal{S}^+} p(\boldsymbol{s}' \mid \boldsymbol{s},\boldsymbol{a}) V(\boldsymbol{s}')] . \tag{5.2}$$

② 对所有状态 $\boldsymbol{s} \in \mathcal{S}$，循环计算完成①，得到近似最优策略 $\mu \approx \mu^*$或最优策略 μ^*.

(6) 训练终止：找到最优策略 μ^*或近似最优策略 $\mu\approx\mu^*$.

(7) 应用最优策略 μ^*或近似最优策略 μ，解决实际问题.

5.2.4 价值迭代算法的收敛性

价值迭代算法在一定条件下可以收敛到最优策略. 以下是价值迭代算法的 3 个收敛定理.

定理 1（状态价值函数收敛定理） 对于任意的初始状态价值函数 $V_0(\boldsymbol{s})$，通过价值函数迭代

$$V_{k+1}(\boldsymbol{s}) \leftarrow \max_{\boldsymbol{a}}[r(\boldsymbol{s},\boldsymbol{a})+\gamma\sum_{\boldsymbol{s}'\in\mathcal{S}^+}p(\boldsymbol{s}'\mid\boldsymbol{s},\boldsymbol{a})V_k(\boldsymbol{s}')]$$

得到的状态价值函数序列$\{V_k(\boldsymbol{s})\}$，收敛到最优状态价值函数 $V^*(\boldsymbol{s})$. 其中，$V_{k+1}(\boldsymbol{s})$表示第 k+1 次迭代后的状态价值函数，$r(\boldsymbol{s},\boldsymbol{a})$表示在状态 $\boldsymbol{s}$ 采取动作 $\boldsymbol{a}$ 的即时奖励，$p(\boldsymbol{s}'|\boldsymbol{s},\boldsymbol{a})$ 表示在状态 $\boldsymbol{s}$ 采取动作 $\boldsymbol{a}$ 后转移到下一状态 $\boldsymbol{s}'$的概率. γ 是折扣系数.

证明[13]略.

定理 2 利用价值迭代算法，可以得到最优策略 $\mu^*(\boldsymbol{s})$，且

$$\mu^*(\boldsymbol{s})=\arg\max_{\boldsymbol{a}\in\mathcal{A}}[r(\boldsymbol{s},\boldsymbol{a})+\gamma\sum_{\boldsymbol{s}'\in\mathcal{S}^+}p(\boldsymbol{s}'\mid\boldsymbol{s},\boldsymbol{a})V(\boldsymbol{s}')]. \tag{5.3}$$

证明 利用定理 1 可知，状态价值函数序列$\{V_k(\boldsymbol{s})\}$收敛到最优状态价值函数 $V^*(\boldsymbol{s})$. 根据式(1.53)得到

$$V_{\pi^*}(\boldsymbol{s})=V^*(\boldsymbol{s}),\ \ \forall\boldsymbol{s}\in\mathcal{S}.$$

取

$$\mu^*(\boldsymbol{s})=\arg\max_{\boldsymbol{a}\in\mathcal{A}}[r(\boldsymbol{s},\boldsymbol{a})+\gamma\sum_{\boldsymbol{s}'\in\mathcal{S}^+}p(\boldsymbol{s}'\mid\boldsymbol{s},\boldsymbol{a})V(\boldsymbol{s}')],$$

得到最优策略 $\mu^*(\boldsymbol{s})$. 定理 2 证毕.

根据定理 1 和定理 2 的结果，得到定理 3.

定理 3 取学习率 $0<\alpha<1$，折扣系数 $0<\gamma<1$，用更新公式

$$V(\boldsymbol{s})\leftarrow\max_{\boldsymbol{a}}[r(\boldsymbol{s},\boldsymbol{a})+\gamma\sum_{\boldsymbol{s}'\in\mathcal{S}^+}p(\boldsymbol{s}'\mid\boldsymbol{s},\boldsymbol{a})V(\boldsymbol{s}')]$$

的价值迭代算法收敛到最优状态价值函数 $V^*(\boldsymbol{s})$，并且得到最优策略

$$\mu^*(\boldsymbol{s})=\arg\max_{\boldsymbol{a}\in\mathcal{A}}[r(\boldsymbol{s},\boldsymbol{a})+\gamma\sum_{\boldsymbol{s}'\in\mathcal{S}^+}p(\boldsymbol{s}'\mid\boldsymbol{s},\boldsymbol{a})V(\boldsymbol{s}')],\forall\boldsymbol{s}\in\mathcal{S}.$$

价值迭代算法的定理 1 保证了算法能够收敛到最优状态价值函数 $V^*(\boldsymbol{s})$. 然而，需要注意的是，价值迭代算法的收敛速度可能较慢，特别是对于大规模问题.

5.2.5 价值迭代算法与策略迭代算法的联系与区别

价值迭代算法和策略迭代算法是两种常见的求解马尔可夫决策过程中最优状态价值函数和最优策略的方法. 它们之间有以下的联系和区别.

(1) 联系

① 目标相同：无论是策略迭代算法还是价值迭代算法，它们都旨在求解马尔可夫决策过程中的最优状态价值函数和最优策略.

② 过程互补：实际上，两种方法可以相互结合. 在一些情况下，可以使用策略迭代

来初始化状态价值函数，然后使用价值迭代来改进策略，或者反过来使用状态价值函数改进的策略作为策略迭代算法的起点.

③ 收敛关系：当价值迭代算法收敛时，对应的最优状态价值函数将满足贝尔曼最优方程. 而当策略迭代算法收敛时，对应的最优状态价值函数也是满足贝尔曼最优方程. 也就是说，在两种方法都收敛到最优解时，它们得到的最优状态价值函数和最优策略是一致的.

(2) 区别

① 更新方式：价值迭代算法在每次迭代中先更新状态价值函数，然后通过贪婪策略选择最佳动作. 价值迭代算法的更新关系式是：

$$V(\boldsymbol{s}) \leftarrow \max_{\boldsymbol{a}}[r(\boldsymbol{s},\boldsymbol{a}) + \gamma\sum_{\boldsymbol{s}'\in\mathcal{S}^+} p(\boldsymbol{s}'\mid\boldsymbol{s},\boldsymbol{a})V(\boldsymbol{s}')].$$

而策略迭代算法在每次迭代中先更新策略，然后根据新的策略进行评估和改进. 策略迭代算法的更新关系式是：

$$V(\boldsymbol{s}) \leftarrow r(\boldsymbol{s},\mu(\boldsymbol{s})) + \gamma\sum_{\boldsymbol{s}'\in\mathcal{S}^+} p(\boldsymbol{s}'\mid\boldsymbol{s},\mu(\boldsymbol{s}))V(\boldsymbol{s}').$$

② 收敛性：价值迭代算法保证在有限步骤内收敛到最优解，而策略迭代算法也可以收敛到最优解，但可能需要更多的步骤.

③ 提取最优策略：对于价值迭代算法，当状态价值函数更新收敛时，得到最优状态价值函数 $V^*(\boldsymbol{s})$. 根据最优状态价值函数 $V^*(\boldsymbol{s})$，对于每个状态选择使得状态价值函数 $V^*(\boldsymbol{s})$ 取得最大值的动作作为最优策略. 即

$$\mu^*(\boldsymbol{s}) = \arg\max_{\boldsymbol{a}\in\mathcal{A}}[r(\boldsymbol{s},\mu(\boldsymbol{s})) + \gamma\sum_{\boldsymbol{s}'\in\mathcal{S}^+} p(\boldsymbol{s}'\mid\boldsymbol{s},\mu(\boldsymbol{s}))V(\boldsymbol{s}')].$$

而策略迭代算法要多次地迭代进行策略评估和策略改进. 策略改进的关系式是：

$$\mu(\boldsymbol{s}) \leftarrow \arg\max_{\boldsymbol{a}}[r(\boldsymbol{s},\mu(\boldsymbol{s})) + \gamma\sum_{\boldsymbol{s}'\in\mathcal{S}^+} p(\boldsymbol{s}'\mid\boldsymbol{s},\mu(\boldsymbol{s}))V(\boldsymbol{s}')].$$

④ 更新频率：价值迭代算法通常每次更新所有状态的状态价值函数，因此更新频率较高. 而策略迭代算法通过交替进行评估和改进，在某些情况下可能具有更低的更新频率.

总体而言，价值迭代算法和策略迭代算法是用于求解有限 MDP 中最优状态价值函数和最优策略问题的两种常见方法.

5.3 价值迭代算法实例：寻找最优路径

本节以迷宫逃脱问题为例，通过价值迭代算法及其代码程序求解最优路径.

5.3.1 问题说明

如图 5-1 所示. 给定一个迷宫，指明起点和终点，找出从起点出发到终点的有效可行的最短路径，就是迷宫问题. 要求找到最佳移动策略，该策略可以使特工（智能体）从任何起点到达指定的目的地(奖励 5.0)方框，同时避开危险区(奖励−1.0)和障碍物(奖励−10.0)方框.

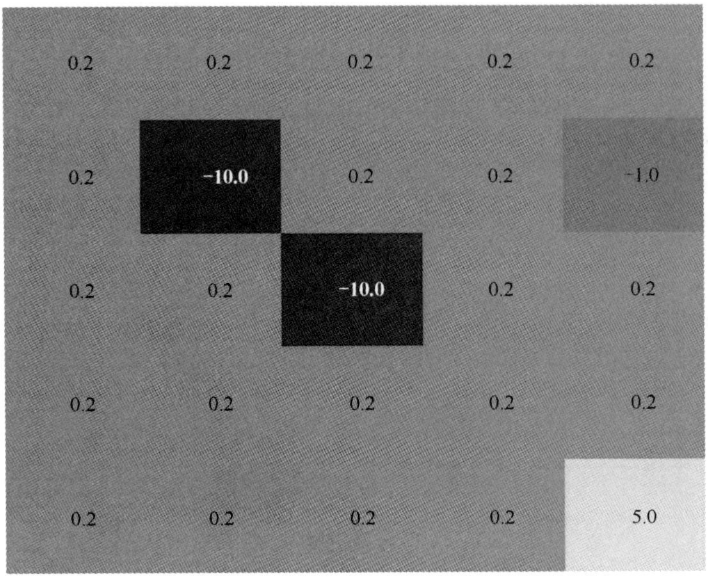

图 5-1 迷宫逃脱问题的环境及各状态奖励

为明确且简化问题，约定：特工每次行走一步，即 1 个网格距离；只允许东、南、西、北 4 个方向行走.

5.3.2 数学模型

(1) **状态**：如图 5-1 所示，构建 5×5 结构的网格表示迷宫，由上往下各行标号依次为1,2,3,4,5，由左往右各列标号依次为1,2,3,4,5. ,如记号[2,3]表示第 2 行第 3 列的网格. 设有入口、出口、危险区、障碍物等网格区域.

(2) **动作**：特工可以沿同一方向前进，可以左转弯 90°行走，可以右转弯 90°行走，也可以往回行走共 4 个动作.

(3) **奖励**

① 到达“出口”，可以得到 5 分的奖励.

② 误入危险区，需接受警告，得到−1 分奖励.

③ 碰撞到障碍物，需受到惩罚，得到−10 分奖励.

④ 正常区域行走，会得到 0.2 分的奖励.

(4) **状态转移概率**：状态转移涉及 4 个行走方向，是一个离散型随机变量，同向前进的概率 ph=0.5；左转弯 90° 行走的概率 pl=0.2，右转弯 90° 行走的概率 pr=0.2，往回行走的概率 prt =0.1.

(5) **折扣系数**：实际问题需要注重远期的奖励影响，程序取折扣系数 $\gamma = 0.98$.

(6) **初始状态概率分布**：初始状态固定.

5.3.3 主程序代码

求解迷宫逃脱最优路径问题的主程序关键代码如下：

```
//第 5 章/DRL5_1

%% 第 1 段：迷宫环境设置
```

```
R=0.2*ones(5,5); %正常行走路径的奖励
n=length(R);
R(n,n)=5.0;  %出口位置及其奖励
R(2,n)=-1; %危险区及其奖励
R(2,2)=-10;%障碍物位置及其奖励
R(3,3)=-10;%障碍物位置及其奖励
figure(1)
imagesc(R) %迷宫场地及行走网格奖励绘图
colormap(bone)
Tstring=num2str(R(:),'%1.1f'); %数值转字符串
Tstring=strtrim(cellstr(Tstring));%删除前导和尾随空白
[x,y]=meshgrid(1:length(R));%生成网格坐标
text(x(:),y(:),Tstring(:));%在(x,y)坐标处写 Tstring 文字
axis off
title('迷宫场地及网格状态奖励值')
ph=0.5;  %沿相同方向行走的概率
pl=0.2; %左拐弯 90° 行走的概率
pr=0.2;  %右拐弯 90° 行走的概率
prt=0.1; %往回行走的概率, 留意 4 个概率之和=1
gamma = 0.98; %折扣系数

%% 第 2 段: 价值迭代算法
maxItr=50; %循环迭代的最大次数
[Policy,Value]=DRL5_1MazeSolver(R,maxItr,ph,pl,pr,prt);%得到最优策略和最优状态价值函数

%% 第 3 段: 策略形象化箭头表示和关键位置标注. 此处略.

%% 第 4 段: 逃离迷宫最优策略及最优状态价值函数绘图. 此处略.
```

主程序中部分函数功能和语法说明如下：

```
[Policy,Value]= DRL5_1MazeSolver(R,maxItr,ph,pl,pr,prt)
```

- **功能**：价值迭代算法求解器，得到最优策略和最优状态价值函数值.
- **输入变量**

R：奖励函数.

maxItr：最大迭代次数.

ph：相同方向前进的概率.

pl：左转弯 90° 行走的概率.

pr：右转弯 90° 行走的概率.

prt：往回行走的概率.

- **输出变量**

Policy：最优策略.

Value：最优状态价值函数值.

而函数 DRL5_1MazeSolver 的代码如下：

```
//第 5/DRL5_1MazeSolver.m
function [Policy,Value]=DRL5_1MazeSolver(R,maxItr,ph,pl,pr,prt)

R=[R(1,:);R;R(end,:)]; %上下各扩充 1 行,虚拟奖励,便于迭代用行列号和边界状态转移概率
R=[R(:,1) R R(:,end)]; %左右各扩充 1 列
nrow=size(R,1); %R 扩充后矩阵的行数
ncol=size(R,2); %R 扩充后矩阵的列数
V=zeros(nrow,ncol,maxItr);    %状态价值函数初始化，3 维矩阵
Policy=zeros(nrow,ncol);      %策略初始化，2 维矩阵
Vn=zeros(nrow,ncol,maxItr);  %存往北行走的状态价值函数 V 的值，3 维矩阵
Ve=zeros(nrow,ncol,maxItr);  %存往东行走的状态价值函数 V 的值
Vs=zeros(nrow,ncol,maxItr);  %存往南行走的状态价值函数 V 的值
Vw=zeros(nrow,ncol,maxItr);  %存往西行走的状态价值函数 V 的值
for itr=1:maxItr %共迭代 maxItr 次，每次计算 5*5=25 个状态的状态价值函数值和策略
    for i =2:nrow-1 %目的是保证矩阵行列数(i-1)和(i+1)有效
        for j=2:ncol-1
            Vn(i,j,itr+1)= ph*(R(i-1,j) + V(i-1,j,itr)) + ...  %向北
                           pr*(R(i,j+1) + V(i,j+1,itr)) + ...  %往东
                           pl*(R(i,j-1) + V(i,j-1,itr)) + ...  %往西
                           prt*(R(i+1,j) + V(i+1,j,itr));      %往南
            Ve(i,j,itr+1)= ph*(R(i,j+1) + V(i,j+1,itr)) + ...  %向东
                           pr*(R(i+1,j) + V(i+1,j,itr)) + ...
                           pl*(R(i-1,j) + V(i-1,j,itr)) + ...
                           prt*(R(i,j-1) + V(i,j-1,itr));
            Vs(i,j,itr+1)= ph*(R(i+1,j) + V(i+1,j,itr)) + ...  %向南
                           pr*(R(i,j+1) + V(i,j+1,itr)) + ...
                           pl*(R(i,j-1) + V(i,j-1,itr)) + ...
                           prt*(R(i-1,j) + V(i-1,j,itr));
            Vw(i,j,itr+1)= ph*(R(i,j-1) + V(i,j-1,itr)) + ...  %向西
                           pl*(R(i+1,j) + V(i+1,j,itr)) + ...
                           pr*(R(i-1,j) + V(i-1,j,itr)) + ...
                           prt*(R(i,j+1) + V(i,j+1,itr));
            %取 4 个状态价值函数值的 max，得到状态价值函数最大值 V(i,j,itr+1)和索引——
策略 Policy(i,j)
             [V(i,j,itr+1),Policy(i,j)]=max([Vn(i,j,itr),Ve(i,j,itr), Vs(i,j,itr),
                                        Vw(i,j,itr)]);
             V(1,:,itr+1) = V(2,:,itr+1); %目的是继续循环迭代 i=2:nrow-1 有效
             V(end,:,itr+1) = V(end-1,:,itr+1);
             V(:,1,itr+1) = V(:,2,itr+1);
             V(:,end,itr+1) = V(:,end-1,itr+1);
        end
    end  %循环迭代 1 次，得到 25 个状态的状态价值函数值和策略函数值，未必最优
end  %循环迭代 maxItr 次，得到最优状态价值函数和最优策略
%移除循环迭代增加的首行与末行、首列与末列，得到有效的最优状态价值函数
Value=V(2:end-1,2:end-1,end);
Policy=Policy(2:end-1,2:end-1); %得到有效的最优策略
end
```

5.3.4 程序分析

上述主程序按照功能划分，可以分为 4 个部分.

(1) **迷宫环境设置**：这部分程序是创建迷宫逃脱问题的环境，实现对问题的数字化描述，如对迷宫场地人为设置成 5×5 网格结构，设置入口和逃脱出口及其各个状态（即网格）的奖励，设置危险区及其奖励，设置障碍物位置及其奖励，设置正常行走网格的奖励，设置 4 个不同走向的概率，设置折扣系数 γ.

需要留意的是，4 个不同走向的概率设置间接设置了 4 个动作. 因此，这一段就完成了马尔可夫决策过程 MDP $=\{\mathcal{S},^{+} \mathcal{A}, \mathcal{P}, \mathcal{R}, \gamma, \rho_0\}$中六元组的设置.

(2) **价值迭代算法实现**：这部分程序是实现价值迭代算法的核心内容，程序直接调用了价值迭代算法求解器——函数 DRL5_1MazeSolver. 在该函数中，计算和利用 4 个方向的子状态价值函数 Vn、Ve、Vs、Vw 的技巧性强. 通过行列号的±1，很好地处理了“边界”问题. 利用与概率参数 ph 的相乘关系，体现沿相同方向行走的动作.

状态价值函数 V 迭代更新的过程是，先依据行走方向和概率计算 4 个子状态价值函数 Vn、Ve、Vs、Vw，然后利用关系

[V(i,j,itr+1),Policy(i,j)] = max([Vn(i,j,itr),Ve(i,j,itr),Vs(i,j,itr),Vw(i,j,itr)])

得到在状态(i,j)的第 itr 次迭代更新的状态价值函数值 V(i,j,itr+1).

这里的策略 Policy(i,j)的含义及其作用值得特别关注. 语法上，Policy(i,j)的含义是 max([Vn(i,j,itr),Ve(i,j,itr),Vs(i,j,itr),Vw(i,j,itr)])的索引，它是数组[Vn(i,j,itr),Ve(i,j,itr),Vs(i,j,itr), Vw(i,j,itr)]中最大值所在的位置. 因此，Policy(i,j)=1 表示向北方向走或 Policy(i,j)=2 表示向东方向走，也可能 Policy(i,j)=3 表示向南方向走，Policy(i,j)=4 表示向西方向走.

例如，Policy(i,j)=3 说明最大值来自第 3 个数值 Vs(i,j,itr)，而这个最大值 Vs(i,j,itr) 表示特工往南方向行走的回报. 在主程序中用“下箭头”形象地刻画“往南方向”. Policy(i,j)的作用刻画了特工行走的方向——在状态(i,j)采取的动作. Policy(i,j)取其他的 3 个值与之同理.

上面分析了在状态(i,j)的状态价值函数更新和采取的动作，注意到循环迭代 i =2:nrow−1, j=2:ncol−1，实际上，这实现了对所有状态的状态价值函数 $V(\boldsymbol{s})$的更新，并且获得了各个状态 $\boldsymbol{s}$ 的动作——策略 $\mu(\boldsymbol{s})$.

利用最外层的循环迭代 itr=1:maxItr，注意每次的 V 起始值是上一次迭代的结果，得到最优状态价值函数 V 和最优策略 Policy.

还要注意，这个程序没有利用偏差阈值 θ. 读者可以自己加入关于偏差阈值 θ 的语句.

(3) **策略形象化箭头表示和关键位置标注**：这部分程序是实现策略或动作的表示. 由上面分析可知，分别用数字来表示动作（往哪个方向行走）. 如 Policy(i,j)=1 表示往北方向行走，Policy(i,j)=2 表示往东方向行走，Policy(i,j)=3 表示往南方向行走，或 Policy(i,j)= 4 表示往西方向行走.

也可以用箭头来表示动作（往哪个方向行走）. 如当 Policy(i,j)=1 时，可用 Tstr(i,j)= '\uparrow'向上箭头表示往北方向行走. 用箭头表示方向和动作更形象、直观.

(4) **最优策略绘图与最优状态价值函数绘图**：这部分程序是获得价值迭代算法的结果，也可以分析训练过程中是否存在不合理的问题.

首先，将得到迷宫逃脱的最优策略 μ^*. 这是最有用的结果，特工会按照这个最优策略快速地到达出口.

其次，得到最优状态价值函数 $V^*(s)$的分布状况，这是针对各个状态可以期望获得的最大回报.

5.3.5 程序结果解读

程序运行的两个主要结果如图 5-2 和图 5-3 所示.

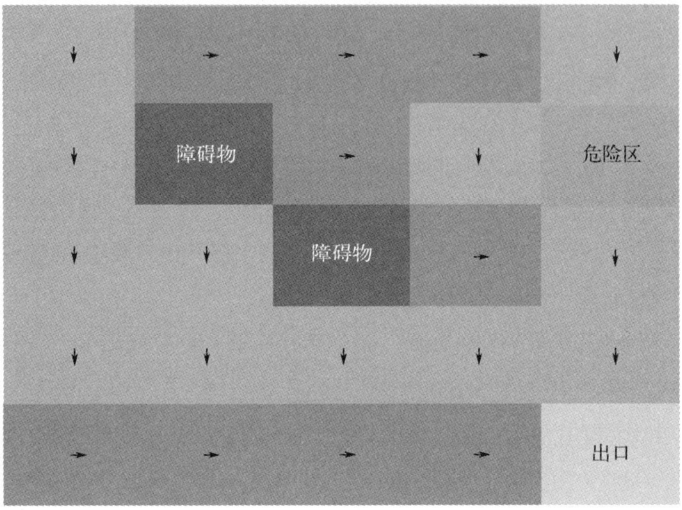

图 5-2 迷宫逃脱问题的最优策略

由图 5-2 可以看到：智能体成功地找到了最优策略，也就是最优路径，并且是最短路径：

入口[1,1]→[2,1]→[3,1]→[4,1]→[5,1]→[5,2]→[5,3]→[5,4]→[5,5]出口.

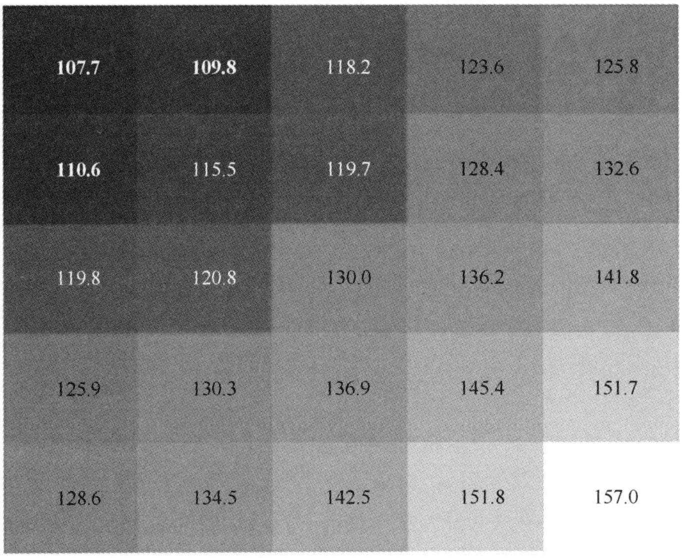

图 5-3 迷宫逃脱问题的最优状态价值函数

如图 5-3 所示，网格的颜色深浅表示在这个网格上智能体得到的回报多少. 最小值 107.7 出现在状态[1,1]——入口，最大值 157.0 出现在状态[5,5]——出口. 可以看出，从起点[1,1]到终点[5,5]的各个状态的数值不断在加大，说明智能体得到的回报越来越多.

5.4 价值迭代算法的优缺点及算法扩展

5.4.1 价值迭代算法的优缺点

价值迭代算法具有以下优点：

(1) 有理论基础：价值迭代算法是基于动态规划和状态价值函数的贝尔曼最优方程的经典算法，具有严密的数学理论基础. 详见第 5.2.4 节价值迭代算法的收敛性定理.

(2) 确定性问题求解：价值迭代算法适用于解决确定性问题，即状态转移概率和奖励函数已知且不含随机性的问题.

(3) 收敛保证：在满足一定条件下，价值迭代算法可以保证在有限步骤内收敛到最优解——最优状态价值函数和最优策略.

(4) 直观易懂：价值迭代算法的思想简单明了，易于理解和实现. 它通过对每个状态更新其对应的状态价值函数来逐步逼近最优状态价值函数，进而得到最优策略.

然而，价值迭代算法也存在一些缺点：

(1) 维度灾难：当状态空间和动作空间较大时，可能导致状态-动作对数量巨大. 计算每个状态-动作对的状态价值函数需要耗费大量计算资源和内存空间.

(2) 收敛速度慢：对于规模较大的问题，由于每次更新要计算所有可能动作产生的累计奖励，并且需要多次迭代才能收敛到最优状态价值函数. 因此，在实际应用中可能需要较长的时间来获得最优解.

(3) 对环境模型的要求较高：价值迭代算法要求环境模型完全已知，包括状态转移概率和即时奖励函数. 对于复杂问题，很难准确地建立这些模型.

(4) 只适用于离散问题：价值迭代算法主要适用于离散状态空间和离散动作空间的问题. 对于连续状态或连续动作的问题，价值迭代算法需要进行近似处理或结合其他方法进行求解.

综上所述，价值迭代算法在一定条件下是一种有效的解决马尔可夫决策过程中最优策略问题的方法，但在实际应用中需要考虑其适用性和效率.

5.4.2 模型扩展

迷宫逃脱寻找最优路径问题的特征：已知 25 个状态的离散状态空间，已知 4 个动作的离散动作空间，已知各时间步的奖励函数，需要状态转移概率，设置折扣系数 γ，实现最优行动策略. 这是寻找最优行动策略的模型.

以下是 8 个与迷宫逃脱问题相类似的实际案例，可以利用价值迭代算法及上述程序求解：

(1) 逃生迷宫：一个人被困在一个迷宫中，需要找到一条最短路径逃离. 价值迭代算法可以用于计算每个位置的最短路径的状态价值函数，并得到最优的逃生策略.

(2) 寻找出口：在一个未知结构的大型建筑中，人们需要尽快找到正确的出口. 利用价值迭代算法可以计算每个位置到最近出口的距离，并确定最优行动策略.

(3) 搜索救援路径：救援人员需要在山区或森林中搜索失踪者. 通过将搜索区域划分为离散状态，并使用价值迭代算法计算每个状态的状态价值函数，可以确定搜索路径和行动策略.

(4) 游戏关卡通关：在游戏中，角色需要通过解谜和避开障碍物来通关. 利用价值迭代算法可以确定角色在每个位置上采取的最佳行动以达到通关目标.

(5) 机器人导航：机器人需要在未知环境中进行导航，并尽快达到目标位置. 使用价值迭代算法可以为机器人生成一种能够避开障碍物的最优导航策略.

(6) 自动驾驶：自动驾驶车辆需要选择最佳路径以避免交通拥堵并快速到达目的地. 价值迭代算法可以用于计算每个位置的最短路径的状态价值函数，并生成最优路径规划策略.

(7) 机器人足球比赛：在机器人足球比赛中，机器人需要根据当前场景和对手位置做出决策. 价值迭代算法可以用于计算每个状态下采取不同动作的期望回报，并制定最优策略.

(8) 物流路径规划：在物流领域，需要确定货物从起点到终点的最佳路线，以减少成本和时间. 价值迭代算法可以应用于求解每个位置上货物运输成本，并生成最优路径规划方案.

这些案例都可以通过将问题抽象为马尔可夫决策过程模型，并使用价值迭代算法求解.

5.4.3 算法扩展

以下是与价值迭代算法相似的几个改进算法：

(1) 策略迭代算法：策略迭代算法是价值迭代算法的一种改进，它在每次迭代中先进行策略评估，计算当前策略下每个状态的状态价值函数，然后进行策略改进，更新每个状态的最佳动作. 这样交替进行策略评估和策略改进，直到收敛到最优策略.

(2) 异步价值迭代算法：与价值迭代算法不同的是，异步价值迭代算法不按照固定顺序更新所有状态的状态价值函数. 它通过选择一部分状态进行更新，并使用新计算得到的动作价值来更新其他相关状态，以加快收敛速度.

(3) 价值迭代网络算法：价值迭代网络算法是一种与价值迭代算法相似的深度强化学习方法. 它使用神经网络来逼近状态价值函数，并通过训练神经网络来得到最优策略.

5.5 本章小结

(1) 价值迭代算法的原理

价值迭代算法基于动态规划的思想，通过迭代更新每个状态的状态价值函数来逼近最优状态价值函数 $V^*(\boldsymbol{s})$和提取最优策略 $\mu^*(\boldsymbol{s})$. 价值迭代算法的原理，是指算法成立的数学理论、核心公式和突出特性.

①理论支撑：第 5.2.4 节的定理 1 和定理 2 及定理 3 保证了价值迭代算法收敛到最优状态价值函数 $V^*(\boldsymbol{s})$，并且得到最优策略

$$\mu^*(\boldsymbol{s})=\arg\max_{\boldsymbol{a}\in\mathcal{A}}[r(\boldsymbol{s},\boldsymbol{a})+\gamma\sum_{\boldsymbol{s}'\in\mathcal{S}^+}p(\boldsymbol{s}'\mid\boldsymbol{s},\boldsymbol{a})V(\boldsymbol{s}')].$$

②核心公式与突出特性：

- 状态价值函数更新：通过状态价值函数 $V(\boldsymbol{s})$的 Bellman 最优方程进行更新

$$V(\boldsymbol{s})\leftarrow\max_{\boldsymbol{a}}[r(\boldsymbol{s},\boldsymbol{a})+\gamma\sum_{\boldsymbol{s}'\in\mathcal{S}^+}p(\boldsymbol{s}'\mid\boldsymbol{s},\boldsymbol{a})V(\boldsymbol{s}')].$$

收敛条件是两次相邻迭代之间的状态价值函数 $V(\boldsymbol{s})$值都小于某个阈值或者达到预设的最大迭代次数. 利用式(5.1)迭代收敛到最优状态价值函数 $V^*(\boldsymbol{s})$.

- 最优策略提取：根据最优状态价值函数 $V^*(\boldsymbol{s})$，对于每个状态选择使得最优状态价值函数 $V^*(\boldsymbol{s})$取得最大值的动作作为最优策略. 即

$$\mu^*(\boldsymbol{s})=\arg\max_{\boldsymbol{a}\in\mathcal{A}}[r(\boldsymbol{s},\boldsymbol{a})+\gamma\sum_{\boldsymbol{s}'\in\mathcal{S}^+}p(\boldsymbol{s}'\mid\boldsymbol{s},\boldsymbol{a})V(\boldsymbol{s}')].$$

价值迭代算法适用于低维度的离散状态和动作空间的问题，可以求解有限马尔可夫决策过程中的最优策略.

(2) 研究问题的思路

与策略迭代算法利用状态价值函数 $V_\pi(\boldsymbol{s})$的贝尔曼方程评估策略、提升策略不同，价值迭代算法是利用状态价值函数 $V_\pi(\boldsymbol{s})$的贝尔曼最优方程.

首先，利用状态价值函数的贝尔曼最优方程建立迭代关系，循环迭代，直到相邻两次的近似最优状态价值函数值的误差绝对值小于给定的阈值. 这个过程是求解最优状态价值函数 $V_\pi^*(\boldsymbol{s})$.

其次，利用 $\mu(\boldsymbol{s})=\arg\max_{\boldsymbol{a}}[r(\boldsymbol{s},\boldsymbol{a})+\gamma\sum_{\boldsymbol{s}'\in\mathcal{S}^+}p(\boldsymbol{s}'\mid\boldsymbol{s},\boldsymbol{a})V(\boldsymbol{s}')]$，提取近似最优策略 $\mu(\boldsymbol{s})\approx\mu^*(\boldsymbol{s})$ 或最优策略 $\mu^*(\boldsymbol{s})$. 同时也得到了近似最优状态价值函数 $V_\pi(\boldsymbol{s})\approx V_\pi^*(\boldsymbol{s})$ 或最优状态价值函数 $V_\pi^*(\boldsymbol{s})$.

(3) 释疑解惑

①不是任何算法都需要超参数学习率或最大回合数.价值迭代算法也是利用“相邻两次的近似最优状态价值函数值的误差绝对值小于给定的阈值”的办法控制策略评估精度，利用“ $\mu(\boldsymbol{s})\leftarrow\arg\max_{\boldsymbol{a}}[r(\boldsymbol{s},\boldsymbol{a})+\gamma\sum_{\boldsymbol{s}'\in\mathcal{S}^+}p(\boldsymbol{s}'\mid\boldsymbol{s},\boldsymbol{a})V(\boldsymbol{s}')]$ ”终止程序运行. 价值迭代算法没有用到学习率、最大回合数、回合最大时间步数等超参数.

②同向方向行走与东、南、西、北方向行走.同向方向行走与当前来时的方向一致，东、南、西、北方向行走与来时方向无关. 本例迷宫逃脱问题寻找最优路径方案与网格世界问题寻找最优路径方案的要求条件不一样. 逃脱问题需要状态转移概率建模，Q-learning 算法求解网格世界问题不需要建模，是无模型算法.

(4) 学习与研究方法

通过联系对比分析可知，策略迭代算法是利用状态价值函数 $V_\pi(\boldsymbol{s})$的贝尔曼方程和策略函数 $\mu(\boldsymbol{s})$.价值迭代算法是利用状态价值函数 $V_\pi(\boldsymbol{s})$的贝尔曼最优方程.

习 题 5

5.1 利用代码程序 DRL5_1，完成下列实验：

(1) 改变几处奖励的大小，分析最优策略和最优状态价值函数的变化.

(2) 改变状态转移概率 ph,pl,pr,prt 的大小（留意保证概率 ph+pl+pr+prt=1），分析最优策略和最优状态价值函数的变化.

(3) 缩小和加大迭代次数 maxItr，分析最优策略和最优状态价值函数的变化.

(4) 迷宫逃脱问题的场地边界是怎么处理的？

(5) 找到一个参数设置方案，使得场地的任何起点（不包括陷阱、障碍物），利用同一最优策略，都可以到达出口.

5.2 利用代码程序 DRL5_1，求解网格世界最优路径问题，并与其他算法的结果进行对比分析.

5.3 利用代码程序 DRL5_1，求解悬崖行走最优策略问题，并与其他算法的结果进行对比分析.

5.4 迷宫优化问题：扩展迷宫逃脱问题，使其包含更多的约束和目标. 任务是定义额外的奖励和特殊状态，并修改价值迭代算法以处理这些约束和目标. 设计自己的迷宫场景，如多重目标、障碍物、不同类型的移动代价等，并尝试找到最优的路径.

5.5 利用第 4 章的策略迭代算法程序，求解本章的迷宫逃脱问题的最优路径，并与本章结果进行对比分析.

第6章 DQN 算法求解平衡系统的最优控制问题

在基本的 Q-learning 算法中，当状态空间和动作空间是离散的且低维度时，可使用 Q 表储存每个状态-动作对的动作价值函数 $Q(\boldsymbol{s},\boldsymbol{a})$的值，而当状态空间和动作空间是高维或连续时，再利用 Q 表实现 Q-learning 算法不再现实，因为 Q 表不能描述连续的状态或动作. 通常做法是把 Q 表的更新问题拓展成一个函数拟合问题，利用深度神经网络来解决高维度或连续的状态空间和动作空间问题.

DQN（Deep Q-learning Network）算法便因此而生.DQN 算法一般译作**深度 Q 学习网络算法**，由 Mnih 等人提出. DQN 的论文 *Playing Atari with Deep Reinforcement Learning* 于 2013 年发表[14]. 作者在 2015 年又发表了 DQN 的改进版本.

DQN 算法是第一个将深度学习网络模型与强化学习算法结合在一起的成功案例，它解决了从高维度状态空间和动作空间来学习最优策略的问题. DQN 算法主要应用于游戏智能决策、机器人控制和自动驾驶等应用领域.

6.1 DQN 算法的基本思想

DQN 算法的基本思想是：以 Q-learning 算法为基本框架，利用神经网络方法实现对当前状态-动作对的动作价值函数 $Q(\boldsymbol{s},\boldsymbol{a})$和下一个状态-动作对的动作价值函数 $Q(\boldsymbol{s}',\boldsymbol{a}')$的拟合逼近，采用经验回放和目标网络的技术进行神经网络训练，可以解决高维度的或连续的状态空间和离散动作空间来学习最优策略的问题.

6.2 经验回放技术与目标网络技术

DQN 算法利用经验回放技术解决样本的相互独立问题，用目标网络技术解决算法的稳定性问题.

6.2.1 经验回放技术与重要性采样及其作用

6.2.1.1 经验回放技术

可以理解，智能体与环境交互得到的学习样本（状态随机变量）并不是相互独立且服从同一概率分布的，因为先后两个状态之间往往联系比较密切. 为了解决样本相关性和利用效率问题，DQN 算法引入了经验回放技术.

经验回放（experience replay）是一种用于提高深度强化学习算法的样本利用效率的

重要技术之一. 经验回放，是通过将智能体与环境交互产生的经验转换样本（包括当前状态 $\boldsymbol{s}$，当前动作 $\boldsymbol{a}$，奖励 r，下一个状态 $\boldsymbol{s}'$）存储在设定的缓冲区中，并随机从缓冲区中抽取样本进行训练，以减少样本的相关性，并提供更多的训练数据.

经验回放技术包括以下内容：

(1) 经验转换样本存储：将智能体与环境交互产生的经验转换样本存储在缓冲区中. 每个经验转换样本通常包含当前状态 $\boldsymbol{s}$、当前动作 $\boldsymbol{a}$、奖励 r、下一个状态 $\boldsymbol{s}'$ 等必要信息.

(2) 缓冲区管理：管理经验回放缓冲区，包括设定缓冲区大小、更新抽取策略（如先进先出或优先级采样等）以及缓冲区充满时随机替换旧的经验转换样本等.

(3) 采样策略：从经验回放缓冲区中抽取训练用的小批量数据进行训练. 通常使用随机采样或优先级采样策略来选择要使用的经验转换样本.

(4) 应用于训练：在每次迭代时，从经验回放缓冲区中抽取批次大小的经验转换样本，将其用于训练深度强化学习模型，如 DQN 算法、DDPG 算法等多个算法.

通过使用经验回放技术，可以有效地减少训练样本间的相关性，并提供更多的样本数据来更新和优化深度神经网络. 这有助于提高算法的采样效率、稳定性和收敛速度，并增强算法对多样化环境和状态转化的泛化能力.

经验回放技术的实施步骤：

第一步：对回合的每一时间步，选取记录状态转移的信息单元$(\boldsymbol{s}_i,\boldsymbol{a}_i,r_{i+1},\boldsymbol{s}_{i+1})(i=1,2,\cdots,N)$，称$(\boldsymbol{s}_i,\boldsymbol{a}_i,r_{i+1},\boldsymbol{s}_{i+1})$为**经验转换样本**（英文是 transitions），N 称为**经验回放池容量**，容量 N 常取一个比较大的数，如 10^5~10^6；

第二步：把经验转换样本$(\boldsymbol{s}_i,\boldsymbol{a}_i,r_{i+1},\boldsymbol{s}_{i+1})(i=1,2,\cdots,N)$依序储存成记忆缓存区——**经验回放池**，常记作$\mathcal{D}$；

第三步：经验回放池$\mathcal{D}$中存储满 N 个经验转换样本后，把新的经验转换样本依次覆盖掉$\mathcal{D}$中旧的经验转换样本；

第四步：在经验回放池中，采用均匀分布随机抽取（也叫均匀采样）一些（如最小批次 minibatch 个）经验转换样本，作为神经网络的输入数据和已知的输出数据，用于训练神经网络.

经验回放技术的**作用**是：可以降低智能体训练数据的相关性，解决强化学习中状态的概率分布一直变化——非静态分布问题，同时又可以多次重复地使用经验转换样本，从而提高样本利用效率.

6.2.1.2 优先级经验回放技术

对于上面建立的经验回放技术，美中不足的是，经验转换样本$(\boldsymbol{s}_i,\boldsymbol{a}_i,r_{i+1},\boldsymbol{s}_{i+1})(i=1,2,\cdots,N)$是以同样大小的概率（服从均匀分布）被采样使用. 而经验回放池中有些经验转换样本$(\boldsymbol{s},\boldsymbol{a},r,\boldsymbol{s}')$也许比较重要，应该被多次使用，而有的经验转换样本也许已经被使用过多次，应该减少后续被使用的机会.

学者 Tom Schaul 提出[15]，可以根据每条经验转换样本$(\boldsymbol{s}_i,\boldsymbol{a}_i,r_{i+1},\boldsymbol{s}_{i+1})(i=1,2,\cdots,N)$的 TD 误差来决定该经验转换样本被采样利用的概率.

如何确定一个经验转换样本$(\boldsymbol{s},\boldsymbol{a},r,\boldsymbol{s}')$的价值呢？在 Q-learning 算法中，核心更新公式是

$$Q(\boldsymbol{s},\boldsymbol{a}) \leftarrow Q(\boldsymbol{s},\boldsymbol{a}) + \alpha[r + \gamma \max_{\boldsymbol{a}'} Q(\boldsymbol{s}',\boldsymbol{a}') - Q(\boldsymbol{s},\boldsymbol{a})].$$

参考上式，**经验转换样本**$(\boldsymbol{s}_i,\boldsymbol{a}_i,r_{i+1},\boldsymbol{s}_{i+1})$**的 TD 误差**定义为

$$\delta_i = r_{i+1} + \gamma \max_{a_{i+1}} Q(\boldsymbol{s}_{i+1},\boldsymbol{a}_{i+1}) - Q(\boldsymbol{s}_i,\boldsymbol{a}_i),(i=1,2,\cdots,N). \tag{6.1}$$

我们的目标就是让 TD 误差 δ_i 尽可能地接近于 0，或绝对值$|\delta_i|$尽可能地小. 这是因为，如果$|\delta_i|$比较大，意味着当前状态-动作对的动作价值函数 $Q(\boldsymbol{s}_i,\boldsymbol{a}_i)$ 值偏离下一个状态-动作对的目标函数 $Q(\boldsymbol{s}_{i+1},\boldsymbol{a}_{i+1})$ 值的差距大.差距大意味着这样的状态 $Q(\boldsymbol{s}_i,\boldsymbol{a}_i)$ 与“普通”的状态之间可能有其特殊性，因此在算法上对这样的状态应该反复且多次地进行学习和训练，使得智能体好学习到和尽快学习到在这样状态的经验知识. 对于引起差距大的经验转换样本，“应该反复且多次地进行学习和训练”，算法上就是要多次地被抽取出来用于训练智能体. 换句话说，TD 误差绝对值$|\delta_i|$比较大的经验转换样本$(\boldsymbol{s}_i,\boldsymbol{a}_i,r_{i+1},\boldsymbol{s}_{i+1})$要多次作为训练的输入数据. 这就是 TD 误差 δ_i 用来衡量经验转换样本价值的意义所在.

可以取指标

$$p_i = |\delta_i| + \varepsilon, \tag{6.2}$$

其中，ε 是一个大于 0 的很小的常数，用于保证所有的指标 $p_i > 0(i=1,2,\cdots,N)$.

或者取指标

$$p_i = \frac{1}{\text{rank}(i)}, \tag{6.3}$$

其中，rank(i)是所有 TD 误差绝对值$|\delta_i|$按降序排列的序号.

分析式(6.2)和式(6.3)可知，p_i 的作用是一致的. 称 p_i 是第 i 个**经验转换样本**$(\boldsymbol{s}_i,\boldsymbol{a}_i,r_{i+1},\boldsymbol{s}_{i+1})$ $(i=1,2,\cdots,N)$**的优先级**.

对优先级 $p_i(i=1,2,\cdots,N)$做归一化处理，得到经验转换样本$(\boldsymbol{s}_i,\boldsymbol{a}_i,r_{i+1},\boldsymbol{s}_{i+1})$ $(i=1,2,\cdots,N)$被采样到的概率

$$P_i = \frac{p_i}{\sum_k p_k}, \quad i=1,2,\cdots,N. \tag{6.4}$$

其中，p_i 是第 i 个经验转换样本$(\boldsymbol{s}_i,\boldsymbol{a}_i,r_{i+1},\boldsymbol{s}_{i+1})$ $(i=1,2,\cdots,N)$的优先级. 优先级 p_i 越大或者说概率 P_i 越大，优先回放机制越强，也就是经验转换样本$(\boldsymbol{s}_i,\boldsymbol{a}_i,r_{i+1},\boldsymbol{s}_{i+1})$ $(i=1,2,\cdots,N)$被抽到的机会就越多.

上面根据经验转换样本$(\boldsymbol{s}_i,\boldsymbol{a}_i,r_{i+1},\boldsymbol{s}_{i+1})$ $(i=1,2,\cdots,N)$的重要性采样代替了均匀分布采样，就是**优先级经验回放技术**.

优先级经验回放技术的**基本思想**是，根据经验转换样本的优先级大小进行抽取：经验转换样本优先级越大的，被抽取到的概率越大，用于训练智能体的机会就越多；经验转换样本优先级最低的，也有一定的概率被抽到. 利用优先级经验回放技术训练智能体，可以从有价值的经验中更高效地进行学习.

6.2.2 当前网络与目标网络

在 DQN 算法中，当前网络和目标网络是两个神经网络模型，具有不同的功能和用途，但二者网络结构相同且彼此间有网络参数的传递.

6.2.2.1 当前网络（main network）及其作用

Q-learning 算法的更新公式是

$$Q(s,a) \leftarrow Q(s,a) + \alpha[r + \gamma \max_{a'} Q(s',a') - Q(s,a)].$$

我们用网络 $Q(s,a;w)$ 来近似估计动作价值函数 $Q(s,a)$，称网络 $Q(s,a;w)$ 是**当前网络**，也叫**主网络**，程序中常用记号 QNet_eval 表示当前网络 $Q(s,a;w)$，w 是网络 $Q(s,a;w)$ 的参数.

当前网络 $Q(s,a;w)$ 的作用是，用来逼近当前状态-动作对的动作价值函数 $Q(s,a)$.它用当前状态 s 和动作 a 作为输入，输出是动作价值函数 $Q(s,a)$ 值的近似估计.可以通过梯度下降法来更新当前网络 $Q(s,a;w)$ 的参数 w，逐步改善对动作价值函数 $Q(s,a)$ 的近似估计.

状态价值函数 $V(s)$ 的**当前网络**记作 $V(s;w)$，它是对状态价值函数 $V(s)$ 值的近似估计.

注意：(1) 由于当前网络 $Q(s,a;w)$ 的输出是“对动作价值函数 $Q(s,a)$ 值的近似估计”，因此在 MATLAB 软件和一些文献中，给当前网络 $Q(s,a;w)$ 起个非常形象的名字——**评委网络**，并记作 Critic.

(2) 当前网络 $Q(s,a;w)$ 的输出是对当前状态-动作对的动作价值函数 $Q(s,a)$ 的逼近，为这个逼近起个更形象的名字——**打分**. 故可理解为，评委网络 $Q(s,a;w)$ 是对智能体在状态 s 采取动作 a 的打分.

这里的叫法及其含义，应引起读者的足够重视，后续课程会经常且反复地用到评委网络及其打分.

6.2.2.2 目标网络（target network）及其作用

我们用网络 $\hat{Q}(s,a;\bar{w})$ 来人为调整下一个状态-动作对的动作价值函数 $Q(s',a')$，称网络 $\hat{Q}(s,a;\bar{w})$ 是**目标网络**，程序中常用记号 QNet_target 表示目标网络 $\hat{Q}(s,a;\bar{w})$，$\bar{w}$ 是目标网络 $\hat{Q}(s,a;\bar{w})$ 的参数，一般取 $\bar{w}=w$ 或者取 $\bar{w}$ 为当前网络参数 w 的一个关系式，例如：

$$\bar{w} \leftarrow \tau w + (1-\tau)\bar{w},$$

其中，τ 称为目标网络的光滑因子，取 $0<\tau\leqslant 1$.

目标网络 $\hat{Q}(s,a;\bar{w})$ 的**作用**是，用来人为调整下一个状态-动作对的动作价值函数 $Q(s',a')$.它以下一个状态 s'和动作 a'作为输入，输出则用记号 $\hat{Q}(s',a';\bar{w})$. 目标网络实现了一个相对稳定且减少波动性的目标 $Q(s',a')$ 值的人为调整.

当前网络 $Q(s,a;w)$ 与目标网络 $\hat{Q}(s,a;\bar{w})$ 的参数传递过程是，一般取每间隔迭代 C 个时间步（一般称为**目标网络参数更新频率**）执行一次参数传递 $\bar{w}=w$，或者 $\bar{w}=\tau w+(1-\tau)\bar{w}$，也可以复制整个网络 $\hat{Q}(s,a;\bar{w}) \leftarrow Q(s,a;w)$. 这样做的目的是，可以减小训练中目标值 $Q(s',a')$ 波动带来的不稳定性.

状态价值函数 $V(s)$的**目标网络记作** $\hat{V}(s;\bar{w})$，它是对状态价值函数 $V(s')$ 值的人为调整.

DQN 算法中使用两个相对独立运作但相互关联的神经网络来实现离线学习和提高训练稳定性. 通过更新目标网络 $\hat{Q}(s,a;\bar{w})$ 的参数 $\bar{w}$，在一定程度上降低了当前状态-动作对的$Q(\boldsymbol{s},\boldsymbol{a})$值和下一个状态-动作对的目标$Q(\boldsymbol{s}',\boldsymbol{a}')$值的相关性，可以减小训练过程中目标$Q(\boldsymbol{s}',\boldsymbol{a}')$值的波动. 目标网络的引入有助于解决过高估计 Q 值的问题，并提高了算法的稳定性和性能.

6.3 DQN 算法的实现

6.3.1 DQN 算法的应用条件

(1) 连续状态空间和离散动作空间：DQN 算法通常适用于连续的状态空间和离散的动作空间问题. 如果问题是连续的动作空间，需要采取相应的方法（通常是离散化处理或选用其他算法）来处理连续性.

(2) 完全观测环境：DQN 算法假设智能体能够完全观测到环境的当前状态. 这意味着智能体可以准确获取到环境中所有的必要信息，并且不受未来状态变化、隐含信息或不完全观测等情况的影响.

(3) 奖励函数定义：需要定义每个经验转换样本中智能体获得的即时奖励. 奖励函数应该合理地设计以引导智能体朝着预期目标进行学习.

(4) 马尔可夫性质：DQN 算法适用于马尔可夫决策过程问题，其中当前状态可以完全描述过去历史的信息，而不受历史状态的影响.

(5) 样本效率：DQN 算法通常需要大量的样本和交互次数来进行训练，因此需要具备足够的计算资源和程序运行时间.

6.3.2 DQN 算法的伪代码

DQN 算法（具有经验回放技术）估计策略 $\pi(\boldsymbol{a}|\boldsymbol{s}) \approx \pi^*$

初始化容量为 M 的经验回放池 $\mathcal{D}$
初始化当前网络 $Q(\boldsymbol{s},\boldsymbol{a};\boldsymbol{w})$，其中 $\boldsymbol{w}$ 是参数
初始化目标网络 $\hat{Q}(\boldsymbol{s},\boldsymbol{a};\bar{\boldsymbol{w}})$，参数来自 $\bar{\boldsymbol{w}}=\boldsymbol{w}$
for 回合 $=1 \to E$ **do**
    初始化状态 $\boldsymbol{s}_0$
    for 时间步 $t=0 \to T-1$ **do**
        根据当前网络 $Q(\boldsymbol{s},\boldsymbol{a};\boldsymbol{w})$，利用 ε-贪婪策略选择动作 $\boldsymbol{a}_t$
        执行动作 $\boldsymbol{a}_t$，观测到奖励 r_{t+1} 和状态 $\boldsymbol{s}_{t+1}$
        在经验回放池 $\mathcal{D}$ 中，储存经验转换样本 $(\boldsymbol{s}_t,\boldsymbol{a}_t,r_{t+1},\boldsymbol{s}_{t+1})$
        在经验回放池 $\mathcal{D}$ 中以最小批次 N 随机采样 $(\boldsymbol{s}_j,\boldsymbol{a}_j,r_{j+1},\boldsymbol{s}_{j+1}), j=1,2,\cdots,N$
        用目标网络计算 $y_j=\begin{cases} r_{j+1}，\text{时间步 } j+1 \text{ 到达终止状态} \\ r_{j+1}+\gamma \max\limits_{\boldsymbol{a}'} \hat{Q}(\boldsymbol{s}_{j+1},\boldsymbol{a}';\bar{\boldsymbol{w}})，\text{其他} \end{cases}$
        构建损失函数 $\dfrac{1}{2N}\sum\limits_{j=1}^{N}[y_j - Q(\boldsymbol{s}_j,\boldsymbol{a}_j;\boldsymbol{w})]^2$，执行梯度下降法更新当前网络 $Q(\boldsymbol{s},\boldsymbol{a};\boldsymbol{w})$ 的参数 $\boldsymbol{w}$

每经过 C 时间步更新目标网络 $\hat{Q}=Q$

end for

end for

对每一个状态 $s\in\mathcal{S}$

$\pi(\boldsymbol{a}|\boldsymbol{s}) \leftarrow \arg\max_{a} Q(\boldsymbol{s},\boldsymbol{a};\boldsymbol{w})$

注意:(1) 当前网络 $Q(\boldsymbol{s},\boldsymbol{a};\boldsymbol{w})$ 是对当前状态-动作对的动作价值函数 $\boldsymbol{Q}(\boldsymbol{s},\boldsymbol{a})$ 的逼近;目标网络 $\hat{Q}(\boldsymbol{s},\boldsymbol{a};\overline{\boldsymbol{w}})$ 是对下一个状态-动作对的动作价值函数 $Q(\boldsymbol{s}',\boldsymbol{a}')$ 的人为调整.

(2) 对比 Q-learning 算法的更新关系式,分析 DQN 算法的损失函数的结构,可以很清楚地理解损失函数的构建来源.

6.3.3 DQN 算法的流程与程序步骤

6.3.3.1 DQN 算法的流程

DQN 算法有 2013 版本和 2015 版本. 2015 版的 DQN 算法流程图,如图 6-1 所示.

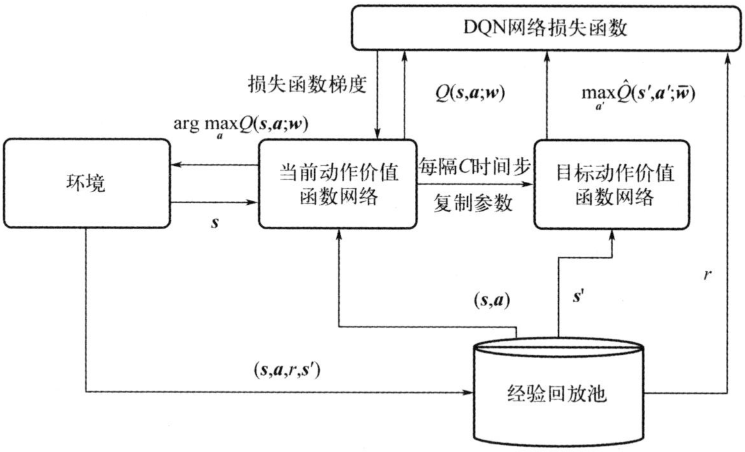

图 6-1 DQN 算法(2015 版)流程图

DQN 算法流程大致是这样的:

第一步:建立经验回放池(位于图 6-1 右下部).通过前置训练一定数目的回合,依次保存 N 个经验转换样本 $(\boldsymbol{s},\boldsymbol{a},r,\boldsymbol{s}')$,形成经验回放池以备后用.

第二步:训练当前网络 $Q(\boldsymbol{s},\boldsymbol{a};\boldsymbol{w})$(位于图 6-1 中部).在经验回放池中,随机抽取最小批次 minibatch 个经验转换样本,其中的当前状态-动作对<**s**,**a**>作为当前网络 $Q(\boldsymbol{s},\boldsymbol{a};\boldsymbol{w})$ 训练的输入样本数据,利用梯度下降法更新当前网络 $Q(\boldsymbol{s},\boldsymbol{a};\boldsymbol{w})$ 的参数 $\boldsymbol{w}$,当前网络 $Q(\boldsymbol{s},\boldsymbol{a};\boldsymbol{w})$ 的输出也记作 $Q(\boldsymbol{s},\boldsymbol{a};\boldsymbol{w})$,它是对当前状态-动作对<**s**,**a**>的动作价值函数 $Q(\boldsymbol{s},\boldsymbol{a})$ 值的近似.

第三步:训练目标网络 $\hat{Q}(\boldsymbol{s},\boldsymbol{a};\overline{\boldsymbol{w}})$(位于图 6-1 右上部).先开始从当前网络 $Q(\boldsymbol{s},\boldsymbol{a};\boldsymbol{w})$ 中复制参数 $\boldsymbol{w}$,得到相同结构的目标网络 $\hat{Q}(\boldsymbol{s},\boldsymbol{a};\overline{\boldsymbol{w}})$. 利用经验转换样本 $(\boldsymbol{s},\boldsymbol{a},r,\boldsymbol{s}')$ 中的下一个状态 $\boldsymbol{s}'$ 和任选动作 $\boldsymbol{a}'\in\mathcal{A}$ 作为目标网络 $\hat{Q}(\boldsymbol{s},\boldsymbol{a};\overline{\boldsymbol{w}})$ 的输入样本数据,得到目标网络

$\hat{Q}(\boldsymbol{s},\boldsymbol{a};\overline{\boldsymbol{w}})$ 的输出，记为 $\hat{Q}(\boldsymbol{s}',\boldsymbol{a}';\overline{\boldsymbol{w}})$，它是对下一个状态-动作对的动作价值函数 $Q(\boldsymbol{s}',\boldsymbol{a}')$ 值的人为调整；然后每隔 C 时间步把当前网络 $Q(\boldsymbol{s},\boldsymbol{a};\boldsymbol{w})$ 的参数 $\boldsymbol{w}$ 复制给目标网络 $\hat{Q}(\boldsymbol{s},\boldsymbol{a};\overline{\boldsymbol{w}})$ 作为新的参数 $\overline{\boldsymbol{w}}$.

第四步：构建损失函数（位于图 6-1 上部）.如果时间步 j+1 未到达回合终点，计算 TD 目标：

$$y_j = r_{j+1} + \gamma \max_{\boldsymbol{a}'} \hat{Q}(\boldsymbol{s}_{j+1},\boldsymbol{a}';\overline{\boldsymbol{w}}). \tag{6.5}$$

其中，奖励 r_{j+1} 来自经验回放池 $(\boldsymbol{s}_j,\boldsymbol{a}_j,r_{j+1},\boldsymbol{s}_{j+1})$. 如果时间步 j+1 到达回合终点，则 $Q(\text{终点},:)=0$，取

$$y_j = r_{j+1}. \tag{6.6}$$

通常取**损失函数**为

$$\frac{1}{2}[y_j - Q(\boldsymbol{s}_j,\boldsymbol{a}_j;\boldsymbol{w})]^2 = \frac{1}{2}[r_{j+1} + \gamma \max_{\boldsymbol{a}'} Q(\boldsymbol{s}_{j+1},\boldsymbol{a}';\overline{\boldsymbol{w}}) - Q(\boldsymbol{s}_j,\boldsymbol{a}_j;\boldsymbol{w})]^2. \tag{6.7}$$

第五步：更新当前网络 $Q(\boldsymbol{s},\boldsymbol{a};\boldsymbol{w})$ 参数 $\boldsymbol{w}$（位于图 6-1 上部）.对损失函数式(6.7)，利用梯度下降法，更新当前网络 $Q(\boldsymbol{s},\boldsymbol{a};\boldsymbol{w})$ 的参数 $\boldsymbol{w}$. 得到参数更新后的当前网络，仍记作 $Q(\boldsymbol{s},\boldsymbol{a};\boldsymbol{w})$.

注意：(1) 式(6.7)损失函数中的系数 $\frac{1}{2}$ 用于约去平方项求导运算得到的 2，使得求导表达式更简洁，不影响最终更新的结果.

(2) 式(6.7)损失函数中的系数有些写成 $\frac{1}{2N}\sum_{j=1}^{N}$.这里的 N 是最小批次，表示利用 N 个经验转换样本计算损失函数.

第六步：智能体采取新的动作作用于环境（位于图 6-1 左中部）. 在状态 $\boldsymbol{s}$，智能体采取动作

$$\arg\max_{\boldsymbol{a}} Q(\boldsymbol{s},\boldsymbol{a};\boldsymbol{w}) \tag{6.8}$$

作用于环境，环境给智能体反馈新的奖励 r.

循环迭代，智能体受到多次的学习与训练，最终得到最优策略：

$$\pi^*(\boldsymbol{a}\,|\,\boldsymbol{s}) = \pi^*(\arg\max_{\boldsymbol{a}} Q(\boldsymbol{s},\boldsymbol{a};\boldsymbol{w})\,|\,\boldsymbol{s}), \forall \boldsymbol{s} \in \mathcal{S}.$$

6.3.3.2 DQN 算法的程序步骤

DQN 算法的**程序步骤**如下：

(1) 创建环境：包括状态、动作和奖励规则.

(2) 设置训练参数：包括学习率 α、折扣系数 γ、概率阈值 ε、回合最大步数、训练最大回合数、目标网络参数更新频率等.

(3) 初始化经验回放池 $\mathcal{D}$ 和当前网络 $Q(\boldsymbol{s},\boldsymbol{a};\boldsymbol{w})$ 与目标网络 $\hat{Q}(\boldsymbol{s},\boldsymbol{a};\overline{\boldsymbol{w}})$：经验回放池 $\mathcal{D}$ 容量为 N，初始化时当前网络 $Q(\boldsymbol{s},\boldsymbol{a};\boldsymbol{w})$ 与目标网络 $\hat{Q}(\boldsymbol{s},\boldsymbol{a};\overline{\boldsymbol{w}})$ 的结构与参数相同.

(4) 对于每一个回合，随机初始化状态起点 s_0.

(5) 循环迭代训练回合的各个时间步：

① 根据当前网络 $Q(s,a;w)$ 与 ε-贪婪策略及状态 s，选择动作 a.

② 利用当前状态 s 和动作 a，根据实际问题的物理规律，计算得到奖励 r 和下一个状态 s'.

③ 每隔 C 时间步更新目标网络 $\hat{Q}(s,a;\bar{w})$ 的参数 $\bar{w}=w$.

④ 每隔 N_gap 步计算目标网络 $\hat{Q}(s,a;\bar{w})$ 的输出 $\hat{Q}(s',a';\bar{w})$ 和 TD 目标，见式(6.5)和式(6.6).

⑤ 用梯度下降法，更新当前网络 $Q(s,a;w)$.

⑥ 如果 s' 是终止状态（对应于完成一个回合的训练过程），进入(6)；否则转(5)的①.

(6) 回合训练终止，转(4)训练下一个回合.

(7) 训练终止：达到训练回合的最大回合数或其他终止条件.

(8) 提取最优策略 π^*或近似最优策略 $\pi\approx\pi^*$：在训练好的当前网络 $Q(s,a;w)$ 中取最大值对应的动作：

$$a=\arg\max_{a} Q(s,a;w)\,, \tag{6.9}$$

得到最优策略 $\pi^*(a|s)$或近似最优策略 $\pi\approx\pi^*$.

(9) 应用最优策略 π^*或近似最优策略 $\pi\approx\pi^*$，解决实际问题.

6.3.4 DQN 算法的收敛性

DQN 算法作为一种近似 Q-learning 的算法，没有像传统 Q-learning 算法那样有严格的收敛定理. 然而，DQN 算法在实际应用中已被证明具有较好的收敛性能和表现.

虽然没有明确的收敛定理，但基于实践经验和研究发现，以下因素对于 DQN 算法的收敛至关重要.

(1) 神经网络通用近似定理：依据神经网络通用近似定理，当前网络 $Q(s,a;w)$ 以任意的精度逼近动作价值函数 $Q(s,a)$，目标网络 $\hat{Q}(s,a;\bar{w})$ 以人为调整的精度估计 $Q(s',a')$；而 Q-learning 算法是收敛的（参见第 2.3.4 节），所以，DQN 算法是收敛的.

(2) 目标网络：使用目标网络 $\hat{Q}(s,a;\bar{w})$ 来固定或较稳定地估计目标 $Q(s',a')$ 值. 通过定期更新目标网络 $\hat{Q}(s,a;\bar{w})$ 的参数 $\bar{w}$，可以减少训练过程中目标 $Q(s',a')$ 值的波动，以提高算法的稳定性.

(3) 经验回放：通过经验回放池存储过去观测到的经验转换样本，并随机采样进行网络训练. 这样可以减少训练样本间的相关性，并提高样本数据的利用效率.

(4) ε-贪婪策略：在探索与利用之间找到平衡是很重要的. 在早期阶段使用较大的概率阈值 ε 来发现新策略和状态空间，在后期逐渐降低概率阈值 ε 以利用已学习到的经验知识.

(5) 网络结构和超参数调整：选择合适的神经网络结构、学习率、批次大小等超参数，以及适当对输入数据进行预处理和归一化，有助于提高 DQN 算法的收敛性和性能.

6.4 DQN 算法实例：求解平衡系统最优控制策略

本节利用 DQN 算法，以具有代表性的推车竖杆平衡系统为例，通过 DQN 算法两例程序求解最优控制策略.

6.4.1 问题说明

如图 6-2 所示，推车竖杆平衡问题是，有活动关节的竖杆连接到推车上，该车沿有摩擦的直线轨道移动. 训练目标是，给推车施加力使得推车位于原点（即 $x = 0$）附近且竖杆直立而不倒[2].

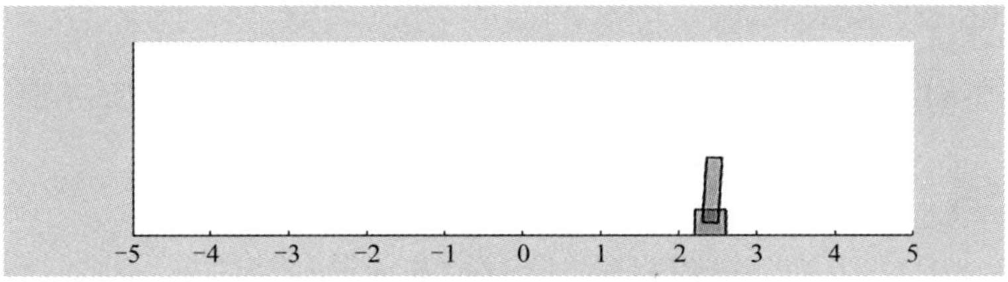

图 6-2 推车竖杆平衡问题及坐标系

问题技术参数说明：

(1) 从环境中观测到的有推车位置、推车速度、竖杆摆角和竖杆摆角速度.

(2) 给推车向左推力 10N，或者向右推力 10N.

(3) 对竖杆没有施加推力或拉力.

(4) 如果竖杆与垂直方向的夹角超过 12°，或者如果推车与原点距离超过 2.4m，则该平衡控制失败.

(5) 回合持续达到 500 时间步，说明该回合控制成功.

6.4.2 数学模型

在二维平面考虑推车竖杆平衡问题，建立平面直角坐标系，如图 6-2 所示. 横轴是 x 轴，x=0 表示推车质心位于滑道中心处. 纵轴是 y 轴（正向朝上)，垂直于 x 轴并通过 x=0 点，与 x 轴的交点是坐标原点. 如果推车质心位于坐标原点左侧 2m 处，则记作推车位置是−2，如果推车质心位于坐标原点右侧 2m 处，则记作推车位置是 2. 竖杆下端点位于推车质心. 如果竖杆倾斜于 y 轴正向左侧 12°，记作竖杆角度是−12°，如果竖杆倾斜于 y 轴正向右侧 12°，记作竖杆角度是 12°.

(1) **状态**：有 4 个连续的变量，即推车 cart 位置和速度，竖杆 pole 的角度和角速度. 4 个随机变量中只有 2 个是相互独立的，也就是推车位置和竖杆角度两个随机变量相互独立. 用列向量 4×1 结构表示状态. 此例是 4 维的连续状态空间.

① cart 位置：−2.4～2.4 (m).

② cart 速度：−inf～inf.

③ pole 角度：−12*pi/180～12*pi/180 (rad).

④ pole 角速度：−inf～inf.

(2) **动作**：智能体或控制器对推车施加力的大小和方向. 有 2 个动作：向左推力是 −10，向右推力是 10. 动作空间包含 2 个动作，此例是 1 维的有 2 个动作的动作空间.

(3) **奖励**

① 推车竖杆在平衡状态（平衡位置是指推车位置绝对值没有超过阈值 2.4，同时竖杆角度绝对值没有超过阈值 12°时的状态，否则称为失去平衡）奖励 1 个单位.

② 推车竖杆失去平衡惩罚 10 个单位, 即奖励−10 个单位.

(4) **状态转移概率**：此例没有用到状态转移概率.

(5) **折扣因子**：实际问题需要注重远期的奖励影响，程序取折扣因子 γ=0.99.

(6) **初始状态概率分布**：竖杆角速度 Td0=0；推车位置 X0=0；推车速度 Xd0=0；竖杆摆角服从区间(−0.05,0.05)上的均匀分布.

6.4.3 主程序代码

利用自定义的两个函数 myStepFunction 和 myResetFunction 以及 MATLAB 自带的几个函数，求解上述推车竖杆平衡问题的最优控制策略，主程序代码如下：

```
//第 6 章/DRL6_1

%% 第 1 段：设置状态和动作信息，导入 2 个自定义函数，全面创建求解实际问题的环境
ObservationInfo = rlNumericSpec([4 1]);  %设置状态观测信息的维度
ObservationInfo.Name = 'CartPole States';
%设置状态观测信息的具体描述变量
ObservationInfo.Description = ['x,dx,theta,dtheta'];
ActionInfo = rlFiniteSetSpec([-10 10]); %设置动作信息，动作个数及取值
ActionInfo.Name = 'CartPole Action';
env = rlFunctionEnv(ObservationInfo,ActionInfo,'myStepFunction',
'myResetFunction'); %创建环境交互接口
obsInfo = getObservationInfo(env);%获取环境变量 env 中的状态观测信息
numObservations = obsInfo.Dimension(1);
actInfo = getActionInfo(env);      %获取环境变量 env 中的动作信息
numActions = numel(actInfo.Elements);

%% 第 2 段：创建网络 Q(s,a;w) 和 DQN 智能体
%输入层信息和数据处理方法
dnn = [featureInputLayer(obsInfo.Dimension(1),'Normalization','none', 'Name',
'state')
    fullyConnectedLayer(24,'Name','CriticStateFC1') %全连接层节点数和层名
    reluLayer('Name','CriticRelu1')  %ReLU 激活函数层和层名
    fullyConnectedLayer(24, 'Name','CriticStateFC2')
    reluLayer('Name','CriticCommonRelu')
    %输出层节点数和层
    fullyConnectedLayer(length(actInfo.Elements),'Name','output')];
figure
plot(layerGraph(dnn)) %网络结构绘图
criticOpts = rlRepresentationOptions('LearnRate',0.001,'GradientThreshold', 1);
%设置评委网络 Q(s,a;w) 参数及 Q(s,a) 表示
critic = rlQValueRepresentation(dnn,obsInfo,actInfo,'Observation',{'state'}, criticOpts);
```

```
agentOpts = rlDQNAgentOptions(...
    'UseDoubleDQN',false, ...  %不调用 Double DQN 算法
    'TargetSmoothFactor',1, ... %目标网络光滑因子
    'TargetUpdateFrequency',4, ... %目标网络更新频率
    'ExperienceBufferLength',100000, ... %经验回放池大小
    'DiscountFactor',0.99, ... %折扣系数
    'MiniBatchSize',256);   %最小批次大小
agent = rlDQNAgent(critic,agentOpts); %创建 DQN 智能体

%% 第 3 段：训练 DQN 智能体
trainOpts = rlTrainingOptions(...
    'MaxEpisodes',1000, ...  %训练回合的总数
    'MaxStepsPerEpisode',500, ...  %回合包含的最大时间步数
    'Verbose',false, ...   %屏幕不显示训练进程信息
    'Plots','training-progress',...   %训练进程绘图
    'StopTrainingCriteria','AverageReward',...   %训练终止准则
    'StopTrainingValue',495);    %训练终止阈值
doTraining = false;
if doTraining   %默认不直接训练
    trainingStats = train(agent,env,trainOpts);  % 训练智能体
else
    load('agentDQN_20230809.mat','agent'); %导入预训练智能体
    load('trainingStatsDQN_20230809.mat','trainingStats');
end

%% 第 4 段：测试 DQN 智能体
simOptions = rlSimulationOptions('MaxSteps',500);%设置测试用的测试参数
experience = sim(env,agent,simOptions);

%% 第 5 段：DQN 算法输出绘图及性能指标分析. 此处略.
```

主程序中部分函数功能和语法说明如下：

(1) **[InitialObservation, LoggedSignal] = myResetFunction()**

- **功能**：随机初始化状态或人为指定初始状态取值.
- **输入变量**：不需要.
- **输出变量**

InitialObservation：状态变量及其结构[X0;Xd0;T0;Td0].

LoggedSignal：状态变量观测值，用于计算.

函数 myResetFunction 是求解实际应用问题的首要关键程序之一，其具体代码如下：

```
//第 6 章/DRL6_1myResetFunction.m
function [InitialObservation, LoggedSignal] = ResetFunction_ZHY()

%% 设置 1：初始状态
T0 = 2 * 0.05 * rand() - 0.05;%竖杆摆角在(-0.05,0.05)弧度间
Td0 = 0;  %竖杆角速度
X0 = 0;   %推车位置
```

```
Xd0 = 0;  %推车速度
%% 设置 2：输出 2 个变量 InitialObservation 和 LoggedSignal
LoggedSignal.State = [X0;Xd0;T0;Td0];   %状态变量，1 行 4 列，包含 4 个分量
InitialObservation = LoggedSignal.State;%状态观测值，用于计算
end
```

(2) **[NextObs,Reward,IsDone,LoggedSignals] = myStepFunction(Action, LoggedSignals)**

- **功能**：利用当前状态及动作计算下一个状态及对当前动作的奖励.
- **输入变量**

Action：动作，此例动作的含义是力，包含施加力的左右方向及大小.

LoggedSignals：记录当前状态的观测值，包含[X0;Xd0;T0;Td0].

- **输出变量**

NextObs：下一个状态的观测信息.

Reward：智能体采取当前动作获得的时间步奖励.

IsDone：判断是否终止训练回合的标识符，就是检查下一个状态的推车位置和竖杆角度是否超过各自的阈值，取 0 继续训练智能体，取 1 该回合训练终止.

LoggedSignals：记录下一个状态的观测值.

函数 myStepFunction 是求解实际应用问题的首要关键程序之二. 这个函数与上一个函数 myResetFunction 配合，全面实现了实际问题的环境创建问题. 应引起读者的特别重视.

函数 myStepFunction.m 的具体代码如下：

```
//第 6 章/DRL6_2myStepFunction.m
function [NextObs,Reward,IsDone,LoggedSignals] = myStepFunction(Action,
LoggedSignals)

%% 设置 1：实际问题的技术参数
g = 9.8;   %重力加速度
Mc = 1.0;  %推车质量
Mp = 0.1;  %竖杆质量
Lp = 0.5;  %竖杆长度的二分之一
Cf = 0.05; %阻力系数
MaxForce = 10;  %可以施加的最大力阈值

%% 设置 2：动作 Action 的物理含义是 Force
if ~ismember(Action,[-MaxForce MaxForce])%判断动作是否出界
    error('Action must be %g for going left and %g for going right.',...
          -MaxForce,MaxForce);
end
Fc = Action; %动作的物理含义——力

%% 设置 3：设置状态变量及其分量
State = LoggedSignals.State; %当前状态 State 的观测值，包含 4 个分量
XDot = State(2);       %当前时间步推车速度
Theta = State(3);      %当前时间步竖杆角度
```

```
ThetaDot = State(4);%当前时间步竖杆角速度

%% 设置 4：系统物理规律方程及其求解，得到下一个状态 NextObs 信息
% 4.1 建立运动方程描述实际应用问题
if XDot ~= 0
    D1 = XDot/abs(XDot); %推车速度 XDot 单位化
else
    %XDot=0 表示没有速度，停滞状态下不考虑摩擦力.除初值外，XDot 几乎不为 0
    D1 = 0;
end

C21 = (Mc+Mp)/Mc+3/4*Mp/Mc*cos(Theta)*(Cf*D1*sin(Theta)-cos(Theta));
C22 = Fc/Mc-(Mp+Mc)/Mc*Cf*D1*g+(sin(Theta)+cos(Theta)*Cf*D1)*Mp/Mc*Lp/2
*(ThetaDot^2)+0.75*(Cf*D1*sin(Theta)-cos(Theta))*Mp/Mc*sin(Theta)*g;
XDotDot = C22/C21;  %推车移动加速度
ThetaDotDot = 1.5/Lp*(sin(Theta)*g-cos(Theta)*XDot);%竖杆摆角加速度

% 4.2 求解运动方程得到下一个状态信息 NextObs
Ts = 0.02;  %采样时间 Ts，用于积分计算下一个状态
%求和——积分,下一个状态值=当前状态值+改变量
LoggedSignals.State = State + Ts.*[XDot;XDotDot;ThetaDot;ThetaDotDot];
NextObs = LoggedSignals.State; %变量传递及得到下一个状态观测信息

%% 设置 5：回合终止判定条件——用到下一个状态的推车位置和竖杆角度
AngleThreshold = 12 * pi/180; %超出角度阈值（单位：弧度），回合结束
DisplacementThreshold = 2.4;  %超出位置阈值（单位：米），回合结束

X = NextObs(1);         %下一个状态的推车位置
Theta = NextObs(3); %下一个状态的竖杆角度
%如果下一个状态的推车位置或竖杆角度超过各自阈值，说明失去平衡，该回合训练终止
IsDone = abs(X) > DisplacementThreshold | abs(Theta) > AngleThreshold;

%% 设置 6：时间步奖励设置及其奖励函数形式
RewardForNotFalling = 1; %车杆处于平衡状态的时间步奖励
PenaltyForFalling = -10; %车杆失去平衡状态的时间步惩罚
if ~IsDone  %下一个状态的回合没有终止时，给如下奖励
    Reward = RewardForNotFalling;
else
    Reward = PenaltyForFalling;%下一个状态的回合终止时，给出惩罚
end
end
```

(3) **ObservationInfo = rlNumericSpec([4 1])**

- **功能**：对环境创建连续状态或观测数据信息.
- **输入变量**

[4 1]：状态变量是 4 行 1 列结构，即有 4 个分量.

- **输出变量**

ObservationInfo：状态观测信息，包含状态名称、状态分量记号和数据类型等信息.

(4) **ActionInfo = rlFiniteSetSpec([-10 10])**

- **功能**：对环境创建有限个离散动作的信息.
- **输入变量**

[-10 10]： 2 个动作——施加力的左右方向和大小，负数表示向左施加推力，正数表示向右施加推力.

- **输出变量**

ActionInfo：动作信息，包含动作元素、动作名称、动作维度（即 1 个动作的表示形式. 如[1,1]表示动作是 1 个数值，[2,1]表示动作是 1 个列向量，[3,2]表示动作是 3 行 2 列的矩阵形式）和数据类型等信息.

(5) **env = rlFunctionEnv(ObservationInfo,ActionInfo,'myStepFunction', 'myResetFunction')**

- **功能**：使用两个自定义函数创建强化学习环境.
- **输入变量**

ObservationInfo：见上，对环境创建连续状态或观测数据信息.

ActionInfo：见上，对环境创建离散动作的信息.

'myStepFunction'：见上，自定义时间步函数.

'myResetFunction'：见上，自定义初始状态函数.

- **输出变量**

env：环境动态特性——环境变量.

(6) **criticOpts = rlRepresentationOptions('LearnRate',0.001,'GradientThreshold',1)**

- **功能**：设置评委网络 critic 的可选参数. 这里 critic 就是当前网络.
- **输入变量**

'LearnRate',0.001：学习率取 0.001.

'GradientThreshold',1：梯度阈值取 1.

- **输出变量**

criticOpts：评委网络 critic（即当前网络或主网络）的可选参数，其中包含学习率、梯度阈值、算法是否使用 CPU，特别是选用优化器及其优化参数等属性.

(7) **rlDQNAgentOptions**

- **功能**：设置 DQN 智能体可选参数.
- **输入变量**

'UseDoubleDQN',false：不使用 Double DQN 算法.

'DiscountFactor',0.99：折扣系数取 0.99.

'MiniBatchSize',256：最小批次大小取 256.

- **输出变量**

agentOpts：DQN 智能体可选参数.

(8) **agent = rlDQNAgent(critic,agentOpts)**

- **功能**：创建 DQN 智能体.
- **输入变量**

critic：评委网络，对动作的评判打分的当前网络；

agentOpts：智能体可选参数.

- **输出变量**

agent：DQN 智能体，其中包含智能体可选参数 AgentOptions，是否使用探索策略 Agent.UseExplorationPolicy，采样时间 Agent.SampleTime 等属性.

(9) **[idx res]=findcont(V,h,n)**

- **功能**：找出指定范围内的连续取相同值的个数.
- **输入变量**

V：一维数组.

n：找出指定范围内的连续取相同值的个数，预设值 0~inf.

h：找出连续 h 个以上的相同值，默认 h=1.

- **输出变量**

idx：相同连续值的最前面一个数值的索引.

res：相同值的连续个数.

还有一些函数的功能和语法，此前已做介绍或比较容易理解，此处从略.

6.4.4 程序分析

上述主程序，按照功能划分，可以分为 5 段.

第 1 段是创建推车竖杆平衡控制问题的环境，实现对实例问题的完整描述，如状态、动作、奖励、折扣系数等. 需要自己改编 2 个自定义函数，在主程序中设置好状态结构和动作结构. 这一段程序是求解实际问题的关键工作，应引起读者高度重视.

第 2 段是创建神经网络架构、评委网络 critic、DQN 智能体.

① 构建一个神经网络架构，如输入层、全连接层、激活函数层、输出层. 其中输入层节点数与状态分量个数一致，输出层节点数与动作个数一致.

② 设置评委网络 critic（当前网络），它的作用是对 DQN 智能体采取的动作评估打分.

③ 设置 DQN 智能体. 其中参数及其取值对训练结果有较大影响和作用.

第 3 段至第 4 段的代码与 Q-learning 算法几乎一样，可参考第 2.4.3 节相关内容.

第 5 段给出了训练过程的回报及平均回报的绘图，给出了测试阶段得到的策略——推车位置、竖杆角度及施加力的绘图，计算了测试回合的奖励.

6.4.5 程序结果解读

(1) 测试结果如图 6-3 所示.

分析图 6-3(a)和图 6-3(b)，可以发现：DQN 智能体成功地实施了最优控制策略. 在 500 个时间步的回合中，DQN 智能体通过施加 10N 或−10N 的力[如图 6-3(c)所示]，使得推车在 (0,0) 附近移动，远离阈值 2.4 和−2.4[如图 6-3(a)所示]，说明推车是“稳定在原点附近”的. 同时，也使得竖杆在纵轴 y 左右摆动，远离阈值 12*pi/180 弧度和−12*pi/180 弧度[如图 6-3(b)所示]，说明竖杆是“直立不倒”的. 虽然推车在 (0,0) 附近有轻微的移动，并且竖杆在纵轴 y 左右有轻微的摆动，但足以说明智能体通过执行最优策略控制得非常稳定，控制效果非常好.

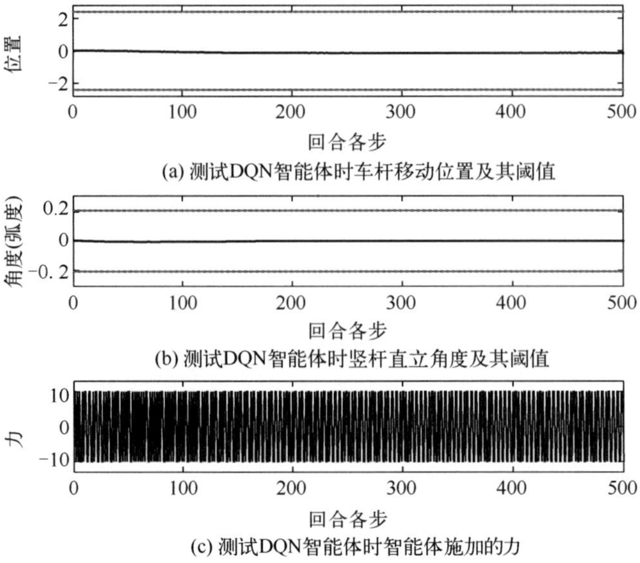

图 6-3　DQN 智能体控制车杆平衡问题的最优策略

(2) 在训练 DQN 智能体过程中，在各个回合得到的回报与平均回报如图 6-4 所示.

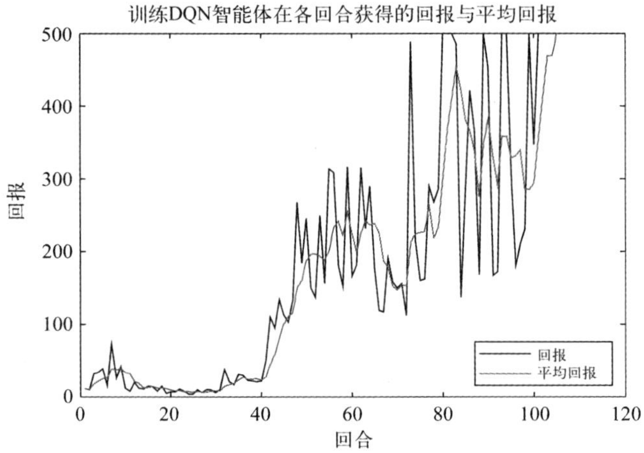

图 6-4　训练 DQN 智能体时在各回合获得的回报与平均回报

(3) 在训练 DQN 智能体的过程中，在各个回合花费的时长如图 6-5 所示.

由图 6-4 和图 6-5 可以看出，前 40 个回合花费的时间短，得到的回报也少. 这说明：在训练前期，智能体缺少经验比较迷茫，很快导致了该回合训练结束——平衡控制失败. 在第 40~80 回合之间，智能体得到的回报在增加，回合用时也在增加，说明智能体已经有了一定的控制“经验”. 在 80 回合到最后回合之间，智能体得到的回报多次达到 500，回合用时也多次达到 10，说明智能体已经得到了很多次的控制成功的“经验”. 在第 101~105 回合，智能体连续得到回报 500，平均回报也达到 500，满足了程序终止运行的阈值条件，程序终止运行，智能体的训练完成.

注意：(1) 可以改写初始状态取值 Td0 = 0,X0 = 0,Xd0 = 0 远离平衡点(T0, X0)=(0,0). 如选择 Td0 = 0.5，X0 = 2，Xd0 = 0.8，T0 保持不变. 此时，智能体是否可以找到最优

控制策略，值得进一步调试程序. 如上改变初始状态取值后，程序运行的实际情况是：程序停止由原来的 105 个回合增加到 1000 个回合——最大回合数，首次成功回合 FirstCtrlEpi 由原来的第 80 回合提高到第 175 回合，测试结果迭代 14 步竖杆触碰阈值导致回合终止. 这表明，初始状态对 DQN 算法有非常敏感的影响.

(2) 构建的网络结构 dnn 对智能体的训练影响非常大. 如何找出一个既可以实现快速学习（即算法收敛速度快）又具有稳定能力的或者其他目标要求的智能体，是一个多目标优化问题.

(3) 上述的 MATLAB 自带函数程序，其优点是程序通用性强，易于解决实际应用问题. 美中不足的是，由于程序用几个函数包装，看不出 DQN 算法实现的具体细节. 故设置第 6.5 节以弥补不足.

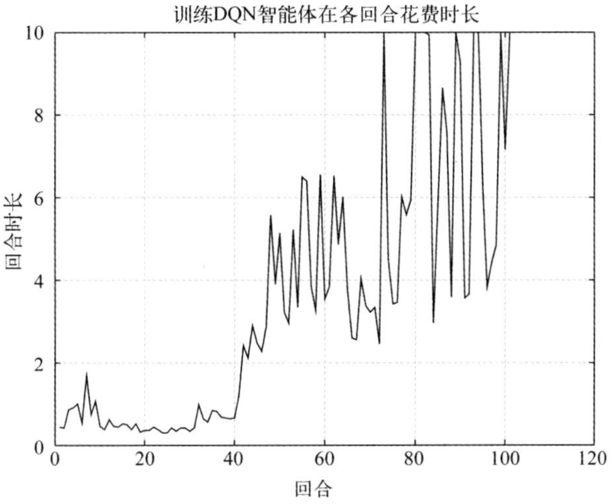

图 6-5 训练 DQN 智能体时在各回合用时

6.5 代码程序细化

6.5.1 问题改进说明

实际问题总体没有做大改动. 为了增加控制难度，竖杆质量由原来的 0.1 改成 0.2，小车位置阈值由原来的 2.4 改成 2，竖杆摆动倾斜角阈值由原来的 12° 改成 45°. 初始状态的 4 个分量取值由原来人为指定在坐标原点（即稳定状态）附近改为全部随机产生. 动作由原来的−10 和 10 两个动作，细化为{−3,−2.5,−2,−1.5,−1,−0.5,−0.3,0,0.3,0.5,1,1.5,2,2.5,3}15 个动作，以此反映离稳定中心越近，智能体可能选择施加较小的力，反之可能施加较大的力. 奖励规则由原来的 1 和−10 改变成与位置中心和角度有关的公式：离稳定中心越近和偏离 y 轴角度越小，智能体应该得到更大的奖励，反之奖励越小（更加符合实际应用问题的控制要求）.

6.5.2 主程序代码

求解上述推车竖杆平衡问题的最优控制策略的主程序如下：

```
//第 6 章/DRL6_2

%% 第 1 段：环境创建及各个参数设置
CartPoleInitializer; %设置环境交互用的状态、动作、奖励，2 个网络初始化
AgentInitializer;
N_obs = 300;            %前期观察 300 个回合不算作有效训练，目的是建立经验回放池
N_train = 3000;         %有效训练的最大回合数
N_total = N_obs + N_train;%程序运行停止的总回合数
T_episode = 60; %回合训练限制用总时长
T_step = 0.1; %当前步到下一步时间间隔——采样时间
n_step = 1;    %到下一个状态计数器

%% 第 2 段：保存回合平均时长及动态绘图初始化
TimeRecord = zeros(1,N_total);   %记录各回合训练的时长
AveTimeRecord = zeros(2,N_total/10); %记录每间隔 10 个回合的平均时长
ATRpointer = 1;
Plotset = zeros(2,1);
p = plot(Plotset(1,:),Plotset(2,:),'MarkerSize',5);
axis([0 N_obs+N_train+50 0 60+5]);
xlabel('回合');
ylabel('平均时长');
title('10 个回合的平均时长');

%% 第 3 段：训练 DQN 智能体
for Ns = 1:N_total
Ns  %屏幕显示回合计数，便于了解训练进程
CPstate = CartPoleReset(); %随机初始化状态 4*1 矩阵，包含 X,dotX,theta,dottheta
T1 = 0;  %时间步计时器
TrackPointer = 1;%时间步数存储位置指针
%列向量储存[当前时间;当前状态;力;下一个状态]
TrackRecord(Ns).Track = zeros(6+4,T_episode/T_step);
    while T1 <= T_episode  %对回合的时长总量控制，训练各回合的每一个时间步 step
        %ε-贪婪策略得到当前状态的动作序号 act 和 Qmax
        [act,Qnow] = EpsilonGreedy(Ns,CPstate,QNet_eval);
        Fc = FcTable(act);% Fc 动作——力
        OdeInput = [CPstate;Fc]; %ode45 需要的 5 个自变量
        %使用 Ode45 方法求解方程得到下一个状态
        [t,y] = ode45(@CartPole_Eqs,[0,T_step],OdeInput,opts);
        %最后 1 行的前 4 个分量是下一个时刻的状态分量,转置符合程序要求
        Newstate=y(end,1:4)';
        %经验回放池，各列保存经验转换样本等 9 个分量
        Rmemo(:,Memopointer) = [CPstate;act;Newstate];
        %移动指针，为下一次保存经验转换样本定位
        Memopointer = MemoPointerMove_ZHY6(Memopointer,S_memo);
        %右侧是回合计时、当前状态、力、下一个状态
        TrackRecord(Ns).Track(:,TrackPointer) = [T1;CPstate;Fc;Newstate];
        TrackPointer = TrackPointer+1;
        T1 = T1+T_step;      %到下一个时间步状态的开始时间——计时器
```

```
        n_step = n_step+1; %到下一个时间步状态的计数器
        CPstate = Newstate;%状态变量迭代传递
        %经过前期观测回合 N_obs 个以后
        if (mod(n_step,N_renew) == 0) && (Ns >= N_obs)
            QNet_target = QNet_eval;  %每间隔 N_renew 步更新目标网络 QNet_target
        end
        %经过前期观测回合 N_obs 个以后
        if (mod(n_step,N_gap) == 0) && (Ns >= N_obs)
            Trainset = zeros(10,nBatch); %前 9 行与经验回放池一致，后一行为利用目标网
络 QNet_target 计算得到的 Q_target;
            i=1;
            while i <= nBatch %小于最小批次 nBatch 时
                num1 = unidrnd(S_memo); %在经验回放池随机取 1 个经验转换样本
                if Rmemo(5,num1) > 0    %如果经验回放池的列 num1 的前 5 行——状态和动
作都不为零，目的是保证迭代有价值
                    %依列次写入 Trainset，每列是 9 个分量
                    Trainset(1:9,i) = Rmemo(:,num1);
                    i=i+1;
                end
            end %直到取得 1 个最小批次的数据集
            Trainset(10,:) = CalculationQtarget(Trainset(1:9,:),QNet_target);
            QNet_eval = train(QNet_eval,Trainset(1:5,:),Trainset(10,:));
        end
        %如果位置或角度超出阈值
        if (abs(CPstate(1)) > X_threshold) || (abs(CPstate(3)) > Theta_threshold)
            TimeRecord(Ns) = T1;%记录回合 Ns 所用时长 T1
            break;                 %没有完成整个回合训练，中途退出该回合训练
        elseif T1 >= T_episode  %如果回合时长超过给定总时长
            TimeRecord(Ns) = T1;%也如实记录回合 Ns 所用时长 T1，而不是总时长 T_episode
            break;
        end
    end %回合的全部时间步数 T_episode 训练结束
    if mod(Ns,10) == 0 %每间隔 10 个回合执行如下语句
        Ave1 = mean(TimeRecord(Ns-9:Ns));%间隔 10 个回合的时长均值
        AveTimeRecord(:,ATRpointer) = [Ns;Ave1]';%保存间隔 10 个回合的时长均值
        ATRpointer = ATRpointer+1;
        TempP = [Ns;Ave1];%绘图用新数据
        Plotset = [Plotset,TempP]; %在原来数据后放入新数据 TempP
        set(p,'XData',Plotset(1,:),'YData',Plotset(2,:));
        drawnow
        xlabel('回合');
        ylabel('平均时长');
        title('DQN 智能体每隔 10 个回合平均时长');
        axis([0 N_obs+N_train+50 0 60+5]);
    end
end %对所有的回合 N_total 训练结束

%% 第 4 段：相关结果画图和数值指标——论文用图和性能指标
```

```
figure
plot(AveTimeRecord(1,:),AveTimeRecord(2,:),'MarkerSize',5);
axis([0 N_obs+N_train+50 0 60+5]);
xlabel('回合');
ylabel('平均时长');
title('DQN 智能体每隔 10 个回合平均时长');
```

主程序中部分函数功能和语法说明如下：

(1) **[Mc, Mp, Lp, Cf, g, X_threshold, Theta_threshold, Opts] = CartPoleInitializer**

- **功能**：输出环境参数、阈值和解微分方程的误差精度.
- **输入变量**：无.
- **输出变量**

Mc：推车质量.

Mp：竖杆质量.

Lp：竖杆长度的二分之一.

Cf：阻力系数.

g：重力加速度.

X_threshold：推车位置阈值.

Theta_threshold：竖杆倾斜角阈值.

Opts：求解微分方程创建 options 结构体，包含误差精度.

(2) **[FcTable, QNet_fit, QNet_target, Iniset, Rmemo, N_gap, N_renew] =Agent Initializer**

- **功能**：设置 15 个动作表，初始化状态、动作及奖励，创建 2 个网络、训练参数及经验回放池初始化.
- **输入变量**：无.
- **输出变量**

FcTable：15 个动作表——(−3,−2.5,−2,−1.5,−1,−0.5,−0.3,0,0.3,0.5,1,1.5,2,2.5,3).

QNet_fit：建立拟合动作价值函数 $Q(\boldsymbol{s},\boldsymbol{a})$的神经网络结构，经训练 train 后得到当前网络 QNet_eval.

QNet_target：与当前网络 QNet_fit 同结构的目标网络 QNet_target.

Iniset：6 行 1 列向量，第 1 行是位置 X，第 2 行是速度 dotX，第 3 行是角度 θ，第 4 行是角速度 dotθ，第 5 行是力 Fc，第 6 行是奖励 reward. 前 5 行数据用作网络输入，第 6 行数据用作回归预测的响应值，用于训练当前网络进行回归预测.

Rmemo：9 行 4000 列的经验回放池. 第 1 行到第 4 行保存当前状态 CPstate，第 5 行保存动作 act 序号，第 6 行到第 9 行保存下一时刻状态 newstate.

N_gap：每间隔 N_gap 时间步更新当前神经网络 QNet_eval.

N_renew：经过 N_renew 步更新目标网络 QNet_target=QNet_eval.

还有学习率、折扣系数、最小批次大小、回合总步数、经验回放池容量以及经验回放池的列写入指针等参数.

函数 AgentInitializer 代码如下：

```
//第 6 章/DRL6_2AgentInitializer.m

% 动作离散化及其偏好设置
```

```
FcTable = [-3,-2.5,-2,-1.5,-1,-0.5,-0.3,0,0.3,0.5,1,1.5,2,2.5,3];
global N_Fc
N_Fc = size(FcTable);
N_Fc = N_Fc(2); %动作 15 个
QNet_fit = fitnet([40,40]);%Q 函数拟合神经网络，2 个隐含层，各层 40 个神经元
S_ini = 150; %1 个回合包含的时间步总数，每个回合都随机初始化状态和动作序号
Iniset = zeros(6,S_ini);
Iniset(1,:) = 0.5*rand(1,S_ini)-0.5*rand(1,S_ini); %推车位置 X
Iniset(2,:) = 0.1*rand(1,S_ini)-0.1*rand(1,S_ini); %推车速度 dotX
Iniset(3,:) = (2*rand(1,S_ini)-2*rand(1,S_ini))*pi/180; %竖杆直立角度，弧度
Iniset(4,:) = (2*rand(1,S_ini)-2*rand(1,S_ini))*pi/180; %竖杆直立角速度
Iniset(5,:) = unidrnd(N_Fc,1,S_ini); %动作序号，依据均匀分布随机抽取一个动作序号
for i = 1:S_ini
    %不同时间步对应的奖励，用作回归预测的已知响应值
    Iniset(6,i) = Reward_Cal(Iniset(1:4,i));
end

QNet_fit.trainParam.showWindow = 0; %关闭训练网络 QNet_fit 图窗
%4 个状态分量与动作序号作输入，与已知奖励响应值作回归预测
QNet_eval = train(QNet_fit,Iniset(1:5,:),Iniset(6,:));
QNet_eval.trainFcn = 'traingdx';  %优化器设置为自适应动量梯度下降法
QNet_eval.trainParam.showWindow = 0;%关闭训练主网络 QNet_eval 图窗
QNet_target = QNet_eval;%复制与当前网络 QNet_eval 相同结构和参数的目标网络
global alpha gamma;
alpha = 0.55;  %学习率
gamma = 0.99;  %折扣系数
nBatch = 400;  %最小批次大小
N_gap = 40;    %每间隔 N_gap 步更新当前网络
N_renew = 3*N_gap; %经过 N_renew 步更新目标神经网络
QNet_target=QNet_eval
S_memo = 4000;   %经验回放池容量
Rmemo = zeros(9,S_memo);  %经验回放池行列结构
Memopointer = 1;  %经验回放池的列写入指针，放入 1 个经验转换样本加 1，超过 S_memo 后回
到第 1 列，用新的经验转换样本覆盖掉旧的经验转换样本
```

注意：(1) 可以改写 QNet_fit=fitnet([40,40])为其他的网络结构. 这里没有明确输入层和输出层结构. 程序隐含的输入层有 5 个神经元，其中前 4 个神经元输入状态变量的 4 个分量，第 5 个神经元输入动作序号——力. 输出层有 1 个神经元，它的数值与对应的响应值——奖励相减再平方构成损失函数.

(2) 参数 S_ini 指定 1 个回合包含的时间步总数. 步数少，则易于完成单个回合的训练. 参数 S_ini 的大小对智能体的训练结果影响非常大.

(3) 对语句 QNet_eval=train(QNet_fit,Iniset(1:5,:),Iniset(6,:))和 QNet_target=QNet_eval 的逻辑关系和神经网络知识点要理解全面而准确.

QNet_fit 是具有输入层、2 个隐含层（各隐含层有 40 个神经元，见语法 fitnet([40,40])）和输出层的神经网络.

Iniset(1:5,:)表示有 5 个输入分量——前 4 个是状态分量、第 5 个是动作序号（即

力）分量，各分量的长度是 S_ini，即等于 1 个回合的总步数.

Iniset(6,:)表示网络训练需要的已知的响应值——奖励，它与网络 QNet_fit 的预测输出计算误差、再平方，计算误差平方和，得到损失函数. 利用该损失函数和优化器，迭代更新网络 QNet_fit 的参数和偏差，最后得到训练好的神经网络 QNet_eval.

在此例中，这个网络 QNet_eval 在算法上称为**当前网络**. 把网络 QNet_eval 复制成 QNet_target，QNet_target 在算法上称之为**目标网络**. 3 个神经网络 QNet_fit、QNet_eval、QNet_target 结构完全相同，各自的参数和偏差一般是不同的；算法上，以频率 N_renew 或说经过 N_renew 时间步，把当前网络 QNet_eval 复制成目标网络 QNet_target，这个过程也说把主网络 QNet_eval 的参数传递给目标网络 QNet_target 作新的参数. 后续的 AC 算法、PG 算法和 DDPG 算法等深度强化学习算法也是利用当前网络和目标网络这样的技术，以提高算法的稳定性，应引起读者足够的重视.

(3) **reward=Reward_Cal(CPstate)**

- **功能**：利用位置和角度变量计算各时间步奖励.
- **输入变量**

CPstate：含有 5 个分量的状态和动作变量.

- **输出变量**

reward：利用位置和角度变量用函数表达式计算奖励，其作用是越接近稳定位置和直立角度奖励值越大.

(4) **CPstate=CartPoleReset()**

- **功能**：利用给定的 2 个阈值，随机产生服从均匀分布的初始状态值.
- **输入变量**：无.
- **输出变量**

CPstate：状态变量为 4×1 矩阵，包含 4 个分量——X,dotX,theta,dottheta.

(5) **[num,Qmax]= EpsilonGreedy (Ns,CPstate,QNet)**

- **功能**：设置 ε-贪婪策略的概率阈值，执行 ε-贪婪策略.
- **输入变量**

Ns：循环迭代时的回合计数.

CPstate：只包含 4 个分量的状态变量.

Qnet：状态和动作序号作输入、奖励作输出的训练好的当前网络 QNet_eval.

- **输出变量**

num：与当前网络输出值最大者 Qmax 对应的动作序号 1～15.

Qmax：利用 ε-贪婪策略得到的或者是当前网络输出值的最大值.

函数 EpsilonGreedy 代码如下：

```
//第 6 章/DRL6_2EpsilonGreedy.m
function [num,Qmax] =EpsilonGreedy (Ns,CPstate,QNet)

global N_Fc;
% 按训练不同阶段的回合数设置 ε -贪婪策略阈值 epsilon 大小，前期可大，后期要小
if Ns < 500  %迭代回合数 Ns 小于 500 时
    epsilon = 0.0029;
elseif  Ns < 1000 && Ns >= 500 %迭代回合数大于等于 500，小于 1000 时
```

```
    epsilon = 0.001;
else  %迭代回合数大于等于 1000 时
    epsilon = 0.3*(1/(Ns.^0.8))-0.001;
end
P_e = rand; %随机产生服从均匀分布的随机数——概率
if P_e < epsilon  %小于阈值 epsilon 时
    num = unidrnd(N_Fc); %随机提取服从均匀分布的 1 个动作序号——力
    Iniset(1:5,:) = [CPstate;num];%添加和状态对应的动作序号作当前网络输入
    QNetResult = QNet(Iniset); %当前网络 QNet 的预测输出
    Qmax = QNetResult;%小于阈值 epsilon 时随机取得 Qmax(因为动作序号是随机的)
else %不小于阈值 epsilon 时
    Input = zeros(5,N_Fc);
    for i = 1:N_Fc
        %状态固定，动作序号改变，右侧按行顺次添加动作序号 1~15
        Input(:,i) = [CPstate;i];
    end
    Q0 = QNet(Input); %没有随机性，Q0 是当前网络的预测输出
    Qmax = Q0(1); %任选 Qmax，然后比较再选出真正的 Qmax
    num = 1;
    for i = 2:N_Fc
        if Qmax < Q0(i)
            Qmax = Q0(i);%把当前网络预测输出的真正的最大值 Qmax 找到
            num = i; %与 Qmax 对应的动作序号
        end
    end
end
```

注意：(1) 本函数把当前状态作为当前网络 QNet=QNet_eval 的输入，利用 ε-贪婪策略得到了Qmax. 这里，对如何实现 ε-贪婪策略，程序的逻辑关系很详细，对准确理解 ε-贪婪策略大有益处.

(2) ε-贪婪策略中的概率阈值 ε 大小设置对智能体的经验学习非常敏感. 这里作者设置了依据迭代回合的不同阶段令概率阈值 ε 略小到更小的分段式函数. 概率阈值 ε 的作用是，ε 越小，智能体随机采取动作的机会就越小，反之随机采取动作的机会就大. 随机采取动作会导致智能体学习不稳定，但可以进行不断探索，以发现更多的未知状态. 概率阈值 ε 的大小对智能体的训练影响非常大，反映在程序上会影响是否快速收敛和稳定收敛，乃至程序是否收敛，应引起读者的高度重视.

(6) **dotPara = CartPole_Eqs(t,Para)**

- **功能**：利用当前状态分变量和力以及实际问题的物理规律计算各自的导数.
- **输入变量**

t：时间变量.

Para：5 行 1 列，状态变量和力——动作.

- **输出变量**

dotPara：5 行 1 列，分别是 4 个状态分量的导数和力的导数（程序已经取 0）.

函数 CartPole_Eqs 代码如下：

```
//第 6 章/DRL6_2CartPole_Eqs.m
function dotPara = CartPole_Eqs(t,Para)

global Mc Mp Lp Cf g; %声明全局变量
X = Para(1); %分别提取 5 个分量
V = Para(2);
Theta = Para(3);
Omega = Para(4);
Fc = Para(5);
dotPara = zeros(4,1); %计算 5 个分量各自的导数
dotPara(1,:) = V; %当前状态的速度
if V ~= 0
    D1 = V/abs(V);
else
    D1 = 0; %V=0 意味着没有移动，停滞状态下不考虑摩擦力，除初值外，dotX 几乎不为 0
end
C21 = (Mc+Mp)/Mc+3/4*Mp/Mc*cos(Theta)*(Cf*D1*sin(Theta)-cos(Theta));
C22 = Fc/Mc-(Mp+Mc)/Mc*Cf*D1*g+(sin(Theta)+cos(Theta)*Cf*D1)*Mp/Mc*Lp/2*(Omega^2)+0.75*
(Cf*D1*sin(Theta)-cos(Theta))*Mp/Mc*sin(Theta)*g;
%当前状态的速度导数——加速度，推车竖杆平衡问题的物理规律推导的关系式
dotPara(2,:) = C22/C21;
dotPara(3,:) = Omega;%当前状态的角速度
%当前状态的角速度的导数，推车竖杆平衡问题的物理规律推导的关系式
dotPara(4,:) = 1.5/Lp*(sin(Theta)*g-cos(Theta)*dotPara(2));
dotPara(5,:) = 0; %当前状态对应动作——力的导数取 0，做法符合常数导数=0 的数学规则
```

(7) **[t,y] = ode45(@CartPole_Eqs,[0,T_step],OdeInput,opts)**

- **功能**：利用函数 CartPole_Eqs 和误差精度计算各个时间点及其对应的数值解.
- **输入变量**

@CartPole_Eqs：函数句柄，在解常微分方程方法 ode45 中使用该函数.

[0,T_step]：在时间区间[0,T_step]上求数值解.

OdeInput：初始值向量——当前状态和力，包含 4 个状态分量和力.

Opts：在函数 CartPoleInitializer 中设置的相对误差限 RelTol=1e-3 和绝对误差限 AbsTol=1e-4.

- **输出变量**

t：返回列向量的时间点，从 0 到 T_step，此例有 49 个时间点.

y：与 t 对应的数值解列向量，此例是 49×5 结构，各行是 1 组数值解.

注意：在区间[0,T_step]内插入 47 个点，加上端点是 49 个点，它们表示不同的时刻. 我们最关心的是最终时刻 T_step 及其对应的 y 值. y(T_step)的含义是，在时间 t=T_step 时的 4 个状态分量和动作分量，即 y(T_step)表示下一时刻 T_step 的状态和动作. 这样，我们就从当前状态和动作得到了下一时刻的状态和动作. 请注意，这里得到的这个动作只是程序计算上的“动作”，不是智能体实际采取的动作.

---

(8) **Newpointer = MemoPointerMove(Memopointer,S_memo)**

- **功能**：新经验转换样本写入经验回放池的位置指针.

- **输入变量**

Memopointer：当前经验转换样本写入位置.

S_memo：经验回放池的容量.

- **输出变量**

Newpointer：下一个经验转换样本写入的位置. 实际上，如果没有到达经验回放池的最末端，下一个经验转换样本写入当前位置的紧邻下方位置；如果当前经验转换样本已经写到了经验回放池的最末端，下一个经验转换样本写入经验回放池的最上端位置，并覆盖掉原来的旧的经验转换样本，并下移写入指针.

(9) **Q_target = CalculationQtarget(Trainset,QNet_target)**

- **功能**：利用经验回放池中随机抽取的最小批次个经验转换样本和预训练的目标网络，计算 TD 目标 reward + gamma.*Q_next.

- **输入变量**

Trainset：Trainset 为 10*N_Batch 矩阵，是随机抽取的 1 个最小批次数据集，这里利用前 9 行数据——4 行当前状态分量，1 行动作序号，4 行下一个状态分量.

QNet_target：每间隔 N_renew 步更新的目标网络 QNet_target.

- **输出变量**

Q_target：目标网络 QNet_target 的输出记作 Q_next，而 Q_target=reward + gamma. * Q_next.

函数 CalculationQtarget 代码如下：

```
//第 6 章/DRL6_2CalculationQtarget.m
function Q_target = CalculationQtarget(Trainset,QNet_target)

global N_Fc alpha gamma;%声明全局变量
global X_threshold Theta_threshold;
S_in = size(Trainset); %现在 Trainset 为 10*N_Batch 矩阵，是 1 个最小批次数据集
N_Batch = S_in(2); %最小批次大小 N_Batch
%5 行*15 个动作共 75 行，最小批次大小 N_Batch=400 列
FcNewstate = zeros(5*N_Fc,N_Batch);
for i = 1:N_Fc %依次对每个动作序号
    FcNewstate(5*i,:) = i; %对每个动作序号依次写在第 5 行,第 10 行,...,第 75 行
    %第 5 行等行上面 4 行依次写入下一个状态的 4 个分量
    FcNewstate((5*i-4):(5*i-1),:) = Trainset(6:9,:);
end %下一个状态分量固定但动作序号依次在变
MatInput = zeros(5,N_Fc*N_Batch);
for i = 1:N_Fc %依次对每个动作序号
    %将 FcNewstate 拼接成 5 行 N_Batch*N_Fc=15*400 列矩阵 MatInput
    MatInput(:,((i-1)*N_Batch+1):(i*N_Batch)) = FcNewstate((5*i-4):(5*i),:);
end %前 N_Batch=400 列是动作序号 1 对应的 400 个下一个状态分量，依次类推
Result1 = zeros(1,N_Fc*N_Batch);
%下一个状态和动作序号作输入，计算目标网络 QNet_target 的输出 Result1
Result1 = QNet_target(MatInput);
Result2 = zeros(N_Fc,N_Batch);
for i = 1:N_Fc
    Result2(i,:) = Result1(:,(N_Batch*(i-1)+1):(i*N_Batch));
```

```
end %将结果拼为与 FcNewstate 结构对应的矩阵
Q_next = zeros(1,N_Batch);
for i = 1:N_Batch
    Newstate = Trainset(6:9,i);%下一个状态 4 个分量
    %如果回合中途终止
    if abs(Newstate(1)) > X_threshold || abs(Newstate(3)) > Theta_threshold
        Q_next(i) = 0;
    else
    %如完成整个回合，取不同动作序号对应的下一个状态中的目标网络输出最大值 Q_next
        Q_next(i) = max(Result2(:,i)); %搜索目标网络 QNet_target 输出的最大值
    end
end
reward = zeros(1,N_Batch);
for i = 1:N_Batch %计算下一个状态 newstate 和动作序号对应的奖励 reward
    newstate = Trainset(6:9,i);
    reward(i) = Reward_Cal_ZHY6(newstate);
end
%计算 Q_target，这里 Q_next(i)=max(Result2(:,i))或 0
Q_target = reward + gamma.*Q_next;
end
```

注意：(1) 这个函数 CalculationQtarget 的作用是：利用固定下来的最小批次个下一个状态，令动作序号或力的大小改变，找出使得目标网络的输出最大值 Q_next，计算 TD 目标 Q_target = reward + gamma.*Q_next.

(2) 为实现前述作用，程序调整了 2 处矩阵结构：矩阵 FcNewstate 拼接成矩阵 MatInput，矩阵 Result1 拼接成矩阵 Result2，其中逻辑关系复杂，详见注释说明.

(3) 选择目标网络输出的最大值 Q_next，是回合在下一个状态没有终止的条件下选择的.

(4) 该函数还计算出了下一个状态对应的奖励 reward，这个奖励在时间点上是当前状态下智能体采取动作的奖励，有时间对应关系 $r_{t+1}=r(\boldsymbol{s}_t,\boldsymbol{a}_t)$，不是 $r_t=r(\boldsymbol{s}_{t+1},\boldsymbol{a}_t)$或 $r_{t+1}=r(\boldsymbol{s}_{t+1},\boldsymbol{a}_t)$. 这些逻辑关系，市面材料比较混乱，应引起读者留意.

6.5.3 程序分析

上述主程序按照功能划分，可以分为 4 段.

(1) 创建环境并设置全部所需参数

这部分程序调入了 2 个自定义函数：CartPoleInitializer 和 AgentInitializer. 在这 2 个函数中，实现了对问题的完整描述，如设置推车竖杆的物理量、回合终止的阈值、动作空间，构建当前网络和目标网络，初始状态随机化，设置各时间步奖励、学习率与目标网络参数更新频率等参数，设置经验回放池结构与容量、训练回合总数及总时长、采样时间等. 求解实际问题的程序改编工作将集中在这一段，应引起读者的重视.

(2) 保存回合平均时长及动态绘图初始化

这部分程序是设置需要保存数据的变量，设置了训练各个回合的用时和平均用时，对训练进程的动态绘图做了初始化. 这里的平均用时是指 10 个回合的训练总用时

除以 10. 特别是训练进程的动态绘图，这里是一段很合适的功能程序，应引起读者的留意.

(3) 训练 DQN 智能体

这部分程序是训练 DQN 智能体，是 DQN 算法的核心内容.

首先，程序有两个循环. 外循环 for 是对全部回合进行训练，紧随其后的内循环 while 是对回合的各个时间步更新状态、动作和奖励，其中的下一时刻的动作利用 ε-贪婪策略获得，下一个状态通过求解常微分方程命令 ode45 计算得出.

其次，每间隔 N_renew=120 步利用当前网络更新目标网络 QNet_target. 每间隔 N_gap=40 步，利用在经验回放池中随机抽取最小批次 nBatch 个经验转换样本作输入数据，训练当前网络 QNet_eval. 训练当前网络的输入数据是当前状态和动作序号，而响应值是 Q_target. 响应值 Q_target 等于 reward + gamma.*Q_next，这里 reward 是用到下一个状态的情形计算得来的奖励，而非当前状态. gamma 是折扣系数，而 Q_next 是目标网络 QNet_target 输出的最大值. 目标网络 QNet_target 用的输入数据是下一个状态和任选动作序号，其输出含义是对下一个状态-动作对的 $Q(\boldsymbol{s}', \boldsymbol{a}')$ 值的回归预测或说调整逼近. 更新目标网络 QNet_target 的频率 N_renew 大小对算法程序的稳定性影响较大. 更新目标网络参数频率的作用是：更新频率 N_renew 影响算法程序的稳定性.

此后，每间隔 10 个回合更新一次训练进程动画.

(4) 相关结果画图和数值指标——论文用图和性能指标

如图 6-6 所示，x 轴表示 300+3000 个回合，y 轴表示训练 10 个回合的平均用时. 这个图像，反映了智能体控制的平均时长，是论文写作不可缺少的图像和性能指标数据.

6.5.4 程序结果解读

程序运行的两个主要结果如图 6-6 和图 6-7 所示.

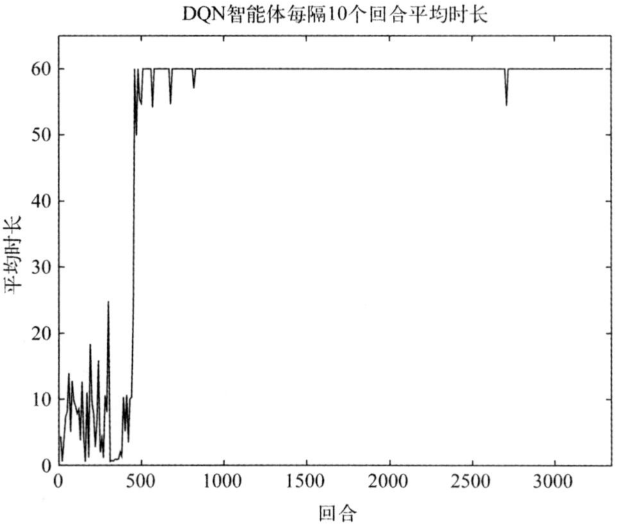

图 6-6 训练 DQN 智能体时每间隔 10 个回合平均时长

从图 6-6 中可以看出：程序的前 300 个回合用于建立经验回放池，可以看作训练智能体做的“前期准备工作”. 在第 500 个回合前后，曲线急速上升并达到平均时长（等于 60)，这充分说明这个 DQN 算法程序实现了快速收敛. 在第 1000 个回合之后，曲线几乎没有波动，说明收敛也是非常稳定的.

综上所述，这个 DQN 算法程序实现了快速收敛和稳定收敛，DQN 智能体得到了很好的训练，学习到了稳定的控制策略. 值得注意的是，在第 2700 回合前后如果没有出现这个波动，算法的平均时长曲线更加优美，稳定性更加可靠.

事实上，上述图 6-6 的结果，是作者几次调试参数得到的一个最好的结果. 调参方案有：重置概率阈值，改写奖励函数，改动目标网络参数更新频率.

调参方案如下所述：

(1) 大概率阈值实现多次探索：网络源程序的 ε-greedy 的概率阈值是 $1/\mathrm{Ns}^{0.8}$，其中 Ns 是已经训练过的回合数.显然概率阈值是随着迭代回合数在快速地减小，然后过渡到平稳变小. 这个方案平均时长曲线振荡非常严重，说明智能体采取的“探索”动作非常多，如图 6-7(a). 这个结果不好，应该改进.

(2) 改变小概率阈值和奖励函数提高算法程序的稳定性：进一步缩小概率阈值，在原来的基础上乘以 0.01，即取 $0.01/\mathrm{Ns}^{0.8}$，并且把奖励函数改成正态分布概率密度函数，回合平均时长曲线有明显改善，如图 6-7(b)所示，提高了算法程序的稳定性.

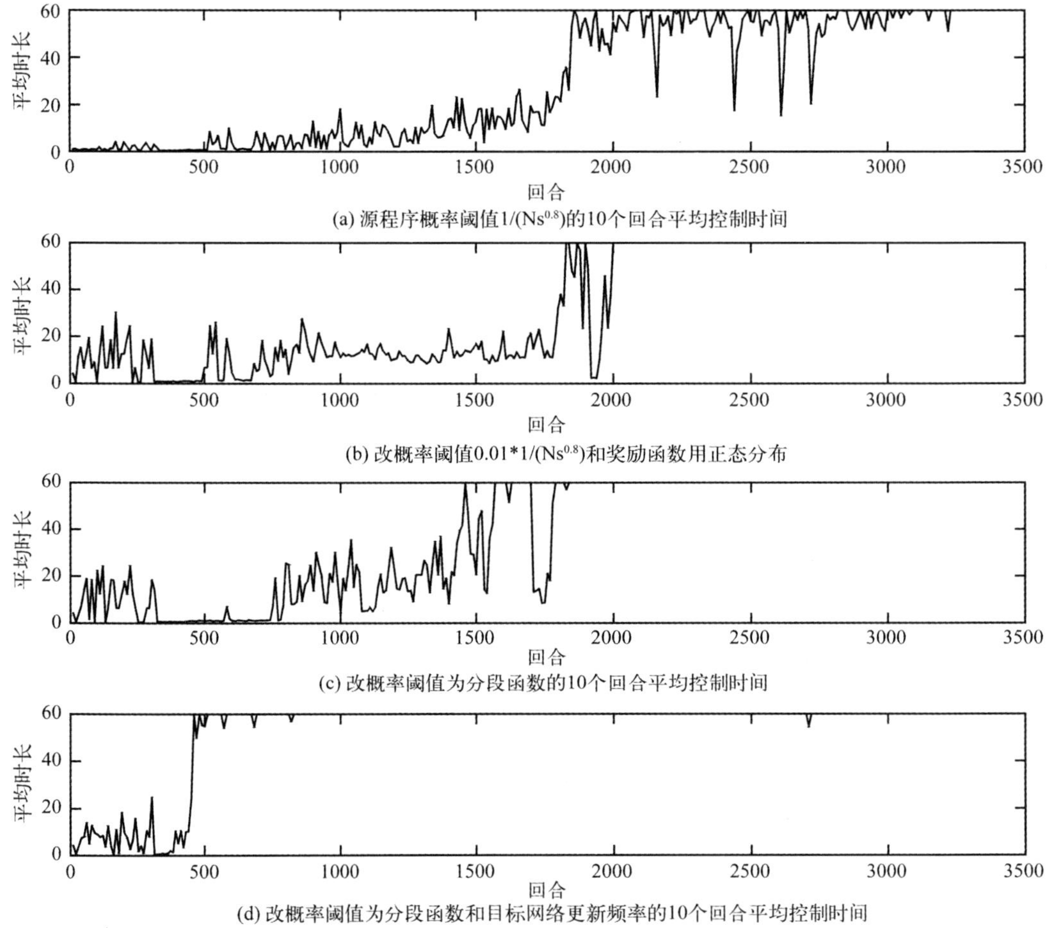

(a) 源程序概率阈值$1/(\mathrm{Ns}^{0.8})$的10个回合平均控制时间

(b) 改概率阈值$0.01*1/(\mathrm{Ns}^{0.8})$和奖励函数用正态分布

(c) 改概率阈值为分段函数的10个回合平均控制时间

(d) 改概率阈值为分段函数和目标网络更新频率的10个回合平均控制时间

图 6-7　调参 3 个方案及 4 种结果对比

(3) 设置分段概率阈值实现算法程序的快速收敛：仍用原来的奖励函数，把概率阈值分段设置：如果 Ns < 500，取 ε=0.0029；如果 Ns < 1000 同时 Ns >= 500，取 ε=0.001；否则 $\varepsilon=0.3*(1/(Ns^{0.8}))-0.001$. 概率阈值分段设置的好处在于：前期可以设置大一些，以保证智能体有更多的机会去探索；中后期逐段设置得偏小，以减少智能体去探索的机会而去利用已有的学习经验，如图 6-7(c)所示，算法程序的快速收敛得以提前出现，仍保持稳定收敛.

(4) 较大的目标网络参数更新频率可增强算法程序的稳定性：将目标函数的更新频率 40 改成 400，可以看到平均时长很少波动，即算法程序更加稳定，如图 6-7(d)所示. 这也验证了目标网络参数更新频率较小时，算法程序不稳定.

此例调参的经验有：

(1) 概率阈值在训练前期可以设置大一些，以保证智能体有更多的机会去探索；中后期逐段设置的偏小，以减少智能体探索的机会而增加利用已有的学习经验，其目的是使得算法在前期快速收敛而在中后期稳定收敛.

(2) 奖励函数的设置可以取分段函数或取正态曲线的形状. 做法是：接近系统稳定状态（如 $x = 0$）的附近邻域可以设置奖励值很大，以保证智能体能够获得更多的奖励；而远离稳定状态的大片区域可以设置奖励值更小一些或者负数，以突出智能体能够遭受更大的惩罚. 这样设置奖励函数，对于算法的快速收敛和稳定收敛也有明显的作用.

(3) 目标网络参数更新频率的设置问题也是一个优化问题. 结论是，更新频率大算法程序会更加稳定，反之算法程序会不稳定.

6.6 强化学习算法的性能指标

在强化学习中，可以使用一些数值指标来评估算法的性能，严格来说是评估实现算法的程序的性能. 以下是一些常见的性能指标.

6.6.1 任务累计奖励

6.6.1.1 回合回报

在强化学习中，回合（episode）是指智能体与环境交互一次的完整过程. 而回报（return）是对智能体在一个回合中所取得的累计奖励的度量.

定义 1　在一个回合的每个时间步上智能体所获得的奖励的累计总和称为回合回报. 通常情况下，回合回报可以表示为：

$$\text{ER} = \text{回合的各个时间步的奖励累加总和}. \tag{6.10}$$

回合回报指标 ER 的作用是：可以用来评估算法在每一个回合的效果：回合回报指标 ER 越大，说明算法程序在这个回合的性能越好；反之，说明算法程序在这个回合的性能较差.

回报曲线反映的是 DQN 算法在各个回合的回报变化. 利用回合回报指标 ER，可以分析算法程序是否平稳收敛（回报曲线上下波动不剧烈），是否稳定收敛（回报曲线上下波动不剧烈且趋向于水平直线）. 如图 6-4 所示，回报曲线上下波动剧烈，说明这个 DQN 算法程序收敛不平稳.

6.6.1.2 回合平均回报

移动窗口的平均回报是计算在一个固定大小的窗口内的回报均值，用于评估智能体在一段连续时间内的平均性能.

定义 2 **给定一个固定大小的窗口长度** AveragingWindowLength，**移动窗口的平均回报**（Moving Window Average Return,MWAR）**表示为：**

$$\text{MWAR} = \textbf{窗口长度内的回合回报总和}/\text{AveragingWindowLength}. \tag{6.11}$$

回合平均回报指标 MWAR：利用这个数值指标，可以观察智能体在一段时间内的平均回报值，以及平均回报的变化趋势，它提供了对智能体性能稳定性的度量：回合平均回报指标 MWAR 越大，说明算法程序在固定大小窗口内的性能越好；反之，说明算法程序在这个窗口内的性能较差. 如果回合平均回报曲线上下波动平缓，说明算法程序比较稳定.

回合平均回报曲线反映的是 DQN 算法程序的平均回报变化. 利用回合平均回报指标 MWAR，可以分析算法程序是否平稳收敛、是否稳定收敛. 如图 6-4 所示的回合平均回报曲线上下波动剧烈，说明这个 DQN 算法程序收敛不平稳.

6.6.1.3 任务累计奖励

定义 3 **任务累计奖励**（cumulative reward，CR）**是智能体在一个任务中获得的总奖励值：**

$$\text{CR} = E[\textbf{全部回合的各个时间步的奖励累加和}]. \tag{6.12}$$

任务累计奖励指标 CR 的**作用**是：可以用来评估算法在任务执行过程中的总效果：任务累计奖励值越大，说明算法程序的性能越好；反之，说明算法程序的性能较差.

显然，CR=全部的回合回报之和.

任务累计奖励指标 CR，可以用于同一算法的不同参数的结果分析，也可以用于不同算法间的结果对比分析.

6.6.2 收敛回合与收敛速度

强化学习算法的收敛快慢是指算法在学习过程中达到稳定性能所需的时间或样本数量.具体定义和度量方法会因不同算法而有所不同，但通常用以下指标来衡量收敛快慢.

6.6.2.1 收敛回合

收敛回合（convergence episode，CE）指的是算法程序从开始训练到首次实现目标所经历的回合数.

定义 4 **收敛回合性能指标定义为**

$$\text{CE} = E[\textbf{算法程序从开始学习到首次实现目标所经历的回合数}]. \tag{6.13}$$

收敛回合性能指标 CE 的**作用**是：收敛回合性能指标 CE 越小，意味着算法学习能够更快地达到目标，经历的回合少；反之，说明算法程序达到目标所用的回合较多.

6.6.2.2 收敛速度

定义 5 **收敛速度**（convergence speed，CS）**用于衡量算法在学习过程中最初达到**

目标所用的时间：

$$CS = E[\text{算法程序首次达到目标的各回合用时的累加和}]. \tag{6.14}$$

收敛速度指标 CS 的**作用**是：可以用来评估智能体首次到达目标的用时长短：收敛速度指标越小，说明算法的智能体学习得越快，表示算法程序更高效；反之，说明智能体学得不快，算法程序欠高效.

收敛速度指标 CS，可以用于同一算法的不同参数的结果分析，也可以用于不同算法间的结果对比分析.

6.6.3 收敛平稳性

收敛平稳性（convergence stationarity，CSt）：描述智能体在学习过程中是否具有平稳学习的能力.

定义 6　定义

$$CSt=E[\text{首次实现目标到任务结束的各回合用时减实现目标回合用时的标准差}]. \tag{6.15}$$

收敛平稳性指标 CSt 的**作用**是：这个指标 CSt 可以用来评估算法智能体的学习结果逼近最优结果的能力. CSt 越小，说明智能体在当前执行策略的结果越接近最优结果，学习能力相对稳定；反之，说明智能体学习能力不稳定.

收敛平稳性指标 CSt，可以用于同一算法的不同参数的结果分析，也可以用于不同算法间的结果对比分析.

6.6.4 最优策略鲁棒性

最优策略鲁棒性（robustness of optimal policy，ROP）：鲁棒性指的是当初始状态发生轻微变化时，最优策略是否能够保持不变，它衡量智能体在面对环境变化或扰动时的应变性能，是描述算法性能的一个指标. 一个最优策略鲁棒性强的智能体可以在不同的初始条件下仍然执行最优策略.

当“初始状态发生轻微变化”时仍然得到最优策略的结果次数记作 NumEnv，进行仿真的总次数记作 NumSim.

定义 7　称

$$ROP = E[NumEnv/NumSim] \tag{6.16}$$

为最优策略的鲁棒性指标.

最优策略鲁棒性指标 ROP 的**作用**是：$0\leqslant ROP\leqslant 1$；ROP 越接近于 1，说明最优策略的鲁棒性越强，意味着智能体对初始条件变化的适应能力较强；指标 ROP 越接近于 0，说明最优策略的鲁棒性越差，意味着智能体对环境变化的适应能力较差.

最优策略的鲁棒性指标 ROP，可以用于同一算法的不同参数的结果分析，也可以用于不同算法间的结果对比分析.

6.6.5 最优策略泛化力

最优策略泛化力（optimal policy generalization，OPG）：泛化力指的是在当前环境下改变训练时的某些参数，如增加控制时长，最优策略是否能够保持不变.它衡量智能体在训练条件不同时的泛化性能，是描述算法性能的一个指标. 一个最优策略泛化力强的智能体可以在超出学习环境条件下仍然保持最优策略的结果.

以本章控制时长为例. “增加控制时长”仍然得到最优策略结果的最大时长记作 lengthExtendTime，训练阶段的时长记作 lengthOldTime.

定义 8 称

$$\mathrm{OPG} = E[(\mathrm{lengthExtendTime}-\mathrm{lengthOldTime})/\mathrm{lengthOldTime}]\times 100 \tag{6.17}$$

为最优策略的泛化力百分比.

最优策略泛化力百分比指标 OPG 的**作用**是：OPG 越大，说明最优策略的泛化力越强，意味着智能体控制能力仍有潜力可挖；指标 OPG 接近于 0，说明最优策略的泛化力很差.

最优策略的泛化力百分比指标 OPG，可以用于同一算法的不同参数的结果分析.

上述指标可以根据具体问题和任务来选择和衡量，甚至是改变其定义. 它们可以用来评估算法性能，利用这些指标可以优化强化学习算法程序中的参数取值.

从数学定义的严格意义上来认识，这些指标都是随机变量，即随着算法程序的超参数改变而变化，随着初始状态变化而改变其大小. 在实际应用上，可以用算法程序的一次或几次运行结果的均值来近似估计这些指标.

计算性能指标的程序代码如下：

```
//第 6 章/ DRL6_3
%% 导入预训练和测试用的 4 个数据文件
load('agentDQN_20230809.mat','agent'); %导入预训练 agent 数据文件
load('envDQN_20230809.mat','env'); %导入训练时用的 env 数据文件
load('trainingStatsDQN_20230809.mat','trainingStats'); %导入 trainingStats

%% 数值指标 1：任务累计奖励及智能体学习时间步总数
CumulativeReward = sum(trainingStats.EpisodeReward);  %完成任务所得累计奖励
TotalAgentStep = trainingStats.TotalAgentSteps(end,1);%所用时间步总数
disp(['完成任务累计奖励和所用时间步总数是:
',num2str(CumulativeReward),',', num2str(TotalAgentStep)]);

%% 数值指标 2：训练阶段收敛速度(第一次控制成功回合序数)和总用时
Ts = 0.02;  %采样时间 Ts，相邻时间步时长
TimeEpi = Ts.*trainingStats.EpisodeSteps; %各个回合用时
T_episode= 500; %控制回合成功的最大时间步数，此例回报达到 500 说明实现控制成功
%控制成功的回合时长,达到这个时长说明该回合控制成功
TimeForNotFalling = Ts*T_episode;
for i =1:length(TimeEpi) %对各个回合时长进行比对
    if fix(TimeEpi(i)) == TimeForNotFalling %判断首次控制成功
        FirstCtrlEpi = i; %第一次控制成功的回合序数
        FirstCtrlTime = TimeEpi(i);%第一次控制成功的回合用时
        break
    end
end
totalTime = sum(TimeEpi(1:FirstCtrlEpi-1,1));%首次控制成功回合前的累计用时
```

```
    disp(['训练智能体首次实现控制成功回合序数与该回合用时及训练总用时：',num2str
(FirstCtrlEpi), ',' num2str(FirstCtrlTime), 's,', num2str(totalTime) 's']);
    figure
    plot(TimeEpi,'-','LineWidth', 0.8)
    ylabel('回合时长')
    xlabel('回合')
    grid on
    ylim([0 FirstCtrlTime+1])
    title(['训练智能体在各回合花费时长'])
    set(gca, 'FontSize', 12)

    %% 数值指标 3：收敛平稳性
    %首次成功控制回合到任务结束的波动标准差
    CSt = std((TimeEpi(FirstCtrlEpi:end,1)-TimeForNotFalling));
    disp(['算法收敛平稳性：从第',num2str(FirstCtrlEpi),'回合开始到最后回合的时长误差标准
差是 ',num2str(CSt) 's']);

    %% 数值指标 4：最优策略鲁棒性
    Num_sim = 100;  %测试回合总数
    MaxStepsPerEpisodes = 500;  %训练时的回合最大时间步数
    %用训练时的回合最大时间步参数
    simOptions = rlSimulationOptions('MaxSteps',MaxStepsPerEpisodes);
    NumSEpi = 0; %测试控制成功的回合计数器
    for i=1:Num_sim
    %根据当前时间初始化生成器，在每次调用 rng 后会产生一个不同的随机数序列
        rng('shuffle');
        experience = sim(env,agent,simOptions);%模拟测试 Num_sim 个回合
        totalRewardEpi(i) = sum(experience.Reward);%统计测试回合的累计奖励
        experience.Reward=0; %累计奖励清零
    end
    maxtotalRewardEpi = totalRewardEpi(FirstCtrlEpi);  %成功控制回合的累计奖励
    [Ts,~] = find(totalRewardEpi == maxtotalRewardEpi);%找成功控制回合的序数 Ts
    NumSEpi = length(Ts);  %找成功控制回合的总数
    AgentSimRate = 100*NumSEpi/Num_sim;  %最优策略鲁棒性百分比
    disp(['在',num2str(Num_sim),'次测试中最优策略鲁棒性是',num2str(AgentSimRate), '%']);
    figure
    plot(totalRewardEpi,'-o');
    ylabel('回合累计奖励')
    xlabel('回合')
    grid on
    title(['最优策略鲁棒性' ]);

    %% 数值指标 5：智能体泛化力百分比，成功控制泛化率
    totalRewardEpi = [];%保存数据用
    Identifier = 1;
    j = 1;
    while Identifier >0  %依次增加(j-1)*50 步长，计算智能体稳定性
    %逐步加大步长，测试智能体仍能控制成功的能力
```

```
    simOptions = rlSimulationOptions('MaxSteps',MaxStepsPerEpisodes+(j-1)*50);
    NumGEpi =0;  %%控制成功回合计数器
        for i=1:Num_sim   %取 Num_sim 次测试，计算控制成功百分比 AgentGenerRate
            rng('shuffle'); %生成新的随机数
            experience = sim(env,agent,simOptions);
            %增加不同步数的回合累计奖励
            totalRewardEpi(j,i) = sum(experience.Reward);
            experience.Reward=0;
        end
        %判断在 500+(j-1)*50 时间步数时控制成功的序数
        [Tg,~] = find(totalRewardEpi(j,:) == (MaxStepsPerEpisodes+(j-1)*50));
        NumGEpi =length(Tg);  %控制成功的回合数
        %在 500+(j-1)*50 时间步智能体最优策略鲁棒性
        AgentGenerRate(j) = 100*NumGEpi/Num_sim;
        if AgentGenerRate(j) ~= 100 %智能体最优策略鲁棒性低于 100%，不再继续测试
            Identifier = 0;
            break
        end
        j = j+1;
    end
    %提升(j-1)*50 时间步智能体最优策略鲁棒性，如再增加步数则最优策略不再稳定
    OPG = ((j-1)*50)/MaxStepsPerEpisodes*100;
    disp(['在',num2str(MaxStepsPerEpisodes),'时间步基础上再增加',num2str((j-1)*50), '步最优策略
控制成功 100%']);
    disp(['最优策略泛化力是：',num2str(OPG),'%']);
```

6.6.6 程序的性能测试

利用 6.4.3 节的程序 DRL6_1，保留训练和测试的 4 个数据文件：agentDQN、envDQN、trainingStatsDQN、experienceDQN，根据上面的算法性能指标程序，得到各个性能指标如表 6-1 所示.

表 6-1 程序性能指标

程序	任务累计奖励 CR	收敛速度 CS	收敛平稳性 CSt	最优策略鲁棒性 ROP	最优策略泛化力 OPG
DRL6_1	18288	145.56s	2.7423s	100%	90%

运行性能指标程序，屏幕显示的结果如下：

(1) 完成任务累计奖励和所用时间步总数分别是：18288，19311；

(2) 训练智能体首次实现控制成功回合序数与该回合用时及训练总用时：73，10s，145.56s；

(3) 算法收敛平稳性：从第 73 回合开始到最后回合的时长误差标准差是 2.7423s；

(4) 在 100 次测试中最优策略鲁棒性是 100%；

(5) 在 500 时间步基础上再增加 450 步最优策略控制成功 100%；

(6) 最优策略泛化力是：90%.

基于上述指标，可见程序的性能是非常好的.

6.7 DQN 算法的优缺点及算法扩展

6.7.1 DQN 算法的优缺点

DQN 算法作为一种结合深度学习和强化学习的方法，具有以下优点：

(1) 处理连续的或高维度的状态空间：传统的 Q-learning 等强化学习算法无法处理高维度的状态空间和动作空间问题，而 DQN 算法使用神经网络可以更好地处理这些问题. DQN 算法利用深度神经网络来处理高维度状态和图像状态输入，可以处理包含大量特征的连续的或高维度的状态空间问题.

(2) 学习复杂策略：DQN 算法通过训练神经网络来学习复杂的策略，并可以在大规模、多样化的环境中取得良好的表现.

(3) 经验回放技术：使用经验回放技术可以提高样本使用效率，减少样本之间的相关性，并充分利用过去观测到的经验转换样本信息.

(4) 目标网络技术：引入目标网络可以稳定对目标 $Q(\boldsymbol{s}',\boldsymbol{a}')$值的估计，减少训练过程中目标值的波动. 这有助于提高算法程序的收敛性和稳定性.

(5) 广泛的应用领域：DQN 算法可以使用几乎任何类型的神经网络来学习动作价值函数 $Q(\boldsymbol{s},\boldsymbol{a})$，这使得 DQN 算法具有很强的灵活性和广泛的适用性.

DQN 算法也存在一些缺点：

(1) DQN 算法对于连续动作空间的问题并不适用.

(2) 训练时间较长：由于 DQN 算法需要通过与环境交互来收集大量的样本，并进行深度神经网络的训练，所以需要较长的训练时间才能达到较好的性能.

(3) 超参数调优：DQN 算法中存在多个超参数，如学习率、优化器、网络结构、回合最大时间步数、概率阈值、目标网络更新频率等. 对于不同的问题，需要进行反复调整和优化以获得最佳性能.

(4) 高计算资源需求：由于 DQN 算法使用深度神经网络对动作价值函数 $Q(\boldsymbol{s},\boldsymbol{a})$作近似估计，所以对计算资源要求较高. 在大规模问题上，可能需要更多的计算资源来训练和评估网络模型.

(5) 采样效率低：由于使用经验回放技术来平衡样本使用效率和样本相关性，在一些情况下可能会导致采样效率较低.

(6) 存在非均匀的高估问题(over estimate). 在多轮学习更新中，会造成动作价值函数 $\mathrm{Q}(\boldsymbol{s},\boldsymbol{a})$的近似估计函数 $Q(\boldsymbol{s},\boldsymbol{a};\boldsymbol{\theta})$偏离真实值，使得网络无法输出正确的结果. 高估发生在两个地方：一个是更新中计算 TD_target 时取最大化操作，另一个是更新中的自举(bootstraping)，即利用网络模型本身去更新自己的操作.

6.7.2 模型扩展

推车竖杆平衡最优控制问题的特征：已知 4 个状态分量的维度[4,1]的连续状态空间，已知 2 个动作的维度[1,1]的离散动作空间，已知各时间步的奖励规则，无需状态转移概率，设置折扣系数 γ，实现最优控制策略. 这是一个最优控制的模型.

以下是利用 DQN 算法的 10 个实际应用的示例：

(1) 游戏玩法：DQN 算法在 Atari 游戏等传统和电子游戏中取得了显著的成果，可以自动学习并超越人类玩家.

(2) 机器人导航：通过结合视觉感知和深度强化学习，DQN 算法可以使机器人在复杂的环境中进行导航和避障.

(3) 自动驾驶：利用 DQN 算法，可以训练自动驾驶车辆学习最佳策略，在不同交通环境下进行安全而高效的行驶.

(4) 资源调度与优化：通过将需求与资源分配问题建模为 MDP，并使用 DQN 算法进行优化，可以实现更高效的资源调度和分配策略.

(5) 无人机控制：将无人机控制问题建模为 MDP，并使用 DQN 算法训练智能体以实现智能无人机协同执行任务和路径规划.

(6) 股票交易决策：将股票交易决策问题建模为强化学习任务，并利用 DQN 算法进行股票交易决策的优化与预测.

(7) 医疗治疗方案优化：将医疗决策问题建模为 MDP，并利用 DQN 算法进行个性化治疗方案的优化与决策.

(8) 能源管理：使用 DQN 算法进行能源系统的优化与管理，例如智能电力网的负载均衡和电池储能系统的控制.

(9) 工业控制与智能制造：将工业过程建模为 MDP，并利用 DQN 算法进行工艺参数优化和生产线调度决策.

(10) 语音识别与自然语言处理：通过将语音识别和自然语言处理任务建模为强化学习问题，结合 DQN 算法实现更准确和高效的语音识别和对话系统.

这些是利用 DQN 算法应用于实际领域的一些示例. 由于深度强化学习具有灵活性和扩展性，DQN 算法几乎可以在任何需要做出决策或优化问题上应用.

6.7.3 算法扩展

(1) Double DQN (DDQN)：可译作**双深度 Q 学习网络**. 在基本的 DQN 算法中，会出现 Q 值估计偏高的问题，因为每次学习时，不是利用下一次交互使用的真实动作，而是采用当前策略认为的价值最大的动作，所以会出现对 Q 值的过高估计.

为了将动作选择和价值估计进行分离，人们建立了 Double DQN 算法. 在 Double DQN 算法中，动作选择由当前网络 QNet_eval 得到，而价值估计由目标网络 QNet_target 实现，由此降低了 Q 值估计偏高的问题，缓解因自举高估带来的算法程序的不稳定问题.

(2) Dueling DQN：可译作**竞争式深度 Q 学习网络**. 在基本的 DQN 算法中，当前网络直接输出的是每个动作的 Q 值，而 Dueling DQN 算法对于每个动作的 Q 值，是由状态价值函数 V 和优势函数 A 确定的，即建立分解关系式 $Q = V + A$. 特点是将 Q 值分解为状态价值函数 V 和优势函数 A，这样可以区分哪些奖励是由状态带来的，哪些是由动作带来的，以此得到更多的有用信息. 研究表明，Dueling DQN 明显比基本的 DQN 收敛速度快了很多.

(3) Distributional DQN：可译作**分布式深度 Q 学习网络**. 在基本的 DQN 算法中，当前网络 $Q(\boldsymbol{s},\boldsymbol{a};\boldsymbol{w})$输出的是状态-动作对的动作价值函数 $Q(\boldsymbol{s},\boldsymbol{a})$表示的期望回报的预测值. 这个期望回报其实忽略了很多信息. 例如，同一状态下的两个动作，能够获得的价值期望是相同的. 比如两个动作的价值期望都是20：第一个动作在90%的情况下价值是10，在10%的情况下价值可能是110；另一个动作在50%的情况下价值是15，在50%的情况下价值可能是25. 虽然两个动作的价值期望都是相等的，但如果我们想要减小风险，我们应该选择后一种动作. 可见只有期望值的话，我们是无法看到动作背后所蕴含的风险的. 所以，从理论上来说，用动作概率分布来建立深度强化学习模型，可以获得更多有用的信息，从而得到更好、更稳定的结果. Distributional DQN 算法将动作价值函数 $Q(\boldsymbol{s},\boldsymbol{a})$ 扩展成概率分布. 通过概率分布建模，可以更好地处理环境的不确定性，并提供更丰富的信息来指导智能体决策.

(4) NoisyNet-DQN：增加智能体的探索能力是强化学习中经常遇到的问题. 一种常用的方法是采用 ε-贪婪策略，即以 ε 的概率随机地采取动作空间的某个动作，以 $1-\varepsilon$ 的概率采取当前获得价值最大的动作. 而另一种常用的方法是噪声网络 NoisyNet. NoisyNet-DQN 算法通过引入随机噪声网络来提升探索能力，并避免过度依赖 ε-贪婪策略进行探索. 噪声网络 NoisyNet 可以在训练过程中平衡探索与利用，并提高算法的性能.

(5) Prioritized experience replay：可译作**优先级经验回放**. 该技术通过给重要的经验转换样本设置更高的优先级，并使用优先级采样来选择重要样本进行训练，提高了算法的训练效率和收敛速度.

上述这些算法都是在 DQN 算法的基础上进行的改进和扩展，通过引入各种技术来解决 DQN 算法中存在的问题，可以提高样本利用效率、算法性能和稳定性.

6.8 本章小结

(1) DQN 算法的原理

① 理论支撑：关于 DQN 算法的理论支撑问题，虽然没有明确的数学定理，但是可以有如下的推理解释.

首先，第2.3.4节定理3保证了 Q-learning 算法收敛到最优动作价值函数 $Q^*(\boldsymbol{s}, \boldsymbol{a})$，并且得到最优策略

$$\pi^*(\boldsymbol{a} \mid \boldsymbol{s}) = \pi^*(\arg\max_{\boldsymbol{a}\in\mathcal{A}} Q^*(\boldsymbol{s},\boldsymbol{a}) \mid \boldsymbol{s}) .$$

其次，当前网络 $Q(\boldsymbol{s},\boldsymbol{a};\boldsymbol{w})$ 是对当前状态-动作对的动作价值函数 $Q(\boldsymbol{s},\boldsymbol{a})$ 的逼近，目标网络 $\hat{Q}(\boldsymbol{s},\boldsymbol{a};\overline{\boldsymbol{w}})$ 是对下一个状态-动作对的动作价值函数 $Q(\boldsymbol{s}',\boldsymbol{a}')$ 的人为调整.

第三，利用第1.5.2节神经网络通用近似定理得到，当前网络 $Q(\boldsymbol{s},\boldsymbol{a};\boldsymbol{w})$ 可以达到对 $Q(\boldsymbol{s},\boldsymbol{a})$ 逼近到任意精度，目标网络 $\hat{Q}(\boldsymbol{s},\boldsymbol{a};\overline{\boldsymbol{w}})$ 可以达到对 $Q(\boldsymbol{s}',\boldsymbol{a}')$ 人为调整的精度. 因此，DQN 算法可以得到最优动作价值函数 $Q^*(\boldsymbol{s}, \boldsymbol{a})$ 的近似估计 $Q(\boldsymbol{s},\boldsymbol{a};\boldsymbol{w})$，并且对最优动作价值函数 $Q^*(\boldsymbol{s}, \boldsymbol{a})$ 逼近到任意精度.

第四，取

$$\pi^*(\boldsymbol{a} \mid \boldsymbol{s}) = \pi^*(\arg\max_{\boldsymbol{a}\in\mathcal{A}} Q(\boldsymbol{s},\boldsymbol{a};\boldsymbol{w}) \mid \boldsymbol{s})$$

得到最优策略 $\pi^*(\boldsymbol{a} \mid \boldsymbol{s})$.

② **核心公式**

- 用目标网络 $\hat{Q}(\boldsymbol{s},\boldsymbol{a};\overline{\boldsymbol{w}})$ 计算 TD 目标：

$$y_j=\begin{cases} r_{j+1}, & 时间步\ j+1到达终止状态 \\ r_{j+1}+\gamma\max\limits_{a'}\hat{Q}(\boldsymbol{s}_{j+1},\boldsymbol{a}';\overline{\boldsymbol{w}}), & 其他 \end{cases}.$$

- 构建损失函数 $J(\boldsymbol{w})=\dfrac{1}{2}[y_j-Q(\boldsymbol{s}_j,\boldsymbol{a}_j;\boldsymbol{w})]^2$，利用梯度下降法更新当前网络 $Q(\boldsymbol{s},\boldsymbol{a};\boldsymbol{w})$ 的参数 $\boldsymbol{w}$.

③ **突出特性**

- Q-learning 算法：DQN 算法基于 Q-learning 算法，是一种基于动作价值函数 $Q(\boldsymbol{s},\boldsymbol{a})$ 迭代的深度强化学习方法.
- 深度神经网络：DQN 算法使用深度神经网络来近似动作价值函数 $Q(\boldsymbol{s},\boldsymbol{a})$. 通常使用卷积神经网络来处理图像状态的输入，或者使用全连接神经网络来处理高维度状态的输入，并输出每个可能动作对应的 Q 值——仍记作 $Q(\boldsymbol{s},\boldsymbol{a};\boldsymbol{w})$.
- 经验回放技术：为了提高样本利用效率和减少样本之间的相关性，DQN 算法引入了经验回放技术. 它通过存储智能体与环境交互产生的经验转换样本，并随机从经验回放池中抽取一批样本进行网络训练.
- 目标网络技术：为了提高算法稳定性，DQN 算法引入了目标网络 $\hat{Q}(\boldsymbol{s},\boldsymbol{a};\overline{\boldsymbol{w}})$. 目标网络是一个当前网络 $Q(\boldsymbol{s},\boldsymbol{a};\boldsymbol{w})$ 的副本，用于人为调整目标 $Q(\boldsymbol{s}',\boldsymbol{a}')$ 值，在一定周期内固定或较稳定地更新目标网络参数 $\overline{\boldsymbol{w}}$，以减少训练过程中目标 $Q(\boldsymbol{s}',\boldsymbol{a}')$ 值的波动.

(2) **研究问题的思路**

① 提出问题：Q-learning 算法可以求解低维度的状态空间和动作空间的强化学习问题. 研究如何解决高维度或连续状态空间和离散动作空间的问题.

② 分析问题：根据神经网络通用近似定理，用神经网络近似代替动作价值函数 $Q_\pi(\boldsymbol{s},\boldsymbol{a})$.

③ 解决问题：用经验回放技术满足神经网络的样本独立性要求，用目标网络技术提高算法的稳定性.

首先，用神经网络 $Q(\boldsymbol{s},\boldsymbol{a};\boldsymbol{w})$ 来近似估计动作价值函数 $Q_\pi(\boldsymbol{s},\boldsymbol{a})$.网络 $Q(\boldsymbol{s},\boldsymbol{a};\boldsymbol{w})$ 的输入是状态 $\boldsymbol{s}$ 和动作 $\boldsymbol{a}$，令它的输出（也记为）$Q(\boldsymbol{s},\boldsymbol{a};\boldsymbol{w})$ 是对 $Q_\pi(\boldsymbol{s},\boldsymbol{a})$ 值的回归预测——近似估计，因此，目标函数取作

$$\min\{\frac{1}{2}[Q(\boldsymbol{s},\boldsymbol{a};\boldsymbol{w})-Q_\pi(\boldsymbol{s},\boldsymbol{a})]^2\}.$$

其次，用目标网络 $\hat{Q}(\boldsymbol{s},\boldsymbol{a};\overline{\boldsymbol{w}})$ 人为调整动作价值函数 $Q(\boldsymbol{s}',\boldsymbol{a}')$. $\hat{Q}(\boldsymbol{s},\boldsymbol{a};\overline{\boldsymbol{w}})$ 是 $Q(\boldsymbol{s},\boldsymbol{a};\boldsymbol{w})$ 的目标网络，二者具有相同的网络结构，按照一定频率用参数 $\boldsymbol{w}$ 更新参数 $\overline{\boldsymbol{w}}$.

(3) **释疑解惑**

① 经验回放技术解决样本的相互独立问题：先期保存一定容量的经验转换样本.程序边运行边以新样本替换旧样本. 在经验回放池中，随机地抽取经验转换样本作为网络 $Q(\boldsymbol{s},\boldsymbol{a};\boldsymbol{w})$ 的输入数据. 由于经验转换样本保存得很多，并且从中随机抽取数据，因此打乱了原有状态随机变量的相关性.

② 目标网络技术解决算法的稳定性问题：目标网络 $\hat{Q}(\boldsymbol{s},\boldsymbol{a};\overline{\boldsymbol{w}})$ 人为调整下一个状态和动作的价值函数 $Q(\boldsymbol{s}',\boldsymbol{a}')$. 原来动作价值函数 $Q_\pi(\boldsymbol{s},\boldsymbol{a})$ 和 $Q(\boldsymbol{s}',\boldsymbol{a}')$ 的接近程度，通过网络 $Q(\boldsymbol{s},\boldsymbol{a};\boldsymbol{w})$ 与 $\hat{Q}(\boldsymbol{s},\boldsymbol{a};\overline{\boldsymbol{w}})$ 的接近程度来调节并控制.

(4) 学习与研究方法

① 神经网络通用近似法：任何连续函数都可以用神经网络来近似，并达到任意的精度.分别用神经网络 $Q(\boldsymbol{s},\boldsymbol{a};\boldsymbol{w})$、$V(\boldsymbol{s};\boldsymbol{w})$和 $\pi(\boldsymbol{a}|\boldsymbol{s};\boldsymbol{\theta})$来近似 $Q(\boldsymbol{s},\boldsymbol{a})$、$V(\boldsymbol{s})$和 $\pi(\boldsymbol{a}|\boldsymbol{s})$.

② 定量分析法：本章建立了用于定量分析的几个性能指标. 定量分析更适合于学术研究.

习 题 6

6.1 自编函数程序 DRL6_1 有什么特点？

6.2 怎样利用自编函数程序 DRL6_1 求解自己的实际应用问题？

6.3 代码程序 DRL6_2 有什么特点？

6.4 怎样利用代码程序 DRL6_2 求解自己的实际应用问题？

6.5 调试程序 DRL6_2 的参数：

(1) 将目标网络参数更新频率由现在的 40 改成 400，观察平均时长曲线，分析此时算法程序的快速收敛和稳定收敛现象.

(2) 在(1)的基础上，将现在的奖励函数改编为正态分布概率密度函数，分别取正态分布概率密度函数的几个较小的标准差，观察平均时长曲线，分析此时算法程序的快速收敛和稳定收敛现象.

(3) 在(1)的基础上，将现在的概率阈值函数改回 $1/Ns^{0.8}$，观察平均时长曲线，分析此时算法程序的快速收敛和稳定收敛现象.

6.6 利用自编函数程序 DRL6_1 求解网格世界最优路径问题，并与其他算法的结果进行对比分析.

6.7 利用代码程序 DRL6_2 求解悬崖行走最优路径问题，并与其他算法的结果进行对比分析.

6.8 单摆控制问题：选择一个单摆控制问题，例如倒立摆，然后将其建模为一个强化学习问题. 任务是定义状态空间、动作空间和奖励函数，以及探索如何使用 DQN 算法来训练一个能够保持平衡的最优控制策略.

第7章 PG 算法求解双积分系统的最优控制问题

PG（policy gradient）**算法**，译作**策略梯度算法**. PG 算法的概念和基本原理最早由 Richard S. Sutton，David Mcallester 和 Satinder Singh 在论文 *Policy Gradient Methods for Reinforcement Learning with Function Approximation* 中提出. 这篇论文于 1999 年 10 月发表在国际机器学习会议上[16].

PG 算法直接从策略入手，成功地解决了连续状态空间及连续动作空间学习控制策略的问题. PG 算法目前主要应用于机器人控制、自然语言处理、游戏玩法、金融交易、医疗治疗规划、增强学习智能体训练、电力系统调度与资源管理、人机交互和智能助理等应用领域.

7.1 PG 算法的基本思想

PG 算法的基本思想是，通过直接优化策略函数网络的参数来学习在给定状态下采取每个动作的概率分布，使用梯度上升法更新策略参数，以最大化期望回报. 通过多次迭代和优化，不断与环境交互、收集样本、计算回报和更新策略参数，逐渐改善策略并提高性能. PG 算法可以在连续状态空间和连续动作空间中应用.

7.2 策略参数优化问题及策略梯度定理

基于策略的算法涉及策略参数的优化建模及策略梯度计算等问题.

7.2.1 策略梯度及其策略参数优化问题

7.2.1.1 策略学习优化问题模型

策略 $\pi(\boldsymbol{a}\mid\boldsymbol{s})$ 的状态价值函数是

$$V_\pi(\boldsymbol{s}) = E_\pi[G_t \mid \boldsymbol{S}=\boldsymbol{s}]. \tag{7.1}$$

策略 $\pi(\boldsymbol{a}\mid\boldsymbol{s})$ 的动作价值函数是

$$Q_\pi(\boldsymbol{s},\boldsymbol{a}) = E_\pi[G_t \mid \boldsymbol{S}=\boldsymbol{s}, \boldsymbol{A}=\boldsymbol{a}]. \tag{7.2}$$

其中，

$$G_t = R_{t+1} + \gamma R_{t+2} + \gamma^2 R_{t+3} + \cdots = \sum_{k=t+1}^{T} \gamma^{k-t-1} R_k, \tag{7.3}$$

考虑回合制的任务，T 取有限数，是回合的时间步总数.

人们常用神经网络来逼近策略 $\pi(\boldsymbol{a}\mid\boldsymbol{s})$，记这个网络为 $\pi(\boldsymbol{a}\mid\boldsymbol{s};\boldsymbol{\theta})$ 或简记为 $\pi_{\boldsymbol{\theta}}$，称之为**策略网络**，其中 $\boldsymbol{\theta}$ 是策略网络 $\pi(\boldsymbol{a}\mid\boldsymbol{s};\boldsymbol{\theta})$ 的参数，简称 $\boldsymbol{\theta}$ 为**策略参数**.

常取策略网络的优化目标函数为

$$J(\pi_{\boldsymbol{\theta}})=E_{\boldsymbol{S}}[V_{\pi_{\boldsymbol{\theta}}}(\boldsymbol{S})]. \tag{7.4}$$

这个目标函数只是策略网络 $\pi(\boldsymbol{a}\mid\boldsymbol{s};\boldsymbol{\theta})$ 的参数 $\boldsymbol{\theta}$ 的函数，因为取数学期望 $E_{\boldsymbol{S}}$ 后目标函数 $J(\pi_{\boldsymbol{\theta}})$ 与状态随机变量 $\boldsymbol{S}$ 无关.

策略学习问题可以描述为**优化问题**

$$\max_{\boldsymbol{\theta}} J(\pi_{\boldsymbol{\theta}}). \tag{7.5}$$

7.2.1.2 策略梯度及策略参数更新公式

策略梯度：

$$\nabla_{\boldsymbol{\theta}}J(\pi_{\boldsymbol{\theta}})=\left(\frac{\partial J(\pi_{\boldsymbol{\theta}})}{\partial\theta_1},\ \frac{\partial J(\pi_{\boldsymbol{\theta}})}{\partial\theta_2},\ \cdots,\ \frac{\partial J(\pi_{\boldsymbol{\theta}})}{\partial\theta_m}\right). \tag{7.6}$$

其中，m 是策略网络 $\pi(\boldsymbol{a}\mid\boldsymbol{s};\boldsymbol{\theta})$ 参数 $\boldsymbol{\theta}$ 的分量个数.

利用梯度上升法更新参数 $\boldsymbol{\theta}$：

$$\boldsymbol{\theta}\leftarrow\boldsymbol{\theta}+\alpha\cdot\nabla_{\boldsymbol{\theta}}J(\pi_{\boldsymbol{\theta}}), \tag{7.7}$$

就可求得 $\max\limits_{\boldsymbol{\theta}} J(\pi_{\boldsymbol{\theta}})$，由此得到确定的最佳参数 $\boldsymbol{\theta}_0$，进而得到具体的策略网络 $\pi(\boldsymbol{a}\mid\boldsymbol{s};\boldsymbol{\theta}_0)$. 这里的 $\boldsymbol{\theta}_0$ 满足

$$J(\pi_{\boldsymbol{\theta}_0})=\max_{\boldsymbol{\theta}} J(\pi_{\boldsymbol{\theta}}). \tag{7.8}$$

实际上，由优化目标 $\max\limits_{\boldsymbol{\theta}} J(\pi_{\boldsymbol{\theta}})$ 及其参数迭代更新公式[式(7.7)]，以及定义 $J(\pi_{\boldsymbol{\theta}})=E_{\boldsymbol{S}}[V_{\pi_{\boldsymbol{\theta}}}(\boldsymbol{S})]$得到，优化目标是实现 $\max\limits_{\boldsymbol{\theta}}\{E_{\boldsymbol{S}}[V_{\pi_{\boldsymbol{\theta}}}(\boldsymbol{S})]\}$，即追求 $E_{\boldsymbol{S}}[V_{\pi_{\boldsymbol{\theta}}}(\boldsymbol{S})]$ 越来越大. 根据定义 $V_{\pi}(\boldsymbol{s})=E_{\pi}[G_t\mid\boldsymbol{S}_t=\boldsymbol{s}]$ 可知，就是追求回报 G_t 越来越大. 这正是强化学习算法追求的期望回报最大化目标.

7.2.2 策略梯度定理及其几个变形

关于策略梯度 $\nabla_{\boldsymbol{\theta}}J(\pi_{\boldsymbol{\theta}})$，有如下的重要定理.

定理（随机性策略梯度定理）　设目标函数为 $J(\pi_{\boldsymbol{\theta}})=E_{\boldsymbol{S}}[V_{\pi_{\boldsymbol{\theta}}}(\boldsymbol{S})]$，$d(\boldsymbol{s})$ 为马尔可夫链稳态分布的概率密度函数，则

$$\nabla_{\boldsymbol{\theta}}J(\pi_{\boldsymbol{\theta}})=\frac{1-\gamma^T}{1-\gamma}E_{\boldsymbol{S}\sim d(\cdot)}[E_{\boldsymbol{A}\sim\pi(\cdot\mid\boldsymbol{S};\boldsymbol{\theta})}[Q_{\pi}(\boldsymbol{S},\boldsymbol{A})\cdot\nabla_{\boldsymbol{\theta}}\ln\pi(\boldsymbol{A}\mid\boldsymbol{S};\boldsymbol{\theta})]]. \tag{7.9}$$

其中，T 是回合的时间步总数.

该定理的证明[17]此处略. 有关确定性策略梯度定理，详见第 11.4.4 节定理.

随机性策略梯度定理在深度强化学习中具有极其重要的地位和作用. 它有多个变形，利用这些变形可以建立不同的算法. 式(7.9)的变形有如下几种：

(1) 右侧关于 γ 的常数项有时省略，它的作用被吸收进参数 $\boldsymbol{\theta}$ 的更新公式[式(7.7)]的学习率 α 中，常用如下形式：

$$\nabla_{\boldsymbol{\theta}} J(\pi_{\boldsymbol{\theta}}) \propto E_{\boldsymbol{S}\sim d(\cdot)}[E_{\boldsymbol{A}\sim\pi(\cdot|\boldsymbol{S};\boldsymbol{\theta})}[Q_\pi(\boldsymbol{S},\boldsymbol{A})\cdot\nabla_{\boldsymbol{\theta}}\ln\pi(\boldsymbol{A}\,|\,\boldsymbol{S};\boldsymbol{\theta})]]. \tag{7.10}$$

有研究表明，去掉 $\frac{1-\gamma^T}{1-\gamma}$ 对算法收敛有影响，故许多文献不再舍去 $\frac{1-\gamma^T}{1-\gamma}$ 项.

我们把式(7.9)中的动作价值函数 $Q_\pi(\boldsymbol{S},\boldsymbol{A})$ 记作 ψ_t，即式(7.9)写为

$$\nabla_{\boldsymbol{\theta}} J(\pi_{\theta}) = \frac{1-\gamma^T}{1-\gamma} E_{\boldsymbol{S}\sim d(\cdot)}[E_{\boldsymbol{A}\sim\pi(\cdot|\boldsymbol{S};\boldsymbol{\theta})}[\psi_t\cdot\nabla_{\boldsymbol{\theta}}\ln\pi(\boldsymbol{A}\,|\,\boldsymbol{S};\boldsymbol{\theta})]]. \tag{7.11}$$

根据动作价值函数 $Q_\pi(\boldsymbol{S},\boldsymbol{A})$ 的定义[式(7.2)]，利用蒙特卡洛方法近似估计 $Q_\pi(\boldsymbol{S},\boldsymbol{A})=E_\pi[G_t\,|\,\boldsymbol{S}_t=\boldsymbol{s},\boldsymbol{A}_t=\boldsymbol{a}]$ 等号右侧的数学期望 E_π，ψ_t 可以取成以下多种形式：

(2) $\psi_t=\sum_{t=1}^{T} r_t$：这里折扣系数 γ=1，是对整个回合计算各时间步奖励 $r_t(t=1,2,\cdots,T)$的和.

(3) $\psi_t=\sum_{t=t'}^{T} r_t$：这里折扣系数 γ=1，是对回合从 t' 时间步开始计算的奖励 $r_t(t=t',t'+1, t'+2,\cdots,T)$的和.

(4) $\psi_t=\sum_{t=t'}^{T} r_t-b$：这里折扣系数 γ=1，是对回合从 t' 时间步开始计算的奖励 $r_t(t=t',t'+1, t'+2,\cdots,T)$的和减去**基线**（平均值 b），例如取奖励均值 $b=E[R]$.

(5) $A_\pi(\boldsymbol{s}_t,\boldsymbol{a}_t)$：这里 $A_\pi(\boldsymbol{s}_t,\boldsymbol{a}_t)=Q_\pi(\boldsymbol{s}_t,\boldsymbol{a}_t)-V_\pi(\boldsymbol{s}_t)$，$A_\pi(\boldsymbol{s}_t,\boldsymbol{a}_t)$ 称为**优势函数**. 可见形式(5)是对形式(4)的进一步扩展.

(6) $r_{t+1}+\gamma V_\pi(\boldsymbol{s}_{t+1})-V_\pi(\boldsymbol{s}_t)$：用 TD 误差，即计算新的 TD 目标 $r_{t+1}+\gamma V_\pi(\boldsymbol{s}_{t+1})$ 值减去原本的状态价值函数 $V_\pi(\boldsymbol{s}_t)$ 值.

形式(2)、(3)的合理性，参见第 1 章例 1.5.2. 形式(2)、(3)、(4)这三个都是直接应用回合的各个时间步的累计奖励作为回报，这样计算出来的策略梯度 $\nabla_{\boldsymbol{\theta}} J(\pi_\theta)$ 不会存在大的偏差，因为 ψ_t 包含了当前状态的即时奖励值和未来状态的即时奖励值. 但是因为需要累计多步的奖励，所以会导致策略梯度 $\nabla_{\boldsymbol{\theta}} J(\pi_\theta)$ 的方差可能很大.

形式(5)和(6)这两个是利用状态价值函数 $V_\pi(\boldsymbol{s})$和动作价值函数 $Q_\pi(\boldsymbol{s},\boldsymbol{a})$、优势函数 $A_\pi(\boldsymbol{s},\boldsymbol{a})$和 TD 误差来代替形式(2)、(3)、(4)中的回报. 其优点是策略梯度 $\nabla_{\boldsymbol{\theta}} J(\pi_\theta)$ 的方差会小一些，因为形式(5)和(6)只与 t 时间步的状态 $\boldsymbol{s}_t$ 和动作 $\boldsymbol{a}_t$ 有关，没有计算更多的时间步的累计奖励值. 但是形式(5)和(6)这两种方法在计算上都会用到神经网络的逼近方法，因此计算出来的策略梯度 $\nabla_{\boldsymbol{\theta}} J(\pi_\theta)$ 都会存在偏差. 这两种形式是以出现偏差来换取小的方差.

这些变形(1)~(6)在后续讲述的算法中都有应用. 例如，第 7.3 节的 REINFORCE 算法用的就是形式(2)、(3)和(4).第 8 章 AC 算法用形式(6)，A2C 算法用形式(5).

7.3 REINFORCE 算法及其伪代码

策略梯度定理在程序实现上有难处：实际问题中我们未必知道状态 $\boldsymbol{S}$ 的马尔可夫链

稳态分布的概率分布 $d(\boldsymbol{s})$，即使知道它的概率分布，数学期望的计算也会相当麻烦. 解决办法之一是用蒙特卡洛方法来近似计算数学期望. 为此，我们通过建立 REINFORCE 算法来理解这一近似方法.

7.3.1 蒙特卡洛方法近似估计策略梯度

用蒙特卡洛方法近似计算动作价值函数 $Q_\pi(\boldsymbol{s},\boldsymbol{a}) = E_\pi[G_t \mid \boldsymbol{S}_t = \boldsymbol{s}, \boldsymbol{A}_t = \boldsymbol{a}]$ 中的数学期望，就建立了 REINFORCE 算法[18].

事实上，如果回合有 T 个时间步，则 t 时刻开始的折现回报是

$$G_t = R_{t+1} + \gamma R_{t+2} + \gamma^2 R_{t+3} + \cdots = \sum_{k=t+1}^{T} \gamma^{k-t-1} R_k .$$

其中，T 取有限数.

从 t 时刻开始，智能体完成一个回合学习，观测到全部的奖励值是 $r_{t+1}, r_{t+2},\cdots, r_T$，记

$$g_t = r_{t+1} + \gamma r_{t+2} + \gamma^2 r_{t+3} + \cdots = \sum_{k=t+1}^{T} \gamma^{k-t-1} r_k .$$

因为 g_t 是随机变量 G_t 的观测值，所以 g_t 是动作价值函数 $Q_\pi(\boldsymbol{s},\boldsymbol{a}) = E_\pi[G_t \mid \boldsymbol{S}_t = \boldsymbol{s}, \boldsymbol{A}_t = \boldsymbol{a}]$ 中数学期望的蒙特卡洛方法的一种近似，参见式(1.85).

与此同时，对 $\nabla_{\boldsymbol{\theta}} \ln \pi(\boldsymbol{A} \mid \boldsymbol{S};\boldsymbol{\theta})$ 作蒙特卡洛方法的近似，得到 $\nabla_{\boldsymbol{\theta}} \ln \pi(\boldsymbol{a}_t \mid \boldsymbol{s}_t;\boldsymbol{\theta})$.

综合上述，可以取策略梯度关系式(7.10)的近似式为

$$\bar{\nabla}_{\boldsymbol{\theta}} J(\pi_{\boldsymbol{\theta}}) = g_t \cdot \nabla_{\boldsymbol{\theta}} \ln \pi(\boldsymbol{a}_t \mid \boldsymbol{s}_t;\boldsymbol{\theta}) . \tag{7.12}$$

因此，策略参数 $\boldsymbol{\theta}$ 的更新关系式(7.7)变为

$$\theta \leftarrow \theta + \alpha \cdot \bar{\nabla}_\theta J(\pi_\theta) . \tag{7.13}$$

式(7.13)的推导利用的是式(7.10)，即没有考虑关于 γ 的常数项. 如果考虑利用 γ 的常数项，注意到式(7.9)中系数 $\dfrac{1-\gamma^T}{1-\gamma} = \sum_{t=1}^{T} \gamma^{t-1}$，则参数 $\boldsymbol{\theta}$ 的更新关系式(7.13)变为

$$\theta \leftarrow \theta + \alpha \sum_{t=1}^{T} \gamma^{t-1} g_t \nabla_\theta \ln \pi(\boldsymbol{a}_t \mid \boldsymbol{s}_t;\boldsymbol{\theta}) . \tag{7.14}$$

利用式(7.13)或式(7.14)作策略网络参数 $\boldsymbol{\theta}$ 的更新关系式，就建立了一个优化策略网络 $\pi(\boldsymbol{a} \mid \boldsymbol{s};\boldsymbol{\theta})$ 的算法，该算法称为 REINFORCE **算法**.

7.3.2 REINFORCE 算法的伪代码

REINFORCE 算法（基于回合更新的蒙特卡洛策略梯度算法）估计策略 $\pi(\boldsymbol{a} \mid \boldsymbol{s};\boldsymbol{\theta}) \approx \pi^*$

初始化策略网络 $\pi(\boldsymbol{a} \mid \boldsymbol{s};\boldsymbol{\theta})$ 及其参数 $\boldsymbol{\theta}$

算法参数：学习步长 $\alpha > 0$

for 回合 $e = 1 \to E$ **do**

  根据策略网络 $\pi(\boldsymbol{a} \mid \boldsymbol{s};\boldsymbol{\theta})$ 产生轨迹 $\{ \boldsymbol{s}_0, \boldsymbol{a}_0, r_1, \boldsymbol{s}_1, \boldsymbol{a}_1, r_2,\cdots, \boldsymbol{s}_{T-1}, \boldsymbol{a}_{T-1}, r_T, \boldsymbol{s}_T \}$

  for 时间步 $t = 0 \to T-1$ **do**

$$g_t = \sum_{k=t+1}^{T} \gamma^{k-t-1} r_k$$

$$\boldsymbol{\theta} \leftarrow \boldsymbol{\theta} + \alpha \sum_{t=1}^{T} \gamma^{t-1} g_t \nabla_{\boldsymbol{\theta}} \ln \pi(\boldsymbol{a}_t \mid \boldsymbol{s}_t; \boldsymbol{\theta})$$

end for

end for

返回学习到的策略网络 $\pi(\boldsymbol{a} \mid \boldsymbol{s}; \boldsymbol{\theta})$

REINFORCE 算法是利用策略梯度方法早期建立的一个算法. 现在，REINFORCE 算法已经有许多改进，如带基线的 REINFORCE 算法、PG 算法、AC 算法、A2C 算法、A3C 算法等.

7.4 带基线的策略梯度定理及演员网络与评委网络

7.4.1 带基线的策略梯度定理

在策略梯度公式(7.9)

$$\nabla_{\boldsymbol{\theta}} J(\pi_{\boldsymbol{\theta}}) = \frac{1-\gamma^T}{1-\gamma} E_{\boldsymbol{S}}[E_{\boldsymbol{A} \sim \pi(\cdot|\boldsymbol{S};\boldsymbol{\theta})}[Q_\pi(\boldsymbol{S}, \boldsymbol{A}) \cdot \nabla_{\boldsymbol{\theta}} \ln \pi(\boldsymbol{A} \mid \boldsymbol{S}; \boldsymbol{\theta})]]$$

中，$Q_\pi(\boldsymbol{S}, \boldsymbol{A})$ 的取值可正可负，往往导致策略梯度 $\nabla_{\boldsymbol{\theta}} J(\pi_{\boldsymbol{\theta}})$ 出现过大的方差，进而影响算法的稳定性能. 为了解决这个问题，人们用关系式 $Q_\pi(\boldsymbol{S}, \boldsymbol{A}) - b$ 代替 $Q_\pi(\boldsymbol{S}, \boldsymbol{A})$，这样做的目的是可以明显地降低方差. 这里的 b 称为**基线**. 由下面的定理可得，基线 b 可以是任意的常数，可以是任意的函数，只要不依赖于动作 $\boldsymbol{A}$ 即可.

例如，取奖励随机变量的均值 $b = E(R)$，甚至可以是状态价值函数 $b = V_\pi(\boldsymbol{s})$.

实际上，由式(1.40)知，

$$V_\pi(\boldsymbol{s}) = E_{\boldsymbol{A} \sim \pi(\cdot|\boldsymbol{s})}[Q_\pi(\boldsymbol{s}, \boldsymbol{A})]. \tag{7.15}$$

也就是，$b = V_\pi(\boldsymbol{s})$ 就是 $Q_\pi(\boldsymbol{S}, \boldsymbol{A})$ 的均值，由此看出来选取 $b = V_\pi(\boldsymbol{s})$ 的合理性.

由上面的思路分析，引出了下面的带基线的随机性策略梯度定理.

定理（带基线的随机性策略梯度定理）　设 b 是任意的函数，但不依赖于动作 $\boldsymbol{A}$，则

$$\nabla_{\boldsymbol{\theta}} J(\pi_{\boldsymbol{\theta}}) = \frac{1-\gamma^T}{1-\gamma} E_{\boldsymbol{S} \sim d(\cdot)}[E_{\boldsymbol{A} \sim \pi(\cdot|\boldsymbol{S};\boldsymbol{\theta})}[(Q_\pi(\boldsymbol{S}, \boldsymbol{A}) - b) \cdot \nabla_{\boldsymbol{\theta}} \ln \pi(\boldsymbol{A} \mid \boldsymbol{S}; \boldsymbol{\theta})]]. \tag{7.16}$$

证明　因为基线 b 不依赖于动作 $\boldsymbol{A}$，因此可以把 b 提到数学期望 $E_{\boldsymbol{A} \sim \pi(\cdot|\boldsymbol{s};\boldsymbol{\theta})}$ 的前面：

$$\begin{aligned}
E_{\boldsymbol{A} \sim \pi(\cdot|\boldsymbol{s};\boldsymbol{\theta})}[b \cdot \nabla_{\boldsymbol{\theta}} \ln \pi(\boldsymbol{A} \mid \boldsymbol{s}; \boldsymbol{\theta})] &= b \cdot E_{\boldsymbol{A} \sim \pi(\cdot|\boldsymbol{s};\boldsymbol{\theta})}[\nabla_{\boldsymbol{\theta}} \ln \pi(\boldsymbol{A} \mid \boldsymbol{s}; \boldsymbol{\theta})] \\
&= b \cdot \sum_{\boldsymbol{a} \in \mathcal{A}} \pi(\boldsymbol{a} \mid \boldsymbol{s}; \boldsymbol{\theta}) \nabla_{\boldsymbol{\theta}} \ln \pi(\boldsymbol{a} \mid \boldsymbol{s}; \boldsymbol{\theta}) \\
&= b \cdot \sum_{\boldsymbol{a} \in \mathcal{A}} \pi(\boldsymbol{a} \mid \boldsymbol{s}; \boldsymbol{\theta}) \cdot \frac{1}{\pi(\boldsymbol{a} \mid \boldsymbol{s}; \boldsymbol{\theta})} \cdot \nabla_{\boldsymbol{\theta}} \pi(\boldsymbol{a} \mid \boldsymbol{s}; \boldsymbol{\theta}) \\
&= b \cdot \sum_{\boldsymbol{a} \in \mathcal{A}} \nabla_{\boldsymbol{\theta}} \pi(\boldsymbol{a} \mid \boldsymbol{s}; \boldsymbol{\theta}).
\end{aligned}$$

上式最后边的 $\sum_{a\in\mathcal{A}}$ 是关于 $\boldsymbol{a}$ 的，而偏导运算 $\nabla_{\boldsymbol{\theta}}\pi(\boldsymbol{a}\mid\boldsymbol{s};\boldsymbol{\theta})$ 是关于 $\boldsymbol{\theta}$ 的. 因此，依据和式的求导运算法则，可以把求和运算放入偏导后：

$$
\begin{aligned}
E_{A\sim\pi(\cdot|s;\boldsymbol{\theta})}[b\cdot\nabla_{\boldsymbol{\theta}}\ln\pi(\boldsymbol{A}\mid\boldsymbol{s};\boldsymbol{\theta})] &= b\cdot\sum_{a\in\mathcal{A}}\nabla_{\boldsymbol{\theta}}\pi(\boldsymbol{a}\mid\boldsymbol{s};\boldsymbol{\theta}) \\
&= b\cdot\nabla_{\boldsymbol{\theta}}\sum_{a\in\mathcal{A}}\pi(\boldsymbol{a}\mid\boldsymbol{s};\boldsymbol{\theta}).
\end{aligned}
$$

又因为 $\pi(\boldsymbol{a}\mid\boldsymbol{s};\boldsymbol{\theta})$ 是概率分布，由概率的归一性得到 $\sum_{a\in\mathcal{A}}\pi(\boldsymbol{a}\mid\boldsymbol{s};\boldsymbol{\theta})=1$. 所以，

$$
\nabla_{\boldsymbol{\theta}}\sum_{a\in\mathcal{A}}\pi(\boldsymbol{a}\mid\boldsymbol{s};\boldsymbol{\theta})=\nabla_{\boldsymbol{\theta}}(1)=0.
$$

即得

$$
E_{A\sim\pi(\cdot|s;\boldsymbol{\theta})}[b\cdot\nabla_{\boldsymbol{\theta}}\ln\pi(\boldsymbol{A}\mid\boldsymbol{s};\boldsymbol{\theta})]=0.
$$

把上述结果运用到随机性策略梯度定理的公式(7.9)中，得到

$$
\begin{aligned}
\nabla_{\boldsymbol{\theta}}J(\pi_{\boldsymbol{\theta}}) &= \frac{1-\gamma^T}{1-\gamma}E_{\boldsymbol{S}}[E_{A\sim\pi(\cdot|\boldsymbol{S};\boldsymbol{\theta})}[(Q_\pi(\boldsymbol{S},\boldsymbol{A})\cdot\nabla_{\boldsymbol{\theta}}\ln\pi(\boldsymbol{A}\mid\boldsymbol{S};\boldsymbol{\theta})] \\
&= \frac{1-\gamma^T}{1-\gamma}E_{\boldsymbol{S}}[E_{A\sim\pi(\cdot|\boldsymbol{S};\boldsymbol{\theta})}[(Q_\pi(\boldsymbol{S},\boldsymbol{A})\cdot\nabla_{\boldsymbol{\theta}}\ln\pi(\boldsymbol{A}\mid\boldsymbol{S};\boldsymbol{\theta})]-E_{A\sim\pi(\cdot|S;\theta)}[b\cdot\nabla_{\boldsymbol{\theta}}\ln\pi(\boldsymbol{A}\mid\boldsymbol{S};\boldsymbol{\theta})]] \\
&= \frac{1-\gamma^T}{1-\gamma}E_{\boldsymbol{S}}[E_{A\sim\pi(\cdot|\boldsymbol{S};\boldsymbol{\theta})}[(Q_\pi(\boldsymbol{S},\boldsymbol{A})-b)\cdot\nabla_{\boldsymbol{\theta}}\ln\pi(\boldsymbol{A}\mid\boldsymbol{S};\boldsymbol{\theta})]].
\end{aligned}
$$

定理证毕.

基线 b 的作用：基线 b 没有改变策略梯度 $\nabla_{\boldsymbol{\theta}}J(\pi_{\boldsymbol{\theta}})$，但可以降低策略梯度 $\nabla_{\boldsymbol{\theta}}J(\pi_{\boldsymbol{\theta}})$ 的方差，就是有利于解决策略梯度的“高方差”问题.

人们利用带基线的随机性策略梯度定理，建立了许多个带基线网络的深度强化学习算法.

7.4.2 基线网络、演员网络与评委网络

在带基线的随机性策略梯度定理的公式(7.16)

$$
\nabla_{\boldsymbol{\theta}}J(\pi_{\boldsymbol{\theta}})=\frac{1-\gamma^T}{1-\gamma}E_{\boldsymbol{S}}[E_{A\sim\pi(\cdot|\boldsymbol{S};\boldsymbol{\theta})}[(Q_\pi(\boldsymbol{S},\boldsymbol{A})-b)\cdot\nabla_{\boldsymbol{\theta}}\ln\pi(\boldsymbol{A}\mid\boldsymbol{S};\boldsymbol{\theta})]]
$$

中有 3 个函数，分别是：基线 b、动作价值函数 $Q_\pi(\boldsymbol{s},\boldsymbol{a})$ 和策略函数网络 $\pi(\boldsymbol{a}\mid\boldsymbol{s};\boldsymbol{\theta})$. 前 2 个函数都可以用神经网络来逼近. 由此就出现如下的 3 个网络.

(1) 基线网络 baselineNet：策略梯度公式(7.16)中的基线 b 的作用是，调整动作价值函数 $Q_\pi(\boldsymbol{s},\boldsymbol{a})$ 取值的正负以减小方差. 人们用神经网络逼近基线 b，称这个网络为**基线网络**，程序中常记为 baselineNet.

(2) 演员网络 Actor：策略网络 $\pi(\boldsymbol{a}\mid\boldsymbol{s};\boldsymbol{\theta})$ 的含义是，在状态 $\boldsymbol{s}$ 下对智能体采取各种动作 $\boldsymbol{a}$ 的概率分布，其作用相当于演员表演各种动作，形象地称为**演员网络**，程序中常记为 Actor.

(3) 评委网络 Critic：动作价值函数 $Q_\pi(\boldsymbol{s},\boldsymbol{a})$ 的含义是，在状态 $\boldsymbol{s}$ 下采取动作 $\boldsymbol{a}$ 获得的期望回报. 人们用网络 $Q_\pi(\boldsymbol{s},\boldsymbol{a};\boldsymbol{w})$ 逼近动作价值函数 $Q_\pi(\boldsymbol{s},\boldsymbol{a})$，称之为**价值网络**. 网络 $Q_\pi(\boldsymbol{s},\boldsymbol{a};\boldsymbol{w})$ 的输入常取状态 $\boldsymbol{s}$ 和动作 $\boldsymbol{a}$，网络的输出是 $Q_\pi(\boldsymbol{s},\boldsymbol{a})$ 的预测值. 可见，价值网络 $Q_\pi(\boldsymbol{s},\boldsymbol{a};\boldsymbol{w})$ 的作用相当于一个评委对演员在状态 $\boldsymbol{s}$ 表演动作 $\boldsymbol{a}$ 的打分，又常形象地称这个网络 $Q_\pi(\boldsymbol{s},\boldsymbol{a};\boldsymbol{w})$ 为**评委网络**，程序中常记为 Critic.

由演员网络 Actor 和评委网络 Critic 建立了 Actor-Critic 算法，简写为 AC 算法，可译为**演员-评委网络算法**，将在第 8 章讲述.

由基线网络 baselineNet 和演员网络 Actor 建立了如下的 PG 算法.

7.5 PG 算法的实现

7.5.1 PG 算法的应用条件

(1) 离散或连续动作空间和连续状态空间：PG 算法适用于离散或连续动作空间的问题. 对于离散或连续动作空间，策略函数可以表示成每个动作的概率分布，利用概率分布来选择动作.

(2) 完全观测环境：PG 算法假定智能体能够完全观测到环境的当前状态. 这意味着智能体可以准确获取到环境中所有必要的信息，并且不受未来状态变化或不完全观测等情况的影响.

(3) 无需模型知识：PG 算法不需要对环境进行建模或具有先验知识. 它直接通过与环境交互来学习策略，而无需显式地获得模型信息.

(4) 马尔可夫性质：PG 算法适用于马尔可夫决策过程问题，其中当前状态可以完全描述过去历史的信息，而不受历史状态的影响.

7.5.2 PG 算法的伪代码

具有基线网络和演员网络的 PG 算法的**伪代码**如下：

PG 算法（具有基线网络和演员网络）估计策略 $\pi(\boldsymbol{a}\mid\boldsymbol{s};\boldsymbol{\theta})\approx\pi^*$

初始化演员网络 $\pi(\boldsymbol{a}\mid\boldsymbol{s};\boldsymbol{\theta})$ 及其参数 $\boldsymbol{\theta}$
初始化基线网络 baselineNet($\boldsymbol{s};\boldsymbol{w}$)及其参数 $\boldsymbol{w}$
for 回合 $e=1\to E$ **do**
    根据策略网络 $\pi(\boldsymbol{a}\mid\boldsymbol{s};\boldsymbol{\theta})$ 产生轨迹 $\{\boldsymbol{s}_0, \boldsymbol{a}_0, r_1, \boldsymbol{s}_1, \boldsymbol{a}_1, r_2,\cdots, \boldsymbol{s}_{T-1}, \boldsymbol{a}_{T-1}, r_T, \boldsymbol{s}_T\}$
    初始化状态 $\boldsymbol{s}_0$
    for 时间步 $\boldsymbol{t}=0\to T-1$ **do**
        根据策略 $\pi(\boldsymbol{a}\mid\boldsymbol{s};\boldsymbol{\theta})$ 选择动作 $\boldsymbol{a}_t$
        执行动作 $\boldsymbol{a}_t$，观察奖励 r_{t+1} 和下一个状态 $\boldsymbol{s}_{t+1}$
        计算累计奖励 $G_t=\sum_{k=t+1}^{T}\gamma^{k-t-1}r_k$
        计算基线估计值 $B_t=\text{baselineNet}(\boldsymbol{s}_t;\boldsymbol{w})$

计算优势函数 $A_t = G_t - B_t$

计算策略梯度 $A_t \nabla_{\boldsymbol{\theta}} \ln \pi(\boldsymbol{a}_t \mid \boldsymbol{s}_t; \boldsymbol{\theta})$

更新策略网络参数 $\boldsymbol{\theta} = \boldsymbol{\theta} + \alpha A_t \nabla_{\boldsymbol{\theta}} \ln \pi(\boldsymbol{a}_t \mid \boldsymbol{s}_t; \boldsymbol{\theta})$

更新基线网络参数 $\boldsymbol{w} = \boldsymbol{w} + \beta A_t \nabla_{\boldsymbol{w}}(\text{baselineNet}(\boldsymbol{s}_t; \boldsymbol{w}))$

end for

end for

返回学习到的策略网络 $\pi(\boldsymbol{a} \mid \boldsymbol{s}; \boldsymbol{\theta})$

注意：(1) 由带基线的随机性策略梯度定理知

$$\nabla_{\boldsymbol{\theta}} J(\pi_{\boldsymbol{\theta}}) = E_{\boldsymbol{S}}[E_{A \sim \pi(\cdot \mid \boldsymbol{S}; \boldsymbol{\theta})}[(Q_\pi(\boldsymbol{S}, \boldsymbol{A}) - b) \nabla_{\boldsymbol{\theta}} \ln \pi(\boldsymbol{A} \mid \boldsymbol{S}; \boldsymbol{\theta})]] .$$

利用蒙特卡洛方法近似计算两个数学期望运算 $E_{\boldsymbol{S}}[E_{A \sim \pi(\cdot \mid \boldsymbol{S}; \boldsymbol{\theta})}]$，于是得到

$$Q_\pi(\boldsymbol{S}, \boldsymbol{A}) \approx G_t = \sum_{k=t+1}^{\tau} \gamma^{k-t-1} r_k .$$

因此，PG 算法的策略梯度变为

$$\nabla_{\boldsymbol{\theta}} J(\pi_{\boldsymbol{\theta}}) = (G_t - \text{baselineNet}(\boldsymbol{s}_t; \boldsymbol{w})) \nabla_{\boldsymbol{\theta}} \ln \pi(\boldsymbol{a}_t \mid \boldsymbol{s}_t; \boldsymbol{\theta}) .$$

所以，关于策略网络参数的更新公式是

$$\boldsymbol{\theta} = \boldsymbol{\theta} + \alpha(G_t - \text{baselineNet}(\boldsymbol{s}_t; \boldsymbol{w})) \nabla_{\boldsymbol{\theta}} \ln \pi(\boldsymbol{a}_t \mid \boldsymbol{s}_t; \boldsymbol{\theta}) .$$

(2) 关于基线网络 $\text{baselineNet}(s_t; w)$ 的优化目标函数是

$$L(\boldsymbol{w}) = \frac{1}{2}[G_t - \text{baselineNet}(\boldsymbol{s}_t; \boldsymbol{w})]^2 .$$

对 $L(\boldsymbol{w})$ 计算参数 $\boldsymbol{w}$ 的梯度

$$\nabla_{\boldsymbol{w}} L(\boldsymbol{w}) = -(G_t - \text{baselineNet}(\boldsymbol{s}_t; \boldsymbol{w})) \nabla_{\boldsymbol{w}}(\text{baselineNet}(\boldsymbol{s}_t; \boldsymbol{w})) .$$

由此得到基线网络的参数 $\boldsymbol{w}$ 的更新公式

$$\boldsymbol{w} = \boldsymbol{w} + \beta(G_t - \text{baselineNet}(\boldsymbol{s}_t; \boldsymbol{w})) \nabla_{\boldsymbol{w}}(\text{baselineNet}(\boldsymbol{a}_t; \boldsymbol{w})) .$$

要留意，上式用梯度下降法有一个负号“–”，梯度 $\nabla_{\boldsymbol{w}} L(\boldsymbol{w})$ 中还有一个负号“–”，因此更新参数 $\boldsymbol{w}$ 的公式用加号“+”.

7.5.3 PG 算法的程序步骤

具有基线网络和演员网络的 PG 算法的程序步骤如下：

(1) 初始化网络：初始化演员网络 $\pi(\boldsymbol{a} \mid \boldsymbol{s}; \boldsymbol{\theta})$ 及其参数 $\boldsymbol{\theta}$ 和基线网络 $\text{baselineNet}(\boldsymbol{s}; \boldsymbol{w})$ 及其参数 $\boldsymbol{w}$.

(2) 收集回合样本数据：与环境交互，在每个时间步中，根据当前状态使用演员网络选择一个动作，并观察奖励和下一个状态，收集多个回合的样本数据.

(3) 计算累计回报：使用收集到的样本数据计算累计奖励 G_t. 可以使用折扣系数来平衡即时奖励和未来奖励，并可以选择是否进行回报数据的标准化处理或其他方法的处理.

(4) 计算策略梯度：根据带基线的策略梯度定理，计算策略梯度.

(5) 更新演员网络参数：使用各种随机梯度上升法或优化算法来实现演员网络的参数更新.

(6) 更新基线估计：通过最小二乘法或其他方法估计基线值，以减少方差并加速学习过程.

(7) 循环迭代：重复执行步骤(2)至(6)，与环境交互、收集回合样本数据、计算累计回报、计算策略梯度并更新演员网络参数，不断优化策略并最终得到最优策略网络 $\pi^*(\boldsymbol{a}\mid \boldsymbol{s};\boldsymbol{\theta})$，进而得到最优策略 $\pi^*(\boldsymbol{a}\mid \boldsymbol{s})$ 或近似最优策略 $\pi(\boldsymbol{a}\mid \boldsymbol{s}) \approx \pi^*(\boldsymbol{a}\mid \boldsymbol{s})$.

7.5.4 PG 算法的收敛性

目前并没有明确的收敛定理，但基于实践经验和研究发现，以下因素有助于 PG 算法的收敛性和性能.

(1) 学习率调整：合理选择学习率可以平衡学习速度和算法稳定性，并有助于算法收敛到最优解.

(2) 策略参数初始化：合适的初始策略参数可以帮助算法尽快找到较好的解，并加速收敛过程.

(3) 基线估计：使用基线估计技术来减小方差并加速梯度优化过程.

7.6 PG 算法实例：求解双积分系统的最优控制策略

7.6.1 问题说明

如图 7-1 所示，此示例的深度强化学习环境是具有增益的二阶双积分系统，训练目标是通过施加力来控制质量块稳定在指定位置[2].

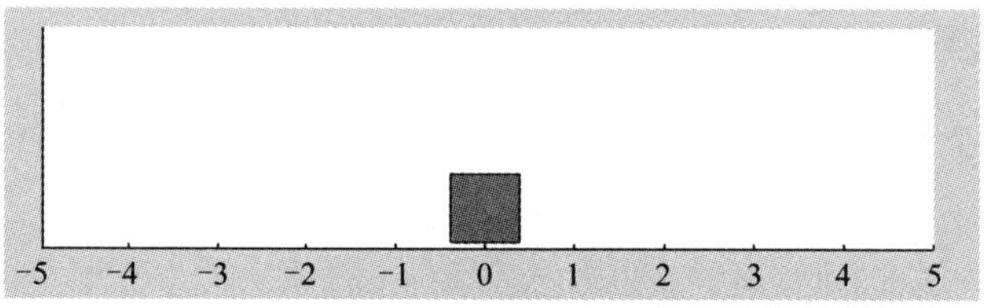

图 7-1　双积分系统控制问题及坐标系

问题技术参数说明：

（1）从环境中观测到的有质量块位置、速度.

（2）智能体给质量块的力是−2N 到 2N.

（3）如果质量块离稳定中心（即 x=0 处）超过 2m，说明质量块移动出界，表明控制失败，则回合终止.

（4）如果 $|x|<0.01$，说明质量块在稳定中心附近，表明控制成功，则回合终止.

（5）如果回合达到 200 个时间步，说明智能体控制质量块没有失败，这表明控制成功，则回合终止.

7.6.2 数学模型

在二维平面考虑双积分控制系统问题，建立平面直角坐标系，如图 7-1 所示. 横轴是 x 轴，x=0 表示质量块质心位于中心处，是质量块稳定下来的位置. 如果质量块质心位于坐标原点左侧 2m 处，记作质量块位置是−2，如果质量块质心位于坐标原点右侧 2m 处，记作质量块位置是 2.

(1) **状态**：用 2 个连续的变量，取质量块位置和速度. 用列向量 2×1 结构表示状态. 此例是维度[2,1]的连续状态空间.

质量块位置变化范围：−2.0～2.0 .

质量块速度变化范围：−inf～inf.

(2) **动作**：智能体或控制器对质量块施加力的大小和方向. 动作的变化区间是[−2,2]，向左推的力用负数表示，向右推的力用正数表示. 此例的动作维度是[1,1]，大小变化区间是[−2,2]的连续动作空间.

(3) **奖励**

$$r(t) = -\int_0^{\infty} (\boldsymbol{x}(t)'Q\boldsymbol{x}(t) + u(t)'Ru(t))\mathrm{d}t . \tag{7.17}$$

其中，$\boldsymbol{x}$ 是质量块的状态向量；u 是施加到质量块上的力；Q 是控制性能的权重，Q=[10 0；0 1]；R 是控制力作用的权重，$R = 0.01$. 采样时间：0.1s，增益 G：1.

由奖励公式(7.17)可知，每一时间步的奖励与位置和控制力有关，越接近稳态中心奖励值越大. 换句话说，追求最大的累计奖励，就可以让质量块稳定在 $x = 0$ 的位置附近.

(4) **状态转移概率**：此例没有用到状态转移概率.

(5) **折扣系数**：实际问题需要注重远期的奖励影响，程序取折扣系数 $\gamma = 0.99$.

(6) **初始状态概率分布**：初始状态随机产生.

7.6.3 主程序代码

用 MATLAB 自带的 PG 算法程序求解上述双积分系统的最优控制策略问题. 这个程序的特点：具有连续的状态空间和连续的动作空间、具有演员网络和基线网络 Baseline. 主程序代码如下：

```
//第 7 章/DRL7_1

%% 第 1 段：创建环境，提取状态信息和动作信息
force = 2; %力的阈值
%导入预先创建好的双积分系统环境交互信息
env = rlPredefinedEnv("DoubleIntegrator-Continuous");
env.MaxForce = force;  %重置动作——力的阈值
obsInfo = getObservationInfo(env)  %获取环境变量 env 中的状态观测信息
actInfo = getActionInfo(env)  %获取环境变量 env 中的动作信息
actInfo.LowerLimit = -force; %设置动作——力的下限
actInfo.UpperLimit = force;  %设置动作——力的上限

%% 第 2 段：创建基线网络 baseline 和演员网络 actorNet 及 PG 智能体
% 2.1 创建基线网络 baseline
```

```
    baselineNetwork = [
        featureInputLayer(prod(obsInfo.Dimension),'Normalization',  'none',  'Name',
'state') %输入层信息和数据处理方法
        fullyConnectedLayer(8, 'Name', 'bFC1')  %全连接层节点数和层名
        reluLayer('Name', 'bRelu1')  %ReLU 激活函数层和层名
        fullyConnectedLayer(1, 'Name', 'bFC2', ...
                            'BiasLearnRateFactor', 0)];%全连接输出层 1 个节点和层名
    baseline = rlValueFunction(baselineNetwork,obsInfo);  %构建基线网络
    %baseline 网络优化器选项参数
    baselineOpts = rlOptimizerOptions('LearnRate',1e-3,'GradientThreshold',1);
    % 2.2 创建演员网络 actorNet
    % 2.2.1 input path layers (1 by 1 output)
    inPath = [
        featureInputLayer(prod(obsInfo.Dimension), ...
            'Normalization','none','Name','state') %输入层信息和数据处理方法
        fullyConnectedLayer(10,'Name', 'ip_fc')
        reluLayer('Name', 'ip_relu')
        fullyConnectedLayer(1,'Name','ip_out') ];%全连接输出层 1 个节点和层名
    % 2.2.2 mean path layers (1 by 1 output)
    meanPath = [fullyConnectedLayer(15,'Name', 'mp_fc1')
        reluLayer('Name', 'mp_relu')
        fullyConnectedLayer(1,'Name','mp_fc2'); %全连接输出层 1 个节点和层名
        tanhLayer('Name','tanh'); %tanh 激活函数层和层名，输出范围:(-1,1)
        %scaling 激活函数层和层名，输出范围:(-2,2)
        scalingLayer('Name','mp_out','Scale',actInfo.UpperLimit)];
    % 2.2.3 std path layers (1 by 1 output)
    sdevPath = [fullyConnectedLayer(15,'Name', 'vp_fc1')
        reluLayer('Name', 'vp_relu')
        fullyConnectedLayer(1,'Name','vp_fc2'); %全连接输出层 1 个节点和层名
        softplusLayer('Name', 'vp_out') ]; %softplus 激活函数层和层名，无负值
    % 2.2.4 add layers to layerGraph network object
    actorNet = layerGraph(inPath);  %提取 inPath 网络的层图
    actorNet = addLayers(actorNet,meanPath);%将 meanPath 网络添加到 actorNet 网络
    actorNet = addLayers(actorNet,sdevPath);
    % connect output of inPath to meanPath input
    %在层图 actorNet 中将源层 ip_out 连接到目的层 mp_fc1/in.
    actorNet = connectLayers(actorNet,'ip_out','mp_fc1/in');
    % 2.2.5 connect output of inPath to variancePath input
    actorNet = connectLayers(actorNet,'ip_out','vp_fc1/in');
    plot(actorNet)
    actor = rlContinuousGaussianActor(actorNet,obsInfo,actInfo, ...
        'ObservationInputNames',{'state'}, ...
        'ActionMeanOutputNames',{'mp_out'}, ...
        %创建具有连续动作空间的采取高斯策略的演员网络
        'ActionStandardDeviationOutputNames',{'vp_out'});
    actorOpts = rlOptimizerOptions('LearnRate',1e-3,'GradientThreshold',1);
    % 2.3 创建 PG 智能体
    agentOpts = rlPGAgentOptions('UseBaseline',true,'DiscountFactor', 0.99, ...
```

```
    'ActorOptimizerOptions', actorOpts);      %PG 智能体可选参数
agent = rlPGAgent(actor,baseline,agentOpts) %创建 PG 智能体
getAction(agent,{rand(obsInfo.Dimension)})  %查看智能体的动作信息

%% 第 3 段：训练智能体
plot(env) %绘制训练进程动画
doTraining = false;
if doTraining     %默认不直接训练
    trainingStats = train(agent,env);
else
    load('agent230821use500.mat'); %导入预训练智能体
end

%% 第 4 段：测试 PG 智能体
simOptions = rlSimulationOptions('MaxSteps',200);%可以加大测试步长
experience = sim(env,agent,simOptions);

%% 第 5 段：PG 算法输出绘图及性能指标．此处略．
```

主程序中部分函数功能和语法说明如下：

(1) **baseline = rlValueFunction(baselineNetwork,obsInfo)**

- **功能**：创建基线函数逼近器——基线网络.
- **输入变量**

baselineNetwork：承担基线 baseline 功能的网络结构

obsInfo：状态观测信息.

- **输出变量**

baseline：承担基线 baseline 功能的网络.

(2) **baselineOpts = rlOptimizerOptions('LearnRate',5e-3,'GradientThreshold',1)**

- **功能**：设置优化器的选项参数.
- **输入变量**

'LearnRate',5e-3：学习率重置.

'GradientThreshold',1：梯度阈值重置.

- **输出变量**

baselineOpts：优化器参数选项.

(3) **actorNet = layerGraph(inPath)**

- **功能**：提取序列网络的层图.
- **输入变量**

inPath：包含输入层的网络结构.

- **输出变量**

actorNet：提取网络 inPath 的层图.

(4) **actorNet = addLayers(actorNet,meanPath)**

- **功能**：将 meanPath 中的网络层添加到层图 actorNet 中.
- **输入变量**

actorNet：网络层图.

meanPath：被添加到层图的网络.

- **输出变量**

actorNet：将 meanPath 中的网络层添加到层图 actorNet 中的层图结果.

(5) **actorNet = connectLayers(actorNet,'ip_out','mp_fc1/in')**

- **功能**：在层图 actorNet 中将源层 ip_out 连接到目的层 mp_fc1/in.
- **输入变量**

actorNet：网络层图.

'ip_out'：源层名称.

'mp_fc1/in'：目的层名称.

- **输出变量**

actorNet：将源层 ip_out 连接到目的层 mp_fc1/in 的层图结果.

(6) **actor = rlContinuousGaussianActor(actorNet,obsInfo,actInfo,'ObservationInputNames', {'state'},'ActionMeanOutputNames',{'mp_out'},'ActionStandardDeviationOutputNames',{'vp_out'});**

- **功能**：创建具有连续动作空间的采取高斯策略的演员网络.
- **输入变量**

actorNet：层连接的网络.

obsInfo：状态观测信息.

actInfo：动作信息.

'ObservationInputNames',{'state'}：环境观测通道对应的网络输入层名称.

'ActionMeanOutputNames',{'mp_out'}：与动作通道的平均值相对应的网络输出层的名称.

'ActionStandardDeviationOutputNames',{'vp_out'}：与动作通道的标准差相对应的网络输出层的名称.

输出变量

actor：具有连续动作空间的采取高斯策略的演员网络.

(7) **rlPGAgentOptions**

- **功能**：设置 PG 智能体可选参数.
- **输入变量**

'UseBaseline',true：使用基线 Baseline 功能.

'DiscountFactor',0.99：折扣系数取 0.99.

'ActorOptimizerOptions', actorOpts：演员网络优化器选用参数来自变量 actorOpts.

- **输出变量**

agentOpts：PG 智能体可选参数.

(8) **agent = rlPGAgent(actor,baseline,agentOpts)**

- **功能**：创建 PG 智能体.
- **输入变量**

actor：演员网络.

baseline：承担基线 baseline 功能的基线网络.

agentOpts：PG 智能体选定参数.

- **输出变量**

agent：PG 智能体，其中包含智能体选定参数 agentOpts，具有基线功能的 baseline 网络，对策略函数逼近的演员网络 actor.

7.6.4 程序分析

上述程序，按照功能划分，可以分为 5 部分：

(1) **环境设置**：创建双积分系统控制问题的环境，实现对实例问题的完整描述，如状态、动作、奖励、折扣系数等. 程序调入了 MATLAB 自带的关键字 DoubleIntegrator-Continuous，重新设置好移动位置阈值和施加力的阈值. 这一段程序是求解实际问题的关键工作，应引起读者高度重视.

(2) **创建基线网络和演员网络**：创建基线网络、演员网络、PG 智能体.

首先，构建一个基线网络的结构，如输入层、全连接层、激活函数层、输出层. 其中输入层节点数与状态分量个数一致，输出层节点数与动作个数一致.

其次，设置演员网络，它的作用是对 PG 智能体采取的动作评估打分.

最后，设置 PG 智能体. 其中参数及其取值对训练结果有较大的影响和作用.

(3) **训练 PG 智能体**：这部分与第 2 章 Q-learning 算法实例几乎一样.

(4) **测试 PG 智能体**：这部分与第 2 章 Q-learning 算法实例几乎一样.

(5) **PG 算法输出绘图及性能指标**：这部分是分析 PG 算法的结果，用于找出算法程序存在的问题，论文用图和性能指标也在这里给出.

7.6.5 程序结果解读

(1) 训练 PG 智能体 3000 个回合，在各个回合得到的回报与平均回报如图 7-2 所示.

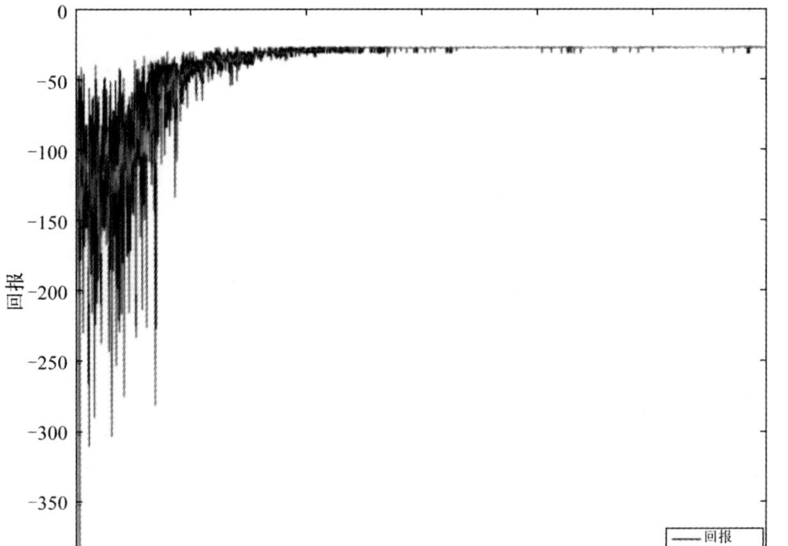

图 7-2　训练 PG 智能体在各回合获得的回报与平均回报

由图 7-2 可以看出，前 850 个回合中回报曲线波动剧烈，平均回报曲线也有波动. 这说明：在训练前期，智能体缺少经验比较迷茫，很快导致了该回合结束. 在 850 回合到 1600 回合之间，智能体得到的回报在增加，曲线波幅较小，平均回报曲线平稳上升. 这说明智能体已经有了一定的控制“经验”. 在 1600~3000 回合之间，智能体得到的回报多次接近回报最大值-25.7723. 平均回报曲线呈现水平直线情形. 说明智能体已经得到了很多次的控制“经验”，能够实现稳定控制.

如图 7-2 所示，就训练结果来看，PG 算法程序实现了稳定控制策略，控制效果很好.

(2) 测试结果如图 7-3 所示.

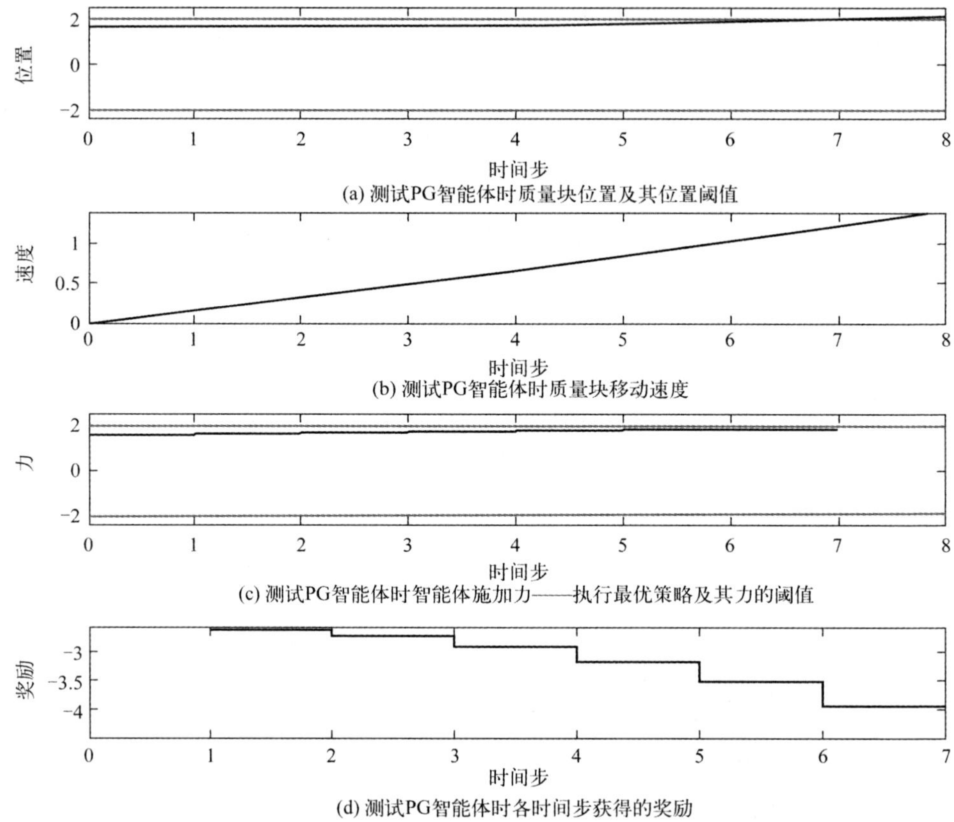

(a) 测试PG智能体时质量块位置及其位置阈值

(b) 测试PG智能体时质量块移动速度

(c) 测试PG智能体时智能体施加力——执行最优策略及其力的阈值

(d) 测试PG智能体时各时间步获得的奖励

图 7-3　测试 PG 智能体控制双积分系统策略

如图 7-3(a)所示，可以发现：PG 智能体在第 8 时间步位置超出了 2m，导致该回合控制失败.

如图 7-3(b)所示，随着测试时间步的增加，质量块移动速度也在增大，这意味着质量块受到惯性的作用，很容易超出位置阈值 2m. 但是，速度不是控制失败的因素.

如图 7-3(c)所示，是智能体在各个时间步施加力的大小，也就是智能体在执行已经训练好的“最优策略”——在不同的时间步施加确定的动作. 看得出来，随着测试时间步的增加，智能体施加的动作（力）也越来越大. 虽然现在还没有超出最大力 2N，但是也非常接近力的阈值 2N.

如图 7-3(d)所示，随着测试时间步的增加，智能体获得的奖励却越来越少（没有追求最大的累计奖励），意味着该回合会控制失败.

综上所述，这是一个控制失败的案例. 该回合控制失败的判定标准是，图 7-3(a)中的质量块移动超出了位置阈值 2m. 控制成功的技术指标是，该回合包含 200 个时间步. 或者说，在回合的 200 个时间步内，质量块中心位置没有超出 2m，施加力的大小没有超出 2N.

控制成功的案例，见第 6.4 节的 DQN 算法实例.

注意： (1) 这只是用训练好的 PG 智能体测试 1 个回合，而测试的这个回合控制失败了.

(2) 并不能断言：PG 智能体没有训练好，或者说 PG 算法程序不好.

(3) 如果想客观合理地测试 PG 智能体性能，应该测试多个回合，比如 1000 个回合. 计算这 1000 个回合测试得到的多个性能指标，以此评价这个训练好的 PG 智能体的性能.

7.7 PG 算法的优缺点及算法扩展

7.7.1 PG 算法的优缺点

PG 算法作为一种深度强化学习方法，具有以下优点：

(1) 直接优化策略：PG 算法直接优化策略函数 $\pi(\boldsymbol{a}\,|\,\boldsymbol{s})$，而不需要估计价值函数，如 $Q(\boldsymbol{s},\boldsymbol{a})$. 这使得 PG 算法更适用于连续动作空间和高维度动作空间的问题.

(2) 可处理大型动作空间：PG 算法对于具有大型离散或连续动作空间的问题具有良好的可扩展性和适应性.

(3) 学习随机策略：PG 算法可以学习随机策略，这对于探索环境和发现未知最佳行动非常重要.

(4) 无需模型知识：PG 算法无需对环境进行建模或具备先验知识，仅通过与环境交互来学习最优策略.

(5) 可用于在线学习：PG 算法支持在线更新和增量训练，可以逐步改进并快速适应新的样本数据.

然而，PG 算法也存在一些缺点：

(1) 高方差估计：由于采样数据本身的随机性以及梯度估计过程中存在的方差问题，导致 PG 算法在训练过程中可能出现较高方差的情况.

(2) 收敛速度慢：PG 算法对训练样本的使用效率较低，收敛速度较慢. 通常需要更多的样本和迭代才能达到理想的性能.

(3) 初始策略网络参数选择：PG 算法对初始策略网络 $\pi(\boldsymbol{a}\,|\,\boldsymbol{s};\boldsymbol{\theta})$ 的参数 $\boldsymbol{\theta}$ 选择较为敏感，可能需要进行仔细调整和优化.

(4) 采样效率低：PG 算法在采样效率方面相对于其他深度强化学习算法较低，需要更多的环境交互次数来获得足够的训练数据.

总体而言，PG 算法作为一种直接优化策略函数的深度强化学习方法，在很多问题上展现出了良好性能.

7.7.2 模型扩展

本例双积分系统控制问题的特征：已知维度[2,1]的连续状态空间，已知维度[1,1]的连续动作空间，已知各时间步的奖励规则，无需状态转移概率，设置折扣系数 γ，实现最优控制策略. 这是一个训练 PG 智能体实现最优控制策略的模型.

PG 算法可以应用于双积分系统的控制问题. 以下是 8 个与双积分系统控制类似的实际问题案例：

(1) 电梯调度：根据乘客需求和交通流量，优化电梯调度策略以提高运行效率和乘客等待时间.

(2) 高速列车速度控制：通过调整列车的加速度和减速度，实现高速列车的平稳行驶、路径跟踪和安全运营.

(3) 平衡车辆控制：通过对平衡车辆的倾斜角度进行调整，实现其平衡、稳定行驶和路径跟踪.

(4) 机器人移动规划：通过优化机器人的移动轨迹和姿态调整，以实现在复杂环境中高效自主导航.

(5) 水面船只航行控制：根据水流、风力等外部环境因素，优化船只舵角和推力分配以保持稳定航行和路径跟踪.

(6) 飞机自动驾驶导航系统：通过优化飞机操纵面（如副翼、升降舵）的操作来实现自动驾驶飞行和飞行路径控制.

(7) 空调温度控制：根据环境温度、湿度和人员需求，自动调整空调控制参数以维持室内舒适的温度.

(8) 可再生能源微电网管理：通过优化电网中可再生能源的发电量、存储和供应策略，实现微电网的稳定运行和最大化可再生能源利用.

这些问题与双积分系统控制具有相似的特征，可以使用 PG 算法来学习最优策略，并实现自适应性的系统控制.

7.7.3 算法扩展

(1) Actor-Critic 算法：该算法结合了 PG 算法(看作演员 Actor)和 Function Approximation (看作评委 Critic)的方法. 演员 Actor 基于概率分布选定动作，评委 Critic 基于演员 Actor 的动作评判得分，演员 Actor 根据评委 Critic 的评分修改选定动作的概率. Actor- Critic 方法的优势是，可以进行单步更新，比传统的 Policy Gradient 要快. Actor-Critic 算法将在第 8 章学习，利用该算法求解股票交易的最优推荐策略问题.

(2) DDPG（deep deterministic policy gradient）：DDPG 算法结合了深度神经网络和确定性策略梯度方法，适用于连续动作空间的强化学习问题. 将在第 11 章学习该算法，利用 DDPG 算法求解四足机器人快速稳定行走问题.

(3) TRPO（trust region policy optimization）：TRPO 算法通过引入策略更新的约束，控制每次迭代中策略更新的范围，用以提高算法的稳定性和收敛性.

(4) PPO（proximal policy optimization）：PPO 算法是对 TRPO 算法的改进，通过对策略更新进行近端约束以确保每次迭代中的小步更新，提高算法的稳定性和样本效率. 将在第 10 章学习 PPO 算法，利用该算法求解飞行器安全、定点、快速着陆问题.

这些改进和扩展算法，是在 PG 算法基础上引入了不同技术手段或优化方法，来提高算法的稳定性、样本利用效率、算法收敛速度和最优策略的普适性.

7.8 本章小结

(1) **PG 算法的原理**

①理论支撑：关于 PG 算法的理论支撑问题，虽然没有明确的数学定理，但是可以有如下的推理解释.

第一，由目标函数定义 $J(\pi_{\theta}) = E_{S}[V_{\pi_{\theta}}(\boldsymbol{S})]$ 可知，优化目标 $\max\limits_{\theta} J(\pi_{\theta})$ 就是优化

$$\max_{\theta}\{E_{S}[V_{\pi_{\theta}}(\boldsymbol{S})]\}. \tag{7.18}$$

第二，由优化目标 $\max\limits_{\theta} J(\pi_{\theta})$ 及其参数迭代更新式(7.7)，利用迭代算法的理论可知，可以求得 $\max\limits_{\theta} J(\pi_{\theta})$，也就是，优化问题的策略网络 $\pi(\boldsymbol{a} \mid \boldsymbol{s};\boldsymbol{\theta})$ 是存在的.

第三，在策略 π_{θ} 下 $E_{S}[V_{\pi_{\theta}}(\boldsymbol{S})]$ 越来越大[参见式(7.18)]，理论上意味着

$$V_{\pi_{\theta}}(\boldsymbol{s}) \to V_{\pi_{\theta}}^{*}(\boldsymbol{s}).$$

也就是，状态价值函数 $V_{\pi_{\theta}}(\boldsymbol{s})$ 趋向于最优状态价值函数 $V_{\pi_{\theta}}^{*}(\boldsymbol{s})$.

第四，利用第 1.4.2 节式(1.53)

$$V_{\pi^{*}}(\boldsymbol{s}) = V^{*}(\boldsymbol{s}) = \max_{\pi} V_{\pi}(\boldsymbol{s}),$$

得到最优策略网络

$$\pi^{*}(\boldsymbol{a} \mid \boldsymbol{s};\boldsymbol{\theta}) = \pi^{*}(\arg\max_{\boldsymbol{a}\in\mathcal{A}} V_{\pi_{\theta}}^{*}(\boldsymbol{s}) \mid \boldsymbol{s};\boldsymbol{\theta}). \tag{7.19}$$

第五，利用第 1.5.2 节神经网络通用近似定理得到，最优策略网络 $\pi^{*}(\boldsymbol{a} \mid \boldsymbol{s};\boldsymbol{\theta})$ 可以逼近最优策略 $\pi^{*}(\boldsymbol{a} \mid \boldsymbol{s})$ 到任意的精度，进而得到最优策略 $\pi^{*}(\boldsymbol{a} \mid \boldsymbol{s})$.

综上分析，利用 PG 算法可以得到最优策略 $\pi^{*}(\boldsymbol{a} \mid \boldsymbol{s})$ 或近似最优策略 $\pi(\boldsymbol{a} \mid \boldsymbol{s}) \approx \pi^{*}(\boldsymbol{a} \mid \boldsymbol{s})$.

②核心公式

- 有基线的策略梯度公式

$$\nabla_{\theta} J(\pi_{\theta}) = E_{S}[E_{A\sim\pi(\cdot|S;\theta)}[(Q_{\pi}(\boldsymbol{S},\boldsymbol{A}) - b)\nabla_{\theta} \ln \pi(\boldsymbol{A} \mid \boldsymbol{S};\boldsymbol{\theta})]].$$

- 蒙特卡洛方法近似估计数学期望 $E_{S}[E_{A\sim\pi(\cdot|S;\theta)}]$，得到

$$Q_{\pi}(\boldsymbol{S},\boldsymbol{A}) \approx G_{t} = \sum_{k=t+1}^{T} \gamma^{k-t-1} r_{k}.$$

- 策略参数 $\boldsymbol{\theta}$ 的更新公式是

$$\boldsymbol{\theta} = \boldsymbol{\theta} + \alpha(G_{t} - \text{baselineNet}(\boldsymbol{s}_{t};w))\nabla_{\theta} \ln \pi(\boldsymbol{a}_{t} \mid \boldsymbol{s}_{t};\boldsymbol{\theta}).$$

- 基线网络的参数 $\boldsymbol{w}$ 的更新公式是

$$\boldsymbol{w} = \boldsymbol{w} + \beta(G_{t} - \text{baselineNet}(\boldsymbol{s}_{t};w))\nabla_{w}(\text{baselineNet}(\boldsymbol{s}_{t};\boldsymbol{w})).$$

③ 突出特性

- 策略优化：PG 算法的主要目标是优化策略函数以最大化预期回报. 策略函数描

述在给定状态下采取各个动作的概率分布.

- 策略梯度定理：PG 算法基于策略梯度定理，根据基于回报的目标函数的梯度来更新策略参数.
- 梯度上升更新：使用梯度上升法更新策略参数，以使预期回报最大化.
- 方差减小技巧：为了减小训练中出现的策略梯度“高方差”问题，使用技术手段如基线估计、重要性采样等来降低方差，并提高算法的稳定性和训练效率.

(2) **研究问题的思路**

① 提出问题：前面的算法都是利用动作价值函数 $Q_\pi(\boldsymbol{s},\boldsymbol{a})$或状态价值函数 $V_\pi(\boldsymbol{s})$建立的，这些方法在处理高维度的状态和连续动作空间时面临着挑战. 能不能直接利用策略函数 $\pi(\boldsymbol{a}|\boldsymbol{s})$解决连续状态空间和连续动作空间的问题呢？

② 分析问题：需要建立关于策略函数 $\pi(\boldsymbol{a}|\boldsymbol{s})$的目标函数.用神经网络 $\pi(\boldsymbol{a}\mid \boldsymbol{s};\boldsymbol{\theta})$ 近似估计策略函数 $\pi(\boldsymbol{a}|\boldsymbol{s})$.

③ 解决问题：建立策略梯度定理. 该定理的作用是，给出了迭代更新公式的梯度 $\nabla_\theta J(\pi_\theta)$ 计算公式.

④ 梯度变形：利用梯度 $\nabla_\theta J(\pi_\theta)$ 的各种变形，构成不同的迭代更新关系式，进而建立不同的算法. 如 REINFORCE 算法、带基线的 REINFORCE 算法、具有基线网络和演员网络的 PG 算法等.

(3) **释疑解惑**

基线未改变策略梯度但可以减小梯度方差.基线可以选作奖励随机变量 R 的均值 $b=E[R]$. 基线可以选作动作价值函数 $Q_\pi(\boldsymbol{s},\boldsymbol{a})$的均值 $b=V_\pi(\boldsymbol{s})$. 基线的作用是，减小了策略梯度 $\nabla_\theta J(\pi_\theta)$ 的方差，进而有利于解决策略梯度的“高方差”问题，也就是算法的稳定性.

(4) **学习与研究方法**

策略函数 $\pi(\boldsymbol{a}\mid \boldsymbol{s})$ 描述的是，在状态 $\boldsymbol{s}$ 智能体采取动作 $\boldsymbol{a}$. 这可以形象地比喻为演员在表演动作. 将逼近策略函数 $\pi(\boldsymbol{a}\mid \boldsymbol{s})$ 的神经网络 $\pi(\boldsymbol{a}\mid \boldsymbol{s};\boldsymbol{\theta})$ 称为演员网络，简称为演员 Actor.

动作价值函数 $Q_\pi(\boldsymbol{s},\boldsymbol{a})$描述的是，在状态 $\boldsymbol{s}$ 智能体采取动作 $\boldsymbol{a}$ 得到的价值多少. 这可以形象地比喻为给演员的动作 $\boldsymbol{a}$ 打分. 将逼近动作价值函数 $Q_\pi(\boldsymbol{s},\boldsymbol{a})$的神经网络 $Q(\boldsymbol{s},\boldsymbol{a};\boldsymbol{w})$ 称为评委网络，简称为评委 Critic.

习 题 7

7.1 程序 DRL7_1 有什么特点？怎样利用这个程序求解自己的实际问题？

7.2 运行提供的第二个 MATLAB 自带函数程序 DRL7_2（是处理离散动作空间模型），观察双积分系统的控制动画，与正文的自带函数程序 DRL7_1（是处理连续动作空间模型）所得结果进行对比分析.

7.3 将程序 DRL7_1 和程序 DRL7_2 的结果做联系对比分析，用性能指标说明各自的优劣.

7.4 利用自带函数程序 DRL7_1 求解第 6 章的推车竖杆平衡问题的最优控制策略.

7.5 速度控制问题：将双积分系统建模为一个需要通过控制输入来实现速度控制的问题. 任务是定义状态空间、动作空间和奖励函数，并使用 PG 算法来训练一个能够优化控制输入以实现最优速度控制的策略.

7.6 轨迹追踪问题：将双积分系统建模为一个需要通过控制输入来实现给定轨迹追踪的问题. 任务要求是定义状态空间、动作空间和奖励函数，并使用 PG 算法来训练一个能够优化控制输入以实现最优轨迹追踪的策略.

第8章 AC 类算法求解股票交易最优推荐策略

AC（actor-critic）**算法**，可译作**演员-评委算法**或**演员-评论员算法**. AC 算法最早由 Barto、Sutton 和 Anderson 等在 1983 年引入了 Actor-Critic 架构[19]. 此后，许多研究者对 AC 算法进行了改进和扩展.

AC 算法是一种结合了策略评估和策略改进的深度强化学习方法，旨在通过同时学习动作价值函数 $Q(\boldsymbol{s},\boldsymbol{a})$ 和策略函数 $\pi(\boldsymbol{a}\mid\boldsymbol{s})$ 来实现更稳定和高效的训练. 相比于 PG 算法需要利用整个回合的数据来更新策略参数，该算法只需利用当前状态和下一个状态的数据来更新策略参数，大大提升了算法的训练效率，并可用于处理连续状态空间及连续动作空间学习策略的相关问题. AC 算法目前主要应用于自动驾驶、机器人控制、游戏玩法、资源调度与优化、股票交易决策、医疗治疗规划、自然语言处理任务和高级控制系统设计等应用领域.

8.1 AC 算法的基本思想

AC 算法的基本思想是，利用演员网络 Actor 逼近策略函数 $\pi(\boldsymbol{a}\mid\boldsymbol{s})$，并输出对每个状态采取不同动作的概率分布. 利用评委网络 Critic 逼近动作价值函数 $Q(\boldsymbol{s},\boldsymbol{a})$，并提供对动作的价值估计. 演员网络和评委网络相互协作，通过评估策略和改进策略来逐步优化策略，以实现更稳定和高效的学习.

8.2 AC 算法的实现

8.2.1 AC 算法的应用条件

(1) 离散或连续的动作空间：AC 算法适用于离散或连续动作空间的问题. 对于离散动作空间或连续动作空间，演员网络 Actor 输出每个动作的概率分布，使用概率分布来选择动作.

(2) 完全观测环境：AC 算法假定智能体能够完全观测到环境的当前状态. 这意味着智能体可以准确获取到环境中所有的必要信息.

(3) 马尔可夫性质：AC 算法适用于马尔可夫决策过程问题，其中当前状态可以完全描述过去历史的信息，而不受历史状态的影响.

(4) 奖励函数定义：需要定义智能体采取不同动作所获得的即时奖励，并确保奖励函数设计合理以指导学习过程.

8.2.2 AC 算法的伪代码

用 TD 误差进行单步更新的 AC 算法的伪代码如下：

AC 算法（用 TD 误差单步更新）估计策略 $\pi(\boldsymbol{a}\,|\,\boldsymbol{s};\boldsymbol{\theta}) \approx \pi^*$

初始化策略网络 $\pi(\boldsymbol{a}\,|\,\boldsymbol{s};\boldsymbol{\theta})$ 及其参数 $\boldsymbol{\theta}$
初始化动作价值函数网络 $Q(\boldsymbol{s},\boldsymbol{a};\boldsymbol{w})$ 及其参数 $\boldsymbol{w}$
算法参数：学习率 $\alpha > 0$，$\beta > 0$
for 回合 $e = 1 \to E$ **do**
  获取初始观测状态 $\boldsymbol{s}_0$
  for 时间步 $t = 0 \to T-1$ **do**
    由策略网络 $\pi(\boldsymbol{a}\,|\,\boldsymbol{s};\boldsymbol{\theta})$ 执行动作 $\boldsymbol{a}_t$
    观测到下一个状态 $\boldsymbol{s}_{t+1}$ 和奖励 r_{t+1}
    $\delta = r_{t+1} + \gamma Q(\boldsymbol{s}_{t+1},\boldsymbol{a}_{t+1};\boldsymbol{w}) - Q(\boldsymbol{s}_t,\boldsymbol{a}_t;\boldsymbol{w})$ （if $\boldsymbol{s}_{t+1}$是终点,则取 $Q(\boldsymbol{s}_{t+1},:;\boldsymbol{w}) = 0$）
    $\boldsymbol{w} \leftarrow \boldsymbol{w} + \alpha\delta\nabla_{\boldsymbol{w}} Q(\boldsymbol{s}_t,\boldsymbol{a}_t;\boldsymbol{w})$
    $\boldsymbol{\theta} \leftarrow \boldsymbol{\theta} + \beta Q(\boldsymbol{s}_t,\boldsymbol{a}_t;\boldsymbol{w})\nabla_{\boldsymbol{\theta}} \ln \pi(\boldsymbol{a}_t\,|\,\boldsymbol{s}_t;\boldsymbol{\theta})$
    $\boldsymbol{s}_t \leftarrow \boldsymbol{s}_{t+1}$
    $\boldsymbol{a}_t \leftarrow \boldsymbol{a}_{t+1}$
    $r_t \leftarrow r_{t+1}$
  end for
end for
得到策略网络 $\pi^*(\boldsymbol{a}\,|\,\boldsymbol{s};\boldsymbol{\theta})$ 和动作价值函数网络 $Q^*(\boldsymbol{s},\boldsymbol{a};\boldsymbol{w})$，进而得到（近似）最优策略 $\pi^*(\boldsymbol{a}\,|\,\boldsymbol{s})$ 和（近似）最优动作价值函数 $Q^*(\boldsymbol{s},\boldsymbol{a})$

注意：(1) 演员网络 $\pi(\boldsymbol{a}\,|\,\boldsymbol{s};\boldsymbol{\theta})$ 是对策略函数 $\pi(\boldsymbol{a}\,|\,\boldsymbol{s})$ 的逼近. 它的输入是状态 $\boldsymbol{s}$，输出是“表演”动作 $\boldsymbol{a}$.

(2) 评委网络 $Q(\boldsymbol{s},\boldsymbol{a};\boldsymbol{w})$ 是对动作价值函数 $Q(\boldsymbol{s},\boldsymbol{a})$ 的逼近. 它的输入是状态 $\boldsymbol{s}$ 和动作 $\boldsymbol{a}$，输出是对动作 $\boldsymbol{a}$ 的“评判”打分——期望回报 $Q(\boldsymbol{s},\boldsymbol{a})$ 的近似值.

(3) 评委网络 $Q(\boldsymbol{s},\boldsymbol{a};\boldsymbol{w})$ 梯度计算：目标函数为

$$L(\boldsymbol{w}) = \frac{1}{2}[r_{t+1} + \gamma Q(\boldsymbol{s}_{t+1},\boldsymbol{a}_{t+1};\boldsymbol{w}) - Q(\boldsymbol{s}_t,\boldsymbol{a}_t;\boldsymbol{w})]^2 . \tag{8.1}$$

梯度为

$$\nabla_{\boldsymbol{w}} L(\boldsymbol{w}) = -[r_{t+1} + \gamma Q(\boldsymbol{s}_{t+1},\boldsymbol{a}_{t+1};\boldsymbol{w}) - Q(\boldsymbol{s}_t,\boldsymbol{a}_t;\boldsymbol{w}))]\nabla_{\boldsymbol{w}} Q(\boldsymbol{s}_t,\boldsymbol{a}_t;\boldsymbol{w}) = -\delta\nabla_{\boldsymbol{w}} Q(\boldsymbol{s}_t,\boldsymbol{a}_t;\boldsymbol{w}). \tag{8.2}$$

要求目标函数 $L(\boldsymbol{w})$的最小值，用梯度下降法，因此更新公式中出现两次减号“−”，最终是加号“+”.

(4) 演员网络 $\pi(\boldsymbol{a}\,|\,\boldsymbol{s};\boldsymbol{\theta})$ 梯度计算：它的目标函数及其梯度，详见第 7.3.1 节式(7.13).

(5) 上述关于动作价值函数网络 $Q(\boldsymbol{s},\boldsymbol{a};\boldsymbol{w})$ 的 TD 误差

$$\delta = r_{t+1} + \gamma Q(\boldsymbol{s}_{t+1},\boldsymbol{a}_{t+1};\boldsymbol{w}) - Q(\boldsymbol{s}_t,\boldsymbol{a}_t;\boldsymbol{w}) \tag{8.3}$$

可以替换为关于状态价值函数网络 $V(\boldsymbol{s};\boldsymbol{w})$ 的 TD 误差

$$\delta = r_{t+1} + \gamma V(\boldsymbol{s}_{t+1};\boldsymbol{w}) - V(\boldsymbol{s}_t;\boldsymbol{w}), \tag{8.4}$$

只需对目标函数和梯度计算做相应改写.

8.2.3 AC 算法的程序步骤

用 TD 误差进行单步更新的 AC 算法的程序步骤如下:

(1) 初始化:初始化策略网络——演员网络 $\pi(\boldsymbol{a}\mid\boldsymbol{s};\boldsymbol{\theta})$ 及其参数 $\boldsymbol{\theta}$,初始化动作价值函数网络——评委网络 $Q(\boldsymbol{s},\boldsymbol{a};\boldsymbol{w})$ 及其参数 $\boldsymbol{w}$.

(2) 与环境交互:与环境交互,收集样本数据. 在每个时间步中,根据当前状态 $\boldsymbol{s}$ 使用策略网络 $\pi(\boldsymbol{a}\mid\boldsymbol{s};\boldsymbol{\theta})$ 选择一个动作 $\boldsymbol{a}$,并观测奖励 r 和下一个状态 $\boldsymbol{s}'$.

(3) 计算 TD 误差:根据样本数据计算 TD 误差. 计算公式为

$$\delta = r + \gamma Q(\boldsymbol{s}',\boldsymbol{a}';\boldsymbol{w}) - Q(\boldsymbol{s},\boldsymbol{a};\boldsymbol{w}). \tag{8.5}$$

其中,r 是即时奖励;γ 是折扣系数;$Q(\boldsymbol{s},\boldsymbol{a};\boldsymbol{w})$ 是动作价值函数网络.

(4) 更新策略网络 $\pi(\boldsymbol{a}\mid\boldsymbol{s};\boldsymbol{\theta})$ 参数 $\boldsymbol{\theta}$:根据 TD 误差通过梯度上升法更新策略网络参数 $\boldsymbol{\theta}$.

(5) 更新动作价值函数网络 $Q(\boldsymbol{s},\boldsymbol{a};\boldsymbol{w})$ 参数 $\boldsymbol{w}$:通过梯度下降法,根据 TD 误差更新动作价值网络参数 $\boldsymbol{w}$.

(6) 重复迭代:重复执行步骤(2)至步骤(5).

(7) 收敛判断:设置收敛条件,当动作价值函数网络 $Q(\boldsymbol{s},\boldsymbol{a};\boldsymbol{w})$ 的误差或策略网络 $\pi(\boldsymbol{a}\mid\boldsymbol{s};\boldsymbol{\theta})$ 的改进不再显著时,停止迭代.

(8) 得到 $\pi^*(\boldsymbol{a}\mid\boldsymbol{s};\boldsymbol{\theta})$ 和 $Q^*(\boldsymbol{s},\boldsymbol{a};\boldsymbol{w})$,进而得到最优策略 $\pi^*(\boldsymbol{a}\mid\boldsymbol{s})$ 或近似最优策略 $\pi_\theta(\boldsymbol{a}\mid\boldsymbol{s}) \approx \pi^*(\boldsymbol{a}\mid\boldsymbol{s})$.

8.2.4 A2C 算法

A2C (advantage Actor-Critic) **算法**,可译作**优势演员-评委算法**或**优势演员-评论员算法**. 此算法的出现是为了解决 AC 算法中策略梯度运算可能产生的“高方差”问题.策略梯度的高方差问题是因为,如果一个动作轨迹中所有的动作回报 $Q(\boldsymbol{s},\boldsymbol{a};\boldsymbol{w})$ 都是正的比较大的数值,这并不能反映所有动作都是好的,它可能也有一些次优的动作. 因此,人们采用引入基线(平均线)的方式来校正这个问题. 基线函数的特点是能在不改变策略梯度的同时降低其方差,详见第 7.4 节带基线的策略梯度定理.

由第 1.3.4 节式(1.42)可知,

$$V_\pi(\boldsymbol{s}) = E_{\boldsymbol{A}\sim\pi(\cdot|\boldsymbol{s})}[Q_\pi(\boldsymbol{s},\boldsymbol{A})]. \tag{8.6}$$

换句话说,$V_\pi(\boldsymbol{s})$ 正是 $Q_\pi(\boldsymbol{s},\boldsymbol{A})$ 的数学期望——均值.

由第 7.4 节可知,基线 b 常取状态价值函数

$$b = V(\boldsymbol{s}) = E_{\boldsymbol{A}\sim\pi(\cdot|\boldsymbol{s})}[Q(\boldsymbol{s},\boldsymbol{A})]. \tag{8.7}$$

由此建立关系式

$$A(\boldsymbol{s},\boldsymbol{a}) = Q(\boldsymbol{s},\boldsymbol{a}) - V(\boldsymbol{s}). \tag{8.8}$$

称函数 $A(\boldsymbol{s},\boldsymbol{a})$为**优势函数**. 优势函数的作用是,刻画了在状态 $\boldsymbol{s}$,智能体采取动作 $\boldsymbol{a}$ 相对于“平均表现”——$b=V(\boldsymbol{s})$的优势.

这样，第 7.4.1 节的策略梯度定理的式(7.16)变形为

$$\nabla_{\boldsymbol{\theta}}(J(\boldsymbol{\theta}))=\frac{1-\gamma^T}{1-\gamma}E_{\boldsymbol{S}}[E_{A\sim\pi(\cdot|\boldsymbol{S};\boldsymbol{\theta})}[(Q(\boldsymbol{S},\boldsymbol{A})-V(\boldsymbol{S}))\cdot\nabla_{\boldsymbol{\theta}}\ln\pi(\boldsymbol{A}\,|\,\boldsymbol{S};\boldsymbol{\theta})]]. \tag{8.9}$$

参见第 7.3.1 节，用蒙特卡洛方法近似估计上面的数学期望，程序中常用如下变形：

$$\nabla_{\boldsymbol{\theta}}(J(\boldsymbol{\theta}))=\frac{1-\gamma^T}{1-\gamma}[(r_{t+1}+\gamma Q(\boldsymbol{s}_{t+1},\boldsymbol{a}_{t+1})-Q(\boldsymbol{s}_t,\boldsymbol{a}_t))\cdot\nabla_{\boldsymbol{\theta}}\ln\pi(\boldsymbol{a}_t\,|\,\boldsymbol{s}_t;\boldsymbol{\theta})]. \tag{8.10}$$

实际上，在程序上也常用如下形式的策略梯度

$$\nabla_{\boldsymbol{\theta}}(J(\boldsymbol{\theta}))=\frac{1-\gamma^T}{1-\gamma}[(r_{t+1}+\gamma V(\boldsymbol{s}_{t+1})-V(\boldsymbol{s}_t))\cdot\nabla_{\boldsymbol{\theta}}\ln\pi(\boldsymbol{a}_t\,|\,\boldsymbol{s}_t;\boldsymbol{\theta})]. \tag{8.11}$$

用上述梯度公式(8.10)或公式(8.11)更新策略网络参数 $\boldsymbol{\theta}$ 的算法即可建立 A2C 算法.

A2C 算法的伪代码可参考 AC 算法的伪代码，用式(8.10)或者式(8.11)替换其中的策略梯度即可.

8.2.5 A3C 算法

A3C（asynchronous advantage Actor Critic）**算法**，译作**异步优势演员-评委算法**. 神经网络的输入数据要求独立且服从同一分布，否则智能体很容易学习到一种固定的策略. DQN 算法采用的是经验回放技术解决这个问题. 打破数据的相关性，经验回放技术并非唯一的方法，异步方法也可以打破数据的相关性.

异步方法是：在多个环境中并行地同时启动多个节点网络，智能体在多个节点网络中同时与环境交互. 由于探索的随机性，各节点网络产生的数据是不相关的.

A3C 算法突出的特点，就是采用几个独立的节点网络去单独学习训练，然后将学到的神经网络参数上传到全局网络，全局网络再适时地将最新的参数分发给各个节点网络，使各个节点网络拥有最新的知识. 通过多个节点网络独立训练打破了数据的相关性，并加快训练的进程.

8.2.5.1 A3C 网络结构及其逻辑流程

A3C 网络结构及其逻辑流程，如图 8-1 所示.

A3C 算法采用异步并行的训练方式，逻辑流程如下：

(1) 最上端“全局网络”：拥有策略网络 $\pi(\boldsymbol{a}|\boldsymbol{s};\boldsymbol{\theta})$和状态价值函数网络 $V(\boldsymbol{s};\boldsymbol{w})$. 其功能是，用各个节点网络发来的累计梯度更新自身的策略网络参数 $\boldsymbol{\theta}$ 和状态价值网络参数 $\boldsymbol{w}$.

(2) 中下部的“节点网络”和“环境”：每个节点网络与各自独立的环境交互，各自都有一个策略网络 $\pi_i(\boldsymbol{a}|\boldsymbol{s};\boldsymbol{\theta})$和一个状态价值函数网络 $V_i\ (\boldsymbol{s};\boldsymbol{w})$，还有一个状态价值函数网络的目标网络 $\hat{V}_i(\boldsymbol{s};\overline{\boldsymbol{w}})\ (i=1,2,\cdots,m)$.

各个节点网络的功能是：向全局网络索要最新的参数更新自身的策略网络参数 $\boldsymbol{\theta}$ 和状态价值函数网络参数 $\boldsymbol{w}$；计算策略梯度并累计策略梯度；将累计梯度发送给全局网络.

(3) 同步更新：周期性地将全局网络参数复制到各个节点网络中，以保持一致性.

(4) 最终结果：通过多次迭代，不断使用新的数据来更新全局网络和节点网络. 最终结果是，得到“全局网络”的策略网络 $\pi(\boldsymbol{a}|\boldsymbol{s};\boldsymbol{\theta})$——逼近最优策略 $\pi^*(\boldsymbol{a}|\boldsymbol{s})$，得到状态价值函数网络 $V(\boldsymbol{s};\boldsymbol{w})$——逼近最优状态价值函数 $V^*(\boldsymbol{s})$.

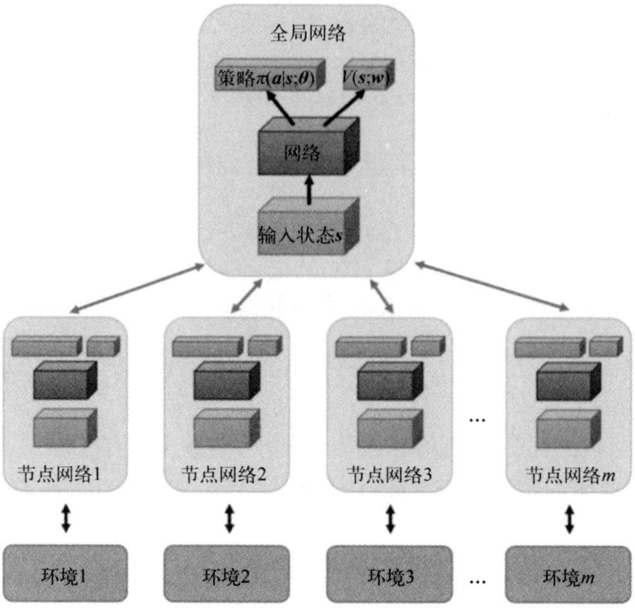

图 8-1 A3C 网络结构及其逻辑流程

8.2.5.2 A3C 算法的程序步骤

下面是 A3C 算法的程序步骤：

(1) 初始化：初始化全局网络 $\pi(\boldsymbol{a}|\boldsymbol{s};\boldsymbol{\theta})$和 $V(\boldsymbol{s};\boldsymbol{w})$及其参数，以及各节点网络 $\pi_i(\boldsymbol{a}|\boldsymbol{s};\boldsymbol{\theta})$和 $V_i(\boldsymbol{s};\boldsymbol{w})$ $(i=1,2,\cdots,m)$.

(2) 并行收集数据：创建多个独立的环境并行运行，并使用各自的节点网络的策略网络 $\pi_i(\boldsymbol{a}|\boldsymbol{s};\boldsymbol{\theta})$与环境进行交互，收集一批轨迹数据.

(3) 计算回报和优势函数：使用每个轨迹数据计算状态的期望回报 $V(\boldsymbol{s})$和优势函数 $A(\boldsymbol{s},\boldsymbol{a})$.

(4) 更新全局网络：使用期望回报作为优化目标，通过梯度下降法来更新全局网络的状态价值函数网络的参数 $\boldsymbol{w}$，以逼近真实的状态价值函数. 通常使用均方误差作为损失函数来进行优化.

(5) 更新节点策略网络：使用轨迹数据和相应的优势函数，通过梯度上升法来更新各自的节点策略网络参数 $\boldsymbol{\theta}$.

(6) 同步更新：周期性地将全局网络参数复制到各个节点网络中，以保持一致性.

(7) 重复步骤(2)至步骤(6)：通过多次迭代，不断使用新的数据来更新全局网络和节点网络的策略网络.

(8) 收敛判断：设置收敛条件，当全局网络的预测误差或策略网络的改进不再显著时，停止迭代.

A3C 算法通过并行化收集数据和更新网络参数，提高了训练效率和样本利用率. 它可以在多个并行节点中独立地交互和更新网络，可实现更高效的学习和更快的收敛速度. 同时，A3C 算法还具有良好的可扩展性和通用性，适用于各种深度强化学习问题，是当前比较流行的热门算法.

8.2.6 AC 类算法的收敛性

对于 AC 类算法的收敛性证明，不同的假设条件可能会导致不同的收敛性定理. 以下是一些与 AC 类算法相关的常见收敛性定理.

(1) 强收敛性：在无限迭代的情况下，策略网络 $\pi(\boldsymbol{a}\mid\boldsymbol{s};\boldsymbol{\theta})$ 和动作价值函数网络 $Q(\boldsymbol{s},\boldsymbol{a};\boldsymbol{w})$ 收敛到某个稳定的解. 这通常需要一些额外的假设，比如连续策略空间或函数逼近的条件.

(2) MDP 收敛性：对于满足马尔可夫性质的状态转移概率和奖励分布概率，AC 算法在半马尔可夫决策过程下能够收敛到最优解. 该定理通常基于状态价值函数 $V(\boldsymbol{s})$ 的贝尔曼方程，并对折扣系数进行一些约束.

需要注意的是，深度强化学习算法的收敛性证明是一个活跃的研究领域，当前尚不存在普遍适用于各种 AC 算法和应用场景的收敛性定理.

8.3 AC 算法实例：求解股票交易最优推荐策略问题

8.3.1 问题说明

某人持有 3 只股票，并记录了这 3 只股票 15 年间的收盘数据，其还有 2 万元现金可用于投资，希望在不亏本的基础上获得更多的利润. 请给出进行股票交易的最优交易方案[2].

为简化模型，交易规则约定：

(1) 如果卖出某只股票，就全部卖出（虽然不尽合理）；

(2) 如果买入某只股票，就用尽手头全部库存现金（虽然不尽合理）.

8.3.2 数学模型

(1) **状态**：状态选自股票交易市场常用的 19 个指标，用 1×19 行向量描述. 如股票交易当天持有的 3 只股票股数（注意：不是金额）；库存现金；3 只股票的当天股价与前 1 天股价涨跌平指标；3 只股票的当天股价与前 2 天股价涨跌平指标；3 只股票当天股价与前 5 天股价涨跌平指标；3 只股票的当天股价与前 7 天股价的均价涨跌平指标等.

① 当前状态与下一个状态：“当前状态”是“前 1 天”股票交易后、收盘前的股票市场信息集合. 已知“前 1 天”股票“收盘价”，“当天”开盘后进行买卖股票，然后结算利润，形成“下一个状态”（即“当天”股票交易后、收盘前的股票市场的信息集合）.

② 回合：由“当前状态”到“下一个状态”形成 1 个时间步. 每天股票等 19 个指标构成一个“状态”，连续多天的状态构成一个“回合”. 程序上，回合指 3 只股票的第 1 天收盘价到最后 1 天收盘价的时间序列.

第 1 天股票交易数据随机产生，形成“起始状态”，作为循环迭代的起点.

③ 交易单位“天”：这里的单位“天”，不是指日常生活中的 24 小时，是指提供 15 年间股票收盘价数据（共有 2598 个数据）中的“1 个数据”. 我们说股票交易共有 2598 天，这 2598 天当作“连续交易”的，不计股票休市.

(2) **动作**

① 动作及其动作总数：动作即产生买入、持平（既不进行买入股票也不进行卖出股票的交易行为）、卖出股票的交易行为. 0 表示卖出股票, 1 表示持平, 2 表示买入股票. 每只股票有 3 个交易行为，共 3 只不同股票，总交易行为有 3^3=27 种.

② 动作数字化：用 0、1 和 2 三个数字构成 27×3 矩阵来描述交易动作，每行表示

3 只股票的交易方案，3 列依次表示第 1 只股票交易行为、第 2 只股票交易行为和第 3 只股票交易行为. 如（0,0,0）表示 3 只股票都卖出；（1,0,2）表示第 1 只股票持平、第 2 只股票卖出、第 3 只股票买入；（2,2,2）表示 3 只股票都买入.

③ 3 只股票交易动作刻画：在程序上，用 27×3 矩阵的行号 1~27 代表交易动作标号. 通过行号——动作标号唯一对应一行数组，如行号 1 对应（0,0,0），行号 2 对应（0,1,0），行号 27 对应（2,2,2），即动作标号唯一对应 3 只股票的具体交易行为.

(3) **奖励**：奖励要鼓励良好的交易行为，此例不是以利润为唯一目的. 奖励由两部分组成：交易行为和是否遵守交易规则.

① 鼓励良好交易行为：良好的交易行为包括卖出股票的利润在增加、卖出股票后股价下跌、持有股票会使投资组合（股票折现与库存现金之和）价值增加. 对良好交易行为和交易利润增加，程序给的奖励是 2.

② 惩罚不当交易行为：不当交易行为包括卖出股票的利润下降、卖出股票后股价上升、持有股票会使投资组合价值减少.对不当交易行为，程序给的奖励是-1.

③ 除奖励 2 或-1 外的其他行为，程序给的奖励是 0.

④ 在上述①、②和③情形下，如果违反交易规则时，加重惩罚. 惩罚力度是违反交易规则的次数相反数（即负整数）.

(4) **状态转移概率**：此例没有用到状态转移概率.

(5) **折扣因子**：程序取折扣因子 $\gamma = 0.9$.

(6) **初始状态概率分布**：初始状态随机产生.

8.3.3 主程序代码

用 MATLAB 自带的 AC 算法程序求解上述股票交易的最优操盘策略问题. 主程序代码如下：

```
//第 8 章/DRL8_1

%% 第 1 段：导入训练数据和测试数据，此例是连续状态空间和 27 维离散动作空间
[trainDataold,testData] = simulateStockData;%2598*3 结构
trainData = trainDataold(end-1599:end,:); %为运行省时，从后端取 1600 个数据

%% 第 2 段： 创建环境
% 2.1 动作矩阵 27*3,离散动作空间
x = 0:1:2; %第 1 只股票 3 个交易行为
y = 0:1:2;
z = 0:1:2;
[X,Y,Z] = meshgrid(x,y,z);
for i = 1:numel(X)
    Action_Vectors(i,:) = [X(i),Y(i),Z(i)];%动作矩阵——各行表示具体交易方案
end
% 2.2 调入两个自定义函数
ResetHandle = @() ResetFunction_ZHY(trainData);
StepHandle = @(Action,StockSaved) StepFunction_ZHY(Action,StockSaved,
trainData,Action_Vectors,true);
ResetHandleT = @() ResetFunction_ZHY(testData);
```

```
    StepHandleT = @(Action,StockSaved)
    %false 区分调用训练数据还是测试数据
    StepFunction_ZHY(Action,StockSaved, testData,Action_Vectors,false);
    % 2.3 状态信息,1*19 行向量,19 个状态分量的连续状态空间
    ObservationInfo = rlNumericSpec([1 19]);
    ObservationInfo.Name = 'StockTrading States';
    ObservationInfo.Description = ['stockholdings, ', ...
        'stock buy price difference, ', ' cash, ', 'StockInd1, ' , 'StockInd2, ', 'StockInd3 '];
    % 2.4 动作标号 1~27，含有 27 个动作的离散动作空间
    ActionInfo = rlFiniteSetSpec(1:27);
    ActionInfo.Name = 'Stock Actions';
    % 2.5 创建环境 Environment
    env = rlFunctionEnv(ObservationInfo,ActionInfo,StepHandle,ResetHandle);
    envT = rlFunctionEnv(ObservationInfo,ActionInfo,StepHandleT,ResetHandleT);
    obsInfo = getObservationInfo(env);
    actInfo = getActionInfo(env);

    %% 第 3 段：创建 AC 智能体
    % 3.1 创建 Critic 网络
    criticNet = [
        %输入层 19 个状态分量、层名和数据处理方法
        imageInputLayer([1 19 1],"Name","state","Normalization","none")
        fullyConnectedLayer(128,"Name","Fully_128_1")%全连接层节点数和层名
        tanhLayer("Name","tanh_activation1") %tanh 激活函数层和层名
        fullyConnectedLayer(128,"Name","Fully_128_2")
        tanhLayer("Name","tanh_activation2")
        fullyConnectedLayer(64,"Name","Fully_64")
        reluLayer("Name","relu_activation1") %ReLU 激活函数层和层名
        fullyConnectedLayer(1,"Name","output")]; %输出层及层名
    criticOpts = rlRepresentationOptions('LearnRate',1e-3,'GradientThreshold', 1,'UseDevice',
'gpu');
    %状态价值函数网络表示
    critic = rlValueRepresentation(criticNet,obsInfo,'Observation',{'state'}, criticOpts);
    % 3.2 创建 Actor 网络
    actorNet = [
        %输入 19 个状态分量、层名和数据处理方法
        imageInputLayer([1 19 1],"Name","state","Normalization","none")
        fullyConnectedLayer(128,"Name","Fully_128_1")
        tanhLayer("Name","tanh_activation1")
        fullyConnectedLayer(128,"Name","Fully_128_2")
        tanhLayer("Name","tanh_activation2")
        fullyConnectedLayer(64,"Name","Fully_64")
        reluLayer("Name","relu_activation1")
        fullyConnectedLayer(27,"Name","action")];%输出层、27 个动作标号及层名
    actorOpts        =        rlRepresentationOptions('LearnRate',1e-3,'GradientThreshold',
1,'UseDevice','gpu');
    actor = rlStochasticActorRepresentation(actorNet,obsInfo,actInfo,
'Observation',{'state'},actorOpts);%演员动作的概率分布表示
```

```
% 3.3  建立层图并显示网络架构
lgraph1 = layerGraph(criticNet); %建立 criticNet 网络层图
lgraph2 = layerGraph(actorNet); %建立 actorNet 网络层图
figure;
plot(lgraph1); %显示 criticNet 网络图形
title('Critic network')
figure;
plot(lgraph2); %显示 actorNet 网络图形
title('Actor network')
% 3.4 创建 AC 智能体
agentOpts = rlACAgentOptions(...
    'NumStepsToLookAhead',64, ...
    'EntropyLossWeight',0.3, ...
    'DiscountFactor',0.9);
agent = rlACAgent(actor,critic,agentOpts);%创建 AC 智能体

%% 第 4 段：训练 AC 智能体
% 4.1 设置训练可选参数
trainOpts = rlTrainingOptions(...
    'MaxEpisodes', 5000, ... %训练回合的总数
    %回合包含的最大步数=训练数据长度
    'MaxStepsPerEpisode', size(trainData,1), ...
    'Verbose', false, ...%屏幕不显示训练进程信息
    'Plots','training-progress',...%绘制训练进程图
    'ScoreAveragingWindowLength',10,...%平均移动窗口长度
    'StopTrainingCriteria','AverageReward',...%训练终止准则
    'StopTrainingValue',100000000);%训练终止阈值
% 4.2 训练智能体或调入预训练智能体
doTraining = false;
if doTraining
    trainingStats = train(agent,env,trainOpts);
else
    load('agent_3Stock_Jun03.mat','agent') %导入原有的预训练智能体数据
end

%% 第 5 段：用测试数据测试预训练智能体
%4000 大于训练用的 size (trainData,1)步，看智能体的泛化能力
simOpts = rlSimulationOptions('MaxSteps',4000);
experience = sim(envT,agent,simOpts);

%% 第 6 段：论文用图、性能指标. 此处略.
```

主程序中部分函数功能和语法说明如下：

(1) **[trainData,testData] = simulateStockData**

- **功能**：导入训练数据和测试数据.
- **输入变量**：无.
- **输出变量**

trainData：2598×3 结构，是 2598 天的股票收盘指数，有 3 只股票，用作训练数据.

testData：1114×3 结构，是 1114 天的股票收盘指数，有 3 只股票，用作测试数据.

(2) **[InitialObservation,StockSaved] = myResetFunction(trainData)**

- **功能**：重置函数，为回合建立一个随机的初始状态，并保存需要的信息.
- **输入变量**：trainData，训练数据.
- **输出变量**

InitialObservation：建立一个随机初始状态.

StockSaved：保存需要的信息用于计算.

(3) **[NextObs,Reward,IsDone,StockSaved] = myStepFunction(Action,StockSaved,trainData,ActionVectors,isTrain)**

- **功能**：利用自定义的单步函数构建环境，计算下一个状态，计算回报，保存股票信息.
- **输入变量**

Action：当前动作，动作的含义是卖出、持平和买入，用行号 1～27 表示采用哪个动作.

StockSaved：当前状态的股票保存信息，包含自己持有股票、手持现金、19 个状态分量、近 7 天股票信息、先前买入的股票价格、利润情况、动作、奖励、当前回合的步数等.

trainData：训练数据.

ActionVectors：动作矩阵，27×3 结构.

isTrain：调用数据标识符：取 0 表示调用测试数据，取 1 表示调用训练数据.

- **输出变量**

NextObs：下一个状态观测记录信息.

Reward：用到下一个状态结果的智能体采用当前动作获得的单步奖励，即“上一天”股票交易后的奖励.

IsDone：判断下一个状态的步数是否达到回合最大步数，回合训练到达最大步数标识符：取 0 没有到达最大步数，取 1 到达回合最大步数.

StockSaved：记录下一个状态的股票保存信息.

注意：函数 myStepFunction 是求解实际应用问题的首要关键程序. 这个函数与上一函数 myResetFunction 配合，全面实现了实际问题的环境设置.

---

(4) **critic = rlValueRepresentation(criticNet,obsInfo,'Observation',{'state'}, criticOpts)**

- **功能**：创建状态价值函数的逼近器，即评委网络 critic.
- **输入变量**

criticNet：评委网络 critic 的网络结构.

obsInfo：状态观测信息.

'Observation',{'state'}：观测变量名称.

criticOpts：评委网络 critic 的可选参数.

- **输出变量**

critic：评委网络 critic.

(5) **actor = rlStochasticActorRepresentation(actorNet,obsInfo,actInfo,'Observation',{'state'},actorOpts)**

- **功能**：创建表示动作的演员网络.

- **输入变量**

actorNet：演员网络结构.

obsInfo：状态观测信息.

actInfo：动作信息.

'Observation',{'state'}：观测变量名称.

actorOpts：演员网络的可选参数.

- **输出变量**

actor：演员网络.

(6) **agent = rlACAgent(actor,critic,agentOpts)**

- **功能**：创建 AC 智能体.
- **输入变量**.

actor：演员网络.

critic：评委网络.

agentOpts：AC 智能体选定参数.

- **输出变量**

agent：AC 智能体，其中包含 AgentOptions、ObservationInfo、ActionInfo、是否利用 UseExplorationPolicy 策略、SampleTime 等.

8.3.4 程序分析

上述程序，按照功能划分，可以分为 6 部分.

(1) 导入训练数据和测试数据：通过函数 simulateStockData 直接将已知的实验数据划分为训练数据和测试数据. 原来的训练数据长度是 2598. 为节省程序运行时间，从后端截取 1600 个数据作为训练数据. 测试数据仍用原来的，其长度是 1114.

(2) 创建环境：这部分是创建针对问题的环境，用到 2 个自定义函数. 在 DQN 算法中，也用到这样作用的自定义函数. 需要引起重视的是，与 DQN 算法通过物体运动方程创建环境不一样，此例是利用实验数据来创建环境，其做法具有代表性. 这一段程序是求解实际问题的关键工作，应引起读者高度重视.

(3) 创建 AC 智能体：这部分创建了 3 个神经网络，即演员网络 actor、评委网络 critic、AC 智能体.

① 演员网络 actor：演员网络 actor 的输入是状态变量，因此输入层节点数是 19，即输入层写作 imageInputLayer([1 19 1])，应留意这里可以输入图像表示状态信息. 演员网络 actor 的输出是动作，因此输出层 fullyConnectedLayer(27)的节点数是 27——利用 27 个正整数来刻画动作标号. 程序通过动作标号与动作向量矩阵 27×3 唯一地建立对映关系. 如动作 12 号对应数组(0,2,1)，表示交易行为是：第 1 只股票卖出，第 2 只股票买入，第 3 只股票持平. 因此，采取 12 号动作讲的就是对 3 只股票的具体操作策略. 演员网络 actor 的中间层和激活函数层依据具体问题可以增减，节点数也可以或多或少. 要特别关注激活函数的输入节点数和输出值域.

② 评委网络 critic：评委网络 critic 的输入也是状态变量，因此输入层节点数也是 19，即输入层写作 imageInputLayer([1 19 1])，应特别留意这里没有输入动作变量. 评委网

络 critic 的输出是对输入“状态 s”的状态价值函数 $V(s)$的近似，因此输出层 fullyConnectedLayer(1)的节点数是 1——利用 1 个浮点数来记录“状态 s”的状态价值 $V(s)$的近似. 评委网络 critic 的中间层和激活函数层也是依据具体问题可以增减，节点数也可以或多或少，要特别关注激活函数的输入节点数和输出值域.

③ AC 智能体：AC 智能体包含了评委网络 critic 和演员网络 actor. 评委网络 critic 对演员网络 actor 的动作打分，是通过 AC 智能体（实际上就是网络）实现的.

(4) 训练 AC 智能体：这部分的语句几乎固定，与 DQN 算法几乎一样，见第 6.4.3 节相关内容.

(5) 用测试数据测试预训练智能体：这部分是验证 AC 算法的训练结果. 这部分的语句几乎固定，与 DQN 算法几乎一样，见第 6.4.3 节相关内容.

该例是利用实验数据创建环境的，因此，利用训练数据创建的环境与利用测试数据创建的环境不一样. 所以，在测试环节，要利用测试数据创建的环境，利用训练数据训练好的智能体.

通过测试得到好的结果，说明预训练智能体具有丰富的经验，可以把仿真过程应用到真实的环境中. 如利用这里的预训练智能体和某证券交易市场环境来具体操作股票交易.

(6) 论文用图、性能指标：在算法改进和学术研究上，要分析算法结果绘图和算法性能指标.

常用的论文用图包括：利用训练数据和测试数据得到的与各个回合对应的回报变化图像、与各个回合对应的平均回报变化图像. 通过这 4 个图像可以看出算法是否快速收敛、是否稳定收敛等关键问题，还可以看出训练结果与测试结果是否合理.

8.3.5 程序结果解读

(1) 智能体训练结果如图 8-2 所示.

我们用 1600 天的训练数据，训练 2000 个回合，用时 4 小时 48 分钟，得到各个回合的回报与平均回报变化曲线，如图 8-2 所示.

可以发现：AC 智能体得到了很好的训练. 在前 400 个回合中，两条曲线快速上升，说明算法实现了“快速收敛”. 400 个回合以后，两条曲线平稳变化且趋向于水平直线，说明算法实现了“平稳收敛”. 对比回合曲线与平均回合曲线，可以看出回合曲线上下波动比较小，这说明算法具备“稳定收敛”的能力.

(2) 直接利用上面训练的 AC 智能体，利用测试数据得到的仿真结果，如图 8-3 所示.

如图 8-3(a)所示，3 只股票数据依据投资总额 20000 元进行了缩放，即第 1 回合的起点数据都是 20000. 数据这样处理，可以使绘图更加直观，便于联系对比分析.

测试数据是 1114 天的收盘股价. 3 只股票各有特点：第 1 只股票（见黄色曲线）涨跌活跃，特别是最后 100 天（即从第 1000 天以后）一路上涨；第 2 只股票（见紫色曲线）涨跌不太剧烈，比较平稳，各有 3 波涨跌起伏；第 3 只股票（见绿色曲线）涨跌呈下降趋势.

如图 8-3(b)所示，是预训练 AC 智能体在 1114 天的操作策略，动作序号多数是 14，还有序号 9,12,19,25.

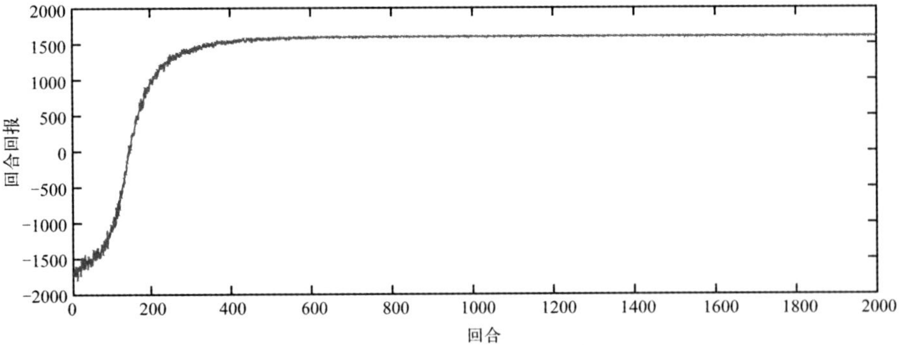

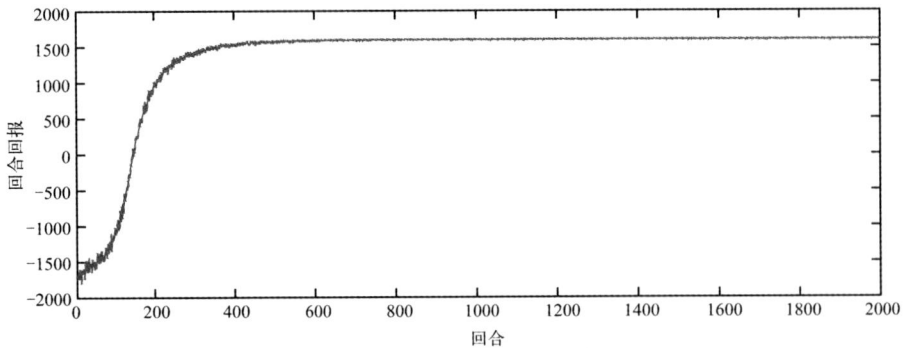

(a) AC智能体训练时回合回报

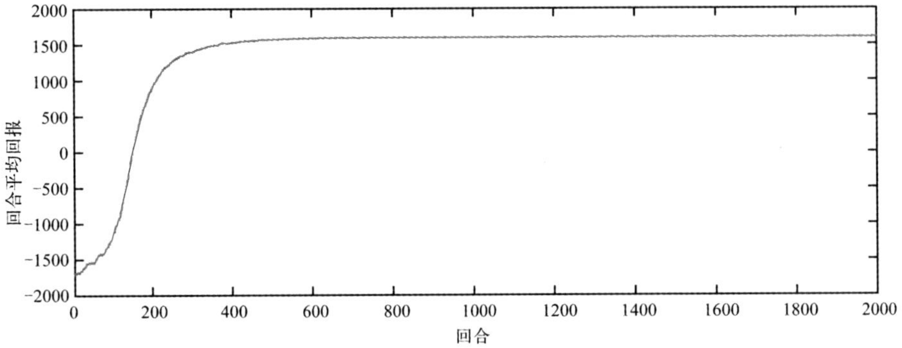

(b) AC智能体训练时回合平均回报

图 8-2　训练 AC 智能体时各回合回报及平均回报

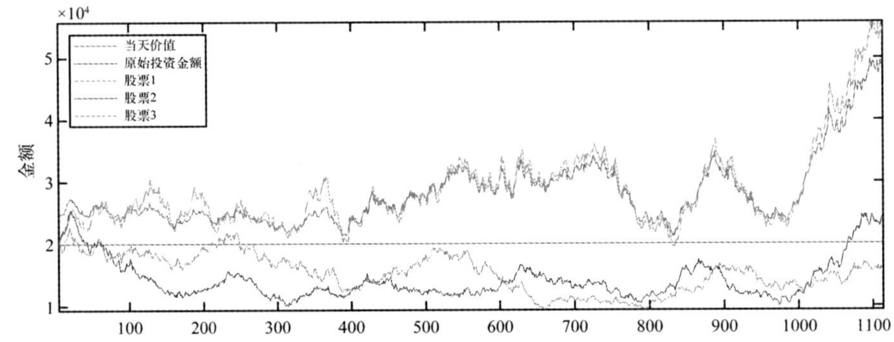

(a) 3支股票的测试数据缩放后曲线及利润曲线

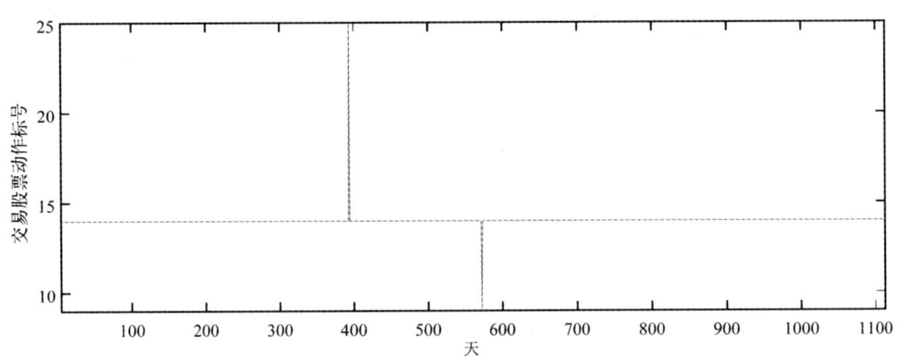

(b) 智能体的操作策略

图 8-3　测试 AC 智能体及其获得利润情况

从当天价值曲线及交易动作变动曲线可以分析出：股票交易最开始的几天，当天价值高出 3 只股价但没有交易动作. 说明智能体采取“持平”动作，凭着已经早期买进的股票升值提高了当天价值. 在 395 回合前后，第 1 只股票和第 3 只股票出现下跌，智能体采取 25 号和 19 号动作，当天价值也出现下滑. 在 580 回合前后，第 3 只股票出现下跌，第 1 只和第 2 只股票出现上涨，智能体采取 12 号和 9 号动作，当天价值也有少许下滑. 虽然两波涨跌都出现当天价值下滑，但由后期的当天价值变化可见，当时的交易操盘策略是合适的.

(3) 利润变化图像与 3 只股票交易策略，如图 8-4 所示.

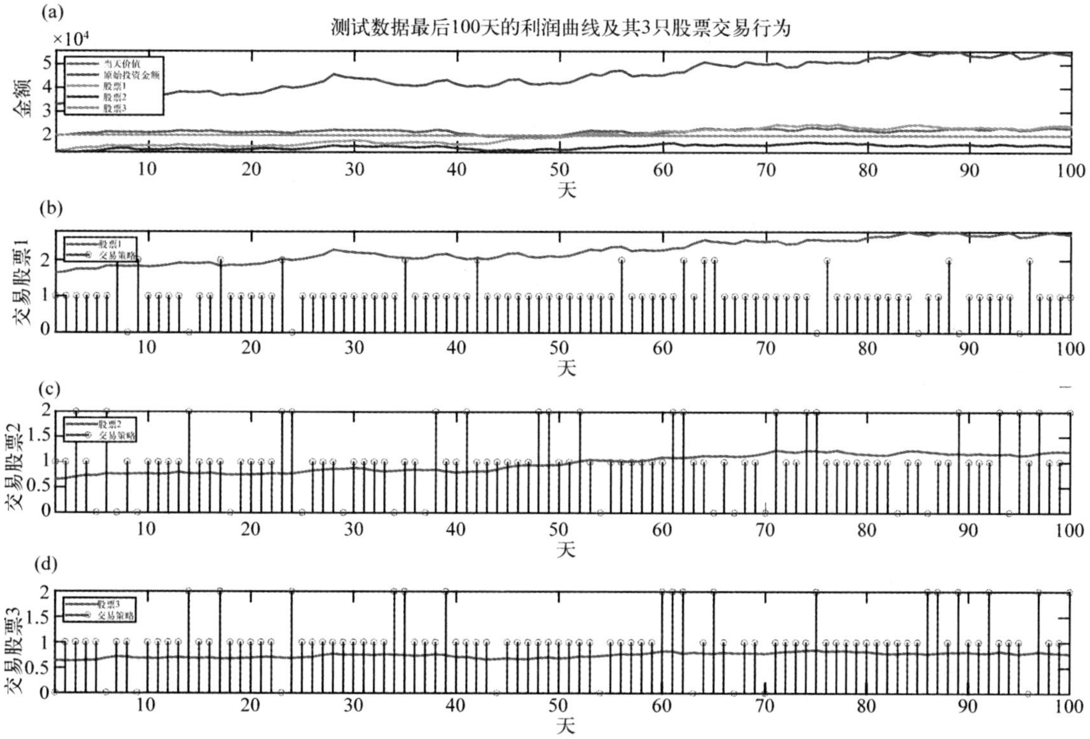

图 8-4　利润变化图像与 3 只股票交易策略

图 8-3 从总体上便于分析 3 只股价涨跌与当天价值及交易策略（动作）的联系. 图 8-4 从细节上给出了 3 只股票的具体交易策略.

图 8-4 是利用 MATLAB 提供的预训练智能体和测试数据得到的. 在 1114 天的测试数据中选取最后 100 天的股价和具体交易策略. 图 8-4(a)反映了当天价值和 3 只股票的整体变动情况. 图 8-4(b)~(d)各自反映了股票变动与具体交易策略. 利用图 8-4 可以诊断智能体采取的交易策略是否合理，可以对不合理的交易改进算法程序.

(4) 性能指标分析：为使训练结果与测试结果具有可比性，在原训练数据后端截取与测试数据等长（此例是 1114）的交易数据. 实际上，是用训练数据和测试数据各形成一个回合. 算法程序的性能指标，如表 8-1 所示.

此例的目的是追求良好的交易行为和利润，可以利用利润均值和好交易行为百分比性能指标来描述.

表 8-1　AC 算法程序实现股票交易最优策略的性能指标

数据来源	后 30 天净利润均值	好交易行为百分比	正奖励百分比	回合累计奖励	回报标准差
训练数据	1.1187e+05	15.4537%	60.9164%	124	1.1607
仿真数据	2.6622e+03	18.4187%	60.2875%	116	1.1521

① 后 30 天净利润均值：利润，指最后 1 天股票交易后、在股市收盘前的折现结果. 由于初始状态的随机性，最后 1 天的利润也具有随机性. 从统计分析的角度上应该定义成“最后 1 天利润的数学期望”. 在程序上，方法 1 是：我们取最后 1 个月（即 30 天）的利润均值，代表“最后 1 天利润的数学期望”. 二者之间有误差，但是用“30 天利润均值”代替“最后 1 天利润的数学期望”是合理的. 方法 2 是：多次独立地用训练数据和测试数据测试智能体，取这些测试的利润均值代替“最后 1 天利润的数学期望”. 此例用方法 1 的结果，如表 8-1 所示. 最后 1 天的利润，用训练数据得到的是 111870 元，测试数据得到的是 2662.2 元. 用训练数据的利润明显高于测试数据的结果，这是合理的，因为训练数据在训练智能体时已经用过.

② 好交易行为百分比：好交易行为指当天股票下跌时卖出股票，而股票上涨时买进股票. 好交易行为占有比较高的百分比时，可以实现“高利润、低风险”. 如表 8-1 所示，用训练数据得到的好交易行为百分比是 15.45%，测试数据得到的是 18.42%. 二者不相上下但偏低，说明预训练智能体的交易经验应提高. 正奖励的百分比分别是 60.92%和 60.29%，也说明了智能体应该调试参数，继续训练.

③ 正奖励百分比：每时间步得到的最大奖励是 1，一共 1114 步，最大奖励之和应该是 1113（第 1 步没有奖励）. 如表 8-1 所示，用训练数据得到的回合奖励和是 124，只占 124/1113=0.1114，测试数据得到的回合奖励和是 116，只占 116/1113=0.1042. 二者不相上下但偏低，说明应该调试程序参数，继续训练.

④ 回报标准差：回报标准差分别是 1.1607 和 1.1521，二者数值偏小. 参考图 8-2 回合回报变化曲线，可以认为算法程序具有很好的稳定性.

选用不同作用的性能指标，是论文写作的需要，也可以对算法程序给出“诊断”，然后分析出改进的思路. 这一点应引起读者的十分重视.

8.4　AC 算法的优缺点及算法扩展

8.4.1　AC 算法的优缺点

AC 算法具有以下优点：

(1) 可以进行单步更新：相较于纯策略梯度方法，不需要跑完一个回合再更新网络参数，比 PG 算法更新更快. AC 算法通常具有更好的收敛性，可以更快地学习到高质量的策略.

(2) 降低高方差估计：基本的 PG 算法对动作价值函数的估计虽然是无偏的，但方差较大. 通过使用 TD 误差来估计价值函数 $Q(\boldsymbol{s},\boldsymbol{a})$或 $V(\boldsymbol{s})$，AC 算法可以减小策略梯度的方差，提高训练稳定性和效率.

(3) 可处理连续动作空间问题：AC 算法适用于连续动作空间问题，并能够通过策略网络和价值函数网络来实现高效学习.

(4) 策略和价值函数并行更新：AC 算法中演员网络和评委网络可以并行地进行更新，在训练过程中能够同时优化策略网络和价值函数网络.

(5) 具备在线更新能力：由于使用 TD 误差进行更新，AC 算法具备在线更新能力，并且对于任务动态变化有较好的适应性.

然而，AC 算法也存在一些缺点.

(1) 难收敛：演员网络 Actor 的动作取决于评委网络 Critic 的状态价值函数，但是因为评委网络 Critic 本身就很难收敛，和演员网络 Actor 一起更新的话就更难收敛了.

(2) 超参数选择困难：AC 算法中存在多个超参数，如学习率、折扣因子等，选择合适的超参数可能需要经验或反复调试.

(3) 高度依赖初始化：初始策略网络和价值函数网络的参数选择，可能对算法的性能产生重要影响，需要进行合适的初始化.

8.4.2 模型扩展

股票交易最优推荐策略问题的特征：已知 19 个状态分量的连续状态空间，已知 27 个动作的离散动作空间，已知各时间步的奖励规则，无需状态转移概率，设置折扣系数 γ，实现最优推荐策略. 这是一个训练 AC 智能体实现最优推荐策略的模型.

以下是 8 个与利用 AC 算法求解股票交易最优推荐策略问题相似的案例：

① 电子商务推荐系统：利用 AC 算法进行用户个性化推荐，根据用户特征和历史交互数据，优化商品推荐效果.

② 广告投放优化：通过 AC 算法优化广告投放策略，根据用户属性和行为特征，实现精准广告投放和转化率最大化.

③ 能源交易决策：利用 AC 算法进行能源市场交易决策优化，基于市场价格、需求预测等信息实现最佳买卖决策.

④ 网络安全防御：使用 AC 算法来进行网络安全防御的决策优化，在面对网络攻击时选择最佳防御措施.

⑤ 供应链管理与调度：应用 AC 算法来进行供应链中物流调度、库存管理等方面的决策优化，提高管理效率和成本控制.

⑥ 健康管理与个性化治疗方案：通过 AC 算法对患者的医疗数据和历史记录进行分析，并给出个性化治疗方案建议.

⑦ 资源调度与排班问题：利用 AC 算法进行资源调度和人员排班的优化，如交通运输调度、员工排班等.

⑧ 市场营销策略优化：使用 AC 算法进行市场营销策略的优化和资源配置，包括广告投放、促销活动等方面.

8.4.3 算法扩展

以下是几个与 AC 算法相似并进行改进的算法：

(1) A2C(advantage Actor-Critic)算法：A2C 算法引入优势函数，可以解决 AC 算法中策略梯度运算可能产生的“高方差”的问题.

(2) A3C（asynchronous advantage Actor-Critic）：A3C 算法是对 AC 算法的并行化改进，通过多个并行的智能体进行异步训练，提高训练效率，并降低样本相关性.

(3) PPO（proximal policy optimization）：PPO 算法是对 AC 算法的改进，通过近端策略优化技术来控制每次更新时策略网络的变化范围，提高训练稳定性和样本利用效率.

(4) SAC（soft Actor-Critic）：SAC 算法是一种基于最大策略熵和软策略梯度方法进行改进的 AC 算法，更好地处理连续动作空间问题，并实现更稳定和高效地学习.

这些改进算法在基于 Actor-Critic 框架上引入了不同技术手段或优化方法来提高训练稳定性、样本利用率、收敛速度和适应性.

8.5 本章小结

(1) AC 类算法的原理

① 理论支撑：关于 AC 算法的理论支撑问题，本质上与 PG 算法没有区别，只是在迭代更新关系式上有些差异. 但是，这些迭代更新关系式不影响目标函数、策略梯度和迭代收敛性.

② 核心公式

TD 误差更新公式：t 时间步的更新

$$\delta = r_{t+1} + \gamma Q(\boldsymbol{s}_{t+1}, \boldsymbol{a}_{t+1}; \boldsymbol{w}) - Q(\boldsymbol{s}_t, \boldsymbol{a}_t; \boldsymbol{w}) .$$

- 评委网络 $Q(\boldsymbol{s},\boldsymbol{a};\boldsymbol{w})$ 参数 $\boldsymbol{w}$ 更新公式

$$\boldsymbol{w} \leftarrow \boldsymbol{w} + \alpha\delta\nabla_{\boldsymbol{w}} Q(\boldsymbol{s}_t, \boldsymbol{a}_t; \boldsymbol{w}) .$$

- 演员网络 $\pi(\boldsymbol{a} \mid \boldsymbol{s};\boldsymbol{\theta})$ 参数 $\boldsymbol{\theta}$ 更新公式

$$\boldsymbol{\theta} \leftarrow \boldsymbol{\theta} + \beta\delta\nabla_{\boldsymbol{\theta}} \ln \pi(\boldsymbol{a}_t \mid \boldsymbol{s}_t;\boldsymbol{\theta}) .$$

③ 突出特性

- 演员网络 Actor：AC 算法中的演员网络 $\pi(\boldsymbol{a} \mid \boldsymbol{s};\boldsymbol{\theta})$ 逼近策略函数 $\pi(\boldsymbol{a} \mid \boldsymbol{s})$，根据当前状态选择合适的动作. 演员网络利用策略梯度方法，通过最大化预期回报来改进动作选择.
- 评委网络 Critic：AC 算法中的评委网络 $Q(\boldsymbol{s},\boldsymbol{a};\boldsymbol{w})$（或 $V(\boldsymbol{s};\boldsymbol{w})$）逼近动作价值函数 $Q(\boldsymbol{s},\boldsymbol{a})$（或 $V(\boldsymbol{s})$），对状态和动作进行评估. 评委网络提供了对演员网络策略质量的反馈，并帮助指导策略优化过程.
- 演员-评委协同更新：演员网络根据评委提供的价值信息来调整决策，通过优化策略来改进决策质量. 而评委网络则通过观察环境并计算回报与估计值之间的差异来更新自身参数.

通过结合演员网络和评委网络的学习，AC 算法能够在强化学习任务中实现策略的优化和动作价值函数的评估，演员网络用于策略改进，评委网络用于策略评估，并通过优化策略来改进决策质量.

(2) 研究问题的思路

第 7 章前面的算法是利用价值函数（包括动作价值函数 $Q(\boldsymbol{s},\boldsymbol{a})$ 和状态价值函数 $V(\boldsymbol{s})$）建立的，第 7 章的 PG 算法是直接利用策略函数 $\pi(\boldsymbol{a}|\boldsymbol{s})$建立的，它可以解决连续状态空间和连续动作空间的问题. 能不能把利用价值和利用策略二者结合起来呢？二者结合就形成了演员-评委算法（AC 算法）.

利用演员网络 Actor 逼近策略函数 $\pi(\boldsymbol{a}\mid\boldsymbol{s})$，并输出对每个状态采取不同动作的概率分布. 利用评委网络 Critic 逼近动作价值函数 $Q(\boldsymbol{s},\boldsymbol{a})$，并提供对动作的价值估计. AC 算法也是直接从策略入手，成功地解决了连续状态空间及连续动作空间学习最优策略的问题.

(3) 释疑解惑

① 评委网络的最初打分影响演员动作：实验数据表明，评委网络的迭代初始值大小，对演员的动作影响敏感，可能导致算法收敛慢、收敛不平稳.

② 评委网络和演员网络参数更新

$\delta = r_{t+1} + \gamma Q(\boldsymbol{s}_{t+1},\boldsymbol{a}_{t+1};\boldsymbol{w}) - Q(\boldsymbol{s}_t,\boldsymbol{a}_t;\boldsymbol{w})$ 刻画评委网络的 TD 误差，$\boldsymbol{w} \leftarrow \boldsymbol{w} + \alpha\delta\nabla_{\boldsymbol{w}} Q(\boldsymbol{s}_t,\boldsymbol{a}_t;\boldsymbol{w})$ 是对评委的参数 $\boldsymbol{w}$ 更新，$\boldsymbol{\theta} \leftarrow \boldsymbol{\theta} + \beta Q(\boldsymbol{s}_t,\boldsymbol{a}_t;\boldsymbol{w})\nabla_{\boldsymbol{\theta}} \ln \pi(\boldsymbol{a}_t\mid\boldsymbol{s}_t;\boldsymbol{\theta})$ 是对演员网络参数 $\boldsymbol{\theta}$ 的更新.

(4) 学习与研究方法

① Actor-Critic 架构方法：就是策略函数网络 $\pi(\boldsymbol{a}\mid\boldsymbol{s};\boldsymbol{\theta})$ 和动作价值函数网络 $Q(\boldsymbol{s},\boldsymbol{a};\boldsymbol{w})$ 的架构，也就是策略函数 $\pi(\boldsymbol{a}\mid\boldsymbol{s})$ 和动作价值函数 $Q(\boldsymbol{s},\boldsymbol{a})$ 的架构. 这样的架构一经出现，就引起了学术界普遍的关注. 现在的很多算法都是采用 Actor-Critic 架构，并取得了非凡的效果. 如 A2C 算法、A3C 算法、SAC 算法、PPO 算法、DDPG 算法等.

② 择优融合法

- 在 AC 算法基础上，融合“基线降低策略梯度方差”方法，就形成了 A2C 算法.
- 在 AC 算法基础上，融合“异步并行训练”方法，就形成了 A3C 算法.
- 在 AC 算法基础上，融合“策略最大熵”目标函数，就形成了 SAC 算法.

习 题 8

8.1 程序 DRL8_1 有哪些特点？怎样改编该程序求解自己的实际问题？

8.2 运行程序 DRL8_1：

(1) 查看状态空间是否是离散的，在网络结构中是怎样利用状态变量的.

(2) 查看动作空间是否是离散的，在网络结构中是怎样利用动作变量的.

(3) 奖励函数是根据哪些因素建立的？请依据利润大小建立奖励函数，并运行程序.

8.3 将程序 DRL8_1 中的 AC 算法换成 A3C 算法和 PG 算法. 对三个算法的结果进行联系对比分析，并用性能指标说明三个算法的优劣情况.

8.4 预测股票涨跌：任务是建立一个股票交易模型，使用 AC 算法来预测股票的涨跌，并根据预测结果制定最优的交易策略. 需要定义状态空间、动作空间和奖励函数，并使用 AC 算法来训练一个能够预测股票涨跌策略的演员-评委网络.

8.5 期权交易策略：针对期权交易市场设计一个最优的交易策略，使用 AC 算法来优化策略的决策过程. 需要定义状态空间、动作空间和奖励函数，并使用 AC 算法来训练一个能够优化交易决策的演员-评委网络，以实现最优的期权交易策略.

8.6 外汇交易策略：针对外汇交易市场设计一个最优的交易策略，任务是定义状态空间、动作空间和奖励函数，并使用 AC 算法来训练一个能够优化交易决策的演员-评委网络，以实现最优的外汇交易策略.

第9章 SAC 算法求解机器人手臂控球平衡问题

SAC（soft actor-critic）**算法**，可译作**柔性** AC **算法**. SAC 算法由 Haarnoja 等人在 2018 年发表的论文 *Soft Actor-Critic Algorithms and Applications* 中提出[20]，他们通过将策略梯度方法与 Q-learning 算法相结合，在优化目标函数中引入策略熵，提出了这一算法.

在传统的强化学习中，策略梯度方法通常用于优化策略网络 $\pi(\boldsymbol{a} \mid \boldsymbol{s};\boldsymbol{\theta})$ 的参数 $\boldsymbol{\theta}$，而 Q-learning 用于估计动作价值函数 $Q(\boldsymbol{s},\boldsymbol{a})$. 然而，在连续动作空间中，单独使用这些方法存在一些挑战.

为了解决这些挑战，SAC 算法结合了策略梯度 $\nabla_{\theta} J(\pi_{\theta})$ 和 Q-learning 算法，并在目标函数中加入了策略熵来引导智能体的探索行为. 通过引入柔性 Q-learning 方法，它允许动作随机选择而不是贪婪选择. 此外，在训练过程中使用两个动作价值函数网络来减小误差对训练效果的影响. 通过结合这些方法，并引入策略熵最大化目标，SAC 算法在连续动作空间中取得了较好的性能和稳定性. 经过离散化处理，SAC 算法也可以用于离散动作空间的任务. 因此，SAC 算法是一种通用的强化学习算法，适用于各种类型的强化学习任务，如机器人控制、虚拟环境仿真、金融投资组合优化和人机交互等广泛的应用领域.

9.1 SAC 算法的基本思想

SAC 算法的基本思想是，利用策略熵最大化来引导智能体产生更多的探索行为，使用柔性 Q-learning 方法来获得更多样性的动作选择，并引入辅助动作价值函数网络来提高训练效果和算法稳定性. 它是一种基于无模型的最大熵强化学习算法，适用于连续动作空间的强化学习问题.

9.2 最大熵强化学习

9.2.1 信息熵概念及其作用与策略熵

信息熵（information entropy）是信息论的基本概念，它描述信源各可能事件发生的不确定性. 20 世纪 40 年代，香农(C.E.Shannon)借鉴了热力学的概念，把信息中排除了冗余后的平均信息量称为“信息熵”，并给出了计算信息熵的数学表达式.

在信源 X 中，考虑的不是某一单个符号发生的不确定性，而是要考虑这个信源 X 所有可能发生情况的平均不确定性. 若信源 X 有 n 种符号 $X_1,\cdots,X_i,\cdots,X_n$，各自发生的概率

为 $p_1,\cdots,p_i,\cdots,p_n$，且各种符号的出现彼此独立. 这时，信源的平均不确定性应当为单个符号不确定性$-\log_2 p_i$的数学期望，称为信源的**信息熵**，即

$$H(X)=E[-\log_2 p_i]. \tag{9.1}$$

式中对数一般取以 2 为底，单位为比特.

如果是离散信源，利用数学期望的定义，式(9.1)可写为

$$H(X)=E[-\log_2 p_i]=-\sum_{i=1}^{n} p_i \log_2 p_i . \tag{9.2}$$

对于连续信源，香农给出了形式上类似于离散信源的连续熵 $H_c(X)$，$H_c(X)$连续熵已不同于离散信源，不代表连续信源的信息量. 有兴趣的读者可以参考文献[21].

约定：除非特别说明，本书指的信息熵都是离散信源的情形.

分析式(9.1)或式(9.2)可知，信息熵的作用是可以表示信息的价值. 当一种信息出现概率更高的时候，表明它被传播得更广泛，或者说该信息被引用的程度更高.

信息熵这个数值指标，应用的范围极其广泛. 具体说来，凡是导致随机事件集合的肯定性、组织性、法则性或有序性等增加或减少的活动过程，都可以用信息熵这个统一的标尺来度量.

把信息熵与强化学习知识相结合，可以把随机性策略 $\pi(\boldsymbol{a}\mid\boldsymbol{s})$ 看作信源 X，把智能体采取的不同的动作看作多个符号 $X_1,\cdots,X_i,\cdots,X_n$，对各个动作对应的概率 $\pi(\boldsymbol{A}|\boldsymbol{s})$取对数，即

$$H(\pi(\cdot\mid\boldsymbol{s}))=E[-\log_2\pi(\boldsymbol{A}|\boldsymbol{s})], \tag{9.3}$$

就可以把信息熵与我们最关心的策略联系起来.

我们称式(9.3)定义的 $H(\pi(\cdot\mid\boldsymbol{s}))$为**策略 $\pi(\boldsymbol{a}|\boldsymbol{s})$在状态 $\boldsymbol{s}$ 的策略熵**.

9.2.2 最大熵强化学习基本知识

9.2.2.1 最大熵强化学习的目标函数

最大熵强化学习的目标是，除了要最大化累计奖励外，还要使得策略更加具有随机性. 因此，强化学习的优化目标函数中加入了一项熵的正则项，**最优策略 π^*定义为**

$$\pi^*=\arg\max_{\pi} E_\pi[\sum_t r(\boldsymbol{s}_t,\boldsymbol{a}_t)+\alpha H(\pi(\cdot\mid\boldsymbol{s}_t))] . \tag{9.4}$$

其中，α 是一个正则化系数，也称为**温度系数**，用来控制策略熵的重要程度.

最优策略 π^*定义式(9.4)的含义是，寻找最优策略 π^*，既追求最大化累计奖励 $E_\pi[\sum_t r(\boldsymbol{s}_t,\boldsymbol{a}_t)]$，同时又追求最优策略 π^*具有更多的随机性 $\alpha E_\pi[H(\pi(\cdot\mid\boldsymbol{s}_t))]$（即增加策略的多样性和增强智能体的探索性）.

正则化系数 α 的作用是，调节强化学习算法的探索程度：如系数 α 越大，则探索性就越强，有助于加速策略学习，并减少策略陷入局部最优解的可能性.

9.2.2.2 最大熵强化学习基本知识框架

除了式(9.4)提出的最优策略 π^*定义外，最大熵强化学习还包括[22]：

(1) 具有最大熵项的动作价值函数 $Q(\boldsymbol{s},\boldsymbol{a})$的重新定义；

(2) 具有最大熵项的状态价值函数 $V(\boldsymbol{s})$的重新定义；

(3) 具有最大熵项的动作价值函数 $Q(\boldsymbol{s},\boldsymbol{a})$和具有最大熵项的状态价值函数 $V(\boldsymbol{s})$的关系；

(4) 具有最大熵项的动作价值函数 $Q(\boldsymbol{s},\boldsymbol{a})$的贝尔曼方程；

(5) 具有最大熵项的动作价值函数 $Q(\boldsymbol{s},\boldsymbol{a})$的贝尔曼最优方程；

(6) 具有最大熵项的状态价值函数 $V(\boldsymbol{s})$的贝尔曼方程；

(7) 具有最大熵项的状态价值函数 $V(\boldsymbol{s})$的贝尔曼最优方程；

(8) 具有最大熵项的策略梯度定理；

(9) 具有最大熵项的 PPO 截断算法.

总而言之，在原来“强化学习”或“深度强化学习”的基本概念、基本理论和基本方法上，加入“策略熵”项，就形成了“最大熵强化学习”的知识体系.

9.3 SAC 算法的实现

9.3.1 SAC 算法的应用条件

(1) 连续动作空间：SAC 算法适用于连续动作空间的强化学习问题. 它能够处理需要从一个连续动作空间中选择动作的任务.

(2) 完全观测环境：SAC 算法假定智能体能够完全观测到环境的当前状态. 这意味着智能体可以准确获取到环境中所有的必要信息，并且不受未来状态变化、隐含信息或不完全观测等情况的影响.

(3) 马尔可夫性质：SAC 算法适用于马尔可夫决策过程问题. 其中当前状态可以完全描述过去历史的信息，而不受历史状态的影响.

(4) 即时奖励定义：需要定义智能体采取不同动作所获得的即时奖励，并确保奖励函数设计合理以指导学习过程.

9.3.2 SAC 算法的伪代码

SAC 算法估计策略 $\pi(\boldsymbol{a}\mid \boldsymbol{s};\boldsymbol{\theta}) \approx \pi^*$

初始化策略网络 $\pi(\boldsymbol{a}\mid \boldsymbol{s};\boldsymbol{\theta})$ ——演员网络 Actor 及其参数
初始化动作价值函数网络 $Q(\boldsymbol{s},\boldsymbol{a};\boldsymbol{w}_1)$ 和 $Q(\boldsymbol{s},\boldsymbol{a};\boldsymbol{w}_2)$ ——评委网络 Critic 及其参数
初始化策略目标网络 $\hat{\pi}(\boldsymbol{a}\mid \boldsymbol{s};\bar{\boldsymbol{\theta}})$ 和动作价值函数目标网络 $\hat{Q}(\boldsymbol{s},\boldsymbol{a};\bar{\boldsymbol{w}}_1)$ 和 $\hat{Q}(\boldsymbol{s},\boldsymbol{a};\bar{\boldsymbol{w}}_2)$
复制参数 $\bar{\boldsymbol{\theta}} \leftarrow \boldsymbol{\theta}$ 和 $\bar{\boldsymbol{w}}_1 \leftarrow \boldsymbol{w}_1$ 及 $\bar{\boldsymbol{w}}_2 \leftarrow \boldsymbol{w}_2$
初始化经验回放池 $\mathcal{D}$
for 回合 $e = 1 \to E$ **do**
    获取初始观测状态 $\boldsymbol{s}_0$
    for 时间步 $t = 0 \to T-1$ **do**
        根据当前策略网络选取动作 $\boldsymbol{a}_t = \pi(\cdot \mid \boldsymbol{s}_t;\boldsymbol{\theta})$
        执行动作 $\boldsymbol{a}_t$，获得奖励 r_{t+1} 和下一个状态 $\boldsymbol{s}_{t+1}$
        将经验转换样本 $(\boldsymbol{s}_t, \boldsymbol{a}_t, r_{t+1}, \boldsymbol{s}_{t+1})$ 存入经验回放池 $\mathcal{D}$
        for 训练轮数 $k = 1 \to K$ **do**

在经验回放池$\mathcal{D}$中随机采集N个经验转换样本$(s_i, a_i, r_{i+1}, s_{i+1})$ $(i=1,2,\cdots,N)$
对每个经验转换样本用目标网络计算

$$y_i = r_{i+1} + \gamma \min_{j=1,2} \hat{Q}(s_{i+1}, a_{i+1}; \bar{w}_j) - \alpha \log_2 \pi(a_{i+1} \mid s_{i+1}; \theta),$$

其中$a_{i+1} \sim \pi(\cdot \mid s_{i+1}; \theta)$
对两个评委网络 Critic 都进行如下更新：对于j=1,2，最小化目标损失函数

$$L(w_j) = \frac{1}{2N}\sum_{i=1}^{N}[y_i - Q(s_i, a_i; w_j)]^2,$$

用梯度下降法更新评委网络$Q(s, a; w_j)$
用重参数化技巧采样动作$\tilde{a}_i$，然后利用下面损失函数更新当前演员网络 Actor:

$$J(\theta) = \frac{1}{N}\sum_{i=1}^{N}[\alpha \log_2 \pi(\tilde{a}_i \mid s_i; \theta) - \min_{j=1,2} Q(s_i, \tilde{a}_i; w_j)]$$

更新熵正则项的系数α
更新目标网络参数

$$\bar{w}_1 \leftarrow \tau w_1 + (1-\tau)\bar{w}_1$$

$$\bar{w}_2 \leftarrow \tau w_2 + (1-\tau)\bar{w}_2$$

end for
end for
end for
得到策略网络$\pi^*(a \mid s; \theta)$和动作价值函数网络$Q^*(s, a; w_1)$和$Q^*(s, a; w_2)$，进而得到（近似）最优策略$\pi^*(a \mid s)$和（近似）最优动作价值函数$Q^*(s, a; w_1)$和$Q^*(s, a; w_2)$

注意：

(1) 要把6个网络的输入输出搞明白：演员网络$\pi(a \mid s; \theta)$及其目标网络$\hat{\pi}(a \mid s; \bar{\theta})$，评委1网络$Q(s, a; w_1)$及其目标网络$\hat{Q}(s, a; \bar{w}_1)$，评委2网络$Q(s, a; w_2)$及其目标网络$\hat{Q}(s, a; \bar{w}_2)$.

(2) 要把2个目标优化问题搞明白：演员网络$\pi(a \mid s; \theta)$优化的目标函数为

$$\max_{\theta} J(\theta) = \max_{\theta}\{\frac{1}{N}\sum_{i=1}^{N}[\alpha \log_2 \pi(\tilde{a}_i \mid s_i; \theta) - \min_{j=1,2} Q(s_i, \tilde{a}_i; w_j)]\}.$$

评委网络$Q(s, a; w)$优化的目标函数为

$$\min_{w_j} L(w_j) = \min_{w_j}\{\frac{1}{2N}\sum_{i=1}^{N}[y_i - Q(s_i, a_i; w_j)]^2\}.$$

9.3.3 SAC 算法的程序步骤

有关 SAC 算法的 MATLAB 程序步骤可以概括为以下几点.

(1) 创建环境：包括用 Simulink 工具建立模型，设置状态分量和动作分量个数，编写重置函数.

(2) 创建 2 个评委网络：重点是正确设置输入层、输出层的节点数目.

(3) 创建演员网络：重点也是正确设置输入层、输出层的节点数目.

(4) 创建 SAC 智能体：重点是设置选项参数，这里的参数取值影响到 SAC 智能体“是否聪明”.

(5) 训练 SAC 智能体：重点是设置这部分的训练参数，训练参数取值影响到训练是否成功，是否快速收敛，是否稳定收敛. 训练成功后，将得到最优策略网络或近似最优策略网络.

(6) 测试预训练智能体：通过测试结果和数据，分析 SAC 智能体训练得是否合适，结果是否合理，还有哪些问题值得改进等.

(7) 结果分析、论文用图和性能指标：在测试“成功”的基础上，提供算法的性能指标、论文用图和论文用表数据等.

(8) 利用最优策略求解实际问题：利用预训练 SAC 智能体，求解实际问题的解决办法——最优策略.

9.3.4 SAC 算法的收敛性

在原始提出 SAC 算法的论文[20]中，针对不同的条件都有数学证明的引理和定理. 有一些实验和经验结果也表明了其收敛性和效果：

(1) 实验结果：在许多连续动作空间控制问题中，如机器人控制、物理仿真等领域，SAC 算法已经取得了优异的表现，并且能够稳定地达到高质量策略. 实验证据显示，在连续动作空间问题中，SAC 算法具有较好的收敛性和效果，它已经成为连续动作空间强化学习领域中常用且有效的算法之一.

(2) 算法改进：随着时间推移和研究进展，研究人员不断改进和调整 SAC 算法，并提出了各种改进版本以提高其稳定性、收敛速度以及适用范围.

(3) 实践经验：许多研究者和开发者在实际应用中都取得了良好结果，并且将 SAC 作为首选方法来解决不同类型的连续动作空间问题.

9.4 SAC 算法实例：求解机器人手臂控球平衡问题

9.4.1 问题说明

如图 9-1 所示，本例中的机械臂是 Kinova Gen3 机器人，它是一个 7 自由度（DOF）机械臂. 本题目约定：只有最后两个关节可以驱动，分别进行俯仰和滚转活动，其余关节是固定的，不进行活动. 机器人手臂夹住一块平板. 训练目标是，机器人手臂控制乒乓球稳定在平板中心[2].

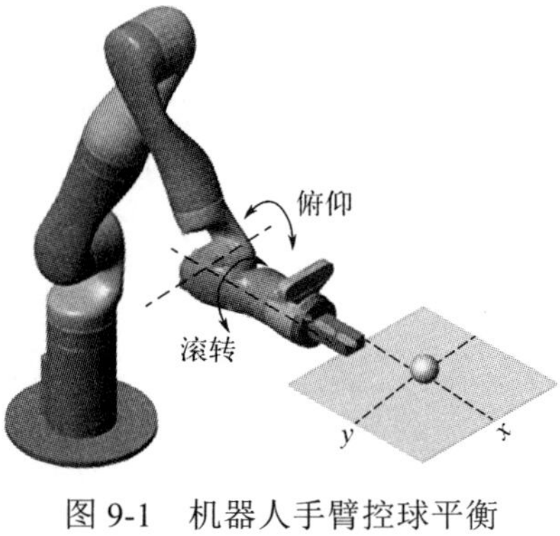

图 9-1　机器人手臂控球平衡问题示意图

问题技术参数说明：

(1) 球有 6 个自由度，可以在空中自由移动.

(2) 机械臂的控制输入是驱动关节的扭矩信号.

(3) 采样时间为 T_s=0.01s，模拟时间为 T_f= 10s.

(4) 当球从平板上掉下来时，训练回合终止，说明控球失败.

9.4.2 数学模型

(1) **状态**：有 22 个连续状态分量，包含关于两个驱动关节的位置（关节角的正弦和余弦）和速度（关节角导数）、乒乓球的位置（距平板中心的距离 x 和 y）和速度（x 和 y 的导数）、平板的方向（四元数）和速度、上一时间步的关节力矩、乒乓球半径和乒乓球质量.

(2) **动作**：有 2 个连续动作分量，这些动作是标准化的关节扭矩值.

(3) **奖励**：在时间步 t 提供的奖励

$$r_t = r_{\text{ball}} + r_{\text{plate}} + r_{\text{action}} .$$

其中，

$$r_{\text{ball}} = \mathrm{e}^{-0.001(x^2+y^2)} ,$$

$$r_{\text{plate}} = -0.1(\phi^2 + \theta^2 + \psi^2) ,$$

$$r_{\text{action}} = -0.05(\tau_1^2 + \tau_2^2) .$$

式中，ϕ、θ 和 ψ 分别是平板的滚转角、俯仰角和偏航角，单位为 rad；τ_1 和 τ_2 是施加给机械臂两个关节的力矩；r_{ball} 是针对乒乓球移动的奖励，作用是越接近平板中心 (0,0) 给的奖励越大，平板中心是乒乓球平衡下来的位置；r_{plate} 是针对平板姿态的奖励，3 个角度越接近于 0 奖励越大；r_{action} 是对动作效果的奖励，动作施加的力越小奖励越大，说明用最小的控制力使得控球平衡.

(4) **状态转移概率**：此例没有用到状态转移概率.

(5) **折扣因子**：取折扣因子 $\gamma = 0.99$，关注长期的奖励影响.

(6) **初始状态概率分布**：初始状态随机产生.

9.4.3 主程序代码

用 MATLAB 自带的 SAC 算法程序求解机器人手臂控球平衡策略问题. 主程序代码如下：

```
//第 9 章/DRL9_1

%% 第 1 段：创建环境
% 1.1 打开 Simulink 工具模型文件
open_system("rlKinovaBallBalance")
open_system("rlKinovaBallBalance/Kinova Ball Balance")
% 1.2 调入和设置有关参数
kinova_params %调入有关参数
numObs = 22;  %状态分量个数
numAct = 2;   %动作分量个数
obsInfo = rlNumericSpec([numObs 1]);
actInfo = rlNumericSpec([numAct 1]);
actInfo.LowerLimit = -1;
actInfo.UpperLimit = 1;
```

```
% 1.3 创建环境，初始化
mdl = "rlKinovaBallBalance";
blk = mdl + "/RL Agent";
env = rlSimulinkEnv(mdl,blk,obsInfo,actInfo);
env.ResetFcn = @kinovaResetFcn;
Ts = 0.01;%采样时间
Tf = 10;  %回合总时长

%% 第 2 段：创建 SAC 智能体
rng(0)
% 2.1 创建 2 个评委网络
cnet = [
    featureInputLayer(numObs,Name="observation") %状态输入层及层名
    fullyConnectedLayer(128)
    concatenationLayer(1,2,Name="concat")
    reluLayer
    fullyConnectedLayer(64)
    reluLayer
    fullyConnectedLayer(32)
    reluLayer
    fullyConnectedLayer(1,Name="CriticOutput")];
actionPath = [
    featureInputLayer(numAct,Name="action")  %动作输入层及层名
    fullyConnectedLayer(128,Name="fc2")];
criticNetwork = layerGraph(cnet);
criticNetwork = addLayers(criticNetwork, actionPath);
criticNetwork = connectLayers(criticNetwork,"fc2","concat/in2");
plot(criticNetwork)
criticdlnet = dlnetwork(criticNetwork,'Initialize',false);
criticdlnet1 = initialize(criticdlnet);
criticdlnet2 = initialize(criticdlnet);
critic1 = rlQValueFunction(criticdlnet1,obsInfo,actInfo, ...
    ObservationInputNames="observation"); %评委网络 1
critic2 = rlQValueFunction(criticdlnet2,obsInfo,actInfo, ...
    ObservationInputNames="observation"); %评委网络 2
% 2.2 创建演员网络
commonPath = [
    featureInputLayer(numObs,Name="observation") %状态输入层及层名
    fullyConnectedLayer(128)
    reluLayer
    fullyConnectedLayer(64)
    reluLayer(Name="anet_out")];
meanPath = [
    fullyConnectedLayer(32,Name="meanFC")
    reluLayer(Name="relu3")
    fullyConnectedLayer(numAct,Name="mean")];
stdPath = [
```

```
    fullyConnectedLayer(numAct,Name="stdFC")
    reluLayer(Name="relu4")
    softplusLayer(Name="std")];
actorNetwork = layerGraph(commonPath);
actorNetwork = addLayers(actorNetwork,meanPath);
actorNetwork = addLayers(actorNetwork,stdPath);
actorNetwork = connectLayers(actorNetwork,"anet_out","meanFC/in");
actorNetwork = connectLayers(actorNetwork,"anet_out","stdFC/in");
plot(actorNetwork)
actordlnet = dlnetwork(actorNetwork);
actor = rlContinuousGaussianActor(actordlnet, obsInfo, actInfo, ...
    ObservationInputNames="observation", ...
    ActionMeanOutputNames="mean", ...
    ActionStandardDeviationOutputNames="std");
% 2.3 创建 SAC 智能体
agentOpts = rlSACAgentOptions( ...
    SampleTime=Ts, ...
    TargetSmoothFactor=1e-3, ...
    ExperienceBufferLength=1e6, ...
    MiniBatchSize=128, ...
    NumWarmStartSteps=1000, ...
    DiscountFactor=0.99);
agentOpts.ActorOptimizerOptions.Algorithm = "adam";
agentOpts.ActorOptimizerOptions.LearnRate = 1e-4;
agentOpts.ActorOptimizerOptions.GradientThreshold = 1;
for ct = 1:2
    agentOpts.CriticOptimizerOptions(ct).Algorithm = "adam";
    agentOpts.CriticOptimizerOptions(ct).LearnRate = 1e-4;
    agentOpts.CriticOptimizerOptions(ct).GradientThreshold = 1;
end
agent = rlSACAgent(actor,[critic1,critic2],agentOpts);

%% 第 3 段：训练 SAC 智能体
% 3.1 指定训练参数
trainOpts = rlTrainingOptions(...
    MaxEpisodes=6000, ...
    MaxStepsPerEpisode=floor(Tf/Ts), ...
    ScoreAveragingWindowLength=100, ...
    Plots="training-progress", ...
    StopTrainingCriteria="AverageReward", ...
    StopTrainingValue = 1675, ...
    UseParallel=false);
% 3.2 是否选用并行运算
if trainOpts.UseParallel
       set_param(mdl, SimMechanicsOpenEditorOnUpdate="off");
    set_param(mdl+"/Kinova Ball Balance/7 DOF Manipulator", ...
       "VChoice", "None");
```

```
    doViz = false;
    save_system(mdl);
else
    set_param(mdl, SimMechanicsOpenEditorOnUpdate="on");
    doViz = true;
end
% 3.3 数据保存及单(多)智能体训练数据打包
logger = rlDataLogger();%数据保存在指定文件夹中的 MAT 文件中
% 打包并记录单智能体、并行和多智能体训练的学习数据
logger.AgentLearnFinishedFcn = @logAgentLearnData;
logger.EpisodeFinishedFcn = @(data) logEpisodeData(data, doViz);
% 3.4 选择是否选用预训练智能体
doTraining = false;
if doTraining
    trainResult = train(agent,env,trainOpts);
else
    load("kinovaBallBalanceAgent.mat")
end

%% 第 4 段：测试预训练智能体
% 4.1  初始位置是否重置
userSpecifiedConditions = true;
if userSpecifiedConditions
    ball.x0 = 0.10; %乒乓球的初始位置重置
    ball.y0 = -0.10;
    env.ResetFcn = [];
else
    env.ResetFcn = @kinovaResetFcn;
end
% 4.2  测试预训练智能体
simOpts = rlSimulationOptions(MaxSteps=floor(Tf/Ts));%与训练阶段相等
set_param(mdl, SimMechanicsOpenEditorOnUpdate="on");
doViz = true;
experiences = sim(agent,env,simOpts);
% 4.3  平衡控球轨迹动画
fig = animatedPath(experiences);

%% 第 5 段：结果分析、论文用图和性能指标. 此处略.
```

主程序中部分函数功能和语法说明如下：

(1) **env = rlSimulinkEnv(mdl,blk,obsInfo,actInfo)**

- **功能**：具有 7 自由度机械手臂控球平衡问题的环境建模.
- **输入变量**

mdl：Simulink 工具建模.

blk：Simulink 工具建模文件路径.

obsInfo：状态观测信息.

actInfo：动作信息.

- **输出变量**

env：包括模型名称 rlKinovaBallBalance，模型文件所在路径.

(2) **in = kinovaResetFcn(in)**

- **功能**：初始化关节角度、初始化手腕和肘部扭矩值.
- **输入变量**

in：乒乓球的物理量，平板的物理量，摩擦力参数，关节角度，扭矩值.

- **输出变量**

in：同上输入.

(3) **agentOpts = rlSACAgentOptions(⋯)**

- **功能**：建立 SAC 智能体网络选项参数.
- **输入变量**

SampleTime：采样时间.

TargetSmoothFactor：目标网络光滑因子.

ExperienceBufferLength：经验回放池容量.

MiniBatchSize：最小批次大小.

NumWarmStartSteps：更新演员网络和评委网络之前要执行的动作操作数目.

DiscountFactor：折扣系数.

- **输出变量**

agentOpts：SAC 智能体网络选项参数.

(4) **agent = rlSACAgent(actor,[critic1,critic2],agentOpts)**

- **功能**：创建 SAC 智能体.
- **输入变量**

actor：演员网络；

critic1：评委网络 1.

critic2：评委网络 2.

agentOpts：SAC 智能体选定参数.

- **输出变量**

agent：SAC 智能体，其中包含智能体选定参数 agentOpts，演员网络 actor 和 2 个评委网络.

(5) **fig = animatedPath(experiences)**

- **功能**：乒乓球在平板上移动的动画.
- **输入变量**

experience：SAC 智能体测试输出结果.

- **输出变量**

fig：乒乓球在平板上移动的动画.

9.4.4 程序分析

上述程序，按照功能划分，可以分为 5 部分. 以下对部分程序进行分析.

(1) **环境设置**：这部分是创建机器人手臂平衡控球问题的环境，实现对实例问题的完整描述. 需要自己利用 Simulink 工具建模和改编 1 个自定义函数 kinovaResetFcn.m，再设置好状态分量个数和动作分量个数. 这一段程序是求解实际问题的关键工作，应引起读者高度重视.

(2) **创建 SAC 智能体**：这部分是创建演员网络 Actor、2 个评委网络 Critic 和 SAC 智能体.

首先，如图 9-2 所示，设置 2 个评委网络 Critic. 2 个评委网络 Critic 的结构相同但是更新的参数未必相同. 它们的作用是对 SAC 智能体采取的动作评估打分，利用 2 个评委网络的目的是解决过高估计的问题. 特别要注意，左支输入层节点数与状态分量个数一致，右支输入层节点数与动作分量个数一致；输出层节点数是 1，表示对输入状态 $\boldsymbol{s}$ 和动作 $\boldsymbol{a}$ 的动作价值函数 $Q(\boldsymbol{s},\boldsymbol{a})$的估计 $Q(\boldsymbol{s},\boldsymbol{a};\boldsymbol{w}_1)$ 和 $Q(\boldsymbol{s},\boldsymbol{a};\boldsymbol{w}_2)$ ——2 次打分.

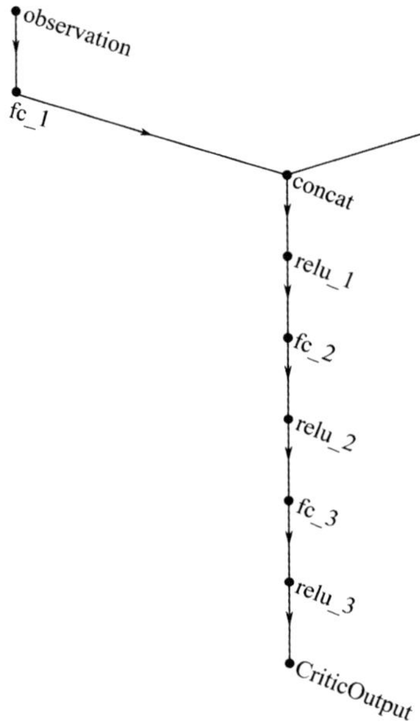

图 9-2　评委网络 Critic 层结构及其连接示意图

其次，如图 9-3 所示，构建演员网络 Actor，如输入层、全连接层、激活函数层、输出层. 特别要注意：输入层节点数与状态分量个数一致；左支输出层节点数与动作分量个数一致，表示各个动作分量服从高斯分布的均值；右支输出层节点数与动作分量个数一致，表示各个动作分量服从高斯分布的标准差.

最后，创建 SAC 智能体. 特别留意这里的参数设置及其取值，对训练结果具有较大影响和作用.

(3) **训练 SAC 智能体**：这个程序提到了是否启动 trainOpts.UseParallel 并行运算，还运行了两个函数 rlDataLogger 和 logAgentLearnData. 其他语句与 Q-learning 算法几乎一样，见第 2.4.3 节相关内容.

(4) **测试 SAC 智能体**：这部分是验证 SAC 算法的结果. 这个程序增加了是否进行初始位置重置的语句.

其他语句与 Q-learning 算法几乎一样，见第 2.4.3 节相关内容.

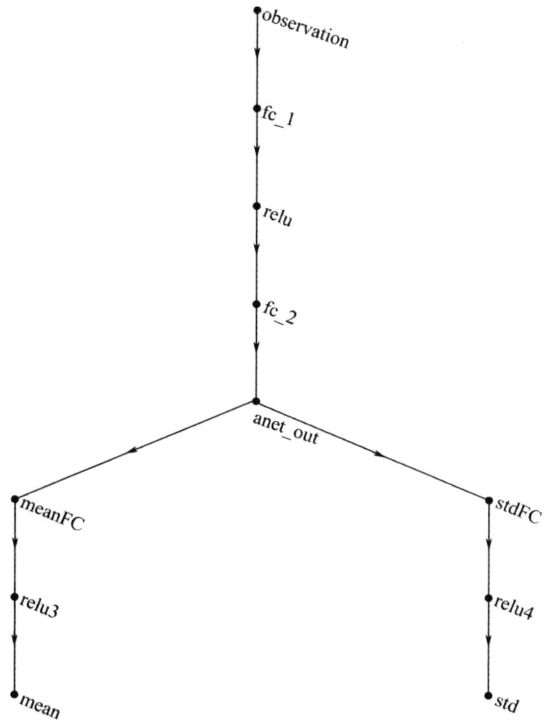

图 9-3　演员网络 Actor 层结构及其连接示意图

9.4.5 程序结果解读

(1) 训练结果

在训练 SAC 智能体过程中，各个回合得到的回报与平均回报如图 9-4 所示.

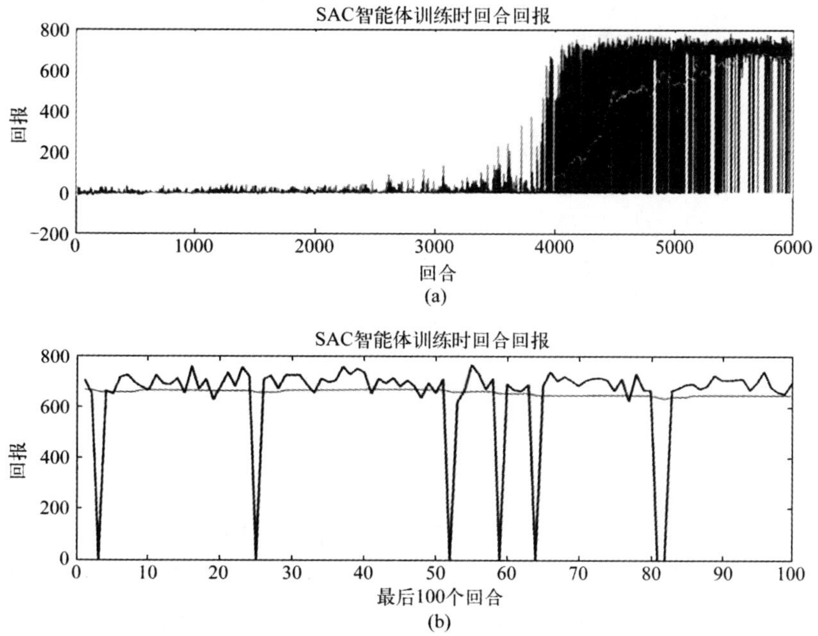

图 9-4　训练 SAC 智能体在各回合获得的回报与平均回报

如图 9-4(a)所示，回报曲线（蓝色线）在 4000 回合才急剧增大，说明这个算法程序“快速收敛”欠佳. 平均回报曲线（橘黄线）在 4000 回合逐渐增大后还有起伏，说明这个算法程序“平稳收敛”也欠佳. 如图 9-4(b)所示，这是训练 6000 个回合的最后 100 个回合的回报和平均回报变化曲线. 回报曲线（蓝色线）在这 100 个回合中，有 7 次回报取 0. 该现象表明，回合刚刚开始训练就终止. 这说明：这个算法程序对“初始条件”特别敏感，这个算法程序“平稳收敛”也欠佳.

综上所述，这个算法程序对“初始条件”特别敏感，“快速收敛”“平稳收敛”“稳定收敛”均欠佳. 需要进一步调试参数以求改进.

(2) **测试结果**：测试结果如图 9-5 所示.

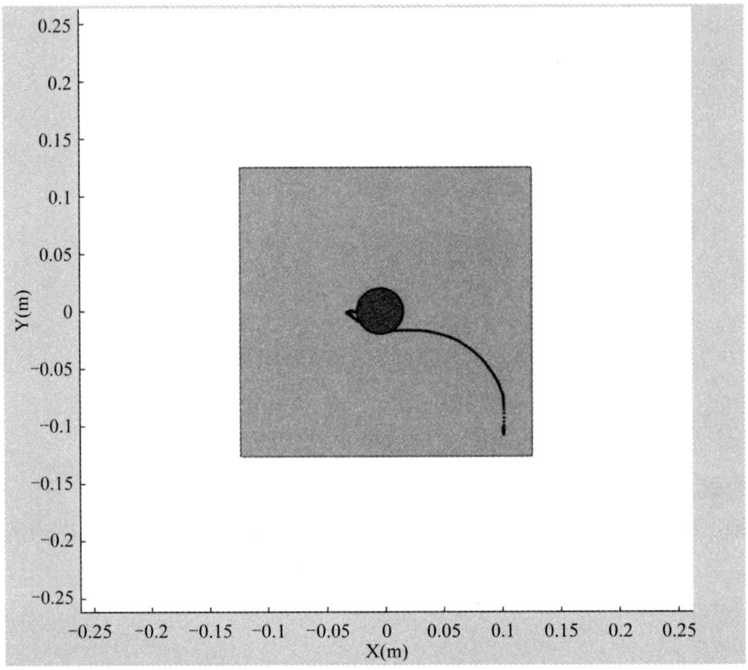

图 9-5　SAC 智能体控制球体平衡问题的最优策略

该问题的训练目标是，机器人手臂控制乒乓球稳定在平板中心. 如图 9-5 所示，可以看出：SAC 智能体成功地实施了最优控制策略，在规定的 10 s 内，可以使乒乓球平衡稳定在平板中心 (0,0)，实现了“定点控制”. 美中不足的是，在接近平板中心前几秒，球心轨迹有急速折返转弯，说明在“稳定控制”方面欠佳.

再结合上面的训练过程的结论，应该进一步调试程序参数. 例如，初始条件的乒乓球起始位置设置接近平板中心，调试正则化系数 α，调整目标网络光滑因子 τ 大小，对评委网络和演员网络的结构及节点数进一步调整.

注意：(1) 由图 9-4 和图 9-5 可见，虽然 SAC 智能体可以实现最优控制策略，但是存在一些问题，如快速收敛、平稳收敛等均欠佳，值得进一步调试程序的参数和网络结构.

(2) 如果借助于上述的自带函数程序求解自己的实际问题，首先要利用 Simulink 工具对实际问题建模，其次要利用重置函数 kinovaResetFcn 设置有关初始化功能. 全部改编工作在程序的第 1 段完成.

9.5 SAC 算法的优缺点及算法扩展

9.5.1 SAC 算法的优缺点

SAC 算法具有以下优点：

① 模型无关性：SAC 算法是一种无模型的强化学习算法，适用于各种连续动作空间的强化学习问题. 这意味着它可以用于解决不同类型的问题，而不需要对环境进行特定的建模.

② 收敛性和稳定性：SAC 算法通过结合策略梯度方法和 Q-learning 方法，在策略优化和动作价值函数估计中进行联合训练. 这使得算法具有较好的收敛性和稳定性，能够更好地优化策略网络 $\pi(\boldsymbol{a} \mid \boldsymbol{s}; \boldsymbol{\theta})$ 和动作价值函数网络 $Q(\boldsymbol{s}, \boldsymbol{a}; \boldsymbol{w})$.

③ 探索与利用平衡：通过最大熵原则，SAC 算法在智能体训练过程中保持更多的探索行为. 这使得 SAC 算法能够更好地应对探索-利用的困境，并在复杂环境中可以发现更优解.

④ 高效训练：SAC 算法使用重要性采样技术来充分利用已有数据进行网络参数更新，提高了样本利用效率. 此外，通过柔性 Q-learning 方法引入随机动作选择机制，避免了过度依赖单一的动作价值函数 $Q(\boldsymbol{s}, \boldsymbol{a})$ 值.

然而，SAC 算法也存在一些缺点：

① 超参数选择：SAC 算法有一些需要调节的超参数，如学习率、温度参数等. 不合适的超参数可能导致训练不稳定或性能下降.

② 高计算复杂性：SAC 算法中包含了两个动作价值函数网络及其两个目标网络，增加了计算开销. 在某些情况下，训练时间可能会较长.

③ 对环境噪声敏感：由于 SAC 使用策略网络和动作价值函数网络来进行优化，对环境噪声比较敏感. 在某些情况下，需要额外的技巧或方法来处理嘈杂的环境.

总体而言，SAC 算法是一种常用且有效的强化学习方法. 它具有模型无关性、算法收敛性和稳定性等优点，并能够处理探索与利用之间的兼顾问题.

9.5.2 模型扩展

机器人手臂控球平衡问题的特征：已知 22 个状态分量的连续状态空间，已知 2 个动作分量的连续动作空间，已知各时间步的奖励规则，无需状态转移概率，设置折扣系数 γ，实现最优控制策略. 这是一个求解在指定位置控制物体平衡的最优控制策略的模型.

以下是 8 个与利用 SAC 算法求解机器人手臂控制平衡问题相似的实际案例：

(1) 人形机器人动作控制：使用 SAC 算法对人形机器人的动作进行优化，实现精确和流畅的动作执行.

(2) 汽车底盘控制：利用 SAC 算法对汽车底盘进行控制优化，实现稳定、高效的操纵和驾驶性能.

(3) 无人机飞行姿态调整：通过应用 SAC 算法对无人机的飞行姿态进行调整和优化，以实现更好的飞行稳定性和动态响应.

(4) 工业机器臂路径规划：使用 SAC 算法对工业机器臂进行路径规划和运动控制，

以实现高精度、高效率的工业生产操作.

(5) 物料搬运任务优化：通过应用 SAC 算法对物料搬运任务中多个机械手臂协同操作进行规划和调度，以提高物流效率.

(6) 自主导航小车控制：使用 SAC 算法优化自主导航小车的路径规划与移动策略，在不同环境中自主导航与避障.

(7) 手术辅助机器臂控制：利用 SAC 算法对手术辅助机器臂进行精确的操纵和运动控制，实现复杂手术过程中的精细操作.

(8) 智能家居设备操作：通过 SAC 算法优化智能家居设备的操作策略，实现自动化和智能化的家居管理和控制.

这些问题都涉及对机械手臂或其他物体进行精确操纵和运动控制.

9.5.3 算法扩展

以下是几个与 SAC 算法相似并进行改进的算法：

(1) SAC+AE（auto-encoding soft Actor-Critic）：SAC+AE 算法在 SAC 基础上结合自编码器，通过无监督学习和重构损失来提取更丰富的特征表示，以提高学习性能.

(2) SAC+PER（soft Actor-Critic with prioritized experience replay）：SAC+PER 算法引入优先级经验回放技术，按重要性抽样历史经验转换样本进行训练，从而改善样本利用效率和训练稳定性.

(3) SQAC（stochastic quantilized Actor-Critic）：SQAC 算法是对 SAC 的扩展，通过引入分位数回归来处理连续动作空间中的离散化问题，并实现更稳定和高效的学习.

(4) SAC+TD3（soft Actor-Critic with twin delayed DDPG）：SAC+TD3 是对 TD3 算法与 SAC 结合的改进版本，在采用双价值函数网络和延迟更新技术基础上优化连续动作空间问题.

这些改进算法在基于 SAC 框架上引入了不同技术手段或优化方法来提高训练稳定性、样本利用率、收敛速度和适应性. 它们在实践中已被广泛应用，并在不同任务和领域中取得了显著成果. 这些算法对于解决连续动作空间问题和提高算法性能具有重要的作用.

9.6 本章小结

(1) SAC **算法原理**

① 理论支撑：SAC 算法的详细数学证明可以在原论文 *Soft Actor-Critic Algorithms and Applications* 中找到，其中提供了更详细的推导和证明过程[20].

② 核心公式

- 6 个网络：演员网络及其目标网络，评委 1 网络及其目标网络，评委 2 网络及其目标网络.
- 2 个目标函数：演员网络 $\pi(\boldsymbol{a} \mid \boldsymbol{s};\boldsymbol{\theta})$ 优化的目标函数为

$$\max_{\boldsymbol{\theta}} J(\boldsymbol{\theta}) = \max_{\boldsymbol{\theta}} \{\frac{1}{N}\sum_{i=1}^{N}[\alpha \log \pi(\tilde{\boldsymbol{a}}_i \mid \boldsymbol{s}_i;\theta) - \min_{j=1,2} Q(\boldsymbol{s}_i,\tilde{\boldsymbol{a}}_i;\boldsymbol{w}_j)]\},$$

评委网络 $Q(\boldsymbol{s},\boldsymbol{a};\boldsymbol{w})$ 优化的目标函数为

$$\min_{\boldsymbol{w}_j} L(\boldsymbol{w}_j)=\min_{\boldsymbol{w}_j}\{\frac{1}{2N}\sum_{i=1}^{N}[y_i-Q(\boldsymbol{s}_i,\boldsymbol{a}_i;\boldsymbol{w}_j)]^2\}.$$

③ 突出特性

- 最大熵目标：SAC 算法引入最大熵目标来增加策略的多样性和智能体的探索性.
- 柔性策略梯度：SAC 算法使用柔性策略梯度方法来优化策略网络. 与传统的确定性梯度方法不同，SAC 在优化过程中引入一个熵项，通过最大化累计奖励与熵之间的加权和，从而实现更好的控制平衡.
- 动作价值函数学习：除了优化策略网络外，SAC 还学习一个动作价值函数来评估状态和动作对应的回报. 这有助于指导策略改进，并提供对动作质量进行评估.
- 训练稳定性：为了提高训练稳定性，在训练过程中引入目标动作价值函数网络、经验回放池等技术，并通过柔性更新方法逐步调整网络参数.

(2) 研究问题的思路

前面的 DQN 算法、PG 算法、AC 算法等涉及了动作价值函数 $Q_\pi(\boldsymbol{s},\boldsymbol{a})$、状态价值函数 $V_\pi(\boldsymbol{s})$和策略函数 $\pi(\boldsymbol{a}|\boldsymbol{s})$，都没有涉及目标函数——回报. 算法的目标函数可以简写为 $J(\pi)=\max\limits_{\pi} E_\pi[\sum\limits_t r(\boldsymbol{s}_t,\boldsymbol{a}_t)]$，即追求累计奖励的数学期望最大值——最大回报.

SAC 算法在最大化累计奖励 $\max\limits_{\pi} E_\pi[\sum\limits_t r(\boldsymbol{s}_t,\boldsymbol{a}_t)]$ 的基础上引入了策略熵 $H(\pi(\cdot\,|\,\boldsymbol{s}_t))$ 的概念.策略熵是衡量策略的随机性的一个度量. 加入策略熵的目的是增强算法的鲁棒性和智能体的探索能力. 因此，目标函数变为 $\max\limits_{\pi} E_\pi[\sum\limits_t r(\boldsymbol{s}_t,\boldsymbol{a}_t)+\alpha H(\pi(\cdot\,|\,\boldsymbol{s}_t))]$，其中 α 是正则化系数. 最优策略取自

$$\pi^*=\arg\max_{\pi} E_\pi[\sum_t r(\boldsymbol{s}_t,\boldsymbol{a}_t)+\alpha H(\pi(\cdot\,|\,\boldsymbol{s}_t))].$$

SAC 算法最核心的特点是策略熵正则化.预期回报和策略熵相加再最大化得到目标函数. 这与探索-利用的权衡有密切的联系：策略熵的增加导致更多的探索，这可以加速学习，还可以防止策略过早地收敛到局部最优点.

(3) 释疑解惑

① 策略熵最大化会增加更多探索机会：策略是智能体在状态 $\boldsymbol{s}$ 采取动作 $\boldsymbol{a}$ 的概率分布.策略熵是对这个概率分布的度量指标.目标函数是追求回报最大，同时也追求策略熵最大. 策略熵最大，意味着动作 $\boldsymbol{a}$ 包含的信息多，也就是增加了更多的探索机会.

② SCA 算法有 6 个网络：

策略网络——演员网络 $\pi(\boldsymbol{a}\,|\,\boldsymbol{s};\boldsymbol{\theta})$ 及其目标网络 $\hat{\pi}(\boldsymbol{a}\,|\,\boldsymbol{s};\bar{\boldsymbol{\theta}})$.

动作价值函数网络 1——评委 1 网络 $Q(\boldsymbol{s},\boldsymbol{a};\boldsymbol{w}_1)$ 及其目标网络 $\hat{Q}(\boldsymbol{s},\boldsymbol{a};\bar{\boldsymbol{w}}_1)$.

动作价值函数网络 2——评委 2 网络 $Q(\boldsymbol{s},\boldsymbol{a};\boldsymbol{w}_2)$ 及其目标网络 $\hat{Q}(\boldsymbol{s},\boldsymbol{a};\bar{\boldsymbol{w}}_2)$.

(4) 学习与研究方法

在 Q-learning 算法基础上，提出柔性 Q-learning 方法. 结合策略梯度 $\nabla_{\boldsymbol{\theta}}J(\pi_{\boldsymbol{\theta}})$ 方法，在训练过程中使用两个动作价值函数网络来减小近似误差对训练效果的影响. 通过集成

融合这些方法，并引入策略熵来最大化目标函数. SAC 算法在连续动作空间中取得了较好的性能和稳定性. 经过离散化处理，SAC 算法也可以用于离散动作空间的任务.

习 题 9

9.1 程序 DRL9_1 有什么特点？怎样利用这个程序求解自己的实际问题？

9.2 利用自带函数程序 DRL9_1 求解第 6 章的推车竖杆平衡问题的最优控制策略，并用性能指标说明涉及的两个算法的优劣情况.

9.3 机器人手臂扔篮球：任务是实现机器人手臂在扔篮球过程中的平衡控制. 使用 SAC 算法来训练一个能够优化控制策略的深度神经网络，以实现机器人手臂的最优平衡控制和篮球扔出动作.

9.4 机器人手臂画图：使用 SAC 算法来优化策略，实现机器人手臂在画图过程中的平衡控制. 训练一个能够优化控制策略的深度神经网络，以实现机器人手臂的最优平衡控制和画图动作.

9.5 机器人手臂接水杯：使用 SAC 算法来训练一个能够优化控制策略的深度神经网络，以实现机器人手臂的最优平衡控制和接水杯动作.

第10章 PPO 算法求解飞行器平稳着陆最优控制问题

本书第 7 章和第 8 章介绍的 PG 算法和 AC 算法都是利用策略梯度 $\nabla_{\theta}J(\pi_{\theta})$ 更新策略参数 $\boldsymbol{\theta}\leftarrow\boldsymbol{\theta}+\alpha\cdot\nabla_{\theta}J(\pi_{\theta})$. 美中不足的是，当策略网络 $\pi(\boldsymbol{a}\,|\,\boldsymbol{s};\boldsymbol{\theta})$ 是“深度模型”（多层网络结构）时，利用策略梯度更新参数 $\boldsymbol{\theta}$，很有可能由于更新的步长太大，导致策略网络突然显著变差，进而影响算法的训练效果.

对此，PPO（proximal policy optimization）算法（可译作：**近端策略优化算法**）对此问题提出了解决方法，该算法由 Schulman 等人在 2017 年发表的论文 *Proximal Policy Optimization Algorithms* 中提出[23].

PPO 算法通过借助于 TRPO 算法采用的重要性采样和置信域策略优化技术，以及使用 PPO 惩罚和 PPO 截断来改进策略梯度的参数更新，实现了更快更好的训练效果. PPO 算法可以解决连续状态空间及连续动态空间的深度强化学习问题，常用于游戏玩法、机器人控制、金融交易、资源管理和人机交互等应用领域，是一种通用的深度强化学习算法，适用于各种类型的深度强化学习任务.

10.1 PPO 算法的基本思想

PPO 算法的基本思想是，使用一个目标函数来衡量新旧策略网络之间的差异，并通过最大化目标函数来更新策略参数. 该算法通过引入近端策略优化技术来限制新旧策略网络之间的差距，以确保算法的稳定性.

10.2 PPO 算法涉及的关键技术

10.2.1 TRPO 算法

PPO 算法借鉴了 TRPO(trust region policy optimization)算法[24]的两个关键技术：重要性采样和置信域策略优化，使其可以更加有效地利用样本数据，并在更新过程中保证了算法的收敛性和稳定性.

(1) 问题回顾与提出更新策略参数新思路

在第 7.2 节式(7.4)中，从目标函数

$$J(\pi_{\theta})=E_{S}[V_{\pi_{\theta}}(\boldsymbol{S})] \tag{10.1}$$

出发，利用状态价值函数 $V_{\pi}(\boldsymbol{s})$ 与动作价值函数 $Q_{\pi}(\boldsymbol{s},\boldsymbol{A})$ 的关系式

$$V_\pi(\boldsymbol{s}) = E_{A\sim\pi(\cdot|\boldsymbol{s})}[Q_\pi(\boldsymbol{s}, \boldsymbol{A})], \tag{10.2}$$

经过严格的数学推理证明，得到策略梯度公式[见式(7.9)]

$$\nabla_{\boldsymbol{\theta}} J(\pi_{\boldsymbol{\theta}}) = \frac{1-\gamma^T}{1-\gamma} E_{\boldsymbol{S}}[E_{A\sim\pi(\cdot|\boldsymbol{S};\boldsymbol{\theta})}[Q_\pi(\boldsymbol{S}, \boldsymbol{A}) \cdot \nabla_{\boldsymbol{\theta}} \ln \pi(\boldsymbol{A} | \boldsymbol{S}; \boldsymbol{\theta})]] \tag{10.3}$$

和有基线的策略梯度公式[见式(7.16)]

$$\nabla_{\boldsymbol{\theta}} J(\pi_{\boldsymbol{\theta}}) = E_{\boldsymbol{S}}[E_{A\sim\pi(\cdot|\boldsymbol{S};\boldsymbol{\theta})}[(Q_\pi(\boldsymbol{S}, \boldsymbol{A}) - b) \cdot \nabla_{\boldsymbol{\theta}} \ln \pi(\boldsymbol{A} | \boldsymbol{S}; \boldsymbol{\theta})]]. \tag{10.4}$$

再利用策略网络 $\pi(\boldsymbol{a} | \boldsymbol{s}; \boldsymbol{\theta})$ 参数 $\boldsymbol{\theta}$ 的更新公式

$$\boldsymbol{\theta} \leftarrow \boldsymbol{\theta} + \alpha \cdot \nabla_{\boldsymbol{\theta}} J(\pi_{\boldsymbol{\theta}}), \tag{10.5}$$

最终求得“最优策略网络” $\pi^*(\boldsymbol{a} | \boldsymbol{s}; \boldsymbol{\theta})$. 利用“最优策略网络” $\pi^*(\boldsymbol{a} | \boldsymbol{s}; \boldsymbol{\theta})$ 就得到了最优策略 $\pi^*(\boldsymbol{a} | \boldsymbol{s})$ 或近似最优策略 $\pi(\boldsymbol{a} | \boldsymbol{s}) \approx \pi^*(\boldsymbol{a} | \boldsymbol{s})$.

美中不足的是，当策略网络是“深度模型”（网络有很多的层结构）时，利用策略梯度更新策略参数 $\boldsymbol{\theta}$，很有可能由于更新 $\boldsymbol{\theta}$ 的步长太大，导致策略网络突然显著变差，进而影响训练效果.

针对以上问题，人们在考虑策略更新时找到一块**信任区域**(trust region)，在这个区域上更新策略时能够得到某种策略性能的安全性保证，这就是**置信域策略优化**(TRPO)算法的主要思想.

TRPO 算法在 2015 年提出，它在理论上能够保证策略学习的性能单调增加，并在实际应用中取得了比策略梯度算法更好的效果. PPO 算法在 2017 年提出，它基于 TRPO 算法的基本思想，但在算法实现上更加简单. 与 TRPO 算法相比，PPO 算法能训练得更好、更快，这使得 PPO 算法成为非常流行的强化学习算法.

(2) 目标函数及其有约束条件的优化问题数学模型

记策略网络是 $\pi(\boldsymbol{a} | \boldsymbol{s}; \boldsymbol{\theta})$ ——称为**旧策略网络**，简记作 $\pi_{\boldsymbol{\theta}}$，它的参数是 $\boldsymbol{\theta}$. 参数 $\boldsymbol{\theta}$ 更新一次或多次后的策略网络记为 $\pi(\boldsymbol{a} | \boldsymbol{s}; \boldsymbol{\theta}')$ ——称为**新策略网络**，$\boldsymbol{\theta}'$ 是利用参数 $\boldsymbol{\theta}$ 经过迭代更新得到的新策略网络 $\pi(\boldsymbol{a} | \boldsymbol{s}; \boldsymbol{\theta}')$ 的参数.

为叙述简洁，将目标函数[式(10.1)]改记为

$$J(\boldsymbol{\theta}) = E_{\boldsymbol{S}}[V_{\pi_{\boldsymbol{\theta}}}(\boldsymbol{S})]. \tag{10.6}$$

按照求解优化问题

$$\max_{\boldsymbol{\theta}} J(\boldsymbol{\theta}) = \max_{\boldsymbol{\theta}} E_{\boldsymbol{S}}[V_{\pi_{\boldsymbol{\theta}}}(\boldsymbol{S})], \tag{10.7}$$

应该要求目标函数[式(10.6)]满足

$$J(\boldsymbol{\theta}') - J(\boldsymbol{\theta}) \geqslant 0.$$

将 $G_t = R_{t+1} + \gamma R_{t+2} + \gamma^2 R_{t+3} + \ldots = \sum_{k=t+1}^{T} \gamma^{k-t-1} R_k$ 代入 $V_\pi(\boldsymbol{s}) = E_\pi[G_t | \boldsymbol{S} = \boldsymbol{s}]$ 中，经过推导整理，得到[13]

$$J(\boldsymbol{\theta}') - J(\boldsymbol{\theta}) = \frac{1}{1-\gamma} E_{\boldsymbol{S}\sim V_{\pi(A|;\boldsymbol{\theta}')}(\boldsymbol{S})} E_{A\sim\pi(\cdot|\boldsymbol{S};\boldsymbol{\theta}')}[A_{\pi(\cdot|\boldsymbol{S};\boldsymbol{\theta})}(\boldsymbol{S}, \boldsymbol{A})]. \tag{10.8}$$

分析式(10.8)，优化目标是要求 $J(\boldsymbol{\theta}') \geqslant J(\boldsymbol{\theta})$ ，并且在迭代更新过程中，一直满足

$$J(\boldsymbol{\theta}_{k+1}) \geqslant J(\boldsymbol{\theta}_k). \tag{10.9}$$

其中，k 是第 k 次迭代的时间步数.

式(10.9)的单调增加关系成立，当且仅当式(10.8)的右侧数学期望表达式取最大值：

$$\max_{\boldsymbol{\theta}'}\{E_{\boldsymbol{S}\sim V_{\pi(A|\cdot;\boldsymbol{\theta}')}(\boldsymbol{S})}E_{A\sim\pi(\cdot|\boldsymbol{S};\boldsymbol{\theta}')}[A_{\pi(\cdot|\boldsymbol{S};\boldsymbol{\theta})}(\boldsymbol{S},\boldsymbol{A})]\}. \tag{10.10}$$

式(10.10)就是从优化目标函数式(10.1)推导出来的另一个形式的优化模型. 其中用到两个策略网络——旧策略网络 $\pi(\boldsymbol{a}\,|\,\boldsymbol{s};\boldsymbol{\theta})$ 和新策略网络 $\pi(\boldsymbol{a}\,|\,\boldsymbol{s};\boldsymbol{\theta}')$.

问题是，在当前状态 $\boldsymbol{S}=\boldsymbol{s}$，旧策略网络 $\pi(\boldsymbol{a}\,|\,\boldsymbol{s};\boldsymbol{\theta})$ 采取哪个动作？新策略网络 $\pi(\boldsymbol{a}\,|\,\boldsymbol{s};\boldsymbol{\theta}')$ 的“当前状态 $\boldsymbol{S}=\boldsymbol{s}$”还不清楚，怎么利用或者计算？这就引出来“重要性采样”问题. 在式(10.10)中加入权重 $\dfrac{\pi(\cdot\,|\,\boldsymbol{s};\boldsymbol{\theta}')}{\pi(\cdot\,|\,\boldsymbol{s};\boldsymbol{\theta})}$ ，并将 E 中的 $\boldsymbol{\theta}'$ 改为 $\boldsymbol{\theta}$ ，优化模型成为

$$\max_{\boldsymbol{\theta}'}\{E_{\boldsymbol{S}\sim V_{\pi(A|\cdot;\boldsymbol{\theta})}(\boldsymbol{S})}E_{A\sim\pi(\cdot|\boldsymbol{S};\boldsymbol{\theta})}[\frac{\pi(\cdot\,|\,\boldsymbol{S};\boldsymbol{\theta}')}{\pi(\cdot\,|\,\boldsymbol{S};\boldsymbol{\theta})}A_{\pi(\cdot|\boldsymbol{S};\boldsymbol{\theta})}(\boldsymbol{S},\boldsymbol{A})]\}.$$

接下来的问题是，权重 $\dfrac{\pi(\cdot\,|\,\boldsymbol{s};\boldsymbol{\theta}')}{\pi(\cdot\,|\,\boldsymbol{s};\boldsymbol{\theta})}$ 控制多大才合适？如果权重过大，可能引起算法更新时不稳定. 因此，要对权重 $\dfrac{\pi(\cdot\,|\,\boldsymbol{s};\boldsymbol{\theta}')}{\pi(\cdot\,|\,\boldsymbol{s};\boldsymbol{\theta})}$ 有个约束使其不能过大. 这就是下面的约束条件：

$$E_{\boldsymbol{S}\sim V_{\pi(\cdot|\boldsymbol{S};\boldsymbol{\theta})}(\cdot)}[D_{\mathrm{KL}}[\pi(\cdot\,|\,\boldsymbol{S};\boldsymbol{\theta})\,||\,\pi(\cdot\,|\,\boldsymbol{S};\boldsymbol{\theta}')]]\leqslant\delta.$$

其中，D_{KL} 是库尔贝克-莱布勒(Kullback-Leibler，KL)散度. 它可以衡量两个策略网络 $\pi(\boldsymbol{a}\,|\,\boldsymbol{s};\boldsymbol{\theta})$ 和 $\pi(\boldsymbol{a}\,|\,\boldsymbol{s};\boldsymbol{\theta}')$ 的差距大小. 如果二者差距越大，则 KL 散度也越大；反之，如果 KL 散度越大，说明二者差距越大. 如果 KL 散度接近于 0，说明新策略网络 $\pi(\boldsymbol{a}\,|\,\boldsymbol{s};\boldsymbol{\theta}')$ 接近于旧策略网络 $\pi(\boldsymbol{a}\,|\,\boldsymbol{s};\boldsymbol{\theta})$. δ 是人为指定的一个很小的正数，用于保证新与旧策略网络间有足够接近的程度.

KL 散度计算分两种情形：

(1) 如果 $\pi(\boldsymbol{a}\,|\,\boldsymbol{s};\boldsymbol{\theta})$ 和 $\pi(\boldsymbol{a}\,|\,\boldsymbol{s};\boldsymbol{\theta}')$ 是离散型随机变量的概率分布，则

$$D_{\mathrm{KL}}[\pi(\cdot\,|\,\boldsymbol{s};\boldsymbol{\theta})\,||\,\pi(\cdot\,|\,\boldsymbol{s};\boldsymbol{\theta}')]=\sum_{s\in S}\pi(\cdot\,|\,\boldsymbol{s};\boldsymbol{\theta})\ln\frac{\pi(\cdot\,|\,\boldsymbol{s};\boldsymbol{\theta})}{\pi(\cdot\,|\,\boldsymbol{s};\boldsymbol{\theta}')}.$$

(2) 如果 $\pi(\boldsymbol{a}\,|\,\boldsymbol{s};\boldsymbol{\theta})$ 和 $\pi(\boldsymbol{a}\,|\,\boldsymbol{s};\boldsymbol{\theta}')$ 是连续型随机变量的概率分布密度函数，则

$$D_{\mathrm{KL}}[\pi(\cdot\,|\,\boldsymbol{s};\boldsymbol{\theta})\,||\,\pi(\cdot\,|\,\boldsymbol{s};\boldsymbol{\theta}')]=\int\pi(\cdot\,|\,\boldsymbol{s};\boldsymbol{\theta})\ln\frac{\pi(\cdot\,|\,\boldsymbol{s};\boldsymbol{\theta})}{\pi(\cdot\,|\,\boldsymbol{s};\boldsymbol{\theta}')}\mathrm{d}\boldsymbol{s}.$$

综上所述，TRPO 算法和 PPO 算法的**优化问题的数学模型**是：

$$\max_{\boldsymbol{\theta}'}\{E_{\boldsymbol{S}\sim V_{\pi(A|\cdot;\boldsymbol{\theta})}(\boldsymbol{S})}E_{A\sim\pi(\cdot|\boldsymbol{S};\boldsymbol{\theta})}[\frac{\pi(\cdot\,|\,\boldsymbol{S};\boldsymbol{\theta}')}{\pi(\cdot\,|\,\boldsymbol{S};\boldsymbol{\theta})}A_{\pi(\cdot|\boldsymbol{S};\boldsymbol{\theta})}(\boldsymbol{S},\boldsymbol{A})]\}, \tag{10.11}$$

约束条件是

$$E_{S\sim V_{\pi(\cdot|S;\theta)}(\cdot)}[D_{\mathrm{KL}}[\pi(\cdot\,|\,\boldsymbol{S};\boldsymbol{\theta})\,||\,\pi(\cdot\,|\,\boldsymbol{S};\boldsymbol{\theta}')]]\leqslant\delta. \tag{10.12}$$

10.2.1.1 重要性采样

式(10.11)中的权重 $\dfrac{\pi(\cdot\,|\,\boldsymbol{s};\boldsymbol{\theta}')}{\pi(\cdot\,|\,\boldsymbol{s};\boldsymbol{\theta})}$ 的作用，就是实现**重要性采样**. 重要性采样是 TRPO 算法的核心技术之一. 它通过比较新策略网络 $\pi(\boldsymbol{a}\,|\,\boldsymbol{s};\boldsymbol{\theta}')$ 与旧策略网络 $\pi(\boldsymbol{a}\,|\,\boldsymbol{s};\boldsymbol{\theta})$ 生成的动作概率之间的差异（即比值 $\dfrac{\pi(\cdot\,|\,\boldsymbol{s};\boldsymbol{\theta}')}{\pi(\cdot\,|\,\boldsymbol{s};\boldsymbol{\theta})}$）大小，来有效利用已有数据进行更新. 具体来说，TRPO 算法和 PPO 算法使用一个重要性比率来衡量新旧策略网络之间动作选择概率的差异，并通过加权——利用这个重要性比率来更新策略参数 $\boldsymbol{\theta}$. 这种方法可以解决传统的策略梯度估计方法中参数 $\boldsymbol{\theta}$ 更数步长过大的问题，可以提前利用未来的信息——新策略网络 $\pi(\boldsymbol{a}\,|\,\boldsymbol{s};\boldsymbol{\theta}')$.

10.2.1.2 置信域策略优化

式(10.12)中的约束条件

$$E_{S\sim V_{\pi(\cdot|S;\theta)}(\cdot)}[D_{\mathrm{KL}}[\pi(\cdot\,|\,\boldsymbol{S};\boldsymbol{\theta})\,||\,\pi(\cdot\,|\,\boldsymbol{S};\boldsymbol{\theta}')]]\leqslant\delta$$

称为**置信域**. 置信域策略优化是 TRPO 算法的另一个关键技术. 为了确保参数 $\boldsymbol{\theta}$ 更新过程不会过于剧烈，进而导致训练不稳定，TRPO 引入了一个限制函数来控制新旧策略网络之间的差异. 这个限制函数可以是上面提到的 KL 散度，也可以是其他的 $\pi(\boldsymbol{a}\,|\,\boldsymbol{s};\boldsymbol{\theta}')$ 与 $\pi(\boldsymbol{a}\,|\,\boldsymbol{s};\boldsymbol{\theta})$ 相似性指标.通过限制新旧策略网络之间的差异大小，来保证策略参数 $\boldsymbol{\theta}$ 更新过程的稳定性和收敛性.

10.2.2 PPO 算法的两个技巧

上面的重要性采样和置信域策略优化，在 TRPO 算法中就已经应用. TRPO 算法使用泰勒展开近似、共轭梯度、线性搜索等方法直接求解式(10.11)和式(10.12)建立的优化问题的数学模型. 而 PPO 算法求解这个数学模型，有两种解法——PPO 惩罚法和 PPO 截断法.

10.2.2.1 PPO 惩罚法

PPO 惩罚法的思路是，将有约束的优化问题转化为无约束的优化问题. 具体做法是，用拉格朗日乘数法直接将 KL 散度的约束条件写入目标函数表达式中. 因此，上述式(10.11)和式(10.12)有约束的优化问题的数学模型就转化为无约束的优化问题：

$$\arg\max_{\theta'}\{E_{\boldsymbol{S}\sim V_{\pi(A|\cdot;\theta)}(\boldsymbol{S})}E_{A\sim\pi(\cdot|\boldsymbol{S};\theta)}[\frac{\pi(\cdot\,|\,\boldsymbol{S};\boldsymbol{\theta}')}{\pi(\cdot\,|\,\boldsymbol{S};\boldsymbol{\theta})}A_{\pi(\cdot|\boldsymbol{S};\theta)}(\boldsymbol{S},\boldsymbol{A})]-\beta D_{\mathrm{KL}}[\pi(\cdot\,|\,\boldsymbol{S};\boldsymbol{\theta})\,||\,\pi(\cdot\,|\,\boldsymbol{S};\boldsymbol{\theta}')]\}. \tag{10.13}$$

PPO 惩罚法是在迭代过程中不断更新 KL 散度前的系数 β.令 $d_k=D_{\mathrm{KL}}[\pi(\cdot\,|\,\boldsymbol{S};\boldsymbol{\theta})\,||\,\pi(\cdot\,|\,\boldsymbol{S};\boldsymbol{\theta}')]$. 系数 β 的更新规则是：

- 如果 $d_k<\dfrac{\delta}{1.5}$，那么 $\beta_{k+1}=\dfrac{\beta_k}{2}$；
- 如果 $d_k>1.5\delta$，那么 $\beta_{k+1}=2\beta_k$；

- 否则，$\beta_{k+1}=\beta_k$.

其中，δ 是式(10.12)中事先设定的一个超参数.

10.2.2.2 PPO 截断法

PPO 惩罚法是将有约束的优化问题利用拉格朗日乘数法直接转化为求解无约束的优化问题，而 PPO 截断法是直接在优化目标函数表达式中实现“约束”，以保证新的策略参数与旧的策略参数的差距不会太大.

上述式(10.11)和式(10.12)建立的有约束的优化问题的数学模型，利用 PPO 截断法，转化为下列模型：

$$\arg\max_{\theta'}\{E_{S\sim V_{\pi(A|\cdot;\theta_k)}(S)}E_{A\sim\pi(\cdot|S;\theta_k)}[\min\{\frac{\pi(\cdot|S;\theta')}{\pi(\cdot|S;\theta_k)}A_{\pi(\cdot|S;\theta_k)}(S,A),\mathrm{clip}[\frac{\pi(\cdot|S;\theta')}{\pi(\cdot|S;\theta_k)},1-\varepsilon,1+\varepsilon]A_{\pi(\cdot|S;\theta_k)}(S,A)\}]\}. \tag{10.14}$$

其中，clip(x,l,r)定义为 $\max\{\min\{x,r\},l\}$，即把 x 限制在区间$[l,r]$内. ε 是一个人为设定的超参数，表示进行截断的范围. 根据经验，取 ε=0.1 或 ε=0.2 是实际效果较好的值.

式(10.14)的含义是，如果优势函数 $A_{\pi(\cdot|S;\theta)}(S,A)>0$，由优势函数的定义，说明此时的动作的价值高于平均值，对目标最大化意味着新策略 $\pi(\cdot|S;\theta')$ 好于旧策略 $\pi(\cdot|S;\theta)$，因此会导致比例项 $\frac{\pi(\cdot|s;\theta')}{\pi(\cdot|s;\theta)}$ 增大，经过截断处理，这个增大幅度不会让它超过$(1+\varepsilon)A_{\pi(\cdot|S;\theta)}(S,A)$. 反之，如果优势函数 $A_{\pi(\cdot|S;\theta)}(S,A)<0$，说明此时的动作的价值低于平均值，对目标最大化意味着新策略 $\pi(\cdot|S;\theta')$ 差于旧策略 $\pi(\cdot|S;\theta)$，因此会导致比例项 $\frac{\pi(\cdot|s;\theta')}{\pi(\cdot|s;\theta)}$ 变小，通过截断处理，这个变小幅度不会让它小于$(1-\varepsilon)A_{\pi(\cdot|S;\theta)}(S,A)$. 如图 10-1 所示.

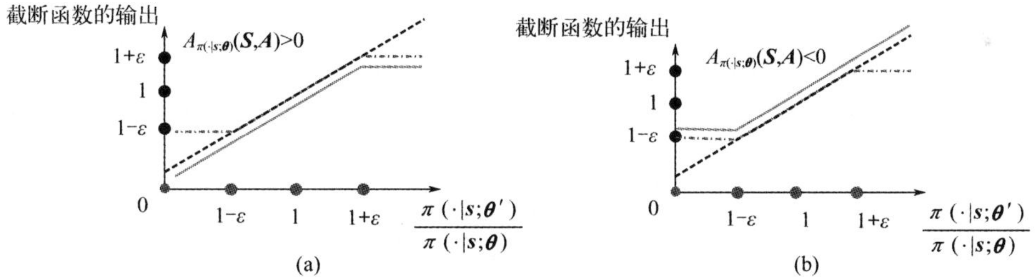

图 10-1　PPO 截断运算逻辑关系图

在图 10-1 中，横轴变量是比值，纵轴变量是截断函数. 虚线表示 $\frac{\pi(\cdot|s;\theta')}{\pi(\cdot|s;\theta)}$ 的图像，点划线表示截断 $\mathrm{clip}[\frac{\pi(\cdot|s;\theta')}{\pi(\cdot|s;\theta_k)},1-\varepsilon,1+\varepsilon]$ 的图像，式(10.14)表示在虚线与点划线中间，我们要取一个最小的结果. 如图 10-1(a)所示，假设优势函数 $A_{\pi(\cdot|S;\theta)}(S,A)>0$, 取一个最小的结果，就是实线所示大小. 如图 10-1(b)所示，假设优势函数 $A_{\pi(\cdot|S;\theta)}(S,A)<0$, 取一个最小的结果，就是实线所示大小.

总体而言，PPO 算法通过 TRPO 算法建立的重要性采样和置信域策略优化的核心技术，再利用 PPO 惩罚法或 PPO 截断法技巧，来保证算法的稳定性和收敛性.

10.3 PPO 算法的实现

10.3.1 PPO 算法的应用条件

应用 PPO 算法需要满足以下前提条件：

(1) 离散或连续动作空间：PPO 算法适用于离散或连续动作空间的强化学习问题. 对于离散动作空间，策略网络可以表示每个动作的概率分布. 对于连续动作空间，可以使用参数化的概率分布密度函数选择动作.

(2) 完全观测环境：PPO 算法假定智能体能够完全观测到环境的当前状态. 这意味着智能体可以准确获取到环境中所有的必要信息，并且不受未来状态变化、隐含信息或不完全观测等情况的影响.

(3) 马尔可夫性质：PPO 算法适用于马尔可夫决策过程问题，其中当前状态可以完全描述过去的历史信息，而不受历史状态的影响.

(4) 奖励函数定义：需要定义智能体采取不同动作所获得的即时奖励，并确保奖励函数设计得合理以指导学习过程.

10.3.2 广义优势估计（GAE）

广义优势估计（generalized advantage estimator，GAE），是一种对优势函数 $A(\boldsymbol{s},\boldsymbol{a})$的估计方法，几乎所有最先进的策略梯度算法中都使用了该技术，适合高维和连续的状态，一般都是用 PPO+GAE.

记 $\delta_t^V = -V(\boldsymbol{s}_t) + r_t + \gamma V(\boldsymbol{s}_{t+1})$，经过严格的推导[13]，得到优势函数 $A(\boldsymbol{s},\boldsymbol{a})$的估计关系式：

$$\hat{A}_t^{\mathrm{GAE}(\gamma,\lambda)} = \sum_{l=0}^{\infty}(\gamma\lambda)^l \delta_{t+l}^V .$$

其中，γ 是折扣系数，λ 是 GAE 参数.

当 $\lambda = 0$ 时，GAE 的形式就是 TD 误差的形式，有偏差，但方差小；$\lambda = 1$ 时就是蒙特卡洛的形式，无偏差，但是方差大.

GAE 通过多步加权平均优势函数估计值，实现偏差和方差的折衷. 这种方法在实际应用中通常能取得更好的效果，是当前研究和应用的热点之一.

10.3.3 PPO 算法的伪代码

PPO 算法的伪代码可以分为具有惩罚处理的 PPO 算法和具有截断处理的 PPO 算法. 具有惩罚处理的 PPO 算法很少用，人们常用具有截断处理的 PPO 算法.

具有截断处理的 PPO 算法的**伪代码**如下：

具有截断处理的 PPO 算法，用于估计策略 $\pi(\boldsymbol{a}\,|\,\boldsymbol{s}) \approx \pi^*$

初始化策略参数 $\boldsymbol{\theta}_0$，初始化截断阈值 ε
for $k = 0,1,2,\cdots$ **do**
    使用策略 $\pi(a\,|\,\boldsymbol{s};\boldsymbol{\theta}_k)$ 与环境进行交互，收集 N 步的轨迹数据
    使用广义优势估计 GAE 计算优势函数

利用式(10.14)计算，实现策略参数更新

end for

得到策略网络 $\pi^*(\boldsymbol{a}\,|\,\boldsymbol{s};\boldsymbol{\theta})$，进而得到（近似）最优策略 $\pi^*(\boldsymbol{a}\,|\,\boldsymbol{s})$

注意：优势函数 $A_{\pi(\boldsymbol{a}|\boldsymbol{s};\boldsymbol{\theta})}(\boldsymbol{s},\boldsymbol{a})$ 的更新问题：可以利用对自身的更新方法，如 **GAE(广义优势估计)**方法，也可以通过状态价值函数 $V_{\pi(\boldsymbol{a}|\boldsymbol{s};\boldsymbol{\theta})}(\boldsymbol{s})$ 来间接实现更新.

10.3.4 PPO 算法的程序步骤

PPO 算法的**程序步骤**及其主要内容如下：

(1) 创建环境：通过语句 env = LanderVehicle()调入事先定义好的函数 LanderVehicle. 在这个函数 LanderVehicle 中，定义了状态信息、动作信息、初始状态信息，从当前状态转移到下一个状态的计算过程. 这个函数的功能应引起读者的重视，可以改编其中的语句，来解决自己的实际问题.

(2) 创建 PPO 智能体：包括评委网络 Critic、演员网络 Actor 的网络结构、参数选项和网络功能等.

(3) 训练 PPO 智能体：包括设置训练最大回合数、回合最大步数、平均移动窗口长度、程序停止准则及其阈值等.

(4) 测试 PPO 智能体：可以加大回合的最大步数来测试 PPO 智能体的最优策略的潜在能力.

(5) 结果分析、论文用图和性能指标：给出了测试 PPO 智能体的 7 个子图，分别绘制 7 个状态分量的变化曲线.

(6) 应用预训练 PPO 智能体，解决实际问题.

10.3.5 PPO 算法的收敛性

PPO 算法的收敛性可以基于近端策略优化的理论与方法进行解释.

近端策略优化是 PPO 算法的核心技术之一，它通过引入一个限制函数来控制每次参数更新时新旧策略网络之间的差异. 这个限制函数可以是 KL 散度或其他相似性指标. 通过限制新旧策略网络之间差异的大小，PPO 算法可以保证参数在每次迭代更新中不会过于剧烈地变化，从而提高算法的稳定性和收敛性.

具体来说，在每次迭代中，PPO 算法通过最大化一个目标函数来更新策略网络参数. 这个目标函数包含了新旧策略网络之间动作选择概率比率和一个截断项. 截断项用于控制新旧策略网络之间差异的大小，并确保更新幅度不会太大.

根据近端策略优化理论，当目标函数中截断项取较小值（例如 $1-\varepsilon$）时，保证了每次参数更新幅度相对较小；而当截断项取较大值（例如 $1+\varepsilon$）时，则允许一定程度上有更大幅度的变动.

因此，在每次迭代中，PPO 算法通过控制截断项的取值范围，实现了更新幅度的限制. 这种限制可以避免算法陷入不稳定状态或出现过度调整的情况，并最终使策略网络参数收敛到更好的结果.

虽然没有具体的数学定理来证明 PPO 算法的收敛性，但实验和实践结果表明，PPO

算法在许多任务上具有较高的收敛性和较好的效果，它已成为强化学习领域中常用且有效的算法之一.

10.4 PPO 算法实例：求解飞行器平稳着陆最优控制问题

10.4.1 问题说明

如图 10-2 所示，这个例子展示了如何训练具有离散动作空间的近端策略优化 PPO 智能体，使飞行器平稳降落在指定位置的地面上[2].

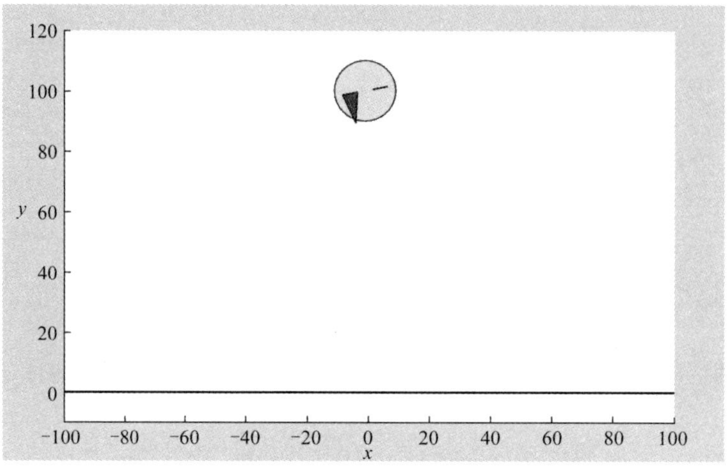

图 10-2 飞行器着陆控制问题及坐标系

本例的问题是：一个着陆飞行器，它具有质量，用 3 自由度圆盘表示. 该飞行器有两个用于向前和旋转运动的推进器. 重力垂直向下，假定空气阻力忽略不计. 训练目标是使飞行器平稳降落在地面上的指定位置——坐标系原点(0,0).

问题技术参数说明：

(1) 着陆目标位置为(0,0)，目标垂直方向角为 0 rad.

(2) 每个推进器施加的最大推力为 8.5 N.

(3) 着陆飞行器的运动范围：水平轴 x 方向由−100m 至 100m，垂直轴 y 方向由 0m 至 120m.

(4) 检测硬着陆（程序用−1 表示）、软着陆（程序用 1 表示）或空中悬停（程序用 0 表示）情况的传感器读数.

(5) 采样时间为 0.1 s.

(6) 设计 9 个动作的离散动作空间. 在每个时间步，智能体都会从以下 9 个离散动作中选择一个执行：

L, L：两个推进器都不点火；

L, M：左侧推进器不点火，右侧推进器点火（轻推力）；

L, H：左侧推进器不点火，右侧推进器点火（强推力）；

M, L：左侧推进器点火（轻推力），右侧推进器不点火；

M, M：左侧推进器和右侧推进器都点火（轻推力）；

M, H：左侧推进器点火（轻推力）和右侧推进器点火（强推力）；

H, L：左侧推进器点火（强推力），右侧推进器不点火；

H, M：左侧推进器点火（强推力）和右侧推进器点火（轻推力）；

H, H：左侧推进器点火（强推力）和右侧推进器点火（强推力）.

这里，$L = 0.0, M = 0.5$ 和 $H = 1.0$ 分别表示推进器不提供推力、提供轻推力和提供强推力的标准化推力值，在自定义单步函数中缩放这些值可以得到实际的推力值大小.

10.4.2 数学模型

在二维平面考虑飞行器着陆控制问题，建立平面直角坐标系，如图 10-2 所示. 横轴是 x 轴，坐标原点(0,0)表示飞行器稳定着陆的指定位置.

(1) **状态**：有 7 个连续状态分量，即从环境中观察到的飞行器的位置(x,y)、方向(θ)、速度$(\dot{x},\dot{y})$和角速度$(\dot{\theta})$，以及描述着陆状态的分量. 观测值在−1 和 1 之间进行归一化. 用列向量 7×1 结构表示状态. 此例是维度[7,1]的连续状态空间.

每一回合的初始起点：飞行器的初始位置随机产生，初始高度总是重置为 100m.

(2) **动作**：两个推进器控制飞行器的力. 动作取值是 3 个数值 0、0.5、1 的 9 种组合. 例如(0, 0.5)表示左侧推进器不提供推力，右侧推进器实施轻推力；(0.5, 0)表示左侧推进器实施轻推力，右侧推进器不提供推力；(0.5, 1)表示左侧推进器实施轻推力，右侧推进器提供强推力. 此例是维度[2,1]的有 9 个动作的离散动作空间.

(3) **奖励**：在 t 时间步提供的奖励 r_t 如下.

$$r_t = (s_t - s_{t-1}) - 0.1\theta_t^2 - 0.01(L_t^2 + R_t^2) + 500c\text{，}$$

$$s_t = 1 - (\sqrt{\hat{d}_t} + \frac{\sqrt{\hat{v}_t}}{2})\text{，}$$

$$c = (y_t \leqslant 0)\text{同时}(\dot{y}_t \geqslant -0.5\text{同时}\,|\,\dot{x}_t\,| \leqslant 0.5)\,.$$

其中，x_t、y_t、$\dot{x}_t$ 和 $\dot{y}_t$ 是飞行器沿 x 轴和 y 轴的位置及速度；$\hat{d}_t = \sqrt{x_t^2 + y_t^2} / d_{\max}$ 是飞行器到着陆目标位置的归一化距离；$\hat{v}_t = \sqrt{\dot{x}_t^2 + \dot{y}_t^2} / v_{\max}$ 是飞行器飞行的归一化速度：$v_{\max}$ 和 $d_{\max}$ 分别是飞行器的最大速度和它到地面的最大距离：θ_t 是相对于 y 轴正向的偏离角度；L_t 和 R_t 是左、右推进器的动作值；c 是对水平和垂直速度小于 0.5m/s 的软着陆的稀疏奖励.

各项奖励的作用是：

s_t：由 s_t 的表达式 $s_t = 1 - (\sqrt{\hat{d}_t} + \frac{\sqrt{\hat{v}_t}}{2})$ 可知，飞行器到着陆目标位置的归一化距离 $\hat{d}_t$ 越小 s_t 越大，进而奖励 r_t 越大. 其作用是使飞行器越接近着陆目标时获得更多的奖励. 换句话说，鼓励飞行器接近着陆目标.

$\hat{v}_t$ 是飞行器飞行的归一化速度. $\hat{v}_t$ 越小 s_t 越大，进而奖励 r_t 越大. 其作用是，飞行器归一化速度越接近于 0，智能体获得的奖励越大. 换句话说，鼓励飞行器平稳地飞行.

综合 $\hat{d}_t$ 和 $\hat{v}_t$ 的作用，可知，鼓励飞行器平稳地接近地面指定位置(0, 0).

$s_t - s_{t-1}$：刻画相邻两次的指标差. 这个差 $s_t - s_{t-1} = -(\frac{\sqrt{\hat{v}_t}}{2} - \frac{\sqrt{\hat{v}_{t-1}}}{2}) - (\sqrt{\hat{d}_t} - \sqrt{\hat{d}_{t-1}})$ 越大

奖励 r_t 越大. 其作用是：

- 在飞行器接近着陆目标过程中，相邻两次的距离差 $\sqrt{\hat{d}_t}-\sqrt{\hat{d}_{t-1}}$ 要小，即平稳接近着陆目标.

- 在飞行器接近着陆目标过程中，相邻两次的速度差 $-(\frac{\sqrt{\hat{v}_t}}{2}-\frac{\sqrt{\hat{v}_{t-1}}}{2})$ 要大，即接近着陆目标的加速度要小. 换句话说，鼓励飞行器慢变速地接近着陆目标.

综上所述，s_t-s_{t-1} 的作用是鼓励飞行器慢变速地、平稳地接近着陆目标.

$-0.1\theta_t^2$：θ_t 是相对于 y 轴的偏离角度. 可见，θ_t^2 越接近于 0 则 $-0.1\theta_t^2$ 越大，进而奖励 r_t 越大. 换句话说，飞行器接近着陆目标过程中，相对于 y 轴的偏离角度的绝对值 $|\theta_t|$ 接近于 0 最好. 即鼓励智能体控制飞行器垂直着陆为好.

$-0.01(L_t^2+R_t^2)$：L_t 和 R_t 是左、右推进器的动作值. 可见，二者的绝对值越接近于 0，奖励 r_t 越大. 即鼓励智能体控制飞行器的动作——推力 = 0 为好.

$500c$：c 是对水平和垂直速度小于 0.5m/s 的软着陆的稀疏奖励. c 越大，$500c$ 就越大，进而奖励 r_t 就越大. 由题设，c 可以取用−1 表示硬着陆，c 可以取用 0 表示空中悬停，c 可以取用 1 表示软着陆. 可见，鼓励“水平和垂直速度小于 0.5 m/s 的软着陆”.

注意，这个 c 值是整个回合训练结束后才给定的奖励，不是每个时间步的即时奖励. 整个回合训练结束后才给定的奖励一般称作**稀疏奖励**.

(4) **状态转移概率**：此例没有用到状态转移概率.

(5) **折扣因子**：程序取折扣因子 $\gamma=0.997$，关注长期的奖励影响.

(6) **初始状态概率分布**：初始状态有 6 个分量. 飞行器位置的横坐标服从区间 [−20,+20]上的均匀分布，其余 5 个分量初始值固定. 第 7 个描述着陆状态的分量取 0——空中悬停.

10.4.3 主程序代码

用 MATLAB 自带的 PPO 算法程序求解飞行器稳定着陆的最优控制策略问题. 这个程序的特点有：具有连续状态空间和离散动作空间，具有演员网络和评委网络.

主程序代码如下：

```
//第 10 章/DRL10_1

%% 第 1 段：创建环境
env = LanderVehicle(); %运行 LanderVehicle.m 文件
actInfo = getActionInfo(env); %提取动作信息
obsInfo = getObservationInfo(env); %提取状态信息
rng(0)

%% 第 2 段：创建 PPO 智能体
% 2.1 创建评委网络，包括层结构、权值和偏差大小
% 2.1.1 定义评委网络和演员网络层节点数
numObs = prod(obsInfo.Dimension);
criticLayerSizes = [400 300];%设置各层的节点数
actorLayerSizes = [400 300];
% 2.1.2 定义评委网络结构及权值和偏差大小
```

```
criticNetwork = [
    featureInputLayer(numObs) %输入层，输入 7 个状态分量
    fullyConnectedLayer(criticLayerSizes(1), ...
        Weights=sqrt(2/numObs)*...
            (rand(criticLayerSizes(1),numObs)-0.5), ...
        %全连接层节点数及指定权值和偏差大小
        Bias=1e-3*ones(criticLayerSizes(1),1))
    reluLayer %ReLU 激活函数层
    fullyConnectedLayer(criticLayerSizes(2), ...
        Weights=sqrt(2/criticLayerSizes(1))*...
            (rand(criticLayerSizes(2),criticLayerSizes(1))-0.5), ...
        Bias=1e-3*ones(criticLayerSizes(2),1))
    reluLayer
    fullyConnectedLayer(1, ...
        Weights=sqrt(2/criticLayerSizes(2))* ...
            (rand(1,criticLayerSizes(2))-0.5), ...
        Bias=1e-3)
    ];  %输出层 1 个节点及指定权值和偏差大小
% 2.1.3 构建网络 criticNetwork 并显示可学习参数的数量
criticNetwork = dlnetwork(criticNetwork);
summary(criticNetwork)
% 2.1.4 使用网络 criticNetwork 和观察信息创建评委网络 critic
critic = rlValueFunction(criticNetwork,obsInfo);
% 2.2 定义演员网络，包括层结构、权值和偏差大小
% 2.2.1 定义演员网络结构及权值和偏差大小
actorNetwork = [
    featureInputLayer(numObs)  %输入层 7 个状态分量
    fullyConnectedLayer(actorLayerSizes(1), ...
        Weights=sqrt(2/numObs)*...
            (rand(actorLayerSizes(1),numObs)-0.5), ...
        Bias=1e-3*ones(actorLayerSizes(1),1))
    reluLayer
    fullyConnectedLayer(actorLayerSizes(2), ...
        Weights=sqrt(2/actorLayerSizes(1))*...
            (rand(actorLayerSizes(2),actorLayerSizes(1))-0.5), ...
        Bias=1e-3*ones(actorLayerSizes(2),1))
    reluLayer
    fullyConnectedLayer(numel(actInfo.Elements), ...
        Weights=sqrt(2/actorLayerSizes(2))*...
            (rand(numel(actInfo.Elements),actorLayerSizes(2))-0.5), ...
        %输出层 1 个节点及权值和偏差大小
        Bias=1e-3*ones(numel(actInfo.Elements),1))
    softmaxLayer    %softmax 激活函数层，其结果表示 9 个离散动作的"概率"
    ];
% 2.2.2 构建网络 actorNetwork 并显示可学习参数的数量
actorNetwork = dlnetwork(actorNetwork);
summary(actorNetwork)
% 2.2.3 使用网络 actorNetwork 以及观察和动作信息创建演员网络 actor
```

```
actor = rlDiscreteCategoricalActor(actorNetwork,obsInfo,actInfo);
% 2.3 使用 rlOptimizerOptions 为评委网络和演员网络优化器指定训练选项
actorOpts = rlOptimizerOptions(LearnRate=1e-4); %指定学习率大小
criticOpts = rlOptimizerOptions(LearnRate=1e-4);
% 2.4 指定 PPO 智能体的超参数，包括演员网络和评委网络的参数选项
agentOpts = rlPPOAgentOptions(...
    ExperienceHorizon=600,...%智能体在正式学习前与环境交互的时间步数
    ClipFactor=0.02,... %PPO 截断因子
    EntropyLossWeight=0.01,...%损失函数交叉熵权值，取较大值可促进探索以脱离局部最优
    ActorOptimizerOptions=actorOpts,...
    CriticOptimizerOptions=criticOpts,...
    NumEpoch=3,...%演员网络和评委网络从当前经验回放池中学习的轮数
    AdvantageEstimateMethod="gae",... %优势函数估计方法
    GAEFactor=0.95,...  %广义优势估计法 GAE 的平滑因子
    SampleTime=0.1,...  %采样时间
    DiscountFactor=0.997);%折扣系数
% 2.5 创建 PPO 智能体
agent = rlPPOAgent(actor,critic,agentOpts);

%% 第 3 段：训练 PPO 智能体
% 3.1 指定训练参数
trainOpts = rlTrainingOptions(...
    MaxEpisodes=20000,...   %训练回合的总数
    MaxStepsPerEpisode=600,...%回合包含的最大步数
    Plots="training-progress",...%显示训练进程图
    StopTrainingCriteria="AverageReward",...%训练终止准则看平均回报
    StopTrainingValue=430,...%训练终止阈值，达到平均回报 430 时程序终止运行
    ScoreAveragingWindowLength=100); %计算平均回报的平均移动窗口长度
% 3.2 选择是否选用预训练智能体
doTraining = false;
if doTraining
    trainingStats = train(agent, env, trainOpts);
else
    load("landerVehicleAgent.mat");
end

%% 第 4 段：测试预训练智能体
plot(env)  %环境绘图显示
a=rng(10)
simOptions = rlSimulationOptions(MaxSteps=600);%600 与训练用 600 步相同
simOptions.NumSimulations = 5; %运行多个回合验证智能体在一系列初始条件下的性能
experience = sim(env, agent, simOptions);%测试 PPO 智能体

%% 第 5 段：结果分析、论文用图和性能指标. 此处略.
```

主程序中部分函数功能和语法说明如下：

(1) **env = LanderVehicle()**

- **功能**：具有质量的 3 自由度圆盘形着陆飞行器环境建模.
- **输入变量**：无.

● **输出变量**

env：包括状态初始值、动作初始值、采样时间、推力范围等.

注意：(1) 此例仅仅通过 1 个 LanderVehicle.m 文件，就实现了自定义重置函数和自定义单步设置函数的功能. 通过改编该函数中的相关语句就可以实现自己实际问题的环境设置.

(2) 第 6 章和第 8 章是通过自定义重置函数 myResetFunction.m 和自定义单步设置函数 myStepFunction.m 这 2 个文件创建的环境. 通过改编这两个函数中的相关语句可以实现自己实际问题的环境设置.

(3) 第 7 章是通过调入关键字 DoubleIntegrator-Continuous.m 创建的环境. 通过改编这个关键字函数中的具体语句可以实现自己实际问题的环境设置. 这个途径改编起来具有难度.

(4) 第 9 章和第 11 章是利用 Simulink 工具模型创建的环境. 通过改编这个 Simulink 工具模型和自定义重置函数 myResetFunction.m 可以实现实际问题的环境设置.

(5) 在自定义单步设置函数 myStepFunction.m 中，一般是利用实际问题的物理规律（如运动方程）确定由当前状态 $\boldsymbol{s}_t$ 到下一个状态 $\boldsymbol{s}_{t+1}$ 的有关信息. 参见第 6 章.

(6) 除了(5)中利用实际问题的物理规律自定义单步设置函数 myStepFunction.m 外，还可以通过数据和动作来找出由当前状态 $\boldsymbol{s}_t$ 到下一个状态 $\boldsymbol{s}_{t+1}$ 的有关信息（参见第 8 章），利用数据和动作来自定义单步设置函数 myStepFunction.m 创建实际问题的环境，应引起读者的重视.

(7) 在自定义重置函数 myResetFunction.m 中，关键是设置回合的初始状态. 初始状态一般利用“随机初始化”实现，以增强算法的鲁棒性. 也可以人为指定初始状态或初始状态中的几个分量，或者利用其他优化算法来优化出一个初始状态. 初始状态对算法程序的结果影响非常明显.

---

(2) **criticNetwork = dlnetwork(criticNetwork)**

● **功能**：用于自定义循环训练的网络.

● **输入变量**

criticNetwork：评委网络层结构与网络权重参数及偏差参数.

● **输出变量**

criticNetwork：含有层结构及其名称与权重参数及偏差参数取值的神经网络，状态价值函数 $V(\boldsymbol{s})$的逼近器.

(3) **actor = rlDiscreteCategoricalActor(actorNetwork,obsInfo,actInfo)**

● **功能**：建立具有离散动作空间的演员网络.

● **输入变量**

actorNetwork：演员网络结构.

obsInfo：状态观测信息.

actInfo：动作信息.

● **输出变量**

actor：演员网络，策略函数 $\pi(\boldsymbol{a}|\boldsymbol{s})$的逼近器.

(4) **rlPPOAgentOptions**

- **功能**：设置 PPO 智能体可选参数.
- **输入变量**

ExperienceHorizon = 600：智能体在正式学习前与环境交互的时间步数，用于建立经验回放池.

ClipFactor = 0.02：PPO 截断法的截断因子.

EntropyLossWeight = 0.01：交叉熵权重.

NumEpoch=3：训练回合总数.

AdvantageEstimateMethod="gae"：优势函数估计方法用 gae——广义优势估计法.

DiscountFactor= 0.997：折扣系数取 0.997.

ActorOptimizerOptions = actorOpts：演员网络优化器选用参数来自 actorOpts.

- **输出变量**

agentOpts：PPO 智能体可选参数.

(5) **agent = rlPPOAgent(actor,critic,agentOpts)**

- **功能**：创建 PPO 智能体.
- **输入变量**

actor：演员网络.

critic：评委网络.

agentOpts：PPO 智能体选定参数.

- **输出变量**

agent：PPO 智能体，其中包含智能体选定参数 agentOpts、演员网络 actor 和评委网络 critic.

(6) **plotLanderVehicleTrajectory(ax, experience, env, obsToPlot(ct))**

- **功能**：着陆飞行器轨迹绘图.
- **输入变量**

ax：在分块图布局中创建坐标区.

experience：预训练 PPO 智能体测试结果.

env：创建的环境.

obsToPlot(ct)：绘图用的字母，如["x", "y", "dx", "dy", "theta", "dtheta", "landing"].

- **输出变量**

图像：描述 7 个状态分量的图像，其中包括记录飞行器位置(x,y)的 2 个图像，记录着陆速度(dx,dy)的 2 个图像，记录下落角度及角速度(theta,dtheta)的 2 个图像，记录着陆姿态 landing 的 1 个图像.

10.4.4 程序分析

上述程序，按照功能划分，可以分为 5 个段落：

(1) **环境设置**：这部分是通过语句 env = LanderVehicle()调入函数 LanderVehicle.m，创建飞行器定点稳定着陆控制问题的环境，实现对实例问题的完整描述，如状态观测信息、动作信息等. 需要自己改编这个函数 LanderVehicle.m 名称及相关语句，特别是编写清楚初始状态和当前状态转移到下一个状态的关键信息. LanderVehicl.m 是求解实际问题的关键函数，应引起读者高度重视.

(2) **创建 PPO 智能体**：这部分是创建评委网络 Critic、演员网络 Actor 和 PPO 智能体.

① 定义评委网络结构及权值和偏差大小，如输入层、全连接层、激活函数层、输出层. 其中输入层节点数与状态分量 7 个必须一致，最后是全连接层有 1 个节点，表示对输出这个动作的打分——期望回报评估. 用语句 summary(criticNetwork)得到评委 criticNetwork 的可学习参数的数量有 123.8k 个.

② 定义演员网络结构及权值和偏差大小，如输入层、全连接层、激活函数层、输出层. 其中输入层节点数与状态分量 7 个必须一致. 最后是 softmax 激活函数层，表示 9 个离散动作的概率——演员表演动作的概率分布. 用语句 summary(actorNetwork)得到演员 actorNetwork 的可学习参数的数量有 126.2k 个. 可见，待训练的参数是很多的.

③ 利用语句 agent = rlPPOAgent(actor,critic,agentOpts)创建 PPO 智能体. 由此可见，PPO 智能体包括：演员网络 actor、评委网络 critic 和一些超参数. 超参数包括：智能体在正式学习前与环境交互的时间步数、PPO 截断法的截断因子、优势函数估计方法用 "gae"、折扣系数等.

(3) **训练 PPO 智能体**：这部分的语句几乎固定，与 Q-Learning 算法几乎一样，详见第 2 章相关内容.

(4) **测试 PPO 智能体**：这部分是验证 PPO 算法的结果. 这部分的语句几乎固定，与 Q-Learning 算法几乎一样，详见第 2 章相关内容.

留意：这个程序不同的是，一次性地测试 5 个回合，而不是以前程序只测试 1 个回合.

(5) **PPO 算法输出绘图及性能指标**：这部分是分析 PPO 算法的结果，用于找出算法程序存在的问题，论文用图和性能指标通常也在这里给出和计算.

10.4.5 程序结果解读

(1) **指定位置着陆**：如图 10-3 所示，飞行器在坐标原点(0,0)附近着陆，说明 PPO 智能体实现了指定位置的着陆.

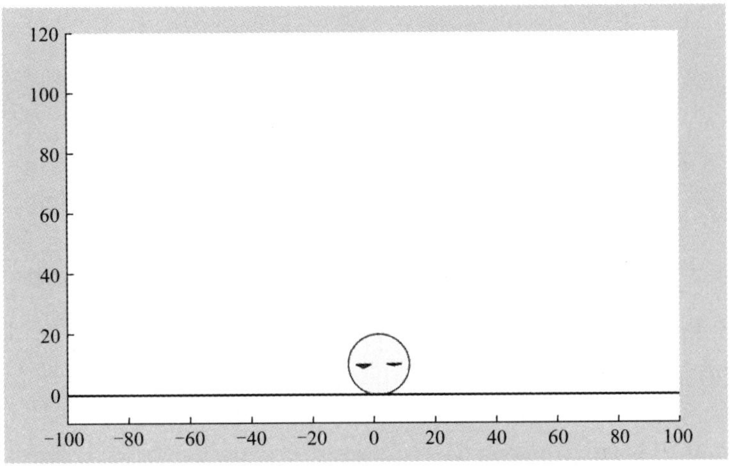

图 10-3　PPO 智能体控制飞行器定点稳定着陆问题的测试结果

(2) **着陆数据分析**：利用预训练 PPO 智能体，仿真测试了 5 个回合，得到 7 个状态分量的变化曲线，如图 10-4(a)~(g)所示.

x **轴位置分析**：如图 10-4(a)所示. 在测试的 5 次着陆过程中，有两次着陆位置在 x=0 邻域，见图 10-4(a)中红色线和绿色线. 偏离最远的是紫色线，达到 x=−23m.

y **轴位置分析**：如图 10-4(b)所示. 绿色线对应的着陆最接近于 0，而着陆时间最长达 19s. 其余 4 次时长达到 16s.

结合 x 轴位置分析，可见，着陆位置欠佳，特别是 x 轴方向.

x **轴方向速度分析**：如图 10-4(c)所示. 在测试的 5 次着陆过程中，x 轴方向的速度接近于 0. 这说明着陆过程中的横向摆动较小.

y **轴方向速度分析**：如图 10-4(d)所示. 在测试的 5 次着陆过程中，紫色线表示着陆 y 轴方向的速度是负数，说明还在减速就已经着陆. 其余 4 次着陆 y 轴方向的速度接近于 0.

结合 x 轴方向速度分析，可见：4 次着陆速度接近于 0，说明是稳定着陆. 有 1 次着陆速度是负数，结合图 10-4(g)着陆姿态指标，该次着陆也是“软着陆”.

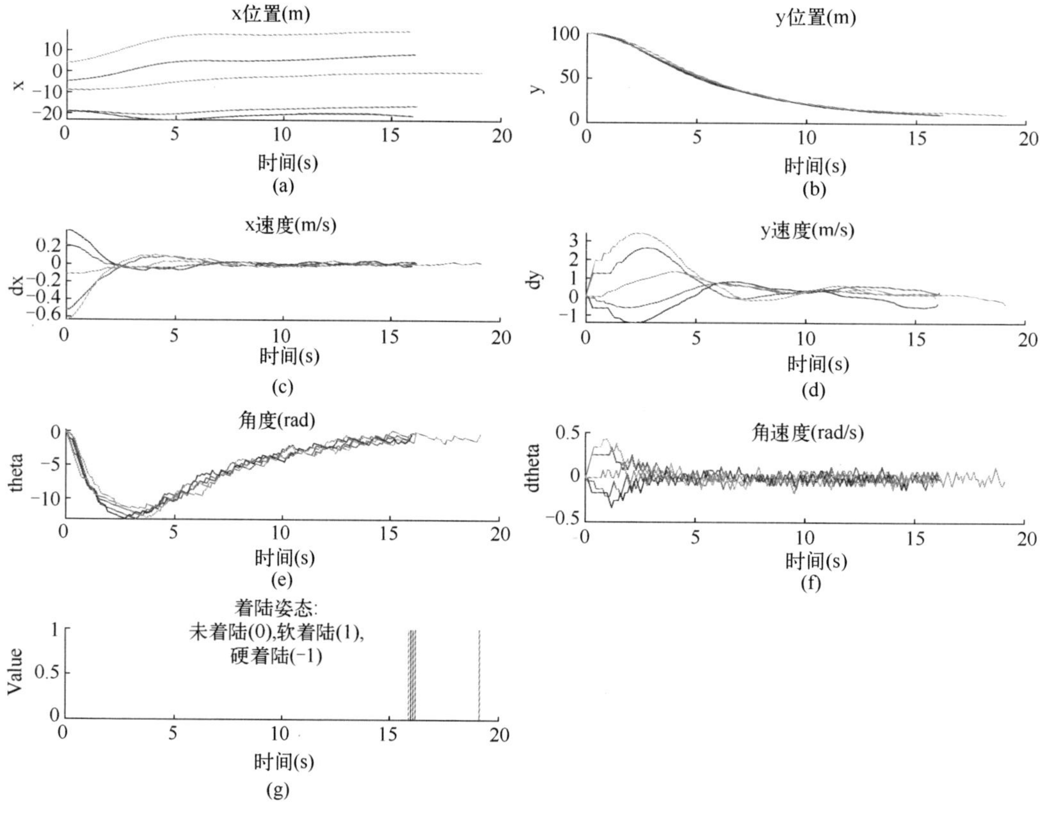

图 10-4　测试 PPO 智能体着陆过程中的 7 个状态分量变化情况

垂直着陆分析：如图 10-4(e)所示. 在测试的 5 次着陆过程中，绿色线对应的垂直着陆角度最小，接近于 0 rad. 其余 4 次着陆的垂直角度也接近于 0 rad. 可见，垂直方向的着陆姿态较好.

摇摆着陆分析：如图 10-4(f)所示. 在测试的 5 次着陆过程中，角速度在 0 附近频繁摆动. 说明智能体在频繁地调整着陆方向.

结合垂直着陆分析，可见：着陆摆动频繁，应该考虑进一步改进.

着陆姿态分析：如图 10-4(g)所示. 5 次着陆姿态取值都是“1”，说明这 5 次着陆都是“软着陆”，没有硬着陆和空中悬停出现.

综上所述，预训练的 PPO 智能体，实现了对飞行器在指定位置的稳定软着陆控制，控制效果比较好.

10.5 PPO 算法的优缺点及算法扩展

10.5.1 PPO 算法的优缺点

PPO 算法有以下优点：

(1) 稳定性：PPO 算法通过引入重要性采样和近端策略优化等技术，可以在训练过程中保持较好的稳定性. 相比于传统的策略梯度算法，PPO 算法在更新过程中对更新幅度进行了限制，降低了策略参数调整过大导致训练不稳定的问题.

(2) 高效性：PPO 算法使用重要性采样技术，充分利用已有数据进行参数更新. 相比于传统的策略梯度算法，这种样本利用方式提高了训练效率.

(3) 模型无关：PPO 算法是一种无模型的强化学习算法，适用于各种类型的强化学习任务. 这意味着它可以应用于连续控制、离散动作等各种不同类型的问题.

(4) 易于实现和调整：相对于其他复杂的强化学习方法，如 DDPG 或 A3C 等，PPO 算法相对简单，并且易于实现和调整. 它利用优势函数作为目标函数来衡量新旧策略网络之间的差异，并通过梯度下降法来更新策略参数.

然而，PPO 算法也存在一些缺点：

(1) 参数调节：虽然 PPO 算法相对于其他复杂的算法来说比较容易调整，但仍然需要仔细调节超参数，如学习率、截断因子等. 不合适的超参数可能会导致训练过程不稳定或无法收敛.

(2) 存在性能平稳性问题：PPO 算法的设计目标是提高稳定性，但在某些情况下，可能会面临性能平稳性问题. 它可能在某个局部最优解附近停滞，而无法进一步提高策略质量.

(3) 并行训练复杂性：当采用多个并行线程训练智能体时，PPO 算法需要处理并行更新过程中的样本冲突和协同问题. 这增加了并行训练的难度和调整的复杂度.

总体而言，PPO 算法是一种常用且有效的强化学习方法. 它具有较好的稳定性和收敛特性，并且适用于各种强化学习任务.

10.5.2 模型扩展

具有两个推进器的飞行器在指定位置稳定着陆的控制问题的特征：已知 7 个状态分量的连续状态空间，已知 9 个动作的维度[2,1]的离散动作空间，已知用状态和控制力建立的奖励函数，无需状态转移概率，设置折扣系数 γ，实现最优控制策略. 这是一个实现稳定和准确定位的最优控制策略的模型.

以下是 8 个与利用 PPO 算法求解飞行器定点稳定着陆控制问题相似的实际案例：

(1) 机器人路径规划：利用 PPO 算法进行机器人路径规划和导航控制，以实现高效、安全的路径跟踪和避障操作.

(2) 无人驾驶汽车控制：使用 PPO 算法优化无人驾驶汽车的控制策略，实现安全、精确的行驶和自主导航.

(3) 网络拓扑优化：利用 PPO 算法进行网络拓扑优化，以最小化延迟、最大化带宽利用率等网络性能指标.

(4) 股票交易决策：使用 PPO 算法进行股票交易决策优化，在不确定市场环境中选择最佳买卖时机以获得最大收益.

(5) 医疗治疗方案个性化优化：通过应用 PPO 算法对患者数据和医疗知识进行建模，提供个性化的治疗方案建议.

(6) 能源管理与智能电网调度：使用 PPO 算法对电网中能源资源的调度进行优化，实现智能电网平衡与效率提升.

(7) 智能家居自动化控制：运用 PPO 算法优化智能家居设备的控制策略，实现自动化的家居管理与舒适性提升.

(8) 水力发电调度：利用 PPO 算法进行水力发电机组的调度优化，实现最大化能源利用和电力供应平衡.

10.5.3 算法扩展

TRPO（trust region policy optimization）：TRPO 算法通过引入置信域策略优化技术，在每次迭代中控制更新步长，提高算法的稳定性和收敛性. TRPO 算法是 PPO 算法的基本框架，它的应用已经被 PPO 算法替代.

10.6 本章小结

(1) PPO 算法的原理

① 理论支撑：PPO 算法的理论基础是近端策略优化，详见第 10.3.5 节 PPO 算法的收敛性.

② 核心公式：PPO 算法的核心公式是式(10.14). 即

$$\arg\max_{\boldsymbol{\theta}'}\{E_{\boldsymbol{S}\sim V_{\pi(A|\cdot;\boldsymbol{\theta}_k)}(\boldsymbol{S})}E_{A\sim\pi(\cdot|\boldsymbol{S};\boldsymbol{\theta}_k)}[\min\{\frac{\pi(\cdot\,|\,\boldsymbol{S};\boldsymbol{\theta}')}{\pi(\cdot\,|\,\boldsymbol{S};\boldsymbol{\theta}_k)}A_{\pi(\cdot|\boldsymbol{S};\boldsymbol{\theta}_k)}(\boldsymbol{S},\boldsymbol{A}),\mathrm{clip}[\frac{\pi(\cdot\,|\,\boldsymbol{S};\boldsymbol{\theta}')}{\pi(\cdot\,|\,\boldsymbol{S};\boldsymbol{\theta}_k)},1-\varepsilon,1+\varepsilon]A_{\pi(\cdot|\boldsymbol{S};\boldsymbol{\theta}_k)}(\boldsymbol{S},\boldsymbol{A})]\}.$$

该公式既明确了目标函数更新的参数 $\boldsymbol{\theta}$，截断 clip 运算，又确保了算法的稳定性能.

③ 突出特性

- 近端策略优化：PPO 算法通过近端策略优化来控制每次更新时的参数变化范围，以提高训练稳定性，避免过度调整策略网络.

- 两类目标函数：一种是 PPO-Penalty 惩罚目标函数，另一种是 PPO-Clip 截断目标函数. 这两类目标函数可以量化新旧策略网络之间的差异，并在优化过程中进行策略参数更新.

- 重要性采样技术：为了保持策略梯度估计的有效性和稳定性，在 PPO 算法中使用重要性采样技术，来处理旧策略网络数据与新策略网络优化之间的关系.

(2) **研究问题的思路**

PPO 算法的思路有些另类，但是效果出奇的好.

把 $\pi(\boldsymbol{a}\mid\boldsymbol{s};\boldsymbol{\theta})$ 称为旧策略网络，参数 $\boldsymbol{\theta}$ 更新后的网络 $\pi(\boldsymbol{a}\mid\boldsymbol{s};\boldsymbol{\theta}')$ 称为新策略网络.

第一，进行重要性采样. 它通过比较新策略网络 $\pi(\boldsymbol{a}\mid\boldsymbol{s};\boldsymbol{\theta}')$ 与旧策略网络 $\pi(\boldsymbol{a}\mid\boldsymbol{s};\boldsymbol{\theta})$ 生成的动作概率之间的差异——比值 $\dfrac{\pi(\boldsymbol{a}\mid\boldsymbol{s};\boldsymbol{\theta}')}{\pi(\boldsymbol{a}\mid\boldsymbol{s};\boldsymbol{\theta})}$ 大小，来有效利用已有数据进行参数 $\boldsymbol{\theta}$ 更新.

第二，置信域策略优化，就是给出新旧策略网络采样的差异控制范围，不能让二者差异过大. 通过限制新旧策略网络之间的差异大小，来保证策略参数 $\boldsymbol{\theta}$ 更新过程的稳定性和收敛性.

第三，在上述两项技术基础上，再引入 PPO 惩罚法. 该方法本质上是求解有约束的优化问题的一种解法.

第四，平行地引入 PPO 截断法. 现在流行的就是 PPO 截断法，它是 PPO 算法的一种.

(3) **释疑解惑**

① 重要性采样兼顾当前时间步采样与未来时间步采样：使用一个重要性比率 $\dfrac{\pi(\boldsymbol{a}\mid\boldsymbol{s};\boldsymbol{\theta}')}{\pi(\boldsymbol{a}\mid\boldsymbol{s};\boldsymbol{\theta})}$ 来衡量新旧策略网络之间动作选择概率的差异，并利用这个重要性比率来更新策略参数 θ. 重要性采样兼顾了当前时间步采样与未来时间步采样.

② 置信域约束策略差异大小范围：引入一个约束条件来控制新旧策略网络之间的差异范围. 这个约束条件可以是 KL 散度，也可以是其他的 $\pi(\boldsymbol{a}\mid\boldsymbol{s};\boldsymbol{\theta}')$ 与 $\pi(\boldsymbol{a}\mid\boldsymbol{s};\boldsymbol{\theta})$ 相似性指标，通过限制新旧策略网络之间的差异大小，来保证策略参数 $\boldsymbol{\theta}$ 更新过程的稳定性和收敛性.

(4) **学习与研究方法**

① 拉格朗日乘数法：由式(10.11)和式(10.12)构成了具有约束条件的求解目标函数最大值的数学模型. 常用的方法之一就是利用拉格朗日乘数法，直接将 KL 散度的约束条件写入目标函数表达式中，将有约束的优化问题转化为无约束的优化问题.

② PPO 截断法：把具有约束条件的求解目标函数最大值的数学模型直接在优化目标函数表达式中实现“约束”，以保证新的策略网络和旧的策略网络的差距不会太大. 实验和实践结果表明，PPO 算法在许多任务上具有较高的收敛性和较好的效果，它已成为强化学习领域中常用且有效的算法之一.

习 题 10

1. 运行提供的程序 DRL10_1：

(1) 查看状态空间是否离散，动作空间是否连续.

(2) 训练 PPO 智能体，并保存有关变量.

(3) 用源程序提供的预训练 PPO 智能体运行程序，观察飞行器定点着陆过程.

2. 自带函数程序 DRL10_1 有什么特点？

3. 怎样利用自带函数程序 DRL10_1 求解自己的实际应用问题？

4. 求解第 7 章的双积分系统的最优控制策略：用第 10 章的程序 DRL10_1 和第 7 章的程序 DRL7_1，进行两个算法的联系对比分析，用性能指标说明各自算法程序的优劣.

5. 飞行器垂直着陆：任务是设计一个飞行器的控制策略，使用 PPO 算法来优化策略，实现飞行器在垂直着陆过程中的定点、平稳和快速. 需要选择和设计状态空间、动作空间和奖励函数，并使用 PPO 算法来训练一个能够优化控制策略的策略网络.

6. 无人机自主着陆：设计一个无人机的自主着陆控制策略，使用 PPO 算法来优化策略，实现无人机在着陆过程中的定点、平稳和快速. 任务是定义状态空间、动作空间和奖励函数，并使用 PPO 算法来训练一个能够优化控制策略的策略网络，以实现无人机的最优自主着陆.

7. 直升机定点降落：设计直升机的控制策略，使用 PPO 算法来优化策略，实现直升机在定点降落过程中的平稳和快速. 任务是设计状态空间、动作空间和奖励函数，并使用 PPO 算法来训练一个能够优化控制策略的策略网络，以实现直升机的最优定点降落.

第11章 DDPG算法求解四足机器人行走控制策略问题

DDPG（deep deterministic policy gradient）算法可译作**深度确定性策略梯度算法**. 顾名思义，“深度”说明它采用深度神经网络的框架，“确定性”说明策略网络的输出结果是确定性的动作，“策略梯度”说明它用策略梯度来训练策略网络.DDPG 算法由 Timothy P. Lillicrap 等人在 2016 年发表的论文 *Continuous Control with Deep Reinforcement Learning*[25]中提出.

DDPG 算法基于确定性策略梯度（DPG）和 DQN 等算法，并结合了 Actor-Critic 框架，用于解决连续动作空间问题. 它引入了深度神经网络来近似策略函数 $\pi(\boldsymbol{a}|\boldsymbol{s})$和动作价值函数 $Q(\boldsymbol{s},\boldsymbol{a})$，并利用经验回放技术解决输入样本的相关性，利用目标网络技术来提高算法的稳定性. 通过结合这些思想和技术，DDPG 算法在解决连续动作控制问题方面取得了显著进展. 它已被广泛应用于机器人控制、自动驾驶、游戏玩法等领域，并在实践中取得了良好的效果. DDPG 算法对于处理连续动作空间以及实时精准控制问题具有重要价值.

11.1 DDPG算法的基本思想

DDPG 算法的基本思想是，采用 Actor-Critic 网络结构，策略网络（即演员网络 Actor）直接输出连续动作，使用确定性策略梯度方法来优化策略网络 Actor. 动作价值函数网络（即评委网络 Critic）评估当前状态和动作的价值，引入评委网络 Critic 的目标网络来估计目标价值，并采用软更新方法更新目标网络参数. DDPG 算法能够有效地处理连续动作空间问题，但不适用于随机性策略问题.

11.2 随机性策略与确定性策略的联系与对比

依据策略网络输出的动作连续性策略分为 **softmax 策略**和**高斯策略**，依据策略网络输出的动作随机性分为**随机性策略**和**确定性策略**，如图 11-1 所示.

如图 11-1(a)所示，在策略网络 $\pi(\boldsymbol{a}\mid \boldsymbol{s};\boldsymbol{\theta})$ 中，输入的是状态变量 $\boldsymbol{s}$，经过多个网络层之后是激活函数 softmax 层. softmax 函数可以赋予所有可能执行的动作是一个概率分布，动作 $\boldsymbol{a}$ 根据其概率大小选定. 现在动作“停”的概率是 50%，在三个动作（上、停、下）中概率最大，因此选择动作“停”作为与输入状态 $\boldsymbol{s}$ 对应的输出. softmax 策略针对动作是离散的情况.

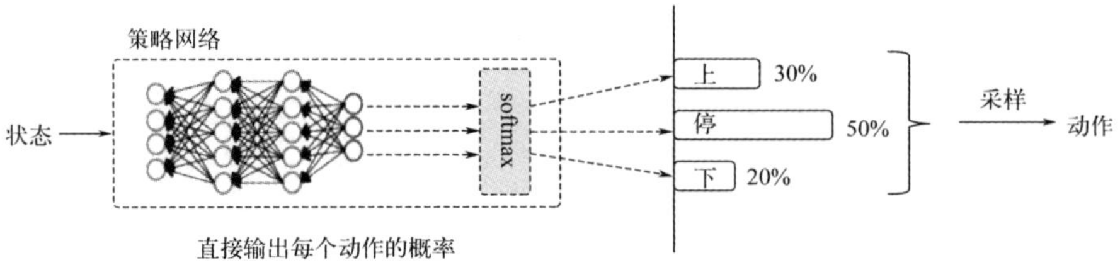

(a)

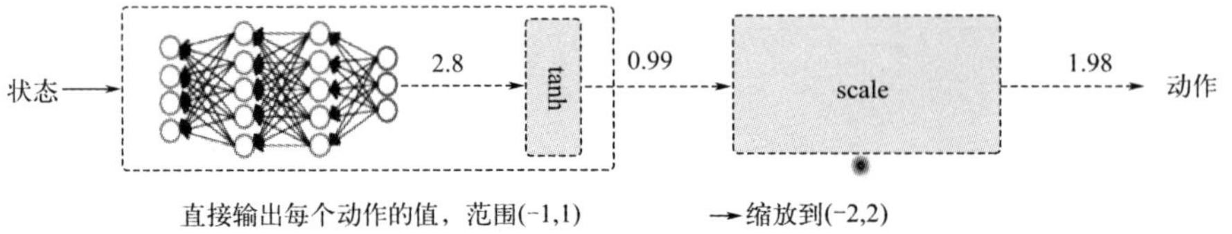

(b)

图 11-1　随机性策略与确定性策略的联系对比

高斯策略用于连续的动作空间，网络输出是一个以 $\overline{\mu}(\boldsymbol{s})$ 为均值、σ 为标准差的高斯分布，动作从高斯分布中采样产生：

$$\boldsymbol{A} \sim N(\overline{\mu}(\boldsymbol{s}), \sigma^2) .$$

上面提到的 softmax 策略和高斯策略都是随机性策略. **确定性策略**是指，策略网络 $\mu(\boldsymbol{s};\boldsymbol{\theta})$ 输出不是给出 softmax 策略或概率分布 $N(\overline{\mu}(\boldsymbol{s}),\sigma^2)$，而是给出确定的动作. 注意，这里 $\overline{\mu}(\boldsymbol{s})$ 特指高斯分布的均值，不是指确定性策略函数.

如图 11-1(b)所示，在策略网络中，输入的仍然是状态变量 $\boldsymbol{s}$，经过多个网络层之后是激活函数 tanh 层. tanh 函数赋予所有可能执行的动作值到区间(−1,1)，然后利用 scale 缩放运算，获得“真实”大小的动作值 $\boldsymbol{a}$. 例如，在最后的全连接层某一个动作值是 2.8，经过激活函数层 tanh(2.8)运算得到 0.99，再经过缩放层到区间(−2,2)，得到动作的“真实大小”是 1.98. 图 11-1(b)所示的策略网络就是确定性策略网络 $\mu(\boldsymbol{s};\boldsymbol{\theta})$.

11.3　DDPG 算法网络结构及其逻辑关系

DDPG 算法综合了前面学过的许多方法. 网络架构上采用评委网络 Critic 和演员网络 Actor，训练用的样本数据的相关性用经验回放池技术予以处理，算法稳定性采取目标网络技巧得以改进. DDPG 算法的网络结构及其逻辑关系，如图 11-2 所示.

图 11-2 的逻辑关系和各部分的作用如下：

(1) 左侧下部的“策略网络” $\mu(\boldsymbol{s};\boldsymbol{\theta})$ 扮演演员网络：它的输入是状态 $\boldsymbol{s}$，输出是动作 $\boldsymbol{a}=\mu(\boldsymbol{s};\boldsymbol{\theta})$，$\boldsymbol{\theta}$ 是它的参数，在训练过程中更新参数 $\boldsymbol{\theta}$. 演员网络 $\mu(\boldsymbol{s};\boldsymbol{\theta})$ 的作用是，对不同的状态 $\boldsymbol{s}$ 给出具体的动作 $\boldsymbol{a}$，即得到单步策略 $\pi(\boldsymbol{a}\,|\,\boldsymbol{s})$.

(2) 左侧中部的“Q 网络” $Q(\boldsymbol{s},\boldsymbol{a};\boldsymbol{w})$ 扮演评委网络：它的输入是状态 $\boldsymbol{s}$ 和动作 $\boldsymbol{a}$，这个动作 $\boldsymbol{a}$ 来自演员网络 $\mu(\boldsymbol{s};\boldsymbol{\theta})$ 的输出，即 $\boldsymbol{a}=\mu(\boldsymbol{s};\boldsymbol{\theta})$；评委网络 $Q(\boldsymbol{s},\boldsymbol{a};\boldsymbol{w})$ 的输出是在状态 $\boldsymbol{s}$ 下采取动作 $\boldsymbol{a}=\mu(\boldsymbol{s};\boldsymbol{\theta})$ 的一种评价，实际上它是对动作价值函数 $Q_\pi(\boldsymbol{s},\boldsymbol{a})=E_\pi[G_t\,|\,\boldsymbol{S}_t=\boldsymbol{s}, \boldsymbol{A}_t=\boldsymbol{a}]$ 的期望回报的近似. 要留意的是，评委网络 $Q(\boldsymbol{s},\boldsymbol{a};\boldsymbol{w})$ 是对动作价值函数 $Q(\boldsymbol{s},\boldsymbol{a})$的逼近.

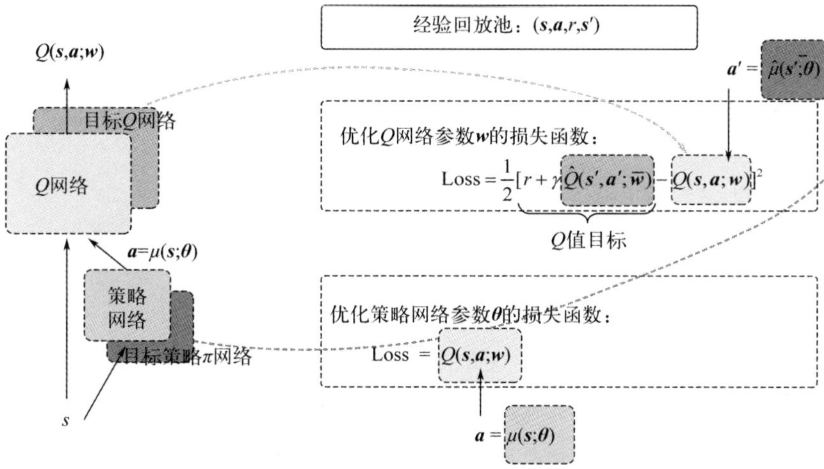

图 11-2　DDPG 算法网络结构及其逻辑关系

(3) 左侧下后部的“策略网络” $\mu(\boldsymbol{s};\boldsymbol{\theta})$ 的目标网络 $\hat{\mu}(\boldsymbol{s};\bar{\boldsymbol{\theta}})$：它的输入是下一个状态 $\boldsymbol{s}'$，它的输出是与 $\boldsymbol{s}'$ 对应的动作 $\boldsymbol{a}'=\hat{\mu}(\boldsymbol{s}';\bar{\boldsymbol{\theta}})$，$\bar{\boldsymbol{\theta}}$ 是目标网络 $\hat{\mu}(\boldsymbol{s};\bar{\boldsymbol{\theta}})$ 的参数，在训练过程中借助于演员网络 $\mu(\boldsymbol{s};\boldsymbol{\theta})$ 的参数 $\boldsymbol{\theta}$ 进行“软更新”. 它的作用是，为评委网络 $Q(\boldsymbol{s},\boldsymbol{a};\boldsymbol{w})$ 的目标网络 $\hat{Q}(\boldsymbol{s},\boldsymbol{a};\bar{\boldsymbol{w}})$ 提供输入，其中 $\boldsymbol{a}=\hat{\mu}(\boldsymbol{s}';\bar{\boldsymbol{\theta}})$.

(4) 左侧中后部的“Q 网络” $Q(\boldsymbol{s},\boldsymbol{a};\boldsymbol{w})$ 的目标网络 $\hat{Q}(\boldsymbol{s},\boldsymbol{a};\bar{\boldsymbol{w}})$：它的输入是状态 $\boldsymbol{s}'$ 和动作 $\boldsymbol{a}'=\hat{\mu}(\boldsymbol{s}';\bar{\boldsymbol{\theta}})$，这个动作 $\boldsymbol{a}'$ 来自目标网络 $\hat{\mu}(\boldsymbol{s};\bar{\boldsymbol{\theta}})$，它的输出是在状态 $\boldsymbol{s}'$ 下采取动作 $\boldsymbol{a}'$ 的一种评价 $\hat{Q}(\boldsymbol{s}',\boldsymbol{a}';\bar{\boldsymbol{w}})$，即对下一个时间步的动作价值函数 $Q(\boldsymbol{s}',\boldsymbol{a}')$ 值的人为调整.

(5) 上中部的“经验回放池”的形成与抽取训练样本：在 t 时间步得到经验转换样本 $(\boldsymbol{s}_t,\boldsymbol{a}_t,r_{t+1},\boldsymbol{s}_{t+1})$，顺次保存形成经验回放池. 经验回放池存满后，新的经验转换样本覆盖掉原来最先存入的旧的经验转换样本. 在网络训练阶段，随机采集最小批次 N 个经验转换样本 $\{(\boldsymbol{s}_i,\boldsymbol{a}_i,r_{i+1},\boldsymbol{s}_{i+1})\}(i=1,2,\cdots,N)$.

(6) 噪声增强探索：增强探索能力的噪声取 OU（Ornstein-Uhlenbeck）随机过程，用标准差来刻画“噪声大小或强弱”. t 时间步的加噪动作 $\boldsymbol{a}_t$ 取为

$$\boldsymbol{a}_t=\mu(\boldsymbol{s}_t;\boldsymbol{\theta})+\mathcal{N}_t .$$

其中，$\mu(\boldsymbol{s}_t;\boldsymbol{\theta})$ 是 t 时间步与状态 $\boldsymbol{s}_t$ 对应的策略网络的输出；$\mathcal{N}_t$ 是 OU 过程噪声.

(7) 评委网络 $Q(\boldsymbol{s},\boldsymbol{a};\boldsymbol{w})$ 及其目标网络 $\hat{Q}(\boldsymbol{s},\boldsymbol{a};\bar{\boldsymbol{w}})$ 的参数更新（参见中间中部“优化 Q 网络”）：评委网络 $Q(\boldsymbol{s},\boldsymbol{a};\boldsymbol{w})$ 的优化目标函数取

$$L(\boldsymbol{w})=\frac{1}{2N}\sum_i[y_i-Q(\boldsymbol{s}_i,\boldsymbol{a}_i;\boldsymbol{w})]^2 . \tag{11.1}$$

其中，N 是随机抽取经验转换样本时的最小批次大小. $\frac{1}{2N}$ 分母中出现 2，是为了求导数后约去式(11.1)中的幂指数 2，使得导数表达式更简洁明了.

式(11.1)的计算顺序是，首先计算 $\boldsymbol{a}_{i+1}=\hat{\mu}(\boldsymbol{s}_{i+1};\bar{\boldsymbol{\theta}})$，然后计算 $\hat{Q}(\boldsymbol{s}_{i+1},\hat{\mu}(\boldsymbol{s}_{i+1};\bar{\boldsymbol{\theta}});\bar{\boldsymbol{w}})$，接着计算

$$y_i = r_{i+1} + \gamma \hat{Q}(\boldsymbol{s}_{i+1}, \hat{\mu}(\boldsymbol{s}_{i+1}; \overline{\boldsymbol{\theta}}); \overline{\boldsymbol{w}}).$$

这里的 $\boldsymbol{s}_{i+1}$ 就是上面的下一个状态 $\boldsymbol{s}'$ 记号在迭代时的表示. 利用梯度下降法，计算评委网络 $Q(\boldsymbol{s},\boldsymbol{a};\boldsymbol{w})$ 参数 $\boldsymbol{w}$ 的更新关系式是

$$\boldsymbol{w} \leftarrow \boldsymbol{w} - \alpha \nabla_{\boldsymbol{w}} L(\boldsymbol{w}). \tag{11.2}$$

其中，α 是学习率.

迭代更新参数 $\boldsymbol{w}$ 一定步数后，才更新目标网络 $\hat{Q}(\boldsymbol{s},\boldsymbol{a};\overline{\boldsymbol{w}})$ 的参数 $\overline{\boldsymbol{w}}$：

$$\overline{\boldsymbol{w}} \leftarrow \tau \boldsymbol{w} + (1-\tau)\overline{\boldsymbol{w}}. \tag{11.3}$$

其中，参数 τ 称为**目标网络光滑因子**. τ 取区间(0,1)中比较小的数，如 τ=0.005.

(8) 演员网络 $\mu(\boldsymbol{s};\boldsymbol{\theta})$ 及其目标网络 $\hat{\mu}(\boldsymbol{s};\overline{\boldsymbol{\theta}})$ 的参数更新（参见中间下部“优化策略网络”）：演员网络 $\mu(\boldsymbol{s};\boldsymbol{\theta})$ 的优化目标是最大化期望回报，因此可取目标函数为

$$J(\boldsymbol{\theta}) = E_S[Q(\boldsymbol{S}, \mu(\boldsymbol{S};\boldsymbol{\theta}); \boldsymbol{w})]. \tag{11.4}$$

式(11.4)的作用是，通过演员网络 $\mu(\boldsymbol{s};\boldsymbol{\theta})$ 的参数迭代更新，将演员网络 $\mu(\boldsymbol{s};\boldsymbol{\theta})$ 与评委网络 $Q(\boldsymbol{s},\boldsymbol{a};\boldsymbol{w})$ 建立起来内在的联动关系.

利用链式法则，在式(11.4)中，对参数 $\boldsymbol{\theta}$ 求偏导，得到梯度计算公式：

$$\nabla_{\boldsymbol{\theta}} J(\boldsymbol{\theta}) = \nabla_{\boldsymbol{a}} Q(\boldsymbol{s},\boldsymbol{a};\boldsymbol{w})\big|_{\boldsymbol{s}=\boldsymbol{s}_i, \boldsymbol{a}=\mu(\boldsymbol{s}_i)} \nabla_{\boldsymbol{\theta}} \mu(\boldsymbol{s};\boldsymbol{\theta})\big|_{\boldsymbol{s}=\boldsymbol{s}_i}. \tag{11.5}$$

关于式(11.4)和式(11.5)的推导分析，详见第 11.4.4 节.

实际上，在算法程序中，考虑到随机抽取经验转换样本的最小批次大小 N，常取平均梯度作近似：

$$\nabla_{\boldsymbol{\theta}} J(\boldsymbol{\theta}) \approx \frac{1}{N}\sum_i [\nabla_{\boldsymbol{a}} Q(\boldsymbol{s},\boldsymbol{a};\boldsymbol{w})\big|_{\boldsymbol{s}=\boldsymbol{s}_i, \boldsymbol{a}=\mu(\boldsymbol{s}_i)} \nabla_{\boldsymbol{\theta}} \mu(\boldsymbol{s};\boldsymbol{\theta})\big|_{\boldsymbol{s}=\boldsymbol{s}_i}].$$

对于式(11.4)建立的优化问题，利用梯度上升法得到演员网络 $\mu(\boldsymbol{s};\boldsymbol{\theta})$ 参数 $\boldsymbol{\theta}$ 的更新公式：

$$\boldsymbol{\theta} \leftarrow \boldsymbol{\theta} + \beta \nabla_{\boldsymbol{\theta}} J(\boldsymbol{\theta}). \tag{11.6}$$

迭代更新参数 $\boldsymbol{\theta}$ 一定步数后，才更新目标网络 $\hat{\mu}(\boldsymbol{s};\overline{\boldsymbol{\theta}})$ 的参数 $\overline{\boldsymbol{\theta}}$，用下列关系式：

$$\overline{\boldsymbol{\theta}} \leftarrow \tau \boldsymbol{\theta} + (1-\tau)\overline{\boldsymbol{\theta}}. \tag{11.7}$$

其中，参数 τ 就是上面式(11.3)中的目标网络光滑因子.

11.4 DDPG 算法的实现

11.4.1 DDPG 算法的应用条件

(1) 连续动作空间：DDPG 算法适用于连续动作空间的深度强化学习问题. 它能够处理需要从一个连续动作空间中直接选择最优动作的任务.

(2) 完全观测环境：DDPG 算法假定智能体能够完全观测到环境的当前状态. 这意味着智能体可以准确获取到环境中所有的必要信息，并且不受未来状态变化、隐含信息或不完全观测等情况的影响.

(3) 马尔可夫性质：DDPG 算法适用于马尔可夫决策过程问题. 其中当前状态可以完全描述过去历史的信息，而不受历史状态的影响.

(4) 奖励函数定义：需要定义智能体采取不同动作所获得的即时奖励，并确保奖励函数设计合理以指导学习过程.

11.4.2 DDPG 算法的伪代码

DDPG 算法估计确定性策略 $\mu(s) \approx \mu^*$

初始化策略网络 $\mu(\boldsymbol{s};\boldsymbol{\theta})$ 及其参数和动作价值函数网络 $Q(\boldsymbol{s},\boldsymbol{a};\boldsymbol{w})$ 及其参数

初始化策略目标网络 $\hat{\mu}(\boldsymbol{s};\bar{\boldsymbol{\theta}})$ 和动作价值函数目标网络 $\hat{Q}(\boldsymbol{s},\boldsymbol{a};\bar{\boldsymbol{w}})$

复制参数 $\bar{\boldsymbol{w}} \leftarrow \boldsymbol{w}$ 和参数 $\bar{\boldsymbol{\theta}} \leftarrow \boldsymbol{\theta}$

初始化经验回放池 $\mathcal{D}$

for 回合 $e = 1 \rightarrow E$ **do**

  初始化随机过程 $\mathcal{N}$，用于增强动作探索

  获取初始观测状态 $\boldsymbol{s}_0$

  for 时间步 $t = 0 \rightarrow T-1$ **do**

    根据当前策略和探索噪声选取动作 $\boldsymbol{a}_t = \mu(\boldsymbol{s}_t;\boldsymbol{\theta}) + \mathcal{N}_t$

    执行动作 $\boldsymbol{a}_t$ 获得奖励 r_{t+1} 和下一个状态 $\boldsymbol{s}_{t+1}$

    将经验转换样本 $(\boldsymbol{s}_t,\boldsymbol{a}_t,r_{t+1},\boldsymbol{s}_{t+1})$ 存入经验回放池 $\mathcal{D}$

    在经验回放池 $\mathcal{D}$ 中随机采集 N 个经验转换样本 $(\boldsymbol{s}_i,\boldsymbol{a}_i,r_{i+1},\boldsymbol{s}_{i+1})$ $(i=1,2,\cdots,N)$

    对每个经验转换样本用目标网络计算 $y_i = r_{i+1} + \gamma\hat{Q}(\boldsymbol{s}_{i+1},\hat{\mu}(\boldsymbol{s}_{i+1};\bar{\boldsymbol{\theta}});\bar{\boldsymbol{w}})$

    最小化目标损失函数 $L(\boldsymbol{w}) = \dfrac{1}{2N}\sum_i [y_i - Q(\boldsymbol{s}_i,\boldsymbol{a}_i;\boldsymbol{w})]^2$，以此更新评委网络 $Q(\boldsymbol{s},\boldsymbol{a};\boldsymbol{w})$ 的参数 $\boldsymbol{w}$

    利用采样的梯度

$$\nabla_{\boldsymbol{\theta}} J(\boldsymbol{\theta}) \approx \frac{1}{N}\sum_i [\nabla_{\boldsymbol{a}} Q(\boldsymbol{s},\boldsymbol{a};\boldsymbol{w})|_{\boldsymbol{s}=\boldsymbol{s}_i,\boldsymbol{a}=\mu(\boldsymbol{s}_i)} \nabla_{\boldsymbol{\theta}}\mu(\boldsymbol{s};\boldsymbol{\theta})|_{\boldsymbol{s}=\boldsymbol{s}_i}]$$

    更新当前演员网络 $\mu(\boldsymbol{s};\boldsymbol{\theta})$ 的参数 $\boldsymbol{\theta}$

    更新目标网络参数

$$\bar{\boldsymbol{w}} \leftarrow \tau\boldsymbol{w} + (1-\tau)\bar{\boldsymbol{w}}$$

$$\bar{\boldsymbol{\theta}} \leftarrow \tau\boldsymbol{\theta} + (1-\tau)\bar{\boldsymbol{\theta}}$$

  end for

end for

得到策略网络 $\mu^*(\boldsymbol{s};\boldsymbol{\theta})$，进而得到（近似）最优策略 $\mu^*(s)$

注意：(1) 要理解 4 个网络的输入输出及其作用：策略网络 $\mu(\boldsymbol{s};\boldsymbol{\theta})$ 及其目标网络 $\hat{\mu}(\boldsymbol{s};\bar{\boldsymbol{\theta}})$，评委网络 $Q(\boldsymbol{s},\boldsymbol{a};\boldsymbol{w})$ 及其目标网络 $\hat{Q}(\boldsymbol{s},\boldsymbol{a};\bar{\boldsymbol{w}})$.

(2) 要理解 2 个目标优化问题：策略网络 $\mu(\boldsymbol{s};\boldsymbol{\theta})$ 优化的目标函数为，

$$\max_{\theta} J(\boldsymbol{\theta}) = \max_{\theta} E_S[Q(\boldsymbol{S},\mu(\boldsymbol{S};\boldsymbol{\theta});\boldsymbol{w})].$$

评委网络 $Q(\boldsymbol{s},\boldsymbol{a};\boldsymbol{w})$ 优化的目标函数为

$$\min_{\boldsymbol{w}} L(\boldsymbol{w}) = \min_{\boldsymbol{w}}\{\frac{1}{2N}\sum_i [y_i - Q(\boldsymbol{s}_i,\boldsymbol{a}_i;\boldsymbol{w})]^2\}.$$

11.4.3 DDPG 算法的程序步骤

(1) 设置环境：包括所研究问题的物理量及其阈值、采样时间、状态结构与描述、动作结构与描述. 特别是必须落实 3 个问题——各个回合的初始状态随机化或人为指定、当前状态转移到下一个状态的计算、奖励函数的合理设置.

(2) 创建评委网络 Critic、演员网络 Actor 和 DDPG 智能体：包括网络结构、参数选项和网络功能等.

(3) 训练 DDPG 智能体：包括设置训练最大回合数、回合最大步数、平均滑动窗口长度、程序停止准则及其阈值等，对于是否使用 GPU、是否使用并行训练，依据电脑配置选定.

(4) 测试 DDPG 智能体：可以加大回合的最大步数来测试 DDPG 智能体的泛化能力.

(5) 结果分析、论文用图和性能指标：利用训练结果与测试结果的联系对比分析，可以诊断 DDPG 智能体是否存在明显的问题. 性能指标可以从不同的角度衡量算法程序的快速收敛性和稳定性等性能.

(6) 应用预训练 DDPG 智能体，解决实际问题.

11.4.4 DDPG 算法的收敛性

DDPG 算法用的是确定性策略，而不是随机性策略，因此第 7.2.2 节的策略梯度定理对于确定性策略不再适用. 关于确定性策略梯度，有如下的确定性策略梯度定理.

如果当前状态是 $\boldsymbol{s}$，那么动作价值函数网络——评委网络的打分就是

$$Q(\boldsymbol{s},\mu(\boldsymbol{s};\boldsymbol{\theta});\boldsymbol{w}).$$

我们总是希望打分的数学期望越高越好，所以可将目标函数定义为打分的数学期望

$$J(\boldsymbol{\theta}) = E_{\boldsymbol{S}}[Q(\boldsymbol{S},\mu(\boldsymbol{S};\boldsymbol{\theta});\boldsymbol{w})]. \tag{11.8}$$

上式表明，不管面对什么样的状态 $\boldsymbol{S}$，策略网络——演员网络 $\mu(\boldsymbol{s};\boldsymbol{\theta})$ 都应该采取最好的动作，使得平均打分 $J(\boldsymbol{\theta})$尽量地高. 由此分析，策略网络 $\mu(\boldsymbol{s};\boldsymbol{\theta})$ 的训练可以建立这样的数学模型——求解平均打分 $J(\boldsymbol{\theta})$最大化：

$$\max_{\boldsymbol{\theta}} J(\boldsymbol{\theta}) = \max_{\boldsymbol{\theta}} E_{\boldsymbol{S}}[Q(\boldsymbol{S},\mu(\boldsymbol{S};\boldsymbol{\theta});\boldsymbol{w})]. \tag{11.9}$$

可以利用梯度上升方法来提升 $J(\boldsymbol{\theta})$，使得平均打分 $J(\boldsymbol{\theta})$越来越大.

对右侧函数 $Q(\boldsymbol{s},\mu(\boldsymbol{s};\boldsymbol{\theta});\boldsymbol{w})$ 关于参数 $\boldsymbol{\theta}$ 求偏导，利用链式法则，得到

$$\nabla_{\boldsymbol{\theta}} Q(\boldsymbol{s}_i,\mu(\boldsymbol{s}_i;\boldsymbol{\theta});\boldsymbol{w}) = \nabla_{\boldsymbol{a}} Q(\boldsymbol{s}_i,\boldsymbol{a};\boldsymbol{w})\cdot\nabla_{\boldsymbol{\theta}}\mu(\boldsymbol{s}_i;\boldsymbol{\theta}).$$

其中，$\boldsymbol{a}=\mu(\boldsymbol{s}_i;\boldsymbol{\theta})$.

综上所述，得到如下的单步确定性策略梯度定理.

定理（单步确定性策略梯度定理）

$$\nabla_{\theta} Q(s_i, \mu(s_i;\boldsymbol{\theta}); \boldsymbol{w}) = \nabla_{a} Q(s_i, \boldsymbol{a}; \boldsymbol{w}) \cdot \nabla_{\theta} \mu(s_i;\boldsymbol{\theta}) . \tag{11.10}$$

或者简写为

$$\nabla_{\theta} J(\boldsymbol{\theta}) \approx \nabla_{a} Q(s_i, \boldsymbol{a}; \boldsymbol{w}) \cdot \nabla_{\theta} \mu(s_i;\boldsymbol{\theta}) . \tag{11.11}$$

其中，$\boldsymbol{a} = \mu(s_i;\boldsymbol{\theta})$.

所以，演员网络 $\mu(s;\boldsymbol{\theta})$ 的参数 $\boldsymbol{\theta}$ 更新关系式是

$$\boldsymbol{\theta} \leftarrow \boldsymbol{\theta} + \beta \nabla_{\theta} J(\boldsymbol{\theta})$$

其中，β 是学习率.

注意：(1) 上面确定性策略梯度定理推导中，假设了评委网络 $Q(s, \mu(s;\boldsymbol{\theta}); \boldsymbol{w})$ 的参数 $\boldsymbol{w}$ 是固定的，即 $\boldsymbol{w}$ 与参数 $\boldsymbol{\theta}$ 无关.因此，没有出现 $\boldsymbol{w}$ 对 $\boldsymbol{\theta}$ 的偏导数.

(2) 有关一般性的确定性策略梯度定理及其证明，见参考文献[17].

11.5 DDPG 算法实例：求解四足机器人行走控制策略问题

11.5.1 问题说明

本例的训练目标是训练一个四足机器人，使机器人以最小的控制力沿直线行走. 如图 11-3 所示，该机器人的主要结构部件是四条腿和一个躯干. 腿部通过旋转关节与躯干相连. 智能体模块提供的动作值——力的大小被缩放并转换为关节扭矩值，使用这些关节扭矩值来实现机器人运动[2].

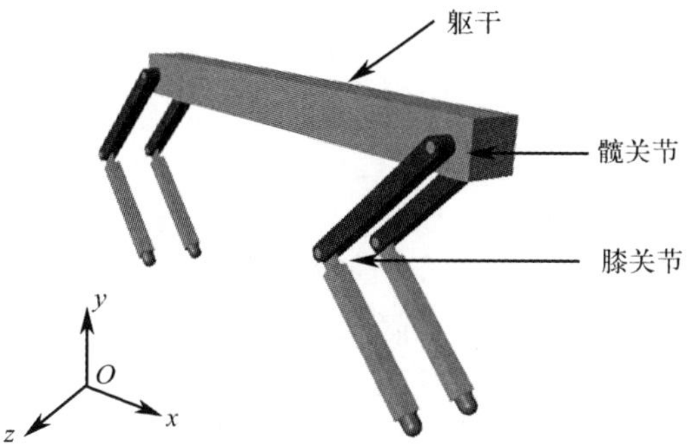

图 11-3 四足机器人结构示意图

11.5.2 数学模型

建立空间直角坐标系：坐标系原点位于经过躯干质心垂直于地面的垂点，机器人正前方为 x 轴正半轴，垂直于地面的法线向上方向为 y 轴正半轴，与 x 轴和 y 轴确定的平面垂直的法线向左方向的为 z 轴正半轴. 地面位于由 x 轴和 z 轴确定的坐标平面.

(1) **状态**：机器人环境为智能体提供了 44 个状态观测值，每个状态观测值归一化在 −1 到 1 之间. 这些观察结果是：

① 躯干质心的 y（垂直）和 z（横向）位置，有 2 个分量；

② 表示躯干方向的四元数，有 4 个分量；

③ 躯干质心处的 x（向前）、y（垂直）和 z（横向）速度，有 3 个分量；

④ 躯干的滚转角、俯仰角和偏航角，有 3 个分量；

⑤ 每条腿髋关节和膝关节的角度和速度，有 2×2×4=16 个分量；

⑥ 每条腿与地面接触产生的法向力和摩擦力，有 2×4=8 个分量；

⑦ 上一时间步的动作值，即每个关节的扭矩，有 8 个分量；

⑧ 初始状态：对于所有四条腿，髋关节和膝关节角度的初始值分别设置为-0.8234 rad 和 1.6468 rad，关节的中立位置为 0 rad，当腿伸展到最大值并垂直于地面时，表明腿处于直立位置.

可见，此例是连续状态空间问题，共有 44 个状态分量.

(2) **动作**：智能体执行归一化到-1 和 1 之间的 8 个数值，这些数值代表动作——力的大小和方向. 再乘以比例因子，这些动作值是作用于旋转关节的关节扭矩的 8 个信号. 每个关节的关节扭矩范围为±10N·m.

可见，此例是连续动作空间问题，共有 8 个动作分量.

(3) **奖励**：以下奖励将在训练期间的每个时间步提供给智能体. 该奖励函数通过正向前进速度 v_x 来鼓励机器人向正前方移动. 它还鼓励智能体通过在每个时间步提供恒定的奖励值—— $25\dfrac{T_s}{T_f}$ 来避免提前终止回合训练. 奖励函数中的其余项是对不希望出现的状况的某种惩罚.例如，与所期望高度的过大偏差应限制，与要求方向的过大偏差应限制，使用过大的关节扭矩——动作力应受到约束，等等.

依据上述原则，奖励函数设置为

$$r_t = v_x + 25\frac{T_s}{T_f} - 50\hat{y}^2 - 20\theta^2 - 0.02\sum_i (u_{t-1}^i)^2 .$$

其中：

① v_x 表示躯干质心沿 x 轴方向的行走速度. 这一项 v_x 取值越大，智能体得到的奖励值 r_t 越大. 它的作用是，鼓励机器人向“正前方快速”行走.

② T_s 和 T_f 分别表示采样时间和训练回合所用的时长，二者比值是一个定数. $25\dfrac{T_s}{T_f}$ 的作用是，鼓励智能体避免提前终止回合，即尽可能地长时间行走而不结束.

③ $\hat{y}$ 是躯干质心相对于理想高度 0.75m 的高度误差. $\hat{y}$ 越接近于 0 越好——说明质心接近理想高度 0.75m. $-50\hat{y}^2$ 的作用是，鼓励机器人躯干质心的高度向理想高度 0.75m 接近，即避免机器人躯干做上下起伏运动.

④ θ 是躯干的俯仰角，既描述躯干与地面的角度，也隐含着躯干头尾与地面的距离. θ 越接近于 0 越好，说明躯干指向行走方向的正前方. $-20\theta^2$ 的作用是，鼓励机器人躯干与地面平行，即避免机器人头或尾过高或过低.

⑤ u_{t-1}^i $(i=1,2,\cdots,8)$表示智能体在上一个时间步中对第 $i(i=1,2,\cdots,8)$个关节的动作大小. 实际上 u_{t-1}^i $(i=1,2,\cdots,8)$就是控制力，控制力（的绝对值）过大会导致机器人步态不稳. $-0.02\sum_i (u_{t-1}^i)^2$ 的作用是，鼓励智能体施加接近于 0 的力，就是实现训练目标——最小化控制成本，以保持机器人稳定行走.

奖励函数的设计和改动，对机器人的行走方向、行走速度以及是否稳定运动都有着极其重大的影响和指导作用，应引起读者的高度重视.

(4) **状态转移概率**：此例没有用到状态转移概率.

(5) **折扣因子**：此例程序取折扣因子 $\gamma = 0.99$.

(6) **初始状态概率分布**：以小于 0.5 的概率随机生成初始状态，以大于或等于 0.5 的概率初始状态取固定值.

(7) **回合训练终止条件**：在训练或仿真过程中，如果出现以下任何一种情况，该回合将终止训练：

① 躯干质心离地高度低于 0.5m，这说明机器人已经倒下；

② 躯干的头部或尾部位于地面以下；

③ 任何一个膝关节位于地面以下；

④ 滚转角、俯仰角或偏航角中，有一个在界限之外. 三个角的界限分别是：滚转角和俯仰角界限都是+/−0.1745rad，偏航角界限为+/−0.3491rad.

11.5.3 主程序代码

用 MATLAB 自带的 DDPG 算法程序求解上述四足机器人行走的最优控制策略问题. 主程序代码如下：

```
//第 11 章/ DRL11_1

%% 第 1 段：导入需要数据，打开 Simulink 模型，创建环境
% 1.1 导入四足机器人几何位置和运动问题的物理量及其阈值
initializeRobotParameters
% 1.2 打开四足机器人 Simulink 模型
mdl = 'rlQuadrupedRobot';
open_system(mdl)
% 1.3 创建环境交互接口
numObs = 44;  %状态分量个数
obsInfo = rlNumericSpec([numObs 1]);
obsInfo.Name = 'observations';
numAct = 8; %动作分量个数
actInfo = rlNumericSpec([numAct 1],'LowerLimit',-1,'UpperLimit', 1);
actInfo.Name = 'torque';
blk = [mdl, '/RL Agent'];
%利用 Simulink 模型创建强化学习环境
env = rlSimulinkEnv(mdl,blk,obsInfo,actInfo);
env.ResetFcn = @quadrupedResetFcn;%重置机器人行走的初始条件

%% 第 2 段：创建 DDPG 智能体
% 2.1 创建 critic 网络和 actor 网络
createNetworks
plot(criticNetwork)
% 2.2 创建 DDPG 网络
agentOptions = rlDDPGAgentOptions;
agentOptions.SampleTime = Ts;     %采样时间
agentOptions.DiscountFactor = 0.99;  %折扣系数
agentOptions.MiniBatchSize = 250;  %最小批次大小
agentOptions.ExperienceBufferLength = 1e6;%经验回放池容量
agentOptions.TargetSmoothFactor = 1e-3;  %目标网络更新光滑因子
agentOptions.NoiseOptions.MeanAttractionConstant = 0.15;%噪声网络均值
agentOptions.NoiseOptions.StandardDeviation = 0.1;    %噪声网络标准差
```

```
agent = rlDDPGAgent(actor,critic,agentOptions);

%% 第 3 段：训练 DDPG 智能体
% 3.1 指定训练参数
maxEpisodes = 10000; %训练最大回合数
maxSteps = floor(Tf/Ts);  %回合的最大步数
trainOpts = rlTrainingOptions(...
    'MaxEpisodes',maxEpisodes,...
    'MaxStepsPerEpisode',maxSteps,...
    'ScoreAveragingWindowLength',250,...%平均滑动窗口长度
    'Verbose',true,...%屏幕不显示训练进程信息
    'Plots','training-progress',...%绘制训练进程图
    'StopTrainingCriteria','AverageReward',...%训练停止准则
    'StopTrainingValue',190,... %训练停止阈值
    'SaveAgentCriteria','EpisodeReward',... %训练期间保存智能体数据的条件
    'SaveAgentValue',200);  %训练期间保存智能体数据的条件阈值
trainOpts.UseParallel = true;     %进行并行训练
trainOpts.ParallelizationOptions.Mode = 'async';%并行训练的模式
%每隔 32 个时间步，每个节点向全局网络发送数据
trainOpts.ParallelizationOptions.StepsUntilDataIsSent = 32;
trainOpts.ParallelizationOptions.DataToSendFromWorkers = 'Experiences'; % DDPG 智能体
要求各节点向全局网络发送"经验"数据
% 3.2 选择是否选用预训练智能体
doTraining = false;
if doTraining
    trainingStats = train(agent,env,trainOpts);
else
    load('rlQuadrupedAgent.mat','agent')
end

%% 第 4 段：测试预训练智能体
rng(0)
simOptions = rlSimulationOptions('MaxSteps',maxSteps);
experience = sim(env,agent,simOptions);

%% 第 5 段：结果分析、论文用图和性能指标. 此处略.
```

主程序中部分函数功能和语法说明如下：

(1) **initializeRobotParameters**

- **功能**：提供四足机器人几何位置和运动问题物理量及其阈值等数据. 如躯干和上下肢长度及其质量，采样时间和训练回合总时长，描述运动时用的位置、速度、角度和角速度及其阈值、地面物理特征、合力及阻力等.
- **输入变量**：不需要.
- **输出变量**：共 53 个变量及其阈值，包括躯干和四肢的位置及运动物理量及其阈值等.

(2) **[angles,A,B,C,ang1,ang2] = quadrupedInverseKinematics(a,b,L1,L2)**

- **功能**：假定髋关节中心是原点，实现肢体后向运动的配置方案.

- **输入变量**

a：脚相对于髋关节沿 x 轴方向的位移.

b：脚相对于髋关节沿 y 轴方向的位移.

L1：上肢长度.

L2：下肢长度.

- **输出变量**

angles：髋关节和膝关节的角度向量.

A：髋关节角度.

B：髋关节和膝关节角度.

C：膝关节角度.

ang1：调整后的髋关节角度.

ang2：调整后的膝关节角度.

(3) **rlQuadrupedRobot**

- **功能**：四足机器人 Simulink 模型，实现当前状态转到下一个状态的变量计算、各步奖励等.
- **输入变量**：当前状态变量等信息.
- **输出变量**：下一个状态变量等信息.

(4) **env = rlSimulinkEnv(mdl,blk,obsInfo,actInfo)**

- **功能**：利用 Simulink 工具实现的动态模型创建强化学习环境. 如图 11-4 所示.

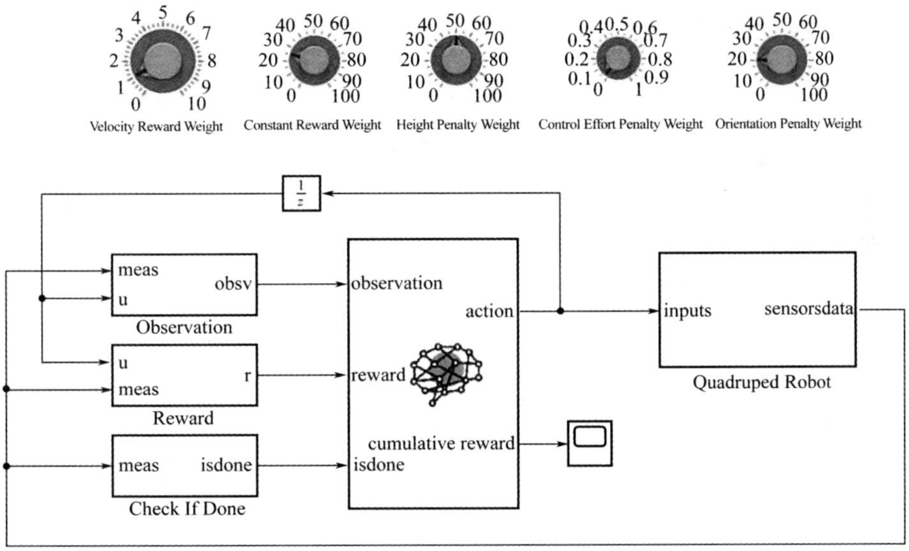

图 11-4　四足机器人行走问题的 Simulink 工具建模

- **输入变量**

mdl：Simulink 模型名称.

blk：智能体模块路径.

obsInfo：状态观测信息.

actInfo：动作信息.

- **输出变量**

env：强化学习环境.

(5) **quadrupedResetFcn**

- **功能**：重置四足机器人行走的初始条件.
- **输入变量**

l1：上肢长度.

l2：下肢长度.

- **输出变量**

y_body：躯干高度.

th_FL：左前腿的两个关节角度.

th_FR：右前腿的两个关节角度.

th_RL：左后腿的两个关节角度.

th_RR：右后腿的两个关节角度.

vx：躯干 x 轴方向移动的速度.

vy：躯干 y 轴方向移动的速度.

注意：重置函数 quadrupedResetFcn 是求解实际应用问题的首要关键程序. 这个重置函数与上面的 Simulink 工具模型配合，全面实现了实际问题的环境设置. 重置函数 quadrupedResetFcn 的具体代码如下：

```
//第 11 章/DRL11_quadrupedResetFcn.m
function in = quadrupedResetFcn(in)
    l1 = evalin('base','l1'); %腿上肢的长度
    l2 = evalin('base','l2'); %腿下肢的长度
    max_foot_disp_x = 0.1; %脚步沿 x 轴方向移动的最大距离
    min_body_height = 0.7; %躯干最小高度
    max_body_height = 0.8; %躯干最大高度
    max_speed_x = 0.05;     %躯干沿 x 轴方向移动的最大速度
    max_speed_y = 0.025;    %躯干沿 y 轴方向移动的最大速度
    if rand < 0.5 %如果概率<0.5,随机生成如下变量
        %随机产生的躯干质心高度
        b = min_body_height + (max_body_height - min_body_height) * rand;
        %4 只脚沿 x 轴方向移动的初始化距离，有正有负
        a = -max_foot_disp_x + 2 * max_foot_disp_x * rand(1,4);
        d2r = pi/180; %角度转成弧度制
        %左侧是左前腿的髋关节和膝关节的角度
        th_FL = d2r * quadrupedInverseKinematics(a(1),-b,l1,l2);
        th_FR = d2r * quadrupedInverseKinematics(a(2),-b,l1,l2);
        th_RL = d2r * quadrupedInverseKinematics(a(3),-b,l1,l2);
        th_RR = d2r * quadrupedInverseKinematics(a(4),-b,l1,l2);
        %脚到地面的高度
        foot_height = 0.05*l2*(1-sin(2*pi-(3*pi/2+sum([th_FL;th_FR;th_RL; th_RR],2))));
        y_body = max(b) + max(foot_height);%躯干质心到地面的高度
        vx = 2 * max_speed_x * (rand-0.5); %躯干沿 x 轴方向移动的速度
        vy = 2 * max_speed_y * (rand-0.5); %躯干沿 y 轴方向移动的速度
```

```
    else    %如果概率≥0.5,选用如下的初始条件
        y_body = 0.7588;
        th_FL = [-0.8234 1.6468];
        th_FR = th_FL;
        th_RL = th_FL;
        th_RR = th_FL;
        vx = 0;
        vy = 0;
    end
    in = setVariable(in,'y_init',y_body); %设置输出变量并赋值
    in = setVariable(in,'init_ang_FL',th_FL);
    in = setVariable(in,'init_ang_FR',th_FR);
    in = setVariable(in,'init_ang_RL',th_RL);
    in = setVariable(in,'init_ang_RR',th_RR);
    in = setVariable(in,'vx_init',vx);
    in = setVariable(in,'vy_init',vy);
end
```

(6) **createNetworks**

- **功能**：创建评委网络 Critic 和演员网络 Actor.
- **输入变量**：无.
- **输出变量**

critic：评委网络 Critic，其中包含网络层结构、可选参数和网络表示.

actor：演员网络 Actor，其中包含网络层结构、可选参数和网络表示.

(7) **agent = rlDDPGAgent(actor,critic,agentOptions)**

- **功能**：创建 DDPG 智能体.
- **输入变量**

actor：演员网络.

critic：评委网络.

agentOptions：DDPG 智能体选定参数.

- **输出变量**

agent：DDPG 智能体，其中包含 AgentOptions、ObservationInfo、ActionInfo，是否利用 UseExplorationPolicy 策略、SampleTime 等属性.

11.5.4 程序分析

上述程序，按照功能划分，可以分为 5 部分.

(1) **环境设置**：这部分程序完成 3 件事，一是通过语句 initializeRobotParameters 调入四足机器人的几何尺寸和运动物理量及其阈值等变量，二是打开建立好的四足机器人 Simulink 模型，三是重置机器人行走的初始条件. 这部分语句功能实现了对实例问题的完整描述. 如果想利用这个程序，需要自己改编 Simulink 模型，改编初始状态重置函数.

(2) **创建 DDPG 智能体**：这部分是创建评委网络 Critic、演员网络 Actor 和 DDPG 智能体.

① 通过运行函数 createNetworks，创建了评委网络 Critic 和演员网络 Actor.

评委网络 Critic 的层结构，如图 11-5 所示.

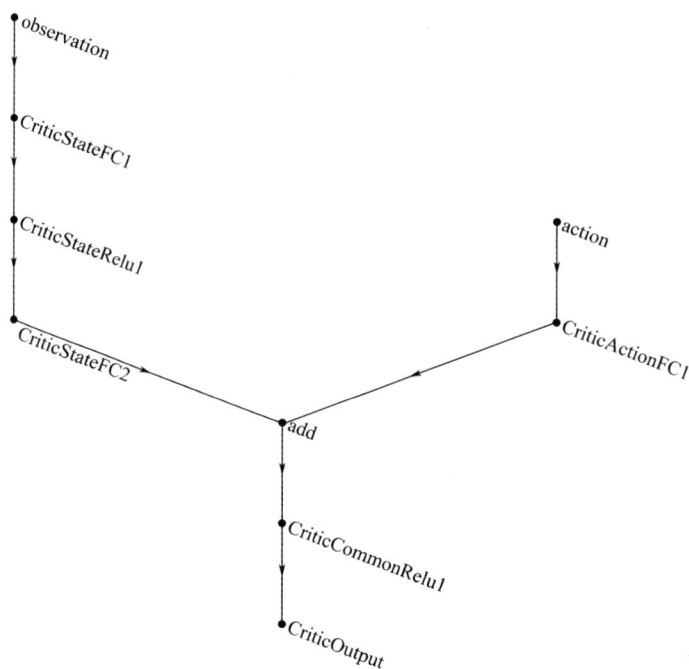

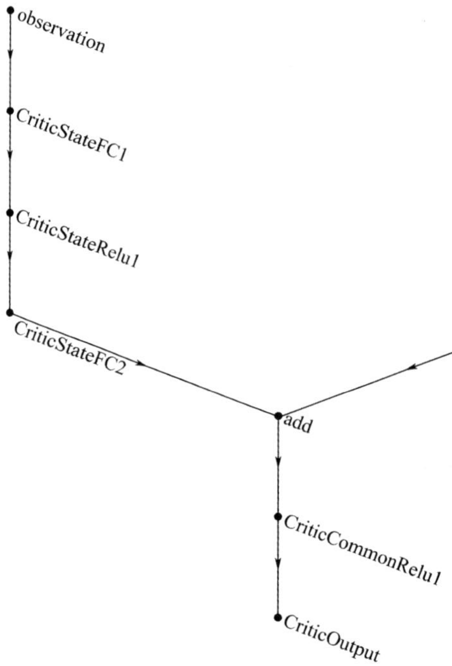

图 11-5　评委网络 Critic 的层结构

看得出来，左侧一支输入的是状态数据，经过 2 个全连接层和 Relu 激活函数层处理，和右侧的一支拼接. 右侧一支输入的是动作数据，经过 1 个全连接层整理. 两支拼接后，经过 1 个全连接层整理实现输出. 输出层的输出是输入状态和动作的打分——$Q(\boldsymbol{s},\boldsymbol{a})$的近似估计.

这里的演员网络结构与上一章的不同. 最大差别是：上一章有 9 个离散动作，最后用 softmax 激活函数，计算这 9 个离散动作的概率——演员表演动作的概率分布. 对应地，这里用 tanhLayer 层——激活函数是 tanh，它的值域是(−1,1)，表示经过标准化处理的动作值——不是动作的概率或概率分布. 参见图 11-1(b).

② 在主程序中用语句 agent = rlDDPGAgent(actor,critic,agentOptions)创建 DDPG 智能体. 由此可见，DDPG 智能体包括：演员网络 actor，评委网络 critic 和一些超参数. 超参数包括：采样时间，折扣系数，最小批次大小，目标网络参数更新光滑因子，噪声网络均值和噪声网络标准差等.

(3) **训练 DDPG 智能体**：这部分的语句几乎固定，与 Q-Learning 算法几乎一样，见第 2 章相关内容.

(4) **测试 DDPG 智能体**：这部分的语句几乎固定，与 Q-Learning 算法几乎一样，见第 2 章相关内容.

(5) DDPG 算法输出绘图及性能指标

这部分是分析 DDPG 算法的结果，用于找出算法程序存在的问题，论文用图和性能指标通常也在这里提供.

11.5.5　程序结果解读

训练过程及其结果如图 11-6 所示.

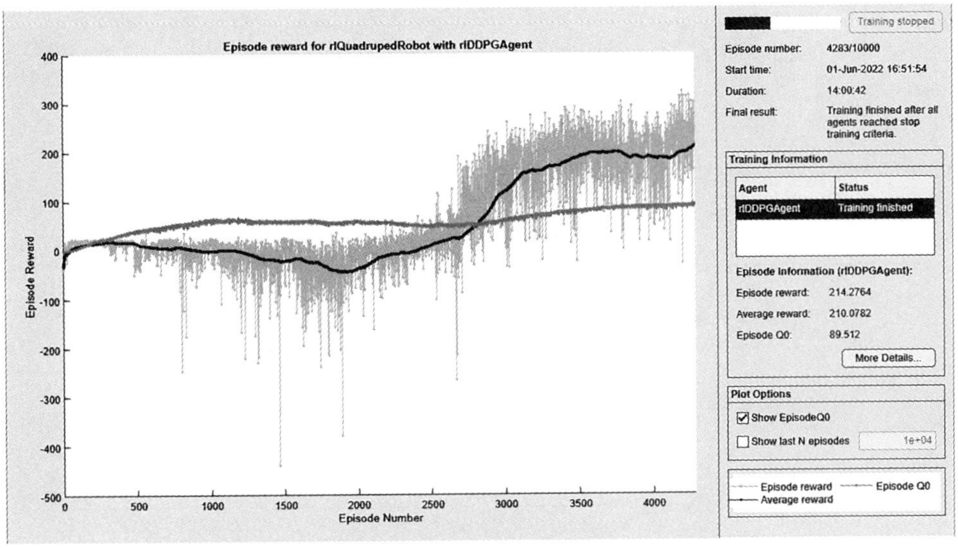

图 11-6　DDPG 智能体训练回合回报及平均回报

图 11-6 取自 MATLAB 有关 DDPG 算法的帮助文件[2].

可以发现：训练仍需继续下去. 在设置 10000 个最大回合数中训练了 4283 个回合，已经用时 14h. 查看浅蓝色的回报曲线，参考纵轴的数值刻度，曲线上下波动幅度不算大，说明算法具有“稳定收敛”的特点. 查看深蓝色的平均回报曲线，曲线上下波动平缓，也说明算法具有“稳定收敛”的特点. 注意到最后回合阶段的回报曲线与平均回报曲线，二者均呈现“上升”的趋势，这说明“训练仍需继续下去，DDPG 智能体还没有得到很好的训练”. 理想的曲线走势应该是：训练中后期的回报曲线与平均回报曲线趋向于水平直线——这说明回报或平均回报已经接近或达到“回报最大值”，此时没有必要继续训练下去.

导入 MATLAB 自带函数预训练的 DDPG 智能体文件，利用测试命令得到仿真结果，如图 11-7 所示.

分析图 11-7，可以得到如下结论：

(1) 控制成功：程序指定回合总用时 Tf=10s——持续控制 10s 表明该回合控制成功，采样时间 Ts=0.0250s，计算得到回合的最大步数 maxSteps=floor(Tf/Ts)=400. 由图 11-7(a)可见，测试回合达到了 400 步. 由此得到的结论是，智能体对于测试回合的控制取得成功.

(2) 正前方行走平稳：该例有 44 个状态分量，图 11-7(b)曲线描述的是躯干质心与地面的高度. 问题原有约定是：躯干质心离地高度低于 0.5m，这说明机器人已经倒下；鼓励机器人躯干质心的高度向理想高度 0.75m 接近，即避免机器人躯干做上下起伏运动. 如图 11-7(b)所示，质心高度一直在 0.78～0.82 之间，由此可见上下起伏最大幅度为 0.82−0.78=0.04m. 0.04m 相对于 0.75m 很小，说明机器人行走平稳.

(3) 未偏离正前方：图 11-7(c)曲线描述的是躯干质心横向偏离的程度——衡量是否偏离正前方向. 如图 11-7(c)所示，偏离幅度一直在 0.0～0.06 之间，虽然有继续增大偏离的趋势，但到最后 400 步时没有出现过大偏离. 由此说明，机器人行走未偏离正前方向.

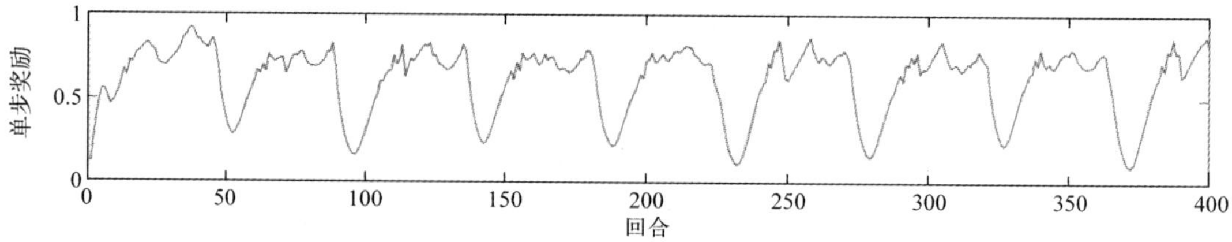

(a) DDPG智能体测试时回合单步奖励

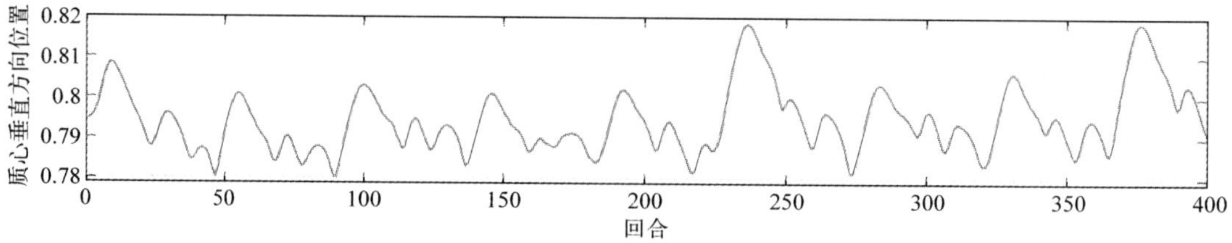

(b) DDPG智能体测试时质心垂直方向位置

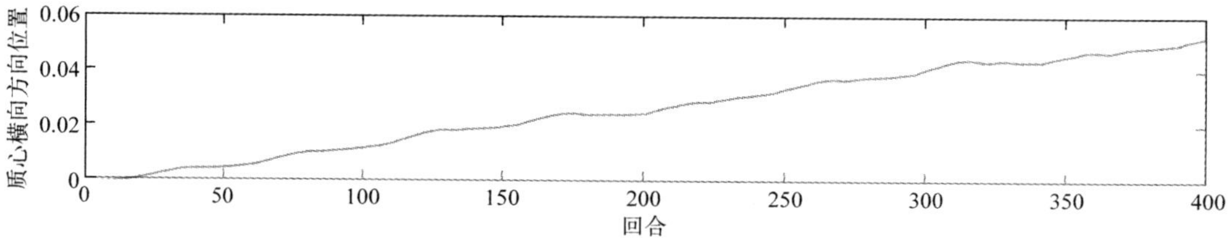

(c) DDPG智能体测试时质心横向方向位置

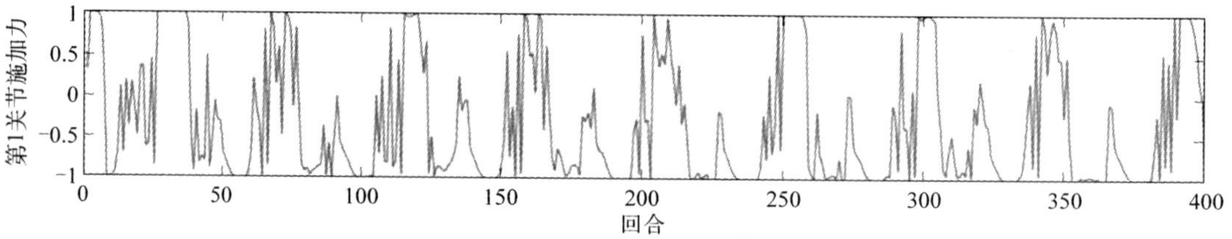

(d) DDPG智能体测试时第1关节施加力

图 11-7　测试 DDPG 智能体行走姿态与施加控制力及获得奖励

(4) 控制策略欠佳：图 11-7(d)曲线描述的是 DDPG 智能体控制第一个关节的动作——施加力的大小及其方向. 由图 11-7(d)曲线可以发现，在 400 个时间步中，有很多个时间步施加的力是 1 或者−1. 问题原有约定是：训练目标是使机器人以最小的控制力沿直线行走. 因此，可以认为 DDPG 智能体控制第一个关节的动作力度过大. 理想的情况是，图 11-7(d)曲线在“力=0”水平直线上下轻微波动.

本例一共有 44 个状态变量和 8 个动作变量. 通过这些变量的数据或变化曲线，可以分析智能体对机器人控制的多个性能.

11.6　DDPG 算法的优缺点及算法扩展

11.6.1　DDPG 算法的优缺点

DDPG 算法作为一种强化学习方法，具有以下优点：

(1) 非常适用于连续动作空间：DDPG 算法能够有效地处理连续动作空间问题，并通过神经网络逼近确定性策略 $\mu(\boldsymbol{s})$和动作价值函数 $Q(\boldsymbol{s}, \boldsymbol{a})$.

(2) 输出确定性的连续动作：通过利用策略梯度方法，DDPG 算法可以直接输出确定性的连续动作值，在连续动作空间中采样更高效.

(3) 两个目标网络：通过引入策略网络 $\mu(\boldsymbol{s};\boldsymbol{\theta})$ 及其目标网络 $\hat{\mu}(\boldsymbol{s};\overline{\boldsymbol{\theta}})$，以及动作价值函数网络 $Q(\boldsymbol{s},\boldsymbol{a};\boldsymbol{w})$ 及其目标网络 $\hat{Q}(\boldsymbol{s},\boldsymbol{a};\overline{\boldsymbol{w}})$，DDPG 算法更加稳定，收敛更有保障.

(4) 参数软更新：原来是每隔一定的步数就将当前网络的参数直接赋值给目标网络，而 DDPG 算法是按照比例——光滑因子 τ 更新目标网络的参数，如此可以大大地提高算法的稳定性.

(5) 加入动作噪声——OU 随机过程：对于确定性策略，引入噪声增加了动作的随机性，提高了智能体探索未知状态的能力.

然而，DDPG 算法也存在一些缺点：

(1) 确定性策略问题：确定性策略不利于动作变化，可能会减少智能体的探索机会，算法上很容易陷入局部最优.

(2) 对初始条件敏感：要想策略准确，则对 Q 值的预估要相当准确. 但是在学习开始阶段，Q 值预估都不是很准确的，此时程序容易跑偏. 可能需要进行仔细调整和优化参数.

(3) 超参数选择困难：选择合适的学习率、折扣系数、软更新光滑因子等超参数可能需要一定的经验或反复调试.

(4) 高方差估计：策略梯度估计可能存在高方差问题，这可能导致程序不稳定，影响收敛性能.

总体而言，DDPG 算法在处理连续动作空间问题中具有很好的适应性与表现，并在实际应用中取得了一定的成果. 然而，在具体问题中需要权衡其优点与缺点，并根据实际需求进行调整与改进.

11.6.2 模型扩展

四足机器人快速行走最优控制策略问题的特征：已知有 44 个状态分量的连续状态空间，已知有 8 个动作分量的连续动作空间，已知各时间步的奖励规则，无需状态转移概率，设置折扣系数 γ，实现最优控制策略. 这是求解快速且稳定行走运动的最优控制策略的模型.

以下是八个与利用 DDPG 算法求解四足机器人行走控制问题相似的实际问题案例：

(1) 人形机器人行走控制：使用 DDPG 算法进行人形机器人的步态控制优化，实现稳定和快速的行走运动.

(2) 飞行器自主导航：利用 DDPG 算法对无人飞行器进行姿态调整和路径规划，实现自主导航和目标追踪.

(3) 水下机器人操纵：使用 DDPG 算法优化水下机器人的操纵策略，实现精准操作.

(4) 自动驾驶小车控制：通过应用 DDPG 算法对自动驾驶小车进行路径规划和运动控制，实现安全、高效的自主导航.

(5) 仿生手臂运动规划：应用 DDPG 算法对仿生手臂进行运动规划和精准操纵，从而执行各种复杂操作任务.

(6) 无线电频谱管理优化：利用 DDPG 算法对无线电频谱资源进行管理与优化，提高频谱利用效率和通信性能.

(7) 光伏电池功率调节与追踪：通过应用 DDPG 算法对光伏电池的功率输出进行调节和优化，以实现最大化能源利用和实现目标功率要求.

(8) 自适应控制系统优化：利用 DDPG 算法对自适应控制系统进行参数调整和优化，实现更好的性能和鲁棒性.

这些问题都需要根据环境信息和任务要求进行决策优化，并通过 DDPG 算法学习最优策略.

11.6.3 算法扩展

以下是几个与 DDPG 算法相似并进行改进的算法：

(1) TD3（twin delayed DDPG）算法：TD3 算法是对 DDPG 算法的改进. TD3 在 DDPG 基础上增加了一个评委网络 Critic，主网络上 TD3 有两个 Critic 网络和一个 Actor 网络，同时目标网络也有主网络的一个备份. 增加一个评委网络 Critic 的原因是，利用两个 Critic 网络可以形成对比，通过选取二者中最小的 Q 值，来避免持续过高的估计. 另外，DDPG 网络的更新方式是评委网络 Critic 参数更新一次，演员网络 Actor 参数也跟着更新一次. 但在 TD3 网络中，还采用延迟更新的策略. 也就是说，评委网络 Critic 更新多次后，演员网络 Actor 才更新一次. 进一步提高了训练稳定性和算法收敛性.

(2) SAC（soft Actor-Critic）算法：SAC 算法是一种基于最大策略熵和软策略梯度方法进行改进的 AC 算法，可以更好地处理连续动作空间问题，并实现更稳定和高效的学习.

(3) MADDPG（multi-agent DDPG）算法：MADDPG 算法是对 DDPG 算法的扩展，专门用于解决多智能体协同决策问题，并在多智能体环境中学习合作与竞争策略.

这些改进算法基于 DDPG 框架引入了不同技术手段或优化方法来提高训练稳定性、样本利用率、算法收敛速度和适应性.

11.7 本章小结

(1) DDPG 算法的原理

① 理论支撑

首先，关于策略网络——演员网络 $\mu(\boldsymbol{s};\boldsymbol{\theta})$ 的收敛性，在第 11.4.4 节给出了确定性策略梯度定理. 按照演员网络 $\mu(\boldsymbol{s};\boldsymbol{\theta})$ 的参数更新公式(11.6)

$$\boldsymbol{\theta} \leftarrow \boldsymbol{\theta} + \beta \nabla_{\boldsymbol{\theta}} J(\boldsymbol{\theta}),$$

可以实现最大化优化目标函数式(11.9)

$$\max_{\boldsymbol{\theta}} J(\boldsymbol{\theta}) = \max_{\boldsymbol{\theta}} E_{\boldsymbol{S}}[Q(\boldsymbol{S}, \mu(\boldsymbol{S};\boldsymbol{\theta}); \boldsymbol{w})].$$

也就是说，不管面对什么样的随机状态 $\boldsymbol{S}$，策略网络——演员网络 $\mu(\boldsymbol{s};\boldsymbol{\theta})$ 都可以采取最好的动作，使得平均得分 $J(\boldsymbol{\theta})$——期望回报取得最大值. 这个策略网络 $\mu(\boldsymbol{s};\boldsymbol{\theta})$ 采取最好的动作——就是 DDPG 算法得到的最优策略 $\mu^*(\boldsymbol{s})$或近似最优策略 $\mu(\boldsymbol{s}) \approx \mu^*(\boldsymbol{s})$.

其次，关于动作价值函数网络——评委网络 $Q(\boldsymbol{s}, \mu(\boldsymbol{s};\boldsymbol{\theta}); \boldsymbol{w})$ 的收敛性，按照评委网络

$Q(\boldsymbol{s},\mu(\boldsymbol{s};\boldsymbol{\theta});\boldsymbol{w})$ 的参数更新公式(11.2)

$$\boldsymbol{w} \leftarrow \boldsymbol{w} - \alpha\nabla_{\boldsymbol{w}} L(\boldsymbol{w}),$$

可以实现最小化优化目标函数式(11.1)

$$\min_{\boldsymbol{w}} L(\boldsymbol{w}) = \min_{\boldsymbol{w}} \{\frac{1}{2N}\sum_i [y_i - Q(\boldsymbol{s}_i,\boldsymbol{a}_i;\boldsymbol{w})]^2\}.$$

② 核心公式

- 两个目标函数：

策略网络——演员网络 $\mu(\boldsymbol{s};\boldsymbol{\theta})$ 的优化目标是

$$\max_{\boldsymbol{\theta}} J(\boldsymbol{\theta}) = \max_{\boldsymbol{\theta}} E_{\boldsymbol{S}}[Q(\boldsymbol{S},\mu(\boldsymbol{S};\boldsymbol{\theta});\boldsymbol{w})].$$

动作价值函数网络——评委网络 $Q(\boldsymbol{s},\boldsymbol{a};\boldsymbol{w})$ 的优化目标是

$$\min_{\boldsymbol{w}} L(\boldsymbol{w}) = \min_{\boldsymbol{w}} \{\frac{1}{2N}\sum_i (y_i - Q(\boldsymbol{s}_i,\boldsymbol{a}_i;\boldsymbol{w}))^2\}.$$

其中，N 是随机抽取经验转换样本的最小批次大小.

- 两个参数更新公式：

策略网络——演员网络 $\mu(\boldsymbol{s};\boldsymbol{\theta})$ 的参数 $\boldsymbol{\theta}$ 更新公式是

$$\boldsymbol{\theta} \leftarrow \boldsymbol{\theta} + \beta\nabla_{\boldsymbol{\theta}} J(\boldsymbol{\theta}).$$

其中，β 是学习率.

动作价值函数网络——评委网络 $Q(\boldsymbol{s},\boldsymbol{a};\boldsymbol{w})$ 的参数 $\boldsymbol{w}$ 的更新公式是

$$\boldsymbol{w} \leftarrow \boldsymbol{w} - \alpha\nabla_{\boldsymbol{w}} L(\boldsymbol{w}).$$

其中，α 是学习率.

- 两个目标网络参数的软更新公式：

策略网络——演员网络 $\mu(\boldsymbol{s};\boldsymbol{\theta})$ 的目标网络 $\hat{\mu}(\boldsymbol{s};\overline{\boldsymbol{\theta}})$ 参数 $\overline{\boldsymbol{\theta}}$ 的更新公式是

$$\overline{\boldsymbol{\theta}} \leftarrow \tau\boldsymbol{\theta} + (1-\tau)\overline{\boldsymbol{\theta}}.$$

动作价值函数网络——评委网络 $Q(\boldsymbol{s},\boldsymbol{a};\boldsymbol{w})$ 的目标网络 $\hat{Q}(\boldsymbol{s},\boldsymbol{a};\overline{\boldsymbol{w}})$ 参数 $\overline{\boldsymbol{w}}$ 的更新公式是

$$\overline{\boldsymbol{w}} \leftarrow \tau\boldsymbol{w} + (1-\tau)\overline{\boldsymbol{w}}.$$

其中，τ 取区间(0,1)内的很小的数，如 τ =0.005.

③ 突出特性

- 确定性策略梯度：DDPG 算法采用确定性策略梯度方法来优化策略. 与离散动作空间不同，它直接输出连续动作值而不是从概率分布中采样.
- 目标网络与软更新：为了提高算法稳定性，引入两个目标网络 $\hat{\mu}(\boldsymbol{s};\overline{\boldsymbol{\theta}})$ 和 $\hat{Q}(\boldsymbol{s},\boldsymbol{a};\overline{\boldsymbol{w}})$，并通过软更新方法调整目标网络的参数.
- Actor-Critic 网络结构：DDPG 算法采用 Actor-Critic 网络结构，策略网络 Actor 直接输出连续动作，而动作价值函数网络 Critic 评估当前状态和动作的期望回报价值.

(2) 研究问题的思路

由第 2 章的 Q-learning 算法出发，利用神经网络逼近 Q 表，得到第 6 章的 DQN 算法. DQN 算法可以应用于高维度或连续状态空间，但由于对动作取 max 运算，导致不能求解连续动作空间问题.

DDPG 算法是在 DQN 算法基础上建立的算法，采用 Actor-Critic 网络结构，策略网络 Actor 直接输出连续动作，使用确定性策略梯度方法来优化策略网络. 动作价值函数网络 Critic 评估当前状态和动作的价值，引入 Critic 网络的目标网络来估计目标价值，并采用软更新方法更新目标网络参数. DDPG 算法能够有效地处理连续动作空间问题，但不适用于随机性策略问题.

(3) 释疑解惑

① DDPG 算法利用确定性策略：确定性策略是说，对于状态 $\boldsymbol{s}$，智能体给出具体的动作 $\boldsymbol{a}$，而不是动作 $\boldsymbol{a}$ 的概率分布. 因此，DDPG 算法主要用于要求精度高、实时性强的连续控制问题中.

② DDPG 算法有 4 个网络：策略网络——演员网络 $\mu(\boldsymbol{s};\boldsymbol{\theta})$ 及其目标网络 $\hat{\mu}(\boldsymbol{s};\bar{\boldsymbol{\theta}})$. 动作价值函数网络——评委网络 $Q(\boldsymbol{s},\boldsymbol{a};\boldsymbol{w})$ 及其目标网络 $\hat{Q}(\boldsymbol{s},\boldsymbol{a};\bar{\boldsymbol{w}})$.

③ DDPG 算法加入随机噪声增强探索性：随机过程 $\mathcal{N}$ 用于增强动作探索. 根据当前策略 $\mu(\boldsymbol{s}_t;\boldsymbol{\theta})$ 和探索噪声 $\mathcal{N}_t$ 选取动作 $\boldsymbol{a}_t=\mu(\boldsymbol{s}_t;\boldsymbol{\theta})+\mathcal{N}_t$.

(4) 学习与研究方法

将 DQN 算法的“经验回放技术”引入，再引入 DQN 算法的“目标网络”，融合 AC 算法的“Actor-Critic 网络结构”，将 PG 算法的“随机性策略梯度”思路改进为确定性策略梯度. DDPG 算法可以直接输出确定性的连续动作值，在连续动作空间中进行采样更高效.

习 题 11

1. 程序 DRL11_1 有什么特点？怎样利用这个程序求解自己的实际问题？

2. 利用自带函数程序 DRL11_1 求解第 6 章实战案例——推车竖杆平衡问题的最优控制策略，并用性能指标说明两个算法的优劣情况.

3. 四足机器人跳跃：设计四足机器人的控制策略，使用 DDPG 算法来优化策略，实现机器人在跳跃过程中的快速和稳定. 任务是定义状态空间、动作空间和奖励函数，并使用 DDPG 算法来训练一个能够优化控制策略的 Actor-Critic 网络，以实现四足机器人的最优跳跃行为.

4. 四足机器人越过障碍物：设计一个四足机器人的控制策略，使用 DDPG 算法来优化策略，实现机器人在越过障碍物过程中的快速和稳定. 任务是设计状态空间、动作空间和奖励函数，并使用 DDPG 算法来训练一个能够优化控制策略的 Actor-Critic 网络，以实现四足机器人的最优越障行为.

第12章 TD3 算法求解 PID 控制器参数整定问题

TD3（twin delayed deep deterministic policy gradient）算法，可译作**双延迟深度确定性策略梯度算法**，它是 DDPG 算法的优化版本. TD3 算法是由 Scott Fujimoto、Herke van Hoof、David Meger 等人于 2018 年在论文 *Addressing Function Approximation Error in Actor-Critic Methods*[26]中提出的.

12.1 TD3 算法的基本思想

TD3 算法的基本思想是，它优化并改进了 DDPG 算法，通过使用 Actor-Critic 框架，结合延迟更新、双 Q 网络、目标策略噪声和自适应目标策略更新等改进措施，旨在提高连续动作控制任务的性能. TD3 算法与 DDPG 算法一样，能够有效地处理连续动作空间问题，但不适用于随机性策略问题.

众所周知，在基于价值学习的深度强化学习算法中，如 DQN，动作价值函数 $Q(\boldsymbol{s},\boldsymbol{a})$ 的近似误差是导致 Q 值高估和次优策略的原因. 这个问题依然在 Actor-Critic 框架中存在，TD3 算法提出了新的机制以减小近似误差对演员网络 Actor（即策略函数网络 $\mu(\boldsymbol{s};\boldsymbol{\theta})$）和评委网络 Critic（即动作价值函数网络 $Q(\boldsymbol{s},\boldsymbol{a};\boldsymbol{w})$）的影响. TD3 算法建立在双 Q 学习算法的基础上，通过选取两个动作价值函数网络中的较小值 $\min\{Q(\boldsymbol{s},\boldsymbol{a},\boldsymbol{w}_1),Q(\boldsymbol{s},\boldsymbol{a},\boldsymbol{w}_2)\}$，从而限制它对 $Q(\boldsymbol{s},\boldsymbol{a})$值的过高估计.

在深度强化学习中，对于离散动作的学习，都是以 DQN 算法为基础的. DQN 算法是通过 argmax(Q-table)的方式去选择动作，其结果往往会过大地估计动作价值函数 $Q(\boldsymbol{s},\boldsymbol{a})$，从而造成估计误差. 在连续的动作控制的 Actor-Critic 框架中，如果每一步都采用这种方式去估计 $Q(\boldsymbol{s},\boldsymbol{a})$值，可能导致估计误差一步一步地累加，使算法不能得到收敛，进而导致不能找到最优策略.

TD3 算法在 DDPG 算法的基础上进行了如下优化和改进：

(1) 使用两个评委网络 Critic. 使用两个 Critic 网络——$Q(\boldsymbol{s},\boldsymbol{a},\boldsymbol{w}_1)$和 $Q(\boldsymbol{s},\boldsymbol{a},\boldsymbol{w}_2)$对动作价值函数 $Q(\boldsymbol{s},\boldsymbol{a})$进行估计，这与 Double DQN 算法的思想差不多，在训练的时候选择较小者 $\min\{Q(\boldsymbol{s},\boldsymbol{a},\boldsymbol{w}_1),Q(\boldsymbol{s},\boldsymbol{a},\boldsymbol{w}_2)\}$作为对动作价值函数 $Q(\boldsymbol{s},\boldsymbol{a})$的估计值.

(2) 使用软更新的方式. 不再采用直接复制网络参数 $\boldsymbol{w}$ 更新目标网络参数 $\overline{\boldsymbol{w}}$，而是使用 $\overline{\boldsymbol{w}}=\tau\boldsymbol{w}+(1-\tau)\overline{\boldsymbol{w}}$ 的方式更新目标网络参数 $\overline{\boldsymbol{w}}$.

(3) 使用策略噪声. 在探索的时候使用了动作 = 策略+随机噪声的方式，进一步提高智能体的探索能力.

(4) 使用延迟学习. 延迟更新目标网络，评委网络 Critic 的更新频率要比演员网络

Actor 更新的频率要大. 例如，一般采用 Critic 更新 2 次，Actor 才更新 1 次.

(5) 使用梯度截取. 将演员网络 Actor 的参数更新的梯度 $\nabla_{\theta} J(\boldsymbol{\theta})$ [见式(11.5)]截取到某个范围内.

这些改进增强了算法的稳定性、探索能力和策略优化效果.

12.2 TD3 算法的实现

12.2.1 TD3 算法的应用条件

(1) 连续动作空间：TD3 算法适用于解决具有连续动作空间的强化学习问题，例如机器人控制或连续控制任务.

(2) 完全观测环境：TD3 算法要求能够观测到完整的状态信息，以便评估策略的价值函数和选择合适的动作.

(3) 马尔可夫性质：TD3 算法通常假设强化学习问题满足马尔科夫性质，即当前状态的描述包含了过去状态的所有必要信息.

(4) 模型无关性：TD3 算法是基于无模型的强化学习算法，不依赖于环境的动力学特性模型. 它通过与环境交互获取样本数据并进行策略优化.

(5) 奖励函数定义：需要定义智能体采取不同动作所获得的即时奖励，并确保奖励函数设计合理以指导学习过程.

12.2.2 TD3 算法的伪代码

TD3 算法估计确定性策略 $\mu(s;\boldsymbol{\theta}) \approx \mu^*$

初始化策略网络 $\mu(\boldsymbol{s};\boldsymbol{\theta})$ 及其参数和动作价值函数网络 $Q(\boldsymbol{s},\boldsymbol{a};\boldsymbol{w}_j)(j=1,2)$ 及其参数

初始化策略目标网络 $\hat{\mu}(\boldsymbol{s};\bar{\boldsymbol{\theta}})$ 和动作价值函数目标网络 $\hat{Q}(\boldsymbol{s},\boldsymbol{a};\bar{\boldsymbol{w}}_j)(j=1,2)$

复制网络参数 $\bar{\boldsymbol{\theta}} \leftarrow \boldsymbol{\theta}$ 和 $\bar{\boldsymbol{w}}_j \leftarrow \boldsymbol{w}_j (j=1,2)$

初始化经验回放池 $\mathcal{D}$

for 回合 $e=1 \to E$ **do**

  获取初始观测状态 $\boldsymbol{s}_0$

  for 时间步 $t=0 \to T-1$ **do**

    根据当前策略和探索噪声选取动作 $\boldsymbol{a}_t = \mu(\boldsymbol{s}_t;\theta) + \mathcal{N}_t, \mathcal{N}_t \sim N(0,\sigma)$

    执行动作 $\boldsymbol{a}_t$ 获得奖励 r_{t+1} 和下一个状态 $\boldsymbol{s}_{t+1}$

    将经验转换样本 $(\boldsymbol{s}_t, \boldsymbol{a}_t, r_{t+1}, \boldsymbol{s}_{t+1})$ 存入经验回放池 $\mathcal{D}$

    在经验回放池 $\mathcal{D}$ 中随机采集 N 个经验转换样本 $(\boldsymbol{s}_i, \boldsymbol{a}_i, r_{i+1}, \boldsymbol{s}_{i+1})$ $(i=1,2,\cdots,N)$

    计算 $\boldsymbol{a}_{i+1} = \mu(\boldsymbol{s}_{i+1};\theta) + \mathcal{N}_{i+1}$，$\mathcal{N}_{i+1} \sim N(0,\sigma)$

    对每个经验转换样本利用目标网络计算 $y_i = r_{i+1} + \gamma \min\limits_{j=1,2} \hat{Q}(\boldsymbol{s}_{i+1}, \boldsymbol{a}_{i+1}; \bar{\boldsymbol{w}}_j)$

    最小化目标损失函数 $L(\boldsymbol{w}_j) = \dfrac{1}{2N}\sum\limits_i [y_i - Q(\boldsymbol{s}_i, \boldsymbol{a}_i; \boldsymbol{w}_j)]^2$，更新评委网络

$Q(\boldsymbol{s},\boldsymbol{a};\boldsymbol{w}_j)$ 的参数 $\boldsymbol{w}_j$ $(j=1,2)$

    if t mod d **then**

利用确定性策略梯度

$$\nabla_{\theta}J(\boldsymbol{\theta})=\frac{1}{N}\sum_i \nabla_a Q(\boldsymbol{s},\boldsymbol{a};\boldsymbol{w}_1)|_{s=s_i,a=\mu(s_i;\theta)}\ \nabla_{\theta}\mu(\boldsymbol{s};\boldsymbol{\theta})|_{s=s_i}$$

更新当前演员网络 $\mu(\boldsymbol{s};\boldsymbol{\theta})$ 的参数 $\boldsymbol{\theta}$

更新目标网络参数

$$\overline{\boldsymbol{w}}_j \leftarrow \tau \boldsymbol{w}_j+(1-\tau)\overline{\boldsymbol{w}}_j (j=1,2)$$

$$\overline{\boldsymbol{\theta}} \leftarrow \tau\boldsymbol{\theta}+(1-\tau)\overline{\boldsymbol{\theta}}$$

end if

end for

end for

得到策略网络 $\mu^*(\boldsymbol{s};\boldsymbol{\theta})$，进而得到（近似）最优策略 $\mu^*(\boldsymbol{s})$

注意：(1) 要理解 6 个网络的输入输出：策略网络 $\mu(\boldsymbol{s};\boldsymbol{\theta})$ 及其目标网络 $\hat{\mu}(\boldsymbol{s};\overline{\boldsymbol{\theta}})$，评委网络 $Q(\boldsymbol{s},\boldsymbol{a};\boldsymbol{w}_j)(j=1,2)$ 及其目标网络 $\hat{Q}(\boldsymbol{s},\boldsymbol{a};\overline{\boldsymbol{w}}_j)(j=1,2)$.

(2) 要理解 2 个目标优化问题：策略网络 $\mu(\boldsymbol{s};\boldsymbol{\theta})$ 优化的目标函数为

$$\max_{\theta} J(\boldsymbol{\theta})=\max_{\theta} E_S[Q(\boldsymbol{S},\mu(\boldsymbol{S};\boldsymbol{\theta});\boldsymbol{w})].$$

评委网络 $Q(\boldsymbol{s},\boldsymbol{a};\boldsymbol{w})$ 优化的目标函数为

$$\min_{w_j} L(\boldsymbol{w}_j)=\min_{w_j}\{\frac{1}{2N}\sum_i[y_i-Q(\boldsymbol{s}_i,\boldsymbol{a}_i;\boldsymbol{w}_j)]^2\}(j=1,2).$$

(3) 要理解 min 运算：上式中 $y_i=r_{i+1}+\gamma\min\limits_{j=1,2}\hat{Q}(\boldsymbol{s}_{i+1},\boldsymbol{a}_{i+1};\overline{\boldsymbol{w}}_j)$.

12.2.3 TD3 算法的程序步骤

MATLAB 自带 TD3 算法的程序步骤及其主要内容如下：

(1) 打开控制水箱液位 Simulink 模型：首先设置好采样时间和控制回合成功的总时长，便于 Simulink 模型运行.

(2) 设置环境：通过运行函数 localCreatePIDEnv，得到所研究问题的 Simulink 模型、智能块设置、重置函数名称、状态结构与描述、动作结构与描述. 这部分的关键在于实现所研究问题的 Simulink 模型和重置函数.

(3) 创建演员网络 Actor、评委网络 Critic 和 TD3 智能体：特别是演员网络 Actor 中含有待优化的 PID 参数 Kp 和 Ki. 参数 Kp 和 Ki 的角色是演员网络 Actor 输出层的权重参数. 解决问题的途径是，通过 TD3 算法的循环迭代得到最优策略网络 $\mu(\boldsymbol{s};\boldsymbol{\theta})$——演员网络 Actor，然后提取其中的权重参数 Kp 和 Ki，再将“最优参数”Kp 和 Ki 赋给 Simulink 模型，在 Simulink 模型得到水箱液位的控制输出.

2 个评委网络 Critic 的结构相同、初始参数相同. 简而言之，是独立的、同样结构的 2 个网络.

TD3 智能体包括演员网络 Actor、2 个评委网络 Critic 及几个学习参数.

(4) 训练 TD3 智能体：包括设置训练最大回合数、回合最大步数、平均滑动窗口长度、程序停止准则及其阈值等.

(5) 测试 TD3 智能体：可以加大回合的最大步数来测试 TD3 智能体的泛化能力.

(6) 提取“最优参数”Kp 和 Ki 并运行 Simulink 模型：这里是与以前用过的程序不同的地方，应引起读者留意.

首先，利用预训练的智能体 agent，找到最优策略网络 $\mu(\boldsymbol{s};\boldsymbol{\theta})$ ——演员网络 Actor.

其次，通过演员网络 Actor，提取输出层权重参数 Kp 和 Ki.

然后，利用“最优参数”Kp 和 Ki，运行 Simulink 模型，得到水箱液位控制的输出结果. 这个结果可以和期望的正确的水箱液位高度进行对比分析.

(7) 结果分析、论文用图和性能指标：利用训练结果与测试结果的联系对比分析，可以诊断 TD3 智能体是否存在明显的问题. 性能指标可以从不同的角度衡量算法程序的快速收敛性和稳定性等性能.

(8) 应用预训练 TD3 智能体，解决实际问题.

12.2.4 TD3 算法的收敛性

TD3 算法是对 DDPG 算法的优化及改进. 因此，TD3 算法的收敛性分析，参考第 11.4.4 节关于 DDPG 算法的收敛性分析.

12.3 TD3 算法实例：求解 PID 控制水箱液位问题

12.3.1 问题说明

液位是工业生产过程中经常遇到的控制问题，对液位的控制关系到产品的质量和生产安全. 本例将 PID 控制水箱液位系统（如图 12-1 所示），改编成 TD3 智能体控制水箱液位系统（如图 12-2 所示），对水箱模型进行 TD3 算法分析，并对比分析 TD3 智能体与 PID 控制器的控制效果.

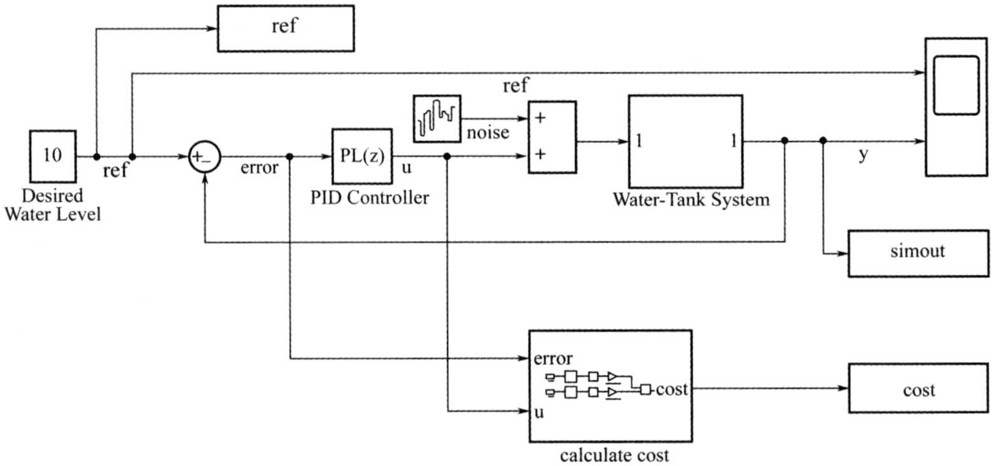

图 12-1　PID 控制水箱液位 Simulink 模型

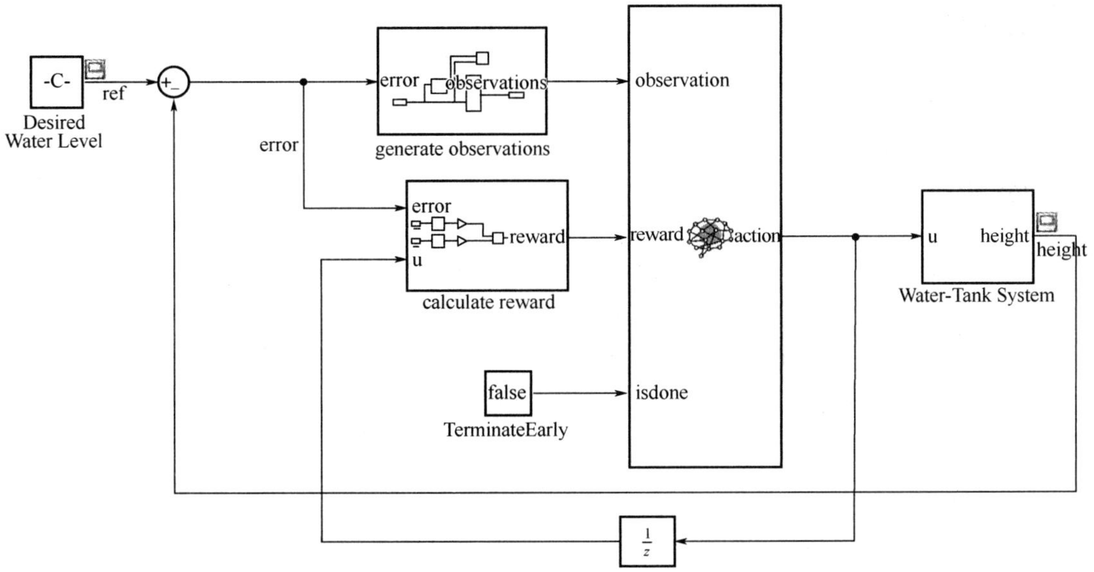

图 12-2　TD3 智能体控制水箱液位 Simulink 模型

12.3.2　数学模型

如图 12-2 所示，建立文件名 rlwatertankPIDTune.slx 的 Simulink 模型.

(1) **状态**：环境为智能体提供 2 个状态观测值，一个是误差 error（其系数是比例系数 Kp），另一个是误差的积分（其系数是积分系数 Ki）. 其中，

误差 error =期望水箱高度 ref−水箱系统输出高度 height.

可见，此例是连续状态空间问题，共有 2 个状态分量.

(2) **动作**：为了与 PID 控制系统进行比较，智能体的动作选作水箱系统的输入 u.

可见，此例是连续动作空间问题，共有 1 个动作分量.

(3) **奖励**：t 时刻的奖励函数设置为

$$r(t) = -[(\text{ref} - \text{height})^2(t) + 0.01u^2(t)].$$

其中，$(\text{ref} - \text{height})^2$ 表示误差的平方. 这一项取值越小，说明智能体得到的奖励值 $r(t)$ 越大.它的作用是，鼓励 TD3 智能体的控制结果——水箱液面高度 height 逼近期望的正确的水箱液面高度 ref. $u^2(t)$ 表示智能体的动作值大小，实际上 $u(t)$ 就是控制力——水箱系统的输入，控制力（的绝对值）过大会导致控制结果不稳定，控制成本不经济. $u^2(t)$ 取值越小，说明智能体得到的奖励值 $r(t)$越大. $u^2(t)$ 的作用是，鼓励智能体施加接近于 0 的控制力，并实现训练目标——用最小化控制成本，保持水箱液面高度 height 稳定在已知的参考值液面高度 ref.

(4) **状态转移概率**：此例没有用到状态转移概率.

(5) **折扣系数**：此例程序取默认 DiscountFactor = 0.99.

(6) **初始状态概率分布**：在重置函数 localResetFcn.m 中，设置参考高度 hRef = 10 + 4*(rand−0.5)，初始状态高度 hInit = rand. 二者都是随机产生.

12.3.3 主程序代码

用 MATLAB 自带的 TD3 算法程序求解上述水箱液位的 PID 控制器参数整定问题.主程序代码如下：

```
//第 12 章/ DRL12_1

%% 第 1 段：打开控制水箱液位 Simulink 模型
Ts = 0.1; %控制器采样时间 Ts
Tf = 10;  %回合模拟时间 Tf
mdl = 'rlwatertankPIDTune';
open_system(mdl) %打开水箱 Simulink 模型

%% 第 2 段：创建环境交互接口
[env,obsInfo,actInfo] = localCreatePIDEnv(mdl); %创建环境交互接口
numObs = prod(obsInfo.Dimension); %观测分量的个数
numAct = prod(actInfo.Dimension); %动作分量的个数

%% 第 3 段：创建 TD3 智能体
rng(0) %固定随机种子以保证结果复现
initialGain = single([1e-3 2]);%初始化权重 Kp 和 Ki

% 3.1 创建演员网络
actorNet = [
    featureInputLayer(numObs)
    fullyConnectedPILayer(initialGain,'ActOutLyr')%权重 Kp 和 Ki 所在位置
    ];
actorNet = dlnetwork(actorNet);
actor = rlContinuousDeterministicActor(actorNet,obsInfo,actInfo);
actorOpts = rlOptimizerOptions(LearnRate=1e-3,GradientThreshold=1);

% 3.2 创建评委网络
criticNet = localCreateCriticNetwork(numObs,numAct);
critic1 = rlQValueFunction(dlnetwork(criticNet), ...
    obsInfo,actInfo,...
    ObservationInputNames='stateInLyr', ...
    ActionInputNames='actionInLyr');
critic2 = rlQValueFunction(dlnetwork(criticNet), ...
    obsInfo,actInfo,...
    ObservationInputNames='stateInLyr', ...
    ActionInputNames='actionInLyr');
critic = [critic1 critic2]; %创建 2 个评委网络 critic1 和 critic2
criticOpts = rlOptimizerOptions(LearnRate=1e-3,GradientThreshold=1);

% 3.3 创建 TD3 智能体
agentOpts = rlTD3AgentOptions(...
    SampleTime = Ts,...        %采样时间
    MiniBatchSize = 128, ...  %设置最小批次大小为 128
```

```
    ExperienceBufferLength = 1e6,... %经验回放池大小
    ActorOptimizerOptions = actorOpts,...
    CriticOptimizerOptions = criticOpts);
agentOpts.TargetPolicySmoothModel.StandardDeviation = sqrt(0.1);
agent = rlTD3Agent(actor,critic,agentOpts);

%% 第 4 段：训练 TD3 智能体
% 4.1 指定训练参数
maxepisodes = 1000;     %训练 1000 个回合
maxsteps = ceil(Tf/Ts); %每个回合有 100 个时间步
trainOpts = rlTrainingOptions(...
    MaxEpisodes=maxepisodes, ...
    MaxStepsPerEpisode=maxsteps, ...
    ScoreAveragingWindowLength=100, ...
    Verbose=false, ...
    Plots="training-progress",...
    StopTrainingCriteria="AverageReward",...
    StopTrainingValue=-355);

% 4.2 选择是否选用预训练智能体
doTraining = false;
if doTraining
    % Train the agent
    trainingStats = train(agent,env,trainOpts);
else
    % Load pretrained agent for the example
    load("WaterTankPIDtd3.mat","agent")
end

%% 第 5 段：测试 TD3 智能体
simOpts = rlSimulationOptions(MaxSteps=maxsteps);
experiences = sim(env,agent,simOpts);

%% 第 6 段：提取最优参数 Kp 和 Ki，比较 TD3 智能体的控制效果
% 6.1 从网络 actor 中提取学习参数
actor = getActor(agent);
parameters = getLearnableParameters(actor);

% 6.2 获得 TD3 智能体控制器参数 Kp 和 Ki
Ki = abs(parameters{1}(1));
Kp = abs(parameters{1}(2));

% 6.3 将从 TD3 智能体中获得的参数 Kp 和 Ki 应用于原始 PI 控制块，并运行阶跃响应作仿真
mdlTest = 'watertankLQG';
open_system(mdlTest);
set_param([mdlTest '/PID Controller'],'P',num2str(Kp))
set_param([mdlTest '/PID Controller'],'I',num2str(Ki))
sim(mdlTest)
```

```
% 6.4 提取用于仿真的阶跃响应信息、目标函数 LQG cost 和稳定裕度
rlStep = simout; %仿真的阶跃响应信息——控制器输出
rlCost = cost;   %误差 error 和控制力 u 的目标函数
rlStabilityMargin = localStabilityAnalysis(mdlTest);

figure
plot(rlStep.Data)% TD3 智能体控制系统输出曲线
hold on
plot(ref.Data*ones(1,size(rlStep.Data,1)))%期望液面高度直线
grid on
legend('TD3 智能体控制系统输出','期望液面高度',Location="southeast")
axis tight
ylim([0,ref.Data+3]);
title('TD3 智能体控制的模型输出与期望输出')

%% 第 7 段：结果分析、论文用图和性能指标. 此处略.
```

主程序中部分函数功能和语法说明如下：

(1) **[env,obsInfo,actInfo] = localCreatePIDEnv(mdl)**

- **功能**：利用 Simulink 模型创建环境、提供状态信息和动作信息.
- **输入变量**

mdl：PID 控制水箱液面 Simulink 模型.

- **输出变量**

env：创建环境.

obsInfo：状态信息.

actInfo：动作信息.

(2) **Z = fullyConnectedPILayer(initialGain,'ActOutLyr')**

- **功能**：建立演员网络的全连接输出层.
- **输入变量**

initialGain：全连接输出层的节点权重.

'ActOutLyr'：全连接输出层的名称.

- **输出变量**

Z：演员网络的动作值.

(3) **actor = rlContinuousDeterministicActor(actorNet,obsInfo,actInfo)**

- **功能**：创建具有连续动作空间的确定性策略的演员网络.
- **输入变量**

actorNet：演员网络架构.

obsInfo：状态观测信息.

actInfo：动作信息.

- **输出变量**

actor：演员网络.

(4) **criticNet = localCreateCriticNetwork(numObs,numAct)**

- **功能**：创建评委网络架构.

- **输入变量**

numObs：状态分量数目.

numAct：动作分量数目.

- **输出变量**

criticNet：评委网络架构.

(5) **agentOpts = rlTD3AgentOptions(SampleTime=Ts,...)**

- **功能**：设置 TD3 智能体可选参数.
- **输入变量**

MiniBatchSize=128：最小批次大小.

ExperienceBufferLength=1e6：经验回放池容量.

agentOpts.TargetPolicySmoothModel.StandardDeviation = sqrt(0.1)：策略目标网络光滑模型的噪声服从高斯分布的标准差.

- **输出变量**

agentOpts：TD3 智能体可选参数.

(6) **agent = rlTD3Agent(actor,critic,agentOpts)**

- **功能**：利用网络 actor 和 critic 及可选参数 agentOpts，创建 TD3 智能体.
- **输入变量**

actor：演员网络.

critic：评委网络.

agentOpts：可选参数及其取值.

- **输出变量**

agent：TD3 智能体.

(7) **actor = getActor(agent)**

- **功能**：从智能体 agent 中提取演员网络 actor.
- **输入变量**

agent：智能体网络.

- **输出变量**

actor：演员网络.

(8) **parameters = getLearnableParameters(actor)**

- **功能**：提取演员网络 actor 的可选参数 parameters.
- **输入变量**

actor：演员网络.

- **输出变量**

parameters：网络可选参数.

(9) **rlStabilityMargin = localStabilityAnalysis(mdlTest)**

- **功能**：计算 Simulink 模型 mdlTest 的稳定裕度.
- **输入变量**

mdlTest：Simulink 模型 mdlTest.

- **输出变量**

rlStabilityMargin：Simulink 模型的稳定裕度.

注意：重置函数 localResetFcn.m 是求解实际应用问题的首要关键程序. 这个重置函数与 Simulink 模型配合，全面实现了实际问题的环境设置. 重置函数 localResetFcn.m 的功能是，随机设置水箱液面参考值 hRef 以及随机设置水箱液面初始高度 hInit. 其具体代码如下：

```
//第 12 章/DRL12_localResetFcn.m.m
function in = localResetFcn(in,mdl)

% Randomize reference signal
blk = sprintf([mdl '/Desired \nWater Level']);
hRef = 10 + 4*(rand-0.5);
in = setBlockParameter(in,blk,'Value',num2str(hRef));

% Randomize initial water height
hInit = rand;
blk = [mdl '/Water-Tank System/H'];
in = setBlockParameter(in,blk,'InitialCondition',num2str(hInit));

end
```

12.3.4 程序分析

上述程序，按照功能划分，可以分为 7 个段落：

(1) 打开 Simulink 模型

这部分语句很少. 设置采样时间和回合模拟时长，打开已经创建好的 Simulink 模型 rlwatertankPIDTune.slx.

(2) 环境设置

通过语句[env,obsInfo,actInfo] = localCreatePIDEnv(mdl)调入 Simulink 模型 mdl. 这部分语句实现了对实例问题的完整描述. 如果想利用这个程序，需要自己改编 Simulink 模型，改编重置函数 localResetFcn.m.

(3) 创建 TD3 智能体

这部分是创建演员网络 Actor、2 个评委网络 Critic 和 TD3 智能体.

① 关于演员网络 Actor：在它的最后输出层使用了另外定义的子函数 Z = fullyConnectedPILayer(initialGain,'ActOutLyr')，来保证这个层的节点权重——比例系数 Kp 和积分系数 Ki 是“非负”的，以适合 PID 控制器的比例系数 Kp、积分系数 Ki、微分系数 Kd 的非负性.

② 关于 2 个评委网络 Critic：创建评委网络用函数 rlQValueFunction. 这说明，评委网络 Critic 是对动作价值函数 $Q(\boldsymbol{s},\boldsymbol{a})$的逼近. 2 个评委网络 Critic 的结构、初始选用参数都是一样的.

③ 关于 TD3 智能体：新出现的语句有

- ActorOptimizerOptions = actorOpts，它表示演员网络 Actor 的优化器 ActorOptimizer 可选参数 ActorOptimizerOptions 就用演员网络 Actor 的可选参数 actorOpts；
- CriticOptimizerOptions = criticOpts，它表示评委网络 Critic 的优化器 CriticOptimizer 可选参数 CriticOptimizerOptions 就用评委网络 Critic 的可选参数 criticOpts；

- agentOpts.TargetPolicySmoothModel.StandardDeviation = sqrt(0.1)，它表示策略目标网络的光滑模型——噪声服从的高斯分布—— $a_{i+1}=\mu(\boldsymbol{s}_{i+1};\theta)+\mathcal{N}_{i+1}, \mathcal{N}_{i+1}\sim N(0,\sigma^2)$ 中的标准差 σ 取 sqrt(0.1).

(4) 训练 TD3 智能体

这部分的语句几乎固定，与 Q-Learning 算法几乎一样，见第 2 章相关内容.

(5) 测试 TD3 智能体

这部分是验证 **TD3** 算法的结果. 这部分的语句几乎固定，与 Q-Learning 算法几乎一样，见第 2 章相关内容.

(6) 提取最优参数 Kp 和 Ki，并测试控制结果

这部分与以前的程序不同，应引起读者注意.

① 在预训练的智能体 agent 中分离出演员网络 actor；

② 在演员网络 actor 中提取出最后的全连接层的权重——最优参数 Kp 和 Ki；

③ 利用最优参数 Kp 和 Ki，运行水箱液位 Simulink 模型 watertankLQG，得到控制结果.

(7) TD3 算法输出绘图及性能指标

这部分是分析 TD3 算法的结果，用于找出算法程序存在的问题. 论文用图和性能指标通常也在这里集中处理.

12.3.5 程序结果解读

(1) 将 TD3 智能体控制水箱液面高度与水箱液面期望输出高度进行对比，如图 12-3 所示.

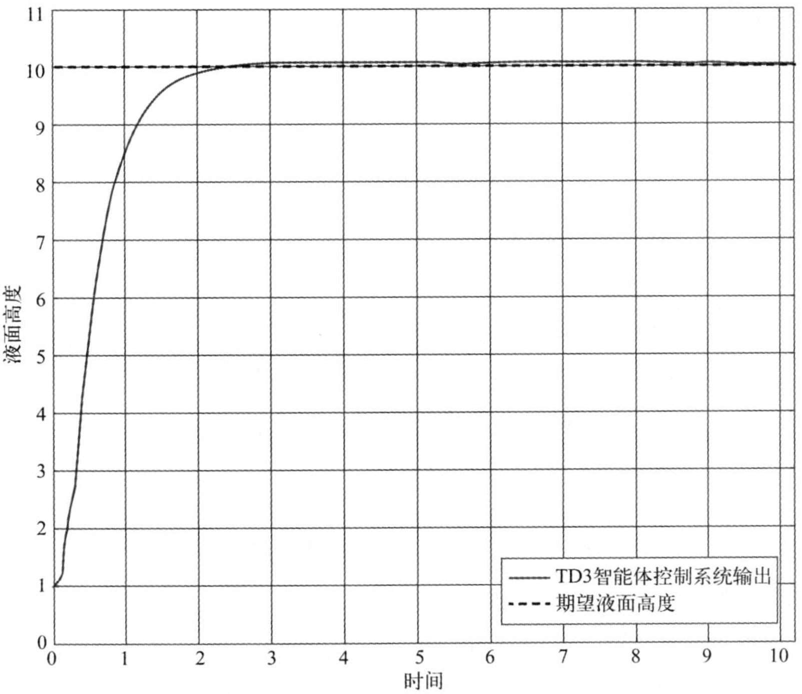

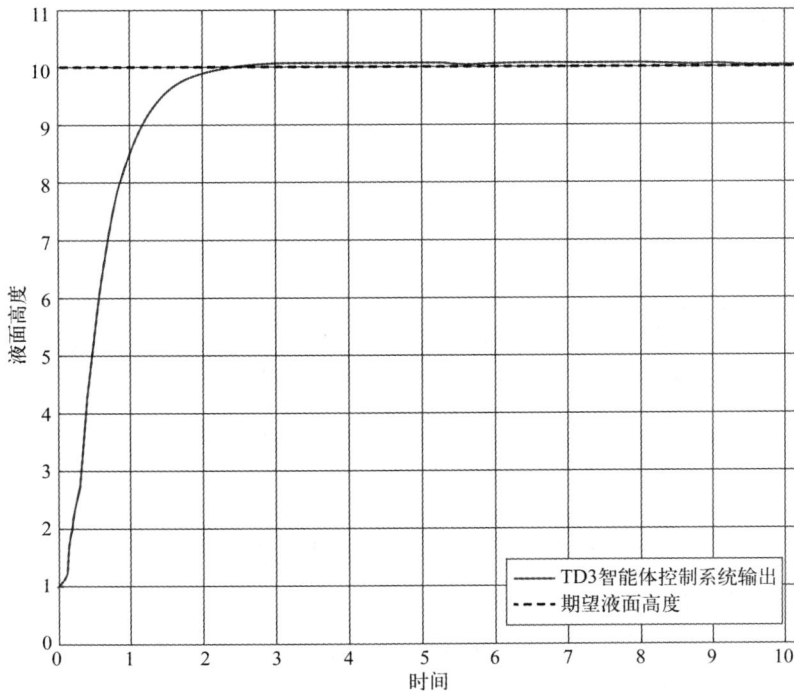

图 12-3　TD3 智能体控制系统输出与期望液面高度对比

水箱液面期望的准确的输出结果是高度等于 10. 在 2.5s（题设采样时间是 0.1s）内，TD3 智能体的控制结果就非常接近 10. 这说明，TD3 智能体控制水箱液面高度非常成功.

除了这里的图像定性分析外，还有一些性能指标可以进行定量分析，详见第 12.4.3 节.

(2) 训练过程及其结果如图 12-4 所示.

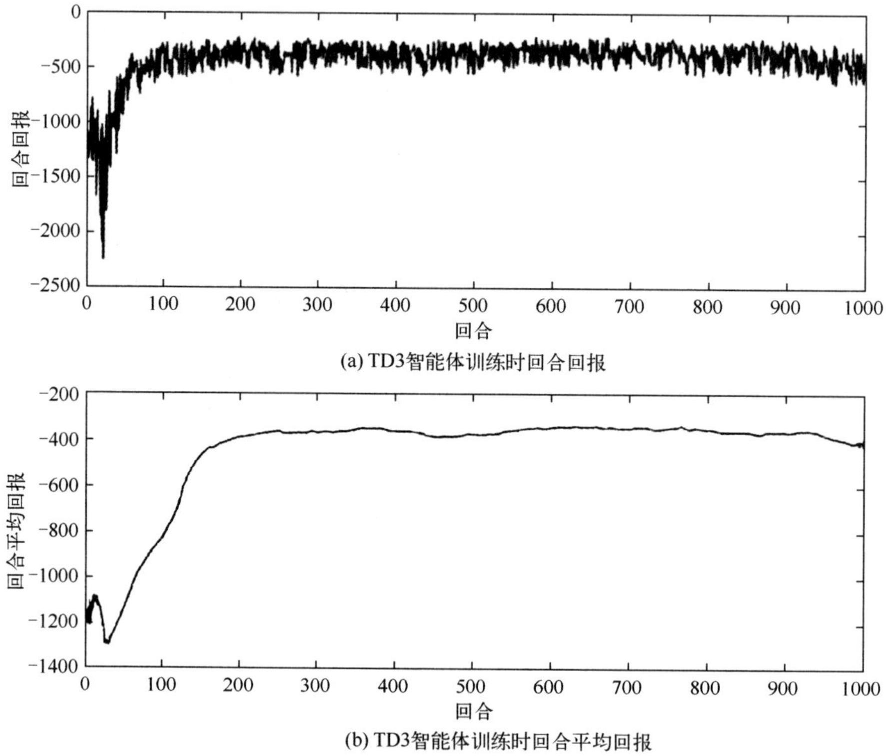

图 12-4　TD3 智能体训练时回合回报及平均回报

图 12-4 的数据来自训练 1000 个回合的结果.

图 12-4(a)是 TD3 智能体在各个回合获得的奖励值. 可以发现：回报曲线迅速下降然后急速上升，这说明 TD3 算法程序的收敛速度比较快；回报曲线上下波动的波幅基本一致且波幅差比较小，这说明 TD3 算法程序的收敛稳定性比较好. 这两点结果与 TD3 算法设计的初衷——提高 TD3 算法的稳定性、快速收敛性是吻合的.

图 12-4(b)是 TD3 智能体在平均滑动窗口长度 100 时的各个回合获得的平均奖励值. 仍然得到上述结果——TD3 算法程序的收敛速度比较快，收敛稳定性比较好. 美中不足的是，在 910 回合到最后 1000 回合间平均回报略有下降，这意味着训练“过度”或说“过拟合”. 实际上，MATLAB 提供的结果是训练到 370 回合[2]. 如图 12-4(b)所示，在 370 回合，TD3 智能体达到了最大平均回报.

综上所述，TD3 算法程序实现了快速收敛和稳定收敛的性能.

(3) 导入 MATLAB 自带函数预训练的 TD3 智能体文件，利用测试命令得到的仿真结果，如图 12-5 所示.

① 控制成功：程序指定回合总用时 Tf =10s——持续控制 10s 表明该回合控制成功. 由于采样时间 Ts=0.1s，计算得到回合的最大步数 maxSteps=ceil (Tf/Ts)=100. 由如图 12-5 的 4 个子图曲线可见，测试回合达到了 100 步. 由此得到的结论是，智能体对于测试回合的控制取得成功.

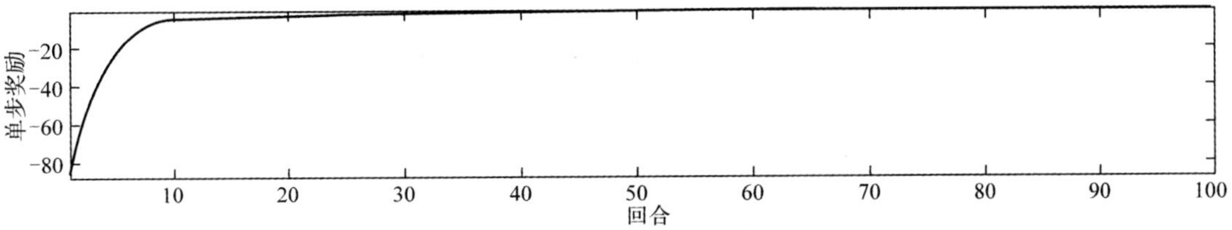

(a) TD3智能体测试时回合单步奖励

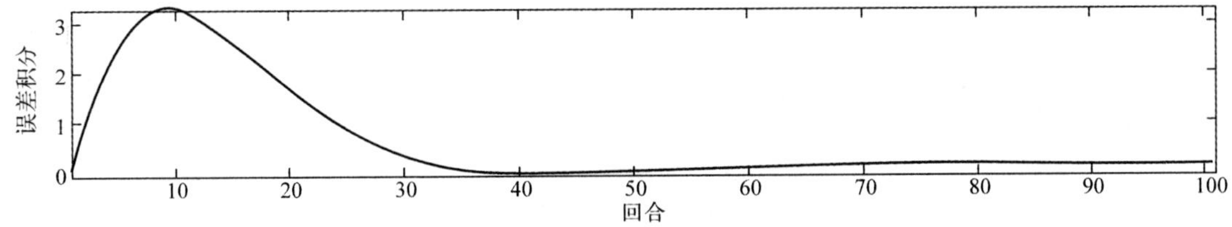

(b) TD3智能体测试时回合单步误差积分

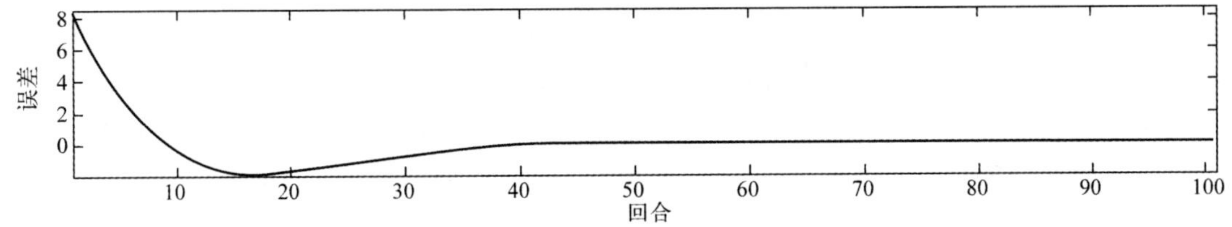

(c) TD3智能体测试时回合单步误差

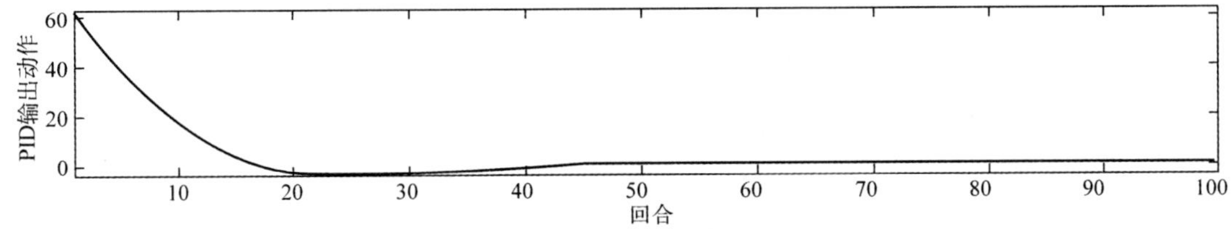

(d) TD3智能体测试时回合施加的力

图 12-5　测试 TD3 智能体的状态与控制力及奖励

② 状态变化缓慢：图 12-5(b)和图 12-5(c)刻画的是各个时间步的状态分量变化. 前 5 s 状态有缓慢变化，后 5 s 状态没有大变化.

③ 控制策略稳定：图 12-5(d)曲线描述的是 TD3 智能体控制水箱输入量的动作值. 由图 12-5(d)曲线可以看出：在 100 个时间步中，前 5 s 动作值有缓慢变化，后 5 s 动作值没有大的变化且接近于 0.因此，可以认为：TD3 智能体最大限度地利用比较小的控制力实现了稳定控制.

④ 更加理想的情况是，图 12-5(a)曲线再快速地上升到奖励函数值 r 接近于 0. 这表明，TD3 智能体控制成功的上升时间更短，也就是更快地实现了控制，或者说 TD3 算法收敛速度快.

12.4 TD3 智能体与 PID 控制器参数整定结果对比分析

12.4.1 PID 控制器参数整定简介

PID 控制器（proportion integration differentiation，PID），译作**比例-积分-微分控制器**，由比例单元(P)、积分单元(I)和微分单元(D)组成. PID 控制器是一个在工业控制应用中常见的反馈回路部件. 这个控制器把收集到的数据和一个已知参考值进行比较，然后把二者误差作为新的输入值. 采用这个新的输入值——误差的目的是，可以让系统的输出数据非常接近已知参考值. 只要三个控制参数——比例系数 Kp 和积分系数 Ki 及微分系数 Kd 选择得当，PID 控制器便可充分发挥三种控制规律的优点，得到较为理想的控制效果[27]. 如图 12-6 所示.

PID 控制器的参数整定是控制系统设计的核心内容. 它是根据被控过程的特性确定 PID 控制器的比例系数 Kp、积分系数 Ki 和微分系数 Kd 的大小.

PID 控制器参数整定的方法很多，概括起来有两大类：

一是理论计算整定法. 它主要是依据系统的数学模型，经过理论计算确定控制器参数.例如，上面就是利用 TD3 算法得到 PID 控制器的最优参数 Kp 和 Ki. 实际上，可以利用任何的优化算法来求解 PID 控制器的参数 Kp 和 Ki 及 Kd. 例如，遗传算法优化 PID 控制器参数、粒子群算法优化 PID 控制器参数、模拟退火算法优化 PID 控制器参数等. 这类用优化算法得到的计算结果未必可以直接用到 PID 控制器上，通常还必须通过工程实际进行调整和修改.

二是工程整定方法，它主要依赖工程师的实际经验，直接在控制系统的试验中进行，且方法简单、易于掌握，在工程实际中被广泛采用. PID 控制器参数的工程整定方法，主要有临界比例法、反应曲线法和衰减法. 三种方法各有其特点，其共同点都是通过反复试验，然后按照工程实际问题条件和要求对控制器参数进行整定.

但无论采用哪一种方法所得到的控制器参数，都需要在实际运行中进行最后调整与完善.通常采用的是临界比例法. 利用该方法进行 PID 控制器参数的整定步骤如下：

① 首先预选择一个足够短的采样周期让系统工作；

② 仅加入比例控制环节，直到系统对输入的阶跃响应出现临界振荡，记下这时的比例放大系数和临界振荡周期；

③ 在一定的控制要求下通过公式计算得到 PID 控制器的其他参数.

12.4.2 TD3 算法及 PID 控制器参数整定程序

12.4.2.1 参数整定程序

函数 DRL12_2 中主要功能的代码如下：

```
//第 12 章/DRL12_2

%% 第 2 段：PID 控制器的结果
mdlTest = 'watertankLQG';
open_system(mdlTest);
Kp_CST = 9.80199999804512; %使用 Control System Tuner 调整的比例系数结果
```

```
Ki_CST = 1.00019996230706e-06;
%将 Kp_CST 值赋给模型 mdlTest = 'watertankLQG'
set_param([mdlTest '/PID Controller'],'P',num2str(Kp_CST))
set_param([mdlTest '/PID Controller'],'I',num2str(Ki_CST))
sim(mdlTest)      %利用参数 Kp_CST 和 Ki_CST 运行 watertankLQG 模型
cstStep = simout;%水箱系统输出 y——控制后的液面高度
cstCost = cost;  %线性二次型高斯(LQG)目标函数
%计算与参数 Kp_CST 和 Ki_CST 对应的稳定裕度
cstStabilityMargin = localStabilityAnalysis(mdlTest);

%% 第 3 段：TD3 智能体预训练的结果
mdl = 'rlwatertankPIDTune';
[env,obsInfo,actInfo] = localCreatePIDEnv(mdl); %提取环境变量 env
load("WaterTankPIDtd3.mat","agent");  %导入预训练 TD3 智能体数据
simOpts = rlSimulationOptions(MaxSteps=maxsteps);
%利用预训练 TD3 智能体运行 rlwatertank PIDTune 模型
experiences = sim(env,agent,simOpts);
actor = getActor(agent); %在智能体 agent 中提取演员网络 actor
%在演员网络 actor 中提取参数变量 parameters
parameters = getLearnableParameters(actor);
Ki_RL = abs(parameters{1}(1));%在参数变量 parameters 中提取积分系数 Ki_RL
Kp_RL = abs(parameters{1}(2));%在参数变量 parameters 中提取比例系数 Kp_RL
set_param([mdlTest '/PID Controller'],'P',num2str(Kp_RL))
set_param([mdlTest '/PID Controller'],'I',num2str(Ki_RL))
sim(mdlTest)  %利用参数 Kp_RL 和 Ki_RL 运行 watertankLQG 模型
rlStep = simout; %水箱系统输出 y——控制后的液面高度
rlCost = cost;   %线性二次型高斯(LQG)目标函数
%计算与参数 Kp_RL 和 Ki_RL 对应的稳定裕度
rlStabilityMargin = localStabilityAnalysis(mdlTest);

%% 第 4 段：TD3 智能体与 PID 控制器的输出结果
% 4.1 比较二者控制输出效果
t = [0:size(rlStep.Data,1)-1]*Ts';%时间采样序列
figure
subplot(2,1,1)
plot(t,ref.Data*ones(1,size(rlStep.Data,1)))%已知参考值直线
hold on
plot(t,cstStep.Data)     %PID 微调参数水箱系统输出 cstStep
plot(t,rlStep.Data,'k') %TD3 整定参数水箱系统输出 rlStep
grid on
axis tight
ylabel('高度(m)');
xlabel('时间(s)');
ylim([0,ref.Data+1]);
legend('ref','PID','RL',Location="southeast")
title(' 2 个系统参数整定的输出结果对比')
subplot(2,1,2)
plot(t,ref.Data*ones(1,size(rlStep.Data,1)))
```

```
hold on
plot(t,cstStep.Data)
plot(t,rlStep.Data,'k')
grid on
axis tight
xlim([2,4]);
ylabel('高度(m)');
xlabel('时间(s)');
legend('ref','PID','RL',Location="southeast")
title(' 2个系统参数整定的输出结果局部对比')

% 4.2 比较二者目标函数
figure
subplot(2,1,1)
plot(cstCost)     %PID 微调参数系统线性二次型高斯(LQG)目标函数
hold on
plot(rlCost,'k') %TD3 整定参数系统线性二次型高斯(LQG)目标函数
grid on
axis tight
ylabel('高度(m)');
xlabel('时间(s)');
legend('PID','RL',Location="southeast")
title(' 2个 LQG 目标函数参数整定的输出结果对比')
subplot(2,1,2)
plot(cstCost)     %PID 微调参数水箱系统输出 cstCost
hold on
plot(rlCost,'k') %TD3 整定参数水箱系统输出 rlCost
grid on
axis tight
xlim([2,4]);
ylabel('高度(m)');
xlabel('时间(s)');
legend('PID','RL',Location="southeast")
title(' 2个 LQG 目标函数参数整定的局部对比')

% 4.3 分析系统的阶跃响应仿真结果
rlStepInfo = stepinfo(rlStep.Data,rlStep.Time);
cstStepInfo = stepinfo(cstStep.Data,cstStep.Time);
stepInfoTable = struct2table([cstStepInfo rlStepInfo]);
stepInfoTable = removevars(stepInfoTable,{'SettlingMin', ...
    'TransientTime','SettlingMax','Undershoot','PeakTime'});
stepInfoTable.Properties.RowNames = {'CST','RL'};
stepInfoTable

% 4.4 分析仿真结果的稳定性
stabilityMarginTable = struct2table( ...
    [cstStabilityMargin rlStabilityMargin]);
stabilityMarginTable = removevars(stabilityMarginTable,{...
```

```
    'GMFrequency','PMFrequency','DelayMargin','DMFrequency'});
stabilityMarginTable.Properties.RowNames = {'CST','RL'};
stabilityMarginTable

% 4.5 比较两个控制器的目标函数累计 LQGcost，TD3 智能体控制产生稍优的结果
rlCumulativeCost  = sum(rlCost.Data)
cstCumulativeCost = sum(cstCost.Data)
```

12.4.2.2 程序功能简析

上述程序 DRL12_2，按照功能划分，可以分为 3 个段落：

(1) **PID 控制器的结果**

首先，打开已经创建好的 Simulink 模型 mdlTest = 'watertankLQG'. 其次，对利用 Control System Tuner 调整的参数 Kp_CST 和 Ki_CST 运行 watertankLQG 模型. 然后，得到水箱系统输出的液面高度 simout、线性二次型高斯(LQG)目标函数值、与参数 Kp_CST 和 Ki_CST 对应的稳定裕度.

(2) **TD3 智能体预训练的结果**

首先，打开已经创建好的 Simulink 模型 mdl = 'rlwatertankPIDTune'. 其次，导入预训练的 TD3 智能体数据，对利用 TD3 智能体求得的参数 Kp_rl 和 Ki_rl 运行 watertankLQG 模型. 然后，得到水箱系统输出的液面高度 simout、线性二次型高斯(LQG)目标函数值、与参数 Kp_rl 和 Ki_rl 对应的稳定裕度.

(3) **TD3 智能体与 PID 控制器的输出结果**

这一段可细分为 4 部分.

① 对 TD3 智能体整定参数与 PID 控制器微调参数的输出图像进行对比分析（如图 12-6 所示）：这是学术研究和论文写作必须完成的结果.

② 对目标函数图像进行对比分析：这也是学术研究和论文写作必须完成的结果.

③ 分析系统响应的性能指标：包括上升时间、调整时间、超调量和峰值.

④ 分析系统稳定性能指标：包括增益裕度、相位裕度和稳定性.

12.4.3 TD3 算法及 PID 控制器参数整定结果对比分析

(1) 参数整定结果

利用 MATLAB 自带的 Control System Tuner 软件，得到 Simulink 模型 watertankLQG.slx 的比例系数 Kp_CST = 9.8020，积分系数 Ki_CST = 1e-06.

利用 MATLAB 自带的 TD3 智能体预训练的结果，得到 Simulink 模型 rlwatertank PIDTune.slx 的比例系数 Kp_RL = 8.0822，积分系数 Ki_RL = 0.3958.

如上所见，两个参数差别还是非常明显的.

(2) 水箱系统输出结果对比分析

利用 TD3 智能体整定 PID 参数和利用 Control System Tuner 软件微调 PID 控制器参数的系统输出结果，如图 12-6 所示.

如图 12-6(a)所示，微调 PID 控制器参数的输出响应上升时间略微比 TD3 智能体整定参数的小，这说明，微调 PID 控制器参数的输出响应更快一点. 但是，微调 PID 控制器参数的输出值远离已知的参考值 ref = 10，如图 12-6(b)所示.

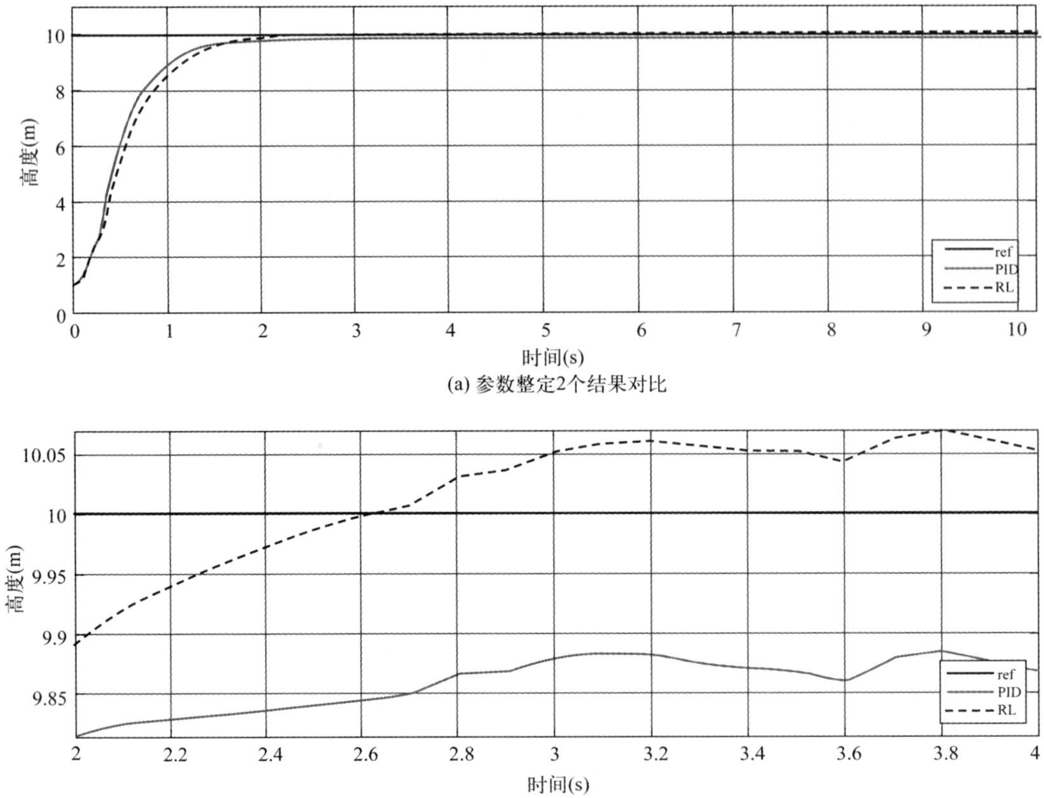

(a) 参数整定2个结果对比

(b) 参数整定2个结果局部对比

图 12-6　TD3 智能体与 PID 控制器系统输出结果对比

综合二者分析得到结论：TD3 智能体整定参数的输出结果好于微调 PID 控制器参数.

(3) 系统响应性能指标对比分析

系统响应时间和控制稳定性等性能指标，如表 12-1 所示.

表 12-1　系统响应时间和控制稳定性等性能指标

方案	上升时间	调整时间	超调量	峰值	增益裕度	相位裕度	稳定性
微调 PID 参数	0.77737	1.3278	0.33125	9.9023	8.1616	84.124	true
TD3 整定参数	0.98024	1.7073	0.40451	10.077	9.9226	84.242	true

结合图 12-6 和表 12-1，可以得到结论：两个控制器都会产生稳定的响应；使用 Control System Tuner 进行 PID 参数调整会产生比较快的响应. 然而，TD3 智能体整定方法可以产生更大的参数变换范围，可以求解多个要求目标的更优化的解决方案.

12.5　TD3 算法的优缺点及算法扩展

12.5.1　TD3 算法的优缺点

TD3 算法是一种用于连续动作空间的深度强化学习算法，它是基于 DDPG 算法的改进版本，具有以下优点：

(1) 非常适用于确定性的连续动作：TD3 算法能够有效地处理连续动作空间问题，并通过神经网络逼近确定性策略 $\mu(\boldsymbol{s};\boldsymbol{\theta})$ 和动作价值函数 $Q(\boldsymbol{s},\boldsymbol{a})$.

(2) 稳定性提高：TD3 算法通过使用了双 Q 网络和延迟更新目标策略网络的方式来提高算法稳定性，减少了对 $Q(\boldsymbol{s},\boldsymbol{a})$值的估计误差.

(3) 收敛速度更快：TD3 算法相对于传统的 DDPG 算法，在一些情况下能够更快地收敛到较好的策略，收敛更有保障.

(4) 泛化能力更强：TD3 算法具有较好的泛化能力，能够适应各种连续动作空间的环境.

然而，TD3 算法也存在一些缺点：

(1) 超参数敏感：TD3 算法中有一些超参数需要进行调整，这些超参数的设置对最终算法的性能影响较大，需要耗费一定的时间进行调优.

(2) 对初始策略敏感：TD3 算法对于初始策略的选择比较敏感，不同的初始策略可能导致算法陷入局部最优.

(3) 可能出现过估计：在实际应用中，TD3 算法有时会出现对 Q 值的过估计情况，这可能会影响算法的性能.

总的来说，TD3 算法在提高稳定性和收敛速度方面取得了一定的进步，但在调参和初始策略选择方面仍然存在一些挑战.

12.5.2 模型扩展

在 12.3 节的实例中，TD3 算法整定 PID 控制器参数问题的特征：已知有 2 个状态分量的连续状态空间，已知有 1 个动作分量的连续动作空间，已知各时间步的奖励规则，无需状态转移概率，设置折扣系数 γ，求得 PID 控制系统的最佳参数. 这是一个把 TD3 算法当作优化算法求解 PID 控制器最佳参数的模型.

以下是 8 个与 TD3 算法整定 PID 控制器参数问题类似的应用案例：

(1) 神经网络超参数调优：类似于调整 PID 控制器中的比例、积分和微分参数，神经网络有许多超参数需要调整，如学习率、最小批次大小、隐含层大小及神经元多少等.

(2) 遗传算法参数优化：遗传算法通常包括种群大小、交叉率、变异率等参数，类似于调整 PID 控制器参数，需要优化这些参数以获得更好的性能.

(3) 支持向量机核函数及其参数选择：支持向量机中的核函数参数（如核函数系数、核函数类型）的选择类似于 PID 控制器参数的调整，需要通过优化算法进行选择.

(4) 深度强化学习的奖励函数权重调整：在深度强化学习中，奖励函数的权重可以看作是算法的参数，在训练过程中需要调整这些权重来平衡不同奖励信号的重要性，这项工作类似于 PID 参数的整定问题.

(5) 进化算法的种群大小和变异率选择：类似于 PID 控制器的参数整定，进化算法中种群大小和变异率等参数需要进行选择和调整以获得更好的性能.

(6) 线性回归的正则化参数调优：在线性回归中，正则化参数可以影响模型的泛化能力，类似于 PID 控制器中的微分参数 Kd，需要通过调整以获得更好的拟合效果.

(7) 贝叶斯优化超参数调整：贝叶斯优化算法中的参数，如高斯过程的参数、采样策略等，类似于调整 PID 控制器参数的过程.

(8) 模拟退火算法的初始温度选择：模拟退火算法中初始温度的选择可以影响算法的全局搜索能力，类似于 PID 控制器参数的调整过程，需要优化选择合适的初始温度.

12.5.3 算法扩展

以下是几个与 TD3 算法相似并进行改进的算法：

(1) SAC (soft Actor-Critic)：SAC 算法也是一种用于连续动作空间的深度强化学习算法，它结合了最大熵强化学习和 Q 函数学习，相比 TD3 算法有更好的探索性能和收敛速度.

(2) D4PG (distributed distributional deep deterministic policy gradients)：D4PG 算法是对 DDPG 的改进，引入了分布式经验回放和分布式目标价值网络，提高了学习效率和稳定性.

(3) TD-AC (temporal difference for Actor-Critic)：TD-AC 算法是基于 TD 学习的 Actor-Critic 算法，结合了 TD 学习的优点，能够更好地处理价值函数估计的问题.

(4) MADDPG (multi-agent deep deterministic policy gradient)：MADDPG 算法是用于多智能体强化学习的 DDPG 算法的改进版本，通过共享经验回放池和策略网络来提高学习效率和收敛性.

这些算法在 TD3 等算法基础上，通过引入新的技术或改进方法，使得算法在训练效率、稳定性等方面有所提升.

12.6 本章小结

(1) TD3 **算法的原理**

① 理论支撑

首先，关于策略网络 $\mu(s;\boldsymbol{\theta})$ ——演员网络 Actor 的收敛性，在第 11.4.4 节给出了确定性策略梯度定理. 按照演员网络 $\mu(s;\boldsymbol{\theta})$ 的参数更新公式

$$\boldsymbol{\theta} \leftarrow \boldsymbol{\theta} + \beta\nabla_{\boldsymbol{\theta}} J(\boldsymbol{\theta}),$$

可以实现最大化优化目标函数，即式(11.9)

$$\max_{\boldsymbol{\theta}} J(\boldsymbol{\theta}) = \max_{\boldsymbol{\theta}} E_{\boldsymbol{S}}[Q(\boldsymbol{S},\mu(\boldsymbol{S};\boldsymbol{\theta});\boldsymbol{w})].$$

也就是说，不管面对什么样的随机状态 $\boldsymbol{S}$，通过设置神经网络层结构和选取合适的激活函数，策略网络 $\mu(\boldsymbol{s};\boldsymbol{\theta})$ 都会收敛，进而得到最优策略 $\mu^*(\boldsymbol{s})$或近似最优策略 $\mu(\boldsymbol{s}) \approx \mu^*(\boldsymbol{s})$.

其次，关于动作价值函数网络——评委网络 $Q(\boldsymbol{s},\mu(\boldsymbol{s};\boldsymbol{\theta});\boldsymbol{w}_j)(j=1,2)$ 的收敛性，按照评委网络 $Q(\boldsymbol{s},\mu(\boldsymbol{s};\boldsymbol{\theta});\boldsymbol{w}_j)(j=1,2)$ 的参数更新公式

$$\boldsymbol{w}_j \leftarrow \boldsymbol{w}_j - \alpha\nabla_{w} L(\boldsymbol{w}_j)(j=1,2),$$

可以实现最小化优化目标函数式

$$\min_{\boldsymbol{w}_j} L(\boldsymbol{w}) = \min_{\boldsymbol{w}_j}\{\frac{1}{2N}\sum_i [y_i - Q(\boldsymbol{s}_i,\boldsymbol{a}_i;\boldsymbol{w}_j)]^2\}.$$

② 核心公式

- 两个目标函数：

策略网络 $\mu(s;\boldsymbol{\theta})$ ——演员网络 Actor 的优化目标是

$$\max_{\theta} J(\boldsymbol{\theta}) = \max_{\theta} E_S[Q(\boldsymbol{S}, \mu(\boldsymbol{S};\boldsymbol{\theta}); \boldsymbol{w}_j)] \ (j=1,2).$$

动作价值函数网络——评委网络 $Q(\boldsymbol{s}, \mu(\boldsymbol{s};\boldsymbol{\theta}); \boldsymbol{w}_j)$ $(j=1,2)$ 的优化目标是

$$\min_{w_j} L(\boldsymbol{w}_j) = \min_{w_j} \{\frac{1}{2N}\sum_i [y_i - Q(\boldsymbol{s}_i, \boldsymbol{a}_i; \boldsymbol{w}_j)]^2\} \ (j=1,2).$$

其中，N 是随机抽取经验转换样本的最小批次大小.

- 两个参数更新公式：

策略网络 $\mu(s;\boldsymbol{\theta})$ ——演员网络 Actor 的参数 $\boldsymbol{\theta}$ 更新公式是

$$\boldsymbol{\theta} \leftarrow \boldsymbol{\theta} + \beta \nabla_{\theta} J(\boldsymbol{\theta}).$$

其中，β 是学习率.

动作价值函数网络——评委网络 $Q(\boldsymbol{s}, \boldsymbol{a}; \boldsymbol{w}_j)$ $(j=1,2)$ 的参数 $\boldsymbol{w}_j (j=1,2)$ 更新公式是

$$\boldsymbol{w}_j \leftarrow \boldsymbol{w}_j - \alpha \nabla_{w_j} L(\boldsymbol{w}_j).$$

其中，α 是学习率.

- 两个目标网络参数的软更新公式：

策略网络 $\mu(\boldsymbol{s};\boldsymbol{\theta})$ 的目标网络 $\hat{\mu}(\boldsymbol{s};\bar{\boldsymbol{\theta}})$ 参数 $\bar{\boldsymbol{\theta}}$ 更新公式是

$$\bar{\boldsymbol{\theta}} \leftarrow \tau\boldsymbol{\theta} + (1-\tau)\bar{\boldsymbol{\theta}}.$$

评委网络 $Q(\boldsymbol{s}, \boldsymbol{a}; \boldsymbol{w}_j)$ 的目标网络 $\hat{Q}(\boldsymbol{s}, \boldsymbol{a}; \bar{\boldsymbol{w}}_j)$ 参数 $\bar{\boldsymbol{w}}_j$ 更新公式是

$$\bar{\boldsymbol{w}}_j \leftarrow \tau \boldsymbol{w}_j + (1-\tau)\bar{\boldsymbol{w}}_j \ (j=1,2).$$

其中，软更新光滑因子 τ 取区间(0,1)内的很小的数，如 τ=0.005.

③ 突出特性

- 确定性策略梯度：TD3 算法采用确定性策略梯度方法来优化策略. 与离散动作空间不同，它直接输出连续动作值而不是从概率分布中采样.
- 3 个主网络及其 3 个目标网络：为了提高算法稳定性，引入两个评委网络及其目标网络，引入策略网络及其目标网络，并通过软更新方法每隔一定时间步数调整评委网络和目标网络的参数.
- Actor-Critic 网络结构：TD3 算法采用 Actor-Critic 网络结构，策略网络 Actor 直接输出连续动作，而动作价值函数网络 Critic 评估当前状态和动作的期望回报价值.

(2) 研究问题的思路

TD3 算法是 DDPG 算法的优化改进版本. TD3 算法使用两个独立的 Critic 网络来估算 Q 值，并且在计算目标 Q 时选取较小的 Q 值来计算，有效地缓解 Q 值过高估计问题，大大提高了算法的性能.

Actor 网络使用延迟学习. Critic 网络更新的频率要比 Actor 网络更新的频率要大，以便在引入策略前先将误差最小化，就是让 Critic 网络再稳定一些再来更新 Actor 网络.

Actor 网络的目标网络中还引入了噪声，是为了对动作预估得更准确，网络鲁棒性更强一些.

(3) **释疑解惑**

①“twin”的含义是2个独立的Critic网络：在TD3（twin delayed deep deterministic policy gradient）中,“twin”指的是两个独立的评委网络Critic. 这两个Critic网络的存在是为了减少过估计（overestimation）问题的影响，通过对两个Critic网络进行平均或最小化操作，可以减少对Q值的过高估计，提高算法的稳定性. 这种“双重”（twin）的结构是TD3算法相对于原始DDPG算法的一个改进之处.

②“delayed”的含义是延迟更新目标网络和演员网络Actor:“delayed”指的是延迟更新目标网络的策略，与Critic网络比较延时更新Actor网络. 在TD3算法中，延迟更新目标网络和Actor网络可以帮助减少对价值函数的估计偏差，增加算法的稳定性和收敛速度. 通过延迟更新目标网络，TD3算法可以减少在训练过程中的方差，并减少对动作价值函数的过高估计，从而提高算法的性能.

③ 两处加入随机噪声并不仅仅是增强探索性: 在t时间步动作$\boldsymbol{a}_t = \mu(\boldsymbol{s}_t;\boldsymbol{\theta}) + \mathcal{N}_t$加入噪声$\mathcal{N}_t$的目的是增强智能体的探索性. 在$t$+1时间步动作$\boldsymbol{a}_{t+1} = \mu(\boldsymbol{s}_{t+1};\boldsymbol{\theta}) + \mathcal{N}_{t+1}$加入噪声$\mathcal{N}_{t+1}$的目的是缓解过拟合问题，减少价值被过高估计的一些不良状态对策略学习的干扰.

(4) **学习与研究方法**

将DQN算法的“经验回放技术”引入，再引入DQN算法的“目标网络”，融合AC算法的“Actor-Critic网络结构”，利用PG算法的“随机性策略梯度”思路改进为确定性策略梯度，形成DDPG算法.TD3算法在DDPG算法基础上增加“twin”和“delayed”等改进技术，它是DDPG算法的优化改进版本.

习 题 12

1. 程序DRL12_1有什么特点？怎样利用这个程序求解自己的实际问题？

2. 利用自带函数程序DRL12_1求解第6章实战案例——推车竖杆平衡问题的最优控制策略，并用性能指标说明两个算法的优劣情况.

3. 遗传算法参数优化：遗传算法通常包括种群大小、交叉率、变异率等参数，类似于调整PID控制器参数，需要优化这些参数以获得更好的性能. 利用自带函数程序DRL12_1求解遗传算法参数优化问题，并用性能指标说明两个算法的优劣情况.

4. 支持向量机核函数参数选择：支持向量机中的核函数参数（如核函数系数、核函数类型）的选择类似于PID控制器参数的调整，需要通过优化算法进行选择. 利用自带函数程序DRL12_1求解支持向量机核函数参数优化问题，并用性能指标说明两个算法的优劣情况.

第13章 多智能体强化学习的基本概念与基本方法

多智能体强化学习是涉及多个相互交互和影响的智能体的强化学习知识体系. 在多智能体强化学习系统中，每个智能体都面临着类似于单智能体强化学习中的决策问题，但其动作和决策会影响其他智能体的环境状态和奖励，因而多个智能体之间可能会相互影响，形成合作或产生竞争.

本章主要内容是介绍多智能体强化学习系统中的状态、动作、奖励与回报、策略、价值函数和优势函数等基本概念，提出多智能体强化学习的基本理论和基本方法.

13.1 多智能体强化学习概述

13.1.1 多智能体与单智能体强化学习的联系与区别

多智能体强化学习和单智能体强化学习是两个相关但又有所区别的知识体系，体现在如下几个方面.

(1) 联系

- 目标相似性：无论是多智能体还是单智能体，都旨在通过与环境的交互，通过探索和试错方法来学习如何做出最佳决策以获得最大回报.
- 动态决策问题：无论是多智能体还是单智能体，都面临决策问题，需要在不确定性环境中选择最优行动来最大化回报.

(2) 区别

- 交互性：在单智能体强化学习中，智能体独立地与环境交互并进行自主决策. 而在多智能体强化学习中，有多个相互影响的智能体同时与环境交互，并需要考虑其他智能体的动作和决策对自身的影响.
- 通信与合作：多智能体强化学习通常涉及智能体之间的通信和合作. 不同智能体之间可以共享信息、传递消息、制定协作策略等. 而在单智能体强化学习中，智能体独立地进行决策，无需与其他智能体进行沟通.
- 竞争与合作：多智能体强化学习中的智能体之间可能既存在竞争关系，又存在合作关系，而单智能体强化学习中不存在这种多个个体之间的竞争和合作关系.

总的来说，多智能体强化学习和单智能体强化学习都是研究决策问题的方法，但前者涉及多个相互交互和影响的智能体，在协作与竞争环境中进行决策. 而后者更侧重于单独决策问题. 在第 1 章中，建立了单智能体强化学习的基本概念、基本方法和基本理论等知识体系，多智能体强化学习是在单智能体强化学习的基础上扩展和加深的知识体系，二者联系密切，又有各自的独特知识范畴.

13.1.2 多智能体强化学习的实际问题举例

以下是多智能体强化学习的一些实际应用问题的示例：

(1) 多机器人协作任务：多个机器人在协同搬运、合作装配、协同搜索等任务中进行合作与协调.

(2) 多智能体交通流优化：通过多个交通参与者（如行驶车辆、行人、信号灯等）之间的合作与竞争，优化城市交通流，减少拥堵和提高通行效率.

(3) 多智能体对弈游戏：多个智能体在棋类游戏、扑克游戏等中进行对弈，并运用最佳策略进行竞争以求赢得游戏.

(4) 供应链管理：通过多个供应商、制造商和分销商之间的合作与竞争，优化供应链中的库存管理、生产调度和资源分配.

(5) 群体动作预测与规划：通过学习群体动作和决策规律，预测和规划群体动作，例如城市人流管理或鱼群迁徙预测等.

(6) 自适应资源分配：在分布式系统中，通过多个智能体之间的自适应决策来优化资源调度和任务分配问题.

(7) 金融投资组合优化：使用多个智能体来协同学习和优化投资组合的选择和调整，以实现最大化收益并降低投资风险.

(8) 群体运动策略优化：多个智能体在群体运动、舞蹈或协同飞行等任务中进行协作与竞争，优化运动策略和组织.

这些问题仅是多智能体强化学习的一些实际应用示例，展示了多智能体强化学习在不同领域中的发展潜力和广泛的适用性.

13.1.3 多智能体强化学习的具体内容

多智能体强化学习涵盖以下几个方面的具体内容：

(1) 多智能体环境建模：在多智能体强化学习中，需要对多个智能体之间的相互作用和环境模型进行定义. 多智能体环境建模包括描述每个智能体的状态空间、动作空间、奖励函数以及与其他智能体之间的交互方式和环境动力特性等.

(2) 合作与竞争策略：在多智能体强化学习中，每个智能体需要制定自己的策略来选择动作. 这些策略可能既包括合作性动作，也可能包括竞争性动作. 这些策略应该考虑到其他智能体可能采取的动作对自身回报和环境状态产生的影响.

(3) 协同学习与通信：对于多个智能体之间实现合作性任务，通信是非常重要的. 因此，在多智能体强化学习中如何实现智能体之间有效地信息传递和共享是一项关键内容.

(4) 竞争平衡与博弈策略：在某些情况下，不同智能体之间存在竞争关系. 因此，在多智能体强化学习中，需要充分考虑竞争平衡和博弈策略的设计.

(5) 奖励设计：在多智能体强化学习中，适当的奖励函数设计是非常重要的. 奖励函数应该能够促使智能体在合作与竞争之间找到平衡，并激励它们做出合理的决策.

13.1.4 多智能体系统类型分类

多智能体系统可以分为多种典型类型，具体取决于系统中智能体之间的关系和交互方式. 以下是一些常见的多智能体系统类型：

(1) 完全合作型系统(fully cooperative system)：在合作型多智能体系统中，智能体之间的目标是合作以实现共同的目标. 它们共享信息、资源和任务，并通过协调和互助来达到整体性能的提升.

其典型特征是：

- 所有的智能体具有相等的回报：$R = R^1 = R^2 = \cdots = R^m$，$m$ 为智能体的数量；
- 在这样一个平等共享的奖励环境中，各个智能体进行合作努力避免个人的失败，以最大限度地提高团队的执行力.

完全合作的典型例子：团队机器人协同搬运物品，乐团合奏乐器等.

(2) 完全竞争型系统(fully competitive system)：在竞争型多智能体系统中，各个智能体之间竞争资源、地位或胜利. 它们追求自身利益，并努力赢得竞争性任务或游戏.

完全竞争型问题常称为**零和博弈**.

其典型特征是：

- 所有的回报和等于 0：$R = \sum_{i=1}^{m} R^i(\boldsymbol{s}, \boldsymbol{a}, \boldsymbol{s}') = 0$；
- 智能体最大限度地提高自己的个人回报，同时使其他智能体的回报最小化；
- 在不严格的意义上，完全竞争性问题鼓励智能体在对抗对手时表现出色，但奖励的总和不等于零.

完全竞争的典型例子：对弈游戏中的两个对手等.

(3) 协同与竞争混合型系统(mixed system)：也常称为**一般和博弈**. 在这种类型的系统中，智能体之间既存在合作关系，又存在竞争关系，既需要通过合作来实现共同目标，又需要在某些方面进行竞争.

例如，在足球比赛中的两个团队，它们内部的队员通过协同合作来赢得进球，但同时也要与对方团队球员展开竞争.

(4) 社会性学习系统(social learning system)：社会性学习是指在群组或社交环境中进行学习和知识传递与分享的过程. 社会性学习系统中的智能体之间通过模仿、观察和相互交流来获得知识和技能.模仿学习和迁移学习就是研究社会性学习系统的算法.

(5) 多层次协调系统(multi-level coordination system)：这种类型的多智能体系统由不同层次或级别的智能体组成. 每个级别上都有自己的目标和任务，并且不同级别之间需要相互协调和交流.

例如，在一个军事指挥系统中，高级指挥官负责整体策略规划和决策，在底层则有各种士兵和战术单位执行具体任务.

13.2 多智能体强化学习基础知识

本书第 1 章定义了单智能体知识体系的专业术语，比如状态、动作、奖励、策略、状态转移概率、经验转换样本、回报、动作价值函数、状态价值函数等. 在本节中，将这些定义推广到多智能体强化学习知识体系[28].

在此后的章节中，用 $m(m>1)$表示智能体的数目，用上标 i 表示智能体的序号，用 $\mathcal{M}=\{1,2,\cdots,m\}$表示全体智能体的集合，依然用下标 t 表示时间步. 需要注意的是，虽然表面上与第 1 章的记号“一样”或者相似，但含义却截然不同，其内在的逻辑关系更加复杂. 这些问题应引起读者的重视.

13.2.1 多智能体强化学习的基本概念

13.2.1.1 状态空间

在多智能体强化学习系统中，每个智能体 $i(i=1,2,\cdots,m)$都有自己的状态空间$\mathcal{S}^i$，用于描述它所观察到的环境状态. **全部智能体完全可观测的状态空间**表示为

$$\mathcal{S}=\mathcal{S}^1\times\mathcal{S}^2\times\cdots\times\mathcal{S}^m. \tag{13.1}$$

用粗体大写字母

$$\boldsymbol{S}=(\boldsymbol{S}^1,\boldsymbol{S}^2,\cdots,\boldsymbol{S}^m)$$

表示多智能体系统的状态随机变量.

用粗体小写字母

$$\boldsymbol{s}=(\boldsymbol{s}^1,\boldsymbol{s}^2,\cdots,\boldsymbol{s}^m) \tag{13.2}$$

表示多智能体系统的状态观测值，也称为**联合状态观测值**，或简称为**全局状态**.

状态可以包括局部观测、其他智能体的观测以及完全观测的环境信息.

用 o^i 表示智能体 $i(i=1,2,\cdots,m)$的不完全观测状态，$\mathcal{O}^i$ 表示智能体 $i(i=1,2,\cdots,m)$的不完全观测状态的集合$\{o^i\}$. **多智能体局部观测状态空间**表示为

$$\mathcal{O}=\mathcal{O}^1\times\mathcal{O}^2\times\cdots\times\mathcal{O}^m. \tag{13.3}$$

用粗体小写字母

$$\boldsymbol{o}=(\boldsymbol{o}^1,\boldsymbol{o}^2,\cdots,\boldsymbol{o}^m) \tag{13.4}$$

表示多智能体系统的不完全观测值，也称为**联合局部观测值**，或简称为**局部观测状态**❶.

例如，$\boldsymbol{S}^i$ 表示智能体 $i(i=1,2,\cdots,m)$的状态随机变量，$\boldsymbol{s}_t^i$ 表示智能体 $i(i=1,2,\cdots,m)$在 t 时间步的状态观测值. $\boldsymbol{s}_t$ 表示全部智能体在 t 时间步的状态观测值：

$$\boldsymbol{s}_t=(\boldsymbol{s}_t^1,\boldsymbol{s}_t^2,\cdots,\boldsymbol{s}_t^m).$$

$\boldsymbol{o}_t$ 表示全部智能体在 t 时间步的不完全观测状态值：

$$\boldsymbol{o}_t=(\boldsymbol{o}_t^1,\boldsymbol{o}_t^2,\cdots,\boldsymbol{o}_t^m),$$

其中，$\boldsymbol{o}_t^i$ 表示智能体 $i(i=1,2,\cdots,m)$在 t 时间步的不完全观测状态值.

13.2.1.2 动作空间

每个智能体都有自己的动作空间，用于描述它可以采取的行动. 动作可以是离散或连续的，并可能受到某种约束或限制.

多智能体系统的动作空间表示为

$$\mathcal{A}=\mathcal{A}^1\times\mathcal{A}^2\times\cdots\times\mathcal{A}^m.$$

---

❶ 尽管全局状态 $\boldsymbol{s}$ 和局部观测状态 $\boldsymbol{o}$ 二者含义不同，但一般情况下没有必要将二者严格区分开. 若无特别说明，在多智能体强化学习系统中常用记号 $\boldsymbol{o}$ 统一表示它们，并称为观测状态 $\boldsymbol{o}$.

其中，$\mathcal{A}^i$ 表示智能体 $i(i=1,2,\cdots,m)$的动作空间.

用粗体大写字母

$$\boldsymbol{A}=(\boldsymbol{A}^1, \boldsymbol{A}^2,\cdots,\boldsymbol{A}^m) \tag{13.5}$$

表示多智能体系统的联合动作随机变量.

用粗体小写字母

$$\boldsymbol{a}=(\boldsymbol{a}^1, \boldsymbol{a}^2,\cdots,\boldsymbol{a}^m) \tag{13.6}$$

表示多智能体系统的动作观测值，也称为**联合动作观测值**，常简称为**联合动作**.

例如，$\boldsymbol{A}^i$ 表示智能体 $i(i=1,2,\cdots,m)$的动作随机变量，$\boldsymbol{a}_t^i$ 表示智能体 $i(i=1,2,\cdots,m)$在 t 时间步的动作观测值. $\boldsymbol{a}_t$ 表示全体智能体在 t 时间步的联合动作：

$$\boldsymbol{a}_t=(\boldsymbol{a}_t^1,\boldsymbol{a}_t^2,\cdots,\boldsymbol{a}_t^m).$$

13.2.1.3 奖励函数

奖励是对每个智能体动作做出评估和反馈的结果. 奖励为每个智能体 $i(i=1,2,\cdots,m)$提供一个标量值 r^i，用来指示其动作是否对其个人目标或整体目标有益.

用大写字母

$$R=(R^1, R^2,\cdots,R^m) \tag{13.7}$$

表示多智能体系统的奖励随机变量.

用小写字母

$$r=(r^1, r^2,\cdots,r^m) \tag{13.8}$$

表示多智能体系统的奖励值，也称为多智能体系统的**联合奖励值**，简称为**联合奖励**.

多智能体系统的奖励空间表示为

$$\mathcal{R}=\mathcal{R}^1\times\mathcal{R}^2\times\cdots\times\mathcal{R}^m.$$

例如，R^i 表示智能体 $i(i=1,2,\cdots,m)$的奖励随机变量，r_t^i 表示智能体 $i(i=1,2,\cdots,m)$在 t 时间步的奖励值. r_t 表示全部智能体在 t 时间步的奖励值：

$$r_t=(r_t^1,r_t^2,\cdots,r_t^m).$$

这里，智能体 $i(i=1,2,\cdots,m)$在 t+1 **时间步的奖励值**

$$r_{t+1}^i=r(\boldsymbol{o}_t^i,\boldsymbol{a}_t^1,\boldsymbol{a}_t^2,\cdots,\boldsymbol{a}_t^m,\boldsymbol{o}_{t+1}^i). \tag{13.9}$$

由观测状态 $\boldsymbol{o}_t=(\boldsymbol{o}_t^1,\boldsymbol{o}_t^2,\cdots,\boldsymbol{o}_t^m)$ 和所有智能体的动作 $\boldsymbol{a}=(\boldsymbol{a}^1,\boldsymbol{a}^2,\cdots,\boldsymbol{a}^m)$共同决定，由 t+1 时间步的观测状态 $\boldsymbol{o}_{t+1}=(\boldsymbol{o}_{t+1}^1,\boldsymbol{o}_{t+1}^2,\cdots,\boldsymbol{o}_{t+1}^m)$ 得以确定下来. 这与单智能体的记号近似但含义完全不同. 应引起读者注意.

13.2.1.4 状态转移概率

全部智能体都各自执行动作后，环境依据状态转移概率给出下一个时间步的状态和奖励. 与单智能体的记号形式上一样. **状态转移概率**定义为条件概率，记作

$$p(\boldsymbol{s}'\mid\boldsymbol{s},\boldsymbol{a})=P(\boldsymbol{S}_{t+1}=\boldsymbol{s}'\mid\boldsymbol{S}_t=\boldsymbol{s},\boldsymbol{A}_t=\boldsymbol{a}) \tag{13.10}$$

状态转移概率式(13.10)的含义是，下一个时间步的状态 $\boldsymbol{s}'$取决于当前时间步的状态 $\boldsymbol{s}$ 和所有 m 个智能体的动作，这里 $\boldsymbol{S}_t=(\boldsymbol{S}_t^1,\boldsymbol{S}_t^2,\cdots,\boldsymbol{S}_t^m)$ 表示 m 个智能体——不是单个智能

体在 t 时间步的状态. $\boldsymbol{A}_t=(\boldsymbol{A}_t^1,\boldsymbol{A}_t^2,\cdots,\boldsymbol{A}_t^m)$ 表示 m 个智能体——不是单个智能体在 t 时间步的动作.

13.2.1.5 回报

又称为**折扣回报**，也常称为**累计奖励**. 智能体 $i(i=1,2,\cdots,m)$的回报是它自己的奖励的加权和：

$$G_t^i=R_{t+1}^i+\gamma R_{t+2}^i+\gamma^2 R_{t+3}^i+\cdots. \tag{13.11}$$

其中，$\gamma\in[0,1]$是**折扣率**，算法程序中常称为**折扣系数**，或**折扣因子**.

在算法和程序使用上，常用如下形式

$$G_t^i=r_{t+1}^i+\gamma r_{t+2}^i+\gamma^2 r_{t+3}^i+\cdots. \tag{13.11′}$$

用大写字母

$$G_t=(G_t^1,G_t^2,\cdots,G_t^m)$$

表示多智能体系统在 t 时间步的**联合回报**.

13.2.1.6 经验转化样本及经验回放池

记 t 时间步的局部观测 $\boldsymbol{o}_t=(\boldsymbol{o}_t^1,\boldsymbol{o}_t^2,\cdots,\boldsymbol{o}_t^m)$ 及联合动作 $\boldsymbol{a}_t=(\boldsymbol{a}_t^1,\boldsymbol{a}_t^2,\cdots,\boldsymbol{a}_t^m)$，$t$+1 时间步的局部观测 $\boldsymbol{o}_{t+1}=(\boldsymbol{o}_{t+1}^1,\boldsymbol{o}_{t+1}^2,\cdots,\boldsymbol{o}_{t+1}^m)$ 及联合奖励 $r_{t+1}=(r_{t+1}^1,r_{t+1}^2,\cdots,r_{t+1}^m)$，称

$$(\boldsymbol{o}_t,\boldsymbol{a}_t,r_{t+1},\boldsymbol{o}_{t+1})$$

是多智能体强化学习的一个**经验转换样本**. 将多个经验转换样本以一定的次序放在一起构成**经验回放池**. 经验回放池技术可以减弱数据样本的相关性，在许多强化学习算法中被广泛采用. 例如，MAPPO 算法、MADDPG 算法等.

13.2.1.7 马尔可夫博弈

将单智能体的马尔可夫决策过程 MDP 推广到多智能体系统——马尔可夫博弈(Markov games，MG). **马尔可夫博弈**用元组表示为

$$\{\mathcal{M},\mathcal{S},\mathcal{A},\mathcal{P},\mathcal{R},\gamma\}.$$

局部观测马尔可夫博弈(partially observable Markov games，POMG)用元组表示为

$$\{\mathcal{M},\mathcal{S},\mathcal{A},\mathcal{O},\mathcal{P},\mathcal{R},\gamma\}.$$

其中，$\mathcal{M}$表示智能体的集合$\mathcal{M}=\{1,2,\cdots,m\}(m>1)$. 在 MG 中，$\mathcal{S}$表示全部智能体观测到的状态空间. 在 POMG 中，$\mathcal{S}$表示一组全局但未观测到的系统状态. $\mathcal{A}$表示联合动作空间，$\{\mathcal{A}^i\}$表示智能体 $i(i=1,2,\cdots,m)$的动作空间. $\mathcal{O}$表示联合局部观测空间，$\{\mathcal{O}^i\}$表示智能体 $i(i=1,2,\cdots,m)$的局部观测空间. $\mathcal{P}$表示状态转移概率. $\mathcal{R}$表示联合奖励空间，$\{\mathcal{R}^i\}$表示智能体 $i(i=1,2,\cdots,m)$的奖励空间. γ是折扣系数.

上述这些基本概念构建了多智能体强化学习系统的知识框架.

13.2.2 多智能体强化学习的相关基本理论

多智能体强化学习需要用到的基本理论包括以下几个方面：

(1) 博弈论：博弈论提供了多智能体系统中智能体相互作用和决策的理论基础. 它涉及智能体之间的合作、竞争和博弈关系，以及在不同策略下可能出现的均衡状态.

(2) 马尔可夫博弈：马尔可夫博弈是一种用于构建多智能体系统中相互作用和决策问题的数学框架. 它对每个智能体建模为马尔可夫决策过程，并考虑其他智能体对环境状态和回报的影响.

(3) 一致性与收敛性：在多智能体系统中，学习算法需要具备一致性与收敛性，以确保不同智能体之间达到合作与竞争关系的平衡，并最终收敛到稳定解或均衡状态.

这些知识构建了多智能体强化学习的理论基础，用于解释和研究多智能体系统中的相互作用和决策问题.

13.2.3 多智能体强化学习的基本方法

按照训练智能体与执行策略的关系，多智能体学习主要有以下四种常用的学习方案：独立式学习方案（independent learning）、集中式训练集中式执行方案(centralized training centralized execution)、集中式训练分散式执行方案（centralized training decentralized execution）和分布式训练分散式执行方案(distributed training decentralized execution).

(1) 独立式学习（independent learning）方案：如图 13-1(a)所示. 将各个智能体面临的环境视为一个“整体”环境，输入的是各个智能体的状态 $\boldsymbol{s}^i(i=1,2,\cdots,m)$，输出的是各个智能体的动作 $\boldsymbol{a}^i(i=1,2,\cdots,m)$.

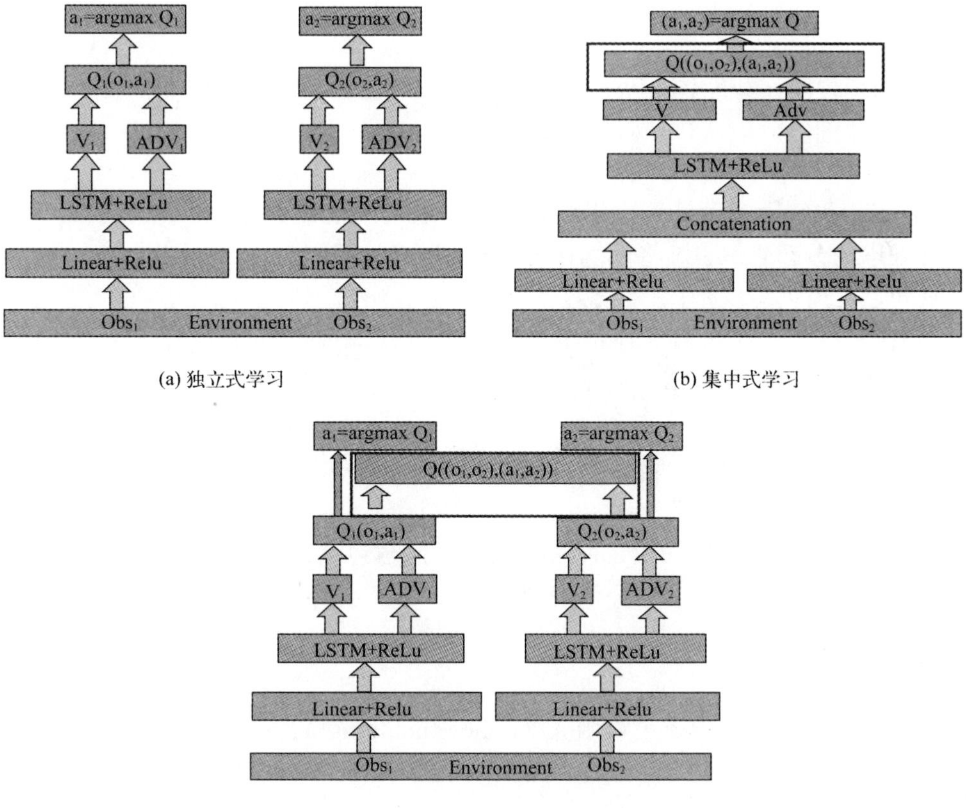

(a) 独立式学习

(b) 集中式学习

(c) 集中式训练分散式执行

图 13-1 多智能体强化学习方案联系对比示意图

其典型特征是：

- 让每个智能体独立地训练自己的策略；
- 独立执行自己的策略，本质上就是单智能体学习问题.

独立式学习，在一些合作任务中取得了不错的表现，但是忽视了多智能体之间的联系，加剧了学习的不平稳性.

(2) 集中式学习（centralized learning）方案：如图 13-1(b)所示. 将各个智能体面临的环境视为一个“整体”环境. 输入的是各个单智能体的状态 $\boldsymbol{s}^i(i=1,2,\cdots,m)$，经过集中式学习，由系统的价值函数 $Q(\boldsymbol{s},\boldsymbol{a})$统一处理，集中输出一个联合动作 $\boldsymbol{a}=(\boldsymbol{a}^1,\boldsymbol{a}^2,\cdots,\boldsymbol{a}^m)$. 集中式学习方案解决了环境非平稳问题，但是无法解决无通信、大规模和大动作空间的问题.

集中式学习方案又可以细分为如下两种：

① 集中式训练集中式执行(centralized training centralized execution，CTCE)：其典型特征有：集中式策略 $\boldsymbol{\pi}$：$\mathcal{O}\rightarrow P(\mathcal{A})$，该联合策略 $\boldsymbol{\pi}$ 将局部观测的集合 $\boldsymbol{o}=(\boldsymbol{o}^1,\boldsymbol{o}^2,\cdots,\boldsymbol{o}^m)$ 映射到个体动作的一组概率分布 $P((\boldsymbol{a}^1,\boldsymbol{a}^2,\cdots,\boldsymbol{a}^m))$.

② 集中式训练分散式执行(centralized training decentralized execution ,CTDE)：如图 13-1(c)所示. 它是独立式学习方案和集中式学习方案的折中——训练时通过全局网络来集中处理，但策略执行时智能体各自独立决策. 集中式训练分散式执行方案在一定程度上解决了多智能体强化学习问题，是目前普遍采用的训练与执行的设计方案.

其典型特征有：

- 每个智能体有一个策略 π^i：$\mathcal{O}^i\rightarrow P(\boldsymbol{a}^i)$，将局部观测 $\boldsymbol{o}^i$ 映射到个体动作 $\boldsymbol{a}^i$ 上的概率分布；
- 在训练阶段，智能体会获得额外的信息，而这些信息在测试时会被舍去.

(3) 分布式训练分散式执行(distributed training decentralized execution，DTDE)：其典型特征有：

- 分布式系统由多台计算机组成，整个系统的功能是分散在各个节点上实现的，具有数据处理的分布性. 通过将训练任务分解到多个计算节点上并行执行，可以显著缩短训练时间，提高训练效率；
- 训练完成后，每个智能体基于本地观测信息独立选择动作，无需依赖全局状态或其他智能体的实时交互数据.

13.3 多智能体强化学习的基本函数

在多智能体强化学习算法中，最常用的基本函数包括：策略函数、动作价值函数、状态价值函数、优势函数、动作评估函数等.

13.3.1 策略函数

在多智能体强化学习中，策略函数（policy function）定义了每个智能体在给定状态下如何选择自己的动作. 策略函数将当前全局状态映射到动作空间中的一个具体动作或动作的概率分布.

具体地，策略可以分为确定性策略和随机性策略.

13.3.1.1 确定性策略（deterministic policy）

智能体 $i(i=1,2,\cdots,m)$的确定性策略用数学关系式表示为：

$$\boldsymbol{a}^i=\mu(\boldsymbol{s}^i). \tag{13.12}$$

这里，$\mu(\boldsymbol{s}^i)$表示策略函数，$\boldsymbol{s}^i$ 表示智能体 i 自身当前观测到的全局状态. $\boldsymbol{a}^i$ 表示智能体 $i(i=1,2,\cdots,m)$采取的动作，确定性策略直接将智能体 i 自身观测到的当前全局状态 $\boldsymbol{s}^i$ 映射到一个具体的动作 $\boldsymbol{a}^i$.

类似地，

$$\boldsymbol{a}^i=\mu(\boldsymbol{o}^i) \tag{13.13}$$

表示智能体 $i(i=1,2,\cdots,m)$在自身面临的局部观测状态 $\boldsymbol{o}^i$ 采取的动作 $\boldsymbol{a}^i$.

13.3.1.2 随机性策略（stochastic policy）

智能体 $i(i=1,2,\cdots,m)$的随机性策略用数学关系式表示为：

$$\pi(\boldsymbol{a}^i \mid \boldsymbol{s}^i)=P(\boldsymbol{A}^i=\boldsymbol{a}^i \mid \boldsymbol{S}^i=\boldsymbol{s}^i). \tag{13.14}$$

这里，$P(\boldsymbol{A}^i=\boldsymbol{a}^i \mid \boldsymbol{S}^i=\boldsymbol{s}^i)$是在给定全局状态 $\boldsymbol{S}^i=\boldsymbol{s}^i$ 下智能体 i 采取特定动作 $\boldsymbol{A}^i=\boldsymbol{a}^i$ 的概率. 随机性策略使用概率分布来描述智能体 $i(i=1,2,\cdots,m)$对每个可能动作的选择偏好.

类似地，

$$\pi(\boldsymbol{a}^i \mid \boldsymbol{o}^i)=P(\boldsymbol{A}^i=\boldsymbol{a}^i \mid \boldsymbol{O}^i=\boldsymbol{o}^i) \tag{13.15}$$

表示智能体 $i(i=1,2,\cdots,m)$ 面临局部观测状态 $\boldsymbol{o}^i$ 采取动作的概率分布.

由第 1 章分析可知，确定性策略 $\boldsymbol{a}^i=\mu(\boldsymbol{s}^i)$，可以看作随机性策略 $\pi(\boldsymbol{a}^i \mid \boldsymbol{s}^i)$的特例. 后续如无特别说明，统一用记号 $\pi(\boldsymbol{a}^i \mid \boldsymbol{s}^i)$表示策略函数，常简记为 π^i.

称

$$\boldsymbol{\pi}=(\pi^1, \pi^2,\cdots, \pi^m) \tag{13.16}$$

为全部智能体的**联合策略函数**，简称为全部智能体的**联合策略**.

$$\boldsymbol{\pi}^{-i}=(\pi^1, \pi^2,\cdots, \pi^{i-1}, \pi^{i+1},\cdots, \pi^m) \tag{13.17}$$

表示除去智能体 i 的**联合策略**.

特别地，对于 $m=2$ 的情况，π^{-1} 表示对手的策略 π^2，而 π^{-2} 表示对手的策略 π^1. 在两个智能体博弈时常用这样的记号.

13.3.2 动作价值函数及其作用

多智能体强化学习中的动作价值函数可以进行不同形式的定义. 以下是常见的多智能体动作价值函数的定义.

13.3.2.1 独立动作价值函数（independent action-value functions）

智能体 $i(i=1,2,\cdots,m)$的基于策略 π^i 的局部观测的独立动作价值函数定义为

$$Q_{\pi^i}^i(\boldsymbol{o}^i,\boldsymbol{a}^i)=E[G_t^i \mid \boldsymbol{O}_t^i=\boldsymbol{o}^i, \boldsymbol{A}_t^i=\boldsymbol{a}^i]. \tag{13.18}$$

类似的定义，**智能体 $i(i=1,2,\cdots,m)$的基于策略 π^i 的全局观测的独立动作价值函数定义为**

$$Q_{\pi^i}^i(\boldsymbol{s}^i,\boldsymbol{a}^i)=E[G_t^i\mid \boldsymbol{S}_t^i=\boldsymbol{s}^i,\boldsymbol{A}_t^i=\boldsymbol{a}^i].\tag{13.19}$$

实际上，这里的动作价值函数 $Q_{\pi^i}^i(\boldsymbol{s}^i,\boldsymbol{a}^i)$ 与单智能体的动作价值函数 $Q_\pi(\boldsymbol{s},\boldsymbol{a})$ 的作用是相同的.

可见，独立式动作价值函数的“独立式”，反映在：状态 $\boldsymbol{s}^i$ 或局部观测 $\boldsymbol{o}^i$ 是智能体 i 所面临的，与其他智能体无关；动作 $\boldsymbol{a}^i$ 是智能体 i 采用的，与其他智能体采用的动作无关；回报 $G_t^i=R_{t+1}^i+\gamma R_{t+2}^i+\gamma^2R_{t+3}^i+\cdots$ 是智能体 i 的，与其他智能体的回报无关；策略 π^i 是智能体 i 遵循的，与其他智能体遵循的策略无关.

13.3.2.2 联合动作价值函数（joint action-value functions）

称

$$Q_{\boldsymbol{\pi}}(\boldsymbol{o}_1,\boldsymbol{o}_2,\cdots\boldsymbol{o}_m,\boldsymbol{a}_1,\boldsymbol{a}_2,\cdots,\boldsymbol{a}_m)=\sum_{i=1}^m Q_{\pi^i}^i(\boldsymbol{o}^i,\boldsymbol{a}^i)\tag{13.20}$$

为策略 $\boldsymbol{\pi}$ 的局部观测的联合动作价值函数.

类似地，可以定义**策略 π 的全局观测的联合动作价值函数**

$$Q_\pi(\boldsymbol{s}_1,\boldsymbol{s}_2,\cdots\boldsymbol{s}_m,\boldsymbol{a}_1,\boldsymbol{a}_2,\cdots,\boldsymbol{a}_m)=\sum_{i=1}^m Q_{\pi^i}^i(\boldsymbol{s}^i,\boldsymbol{a}^i).\tag{13.21}$$

可见，联合动作价值函数 $Q_\pi(\boldsymbol{o}_1,\boldsymbol{o}_2,\cdots\boldsymbol{o}_m,\boldsymbol{a}_1,\boldsymbol{a}_2,\cdots,\boldsymbol{a}_m)$ 是独立动作价值函数 $Q_{\pi^i}^i(\boldsymbol{o}^i,\boldsymbol{a}^i)$ 之和，它刻画了 m 个多智能体系统在状态 $\boldsymbol{o}=(\boldsymbol{o}_1,\boldsymbol{o}_2,\cdots\boldsymbol{o}_m)$ 采取动作 $\boldsymbol{a}=(\boldsymbol{a}_1,\boldsymbol{a}_2,\cdots,\boldsymbol{a}_m)$ 的价值.

联合动作价值函数 $Q_\pi(\boldsymbol{o}_1,\boldsymbol{o}_2,\cdots\boldsymbol{o}_m,\boldsymbol{a}_1,\boldsymbol{a}_2,\cdots,\boldsymbol{a}_m)$ 的作用是，它把独立动作价值函数 $Q_{\pi^i}^i(\boldsymbol{o}^i,\boldsymbol{a}^i)$ 的“独立性”给“联合”起来——刻画多个智能体在联合状态 $\boldsymbol{o}=(\boldsymbol{o}_1,\boldsymbol{o}_2,\cdots\boldsymbol{o}_m)$ 采取联合动作 $\boldsymbol{a}=(\boldsymbol{a}_1,\boldsymbol{a}_2,\cdots,\boldsymbol{a}_m)$ 的价值.

特别地，为了分析和利用智能体 i 的策略 π^i，常将记号 $Q_\pi^i(\boldsymbol{o}^i,\boldsymbol{a}^i)$ 分解，写为

$$Q_\pi^i(\boldsymbol{o}^i,\boldsymbol{a}^i)=Q_{\pi^i,\boldsymbol{\pi}^{-i}}^i(\boldsymbol{o}^i,\boldsymbol{a}^i).\tag{13.22}$$

13.3.2.3 集中式动作价值函数（centralized action-value functions）

对比式(13.18) 独立式动作价值函数定义，提出集中式动作价值函数定义.

智能体 $i(i=1,2,\cdots,N)$ 的基于策略 π^i 的局部观测的集中式动作价值函数定义为

$$Q_{\pi^i}^i(\boldsymbol{o},\boldsymbol{a})=E[G_t^i\mid \boldsymbol{O}_t=\boldsymbol{o},\boldsymbol{A}_t=\boldsymbol{a}].\tag{13.23}$$

类似地，**全局观测的集中式动作价值函数定义为**

$$Q_{\pi^i}^i(\boldsymbol{s},\boldsymbol{a})=E[G_t^i\mid \boldsymbol{S}_t=\boldsymbol{s},\boldsymbol{A}_t=\boldsymbol{a}].\tag{13.24}$$

记

$$\boldsymbol{Q}_{\boldsymbol{\pi}}(\boldsymbol{s},\boldsymbol{a})=(Q_{\boldsymbol{\pi}^1}^1(\boldsymbol{s},\boldsymbol{a}),Q_{\boldsymbol{\pi}^2}^2(\boldsymbol{s},\boldsymbol{a}),\cdots,Q_{\boldsymbol{\pi}^m}^m(\boldsymbol{s},\boldsymbol{a})).\tag{13.25}$$

并称其为**全局观测的集中式动作价值函数**.

可见，集中式动作价值函数的“集中式”，反映在：状态 $\boldsymbol{s}$ 或局部观测 $\boldsymbol{o}$ 是智能体 i

所面临的全局状态 $\boldsymbol{s}=(\boldsymbol{s}_1,\boldsymbol{s}_2,\cdots,\boldsymbol{s}_m)$ 或局部观测 $\boldsymbol{o}=(\boldsymbol{o}_1,\boldsymbol{o}_2,\cdots,\boldsymbol{o}_m)$，说明智能体 i 具有全局观念；动作 $\boldsymbol{a}$ 表示其他智能体分别采取动作 $\boldsymbol{a}^{-i}=(\boldsymbol{a}^1,\boldsymbol{a}^2,\cdots,\boldsymbol{a}^{i-1},\boldsymbol{a}^{i+1},\cdots,\boldsymbol{a}^m)$ 后智能体 i 采取动作 $\boldsymbol{a}^i$，反映了受其他智能体采用的动作影响；回报 $G_t^i=R_{t+1}^i+\gamma R_{t+2}^i+\gamma^2 R_{t+3}^i+\cdots$ 是智能体 i 获得的，与其他智能体的回报无关；策略 π^i 是智能体 i 遵循的，与其他智能体遵循的策略无关.

注意：(1) 如果系统里有 m 个智能体，那么就有 m 个集中式动作价值函数：

$$Q_\pi^1(\boldsymbol{s},\boldsymbol{a}),\quad Q_\pi^2(\boldsymbol{s},\boldsymbol{a}),\quad \cdots,\quad Q_\pi^m(\boldsymbol{s},\boldsymbol{a}).$$

智能体 $i(i=1,2,\cdots,m)$的集中式动作价值函数 $Q_\pi^i(\boldsymbol{s},\boldsymbol{a})$，并非仅仅依赖于自己当前的动作 $\boldsymbol{a}_t^i$ 与策略 $\pi(\boldsymbol{a}_t^i\mid \boldsymbol{s}_t)$，还依赖于其余智能体当前的动作

$$\boldsymbol{a}_t^{-i}=(\boldsymbol{a}_t^1,\boldsymbol{a}_t^2,\cdots,\boldsymbol{a}_t^{i-1},\boldsymbol{a}_t^{i+1},\cdots,\boldsymbol{a}_t^m)$$

与策略

$$\pi(\boldsymbol{a}_t^1\mid \boldsymbol{s}_t),\pi(\boldsymbol{a}_t^2\mid \boldsymbol{s}_t),\cdots,\pi(\boldsymbol{a}_t^{i-1}\mid \boldsymbol{s}_t),\pi(\boldsymbol{a}_t^{i+1}\mid \boldsymbol{s}_t),\cdots,\pi(\boldsymbol{a}_t^m\mid \boldsymbol{s}_t).$$

(2) 需要强调的是，在多智能体强化学习中，通常没有所谓的“**最优动作价值函数**”或“**最优状态价值函数**”. 这是因为在多智能体系统中，智能体的决策和动作是相互影响的，导致价值函数无法单独衡量一个智能体的最优性.

在单智能体强化学习中，可以定义一个单一智能体的最优状态价值函数. 它表示了在给定策略下，在每个状态获得回报的价值. 然而，在多智能体系统中，每个智能体采取动作会影响其他智能体所观察到的状态和奖励. 因此，无法简单地定义一个全局性、独立于其他智能体决策和动作的“最优”价值函数.

相反，在多智能体强化学习中更关注于计算联合策略、合作均衡或者针对特定目标进行的协调决策. 这通常涉及用联合动作价值函数或者其他全局性指标来评估整个团队的效用和表现. 因此，在多智能体强化学习中，并没有对应于传统意义上单一“最优”状态价值函数或“最优”动作价值函数概念. 取而代之的，更加关注的是在多个智能体之间的协作和决策均衡中，实现整体表现和达成目标的优化.

13.3.3 状态价值函数及其作用

在多智能体强化学习中，状态价值函数用于评估在给定状态下智能体获得的回报期望——平均回报.

多智能体强化学习的状态价值函数是怎么定义的呢？多智能体强化学习中的状态价值函数可以进行不同形式的定义. 以下是常见的多智能体状态价值函数的定义.

13.3.3.1 独立状态价值函数（independent state-value functions）

智能体 $i(i=1,2,\cdots,m)$的基于策略 π^i 的局部观测的独立状态价值函数定义为

$$V_{\pi^i}^i(\boldsymbol{o}^i)=E[G_t^i\mid \boldsymbol{O}_t^i=\boldsymbol{o}^i]. \tag{13.26}$$

类似地，**智能体 $i(i=1,2,\cdots,m)$的基于策略 π^i 的全局观测的独立状态价值函数定义为**

$$V_{\pi^i}^i(\boldsymbol{s}^i)=E[G_t^i\mid \boldsymbol{S}_t^i=\boldsymbol{s}^i]. \tag{13.27}$$

实际上，这里的动作价值函数 $V_{\pi^i}^i(s^i)$ 与单智能体的动作价值函数 $V_\pi(s)$ 的作用是相同的.

独立式状态价值函数的"独立式"，参见独立动作价值函数 $Q_{\pi^i}^i(s^i, a^i)$ 的分析.

13.3.3.2 联合状态价值函数（joint state-value functions）

称

$$V_{\boldsymbol{\pi}}(\boldsymbol{o}_1, \boldsymbol{o}_2, \cdots, \boldsymbol{o}_m) = \sum_{i=1}^{m} V_{\pi^i}^i(\boldsymbol{o}^i) \tag{13.28}$$

为策略 π 的局部观测的联合状态价值函数，简记为 $V_{\boldsymbol{\pi}}(\boldsymbol{o})$.

类似地，定义**策略 π 的全局观测的联合动作价值函数为**

$$V_{\boldsymbol{\pi}}(\boldsymbol{s}_1, \boldsymbol{s}_2, \cdots, \boldsymbol{s}_m) = \sum_{i=1}^{m} V_{\pi^i}^i(\boldsymbol{s}^i). \tag{13.29}$$

联合动作价值函数 $V_{\boldsymbol{\pi}}(\boldsymbol{o}_1, \boldsymbol{o}_2, \cdots, \boldsymbol{o}_m)$ 的作用是，它把独立状态价值函数 $V_{\pi^i}^i(\boldsymbol{o}^i)$ 的"独立性"给"联合"起来——刻画多个智能体在联合状态 $\boldsymbol{o} = (\boldsymbol{o}_1, \boldsymbol{o}_2, \cdots, \boldsymbol{o}_m)$ 的价值.

特别地，为了分析和利用智能体 i 的策略 π^i，也常将记号 $V_{\boldsymbol{\pi}}^i(\boldsymbol{o}^i)$ 分解，写为

$$V_{\boldsymbol{\pi}}^i(\boldsymbol{o}^i) = V_{\pi^i, \boldsymbol{\pi}^{-i}}^i(\boldsymbol{o}^i). \tag{13.30}$$

13.3.3.3 集中式状态价值函数（centralized state-value functions）

对比式(13.23) 独立式动作价值函数定义，提出集中式状态价值函数定义.

智能体 $i(i=1,2,\cdots,m)$的基于策略 π^i 的集中式局部观测状态价值函数定义为

$$V_{\pi^i}^i(\boldsymbol{o}) = E[G_t^i \mid \boldsymbol{O}_t = \boldsymbol{o}]. \tag{13.31}$$

类似地，**集中式全局观测状态价值函数定义为**

$$V_{\pi^i}^i(\boldsymbol{s}) = E[G_t^i \mid \boldsymbol{S}_t = \boldsymbol{s}], \tag{13.32}$$

记

$$\boldsymbol{V}_{\boldsymbol{\pi}}(\boldsymbol{s}) = (V_{\boldsymbol{\pi}^1}^1(\boldsymbol{s}), V_{\boldsymbol{\pi}^2}^2(\boldsymbol{s}), \cdots, V_{\boldsymbol{\pi}^m}^m(\boldsymbol{s})). \tag{13.33}$$

并称为**集中式全局观测状态价值函数.**

可见，集中式状态价值函数的"集中式"，反映在：状态 $\boldsymbol{s}$ 或局部观测 $\boldsymbol{o}$ 是智能体 i 所面临的全局状态 $\boldsymbol{s} = (\boldsymbol{s}_1, \boldsymbol{s}_2, \cdots, \boldsymbol{s}_m)$ 或局部观测 $\boldsymbol{o} = (\boldsymbol{o}_1, \boldsymbol{o}_2, \cdots, \boldsymbol{o}_m)$，智能体 i 具有全局观念；回报 $G_t^i = R_{t+1}^i + \gamma R_{t+2}^i + \gamma^2 R_{t+3}^i + \cdots$ 是智能体 i 获得的，与其他智能体的回报无关；策略 π^i 是智能体 i 所遵循的，与其他智能体遵循的策略无关.

13.3.4 优势函数

对于多智能体强化学习，优势函数（advantage function）用于衡量某个动作相对于平均水平的优势或价值. 它表示在给定状态下采取某个动作相对于"状态价值"的波动价值.

具体定义上，优势函数可以表示为：

$$A_{\pi}(s,a)=Q_{\pi}(s,a)-V_{\pi}(s). \tag{13.34}$$

其中，$A_{\pi}(s,a)$ 是在联合状态 s 下采取联合动作 a 的优势函数；$Q_{\pi}(s,a)$ 是状态-动作对 (s, a)的集中式动作价值函数；$V_{\pi}(s)$ 是状态 s 的集中式状态价值函数.

优势函数的作用有：通过计算一个特定动作的优势函数，我们可以了解该动作与状态价值函数 $V(s)$的相对价值. 优势函数取正值表示该动作比平均水平更好，优势函数取负值表示该动作比平均水平更差. 优势函数是帮助智能体进行决策和策略改进的关键工具之一. 它可以用于评估不同策略或不同动作之间的差异，并帮助智能体选择更有利和更有效的动作.

13.3.5 动作评估函数

在多智能体强化学习中，动作评估函数（action evaluation function）用于评估智能体采取特定动作后所获得的即时奖励或动作效果. 它是根据当前状态和采取的动作来确定行动的价值.

具体定义上，**动作评估函数定义为**

$$q_{\pi}^{i}(s,a)=E[R_{t+1}^{i} \mid S_t=s, A_t=a]. \tag{13.35}$$

其中，$q_{\pi}^{i}(s,a)$ 是在给定状态 s 下采取动作 a 的动作评估函数，它表示智能体 i 在状态 s 采取动作 a 后所获得即时奖励的期望或动作效果.

动作评估函数提供了对不同动作在特定情况下的量化数值. 通过比较不同动作的奖励评估值，智能体 i 可以选择具有更优策略的动作.

13.3.6 最佳响应策略

最优策略由个体策略和其他智能体的策略共同决定. 在多智能体强化学习系统中，不能简单地定义“最优策略”. 然而，当其他智能体的策略被固定时，智能体 i 可以寻找最佳响应策略来最大化自己的状态价值.

定义 1　如果存在策略 $\pi_*^i \in \Pi^i$，对所有的状态 $s \in \mathcal{S}$ 和策略 $\pi^i \in \Pi^i$，成立

$$V_{\pi_*^i,\pi^{-i}}^{i}(s) \geqslant V_{\pi^i,\pi^{-i}}^{i}(s), \tag{13.36}$$

则称策略 π_*^i 是智能体 i 的相对于其他智能体的联合策略 π^{-i} 的最佳响应策略.

研究发现，当所有智能体同时学习时，最佳响应策略不是唯一的[29].

可以利用最佳响应策略这个概念来定义博弈论中最具影响力的概念——纳什均衡.

13.3.7 纳什均衡

定义 2　对每一个智能体 i，都有最佳响应策略 $\pi_*^i \in \Pi^i$ 和 $\pi_*^{-i} \in \Pi^i$，对所有的状态 $s \in \mathcal{S}$ 和策略 $\pi^i \in \Pi^i$，成立

$$V_{\pi_*^i,\pi_*^{-i}}^{i}(s) \geqslant V_{\pi^i,\pi_*^{-i}}^{i}(s), \tag{13.37}$$

则称 π_*^i 与 π_*^{-i} 组成的策略为纳什均衡策略，简称为纳什均衡(Nash equilibrium)，并记作

$$\boldsymbol{\pi}_{\text{Nash}} = (\pi_*^1, \pi_*^2, \cdots, \pi_*^m) . \tag{13.38}$$

纳什均衡，是指博弈中所有参与者都认为自己采取策略是最佳策略的一种稳定状态，其目的是达到个体策略相互制约的局部平衡. 在纳什均衡状态下，没有智能体可通过单方面改变策略来获得更多的利益（个体理性），也就是 $V^i_{\pi_*^i, \boldsymbol{\pi}_*^{-i}}(\boldsymbol{s})$ 达到了“最大值”. 然而，纳什均衡可能不是唯一的. 因此，帕累托非劣策略或最优策略更加实用[30].

13.3.8 帕累托(Pareto)非劣策略

(1) 策略支配

定义 3　称策略 $\boldsymbol{\pi}$ 帕累托支配策略 $\hat{\boldsymbol{\pi}}$，当且仅当

$$V^i_{\boldsymbol{\pi}}(\boldsymbol{s}) \geqslant V^i_{\hat{\boldsymbol{\pi}}}(\boldsymbol{s}) \tag{13.39}$$

对任意的 i 和任意的 $\boldsymbol{s} \in \mathcal{S}$ 成立，并且存在 j 和状态 $\boldsymbol{s}_0 \in \mathcal{S}$ 满足

$$V^j_{\boldsymbol{\pi}}(\boldsymbol{s}_0) > V^j_{\hat{\boldsymbol{\pi}}}(\boldsymbol{s}_0) . \tag{13.40}$$

(2) Pareto 非劣策略

定义 4　如果不存在支配 $\boldsymbol{\pi}_{\text{Pareto}}$ 的策略，则称策略 $\boldsymbol{\pi}_{\text{Pareto}}$ 是帕累托非劣策略(Pareto optimality)，也常称帕累托最优策略.

Pareto 非劣策略，是指在给定资源条件下，无法通过调整策略使至少一个智能体受益且无其他智能体受损的策略. 该策略追求整体福利最大化（集体理性），目的是使全局资源协调达成效率最优.

13.4 本章小结

(1) 研究问题的思路

从人类学习活动的现象——多个智能体协同合作或竞争——出发，分析了多智能体强化学习和单智能体强化学习的联系与区别，定义了多智能体强化学习系统中的状态、动作、奖励与回报、策略、价值函数和优势函数、纳什均衡和 Pareto 非劣策略等强化学习的基本概念.

介绍了多智能体强化学习的四种方案：独立式学习方案、集中式训练集中式执行方案、集中式训练分散式执行方案和分布式训练分散式执行方案.

(2) 释疑解惑

① 集中式训练由全局价值函数实现

将多个智能体面临的局部“环境”看作“一个整体环境”，输入的是各个智能体的状态 $\boldsymbol{s}^i(i=1,2,\cdots,m)$，由系统的价值函数 $Q(\boldsymbol{s},\boldsymbol{a})$或 $V(\boldsymbol{s})$统一处理.

② 分散式执行由各个智能体单独执行自己的策略

各个智能体都有自己的策略函数. 经过集中式训练后，各个智能体按照自己的策略函数独立决策.

③ Pareto 非劣策略可能有多个

Pareto 非劣策略未必是纳什均衡，纳什均衡不一定是 Pareto 非劣策略. Pareto 非劣策略不止是一组策略，可以是多个非劣策略的组合，使用中可以再加入人为的意愿. Pareto

非劣策略不一定是最优策略，但一定不是差策略，它是非劣或非差的策略.

(3) **学习与研究方法**

单智能体强化学习与多智能体强化学习

从数学角度看，是一维与多维的问题，是基础与提高的关系，是由简单到复杂的拓广与加深的过程. 通常，单智能体强化学习问题是一维的基础的问题，而多个智能体的强化学习问题是对一维问题的扩充与加深.

对于单智能体强化学习，定义了状态、动作、奖励与回报、策略、状态价值函数、动作价值函数等概念，这些概念可以引进到多智能体强化学习系统中. 但是，名称可能相同，记号可能相同，含义和作用却完全不同.

另外，在多智能体强化学习系统中，也会出现新的概念和理论. 例如，联合状态、联合动作、联合策略、集中式动作价值函数、纳什均衡和 Pareto 非劣策略等.

习 题 13

1. 网搜查阅：多智能体强化学习的基本概念与单智能体概念的区别.
2. 网搜查阅：怎样学好多智能体强化学习？
3. 网搜查阅：多智能体强化学习发展前景如何？

第14章 MAPPO 算法求解多智能体协作运送物体问题

传统的单个智能体强化学习算法无法有效应对多智能体环境中的协同或竞争学习场景，因此 OpenAI 团队在 2020 年提出了 **MAPPO 算法**（Multi-Agent PPO），可译作**多智能体 PPO 算法**，或者**多智能体近端策略优化算法**.

MAPPO 算法是对 PPO 算法的扩展，旨在通过引入共享奖励和自适应重要性权重来解决多智能体环境的强化学习问题. MAPPO 算法提供了一种针对多智能体系统的共同训练算法，它在多智能体协同控制、多智能体博弈、多智能体合作决策、社会机器人等领域都有很好的应用.

14.1 MAPPO 算法的基本思想

MAPPO 算法的基本思想是，将单智能体 PPO 算法扩展到多智能体环境，遵循 PPO 算法中的技巧——策略梯度裁剪、重要性权重、广义优势估计（GAE），通过引入共享奖励和自适应重要性权重以解决协同或竞争学习场景下的多智能体强化学习问题. MAPPO 算法可以解决连续状态空间及离散或连续动作空间的多智能体强化学习问题.

14.2 MAPPO 算法的实现

14.2.1 MAPPO 算法的应用条件

(1) 多智能体环境：MAPPO 算法适用于多智能体环境中的强化学习问题. 它可以处理多个智能体之间的协作或竞争，以实现集体目标的优化.

(2) 独立决策：MAPPO 算法假定每个智能体在决策时相互独立，其决策不受其他智能体影响.

(3) 集中式训练需获取全局状态信息，以优化策略和价值函数的联合学习. 分散执行时智能体仅依赖自身局部观测生成动作.

14.2.2 MAPPO 算法的伪代码

下面的 MAPPO 算法的伪代码参考了论文[31]. MAPPO 算法的**伪代码**如下：

MAPPO 算法估计策略 $\pi(\boldsymbol{a}^i \mid \boldsymbol{o}^i;\boldsymbol{\theta}^i) \approx \pi^*(\boldsymbol{a}^i \mid \boldsymbol{o}^i)$
初始化每个智能体的策略网络 $\pi(\boldsymbol{a}^i \mid \boldsymbol{o}^i;\boldsymbol{\theta}^i)$（即演员网络 Actor）及其参数和动作价值函数网络 $Q(\boldsymbol{s},\boldsymbol{a};\boldsymbol{w}^i)$（即评委网络 Critic）及其参数
初始化当前策略网络 $\pi(\boldsymbol{a}^i \mid \boldsymbol{o}^i;\boldsymbol{\theta}_k^i)$ 和动作价值函数目标网络 $\hat{Q}(\boldsymbol{s},\boldsymbol{a};\overline{\boldsymbol{w}}^i)$，复制参数 $\boldsymbol{\theta}_k^i \leftarrow \boldsymbol{\theta}^i$

和参数 $\bar{\boldsymbol{w}}^i \leftarrow \boldsymbol{w}^i$

初始化经验回放池 $\mathcal{D}$

for 回合 $e=1 \to E$ **do**

  初始化状态 $\boldsymbol{s}_0$

  for 时间步 $t=0 \to T-1$ **do**

    对于每一个智能体 i，根据当前策略网络选取动作 $\pi(\boldsymbol{a}_t^i \mid \boldsymbol{o}_t^i;\boldsymbol{\theta}_k^i)$

    获得奖励 r_{t+1} 和下一个状态 $\boldsymbol{s}_{t+1}$

  end for

  对每一个智能体 i，获得轨迹 $\tau^i=\{\boldsymbol{o}_t^i,\boldsymbol{a}_t^i,r_{t+1}^i,\boldsymbol{o}_{t+1}^i\}_{t=0}^T$

  计算目标网络 $\{\hat{Q}(\boldsymbol{o}_t,\boldsymbol{a}_t;\bar{\boldsymbol{w}}^i)\}_{t=1}^T$

  用 GAE 方法计算优势函数 $\{A^i(\boldsymbol{o}_t,\boldsymbol{a}_t)\}_{t=1}^T$

  把数据 $[\{\boldsymbol{o}_t^i,\boldsymbol{a}_t^i,\hat{Q}(\boldsymbol{o}_t,\boldsymbol{a}_t;\bar{\boldsymbol{w}}^i),A^i(\boldsymbol{o}_t,\boldsymbol{a}_t)\}_{i=1}^m]_{t=1}^T$ 存入经验回放池 $\mathcal{D}$ 中

  for $k=1,2,\cdots,K$

    随机打乱经验回放池的经验转换样本顺序

    for $j=0,1,2,\cdots,\dfrac{T}{B}-1$

    在经验回放池 $\mathcal{D}$ 中选择 B 组数据 D_j:

    $D_j=\{[\boldsymbol{o}_l^i,\boldsymbol{a}_l^i,\hat{Q}(\boldsymbol{o}_l,\boldsymbol{a}_l;\bar{\boldsymbol{w}}^i),A^i(\boldsymbol{o}_l,\boldsymbol{a}_l)]_{i=1}^m\}_{l=1+Bj}^{B(j+1)}$

      for $i=1,2,\cdots,m$

        计算 $\Delta\boldsymbol{\theta}^i=\dfrac{1}{B}\sum_{l=1}^{B}\{\nabla_{\theta^i} f(\dfrac{\pi^l(\boldsymbol{a}^i\mid\boldsymbol{o}^i;\boldsymbol{\theta}')}{\pi^l(\boldsymbol{a}^i\mid\boldsymbol{o}^i;\boldsymbol{\theta}_k)},A^i(\boldsymbol{o}_l,\boldsymbol{a}_l))\}$

        计算 $\Delta\boldsymbol{w}^i=\dfrac{1}{B}\sum_{l=1}^{B}\{\nabla_{w^i}\hat{Q}^i(\boldsymbol{o}_l,\boldsymbol{a}_l;\bar{\boldsymbol{w}}^i)-Q^i(\boldsymbol{o}_l,\boldsymbol{a}_l;\boldsymbol{w}^i)^2\}$

        利用 Adam 优化器和梯度 $\Delta\boldsymbol{\theta}^i$，通过梯度上升法更新参数 $\boldsymbol{\theta}^i$

        利用 Adam 优化器和梯度 $\Delta\boldsymbol{w}^i$，通过梯度下降法更新参数 $\boldsymbol{w}^i$

      end for

    end for

  end for

  每一个智能体 i，更新参数 $\boldsymbol{\theta}_k^i \leftarrow \boldsymbol{\theta}^i$ 和 $\bar{\boldsymbol{w}}^i \leftarrow \boldsymbol{w}^i$

  清空经验回放池 $\mathcal{D}$

end for

得到策略网络 $\pi^*(\boldsymbol{a}^i\mid\boldsymbol{o}^i;\boldsymbol{\theta}^i)$，进而得到智能体 i 的（近似）最优策略 $\pi^*(\boldsymbol{a}^i\mid\boldsymbol{o}^i)\ (i=1,2,\cdots,m)$

注意：关于梯度 $\Delta\boldsymbol{\theta}^i$ 计算问题：

$$f(\frac{\pi^l(\boldsymbol{a}^i\mid\boldsymbol{o}^i;\boldsymbol{\theta}')}{\pi^l(\boldsymbol{a}^i\mid\boldsymbol{o}^i;\boldsymbol{\theta}_k)},A_{\pi(\cdot|s;\theta_k)}(\boldsymbol{s},\boldsymbol{a}))=\min\{\frac{\pi(\cdot\mid\boldsymbol{o};\boldsymbol{\theta}')}{\pi(\cdot\mid\boldsymbol{o};\boldsymbol{\theta}_k)}A_{\pi(\cdot|s;\theta_k)}(\boldsymbol{s},\boldsymbol{a}),\mathrm{clip}[\frac{\pi(\cdot\mid\boldsymbol{o};\boldsymbol{\theta}')}{\pi(\cdot\mid\boldsymbol{o};\boldsymbol{\theta}_k)},1-\varepsilon,1+\varepsilon]A_{\pi(\cdot|\boldsymbol{s};\theta_k)}(\boldsymbol{s},\boldsymbol{a})\}.$$

14.2.3 MAPPO 算法的程序步骤

有关 MAPPO 算法的 MATLAB 自带函数程序步骤可以概括为以下几点：

(1) 创建环境：用 Simulink 工具建立模型，或者利用重置函数和单时间步设置函数建模；选定状态分量和动作分量个数；如用 Simulink 工具建模还需单独编写重置函数.

(2) 创建 2 个 PPO 智能体：与单智能体创建 PPO 智能体的过程可以不同，不必从基础的网络架构、可选参数、逼近器表示开始，可以利用默认的智能体命令直接创建 PPO 智能体. 本例用语句 rlAgentInitializationOptions(NumHiddenUnit= 200)设置隐含全连接层有 200 个节点. 特别要留意，2 个 PPO 智能体，除了名称 agentA 和 agentB 不同外，其余的网络结构和训练参数都是一样的.

(3) 训练 PPO 智能体：训练分为分散式训练和集中式训练. 在集中式训练中，要设置 AgentGroups={[1,2]}和 LearningStrategy="centralized"参数项. 在分散式训练中，要设置 AgentGroups="auto"和 LearningStrategy="decentralized"参数项.

(4) 测试预训练智能体：与单智能体测试语句 exp = sim(env,agent,simOptions)不同，多智能体测试要用语句 exp = sim(env,[agentA agentB],simOptions)，就是要将几个智能体都写进[agentA agentB]进行测试. 通过测试结果和数据，分析 2 个 PPO 智能体训练得是否合适，结果是否合理，还有哪些问题值得改进等.

(5) 结果分析、论文用图和性能指标：在测试“成功”的基础上，计算算法的性能指标、论文用图和论文用表数据等.

(6) 利用 MAPPO 算法求解实际问题：利用 MAPPO 算法的预训练智能体，对实际问题提供解决办法——“最优”策略.

14.2.4 MAPPO 算法的收敛性

由于 MAPPO 算法是一种比较新的算法，缺乏普适的理论分析. 然而，通过实验和实践验证，MAPPO 算法在多智能体强化学习问题中取得了良好的性能和稳定性.

(1) 实验结果：在多种协作或竞争问题中，如多智能体追逐、博弈等任务，MAPPO 算法已经取得了令人满意的结果，并展现出较好的收敛性和效果. 通过实验证据显示，MAPPO 算法在多智能体强化学习问题上表现优秀.

(2) 算法改进：随着时间推移和研究进展，研究人员不断改进和优化 MAPPO 算法，并提出了各种改进版本以提高其稳定性、收敛速度以及适用范围.

(3) 实践经验：在实际应用中许多研究者和开发者已经使用 MAPPO 算法取得了良好结果，并将其作为解决复杂多智能体问题的首选方法.

14.3 MAPPO 算法实例：求解多智能体协作运送物体问题

14.3.1 问题说明

在二维平面考虑两个智能体协同合作运送物体的问题.

建立平面直角坐标系，如图 14-1 所示.

在二维台面上，有 1 个半径为 8m 的圆——称为环境边界圆. 被运送的目标物体 C 的半径为 2m. 机器人 A 和机器人 B 分别用半径为 1m 的较小圆盘表示. 目标物体 C、机器人 A 和机器人 B 都有质量，并遵循牛顿运动定律. 此外，目标物体 C 和环境边界圆之间的接触力根据弹簧和质量阻尼器系统理论建模. 机器人通过碰撞来给目标物体 C 施加力. 机器人通过在 x 轴和 y 轴方向上施加作用力，推动目标物体 C 在台面上移动，目标物体 C 不作悬空移动，并且系统的总能量守恒. 两个机器人的任务是，在短时间内将目标物体 C 运送到环境边界圆外.

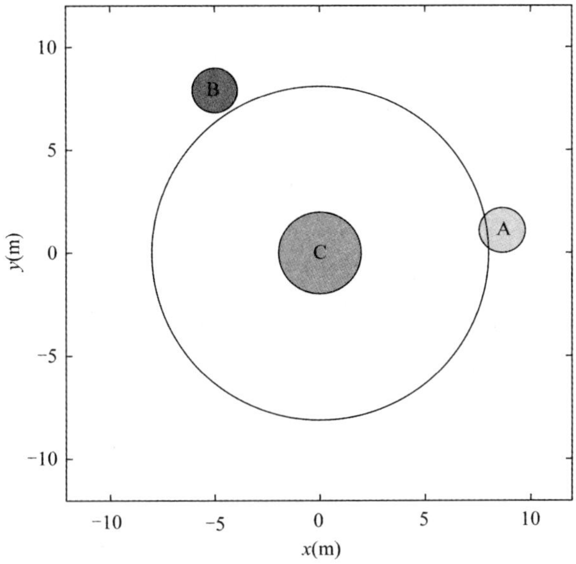

图 14-1　两个智能体协同合作运送物体问题及坐标系

在本例中，将机器人 A 和机器人 B 分别看作智能体 A 和智能体 B（虽然二者并不完全等同）. 因此，这个实例展示了如何在 Simulink 模型中设置多智能体的协同合作问题. 此例是训练两个 PPO 智能体彼此协作执行运送物体的任务[2].

问题技术参数说明：

(1) 在 x 轴和 y 轴方向上的范围从−12m 到 12m.

(2) 接触圆盘的刚度和阻尼值分别为 100N/m 和 0.1N·s/m.

(3) 观测数据包括机器人 A 和 B 及目标物体 C 的位置、速度以及上一时间步施加的动作值.

(4) 采样时间为 0.1s.

(5) 一个回合最长用时 60s，合 600 个时间步.

(6) 当目标物体 C 被全部移动到边界圆外时，该运送目标物体任务完成.

14.3.2　数学模型

(1) **状态**：本例有 16 个连续状态分量，即从环境中观测到的机器人 A 和 B 以及目标物体 C 的位置（含有 6 个分量）、速度（含有 6 个分量）以及上一时间步施加的动作值（含有 2+2 个分量）.

用向量 16×1 结构刻画状态. 两个 PPO 智能体的状态空间是[16,1]维度的连续状态空间，这是两个 PPO 智能体共同面临的状态空间，不是单个 PPO 智能体面临的状态空间.

(2) **动作**：机器人施加给目标物体 C 的力，细分为沿 x 轴和沿 y 轴方向上施加的作用力，动作值限于区间[−1,1]. 此例是有 2 个动作分量的连续动作空间，这是单个 PPO 智能体的动作空间，不是两个 PPO 智能体共同采用的动作空间.

(3) **奖励**：在每个时间步，两个 PPO 智能体将单独获得以下奖励：

$$r_{\text{global}} = 0.001d_{\text{C}}\text{，} \tag{14.1}$$

$$r_{\text{local,A}} = -0.005d_{\text{AC}} - 0.008u_{\text{A}}^2\text{，} \tag{14.2}$$

$$r_{\text{local,B}} = -0.005d_{\text{BC}} - 0.008u_{\text{B}}^2\text{，} \tag{14.3}$$

$$r_{\text{A}} = r_{\text{global}} + r_{\text{local,A}}\text{，} \tag{14.4}$$

$$r_{\text{B}} = r_{\text{global}} + r_{\text{local,B}}. \tag{14.5}$$

其中：

① 如式(14.1)所示，d_{C} 是物体 C 到台面中心(0,0)的距离. 这个距离越大，说明目标物体越接近或超出环境边界圆，进而团队奖励 r_{global} 越大. 换句话说，目标物体越接近或超出边界圆，两个 PPO 智能体共享的团队奖励 r_{global} 越大.

② 如式(14.2)和式(14.3)所示，d_{AC} 表示机器人 A 和目标物体 C 的距离，d_{BC} 表示机器人 B 和目标物体 C 的距离. 这个距离越近，智能体受到的惩罚越小. 换句话说，机器人 A 或机器人 B 与目标物体 C 越近越好.

③ 如式(14.2)和式(14.3)所示，u_{A} 和 u_{B} 分别是上一个时间步机器人 A 和机器人 B 施加给目标物体 C 的动作值. 这个动作值绝对值越小，智能体受到的惩罚越小. 换句话说，鼓励智能体施加绝对值较小的动作值，即机器人用尽可能小的力（实际是动作值的绝对值）来运送目标物体 C.

综合②和③所述，鼓励机器人 A 和机器人 B 接近目标物体 C，并用尽可能小的力来运送目标物体 C 到边界圆外.

④ 如式(14.4)和式(14.5)所示，r_{global} 表示团队奖励，$r_{\text{local,A}}$ 和 $r_{\text{local,B}}$ 分别是智能体 A 和智能体 B 受到的“负奖励”——惩罚. r_{A} 和 r_{B} 分别是智能体 A 和智能体 B 获得的奖励，它们是团队奖励 r_{global} 加上各自被惩罚的“奖励 $r_{\text{local,A}}$ ”和“奖励 $r_{\text{local,B}}$ ”. 换句话说，当目标物体 C 被推送到靠近或超出边界圆时，智能体 A 和智能体 B 都会得到这个更大的团队奖励；鼓励机器人 A 或机器人 B 接近目标物体 C，并施加绝对值较小的控制力，来运送目标物体 C 到边界圆外.

综上所述，此例奖励函数的作用是：鼓励机器人 A 或机器人 B 各自接近目标物体 C，并施加绝对值较小的控制力，彼此合作将目标物体 C 运送到边界圆外.

此例奖励函数的特点有：每个智能体共同享用团队奖励 r_{global}，同时还受到各自被惩罚的“奖励”—— $r_{\text{local,A}}$ 和 $r_{\text{local,B}}$.

(4) **状态转移概率**：本例没有用到状态转移概率.

(5) **折扣因子**：本程序取折扣因子 $\gamma = 0.99$，关注长期的奖励影响.

(6) **初始状态概率分布**：目标物体 C 位于中心(0,0)位置，随机产生机器人 A 和 B 的初始位置.

14.3.3 主程序代码

用 MATLAB 自带的 MAPPO 算法程序求解两个 PPO 智能体分别控制机器人 A 和机

器人 B 运送物体的协作问题.

集中式学习的程序代码有两条语句与下面的不同，详见函数 rlMultiAgentTraining Options 的语法及功能.

下面是分散式学习的 MAPPO 算法主程序代码:

```
//第 14 章/DRL14_1

%% 第 1 段：导入环境需要参数，打开 Simulink 模型，创建环境，重置函数
rng(0)
rlCollaborativeTaskParams; %导入环境需要参数
mdl = "rlCollaborativeTask";
open_system(mdl) %打开 Simulink 模型
numObs = 16; %状态分量个数
numAct = 2; %动作分量个数
maxF = 1.0; %施加力的最大值
oinfo = rlNumericSpec([numObs,1]);
%连续动作描述
ainfo = rlNumericSpec([numAct,1],UpperLimit= maxF,LowerLimit= -maxF);
oinfo.Name = "observations";
ainfo.Name = "forces";
blks = ["rlCollaborativeTask/Agent A", "rlCollaborativeTask/Agent B"];
obsInfos = {oinfo,oinfo};%两个智能体的观测信息组合在一起
actInfos = {ainfo,ainfo};%两个智能体的动作信息组合在一起
env = rlSimulinkEnv(mdl,blks,obsInfos,actInfos);
env.ResetFcn = @(in) resetRobots(in,RA,RB,RC,boundaryR); %重置函数

%% 第 2 段：创建 PPO 智能体
% 2.1  PPO 智能体选项参数的说明，见第 10 章程序
agentOptions = rlPPOAgentOptions(...
    ExperienceHorizon=600,...
    ClipFactor=0.2,...
    EntropyLossWeight=0.01,...
    MiniBatchSize=300,...
    NumEpoch=4,...
    AdvantageEstimateMethod="gae",...
    GAEFactor=0.95,...
    SampleTime=Ts,...
    DiscountFactor=0.99);
agentOptions.ActorOptimizerOptions.LearnRate  = 1e-4; %演员网络学习率
agentOptions.CriticOptimizerOptions.LearnRate = 1e-4; %评委网络学习率
agentA  =  rlPPOAgent(oinfo,  ainfo,rlAgentInitializationOptions(NumHiddenUnit=  200),
agentOptions);
agentB  =  rlPPOAgent(oinfo,  ainfo,rlAgentInitializationOptions(NumHiddenUnit=  200),
agentOptions); %使用默认的命令创建 PPO 智能体

%% 第 3 段：训练 PPO 智能体
trainOpts = rlMultiAgentTrainingOptions(...
    AgentGroups={[1,2]},... %设置智能体 1 和智能体 2 组成一个团队
```

```
    LearningStrategy="centralized",...%设置集中式训练
    MaxEpisodes=1000,...
    MaxStepsPerEpisode=600,...
    ScoreAveragingWindowLength=30,...
    StopTrainingCriteria="AverageReward",...
    StopTrainingValue=-10);
doTraining = false;
if doTraining
    centralizedTrainResults = train([agentA,agentB],env,trainOpts);
else
    load("centralizedAgents.mat");%导入预训练智能体数据文件
end

%% 第 4 段：模拟仿真
simOptions = rlSimulationOptions(MaxSteps=300);
exp = sim(env,[agentA agentB],simOptions);

%% 第 5 段：结果分析、论文用图和性能指标. 此处略.
```

主程序中部分函数功能和语法说明如下：

(1) **rlCollaborativeTaskParams**

- **功能**：导入运送物体任务的各种参数，包括圆盘物理量、阻尼系数、初始位置等.
- **输入变量**：无.
- **输出变量**：导入圆盘质量及其半径、圆盘阻尼系数、圆盘-圆盘接触刚度、圆盘-边界圆接触刚度、圆盘-边界圆接触阻尼、3 个圆盘物体的初始位置、采样时间和回合总时长、活动位置边界限制等.

(2) **env = rlSimulinkEnv(mdl,blks,obsInfos,actInfos)**

- **功能**：创建由 Simulink 工具建模的环境.
- **输入变量**

mdl：Simulink 模型.

blks：指定智能体的块路径.

obsInfos：与单个智能体语法不同，这里是两个智能体的观测信息，用 obsInfos = {oinfo,oinfo}，oinfo 是单个智能体的观测信息.

actInfos：这里是两个智能体的动作信息，用 actInfos = {ainfo,ainfo}，ainfo 是单个智能体的动作信息.

- **输出变量**

env：与单智能体语法不同. 现在包括 Simulink 名称、两个智能体块、重置函数名称等.

(3) **in = resetRobots(in,RA,RB,RC,boundaryR)**

- **功能**：重置 rlCollaborativeTask 模型环境的函数.
- **输入变量**

in：随机化初始位置等变量. 如 3 个圆盘物体的位置、速度、彼此之间的距离等变量.

RA：机器人 A 半径.

RB：机器人 B 半径.

RC：目标物体 C 半径.

boundaryR：边界圆半径.

● **输出变量**

in：训练和测试输入对象中的变量，以及训练和测试后的可视化功能.

(4) **trainOpts = rlMultiAgentTrainingOptions(...)**

● **功能**：创建多个智能体的训练可选参数.

● **输入变量**

AgentGroups="auto"：将每个智能体分配成一个单独的团队. 这里选用不同的属性，可以建立不同智能体个数的团队.

LearningStrategy="decentralized"：设置每个团队的学习策略. "decentralized"表示分散式学习——在程序中称为分散式训练，"centralized"表示集中式学习——在程序中称为集中式训练. 这个参数可以为不同的团队指定不同的学习策略.

其余输入变量：与单个智能体的函数 rlTrainingOptions 语法相同.

● **输出变量**

trainOpts：智能体的训练参数.

(5) **exp = sim(env,[agentA agentB],simOptions)**

● **功能**：仿真测试两个智能体 agentA, agentB.

● **输入变量**

env：环境变量.

[agentA agentB]：两个待测试的智能体及其名称.

simOptions：仿真测试参数.

● **输出变量**

exp：测试结果. 其中包括状态变量及其取值、动作标量及其取值、各个时间步的奖励值等.

14.3.4 程序分析

上述程序，按照功能划分，可以分为 5 个段落. 以下对部分程序进行分析.

(1) **环境设置**

这部分是创建环境，实现了对实例问题的完整描述. 如果想利用或改编这个程序求解自己的实际问题，需要自己利用 Simulink 工具建模 rlCollaborativeTask.slx 和改编 1 个自定义重置函数 resetRobots.m，再设置好状态分量个数和动作分量个数. 这一段程序是求解实际问题的关键工作，应引起读者高度重视.

(2) **创建 PPO 智能体**

这部分是创建演员网络 Actor、评委网络 Critic 和 PPO 智能体.

这部分的语句比较少，没有像前面的单智能体程序那样详细地设置网络架构、选项参数和超参数，而是用函数 rlAgentInitializationOptions 设置默认的智能体结构及其选项参数.

(3) **训练 PPO 智能体**

这部分是训练 PPO 智能体. 要注意有两种训练方式可以选择.

选择语句 AgentGroups={[1,2]},LearningStrategy="centralized"是执行“集中式训练方式”，AgentGroups={[1,2]}表示将智能体 1 和智能体 2 组成 1 个团队.

选择语句 AgentGroups="auto",LearningStrategy="decentralized"是执行“分散式训练方式”， AgentGroups="auto"表示每个智能体单独组成 1 个团队.

其他语句与 Q-Learning 算法几乎一样，详见第 2 章相关内容.

(4) 测试 PPO 智能体

这部分是验证 MAPPO 算法的训练结果. 留意 sim(env,[agentA agentB],simOptions)语句中的输入[agentA agentB]，其表示同时测试两个智能体 agentA 和 agentB.

其他语句与 Q-Learning 算法几乎一样，详见第 2 章相关内容.

14.3.5 程序结果解读

(1) 训练结果

采用集中式训练方式，训练 1000 个回合. 两个智能体 PPO 在各个回合得到的回报与平均回报如图 14-2 所示.

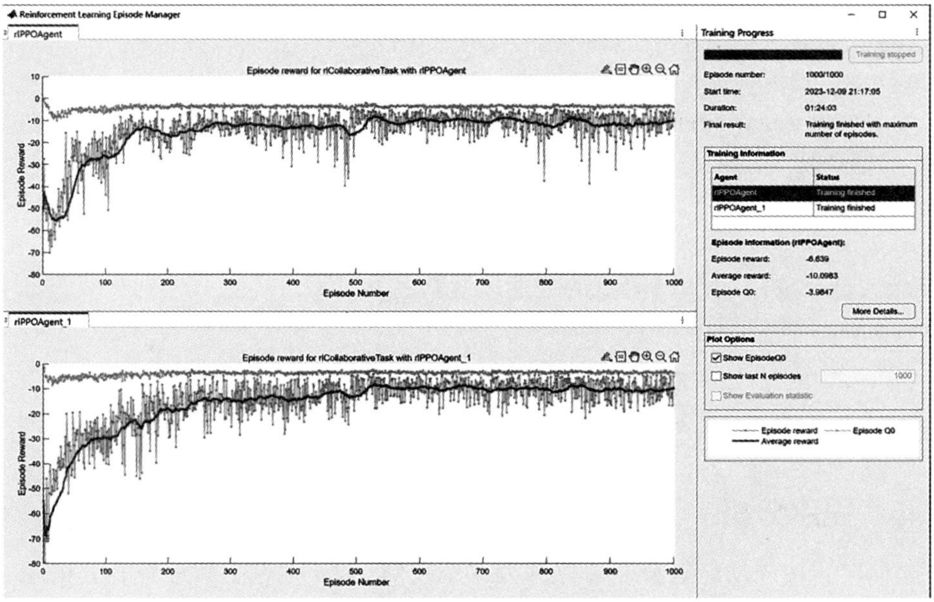

图 14-2　集中式训练 PPO 智能体的回报与平均回报

如图 14-2 上部的曲线所示，利用程序 DRL14-1 结果，智能体 A 的回报曲线（浅蓝色线）在 543 回合达到最大回报−4.5529，回报曲线有上下剧烈波动，但在 180 回合就接近最大回报，这说明这个算法程序“快速收敛”较好. 平均回报曲线（深蓝色线）在 180 合后逐渐平稳，说明这个算法程序“平稳收敛”也较好.

如图 14-2 下部的曲线所示，它们是智能体 B 的回报和平均回报曲线. 回报曲线（浅蓝色线）和平均回报曲线（深蓝色线）在 520 回合后，没有出现剧烈波动. 该现象表明，智能体 B 学习得比较稳定.

综上所述，这两个智能体在训练过程中，实现了“快速收敛”“平稳收敛”和“稳定收敛”. 智能体 B 的学习表现比智能体 A 还要好.

(2) **测试结果**

利用 MATLAB 提供的集中式预训练智能体数据，得到测试结果如图 14-3 所示.

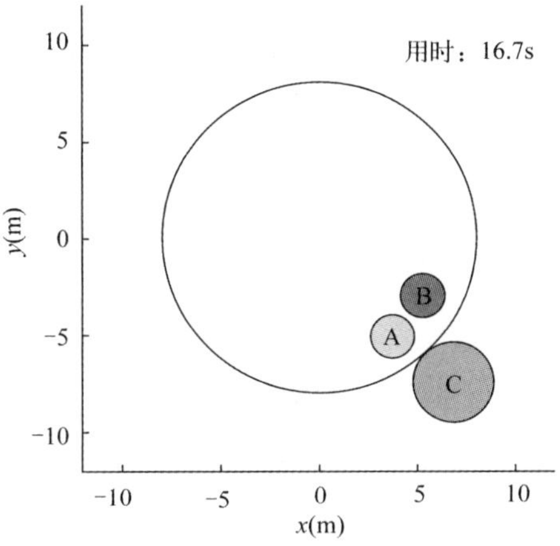

图 14-3　测试两个 PPO 智能体协作运送物体的结果

如前所述，两个智能体控制机器人的任务是，将目标物体 C 运送到边界圆外. 如图 14-3 所示，可以看出：两个 PPO 智能体成功地实施了有效的协作策略，在短时间内将目标物体 C 运送到边界圆外，整个过程用时 16.7s.

14.4　分散式训练与集中式训练对比分析

14.4.1　分散式与集中式训练程序组合方案

在多智能体训练可选参数设置命令 rlMultiAgentTrainingOptions 中，利用语句 Learning Strategy = "centralized"设置“集中式训练”——算法中称为“集中式学习”. 利用语句 LearningStrategy="decentralized"设置“分散式训练”——算法中称为“分散式学习”.

关于智能体组成团队，语句 AgentGroups="auto"表示每个智能体作为一个单独的团队. 语句 AgentGroups = {[1,2]}表示两个智能体 1 和 2 组成一个团队. 语句 AgentGroups = {1,2}或 AgentGroups = {[1],[2]}表示两个智能体 1 和 2 形成两个团队. 由此可见，语句 AgentGroups="auto"和语句 AgentGroups = {1,2}或 AgentGroups = {[1],[2]}功能是相同的.

综上所述，利用 LearningStrategy = "centralized"和 LearningStrategy="decentralized" 组合 AgentGroups="auto"和 AgentGroups = {[1,2]}及 AgentGroups = {1,2}，可以得到如下 6 个训练方案：

① Cen1Group 方案：利用 LearningStrategy = "centralized"和 AgentGroups = {[1,2]}，将 2 个智能体组成 1 个团队进行集中式训练. 见程序 DRL14_1MAPPOCen1Group.m.

② Cenauto 方案和 Cen2Group 方案：利用 LearningStrategy = "centralized"和 AgentGroups="auto"或者 AgentGroups = {1,2}，就是将 2 个智能体分成 2 个团队进行集中式训练. 显然，这样的方案不符合“集中式训练”程序的要求. 程序 DRL14_2Cenauto.m 和 DRL14_3Cen2Group.m 不能正常运行.

③ Dec1Group 方案：利用 LearningStrategy="decentralized"和 AgentGroups = {[1,2]}，

将 2 个智能体组成 1 个团队进行分散式训练. 见程序 DRL14_4Dec1Group.m.

④ Decauto 方案：利用 LearningStrategy="decentralized"和 AgentGroups ="auto"，将每个智能体当作 1 个团队进行分散式训练. 见程序 DRL14_5Decauto.m.

⑤ Dec2Group 方案：利用 LearningStrategy="decentralized"和 AgentGroups = {1,2}，将 2 个智能体分成 2 个团队进行分散式训练. 见程序 DRL14_6Dec2Groups.m.

在上面 6 个方案中，可行的方案有 4 个：Cen1Group, Dec1Group, Decauto, Dec2Group. 实际上，方案 Decauto 与 Dec1Group 及 Dec2Group 结果也是相同的，详见图 14-4. 这样，就剩下 2 个不同的训练方案 Cen1Group, Dec2Group，即一个是集中式（1 个团队）训练方案 Cen1Group，另一个是分散式（2 个团队）训练方案 Dec2Group.

14.4.2 不同训练方案的训练进程对比分析

(1) 训练方案的 2 个智能体各自获得平均回报情况

2 个智能体控制的机器人协同合作运送物体，合作之间是否会出现“不合作者”呢？如图 14-4 所示，可以得到如下结论：

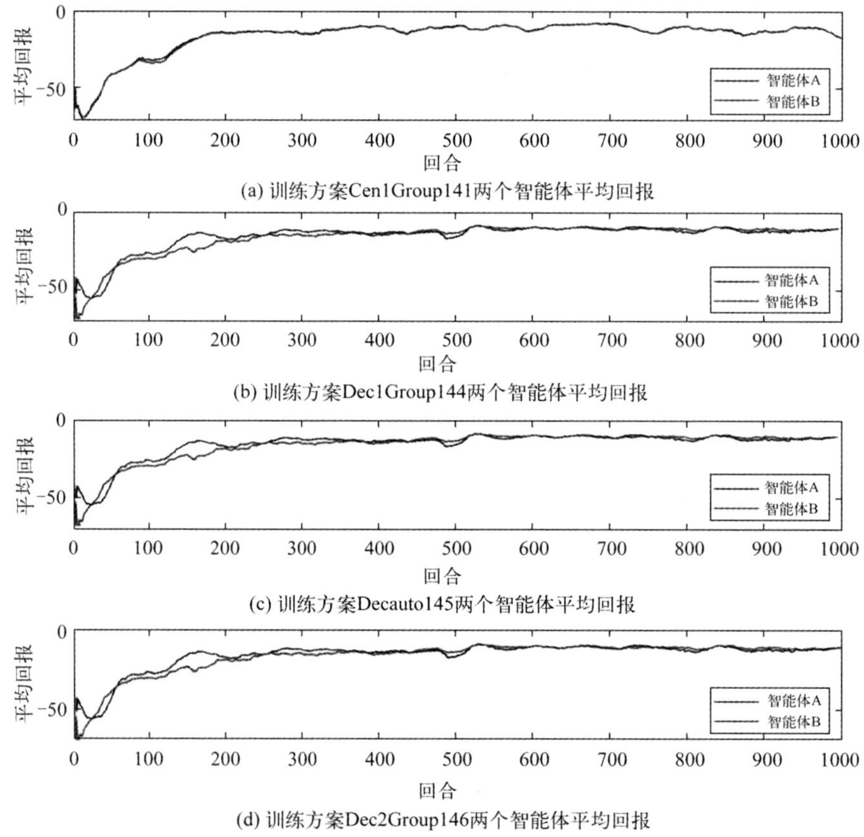

图 14-4　训练 2 个智能体各自平均回报及其对比

① 分散式训练的 2 个智能体组成团队结构不影响训练结果. 对于分散式训练，方案 Dec1group144 中取 AgentGroups = {[1,2]}，即将 2 个智能体组成 1 个团队. 方案 Decauto145 中取 AgentGroups="auto"，即将每个智能体分别当作 1 个团队. 方案 Dec2group146 中取

AgentGroups = {1,2}，即将 2 个智能体各自当作 1 个团队. 这 3 个方案的结果是相同的，如图 14-4(b)~ (d)和图 14-5 所示. 后续只以方案 Dec2group146 为代表来分析讨论.

② 2 个智能体彼此间协同合作没有出现"不合作者". 在集中式训练方案 Cen1Group 141 中，2 个智能体的学习行为几乎没有差异，只是在 100 步时 2 条曲线略有差异，如图 14-4(a)所示. 如图 14-4(b)~ (d)所示，2 个智能体彼此间协同合作没有出现显著差异. 这说明智能体间没有出现"不合作者".

(2) 4 个训练方案的 2 个智能体获得平均回报和的情况

如上分析，可以得到 4 个训练方案. 这 4 个训练方案各自有哪些优缺点?

我们取各个方案包含的 2 个智能体获得的平均回报和来分析. 这里，

方案平均回报和 = 智能体 A 的平均回报+智能体 B 的平均回报.

可以分析出，方案平均回报和可以反映训练方案的整体变化情况. 如图 14-5 所示，2 条曲线刻画了 4 个训练方案. 其中，方案 Dec1group144、Decauto145 和 Dec2group146 的结果相同.

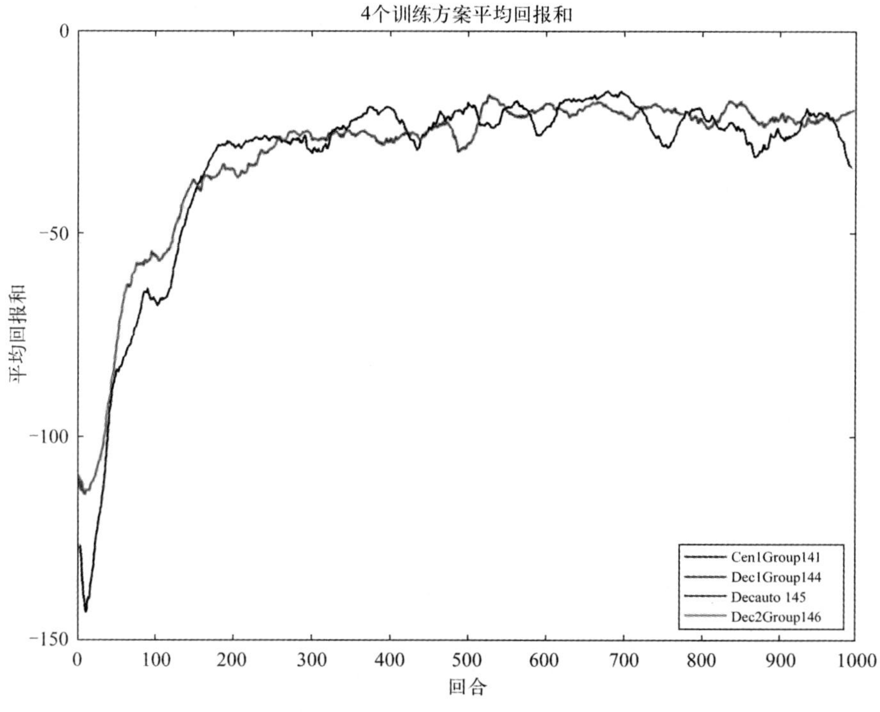

图 14-5　4 个训练方案的平均回报和对比

蓝色曲线表示方案 Cen1Group141，即把 2 个智能体当作 1 个团队，采用集中式训练方案训练. 该算法的收敛速度比较快，然后曲线继续平稳上升，出现较多段的上下波动. 可见，方案 Cen1Group141 的收敛速度较快但稳定性欠佳. 是否训练过度，仍需继续训练以待观察.

绿色曲线（盖住了红色曲线和黑色曲线）表示方案 Dec2group146，即把每个智能体分别组成 1 个团队，用分散式训练方案训练智能体. 该算法的收敛速度也比较快，曲线呈现不断上升趋势. 可见，方案 Dec2group146 的收敛速度较快且比较稳定.

综上所述，可以看出：方案 Dec2group146 的训练结果略好于方案 Cen1Group141.

(3) 2 个不同训练方案的回报及其收敛稳定性

表 14-1 是关于回报的数值指标，分析训练方案的稳定性——或说算法程序的稳定性更加合理、灵敏.

表 14-1　2 个不同训练方案的回报性能指标

	回报均值和(2 个智能体的回报均值)	回报标准差和(2 个智能体的回报标准差)
Cen1Group141	−31.26(−15.57, −15.68)	23.44(11.70,11.75)
Dec2group146	−29.75(−14.57, −15.18)	20.76(10.26, 10.50)

首先，计算各个智能体的回报.

其次，计算 2 个智能体的回报均值和标准差，详见括号内数据.

再次，对回报均值和标准差再求和，得到如表 14-1 所示的括号外数据.

分析表 14-1 所示的性能指标，得到如下结论：

① 2 个智能体 A, B 获得回报没有显著差异，即没有智能体呈现突出表现. 从括号内的“2 个智能体的回报均值”和“2 个智能体的回报标准差”数值相近即得该结论.

② 分散式训练方案 Dec2group146 总体效果略好（因为回报均值和−29.75 比较大），且更稳定（因为回报标准差 20.76 比较小）. 这与上面的定性分析结论“方案 Dec2group146 的训练结果略好于方案 Cen1Group141”是一致的.

14.4.3　MAPPO 算法仿真结果对比分析

利用训练数据，得到如上分析的训练结果——方案 Dec2group146 的训练结果略好于方案 Cen1Group141. 训练的目的在于仿真测试和实际应用. 仿真测试的结果如何呢？

14.4.3.1　仿真测试程序及其语法

下面是测试两个训练方案的子函数 DRL14_2 代码：

```
//第 14 章/ DRL14_2
function [timesim,Rewardsum] = CeshiAgentXingneng(env,agents,numSimEpi)

maxsteps = 600;%回合时间步总数
simOptions = rlSimulationOptions(MaxSteps=maxsteps);
for iSim =1:numSimEpi
    expaa = sim(env,agents,simOptions);
    Rewardsum(iSim) = sum(expaa(1).Reward) + sum(expaa(2).Reward);%累计奖励
    timesim(iSim) = 0.1*length(expaa(1).Reward.Data);%回合终止用时
end
```

其中，主函数的功能及用法说明如下：

[timesim,Rewardsum] = CeshiAgentXingneng(env,agents,numSimEpi)

- **功能**：计算预训练智能体的仿真测试结果数值指标.
- **输入变量**

env：环境变量.

agents：两个待测试的智能体及其名称.

numSimEpi：仿真测试的回合总数.

- **输出变量**

timesim：回合终止所用时间.

Rewardsum：两个智能体的累计奖励之和.

14.4.3.2 两个训练方案的最终仿真结果

图 14-6 显示的是 2 个不同方案仿真测试智能体协同合作运送物体各个回合所用的时间及累计奖励和.

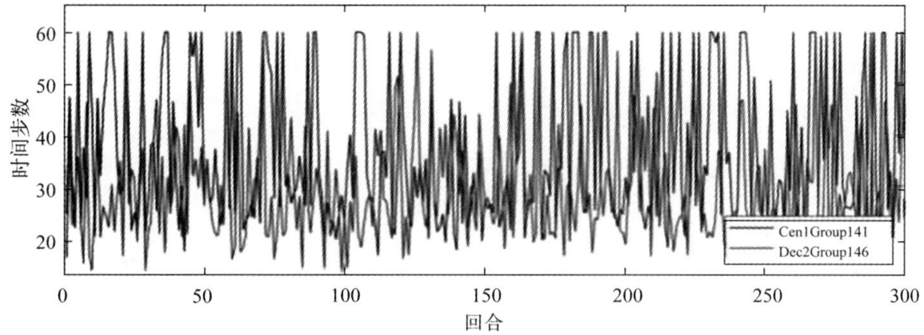

(a) 2个方案协作运送物体所用时间

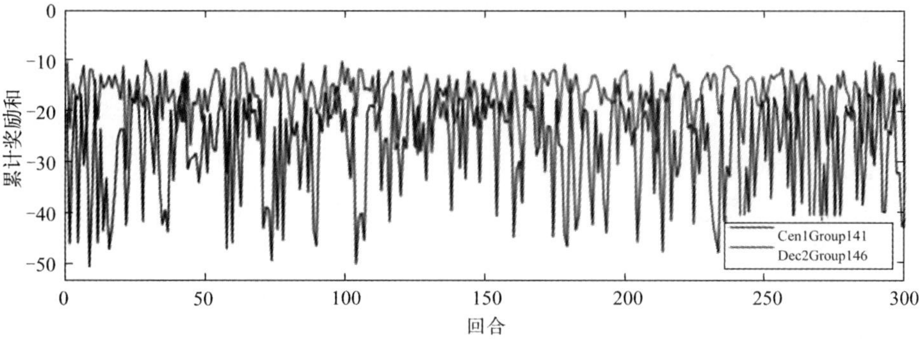

(b) 2个方案智能体协作运送物体累计奖励和

图 14-6 测试智能体回报用时及其累计奖励和

累计奖励和的计算公式是：

累计奖励和 = 智能体 A 的累计奖励和+智能体 B 的累计奖励和.

可见，累计奖励和的大小，可以刻画训练方案的仿真测试效果.

如图 14-6 所示，得到如下结论：

(1) 方案 Dec2group146 回合用时短且稳定. 这是因为，如图 14-6 和表 14-2 所示，测试方案 Dec2group146 平均用时 29.54s，最短用时 13.40s，累计奖励和的标准差 5.22 远远小于方案 Cen1Group141.在测试的 300 个回合中，经过计算，得到方案 Dec2Group146 运送成功用时最短时间：13.4s，运送成功率 97.67%.

(2) 方案 Cen1Group141 回合用时较大且稳定性欠佳，值得进一步调参改进. 如图 14-6 和表 14-2 所示，测试方案 Cen1Group141 平均用时 37.05s，最短用时 15.10s，累计奖励和的标准差 10.86 远远大于方案 Dec2group146. 在测试的 300 个回合中，经过计算，得到方案 Cen1Group141 运送成功用时最短时间：15.10s，运送成功率 77.33%.

表 14-2 2 个不同训练方案的仿真测试性能指标

训练方案	时间步均值	时间步标准差	时间步最小值	累计奖励和均值	累计奖励和标准差	累计奖励和最小值
Cen1Group141	37.05	14.98	15.10	−28.13	10.86	−53.44
Dec2group146	29.54	10.49	13.40	−17.32	5.22	−37.33

(3) 方案 Dec2group146 结果显著好于方案 Cen1Group141.

虽然在训练阶段得到结论"方案 Dec2group146 的训练结果略好于方案 Cen1Group141". 但是，通过分析图 14-6 和表 14-2 以及最短时间及运送成功率，可以得到结论：方案 Dec2group146 的仿真测试结果显著好于方案 Cen1Group141.

14.4.3.3 统计学方法"证明"方案有无显著差异

利用图 14-6 可以定性地"看出"方案之间是否存在差异，利用表 14-2 可以定量地"分析"方案之间是否存在差异. 若为学术研究和论文写作，应该"证明"方案之间是否存在差异. 常用的检验方法有方差分析（analysis of variance, ANOVA）法和 Friedman 检验法以及秩和检验法.

(1) 方差分析作为一种常用的统计方法，常用于两个及两个以上样本均数差别的显著性检验，能够分析不同因素对数据变异的影响，并确定哪些因素对数据的变异具有显著影响. 理论上，方差分析要求待检验的数据样本服从正态分布.

通过画出训练数据和仿真测试数据的直方图或者进行正态性检验，可知训练数据和测试数据不服从正态分布. 因此，方差分析方法不适用于检验方案 Cen1Group141 与方案 Dec2group146 是否有显著差异.

(2) Friedman 检验法，是利用秩实现对多个总体分布是否存在显著差异的非参数检验方法. 它不依赖于总体分布的具体形式，应用时可以不考虑被研究对象为何种分布以及分布是否已知，因而实用性较强. MATLAB 软件的 Friedman 函数可以检验矩阵 X 的各列是否来自相同的总体.

MATLAB 软件关于 Friedman 函数的语法是：

[p,table,stats]=friedman(x)

- **功能**：检验矩阵 x 各列数据是否来自相同的总体.
- **输入变量**

x：数据矩阵，各列对应 1 个检验因素.

- **输出变量**

p：当检验的 p 值小于给定的显著性水平时，应拒绝原假设（即原假设认为 x 各列数据来自相同的总体）.

table：元胞数组形式的方差分析表 table.

stats：结构体变量 stats，用于进行后续的多重比较.

(3) 利用 Friedman 检验法检验方案 Dec2group146 与方案 Cen1Group141 是否有显著差异.

建立假设：H_0：两列数据样本的总体分布无显著差异（即方案 Dec2group146 与 Cen1Group141 无显著差异）；H_1：两列数据样本的总体分布存在差异（即方案 Dec2group146 与 Cen1Group141 存在差异）.

① 利用训练阶段平均回报和数据进行检验

将方案 Cen1Group141 与方案 Dec2group146 的平均回报和数据写成 1000×2 矩阵 x. 执行命令[p,table,stats]=friedman(x)，得到 p=0.1946 和图 14-7. 可知 $p > 0.05$，应该接受原假设 H_0，也就是认为两列数据样本的总体分布没有显著差异. 换句话说，方案 Cen1Group141 与方案 Dec2group146 间没有显著差异. 这与由图 14-5 得到的定性结论“方案 Dec2group146 的训练结果略好于方案 Cen1Group141” 并不一样.

Friedman ANOVA 表

来源	ss	df	MS	卡方	p 值(卡方)
列	0.84	1	0.8405	1.68	0.1946
误差	498.659	999	0.49916		
合计	499.5	1999			

检验去除行效应之后的列效应

图 14-7 训练阶段回报平均和数据进行 Friedman 检验

② 利用仿真测试阶段回合用时数据检验

将方案 Cen1Group141 与方案 Dec2group146 在仿真测试阶段的回合用时数据写成 300×2 矩阵 y. 执行命令[p,table,stats]=friedman(y)，得到 p=8.923e-08（图 14-8）. 可知 $p < 0.05$，应该拒绝原假设 H_0，也就是认为两列数据样本的总体分布有显著差异. 换句话说，方案 Cen1Group141 与方案 Dec2group146 间有显著差异.

Friedman ANOVA 表

来源	ss	df	MS	卡方	p 值(卡方)
列	14.107	1	14.1067	28.59	8.92309e-08
误差	133.893	299	0.4478		
合计	148	599			

检验去除行效应之后的列效应

图 14-8 仿真测试阶段回合用时数据进行 Friedman 检验

综合上面①与②的分析，得到结论：方案 Dec2group146 的训练结果与方案 Cen1Group141 无显著差异，但仿真测试结果显著好于方案 Cen1Group141. 换句话说，此例中，分散式训练好于集中式训练.

14.5 MAPPO 算法的优缺点及算法扩展

14.5.1 MAPPO 算法的优缺点

MAPPO 算法具有以下优点：

(1) 分散式学习：MAPPO 算法通过将多个智能体视为独立学习的个体，通过分散式学习的方式进行优化. 这使得算法具有更好的可扩展性和并行化能力，适用于大规模多智能体系统.

(2) 协同学习：MAPPO 算法通过引入全局网络和奖励共享机制，促使智能体之间协同合作. 这可以在团队博弈中实现更好的合作性能，并平衡协作与竞争之间的关系.

(3) 稳定性：MAPPO 算法基于 PPO 算法进行扩展，这使得算法具有较好的收敛性和稳定性，提高了训练效果和策略表现.

(4) 强大的应用领域：由于 MAPPO 算法适用于多智能体问题，并且具备模型无关性——不需要模型的动力学特性，它可以应用于各种复杂的实际场景中，如机器人控制、物理仿真、金融投资等.

然而, MAPPO 算法也存在一些缺点：

(1) 学习复杂度高：MAPPO 算法中涉及多个智能体的联合训练，该联合训练可能会增加学习的复杂性和计算开销，并可能导致训练时间增加.

(2) 超参数敏感性：MAPPO 算法具有一些需要调节的超参数，如学习率、截断参数等. 需要仔细调整这些超参数以确保算法的稳定性和收敛性.

尽管有这些缺点，但 MAPPO 算法在多智能体强化学习问题中表现出色，并在实践中获得广泛的应用.

14.5.2 模型扩展

两个 PPO 智能体协同合作运送物体问题的特征：已知两个相同的智能体——PPO 智能体，已知 16 个状态分量的多智能体共用的连续状态空间，已知 2 个动作分量的单智能体连续动作空间，已知各时间步的奖励规则，无需状态转移概率，设置折扣系数 γ，实现多个智能体的协同合作策略. 这是两个 PPO 智能体协同合作运送物体到一定位置的模型.

以下是 8 个与利用 MAPPO 算法求解两个同质智能体协作运送物体到一定位置问题相似的实际案例：

(1) 自动化仓库物流调度：使用 MAPPO 算法对多个机器人进行调度和协作，以实现高效的仓库内物流运输和货物搬运任务.

(2) 协同机器人搬运：利用 MAPPO 算法对多个机器人进行协同搬运重物，以实现高效且安全的工业生产线上的物料搬运.

(3) 多机器人探索任务：通过 MAPPO 算法进行多智能体之间的合作，以完成复杂环境中的任务，如地图勘测、灾害救援等.

(4) 多无人机航拍调度：使用 MAPPO 算法对多架无人机进行航拍路径规划与调度，以实现高效、协同航拍操作.

(5) 具有协同决策能力的自动驾驶车辆：通过 MAPPO 算法优化自动驾驶车辆在道路上的行为决策和交通规划，实现安全、高效且合乎道路交通规则的行驶.

(6) 多智能体团队协作游戏：利用 MAPPO 算法对多个智能体进行协作，以合作完成游戏任务，如团队合作、球队比赛等.

(7) 集群机器人集体行动：通过 MAPPO 算法对一组机器人进行集体行动的规划和优化，以实现群体任务，如物品收集、环境清理等.

(8) 多机器人足球比赛：利用 MAPPO 算法优化多个智能体在足球比赛中的协作和决策，实现团队合作、进攻和防守等战术.

这些问题都涉及多智能体之间的协作与竞争，可以通过应用 MAPPO 算法来学习最佳策略. 利用 MAPPO 算法，可以在这些场景中实现智能体之间的有效沟通与合作，并达到更高效、安全或有组织性的目标.

14.5.3 算法扩展

以下是几个与 MAPPO 算法功能相似的算法：

① MADDPG（multi-agent DDPG）：MADDPG 算法是对 DDPG 算法的扩展，专门用于解决高精度的多智能体协同决策问题. 它通过 DDPG 智能体和经验共享来实现智能体之间的协作学习.

② COMA（counterfactual multi-agent policy gradients）：COMA 算法采用反事实基线（counterfactual baseline）方法来解决信用分配问题，利用反事实的思维来推断每个智能体对整体任务的完成有多大的贡献. 它通过估计对手行为策略改善策略梯度估计，以提高学习效果.

③ QMIX（Q-function decomposition for multi-agent Reinforcement Learning）：QMIX 算法通过对每个智能体的 Q 值进行分解，实现多智能体系统中全局优化和局部优化之间的平衡.

14.6 本章小结

(1) MAPPO 算法的原理

① 理论支撑：MAPPO 算法是对 PPO 算法的扩展，MAPPO 算法的理论支撑分析，参见第 10.3.4 节.

② 核心公式：MAPPO 算法的核心公式是 PPO 算法的式(10.14)，这个公式，既明确了目标函数更新的参数 $\boldsymbol{\theta}'$及截断 clip 运算，又确保了算法的稳定性能.

③ 突出特性

- 多智能体独立决策：MAPPO 假设每个智能体在决策时相互独立，即每个智能体只考虑自身的状态和动作选择.
- PPO 优化：MAPPO 使用 PPO 算法作为基础优化方法，通过近端策略优化技术控制每次更新时的参数变化范围.
- 共享奖励函数：通过独立策略更新、共享奖励和自适应重要性权重来解决多智能体环境中的协同或竞争学习问题.

(2) 研究问题的思路

MAPPO 算法是对 PPO 算法的扩展，通过引入共享奖励和重要性权重来适应多智能体环境. 通过共享奖励，每个智能体的奖励会受到其他智能体的影响，从而引入了协同或竞争的因素. 此外，重要性权重可以调整策略网络 $\pi(\boldsymbol{a}^i \mid \boldsymbol{o}^i;\boldsymbol{\theta}')$ 的重要性，使其在学习过程中具有更好的平衡性.

(3) 释疑解惑

① 共享奖励

设置奖励函数，其中包括智能体自身因素获得的奖励以及智能体“联合”因素得到的奖励. 这个奖励函数用于指导各个智能体的学习，这就是“共享奖励”.

② 协同合作

协同合作是通过共享奖励函数来实现的.由于奖励函数共享，且奖励函数中设置了智能体“联合”动作的奖励，进而奖励函数指导智能体协同合作完成强化学习任务.

(4) 学习与研究方法

PPO 算法把重要性权重和截断技巧应用到求解优化目标函数表达式中，它已成为强化学习领域中常用且有效的算法之一. 文献[31]导出了优化目标的有关理论和分散式执行策略所需的策略梯度. 将导出的策略梯度用于 MAPPO 算法. 在 MAPPO 中，全局信息用于训练每个智能体，各个智能体各自执行自己的策略. 仿真结果表明，MAPPO 算法好于 HetNet 系统中的现有方法.

习题 14

1. 针对两个 PPO 智能体协同合作运送物体的问题：

(1) 改编程序，将边界圆半径由现在的 8m 改成 16m，增加运送的路途长度，以分析算法的鲁棒性；

(2) 改编程序，将目标物体运送到边界圆正上方的位置，实现定点运送任务，以分析算法的鲁棒性；

(3) 改编程序，在边界圆内设置一段障碍墙，仍要求将目标物体 C 运送到边界圆外，以分析算法的鲁棒性.

2. 程序 DRL14_1 有什么特点？怎样利用这个程序求解自己的实际问题？

3. 对于上述的两个 PPO 智能体协同合作运送物体的问题，分别利用程序 DRL14_1 和另外提供的集中式训练程序 DRL14_5 求解. 将所得结果进行联系对比分析，用性能指标评价两个算法程序的优劣，并检验两个算法程序的结果是否有显著差异.

4. 改编程序 DRL14_6 求解第 16 章的车辆路径跟踪协同控制问题，并与程序 DRL16_1 的结果进行联系对比分析，用性能指标说明各自的优劣，并检验两个算法程序的结果是否有显著差异.

5. 多机器人协作作业：使用 MAPPO 算法来让多个机器人在一个任务中进行协同操作，如协同搬运、合作装配等. 每个机器人可以根据局部感知和通信来优化其策略，以实现整体的高效协同.

6. 多智能体对弈游戏：MAPPO 算法可以应用于解决多智能体之间的对弈游戏，如围棋、象棋等. 每个智能体学习自己的策略，并通过与其他智能体进行对抗学习来提高整体对弈水平.

7. 多车辆交通流优化：使用 MAPPO 算法来优化城市道路中的多车辆交通流. 每辆车通过学习适当的行为策略，并与其他车辆之间进行交互，在保证自身目标达成的同时提高整体交通效率.

第15章 IPPO算法与MAPPO算法求解协作竞争探索区域问题

IPPO **算法**（independent PPO），可译作**独立 PPO 算法**，或者**独立近端策略优化算法**. 它由 Christian Schroeder de Witt、Tarun Gupta、Denys Makoviichuk 等人于 2020 年在论文 *Is Independent Learning All You Need in the StarCraft Multi-Agent Challenge?* 中提出[32]. 它是对单智能体 PPO 算法的扩展，旨在通过引入共享奖励来解决多智能体环境的强化学习问题.

在本章中，将利用 IPPO 算法与 MAPPO 算法及其自带函数求解 3 个智能体协作竞争探索区域问题，此例是连续状态空间及离散动作空间的多智能体强化学习问题.

15.1 IPPO算法的基本思想

IPPO 算法的基本思想是，将单智能体 PPO 算法扩展到多智能体环境，遵循 PPO 算法中的技巧——策略梯度裁剪、重要性权重、广义优势估计，对每个智能体使用单智能体算法 PPO 进行训练，通过引入共享奖励以解决多智能体强化学习问题.

15.2 IPPO算法的实现

15.2.1 IPPO算法的应用条件

(1) 多智能体环境：IPPO 算法适用于多智能体环境中的强化学习问题. 它可以处理多个智能体之间的协作或竞争，以实现集体目标的优化.

(2) 独立的智能体：IPPO 算法适用于多个独立运行的智能体，每个智能体都有自己的价值函数和执行策略.

(3) 奖励函数：需要定义明确的奖励函数，以便智能体根据奖励函数来更新下一个状态和采取动作.

15.2.2 IPPO算法的伪代码

具有截断处理的 IPPO 算法估计策略 $\pi^*(\boldsymbol{a}^i \mid \boldsymbol{o}^i;\boldsymbol{\theta}^i) \approx \pi^*(\boldsymbol{a}^i \mid \boldsymbol{o}^i)$

对于 m 个智能体，为每个智能体初始化各自的策略网络以及价值函数网络
for 回合 $e = 1 \to E$ **do**
　　所有智能体在环境中交互分别获得各自的一条轨迹数据
　　对每个智能体，基于当前的价值函数用 GAE 计算优势函数的估计值

对每个智能体，通过最大化其 PPO 截断的目标来更新策略网络参数

对每个智能体，通过均方误差损失函数优化其价值函数

end for

得到策略网络 $\pi^*(\boldsymbol{a}^i \mid \boldsymbol{o}^i;\boldsymbol{\theta}^i)$，进而得到智能体 i 的（近似）最优策略 $\pi^*(\boldsymbol{a}^i \mid \boldsymbol{o}^i)\ (i=1,2,\cdots,m)$

15.2.3 IPPO 算法的程序步骤

有关 IPPO 算法的多智能体竞争型的 MATLAB 程序步骤可以概括为以下几步：

(1) 创建环境：用 Simulink 工具建立模型，或者利用重置函数和单时间步设置函数建立环境. 在协作竞争探索区域例程中，设置障碍物位置和 3 个机器人初始位置，设置多智能体共用的状态空间的矩阵结构，设置单智能体的动作分量个数及其离散动作空间，用 Simulink 工具建模 rlAreaCoverage.slx 并调用重置函数 resetMap.m. 这部分语句功能，全面创建了实际问题的环境.

(2) 创建 3 个同质的 PPO 智能体：与第 14 章创建两个 PPO 智能体略有不同，此例涉及图像输入层和多个卷积层以及处理离散动作的激活函数层 softmaxLayer，应引起读者注意.

(3) 训练 PPO 智能体：此例与第 14 章不同，没有采取分散式训练和集中式训练，而是直接采用独立式训练 PPO 智能体.

(4) 测试预训练智能体：与单智能体测试语句 exp = sim(env,agent,simOptions)形式上相同.

(5) 结果分析、论文用图和性能指标：在测试 100 个回合的基础上，计算算法的性能指标、论文用表数据等.

(6) 训练方案对比分析：可以对比分析独立 PPO 智能体、1 个团队集中式训练、1 个团队分散式训练、3 个团队分散式训练、默认 auto 分散式训练等方案. 具体结果见表 15-1.

(7) 利用策略网络求解实际问题：利用 IPPO 算法的预训练智能体，对实际问题提供解决办法——协作竞争策略.

15.2.4 IPPO 算法的收敛性

IPPO 算法的收敛性，可以参考 PPO 算法的收敛性分析，参见第 10.3.4 节.

15.3 IPPO 算法实例：求解多智能体协作竞争探索区域问题

15.3.1 问题说明

此示例演示了多智能体协作竞争的问题，其中训练了三个近端策略优化（PPO）智能体来探索网格环境中的所有区域.

本示例中的环境是一个包含障碍物的 12×12 网格，未探索的单元网格标记为白色，障碍物标记为黑色. 红色、绿色和蓝色圆圈代表环境中的三个机器人，采取离散动作的三个近端策略优化智能体分别控制这三个机器人[2]. 如图 15-1 所示.

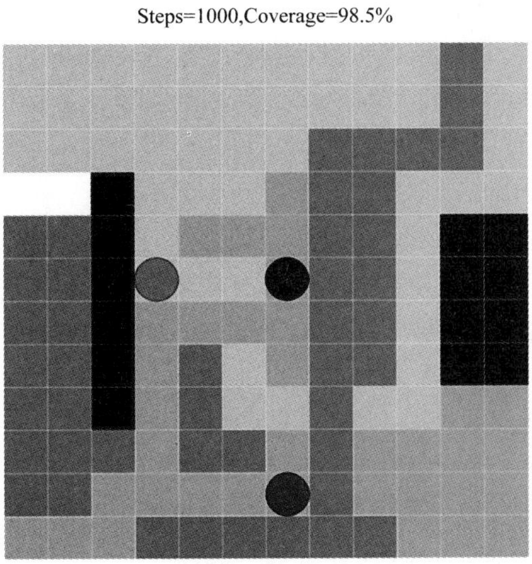

图 15-1　3 个智能体协作竞争探索区域问题模型

智能体向其各自的机器人提供五种可能的移动动作（如等待、上移、下移、左移或右移）中的一个动作，动作分为合法或者非法. 例如，当机器人位于环境的左边界时，向左移动的动作被视为非法. 同样，与环境中的障碍物和其他机器人碰撞的行为也是非法行为，并会受到处罚. 总体目标是，三个机器人尽快探索完区域内所有的方格（除障碍物之外的网格）.

问题技术参数说明：

对于网格环境：

(1) 探索区域是一个 12×12 的带有障碍物的网格；

(2) 每个智能体的观测结果都是 12×12×4 的矩阵；

(3) 动作空间是五个离散动作的集合（WAIT = 0，UP = 1，DOWN = 2，LEFT = 3，RIGHT = 4）；

(4) 当探索完全部网格（共 12×12-14=130 个）或达到最大步数（设定为 1000 步）时，该回合终止；

(5) 采样时间为 0.1s；

(6) 一个回合最长用时 100s.

15.3.2 数学模型

(1) **状态**：智能体通过一组四个图像来观测环境状态. 这些图像包括可识别出有障碍物的方格（共有 12×12 个）、被控制的机器人的当前位置（共 1 个图像）、其他机器人的位置（共 2 个图像）以及该回合期间已探查到的方格（共 1 个图像）. 因此，构成结构为 12×12×4 的状态空间，本例取连续状态分量.

状态空间的维度是[12,12,4]. 这是三个 PPO 智能体共同面临的状态空间，不是单个 PPO 智能体面临的状态空间.

(2) **动作**：用 WAIT = 0 表示机器人原地等待，用 UP = 1 表示机器人向上移动一格，用 DOWN = 2 表示机器人向下移动一格，其他 LEFT = 3 和 RIGHT = 4 的含义类推. 此例程是有 5 个动作的维度是[1,1]的离散动作空间{0,1,2,3,4}.这是单个 PPO 智能体的动作空间，不是三个 PPO 智能体共同采用的动作空间.

(3) **奖励**： PPO 智能体将获得以下奖励.

① 机器人移动到先前未探索的网格（即白色网格）奖励+1.实际上，这份奖励是鼓励智能体尽可能多地探索“新发现”的网格.

② 非法动作奖励-0.5. 例如，机器人试图移出区域边界或与其他机器人和障碍物发生碰撞. 此份奖励指导智能体不要发生相互碰撞，不要与障碍物发生碰撞，不要试图移出区域边界. 此份奖励体现了“协作”——彼此不要碰撞.

③ 每移动一个网格奖励-0.05，这可以看作机器人移动的付出成本——如用电损耗、摩擦损耗等. 这份奖励指导机器人尽量少走路，以降低损耗.

④ 不移动奖励-0.1，表示对机器人懒惰行为的惩罚. 此份奖励体现了“竞争”——多次主动且积极参与探索.

⑤ 对于每个回合，如果某个机器人探索完成全部区域，则每个智能体分别奖励 200. 这份奖励比较大，也体现了智能体之间的“协作”——协作探索全部区域.

在本例程中，机器人探索到先前未探索的单元（即白色网格）奖励+1 和每移动一个网格奖励-0.05 联合计算. 也就是，探索到先前未探索的单元实际得到奖励 1-0.05=0.95. 对于探索完成全部区域的情形，最先探索完成全部区域的智能体，得到 200+1-0.05=200.95. 而另外的两个智能体，得到奖励 200-0.05=199.95. 这里，-0.05 是机器人移动一个网格的奖励.

综上所述，此例程奖励函数的作用是：鼓励机器人 A、机器人 B 和机器人 C 用较少的移动来探索更多的网格，彼此协作不发生碰撞，三个机器人尽可能地竞争探索到全部的网格.

(4) **状态转移概率**：此例没有用到状态转移概率.

(5) **折扣因子**：本程序取折扣因子 $\gamma = 0.995$，关注长期的奖励影响.

(6) **初始状态概率分布**：初始状态是 3 个机器人的起点. 机器人 A, B 和 C 的初始位置——回合起点服从均匀分布随机产生.

15.3.3 主程序代码

用 MATLAB 自带的程序求解 3 个 PPO 智能体分别控制机器人 A、机器人 B 和机器人 C 协作竞争探索区域问题. 下面是主程序代码：

```
    //第 15 章/DRL15_1

    %% 第 1 段：导入需要参数，打开 Simulink 模型，创建环境，重置函数
    % 1.1 障碍物位置
    obsMat = [4 3; 5 3; 6 3; 7 3; 8 3; 9 3; 5 11; 6 11; 7 11; 8 11; 5 12;
6 12; 7 12; 8 12];
    % 1.2 初始化 3 个机器人位置
    sA0 = [2 2];
```

```
    sB0 = [11 4];
    sC0 = [3 12];
    s0 = [sA0; sB0; sC0];
    % 1.3 采样时间和回合最大时间步数 1000
    Ts = 0.1;
    Tf = 100;
    maxsteps = ceil(Tf/Ts);
    % 1.4 打开 Simulink 模型 rlAreaCoverage
    mdl = "rlAreaCoverage";
    open_system(mdl)
    % 1.5 定义 3 个智能体的共享观测信息矩阵
    obsSize = [12 12 4];
    oinfo = rlNumericSpec(obsSize)
    oinfo.Name = 'observations';
    % 1.6 定义单智能体的动作信息
    numAct = 5;
    actionSpace = {0,1,2,3,4};
    ainfo = rlFiniteSetSpec(actionSpace);
    ainfo.Name = 'actions';
    % 1.7 创建环境
    %指定智能体的块路径
    blks = mdl + ["/Agent A (Red)","/Agent B (Green)","/Agent C (Blue)"];
    env = rlSimulinkEnv(mdl,blks,{oinfo,oinfo,oinfo},{ainfo,ainfo,ainfo});
    % 1.8 重置函数
    env.ResetFcn = @(in) resetMap(in, obsMat);

    %% 第 2 段：创建 3 个 PPO 智能体
    rng(0)
    for idx = 1:3
        % 2.1 创建 Actor 网络
        actorNetWork = [
            imageInputLayer(obsSize,'Normalization','none','Name','observations')
            convolution2dLayer(8,16,'Name','conv1','Stride',1,'Padding',1,
'WeightsInitializer','he')
            reluLayer('Name','relu1')
            convolution2dLayer(4,8,'Name','conv2','Stride',1,'Padding','same',
'WeightsInitializer','he')
            reluLayer('Name','relu2')
            fullyConnectedLayer(256,'Name','fc1','WeightsInitializer','he')
            reluLayer('Name','relu3')
            fullyConnectedLayer(128,'Name','fc2','WeightsInitializer','he')
            reluLayer('Name','relu4')
            fullyConnectedLayer(64,'Name','fc3','WeightsInitializer','he')
            reluLayer('Name','relu5')
            fullyConnectedLayer(numAct,'Name','output')
            softmaxLayer('Name','action')];%输出采取这五个动作中每一个的概率 π (a|s)

        % 2.2 创建 Critic 网络
```

```
        criticNetwork = [
            imageInputLayer(obsSize,'Normalization','none','Name','observations')
            convolution2dLayer(8,16,'Name','conv1','Stride',1,'Padding',1,
'WeightsInitializer','he')
            reluLayer('Name','relu1')
            convolution2dLayer(4,8,'Name','conv2','Stride',1,'Padding','same',
'WeightsInitializer','he')
            reluLayer('Name','relu2')
            fullyConnectedLayer(256,'Name','fc1','WeightsInitializer','he')
            reluLayer('Name','relu3')
            fullyConnectedLayer(128,'Name','fc2','WeightsInitializer','he')
            reluLayer('Name','relu4')
            fullyConnectedLayer(64,'Name','fc3','WeightsInitializer','he')
            reluLayer('Name','relu5')
            %Critic 网络输出对状态值 V(s)的标量预测值
            fullyConnectedLayer(1,'Name','output')];

        % 2.3 选定 Actor 网络和 Critic 网络的表示选项参数
        actorOpts = rlRepresentationOptions('LearnRate',1e-4,'Gradient
Threshold',1);
        criticOpts = rlRepresentationOptions('LearnRate',1e-4,'Gradient
Threshold',1);

        % 2.4 创建 3 个同质的 Actor 网络和 Critic 网络
        actor(idx) = rlStochasticActorRepresentation(actorNetWork,oinfo,
ainfo,...'Observation',{'observations'},actorOpts);
        critic(idx) = rlValueRepresentation(criticNetwork,oinfo,...'Observation',
{'observations'},criticOpts);
    end

    % 2.5 选定 PPO 智能体可选参数
    opt = rlPPOAgentOptions(...
        'ExperienceHorizon',128,...
        'ClipFactor',0.2,...
        'EntropyLossWeight',0.01,...
        'MiniBatchSize',64,...
        'NumEpoch',3,...
        'AdvantageEstimateMethod','gae',...
        'GAEFactor',0.95,...
        'SampleTime',Ts,...
        'DiscountFactor',0.995);
    % 2.6 创建 3 个智能体 A,B,C
    agentA = rlPPOAgent(actor(1),critic(1),opt);
    agentB = rlPPOAgent(actor(2),critic(2),opt);
    agentC = rlPPOAgent(actor(3),critic(3),opt);
    agents = [agentA,agentB,agentC];

    %% 第 3 段：训练 PPO 智能体
```

```
% 3.1 选定训练单 PPO 智能体可选参数，此程序未用多智能体的可选参数
trainOpts = rlTrainingOptions(...
    'MaxEpisodes',1000,...
    'MaxStepsPerEpisode',maxsteps,...
    'Plots','training-progress',...
    'ScoreAveragingWindowLength',100,...
    'StopTrainingCriteria','AverageReward',...
    'StopTrainingValue',80);

% 3.2 训练智能体
doTraining = false;
if doTraining
    stats = train(agents,env,trainOpts);
else
    load('rlAreaCoverageAgents_Zidai.mat');
end

%% 第 4 段：测试智能体
rng(0)
simOpts = rlSimulationOptions('MaxSteps',maxsteps);
experience = sim(env,agents,simOpts);
```

主程序中部分函数功能和语法说明如下：

(1) env = rlSimulinkEnv(mdl,blks,{oinfo,oinfo,oinfo},{ainfo,ainfo,ainfo})

- **功能**：创建由 Simulink 工具建模的环境.
- **输入变量**

mdl：Simulink 模型 mdl = "rlAreaCoverage".

blks：Simulink 模型包含的智能体块的路径.

{oinfo,oinfo,oinfo}：与单个智能体语法不同，本例程是 3 个智能体，用 obsInfos = {oinfo,oinfo,oinfo}，oinfo 是单个智能体的观测信息.

{ainfo,ainfo,ainfo}：3 个智能体用{ainfo,ainfo,ainfo}，ainfo 是单个智能体的动作信息.

- **输出变量**

env：与单智能体语法不同. 现在包括 Simulink 名称、3 个智能体块、重置函数名称等.

(2) n = resetMap(in,obsMat)

- **功能**：重置 resetMap 环境函数.
- **输入变量**

in：模型名称、初始状态、模型参数等变量.

obsMat：障碍物位置.

- **输出变量**

in：初始化状态，以及训练和测试用的可视化功能.

15.3.4 程序分析

上述程序，按照功能划分，可以分为 4 个段落：

(1) **环境设置**

这部分是创建环境，用于实现对实例问题的完整描述. 如果想利用或改编这个程序求解自己的实际问题，需要利用 Simulink 工具建模和改编自定义重置函数，再设置状态分量个数和动作分量个数. 这一段程序是求解实际问题的关键工作，应引起读者高度重视.

(2) **创建 PPO 智能体**

这部分是创建演员网络 Actor、评委网络 Critic 和 PPO 智能体.

首先，创建 3 个演员网络 actor(i)(i=1,2,3). 演员网络 actor(i)(i=1,2,3)的输入层用语句：imageInputLayer(obsSize,'Normalization','none','Name','observations'). 它是图像输入层 imageInputLayer，输入的是状态 obsSize，状态结构是 12×12×4. 演员网络 actor(i)(i=1,2,3)的输出层及其激活函数层用语句：fullyConnectedLayer(numAct,'Name','output')和 softmax Layer('Name','action'). 这说明，最后全连接层 fullyConnectedLayer 有节点 numAct=5 个，经过激活函数 softmaxLayer 运算后，得到 numAct=5 个动作的离散型随机变量的概率分布 softmax.

演员网络 actor(i)(i=1,2,3)除了输入层和最后输出层及激活函数层外，还包括 2 个 2 维的卷积层 convolution2dLayer、3 个全连接层 fullyConnectedLayer、5 个激活函数层 reluLayer. 由此可见，演员网络 actor(i)(i=1,2,3)的结构还是比较复杂的.

此例中，演员网络 actor(i)(i=1,2,3)是采取随机性策略 rlStochasticActorRepresentation.

其次，创建 3 个评委网络 critic(i)(i=1,2,3). 评委网络 critic(i)(i=1,2,3)的输入层所用语句与演员网络一致：它是图像输入层 imageInputLayer，输入的是状态 obsSize，状态结构是 12×12×4. 评委网络 critic(i)(i=1,2,3)的输出层所用语句与演员网络略有差别：最后全连接层是 fullyConnectedLayer(1,'Name','output')，没有激活函数层 softmaxLayer('Name', 'action'). 并且，最后全连接层的节点数是 1，而不是演员网络的 5. "节点数是 1" 的含义是，对于输入的每一个状态 obsSize，经过评委网络 critic(i)(i=1,2,3)，输出是这个状态的状态价值函数 $V(\boldsymbol{s})$值的估计值.

除评委网络的最后全连接层的节点数不同和没有激活函数层 softmaxLayer 外，评委网络 critic(i)(i=1,2,3)的结构与演员网络 actor(i)(i=1,2,3)相同.

此例评委网络 critic(i)（i=1,2,3)是对状态价值函数 $V(\boldsymbol{s})$的估计 rlValueRepresentation，而不是用函数 rlQValueFunction 表示对动作价值函数 $Q(\boldsymbol{s},\boldsymbol{a})$的估计.

特别留意，除了名称 agentA, agentB 和 agentC 不同外，3 个 PPO 智能体的网络结构和初始可选参数都是一样的. 这样的智能体称为**同质智能体**.

(3) **训练 PPO 智能体**

MATLAB 源程序是用函数 trainOpts = rlTrainingOptions('MaxEpisodes',1000,...)设置训练参数. 第 14 章是用函数 trainOpts = rlMultiAgentTrainingOptions(AgentGroups = {[1,2]}, LearningStrategy = "centralized",MaxEpisodes = 1000,...)设置训练参数. 这两个命令 rlTraining Options 和 rlMultiAgentTrainingOptions 的功能差别，应引起读者的特别关注.

其他语句与 Q-Learning 算法几乎一样，详见第 2 章相关内容.

(4) **测试 PPO 智能体**

多智能体测试要用语句 exp = sim(env,[agentA agentB agentC],simOptions)，就是要将几个智能体都写进[agentA agentB agentC]进行测试. 或者多智能体测试用语句 exp = sim(env, agents,simOptions)，其中 agents = [agentA agentB agentC]进行测试.

通过所得测试结果和数据，可以分析 3 个 PPO 智能体训练得是否合适，结果是否合理，还有哪些问题值得改进等.

其他语句与 Q-Learning 算法几乎一样，详见第 2 章相关内容.

15.3.5 程序结果解读

(1) **训练结果**

运行程序 DRL15_1 训练 1000 个回合，得到 3 个智能体的回报与平均回报，如图 15-2 所示.

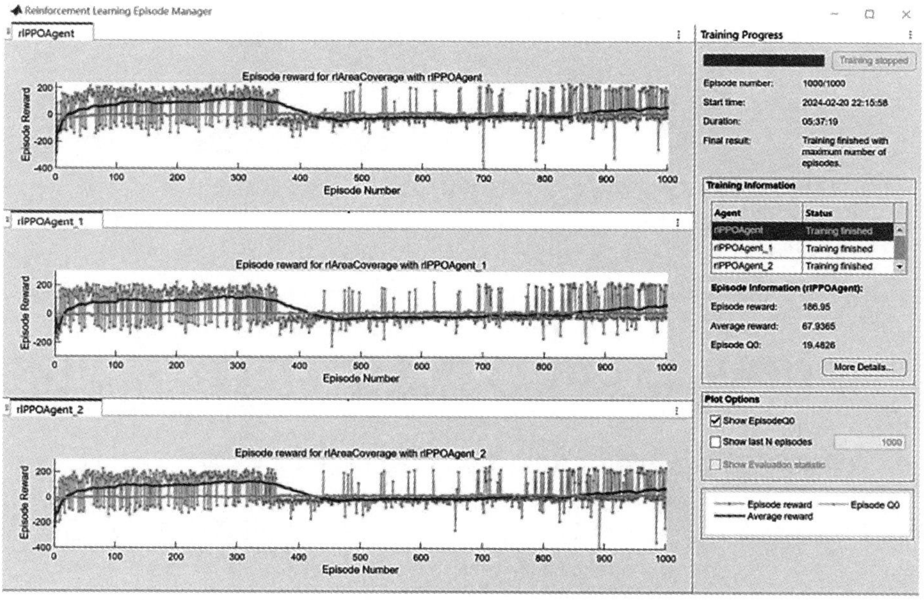

图 15-2 训练 3 个 PPO 智能体的回报与平均回报

如图 15-2 上部曲线所示，智能体 A 的回报曲线在 858 回合达到最大回报 240.45，回报曲线在 60 回合就接近于最大回报值，说明这个算法程序“快速收敛”较好. 但是，回报曲线上下波动频繁且波幅较大，这说明算法程序“收敛稳定性”欠佳. 平均回报曲线（深蓝色线）在 278 回合达到最大值 122.51，然后逐渐平稳，说明这个算法程序“平稳收敛”较好.

综合分析如图 15-2 上部曲线所示的回报曲线与平均回报曲线，得到结论：利用程序 DRL15_1 训练智能体 A，算法程序实现了“快速收敛”和“平稳收敛”，但“稳定收敛性”欠佳.

图 15-2 中部曲线所示的是智能体 B 的回报和平均回报曲线.

图 15-2 下部曲线所示的是智能体 C 的回报和平均回报曲线.

综上所述，在训练 3 个智能体过程中，算法程序实现了“快速收敛”“平稳收敛”但

“稳定收敛性”欠佳；3 个智能体的学习表现难分优劣.

(2) **测试结果**

测试 1 个回合，测试结果如图 15-3 所示.

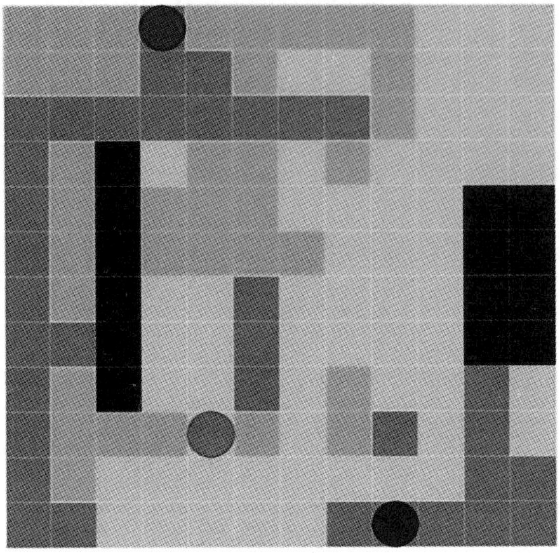

图 15-3　测试 3 个 PPO 智能体协作竞争探索的结果

可以看出：3 个 PPO 智能体成功地实施了有效的协作竞争策略，在短时间内（时间步是 597）将全部区域（除障碍物外）探索完成，整个过程用时 0.1×597=59.7s.

15.4　IPPO 与 MAPPO 算法程序及其结果对比分析

15.4.1　IPPO 算法程序与 MAPPO 算法程序差别

在 MATLAB 软件自带的程序 DRL15_1 中，可选参数采用训练单 PPO 智能体的命令 rlTrainingOptions. 这是将 3 个智能体作为独立的智能体进行训练. 这个训练方案，简记为 IPPO151. 其中，IPPO 表示采用 IPPO 算法，151 是第 15 章的程序序号.

在第 14 章程序 DRL14_1 中，训练可选参数设置命令与上面程序不同，而是采用 rlMultiAgentTrainingOptions. 可以设置集中式训练，也可以设置分散式训练.

作为联系对比的学习方法，我们可以将程序 DRL15_1 改编成实现集中式训练的程序——DRL15_3，也可以改编成实现分散式训练的程序——DRL15_7.

因此，可行的训练方案有 3 个：IPPO151, Cen1Group153, Dec3Group157. 换句话说，一个是独立式训练方案 IPPO151，一个是集中式训练方案 Cen1Group153，另一个是分散式训练方案 Dec3Group157.

15.4.2　5 个训练方案的训练进程对比分析

(1) 智能体获得的平均回报情况

3 个智能体控制的机器人协作竞争探索区域，竞争之间是否会出现竞争优胜者或者竞争失败者呢？借助于图 15-4 可以分析这类问题.

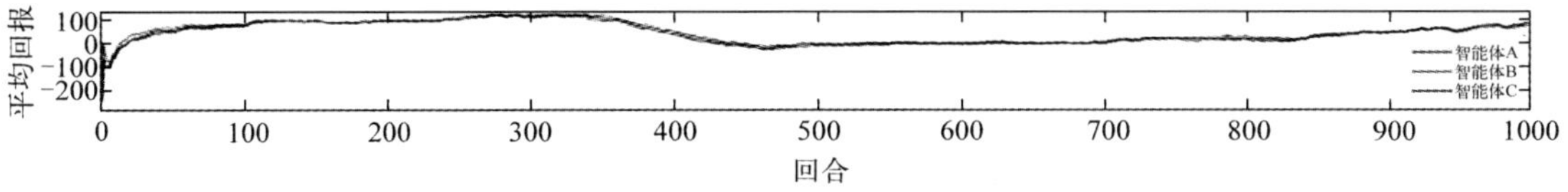

(a) 训练方案IPPO151三个智能体平均回报

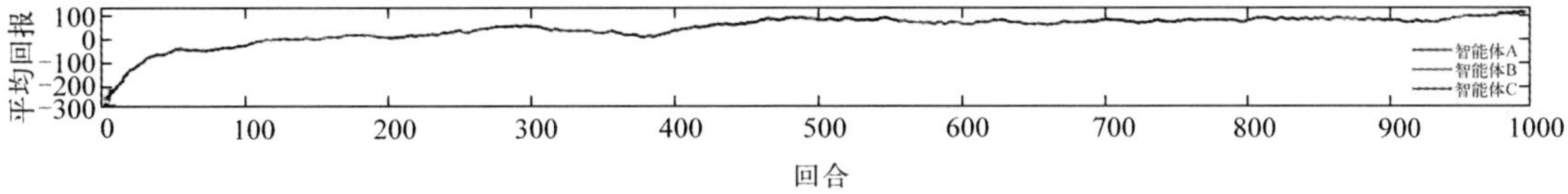

(b) 训练方案Cen1Group153三个智能体平均回报

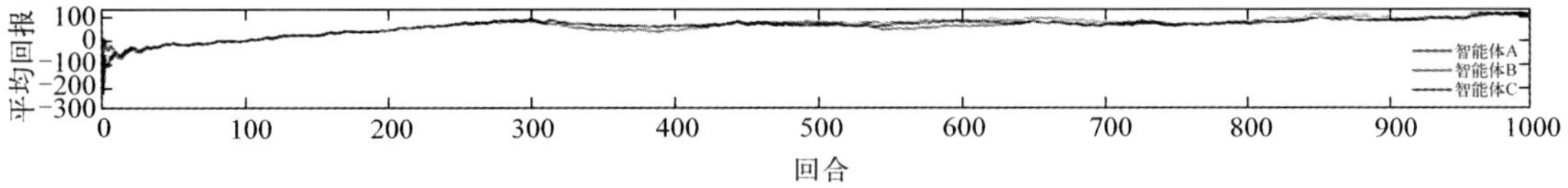

(c) 训练方案Decauto155三个智能体平均回报

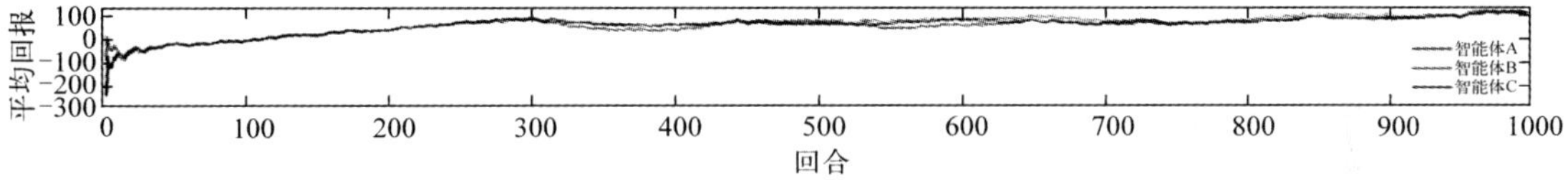

(d) 训练方案Dec1group156三个智能体平均回报

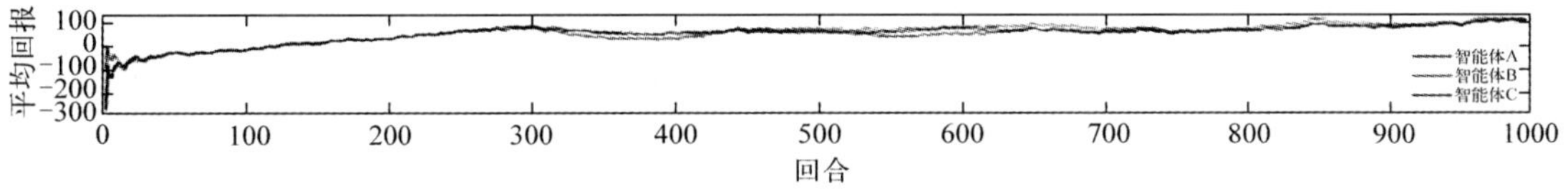

(e) 训练方案Dec3group157三个智能体平均回报

图 15-4　训练 3 个智能体的平均回报及其对比

如图 15-4 所示，可以得到如下结论：

① 分散式训练的 3 个智能体组成的团队结构不影响训练结果. 对于分散式训练，方案 Decauto155 中取 AgentGroups="auto"，即将每个智能体分别看作 1 个团队. 方案 Dec1group156 中取 AgentGroups = {[1,2,3]}，即将 3 个智能体组成 1 个团队. 方案 Dec3group157 中取 AgentGroups = {1,2,3}，即将 3 个智能体各自看作 1 个团队. 这 3 个方案的结果是相同的，如图 15-4(c)~(e)所示. 后续只以方案 Dec3group157 为代表来分析讨论.

② 3 个智能体彼此间协作竞争没有出现竞争优胜者或者竞争失败者. 在集中式训练方案 Cen1Group153 中，3 个智能体的学习行为几乎没有差异，只是在最开始时 3 条曲线略有差异，如图 15-4(b)所示. 如图 15-4(a)(b)(e)所示，3 个智能体彼此间协作竞争没有出现显著差异，这说明没有出现竞争优胜者或者竞争失败者.

(2) 各方案的平均回报和

如上分析，可以得到 5 个训练方案. 这 5 个训练方案各自有哪些优缺点？

我们取各个方案包含的 3 个智能体获得的平均回报和来分析. 这里，

方案平均回报和 = 智能体 A 的平均回报+智能体 B 的平均回报+智能体 C 的平均回报.

可以分析出，方案平均回报和可以反映训练方案的整体变化情况.

如图 15-5 所示，3 条曲线刻画了 5 个训练方案. 其中，方案 Decauto155、Dec1group156 和 Dec3group157 的结果相同.

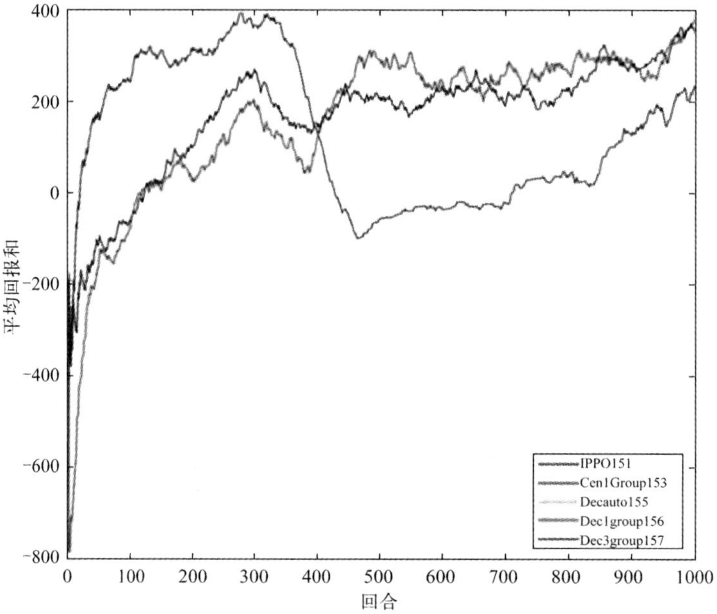

图 15-5　5 个训练方案的平均回报和对比

蓝色曲线表示方案 IPPO151，即用独立 PPO 算法训练 3 个智能体. 该算法的收敛速度比较快，然后曲线大幅度下降，再接着曲线继续回升. 可见，方案 IPPO151 的收敛速度较快但不稳定.

红色曲线表示方案 Cen1Group153，即把 3 个智能体组成 1 个团队，用集中式训练方案训练智能体. 该算法的收敛速度在 3 个不同方案中比较慢，曲线呈现不断上升趋势. 可见，方案 Cen1Group153 的收敛速度较慢但比较稳定，且仍需继续训练下去.

黑色曲线表示方案 Dec3group157，即把每个智能体当作 1 个团队，用分散式训练方案训练智能体. 该算法的收敛速度和稳定性，介于方案 Cen1Group153 和方案 IPPO151 之间，即比集中式训练方案略差，比独立式训练方案略好.

(3) 各方案的平均回报和及其收敛速度

利用图 15-5 可以定性地分析 5 个训练方案的差异. 利用表 15-1 数值指标可以定量地分析 3 个不同的训练方案的差异.

表 15-1　3 个不同训练方案的平均回报和的性能指标

训练方案	平均回报和最大值	平均回报和最大值索引	平均回报和平均值	平均回报和标准差
PPO151	372.71	278	109.09	153.21
Cen1Group153	371.29	1000	145.45	174.25
Dec3group157	351.55	991	153.33	130.13

从“平均回报和最大值”——372.71, 371.29, 351.55 可以分析总体效果. 可见这 3 个训练方案的总体效果不相上下，这是因为 3 个数值指标——372.71，371.29，351.55 没有

特别悬殊.

从"平均回报和最大值索引"——278, 1000, 991 可以分析收敛快慢. 可见，278 最小，说明方案 IPPO151 的收敛速度最快. 最后回合数 1000 正好等于训练的回合总数，红色曲线呈现上升趋势，这说明方案 Cen1Group153 仍需继续训练.

利用"平均回报和平均值"与"平均回报和标准差"可以分析方案的收敛稳定性. 可见，标准差 130.13 最小，说明方案 Dec3group157 是最稳定的. 平均值 153.33 最大，说明方案 Dec3group157 总体效果是最好的.

综上分析，利用训练 1000 个回合的数据，可以得到结论：组成 3 个团队进行分散式训练的方案 Dec3group157 总体效果较好，组成 1 个团队进行集中式训练的方案 Cen1Group153 次之，进行单独训练的方案 IPPO151 总体效果较差.

(4) 3 个不同训练方案的回报及其收敛稳定性

利用表 15-1 关于平均回报和的数值指标来分析训练方案的稳定性（算法程序的稳定性），可能显得"不灵敏"，因为该指标利用了各个智能体的平均回报，又利用了 3 个智能体的平均回报均值和标准差再求和. 换句话说，多次进行"平均"，可能丢失了一些有用的信息.

表 15-2 是关于回报的数值指标，用其分析训练方案的稳定性（算法程序的稳定性）更加合理、灵敏，这是因为"回报"数据是算法程序得到的最基本的原始数据. 首先，计算各个智能体的回报. 其次，计算 3 个智能体的回报均值和标准差. 再次，对回报均值和标准差再求和，得到如表 15-2 所示的数值.

表 15-2　3 个不同训练方案的回报性能指标

训练方案	回报均值和(3 个智能体的回报均值)	回报标准差和(3 个智能体的回报标准差)
IPPO151	119.34(36.86,38.08,44.41)	314.70(105.70,103.43,105.57)
Cen1Group153	183.71(61.94,61.15,60.62)	439.21(146.35,146.45,146.40)
Dec3group157	178.31(54.30,66.21,57.79)	390.69(132.61,128.68,129.40)

分析表 15-2 所示的性能指标，得到如下结论：

① 3 个智能体 A、B、C 获得回报没有显著差异，即没有突出的竞争表现. 从括号内的"3 个智能体的回报均值"和"3 个智能体的回报标准差"数值相近即得该结论.

② 集中式训练方案 Cen1Group153 总体效果略好（因为回报均值和 183.71 最大），但不稳定（因为回报标准差 439.21 最大）.

③ MATLAB 自带的源程序方案 IPPO151 总体效果最差（因为回报均值和 119.34 最小），但略稳定（因为回报标准差 314.70 略小）.

15.4.3　IPPO 算法与 MAPPO 算法仿真测试结果对比分析

训练结果如上节分析，仿真测试结果如何呢？

(1) 3 个智能体仿真测试的竞争探索区域占比

3 个智能体控制机器人协作竞争探索区域，是否有竞争优胜者？利用方案 IPPO151，Cen1Group153 和 Dec3group157，进行了 100 个回合的仿真测试.

图 15-6 显示的是 3 个不同方案的 3 个智能体控制机器人探索区域的占比. 占比计算

公式是：

机器人探索区域占比=该机器人已经探索网格数/3 个机器人已经探索的网格数之和.

如图 15-6 所示，得到如下结论：

① 在 MATLAB 自带源程序的方案 IPPO151 中，智能体 C 控制的机器人探索占比（绿色曲线表示），明显高于智能体 A 控制的机器人的占比（红色曲线表示）. 这个结论，在训练阶段没有明显的反映，参见表 15-2 括号内的数据. 可以认为，智能体 C 控制的机器人，在方案 IPPO151 仿真测试中是竞争优胜者.

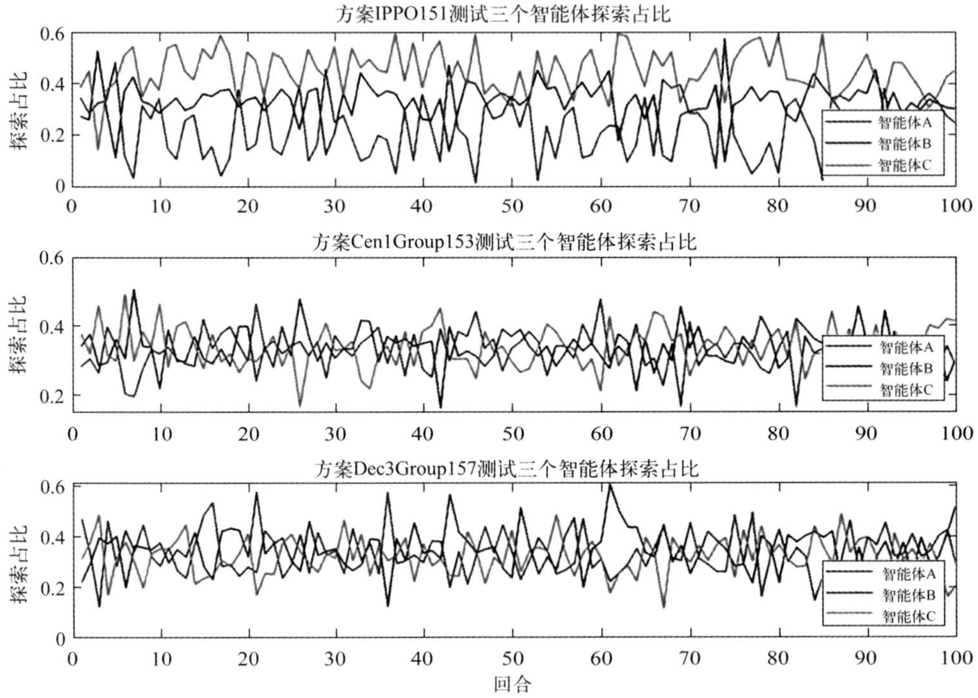

图 15-6　测试 3 个智能体的探索占比

② 在方案 Cen1Group153 和 Dec3group157 中，3 个机器人的探索占比没有明显高低，这说明没有出现竞争优胜者或失败者.

(2) 3 个训练方案的最终仿真结果

图 15-7 显示的是 3 个不同方案仿真测试探索区域所用的时间步数和探索完成百分比.

探索完成百分比计算公式是：

探索完成百分比=已经探索网格数/应该探索网格数.

其中，

应该探索网格数=全部网格数−障碍网格数=12×12−14=130.

如图 15-7 所示，得到如下结论：

① 方案 IPPO151 最差，可以认定“训练没有成功”. 这是因为，如图 15-7(a)所示，很多回合的时间步等于 1000 步，这正是回合的最大时间步数. 这说明，在测试的 100 个回合中，采用方案 IPPO151 测试没有完全探索到全部的网格，如图 15-7(b)的红色曲线所示. 进而推断出“方案 IPPO151 训练没有成功”这一结论.

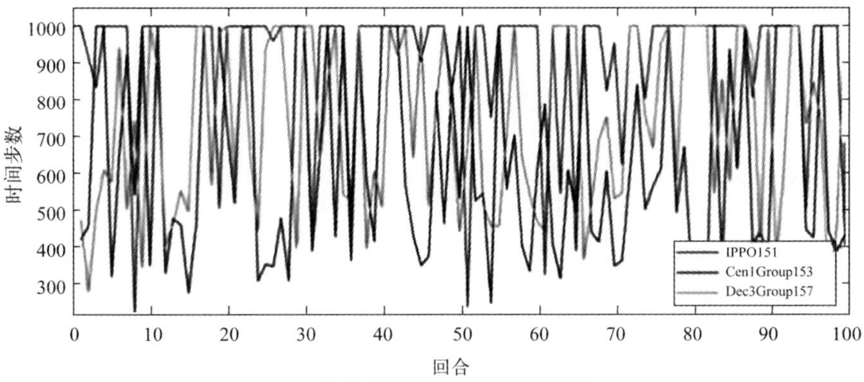

(a) 方案测试探索区域用时间步数

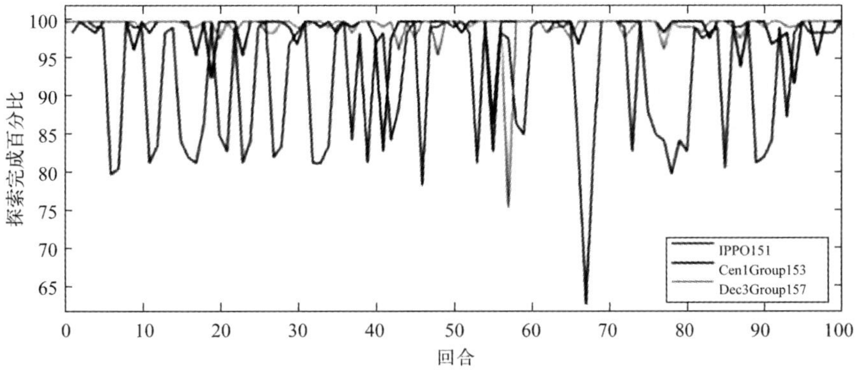

(b) 方案测试探索完成百分比

图 15-7 仿真测试 3 个智能体的时间步数及探索完成百分比

② 如图 15-7 所示，方案 Cen1Group153 和 Dec3group157 的结果利用曲线难以区分. 需要借助于表 15-3 的数值指标进一步分析.

表 15-3 仿真测试 3 个不同方案的性能指标

训练方案	时间步均值	时间步标准差	时间步最小值	探索百分比均值	探索百分比标准差	探索百分比最小值
IPPO151	922.23	187.21	211	92.20	8.82	61.54
Cen1Group153	625.46	266.21	246	98.98	2.68	82.31
Dec3group157	737.04	238.05	258	99.27	2.65	74.62

③ 方案 Cen1Group153 结果好于方案 Dec3group157.

首先，数值指标“时间步均值”越小越说明机器人完成全部探索用时越短，也说明该方案结果越好. 如表 15-3 所示，方案 Cen1Group153 的数值指标“时间步均值”是 625.46，比方案 Dec3group157 的数值指标“时间步均值”是 737.04 小很多. 因此，方案 Cen1Group153 结果好于方案 Dec3group157.

其次，数值指标“探索百分比最小值”越小越说明未探索到的网格越多，进而说明探索结果越差. 如表 15-3 所示，方案 Dec3group157 的数值指标“探索百分比最小值”是 74.62，比方案 Cen1Group153 的数值指标 82.31 小一些. 因此，这也说明方案 Dec3group157 比方案 Cen1Group153 差.

再次，其他的 4 个数值指标，方案 Cen1Group153 与方案 Dec3group157 不相上下，难分优劣.

综上所述，方案 Cen1Group153 结果好于方案 Dec3group157. 换句话说，此例中，集中式训练方案好于分散式训练方案.

15.5 IPPO 算法的优缺点及算法扩展

15.5.1 IPPO 算法的优缺点

IPPO 算法的优点和缺点分析，可参见第 10.5.1 节 PPO 算法相关内容.

15.5.2 模型扩展

3 个 PPO 智能体协作竞争探索区域问题的特征：已知 3 个同质的 PPO 智能体，已知维度是[12,12,4]的连续状态空间，已知维度是[1,1]的 5 个动作的离散动作空间，已知各时间步的奖励规则，无需状态转移概率，设置折扣系数 γ，实现 3 个智能体的协同竞争探索区域策略.

以下是 8 个与利用 IPPO 算法求解 3 个智能体协作竞争探索区域问题相似的实际案例：

(1) 机器人足球比赛：在机器人足球比赛中，多个智能体通过协作与竞争的方式，实现进攻、防守和得分等目标.

(2) 物流协同配送：在物流领域，多个配送车辆需要在有限的时间内协同工作，以最优的方式完成配送任务，提高整体效率.

(3) 多智能体协作搜救：在紧急救援场景中，多个机器人协同工作，搜寻受困者并提供帮助，以提高搜救效率.

(4) 多智能体协作博弈：在博弈论研究中，多个智能体可以通过协作与竞争的方式，制定策略并最大化自己的收益.

(5) 分布式传感器网络：在物联网领域，多个传感器节点组成的网络需要通过协作来收集环境数据并进行分析.

(6) 多机器人协作建筑施工：在建筑施工领域，多个机器人可以协同工作，在危险或重复性高的任务中代替人工操作.

(7) 多智能体协作决策：在集体决策过程中，多个智能体需要共同分析问题、协商合作，并做出综合决策.

(8) 多智能体协作游戏：在游戏设计中，多个玩家可以通过协作与竞争的方式，共同完成游戏任务，提高游戏体验.

15.5.3 算法扩展

以下是几个与 IPPO 算法相似并进行改进的算法. 这些算法与 IPPO 算法具有一定的相似性，在不同的场合有着不同的优势.

(1) GRPO（group relative policy optimization）：摒弃独立的价值网络（即评委网络 Critic），通过群体对比直接优化策略网络（即演员网络 Actor），减少存储与计算开销；基于样本集的相对优势计算优势函数（如正确样本组与错误样本组的平均奖励差），避免对绝对奖励值的依赖.

(2) DAPO（decoupled adaptive policy optimization）：解耦剪切范围，即动态调整剪切阈值（ε_{low}和 ε_{high}），允许低概率动作更大幅度的更新，缓解熵崩塌问题；动态采样策略，即过滤无梯度贡献的样本（如全对或全错样本），提升样本利用率.

(3) MAPPO（multi-agent proximal policy optimization）：集中训练分散执行，训练阶段利用全局状态信息协调多智能体策略，执行阶段仅依赖局部观测独立决策，平衡协作效率与去分散式需求；混合价值函数设计，支持独立策略网络与共享评委网络（Critic）的灵活组合，适应同构/异构智能体的协作场景；部分可观测环境适配，通过历史观测堆叠或注意力机制编码局部观测，缓解智能体视角局限性对策略学习的影响.

15.6 本章小结

(1) IPPO 算法的原理

关于 IPPO 算法原理，可参考第 10.6 节 PPO 算法的原理相关内容.

(2) 研究问题的思路

IPPO 算法是对 PPO 算法在多智能体强化学习任务的扩展. 通过共享奖励，每个智能体的奖励会受到其他智能体的影响，从而引入了协同或竞争的因素. 由于对每个智能体使用单智能体算法 PPO 进行训练，因此这个算法被称作独立 PPO 算法，也就是 IPPO 算法.

(3) 释疑解惑

① 独立训练与协作训练：利用语句 rlTrainingOptions 可以实现独立训练，利用语句 rlMultiAgentTrainingOptions 可以实现协作训练. 协作训练又可以分为集中式训练和分散式训练.

② 不同训练方案的对比分析：对不同的训练方案进行对比分析，是学术研究的需要，也是论文写作的需要.利用图像可以进行定性分析，利用数值指标可以作定量分析，利用统计学方法可以检验方案间的差异是否显著.

(4) 学习与研究方法

IPPO 算法和 MAPPO 算法都是解决多智能体强化学习的算法. IPPO 算法是将各个智能体独立地训练. MAPPO 算法可以进行集中式训练，也可以进行分散式训练. 对于这 3 个训练方案，对比分析训练结果或仿真测试结果的优劣，没有固定的结论，应依据具体问题来分析研讨.

习 题 15

1. 针对 3 个 PPO 智能体协作竞争探索区域的问题：

(1) 改编程序，将区域网格 12×12 改成 24×24，增加探索范围，分析算法的鲁棒性；

(2) 改编程序，将现在的 3 个 PPO 智能体改成 1 个 PPO 智能体，也就是变成单智能体问题，分析单智能体探索区域的情况；

(3) 改编程序，将现在的 3 个 PPO 智能体改成 5 个智能体，增加智能体数量，分析智能体的协作竞争情况；

(4) 改编程序，修改奖励函数值 200 的设定条件，改为 200×完成探索网格百分比，分析智能体的协作竞争情况.

2. 程序 DRL15_1 有什么特点？怎样利用这个程序求解自己的实际问题？

3. 改编程序 DRL15_1 求解第 16 章的车辆路径跟踪协同控制问题，并与程序 DRL16_1 的结果进行对比分析，用性能指标说明各自的优劣.

4. 多机器人协作作业：使用 IPPO 算法来让多个机器人在一个任务中进行协同操作，如协同搬运、合作装配等.

5. 多智能体对弈游戏：IPPO 算法可以应用于解决多智能体之间的对弈游戏，如围棋、象棋等. 每个智能体学习自己的策略，并通过与其他智能体进行对抗学习来提高整体对弈水平.

第16章 MADDPG与DDPG算法求解车辆路径跟踪控制问题

MADDPG（multi-agent deep deterministic policy gradient）**算法**，译作**多智能体深度确定性策略梯度算法**. 它是由 Lowe 等人于 2017 年在论文 *Multi-Agent Actor-Critic for Mixed Cooperative-Competitive Environments* 中提出的[33]. MADDPG 算法是一种用于解决多智能体强化学习问题的优化算法，它在多智能体协同控制、多智能体对弈游戏、群体行为预测与规划以及自适应资源分配等领域都有很好的应用.

本章的主要内容是利用 MADDPG 算法及其自带函数程序通过两个不同结构的智能体（DDPG 和 DQN 智能体）求解车辆路径跟踪控制问题，此例是连续状态空间及连续和离散动作空间的多智能体强化学习问题. 随后，利用 DDPG 算法求解同一问题，并进行 MADDPG 算法程序与 DDPG 算法程序的对比分析.

16.1 MADDPG 算法的基本思想

MADDPG 算法的基本思想是，将多智能体强化学习问题分解为多个单智能体问题，并使用深度确定性策略梯度算法——DDPG 算法进行优化，通过集中式学习和全局网络以及目标网络技术和经验回放技术的运用，能够处理多智能体强化学习中的合作与竞争问题，可以解决连续状态空间及离散或连续动作空间的多智能体强化学习问题.

16.2 MADDPG 算法的实现

16.2.1 MADDPG 算法的应用条件

(1) 多智能体环境：MADDPG 算法适用于多智能体系统中的强化学习问题. 它可以处理多个智能体之间的协作与竞争，以实现集体目标.

(2) 独立决策：MADDPG 算法假设每个智能体在决策时相互独立，即每个智能体只考虑自身的状态和动作选择.

(3) 环境动态满足马尔可夫性：环境状态转移需符合马尔可夫过程，即下一时刻状态仅依赖当前状态与联合动作，与历史无关；若环境为部分可观测（partial observability），需通过观测堆叠或注意力机制补充时序信息，保证策略网络的输入具备足够的数据需求.

16.2.2 MADDPG 算法的伪代码

MADDPG 算法估计确定性策略网络 $\mu^*(\boldsymbol{o}^i;\boldsymbol{\theta}^i)\approx\mu^*(\boldsymbol{o}^i)$
初始化每个智能体的策略网络 $\mu(\boldsymbol{o}^i;\boldsymbol{\theta}^i)$（即演员网络 Actor）及其参数和动作价值函数

网络 $Q(\boldsymbol{o},\boldsymbol{a};\boldsymbol{w}^i)$（即评委网络 Critic）及其参数

初始化策略目标网络 $\hat{\mu}(\boldsymbol{o}^i;\bar{\boldsymbol{\theta}}^i)$ 和动作价值函数目标网络 $\hat{Q}(\boldsymbol{s},\boldsymbol{a};\bar{\boldsymbol{w}}^i)$，复制参数 $\bar{\boldsymbol{\theta}}^i \leftarrow \boldsymbol{\theta}^i$ 和参数 $\bar{\boldsymbol{w}}^i \leftarrow \boldsymbol{w}^i$ $(i=1,2,\cdots,m)$

初始化经验回放池 $\mathcal{D}$

for 回合 $e=1\rightarrow E$ **do**

  初始化一个随机过程 $\mathcal{N}$，用于增强动作探索

  获取 m 个智能体的初始观测值 $\boldsymbol{o}=(\boldsymbol{o}^1,\boldsymbol{o}^2,\cdots,\boldsymbol{o}^m)$

  for 时间步 $t=0\rightarrow T-1$ **do**

    对于每一个智能体 i，根据当前策略选取动作 $\boldsymbol{a}^i=\mu(\boldsymbol{o}^i;\boldsymbol{\theta}^i)+\mathcal{N}_t$

    执行动作 $\boldsymbol{a}=(\boldsymbol{a}^1,\boldsymbol{a}^2,\cdots,\boldsymbol{a}^m)$，获得奖励 r 和下一个状态 $\boldsymbol{o}'$

    将经验转换样本 $(\boldsymbol{o},\boldsymbol{a},r,\boldsymbol{o}')$ 存入经验回放池 $\mathcal{D}$

    在经验回放池 $\mathcal{D}$ 中随机采集 N 个经验转换样本 $(\boldsymbol{o}_j,\boldsymbol{a}_j,r_{j+1},\boldsymbol{o}_{j+1})$ $(j=1,2,\cdots,N)$

    对于每一个智能体 i，集中式训练评委网络 $Q(\boldsymbol{o},\boldsymbol{a};\boldsymbol{w}^i)$

    对于每一个智能体 i，训练自身的演员网络 $\mu(\boldsymbol{o}^i;\boldsymbol{\theta}^i)$

    对于每一个智能体 i，更新演员目标网络 $\hat{\mu}(\boldsymbol{o}^i;\bar{\boldsymbol{\theta}}^i)$ 和评委目标网络 $\hat{Q}(\boldsymbol{o},\boldsymbol{a};\bar{\boldsymbol{w}}^i)$

  end for

end for

得到策略网络 $\mu^*(\boldsymbol{o}^i;\boldsymbol{\theta}^i)$，进而得到智能体 i 的（近似）最优策略 $\mu^*(\boldsymbol{o}^i)$ $(i=1,2,\cdots,m)$

16.2.3 MADDPG 算法的程序步骤

(1) 创建环境：可以利用 Simulink 工具建立模型，或者利用重置函数和单时间步设置函数创建环境. 如用 Simulink 工具创建环境还需编写重置函数.

(2) 创建 2 个智能体：与第 14 章创建 2 个同质的 PPO 智能体不同. 在本章路径跟踪控制问题中，MADDPG 算法创建两个不同类型的智能体——DDPG 智能体和 DQN 智能体. DDPG 智能体的作用是实现车辆纵向跟踪的控制，DQN 智能体的作用是实现车辆横向偏航的控制. 这两个智能体协同合作，实现路径跟踪控制. 程序语句 agent1 = createACCAgent(obsInfo1,actInfo1,Ts)创建纵向控制器的 DDPG 智能体，模型是连续状态空间及连续动作空间. 程序语句 agent2=createLKAAgent(obsInfo2,actInfo2,Ts)创建横向控制器的 DQN 智能体，模型是连续状态空间及离散动作空间.

(3) 训练智能体：本例 MATLAB 源程序用单智能体的命令 rlTrainingOptions 设置训练参数，没有用多智能体的命令 rlMultiAgentTrainingOptions 设置训练参数.

特别地，对于本例程序，当一个智能体达到自身的停止标准时，它在停止训练的情况下可以接着进入下一步来模拟仿真自己的策略，而另一个智能体仍然继续训练. 换句话说，在训练过程中，两个智能体是“独立的”，彼此不受影响.

(4) 测试预训练智能体：用语句 experience=sim(env,[agent1, agent2],simOptions)，就是要将几个智能体都写进来进行测试.

(5) 结果分析、论文用图和性能指标：提供算法程序的性能指标、论文用图和表格数据等，用于算法程序分析、学术研究或论文写作.

(6) 利用最优策略网络求解实际问题：利用 MADDPG 算法的预训练智能体，对实际问题提供解决办法——“最优”控制策略.

16.2.4 MADDPG 算法的收敛性

MADDPG 算法的收敛性理论证明相对较少，然而，一些实验和实践结果表明了 MADDPG 算法的收敛性和效果.

(1) 实验结果：在多智能体协作或竞争问题中，MADDPG 算法在许多案例中取得了令人满意的结果，并且能够稳定地达到合作或竞争平衡. 它已经成为多智能体强化学习领域中一种常用且有效的算法.

(2) 算法改进：随着时间推移和研究进展，研究人员不断改进和调整 MADDPG 算法，并提出了各种改进版本以提高其稳定性、收敛速度以及适用范围.

(3) 实践经验：在实际应用中许多研究者和开发者已经使用 MADDPG 算法取得了良好结果，并将其作为解决复杂多智能体问题的有效方法.

16.3 MADDPG 算法实例：求解车辆路径跟踪控制问题

16.3.1 问题说明

如图 16-1 所示，此示例是求解用两个智能体来实现车辆的路径跟踪控制（path-following control，PFC）问题. 路径跟踪控制的目标是，通过控制跟踪车辆（左侧车辆）的纵向加速度，使跟踪车辆以设定的速度行驶，同时保持与前导车（右侧车辆）的安全距离，并通过控制跟踪车辆的偏航角保持车辆沿其车道中心线行驶[2].

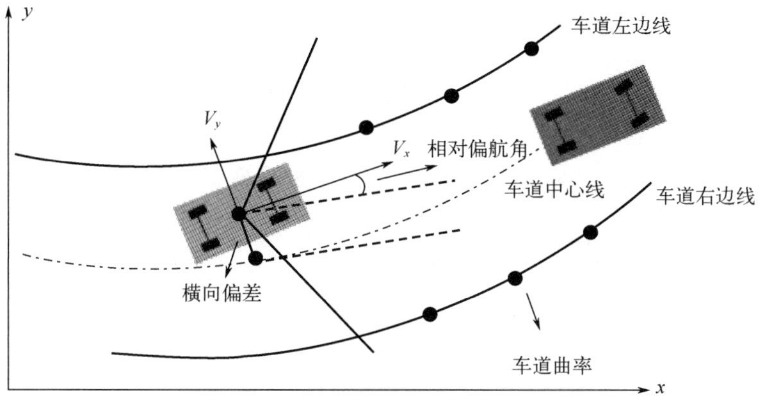

图 16-1　路径跟踪控制问题及坐标系

问题的技术参数说明：

(1) 跟踪车辆的**参考速度** V_{ref}：如果相对距离小于安全距离，后车跟踪前导车的速度取驾驶员设定速度的最小值，以这种方式后车与前车保持一定的距离；如果相对距离大于安全距离，后车会执行驾驶员设定的速度加快行驶.

(2) 在本例中，**安全距离**被定义为跟踪车辆速度 V_{ego} 的线性函数，即 $t_{gap}*V_{ego}+D_{default}$. 其中，$t_{gap}$ 表示两车保持距离的时间间隔，$D_{default}$ 表示前导车和跟踪车之间的设置默认距离. 依据参考速度的定义，安全距离限定了后车的跟踪速度.

(3) 当出现下列任何一种情况时，回合终止.

① $|e_1|>1$，表示跟踪车辆的横向偏差 e_1 绝对值大于 1，说明跟踪车已经偏离车道中心线太远；

② $V_{\rm ego}<0.5$，表示跟踪车辆的速度 $V_{\rm ego}$ 降到 0.5m/s 以下，说明跟踪车辆行驶太慢已经没有可能跟踪前导车；

③ $D_{\rm rel}<0$，表示跟踪车辆与前导车的实际距离 $D_{\rm rel}$ 小于 0m，说明跟踪车辆已经与前导车发生碰撞；

④ 当回合用时达到 60s，或者达到 600 个时间步时，该回合终止训练.

16.3.2 数学模型

在二维平面考虑路径跟踪控制问题，建立如图 16-1 所示的平面直角坐标系.

在该示例中，训练 DDPG 智能体，以控制车辆的纵向加速度来保持两车的安全距离；训练 DQN 智能体控制跟踪车辆的偏航角来保持车辆沿其车道中心线行驶.

16.3.2.1 纵向控制器的智能体 Agent1

(1) **状态**：有 3 个连续状态分量. 状态观测数据包括：纵向速度误差 $e_V= V_{\rm lead}-V_{\rm ego}$，速度误差的积分 $\int e_V {\rm d}t$ ，跟踪车纵向速度 $V_{\rm ego}$.这里 $V_{\rm lead}$ 表示前导车的速度.

用列向量 3×1 结构刻画状态. 此智能体 Agent1 的状态空间是[3,1]维度的连续状态空间.

(2) **动作**：动作信号是介于−3~2m/s^2 之间的加速度. 此例是[1,1]维度的连续动作空间.

(3) **奖励**：对于纵向控制器的智能体 Agent1，在 t 时间步提供的奖励 r_t 如下：

$$r_t = -(10e_V^2 + 100a_{t-1}^2)\times 10^{-3} - 10F_t + M_t\ . \tag{16.1}$$

其中：

① e_V 表示纵向速度误差. 如果 $-10e_V^2$ 越接近于 0，则奖励 r_t 越大. e_V 接近于 0 意味着跟踪车辆与前导车的速度满足 $e_V=V_{\rm lead}-V_{\rm ego}$，即 $V_{\rm lead}\approx V_{\rm ego}$. 换句话说，跟踪车的速度 $V_{\rm ego}$ 接近前导车的速度 $V_{\rm lead}$. 显然，在安全距离内，这样的跟踪效果是最好的. 可见，奖励 $-10e_V^2$ 的作用是，跟踪车的速度 $V_{\rm ego}$ 充分接近前导车的速度 $V_{\rm lead}$.

② a_{t-1} 是上一个时间步的动作值——加速度. 如果 $-100a_{t-1}^2$ 越接近于 0，则奖励 r_t 越大.这份奖励引导跟踪车的加速度 a_{t-1} 越接近于 0 越好. 加速度 a_{t-1} 接近于 0，说明跟踪车实现的是匀速跟踪. 可见，奖励 $-100a_{t-1}^2$ 的作用是，跟踪车保持匀速跟踪.

③ 如果回合终止，取 $F_t=1$，否则取 $F_t=0$. 可见，回合不终止时 $-10F_t$ 取到最大值 0. 逻辑变量 F_t 的作用是，训练智能体保持回合时长尽可能地长（程序约定回合时长最大 60 s）. 可见，奖励 $-10F_t$ 的作用是，鼓励智能体尽可能地保持训练回合时长. 换句话说，不要提前终止回合. 即不要过早地出现 $|e_1|>1$ 或 $V_{\rm ego}<0.5$ 或 $D_{\rm rel}<0$.

④ 如果 $e_V^2<1$，取 $M_t=1$，否则取 $M_t=0$. 这里 $e_V=V_{\rm lead}-V_{\rm ego}$. 可见，$e_V^2<1$ 时 M_t 取最大值 1. 可见，逻辑变量 M_t 的作用是，指导智能体保持跟踪车的速度 $V_{\rm ego}$ 与前导车的速度 $V_{\rm lead}$ 差在一定范围 $e_V^2<1$ 内.

(4) **状态转移概率**：此例没有用到状态转移概率.

(5) **折扣因子**：程序取默认折扣系数 $\gamma= 0.99$.

(6) **初始状态概率分布**：前导车初始位置服从均匀分布随机产生.

16.3.2.2 横向控制器的智能体 Agent2

(1) **状态**：环境观测是跟踪车的横向变化的观测值，包括横向偏差 e_1，相对偏航角 e_2，二者导数 $\dot{e}_1$ 和 $\dot{e}_2$，二者积分 $\int e_1 \mathrm{d}t$ 和 $\int e_2 \mathrm{d}t$.此智能体 Agent2 的状态空间是[6,1]维度的连续状态空间.

(2) **动作**：动作由离散的偏航角组成，偏航角范围是从−15°（转化为弧度制是−0.2618 rad）到 15°（转化为弧度制是 0.2618 rad），离散化的步长是 1°（弧度制是 0.0175 rad）. 此例是有 31 个动作的[1,1]维度的离散动作空间.

(3) **奖励**：在 t 时间步提供的奖励 r_t 如下：

$$r_t = -(100e_1^2 + 500u_{t-1}^2) \times 10^{-3} - 10F_t + 2H_t$$

其中：

① e_1 是横向偏差. 如果$-100e_1^2$ 越接近于 0，则奖励 r_t 越大. 这份奖励引导横向偏差 e_1 越接近于 0 越好. 换句话说，要训练智能体保持横向偏差尽可能地接近于 0，即控制车辆不要左右摇摆. 可见，奖励$-100e_1^2$ 的作用是，鼓励智能体控制车辆不要偏离中心线.

② u_{t-1} 是上一个时间步的动作值——转向偏航角控制值. 如果$-500u_{t-1}^2$ 越接近于 0，则奖励 r_t 越大，这份奖励引导转向控制 u_{t-1} 越接近于 0 越好. 转向偏航角接近于 0，说明训练智能体 2 控制跟踪车辆尽可能地靠近中心线. 可见，奖励$-500u_{t-1}^2$ 的作用是，鼓励智能体控制跟踪车辆尽可能地靠近中心线.

③ 如果回合终止，取 F_t=1，否则取 F_t=0. 与智能体 Agent1 的分析一样，鼓励智能体尽可能地不要提前终止回合.

④ 如果 e_1^2<0.01，取 H_t=1，否则取 H_t=0. 可见，e_1^2<0.01 时 H_t 取最大值 1. 逻辑变量 H_t 的作用是，指导智能体保持横向偏差在一定变化范围（e_1^2<0.01）内，控制车辆不要偏离中心线过多.

综上所述，奖励函数的作用是：尽可能地延长训练回合的时长，同时鼓励智能体施加较小的控制力（实则是控制力的绝对值），给予较小的加速度（实则是加速度的绝对值），减小横向误差和速度误差，控制跟踪车辆实现平稳、安全、靠近中心线的路径跟踪.

(4) **状态转移概率**：此例没有用到状态转移概率.

(5) **折扣因子**：程序取默认折扣因子 γ= 0.99.

(6) **初始状态概率分布**：横向偏差和相对偏航角的初始值服从均匀分布随机产生.

16.3.3 主程序代码

用 MATLAB 自带的 MADDPG 算法程序求解车辆路径跟踪控制问题. 主程序代码如下：

```
//第 16 章/DRL16_1

%% 第 1 段：创建环境
multiAgentPFCParams %导入环境参数
mdl = "rlMultiAgentPFC";
open_system(mdl) %打开 Simulink 模型
```

```
obsInfo1 = rlNumericSpec([3 1]); %创建纵向控制的观测信息
actInfo1 = rlNumericSpec([1 1],LowerLimit=-3,UpperLimit=2);%连续动作信息
obsInfo2 = rlNumericSpec([6 1]); %创建横向控制的观测信息
actInfo2 = rlFiniteSetSpec((-15:15)*pi/180);%离散动作信息
obsInfo = {obsInfo1,obsInfo2};%将观测和动作组合为一个元包阵列
actInfo = {actInfo1,actInfo2};
blks = mdl + ["/RL Agent1", "/RL Agent2"];
env = rlSimulinkEnv(mdl,blks,obsInfo,actInfo); %创建 Simulink 模型的环境
env.ResetFcn = @pfcResetFcn; %为环境指定 PFC 问题的重置函数 ResetFcn

%% 第 2 段：创建智能体
rng(0)
Ts = 0.1;
%创建实现纵向控制的智能体——DDPG 智能体
agent1 = createACCAgent(obsInfo1,actInfo1,Ts);
%创建实现横向控制的智能体——DQN 智能体
agent2 = createLKAAgent(obsInfo2,actInfo2,Ts);

%% 第 3 段：训练智能体
Tf = 60;  %训练回合最长时间
maxepisodes = 5000;  %训练回合总数
maxsteps = ceil(Tf/Ts);  %回合最大时间步数
trainingOpts = rlTrainingOptions(...
    MaxEpisodes=maxepisodes,...
    MaxStepsPerEpisode=maxsteps,...
    Verbose=false,...
    Plots="training-progress",...
    StopTrainingCriteria="AverageReward",...
    StopTrainingValue=[480,1195]);
doTraining = false;
if doTraining    %默认不直接训练
    trainingStats = train([agent1,agent2],env,trainingOpts); %训练智能体
else
    load("rlPFCAgents.mat");% 导入预训练智能体
end

%% 第 4 段：测试智能体
simOptions = rlSimulationOptions(MaxSteps=maxsteps);
experience = sim(env,[agent1, agent2],simOptions); %模拟测试
```

主程序中部分函数功能和语法说明如下：

(1) **multiAgentPFCParams**

- **功能**：多智能体强化学习 PFC 问题参数设置.
- **输入变量**：无.
- **输出变量**：包括车辆质量、重心到前后轮胎的纵向距离、前导车的初始位置和速度、跟随车的初始位置和速度、初始横向偏差和初始偏航角误差等.

(2) **rlMultiAgentPFC**

- **功能**：PFC 问题的 Simulink 模型. 如图 16-2 所示.
- **输入变量**：略.
- **输出变量**：打开 Simulink 模型.

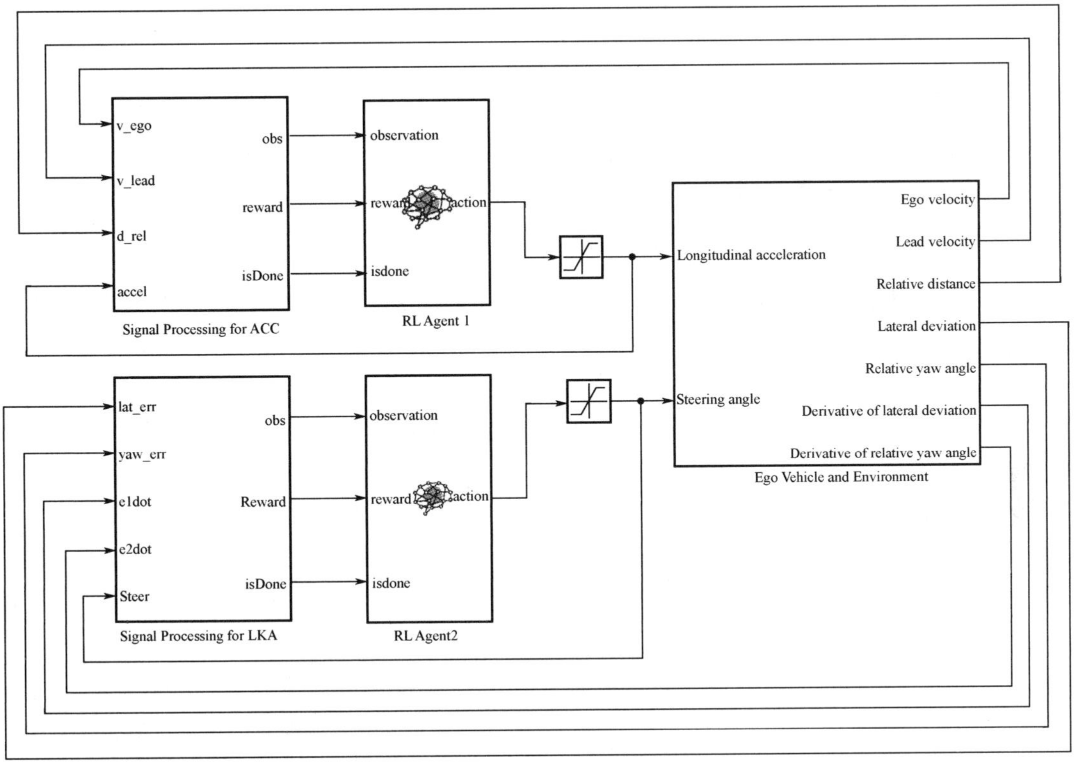

图 16-2　MADDPG 算法对 PFC 问题的 Simulink 建模

(3) **in = pfcResetFcn(in)**

- **功能**：PFC 问题的重置函数.
- **输入变量**

in：Simulink 模型名称、初始化状态、模型参数等.

- **输出变量**

in：前导车初始位置的随机值、横向偏差的随机值和相对偏航角的随机值.

(4) **agent1 = createACCAgent(obsInfo1,actInfo1,Ts)**

- **功能**：创建含有演员网络 Actor 和评委网络 Critic 的 DDPG 智能体.
- **输入变量**

obsInfo1：纵向控制的观测信息；

actInfo1：纵向控制的动作信息；

Ts：采样时间.

- **输出变量**

Agent1：DDPG 智能体，其中包含智能体选定参数 agentOpts，演员网络 Actor 和评委网络 Critic.

(5) **agent2 = createLKAAgent(obsInfo2,actInfo2,Ts)**

- **功能**：创建含有评委网络 Critic 的 DQN 智能体.
- **输入变量**

obsInfo2：横向控制的观测信息；

actInfo2：横向控制的动作信息；

Ts：采样时间.

- **输出变量**

Agent2：DQN 智能体，其中包含智能体选定参数 agentOpts 和评委网络 Critic.

16.3.4 程序分析

上述程序，按照功能划分，可以分为 4 个部分：

(1) **环境设置**：这部分是创建两个智能体 1 和智能体 2 实现路径跟踪控制问题的环境，是对实例问题的完整描述. 如果想利用或改编这个程序求解自己的实际问题，需要利用 Simulink 工具建立自己问题的模型和改编自定义重置函数 pfcResetFcn.m，再设置好状态分量个数和动作分量个数. 这一段程序是求解实际问题的关键工作，应引起读者高度重视.

(2) **创建智能体**：实现纵向控制功能的智能体和实现横向控制功能的智能体.

① 程序采用 DDPG 智能体作为纵向控制器的智能体. DDPG 智能体使用评委网络来近似动作价值函数，并使用演员网络来选择动作. DDPG 智能体的动作是加速度，是连续动作.

② 程序采用 DQN 智能体作为横向控制器的智能体. DQN 智能体使用评委网络来近似动作价值函数，根据观测和动作来估计回报. DQN 智能体的动作是偏航角，共 31 个离散动作.

(3) **训练智能体**：当 DDPG 智能体和 DQN 智能体的平均回报分别大于 480 和 1195 时，程序停止对其进行训练. 特别地，当一个智能体达到其停止准测时，程序可以接着模拟测试这个智能体的策略而无需等待，而另一个智能体则可以继续训练.

这部分的其他语句与 Q-Learning 算法程序几乎一样，详见第 2 章相关内容.

(4) **测试智能体**：这部分是验证 MADDPG 算法程序的结果. 留意测试两个智能体时用语句 experience=sim(env,[agent1,agent2],simOptions).

这部分的其他语句与 Q-Learning 算法程序几乎一样，详见第 2 章相关内容.

16.3.5 程序结果解读

运行程序 DRL16_1，训练 MADDPG 算法的两个智能体共进行 5000 个回合，总用时 33.45 小时. 在各个回合得到的回报与平均回报如图 16-3 所示.

(1) **DDPG 智能体训练过程分析**：图 16-3 上部曲线是 DDPG 智能体的训练进程情况.

① **建立经验回放池**：如图 16-3 上部曲线所示，回报取 0 阶段的训练过程是，储存经验转换样本形成经验回放池. 也就是说，在开始训练的近 200 个时间步，算法程序一直在建立经验回放池，设置这些回合的回报默认是 0.

② **收敛速度快**：如图 16-3 上部曲线所示，在建立好经验回放池后，回报曲线和平

均回报曲线急速上升，并接近或达到回报最大值. 这个现象说明，算法程序实现了“快速收敛”.

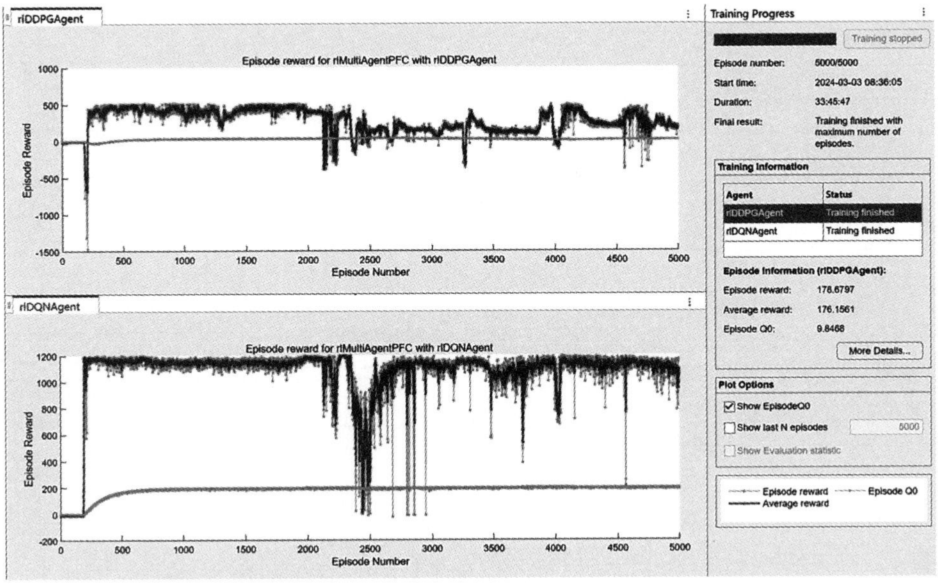

图 16-3　训练 MADDPG 智能体在各回合获得的回报与平均回报

③ **平稳收敛性有所欠佳**：全面分析 5000 个回合的回报变化曲线，有明显的阶段性的上下起伏. 这说明算法程序“平稳收敛性”欠佳.

④ **稳定收敛性欠佳**：虽然实现了“收敛”，但是“稳定收敛性”欠佳. 这是由于回报曲线波动幅度较大，且波动频繁.

总的结论是，MADDPG 算法程序对 DDPG 智能体的训练，实现了快速收敛，但平稳收敛性和稳定收敛性欠佳.

(2) **智能体 DQN 训练过程分析**：图 16-3 下部曲线是 DQN 智能体的训练过程情况. 在 2100~2700 回合间，回报明显降低，这个现象有些“意外”.

对于 DQN 智能体的训练，总的结论是，收敛速度快，平稳收敛性和稳定收敛性好于 DDPG 智能体，总的收敛效果明显好于 DDPG 智能体.

(3) **测试结果分析**：测试结果如图 16-4 所示. 数据源自 MATLAB 提供的预训练智能体文件. 初始横向偏差 e1_initial=−0.4，初始偏航角误差 e2_initial=0.1，前导车的初始位置 x0_lead=80.

可以得到如下几点结论.

① **跟踪在安全的距离范围内**：PFC 问题解决的结果怎么样？图 16-4(a)所示的是，跟踪车辆与前导车的跟踪距离变化情况. 横轴表示时间，单位是 s. 图 16-4(a)显示了在模拟测试开始时前导车比跟踪车领先 70m（初始设置是 80m），两车的安全距离 49m 左右，实际跟踪的距离由开始的 70m 到 98m，再到结束时的 58m，该距离有 28m（98−70=28）的大小波动.

总的结论是，跟踪在安全的距离范围内，MADDPG 算法成功地实现了路径跟踪控制. 如能再进一步缩小距离波动（28m）更好.

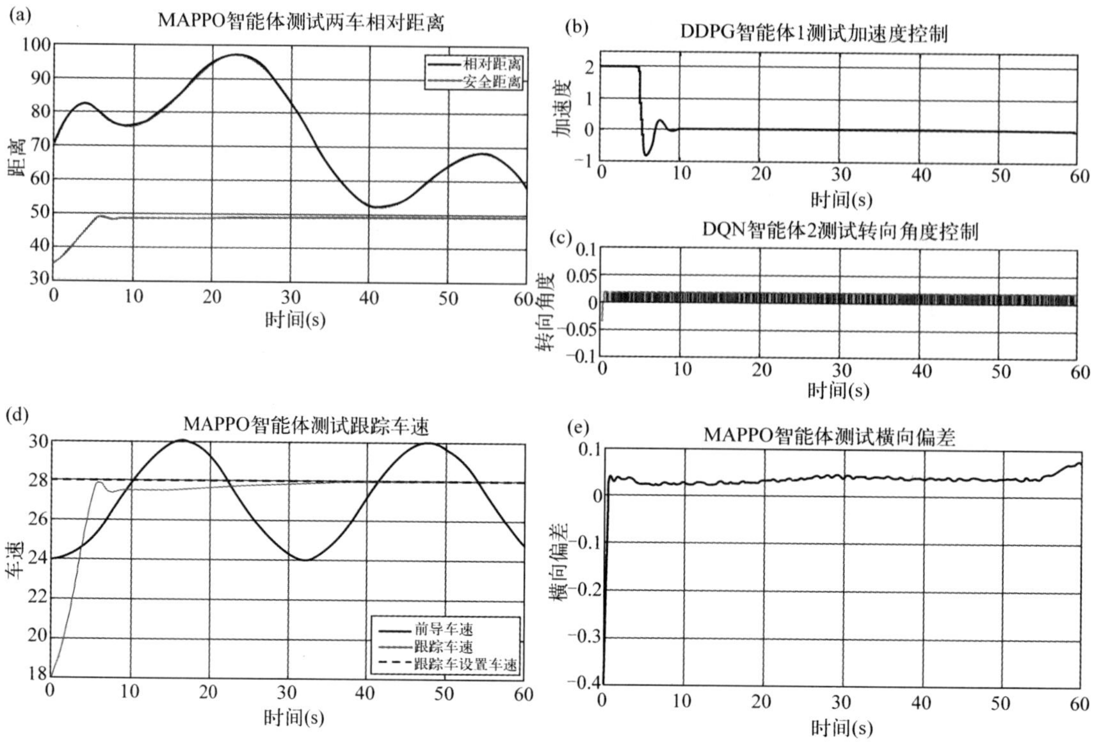

图 16-4　MADDPG 算法路径跟踪控制问题的测试结果

② **两个智能体控制成功：**两个智能体实施的控制是否取得成功？

图 16-4(b)所示的是，DDPG 智能体控制跟踪车加速度变化的情况. 最开始的 5s 内，施加 2 m/s^2 的加速度，紧随其后有短时的降速控制. 从 9s 开始，加速度几乎为 0. 这说明跟踪车大部分时间是在进行匀速跟踪. DDPG 智能体实施纵向控制取得成功.

图 16-4(c)所示的是，DQN 智能体控制跟踪车的横向是否偏航的变化情况. 最开始有 0.1 rad 的偏航，紧接着偏航角接近于 0 rad. 这说明了 DQN 智能体控制左右偏航很及时，没有出现大的偏离中心线. DQN 智能体实施的横向控制也取得成功.

综上所述，经过两个智能体协同合作，成功实施了路径跟踪的控制.

③ **跟踪速度在合理的范围内：**纵向跟踪的情况怎样？图 16-4(d)所示的是，跟踪车辆与前导车的速度变化情况. 前导车会周期性地将速度从 24m/s 变化为 30m/s（蓝色线）. 后面的跟踪车速度（橘黄色线）在整个模拟测试过程中接近设定的速度 28m/s，并且保持安全距离[如图 16-4(a)所示]. 这说明，DDPG 智能体实施控制的纵向跟踪取得成功.

④ **跟踪车沿道路中心线行驶：**车辆横向偏航的情况怎样？图 16-4(e)所示的是，跟踪车辆横向误差变化情况. 在最开始 2s 内有横向误差−0.4m，紧接着跟踪的横向偏航误差在 0.02~0.08m 之间. 可见横向偏航误差非常小，这说明车况左右摇摆很微弱，一直沿着道路中心线行驶.

综上所述，DDPG 智能体成功实施了纵向跟踪控制，DQN 智能体成功实施了横向偏离控制. 预训练的两个智能体都成功地实施了各自的控制策略，实现了路径跟踪控制的目标——跟踪车辆以设定的速度行驶，保持与前导车的安全距离，车辆沿其车道中心线行驶.

16.4 MADDPG 与 DDPG 算法的对比分析

16.4.1 两个自带函数程序对比

(1) MADDPG 算法

利用第 16.3.2 节建立的数学模型，我们以 MATLAB 自带函数实现了程序 DRL16_1，训练过程如图 16-3 所示，仿真测试结果如图 16-4 所示. DRL16_1 的特点是：创建两个不同的智能体——DDPG 智能体和 DQN 智能体，利用 MADDPG 算法，训练两个智能体. 此方案简记为 IDDPG161，其中，IDDPG 代表算法，161 代表程序序号.

(2) DDPG 算法

① Simulink 工具建立模型

参照第 16.3 节车辆跟踪问题的分析，利用 Simulink 工具建立模型，如图 16-5 所示.

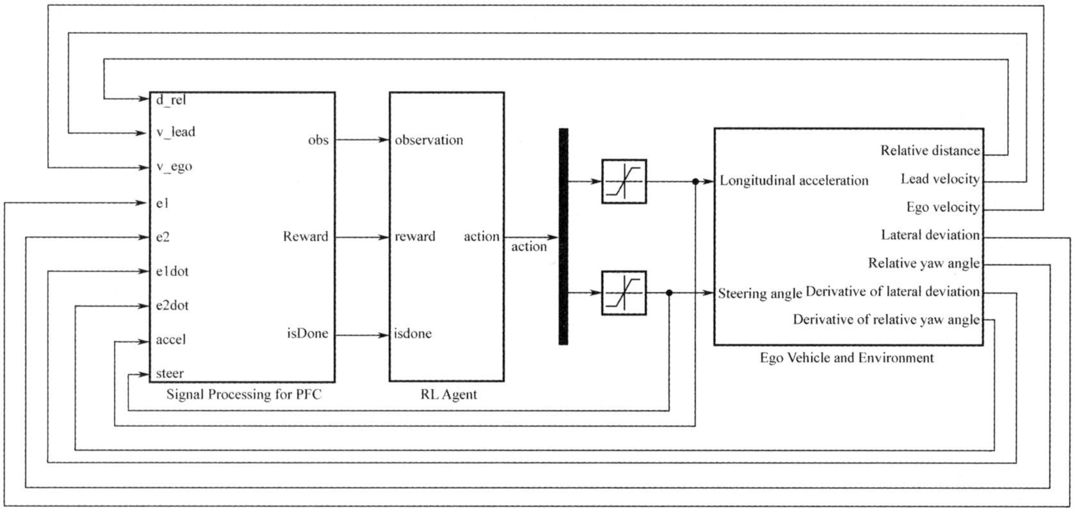

图 16-5 DDPG 算法对 PFC 问题的 Simulink 建模

② DDPG 算法程序

用 MATLAB 自带的 DDPG 算法程序求解车辆路径跟踪控制问题. 主程序代码如下：

```
//第 16 章/DRL16_2

%% 第 1 段：创建环境，设置问题参数及其取值，打开 Simulink 模型
m = 1600;   %跟随车总质量 (kg)
Iz = 2875;  %偏航惯性矩 (mNs^2)
lf = 1.4;   %重心到前轮胎的距离 (m)
lr = 1.6;   %重心到后轮胎的距离 (m)
Cf = 19000; %前轮胎转弯刚度 (N/rad)
Cr = 33000; %后轮胎转弯刚度 (N/rad)
tau = 0.5;  %纵向时间常数
x0_lead = 50;    %前导车的初始位置 (m)
v0_lead = 24;    %前导车的初始速度 (m/s)
```

```
x0_ego = 10;      %跟随车的初始位置 (m)
v0_ego = 18;      %跟随车的初始速度 (m/s)
D_default = 10;%前导车和跟踪车之间的默认距离
t_gap = 1.4;    %两车保持距离的时间间隔
v_set = 28;     %跟踪车初始速度
amin_ego = -3;%加速度的最小值
amax_ego = 2;%加速度的最大值
umin_ego = -0.2618; % +15 deg, 偏航角最小值
umax_ego = 0.2618;  % -15 deg, 偏航角最大值
rho = 0.001;
e1_initial = 0.2; %跟踪车辆的横向偏差
e2_initial = -0.1;%相对偏航角
Ts = 0.1;%采样时间
Tf = 60;%回合时长
mdl = "rlPFCMdl";
open_system(mdl)
agentblk = mdl + "/RL Agent";
obsInfo = rlNumericSpec([9 1], ...
    LowerLimit=-inf*ones(9,1), ...
    UpperLimit=inf*ones(9,1));
obsInfo.Name = "observations";
actInfo = rlNumericSpec([2 1], ...
    LowerLimit=[-3;-0.2618], ...
    UpperLimit=[2;0.2618]);
actInfo.Name = "accel;steer";
env = rlSimulinkEnv(mdl,agentblk,obsInfo,actInfo);
env.ResetFcn = @(in)localResetFcn(in);
rng(0)
%% 第 2 段：创建 DDPG 智能体
L = 100; %层神经元个数
mainPath = [
    featureInputLayer(prod(obsInfo.Dimension),Name="obsInLyr")
    fullyConnectedLayer(L)
    reluLayer
    fullyConnectedLayer(L)
    additionLayer(2,Name="add")
    reluLayer
    fullyConnectedLayer(L)
    reluLayer
    fullyConnectedLayer(1,Name="QValLyr")
    ];
actionPath = [
    featureInputLayer(prod(actInfo.Dimension),Name="actInLyr")
    fullyConnectedLayer(L,Name="actOutLyr")
    ];
criticNet = layerGraph(mainPath);
criticNet = addLayers(criticNet,actionPath);
criticNet = connectLayers(criticNet,"actOutLyr","add/in2");
```

```
criticNet = dlnetwork(criticNet);
critic = rlQValueFunction(criticNet,obsInfo,actInfo,...
    ObservationInputNames="obsInLyr",ActionInputNames="actInLyr");
actorNet = [
    featureInputLayer(prod(obsInfo.Dimension))
    fullyConnectedLayer(L)
    reluLayer
    fullyConnectedLayer(L)
    reluLayer
    fullyConnectedLayer(L)
    reluLayer
    fullyConnectedLayer(2)
    tanhLayer
    scalingLayer(Scale=[2.5;0.2618],Bias=[-0.5;0])
    ];
actorNet = dlnetwork(actorNet);
summary(actorNet)
actor = rlContinuousDeterministicActor(actorNet,obsInfo,actInfo);
criticOptions = rlOptimizerOptions( ...
    LearnRate=1e-3, ...
    GradientThreshold=1, ...
    L2RegularizationFactor=1e-4);
actorOptions = rlOptimizerOptions( ...
    LearnRate=1e-4, ...
    GradientThreshold=1, ...
    L2RegularizationFactor=1e-4);
agentOptions = rlDDPGAgentOptions(...
    SampleTime=Ts,...
    ActorOptimizerOptions=actorOptions,...
    CriticOptimizerOptions=criticOptions,...
    ExperienceBufferLength=1e6);
agentOptions.NoiseOptions.Variance = [0.3;0.1]; %原为[0.6;0.1]
agentOptions.NoiseOptions.VarianceDecayRate = 1e-3; %原为 1e-5
agent = rlDDPGAgent(actor,critic,agentOptions);

%% 第 3 段：训练智能体
maxepisodes = 1e4; %训练回合总数
maxsteps = ceil(Tf/Ts);
trainingOpts = rlTrainingOptions(...
    MaxEpisodes=maxepisodes,...
    MaxStepsPerEpisode=maxsteps,...
    Verbose=false,...
    Plots="training-progress",...
    StopTrainingCriteria="EpisodeCount",...
    StopTrainingValue=1450);
doTraining = false;
if doTraining
    % Train the agent.
```

```
    trainingStats = train(agent,env,trainingOpts);
else
    %导入预训练智能体
    load("SimulinkPFCDDPG.mat","agent")
end

%% 第 4 段：测试 DDPG 智能体
simOptions = rlSimulationOptions(MaxSteps=maxsteps);
experience = sim(env,agent,simOptions);
```

可见，参照第 16.3.2 节建立的数学模型，DDPG 算法程序将两个不同的智能体——DDPG 智能体和 DQN 智能体的状态空间和动作空间合并，创建 DDPG 智能体，利用 DDPG 算法训练. 此方案简记为 DDPG162.

(3) MADDPG 与 DDPG 算法程序对比分析

① **状态空间处理**

在 MADDPG 算法程序中，智能体 DDPG 有 3 个连续状态分量：纵向速度误差 $e_V=V_{\text{lead}}-V_{\text{ego}}$，速度误差的积分 $\int e_V \mathrm{d}t$，跟踪车纵向速度 V_{ego}. 这里 V_{lead} 表示前导车的速度. 用列向量 3×1 结构刻画状态，是[3,1]维度的连续状态空间.

另一智能体 DQN 有 6 个连续状态分量：横向偏差 e_1，相对偏航角 e_2，二者导数 $\dot{e}_1$ 和 $\dot{e}_2$，二者积分 $\int e_1 \mathrm{d}t$ 和 $\int e_2 \mathrm{d}t$，是[6,1]维度的连续状态空间.

而在 DDPG 算法程序中，智能体 DDPG 有 9 个连续状态分量，它是将上面两个智能体 DDPG 及 DQN 的状态分量组合成[9,1]维度的连续状态空间.

② **动作空间处理**

在 MADDPG 算法程序中，智能体 DDPG 的动作是介于−3～2m/s² 之间的加速度. 是[1,1]维度的连续动作空间.

另一智能体 DQN 的动作由离散的偏航角组成，共有 31 个动作，是[1,1]维度的离散动作空间.

而在 DDPG 算法程序中，智能体 DDPG 的动作仍然是上面的加速度和偏航角，加速度和偏航角的上下界与上面的相同. 但组合成[2,1]维度的连续动作空间，不再有离散动作空间.

③ **奖励函数设置**

在 MADDPG 算法程序中，智能体 DDPG 奖励函数表达式是

$$r_t=-(10e_V^2+100a_{t-1}^2)\times10^{-3}-10F_t+M_t\,.$$

另一智能体 DQN 的奖励函数表达式是

$$r_t=-(100e_1^2+500u_{t-1}^2)\times10^{-3}-10F_t+2H_t\,.$$

而在 DDPG 算法程序中，智能体 DDPG 奖励函数表达式是

$$r_t=-(100e_1^2+500u_{t-1}^2+10e_V^2+100a_{t-1}^2)\times10^{-3}-10F_t+2H_t+M_t\,.$$

对比可见，智能体 DDPG 奖励函数是上述两个奖励函数的“和”，而共有部分 $-10F_t$ 没有求和.

④ **回合初始化**

在 MADDPG 算法程序 pfcResetFcn.m 中，初始化前导车起始位置、横向偏差和相对偏航角. 而 DDPG 算法程序 localResetFcn.m 中，初始化与程序 pfcResetFcn.m 相同.

⑤ **智能体结构**

MADDPG 算法程序中的智能体 DDPG 结构与 DDPG 算法程序中的智能体 DDPG 结构一样.

⑥ **关键语句差别**

- 在 MADDPG 算法程序中的层神经元个数 L=48，而 DDPG 算法程序中的层神经元个数提高到 L=100.
- 在 MADDPG 算法程序中跟随车的转向角 u_ego 介于区间[−0.5，0.5]，而 DDPG 算法程序中跟随车的转向角 u_ego 缩小到区间[−0.261，0.261].
- 在 MADDPG 算法程序中有语句：criticOptions=rlOptimizerOptions('LearnRate',1e-3,'GradientThreshold',1)，而 DDPG 算法程序在此基础上增加 L2RegularizationFactor=1e-4. 函数 rlOptimizerOptions 的 L2RegularizationFactor 默认值是 0.0001.二者并无差别.
- 在 MADDPG 算法程序有语句：actorOptions=rlOptimizerOptions('LearnRate',1e-4,'GradientThreshold',1). 而 DDPG 算法程序在此基础上增加 L2RegularizationFactor=1e-4. 函数 rlOptimizerOptions 的 L2RegularizationFactor 默认值是 0.0001.二者并无差别.
- 在 MADDPG 算法程序中终止程序语句是 StopTrainingValue=[480,1195]). 而 DDPG 算法程序是语句 StopTrainingValue=450. 即 DDPG 智能体由原来的终止程序的平均回报 480 减小到 450.

综合上面对比分析，MADDPG 算法程序与 DDPG 算法程序的关键差别有：神经元个数 L 由 48 增大到 100;转向角 u_ego 变化范围由[−0.5，0.5]（即±28.65°）缩小到[−0.261，0.261]（即±15°）.

16.4.2 训练进程对比分析

(1) 训练方案的回报及平均回报对比分析

运行 MADDPG 算法程序 DRL16_1 及 DDPG 算法程序 DRL16_2，得到如图 16-6 所示的结果.

如图 16-6 所示，可以得到如下结论：

- MADDG 算法程序收敛速度较快. 详见图 16-6 所示的平均回报曲线或回报曲线在开始上升阶段. 在大约 250 回合，MADDG 算法程序中的 DDPG 智能体和 DQN 智能体就实现了快速收敛，详见蓝色曲线和红色曲线. 在大约 1600 回合，DDPG 算法程序中的 DDPG 智能体才实现了快速收敛，见黑色曲线.
- DDPG 算法程序收敛稳定性较差. 详见图 16-6 所示的平均回报曲线或回报曲线的上下波动和波幅. 黑色曲线上下波动频繁且波动幅度较大，这说明 DDPG 算法程序收敛稳定性较差.
- MADDG 算法程序在 2100 回合前收敛稳定性更好. 在 2100 回合之前，蓝色曲线和红色曲线呈现高水平状态，这说明从开始到 2100 回合之间，MADDG 算法程序收敛稳定性很好. 特别是 DQN 智能体的学习表现更加稳定.

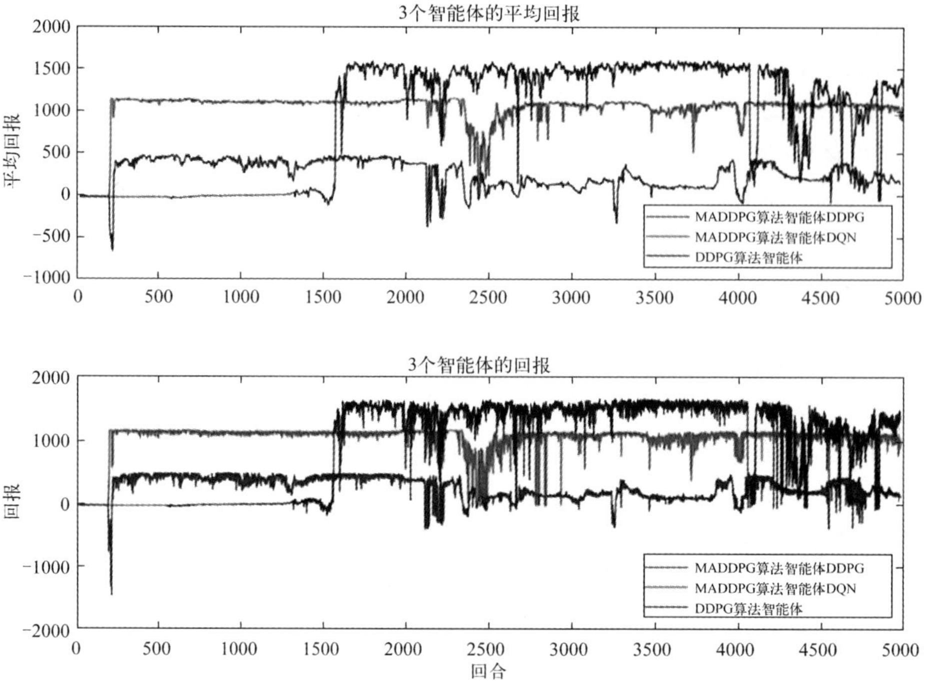

图 16-6　训练 3 个智能体各自回报与平均回报对比

● 两个算法程序——MADDG 和 DDPG 算法程序都需要进一步调参. 优先调整影响稳定性的参数,如缩放层 scalingLayer 的参数值、噪声标准差 agentOptions.NoiseOptions.Variance 大小、噪声标准差延时 agentOptions.NoiseOptions.VarianceDecayRate 大小、重置函数中的初始化变量等. 然后改变奖励函数的系数项大小.

(2) 训练方案的回报性能指标及其收敛稳定性

表 16-1 是关于回报与平均回报的数值指标，用于定量分析训练方案的稳定性.

表 16-1　不同训练方案的性能指标

训练方案	平均回报均值	平均回报标准差	回报均值	回报标准差
IDDPG161DDPG 智能体	267.76	169.03	267.84	180.32
IDDPG161DQN 智能体	1058.00	243.78	1058.42	253.51
DDPG162DDPG 智能体	962.94	**698.54**	963.48	**708.79**

分析表 16-1 所示的性能指标，得到如下结论：

● DDPG 算法程序稳定性最差. 由“平均回报标准差”698.54 最大或“回报标准差”708.79 最大得到该结论.

● IDDPG161DDPG 智能体学习比较稳定. 由“平均回报标准差”169.03 最小或“回报标准差”180.32 最小得到该结论.

16.4.3　仿真结果对比分析

训练的目的在于仿真测试和实际应用. 仿真测试的结果如何呢?

● 分别测试了 MATLAB 自带的预训练智能体文件:MADDPG 算法的 rlPFCAgents.mat 和 DDPG 算法的 SimulinkPFCDDPG.mat.

- 测试了训练 5000 个回合的 agent_5000Epi161.mat 和 agent_5000Epi162.mat.
- 选定“跟踪成功百分比”作为衡量指标.

上述仿真测试的结果如表 16-2 所示.

表 16-2 仿真测试结果的性能指标

指标	MADDPG 算法 自带预训练文件	MADDPG 算法 训练 5000 个回合文件	DDPG 算法 自带预训练文件	DDPG 算法 训练 5000 个回合文件
跟踪成功百分比	41%	26%	4%	95%

分析表 16-2，得到结论：在同样初始环境——e1_initial = 0.5*(−1+2*rand)，e2_initial = 0.1*(−1+2*rand)和 x0_lead = 40+randi(60,1,1)下，用 DDPG 算法训练 5000 个回合的 DDPG 智能体跟踪车辆的成功率最高，达到 95%；其次是 MADDPG 算法自带预训练智能体的成功率，达到 41%.

虽然在训练阶段得到结果“DDPG 算法程序稳定性最差”. 但是，通过分析表 16-2 的车辆跟踪成功率，可以得到结论：DDPG 算法程序显著好于 MADDPG 算法程序.

16.5 MADDPG 算法的优缺点及算法扩展

16.5.1 MADDPG 算法的优缺点

MADDPG 算法具有以下优点：

(1) 多智能体协同学习：MADDPG 算法可以解决多智能体环境中的协同学习问题，通过分散式学习和策略优化，使得智能体可以相互合作、协调行动，达到整体性能的提升.

(2) 独立决策：每个智能体根据自己的观察和局部信息做出决策，并使用独立的策略网络进行优化. 这种独立决策可以提高算法的可扩展性和并行化效率.

(3) 连续动作：MADDPG 算法通过基于深度确定性策略梯度(DDPG)的框架来处理连续动作空间问题，这使得算法可以应对需要精细控制和连续动作的多智能体任务.

(4) 全局网络：MADDPG 引入了全局网络来整合全局信息，并帮助各个智能体更好地适应环境变化. 这种机制有助于实现更高水平的合作与竞争关系.

然而，MADDPG 算法也存在一些缺点：

(1) 训练复杂性：MADDPG 算法涉及多个智能体的联合训练，这增加了算法的训练复杂性和计算开销. 对于大规模问题，训练时间可能相对较长.

(2) 超参数选择：MADDPG 算法具有一些需要调整的超参数，如学习率、最小批次大小、回合最大时间步数等. 选择合适的超参数对于算法程序的稳定性等性能至关重要.

尽管有这些缺点，MADDPG 算法在多智能体强化学习问题中表现出了良好的效果，并在实践中获得广泛应用.

16.5.2 模型扩展

多智能体实现路径跟踪控制问题的特征：已知两个不同类型的智能体——DDPG 智能体和 DQN 智能体，DDPG 智能体是 3 个状态分量的连续状态空间和 1 个动作分量的连续动作空间，DQN 智能体是 6 个状态分量的连续状态空间和具有 31 个动作的维度[1,1]

的离散动作空间；已知两个智能体的各时间步的奖励规则；无需状态转移概率；设置默认折扣系数 γ=0.99，实现两个智能体的协同合作策略. 这是两个不同类型的智能体协同合作实现路径跟踪控制的模型.

以下是 8 个与利用 MADDPG 算法训练多个智能体求解路径跟随控制问题相似的实际问题案例：

(1) 自动驾驶车队路径规划：使用 MADDPG 算法对自动驾驶车队中的多辆车辆进行路径规划和协作，以实现高效、安全的行驶和交通流控制.

(2) 无人机编队飞行：通过训练多个无人机使用 MADDPG 算法进行协调和编队飞行，以实现集体目标、航线规划和避障等任务.

(3) 多机器人协同探索任务：通过使用 MADDPG 算法对多个机器人进行训练，实现协同探索未知环境并优化资源利用.

(4) 多机器人合作装配操作：利用 MADDPG 算法对多个机器人在装配生产线上进行合作操作和策略优化，以提高生产效率和质量.

(5) 大规模物流分拣系统优化：通过 MADDPG 算法对大型物流分拣系统中的多个智能体进行路径规划与任务调度，以提高物流处理效率与准确性.

(6) 多智能体环境监测与救援任务：利用 MADDPG 算法训练多个机器人协同工作，进行环境监测和紧急救援行动，如火灾扑救、地震救援等.

(7) 群体行为模拟与预测：使用 MADDPG 算法训练多个智能体模拟群体行为，并用于社会科学、城市规划等领域中的群体行为分析和预测.

(8) 多机器人足球比赛：利用 MADDPG 算法对多个智能体进行协作与竞争，在足球比赛等竞技项目中实现智能化的团队战术和策略.

16.5.3 算法扩展

以下是几个与 MADDPG 算法相似并进行改进的算法：

(1) QMIX（Q-function decomposition for multi-agent Reinforcement Learning）：QMIX 算法通过对每个智能体的 Q 值进行分解，实现多智能体系统中全局优化和局部优化之间的平衡.

(2) COMA（counterfactual multi-agent policy gradients）：COMA 算法在 MADDPG 基础上引入了反事实学习来解决多智能体系统中的策略优化问题. 它通过估计对手行为策略改善策略梯度估计，以提高学习效果.

(3) DGN (differentiable game network)：DGN 算法是一种基于梯度推断和 differentiable game theory 的多智能体强化学习方法，用于求解多方博弈问题. 它通过网络结构来近似博弈论中的纳什均衡（Nash equilibrium），并应用梯度推断来训练网络参数.

这些改进算法在基于 MADDPG 框架上引入了不同的技术手段或优化方法，以提高训练稳定性、样本利用率、收敛速度和适应性.

16.6 本章小结

(1) MADDPG 算法的原理

① 理论支撑：MADDPG 算法源自 DDPG 算法，其理论基础详见第 11.4.4 节.

② 核心公式：MADDPG 算法建立在 DDPG 算法基础上. 核心公式详见第 11.4.4 节.

③ 突出特性

- 独立决策：MADDPG 假设每个智能体在决策时相互独立，即每个智能体只考虑自身的状态和动作选择. 这使得每个智能体可以根据自己的目标和环境信息进行独立决策.
- 深度确定性策略梯度：MADDPG 使用深度神经网络来逼近每个智能体的确定性策略函数.
- 目标网络技术和经验回放技术：为了提高算法稳定性，MADDPG 引入了目标网络技术和经验回放技术.

(2) 研究问题的思路

MADDPG 算法是对 DDPG 算法的扩展，MADDPG 算法通过将每个智能体视为独立个体，并使用单个智能体进行策略优化来解决多智能体问题. 通过集中式学习、全局网络和经验回放等关键技术，MADDPG 算法使得各个智能体可以协同地进行学习并适应复杂环境中的竞争和合作关系.

(3) 释疑解惑

① 同一任务的多智能体类型未必相同：本章车辆路径跟踪控制问题中，用 DDPG 智能体控制纵向的路径跟踪，用 DQN 智能体控制横向偏离.

② 同一任务可用多智能体也可用单智能体学习：本章车辆路径跟踪控制问题中，用多智能体——DDPG 智能体和 DQN 智能体建模，利用 MADDPG 算法训练.同样地，也可用单智能体——DDPG 智能体建模，利用 DDPG 算法训练.

(4) 学习与研究方法

在 Q-learning 算法的基础上，利用神经网络逼近 $Q(\boldsymbol{s},\boldsymbol{a})$函数，建立了 DQN 算法. 在 DQN 算法基础上，利用确定性策略梯度定理和结合 Actor-Critic 框架，建立了 DDPG 算法. 在 DDPG 算法基础上，通过集中式学习、全局网络和经验回放等关键技术，形成了 MADDPG 算法.

习 题 16

1. 改编程序 DRL16_1：

(1) 反复调整参数，使其收敛稳定性得以增强.

(2) 将 DQN 智能体改编成 DDPG 智能体，所得结果再与现在的结果进行联系对比分析，用性能指标和统计学方法检验说明各自的优劣.

(3) 改写现有奖励函数，所得结果再与现在的结果进行联系对比分析，用性能指标和统计学方法检验说明各自的优劣.

2. 程序 DRL16_1 有什么特点？怎样利用这个程序求解自己的实际问题？

3. 参考第 14 章的分散式训练和集中式训练语句，改编程序 DRL16_1 实现分散式训练和集中式训练，所得结果再与现在的结果进行联系对比分析，用性能指标和统计学方法检验说明各自的优劣.

4. 利用程序 DRL16_1 求解第 14 章的协同合作运送物体问题，并与程序 DRL14_1 的结果进行联系对比分析，用性能指标和统计学方法检验说明各自的优劣.

5. 对 DDPG 算法程序继续调整参数求解路径跟踪控制问题，所得结果与现在的结果进行联系对比分析，用性能指标和统计学方法检验说明各自的优劣.

6. 多智能体协作任务：设计一个多智能体协作任务，例如合作搬运物品、合奏乐器等. 要求使用 MADDPG 算法来训练智能体，使其实现协同合作，并达到指定的任务目标.

7. 多智能体竞争对抗：设计一个多智能体竞争游戏，例如对弈游戏、追逐游戏等. 要求使用 MADDPG 算法来训练智能体，使其具备竞争优势，并击败其他对手.

8. 自适应资源分配：应用 MADDPG 算法解决自适应资源分配问题. 可以选择自己感兴趣的场景（如分布式系统、供应链管理等），并利用 MADDPG 算法进行资源分配和调度优化.

参考文献

[1] SUTTON R S, BARTO A G. 强化学习[M]. 俞凯, 等译. 2 版. 北京: 电子工业出版社, 2019.

[2] MATLAB Help Center. Reinforcement-learning[OL].

[3] 董豪, 丁子涵, 仉尚航, 等. 深度强化学习: 基础、研究与应用[M]. 北京: 电子工业出版社, 2021.

[4] 郑一, 王玉敏, 冯宝成. 概率论与数理统计[M]. 2 版. 大连: 大连理工大学出版社, 2018.

[5] Puterman M L. Markov decision processes: discrete stochastic dynamic programming[M]. John Wiley & Sons, 2005.

[6] 胡奇英, 刘建庸. 马尔科夫决策过程引论[M]. 西安: 西安电子科技大学出版社, 2000.

[7] 鲁文 Y. 鲁宾斯坦, 德克 P. 克罗斯. 仿真与蒙特卡洛方法[M]. 卫军胡, 王虹, 译. 2 版 西安: 西安交通大学出版社, 2020.

[8] CYBENKO G. Approximations by superpositions of a sigmoidal function[J]. Mathematics of Control, Signals, and Systems, 1989, 2(4): 303-314.

[9] 刘培杰数学工作室. Banach 压缩不动点定理[M]. 哈尔滨: 哈尔滨工业大学出版社, 2016.

[10] WATKINS C J C H. Learning from delayed rewards[M]. Cambridge: King's College, 1989.

[11] MELO F S. Convergence of Q-Learning: a simple proof[R]. Institute of Systems and Robotics, Tech., 2001: 1-4.

[12] RUMMERY G A, NIRANJAN M. Online q-learning using connectionist systens: Vol.37[M]. UK: University of Cambridge, 1994.

[13] 张伟楠, 沈键, 俞勇. 动手学强化学习[M]. 北京: 人民邮电出版社, 2022.

[14] MNIH V, KAVUKCUOGLU K, SILVER D, et al. Playing Atari with deep reinforcement learning[C]//NIPS Deep Learning Workshop, 2013.

[15] SCHAUL T, QUAN J, ANTONOGLOU I, et al. Prioritized experience replay[J]. ICLR, 2016.

[16] SUTTON R S, MCALLESTER D, SINGH S, et al. Policy gradient methods for reinforcement learning with function approximation[C]//12th Annual Conference on Advances in Neural Information Processing Systems, Denver, Colorado, Cambridge, Massachusetts: The MIT Press, 1999.

[17] 王树森, 黎彧君, 张志华. 深度强化学习[M]. 北京: 人民邮电出版社, 2022.

[18] WILIAMS R J. Reinforcement-learning connectionist systems[M]. Boston,Massachusetts: College of Computer Scince, Northeastern University, 1987.

[19] BARTO A G, SUTTON R S, ANDERSON C W. Neuronlike adaptive elements that can solve difficult learning control problems[J]. IEEE transactions on systems, man, and cybernetics, 1983, (5): 834-846.

[20] HAARNOJA T, ZHOU A, HARTIKAINEN K, et al. Soft Actor-Critic algorithms and applications[J], 2018.

[21] 曹雪虹, 张宗橙. 信息论与编码[M]. 3 版. 北京: 清华大学出版社, 2016.

[22] HAARNOJA T, TANG H, ABBEEL P, et al. Reinforcement learning with deep energy-based policies[C]//International Conference on Machine Learning, PMLR, 2017: 1352-1361.

[23] SCHULMAN J, FOLIP W, DHARIWAL P, et al. Proximal policy optimization algorithms[J]. Machine Learning, 2017.

[24] SCHULMAN J, LEVINE S, ABBEEL P, et al. Trust region policy optimization[C]//32th International Conference on Machine Learning, Lille, France. Cambridge, Brookline, Massachusetts: Microtome Publishing, 2015.

[25] LILLICRAP T P, HUNT J J, PRITZEL A, et al. Continuous control with deep reinforcement learning[C]//International Conference on Learning Representation, San Juan, Puerto Rice, ICLR.org, 2016.

[26] FUJIMOTO S, HOOF H V, MEGER D, et al. Addressing Function Approximation Error in Actor-Critic Methods[C]//35th International Conference on Machine Learning, Stockholm, Sweden, PMLR 80, 2018.

[27] 刘金琨. 先进 PID 控制 MATLAB 仿真[M]. 5 版. 北京: 电子工业出版社, 2023.

[28] GRONAUERL S, DIEPOLDL K. Multi-agent deep reinforcement learning: a survey[J]. Artifcial Intelligence Review, 2022, 55: 895-943.

[29] SHOHAM Y, LEYTON-BROWN K. Multiagent systems: algorithmic, game-theoretic, and logical foundations[M].

Cambridge University Press, 2008.

[30] MATIGNON L, LAURENT G, et al. Review: independent reinforcement learners in cooperative markov games: a survey regarding coordination problems[J]. Knowl Eng Rev, 2012, 27(1): 1-31.

[31] GUO D, TANG L, ZHANG X, et al. Joint optimization of handover control and power allocation based on multi-agent deep reinforcement learning[C]//IEEE Transactions on Vehicular Technology, 2020.

[32] WITT CSD, GUPTA T, MAKOVIICHUK D, et al. Is Independent Learning All You Need in the StarCraft Multi-Agent Challenge?[J]. DOI:10.48550/arXiv.2011.09533.

[33] HAARNOJA T, TANG H, HARTIKAINEN K, et al. Multi-agent actor-critic for mixed cooperative-competitive environments[C]//31st Conference on Neural Information Processing Systems(NIPS), Long Beach, CA, 2017.

附录

符号说明

为帮助读者更加方便地理解深度强化学习，本书的符号及其含义说明如下.

A

α	学习率，也叫步长
$\mathcal{A}$	动作集合，又称动作空间
$\lvert\mathcal{A}\rvert$	动作空间$\mathcal{A}$中的动作个数
$\boldsymbol{A}_t$	t 时间步的动作随机变量
$A_\pi(\boldsymbol{s}, \boldsymbol{a})$	状态 $\boldsymbol{s}$ 和动作 $\boldsymbol{a}$ 的优势函数，满足 $A_\pi(\boldsymbol{s},\boldsymbol{a}) = Q_\pi(\boldsymbol{s},\boldsymbol{a}) - V_\pi(\boldsymbol{s})$
Actor	演员网络，是策略网络 $\pi(\boldsymbol{a}\lvert\boldsymbol{s};\boldsymbol{\theta})$或 $\mu(\boldsymbol{s};\boldsymbol{\theta})$的形象叫法
AC	Actor-Critic 算法，演员-评委算法
A2C	advantage Actor-Critic 算法，优势演员-评委算法
A3C	asynchronous advantage Actor Critic 算法，异步优势演员-评委算法
$\boldsymbol{a}$ 和 $\boldsymbol{a}'$	当前动作和下一个动作观测值
$\boldsymbol{a}_t$ 和 $\boldsymbol{a}_{t+1}$	t 时间步动作和 t+1 时间步动作观测值
$\arg\max\limits_{\boldsymbol{a}} Q(\boldsymbol{s},\boldsymbol{a})$	求函数 $Q(\boldsymbol{s},\boldsymbol{a})$最大值对应的 $\boldsymbol{a}$

B

β	学习率，又称步长

C

Cov(X, Y)	随机变量 X 与 Y 的协方差
Critic	评委网络，是价值网络 $Q(\boldsymbol{s}, \boldsymbol{a}; \boldsymbol{w})$或 $V(\boldsymbol{s};\boldsymbol{w})$的形象叫法

D

δ_t	t 时间步的时序差分误差
D[X]	随机变量 X 的方差
DQN	deep Q-learning network 算法，深度 Q 学习网络算法

E

ε	ε-贪婪策略的概率阈值
$E[X]$	随机变量 X 的数学期望

$E_{X\sim p(x)}[f(X)]$	服从概率分布 $p(x)$的随机变量 X 的函数 $f(X)$的数学期望

G

γ	奖励折扣率，又称折扣系数或折扣因子
G_t	t 时间步开始的回报
$G_t(n)$	t 时间步开始的 n 步回报

M

$\mu(\boldsymbol{s})$	确定性策略 μ，在状态 $\boldsymbol{s}$ 智能体采取的具体动作
MDP	马尔可夫决策过程

N

$\nabla_{\boldsymbol{\theta}}(J)$	标量函数 J 对向量 $\boldsymbol{\theta}$ 的梯度
$N(x;\mu,\sigma^2)$	均值为μ且方差为 σ^2 的高斯分布，又称正态分布

P

$\pi(\boldsymbol{a}\|\boldsymbol{s})$	随机性策略 π，在状态 $\boldsymbol{s}$ 智能体执行动作 $\boldsymbol{a}$ 的概率
π	策略，又称策略函数
π^*	最优策略
PG	policy gradient 算法，策略梯度算法
$p(X)$	连续型或离散型随机变量 X 的概率分布
$p(\boldsymbol{s}',r\|\boldsymbol{s},\boldsymbol{a})$	在状态 $\boldsymbol{s}$ 和动作 $\boldsymbol{a}$ 条件下，使得状态转移到 $\boldsymbol{s}'$且获得奖励 r 的概率
$p(\boldsymbol{s}'\|\boldsymbol{s},\boldsymbol{a})$	在状态 $\boldsymbol{s}$ 和动作 $\boldsymbol{a}$ 条件下，使得状态转移到 $\boldsymbol{s}'$的状态转移概率
$p(\boldsymbol{r}\|\boldsymbol{s},\boldsymbol{a})$	在状态 $\boldsymbol{s}$ 和动作 $\boldsymbol{a}$ 条件下，智能体获得奖励 r 的概率

Q

$Q_\pi(\boldsymbol{s},\boldsymbol{a})$或 $Q(\boldsymbol{s},\boldsymbol{a})$	动作价值函数，智能体根据策略 π 在状态 $\boldsymbol{s}$ 下采取动作 $\boldsymbol{a}$ 的价值（期望回报）
$Q_{\pi^*}(\boldsymbol{s},\boldsymbol{a})$	最优策略 π^*的动作价值函数
$Q^*(\boldsymbol{s},\boldsymbol{a})$	最优动作价值函数，满足 $Q^*(\boldsymbol{s},\boldsymbol{a})=Q_{\pi^*}(\boldsymbol{s},\boldsymbol{a})$
$Q_\pi(\boldsymbol{s},\boldsymbol{a};\boldsymbol{w})$或 $Q_t(\boldsymbol{s},\boldsymbol{a};\boldsymbol{w})$	动作价值函数 $Q_\pi(\boldsymbol{s},\boldsymbol{a})$的神经网络，又称动作价值函数网络表示
$\hat{Q}(\boldsymbol{s},\boldsymbol{a};\overline{\boldsymbol{w}})$	网络 $Q(\boldsymbol{s},\boldsymbol{a};\boldsymbol{w})$ 的目标网络，是对 $Q(\boldsymbol{s}',\boldsymbol{a}')$ 的人为调整
Q-learning	一种算法名称

R

ρ_0	初始状态概率分布
r	奖励值
r_{t+1}	t+1 时间步奖励值
R	奖励函数，也常指奖励随机变量
R_{t+1}	t+1 时间步的奖励随机变量

$\mathcal{R}$	奖励集合，常称为奖励空间
$r(\boldsymbol{s},\boldsymbol{a})$	在状态 $\boldsymbol{s}$ 采用动作 $\boldsymbol{a}$ 条件下的期望奖励

S

$\boldsymbol{s}$ 和 $\boldsymbol{s}'$	当前状态和下一个状态的观测值
$\boldsymbol{s}_t$ 和 $\boldsymbol{s}_{t+1}$	t 时间步状态和 t+1 时间步状态的观测值
$\boldsymbol{S}_t$	t 时间步状态随机变量
$\mathcal{S}$	无终点状态集合，常称为无终点状态空间
$\mathcal{S}^+$	全部状态的集合，其中包括终点状态，常称为状态空间
$\lvert\mathcal{S}^+\rvert$	状态空间中的状态个数
$\{\boldsymbol{S}, \boldsymbol{A}, R, \boldsymbol{S}'\}$或$\{\boldsymbol{S}_t, \boldsymbol{A}_t, R_{t+1}, \boldsymbol{S}_{t+1}\}$	经验转化样本
SAC	soft Actor-Critic 算法，柔性 AC 算法
SARSA	一种算法名称
softmax	softmax 策略，softmax 激活函数，softmax 层

T

τ	目标网络参数用主网络参数更新的光滑因子
T	回合的最终时间步
TD	temporal difference method，时序差分方法
TRPO	trust region policy optimization，置信域策略优化算法
$\mathrm{Tr}_T = \{\boldsymbol{S}_0, \boldsymbol{A}_0, R_1, \boldsymbol{S}_1, \boldsymbol{A}_1, R_2,\cdots\}$	状态、动作、奖励的轨迹
t	回合的时间步

V

$\mathrm{Var}(X)$	随机变量 X 的方差
$V_\pi(\boldsymbol{s})$或 $V(\boldsymbol{s})$	状态价值函数，描述状态 $\boldsymbol{s}$ 在策略 π 下的价值（期望回报）
$V_{\pi^*}(\boldsymbol{s})$	最优策略 π^*的状态价值函数，描述利用最优策略 π^*在状态 $\boldsymbol{s}$ 的回报期望
$V^*(\boldsymbol{s})$	最优状态价值函数，满足 $V^*(\boldsymbol{s})= V_{\pi^*}(\boldsymbol{s})$
$V_\pi(\boldsymbol{s};\boldsymbol{w})$或 $V_t(\boldsymbol{s};\boldsymbol{w})$	状态价值函数 $V(\boldsymbol{s})$的神经网络，常称为状态价值函数网络表示，其输出是对状态价值函数 $V(\boldsymbol{s})$值的估计
$\hat{V}(\boldsymbol{s};\overline{\boldsymbol{w}})$	网络 $V(\boldsymbol{s};\boldsymbol{w})$ 的目标网络，是对 $V(\boldsymbol{s}')$ 的人为调整

X

$X \sim p$	随机变量 X 服从概率分布 p
$X \sim p(x)$	随机变量 X 服从概率分布 $p(x)$
$X \sim p(x\vert\boldsymbol{s})$	随机变量 X 服从条件概率分布 $p(x\vert\boldsymbol{s})$